高等院校电子信息与电气学科系列教材

电路原理

第4版

李华 吴建华 王安娜 等编著

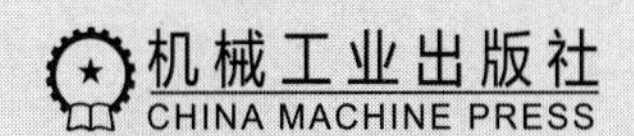

图书在版编目（CIP）数据

电路原理 / 李华等编著 . —4 版 . —北京：机械工业出版社，2020.8（2025.1 重印）
（高等院校电子信息与电气学科系列教材）

ISBN 978-7-111-66421-5

I. 电…　II. 李…　III. 电路理论 – 高等学校 – 教材　IV. TM13

中国版本图书馆 CIP 数据核字（2020）第 164006 号

本书是作者在总结多年本科电路教学改革经验的基础上编写而成的，完整地介绍了电路的基本结构和原理。本版在第 3 版的基础上进行了修订，共分为 12 章，内容为电路基本元件和电路基本定律、直流电路分析方法、电路定理、线性动态电路暂态过程的时域分析、正弦稳态电路的分析、含耦合电感电路的分析、三相电路、非正弦周期激励作用下稳态电路的分析、线性动态电路暂态过程的复频域分析、双口网络分析、非线性电阻电路的分析、分布参数电路及均匀传输线。

本书可作为高等院校电气工程、自动化、电子信息等专业电路原理课程的教材，也可供相关科技人员参考。

出版发行：机械工业出版社（北京市西城区百万庄大街 22 号　邮政编码：100037）

责任编辑：张梦玲　　　　责任校对：殷　虹

印　　刷：三河市骏杰印刷有限公司　　　　版　　次：2025 年 1 月第 4 版第 6 次印刷

开　　本：185mm×260mm　1/16　　　　印　　张：19.5

书　　号：ISBN 978-7-111-66421-5　　　　定　　价：69.00 元

客服电话：（010）88361066　68326294

PREFACE 前言

为了适应电气工程、自动化、电子信息等技术的迅速发展，满足培养创新型、复合型人才的需要，继续秉承电路原理课程“编写精品教材、创建精品课程”的宗旨，结合该门课程的教学改革，本版在第3版的基础上进行了修订。修订后全书共分为12章，内容为电路基本元件和电路基本定律、直流电路分析方法、电路定理、线性动态电路暂态过程的时域分析、正弦稳态电路的分析、含耦合电感电路的分析、三相电路、非正弦周期激励作用下稳态电路的分析、线性动态电路暂态过程的复频域分析、双口网络分析、非线性电阻电路的分析、分布参数电路及均匀传输线。

本版保留了上一版教材重视电路的基本概念、基本理论和基本分析方法的特色。修订内容主要包括以下几个部分：

①将直流电路分析方法和电路定理分别列为一章，以更清晰地区别这两类不同的电路分析方法。②考虑到本书前3章内容涵盖了电路基本元件和电路基本定律、直流电路分析方法和电路定理，将第3版的第7章线性动态网络时域分析改写为本版第4章，这样，读者可以在学习完前3章的内容后，再学习用时域分析方法分析线性动态电路的暂态过程，从而保持知识的连贯性和系统性；本版第4章删除了不常用的二阶电路暂态过程的时域分析内容，精简了学时；第4章章名改为“线性动态电路暂态过程的时域分析”，以强调该章为暂态过程的分析，区别于前3章的稳态电路分析。③含耦合电感电路的分析部分紧接着正弦稳态电路的分析部分，保持了知识的连贯性和系统性。④在第10章双口网络分析中，删除了不常用的固有传播常数部分，使教学内容更加精练。

本书内容紧密联系实际，章中例题、章后习题紧密配合主体内容，习题联系工程实际，书末附有习题答案。

本书可作为高等院校电气工程、自动化、电子信息等专业电路原理课程的教材，也可供相关科技人员参考。

本版第1~3章由贺立红修订，第4章、第9章由王安娜修订，第5~8章、第12章由李华修订，第10章由汪刚修订，第11章由马大中修订。吴建华系本书前3版的主要作者。

由于作者水平有限，书中可能有不足之处，敬请读者批评指正。

编者

2020年5月

教学建议 SUGGESTION

<table>
<tr><th rowspan="2">教学内容</th><th rowspan="2">学习要点与教学要求</th><th colspan="2">课时安排</th></tr>
<tr><th>全部讲授</th><th>部分讲授</th></tr>
<tr><td>第 1 章
电路基本元件和
电路基本定律</td><td>• 了解实际电路与电路图的关系
• 理解电压、电流参考方向的意义
• 重点掌握无源理想电路元件(电阻、电感、电容)的特性(元件的电压电流关系)
• 掌握有源理想电路元件(电压源和电流源)的特性，以及受控源的特性
• 重点掌握根据基尔霍夫定律列出电路方程的方法</td><td>4 ~ 6</td><td>4 ~ 6</td></tr>
<tr><td>第 2 章
直流电路分析方法</td><td>• 弄清电路等效变换的概念和变换方法
• 掌握利用电阻电路的等效变换以及实际电压源和实际电流源的等效变换简化电路分析过程的方法
• 理解支路电流法的原理，着重理解独立节点、独立回路的概念及选取的方法；熟练列出支路电流方程
• 着重掌握回路电流方程的列写方法、回路电流法的分析求解步骤；掌握电流源支路的处理方法
• 着重掌握节点电压方程的列写方法、节点电压法的分析求解步骤；掌握电压源支路的处理方法
• 熟练掌握各种分析、计算电路的方法</td><td>8 ~ 10</td><td>6 ~ 8</td></tr>
<tr><td>第 3 章
电路定理</td><td>• 着重掌握叠加原理及其应用方法
• 着重掌握等效电源定理及其应用方法
• 理解互易定理及其应用方法</td><td>4 ~ 6</td><td>4</td></tr>
<tr><td>第 4 章
线性动态电路暂态
过程的时域分析</td><td>• 理解动态电路和动态响应的概念；正确列出电路的微分方程
• 着重掌握电路初始条件的求取、换路定律的应用
• 着重掌握电路微分方程的暂态解、稳态解的意义和求解方法
• 着重掌握电路的零输入响应、零状态响应及全响应的意义和求解方法；熟练应用求解一阶电路的三要素法
• 弄清动态响应的两种结构形式及相互关系
• 着重掌握阶跃激励的特性和一阶电路阶跃响应的特点；掌握脉冲响应的求解方法
• 掌握冲激激励的特性和利用阶跃响应求解冲激响应的方法
• 掌握应用三要素法求解一阶电路对正弦激励的动态响应的方法
• 了解应用卷积积分求解线性动态电路对任意激励的响应的方法</td><td>8 ~ 10</td><td>6 ~ 8</td></tr>
</table>

（续）

教学内容	学习要点与教学要求	课时安排	
		全部讲授	部分讲授
第5章 正弦稳态电路的分析	• 理解正弦稳态电路及正弦稳态响应的概念和特点 • 弄清正弦量的三要素表示，以及正弦量与复数的转换关系 • 理解正弦量的相量表示法 • 理解相量形式的理想电路元件（电阻、电感、电容）的特性（元件的电压电流关系）、相量形式的电路模型 • 理解相量形式的基尔霍夫定律 • 理解复阻抗、复导纳的概念，以及复阻抗与复导纳的等效变换 • 着重掌握用第1~3章学习过的电路分析方法和一般分析方法分析、计算正弦稳态电路的相量模型 • 了解画相量图的方法 • 掌握正弦稳态电路的有功功率、无功功率、功率因数提高的概念和计算方法 • 了解谐振现象；弄清谐振条件、谐振电路的品质因数等 • 掌握串联谐振电路的谐振特点、谐振曲线和分析方法 • 掌握并联谐振电路的谐振特点和分析方法	12~14	10~12
第6章 含耦合电感电路的分析	• 了解互感现象，理解基于电磁感应定律的互感电压的数学表示 • 弄清同名端的定义和应用意义；理解基于同名端的互感电路模型，正确写出互感电压的表达式 • 掌握互感消去法 • 掌握空心变压器和理想变压器的电路模型、等效电路的分析方法	6~8	4~6
第7章 三相电路	• 了解三相正弦交流电源的产生 • 弄清三相对称电路中电源（或负载）星形联结情况下线电压与相电压、线电流与相电流的固定关系 • 弄清三相对称电路中电源（或负载）三角形联结情况下线电压与相电压、线电流与相电流的固定关系 • 着重掌握利用三相对称电路的特点将三相对称电路的计算转化成单相计算的简化方法 • 了解三相不对称电路的应用 • 掌握三相电路的功率计算与测量方法（一瓦计法和两瓦计法）	4~6	2~4
第8章 非正弦周期激励作用下稳态电路的分析	• 理解非正弦周期函数的傅里叶级数分解与合成；了解频谱的表示和意义 • 掌握非正弦周期函数的有效值计算方法 • 着重掌握非正弦周期电流电路的分析方法、求解步骤及叠加原理的应用；弄清阻抗的频率特性 • 了解滤波（低通、高通、带通、带阻等）电路的特点及一般分析方法 • 初步掌握三相非正弦对称电路的分析方法	6~8	4~6

（续）

教学内容	学习要点与教学要求	课时安排	
		全部讲授	部分讲授
第9章 线性动态电路暂态过程的复频域分析	• 掌握拉普拉斯变换的意义、性质及其正变换和反变换的方法 • 弄清理想电路元件（电阻、电感、电容）的特性（元件的电压电流关系）的复频域形式，以及复频域形式的电路模型 • 弄清基尔霍夫定律的复频域形式 • 理解运算阻抗、运算导纳的概念 • 掌握复频域分析法的求解步骤，着重掌握用第1章和第2章学习过的电路分析方法分析、计算线性动态网络的复频域电路模型 • 掌握网络函数的定义和求解方法 • 了解网络函数的极点与动态响应的关系	6～8	4～6
第10章 双口网络分析	• 了解双口网络的端口条件 • 着重掌握双口网络的电压电流关系的表示形式，以及双口网络的 Y 参数、Z 参数、A 参数、H 参数的定义和求解方法 • 着重掌握含双口网络的电路的分析方法 • 了解双口网络的特性阻抗 • 掌握双口网络的 π 形和 T 形等效电路的求解方法 • 掌握级联后双口网络的参数的简便求解算法	6～8	4～6
第11章 非线性电阻电路的分析	• 弄清非线性电阻元件的特性 • 掌握含一个非线性电阻元件的电路的列方程求解分析法 • 理解非线性电阻电路的图解分析法 • 掌握小信号分析法	4～6	4
第12章 分布参数电路及均匀传输线	• 弄清分布参数电路与集总参数电路的条件、区别和特点 • 掌握均匀传输线的特点和参数的意义 • 掌握均匀传输线的电路模型和微分方程形式的电压电流关系 • 掌握均匀传输线正弦稳态解的形式和求解方法 • 掌握行波、波阻抗的形式和表示意义 • 掌握无损耗线的正弦稳态解的形式和求解方法	6～8	6

CONTENTS

目录

第1章 电路基本元件和电路基本定律

内容提要：在物理电学的基础上，本章介绍了研究实际电路的模型化方法，并建立了理想元件的电路模型和数学模型，介绍了电路模型的基本定律，以及应用这些基本定律分析电路问题的概念和方法。

本章重点：电流和电压参考方向的概念，R、L、C 元件的电压电流关系，依据基尔霍夫定律列出电路方程的分析方法。

1.1 电路和电路模型

电路是电流的通路，它主要由一些电气元件或电气设备连接而成，能实现能量的传输和转换，或实现信息的传递和处理。电路在日常生活和实际生产中随处可见，例如家用电器中的音响设备、电视机，可实现信号的传递和处理；厂矿中的各种电气设备和纵横几百公里的电网系统，可实现电能的转换和传输。实际电路是由种类繁多的电路器件组成的，这些器件一般可分为电源、负载和传输及控制器件等。

- 电源：提供电能或发出电信号的设备。
- 负载：用电或接收电信号的设备，把电能转换成其他形式的能量。
- 传输及控制器件：电源和负载中间的连接部分。

由于实际电路器件的种类繁多、功能各异，直接对实际电路进行研究，会使问题十分复杂。电路理论采用了模型化的方法研究各种实际电路及其器件，通过建立能反映实际电路器件主要物理本质的模型，使问题得到简化。实际电路器件中发生的电磁现象主要是电磁能量的消耗和储存，这些现象以不同的程度交织在一起，决定了一个实际电路器件的物理特性。如果对这些电磁现象分别建立物理模型和数学模型，构造出几个理想电路元件，那么对一个实际电路器件，根据其电磁特性，可以用理想电路元件的组合来表示。这样，由理想电路元件构成的电路，称为实际电路的电路模型。电路模型是以足够的精度近似地描述实际电路，是对实际电路在一定条件下的科学抽象。显然，当抽象出的电路模型的精度不够高时，会给实际电路的分析带来较大误差。

根据实际电路器件中发生的电磁能的消耗及储存现象，可建构三种理想电路元件，即表示消耗电能的电阻元件 R；表示储存电场能量的电容元件 C；表示储存磁场能量的电感元件 L。用电动势 E 表示电源的特性。当实际电路器件及实际电路的尺寸远远小于电路中电磁信号的波长时，可用等效的集总化理想电路元件构成集总参数电路模型，如将一段线路中的损耗集中起来用一个电阻表示。图 1-1 是手电筒的电路图（集总参数电路模型），其中电阻 R 表示小灯泡整体消耗电能的特性；电阻 R_S 表示干电池内部整体消耗电能的特性；电动势 E 表示干电池发

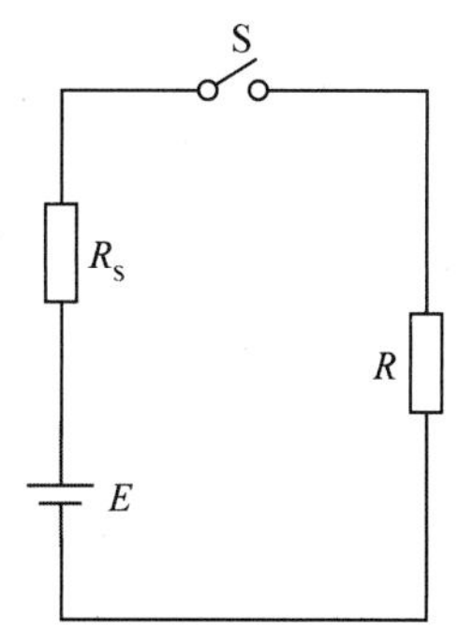

图 1-1 手电筒的电路图

出电能的特性；开关 S 为手电筒的控制开关。

不同的实际电路器件，只要具有相同的电磁性能，就可用同一个电路元件表示。例如电阻器、电灯、电炉、电暖器等都以消耗电能为主要特性，因此都可以用电阻元件来表示。而一个实际电路器件在不同的条件下，电磁性能不同，所以它的电路模型也会有不同的形式。例如，在某一频率下，当线圈电阻的影响可以忽略时，线圈可以用集总电感元件作为其电路模型，如图 1-2a 所示；如果线圈电阻的影响不能忽略，则其电路模型如图 1-2b 所示，其中 R 为绕线的电阻；如果线圈工作在较高频率条件下，线圈匝间电容的影响不能忽略，则其电路模型如图 1-2c 所示，其中 C 为匝间电容。

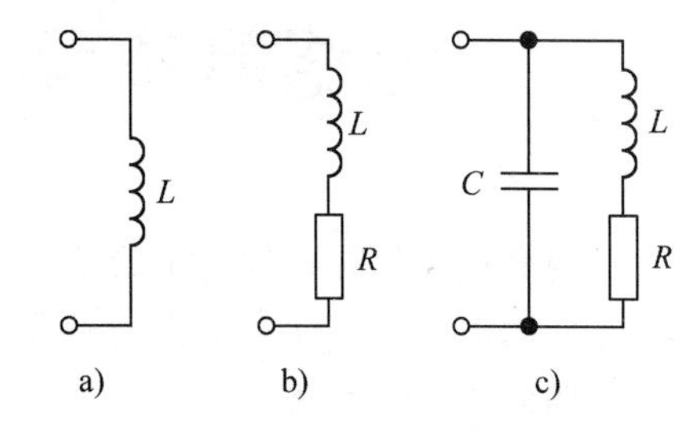

图 1-2　电感线圈模型

当线圈工作在更高频率下且不满足集总化条件时，应采用分布参数电路模型对实际电路进行描述。

电路理论的研究对象是从实际电路中抽象出来的电路模型，电路的基本定律及分析方法是建立在电路模型基础上的。

1.2 电路变量

电路理论中的基本物理量主要有电荷、磁通(磁通链)、电流和电压。描述电路工作状态的基本变量是电流、电压和功率，本节提出了电流、电压参考方向的概念。

1.2.1 电流、电压及其参考方向

1. 电流及其参考方向

由物理学可知，电荷有规则的运动形成了电流，电流的大小等于单位时间内通过导体横截面的电荷量，即

$$i = \frac{\mathrm{d}q}{\mathrm{d}t} \tag{1-1}$$

电流的实际方向规定为正电荷移动的方向。电流的单位是安培，简称安(A)。常用的单位还有微安(μA)、毫安(mA)、千安(kA)等。

$$1\mathrm{A} = 10^3\mathrm{mA} = 10^6\mu\mathrm{A} \qquad 1\mathrm{kA} = 10^3\mathrm{A}$$

电流的大小和方向若不随时间变化，则称其为直流电流，用大写字符 I 表示；随时间变化的电流用小写字符 i 或 $i(t)$ 表示。

由于电流是有方向的，所以在分析电路中的某一电流时，需要先知道电流的方向。但对于一些较复杂的电路，电流的实际方向通常不能或不易直接判断出来，而对于方向是周期性变化的交变电流，若想确定它瞬时的实际方向就更困难。为解决这一问题，引入了参考方向的概念。也就是，先假设一个方向，称其为这个电流的参考方向。

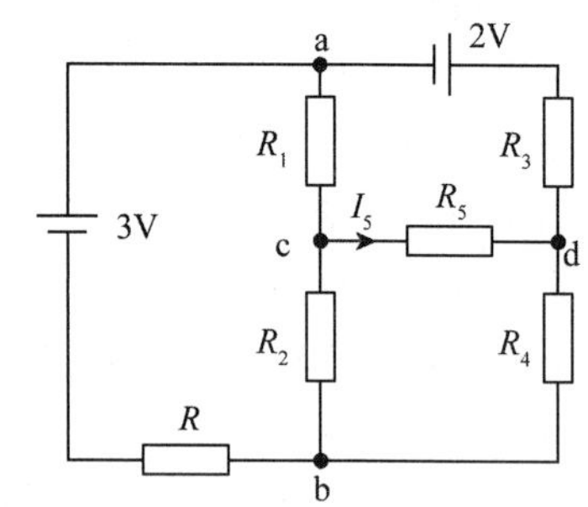

图 1-3　电流的参考方向

图 1-3 中电流 I_5 的实际方向不易直接判断出来，图中箭头表示了任意设定的 I_5 的参考方向。按照这个参考方向进

行电路的分析计算，I_5 的计算结果会有正值或负值两种可能。I_5 的实际方向可通过 I_5 的参考方向和电流值的正、负共同确定。

如果 $I_5>0$，说明 I_5 的实际方向与参考方向相同，因为按电流的实际方向计算时，计算结果只能是正值；如果 $I_5<0$，说明 I_5 的实际方向与参考方向相反。这样就解决了电流实际方向难以判断和表示的问题，使电路的分析计算得以进行。

2. 电压及其参考方向

由物理学可知，电压是表征电场性质的物理量之一，它反映了电场力移动电荷做功的能力。电场力把单位正电荷从 a 点移动到 b 点做的功，在数值上等于 ab 两点间的电压，用 u_{ab} 表示，即

$$u_{ab}=\frac{dw_{ab}}{dq} \tag{1-2}$$

电压的单位是伏特，简称伏(V)。常用单位还有微伏(μV)、毫伏(mV)、千伏(kV)等。

由电压定义可知，电压的实际方向是电场力对正电荷做功的方向。判断和表示电压的实际方向也与电流一样，有时会遇到困难，因此也需采用标注参考方向(或参考极性)的方法，根据参考方向进行分析计算。电压实际方向要通过电压的参考方向和电压数值的正、负共同判断。图 1-4a 中，若设电压 U 的参考方向是从 a 指向 b，当计算出 $U=-3V$ 时，说明电压的实际方向与参考方向相反，即由 b 指向 a；若 $U=3V$，说明电压的实际方向与参考方向相同。电压的参考方向常用"+""-"极性表示，或者用双下标表示。如图 1-4b 所示，电压参考方向是由"+"极指向"-"极。若用 u_{ab} 表示，则电压参考方向是由 a 指向 b。

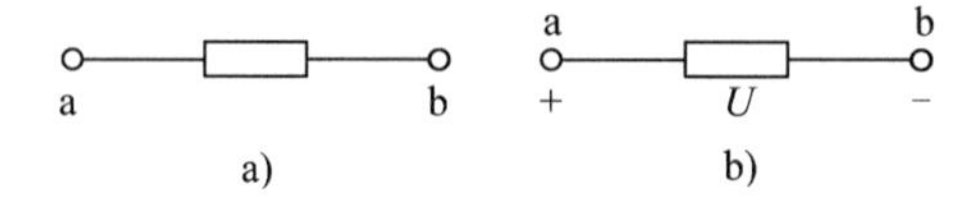

图 1-4 电压的参考方向

在电路分析中，元件的电流和电压的参考方向是任意选定的。若选电流的参考方向与电压的参考方向(极性)相同，即电流从电压的"+"端流入、"-"端流出，如图 1-5 所示，称其为关联参考方向；非关联的参考方向如图 1-6 所示，即电流从元件电压的"-"端流入、"+"端流出。

图 1-5 关联参考方向　　图 1-6 非关联参考方向

在电路分析中，有时使用电位的概念分析电路，或者判断电气设备的故障部位。取电路中某一点为参考点，则任一点到参考点间的电压称为该点的电位。如图 1-7 所示，设 O 点为参考点，则 A 点到 O 点间的电压 U_{AO} 称为 A 点电位，用 U_A 表示，即

$$U_A=U_{AO}$$

电路中任意两点间的电压是两点的电位之差。图 1-7 中 A、B 两点间的电压为

$$U_{AB}=U_{AO}-U_{BO}$$

在电子电路中，一般都把电源、输入信号和输出信号的公共端接在一起，作为参考点，有时可不画出电源的符号，而只标出其电位的极性和数值。如图 1-8a 可画成图 1-8b 所示形式。

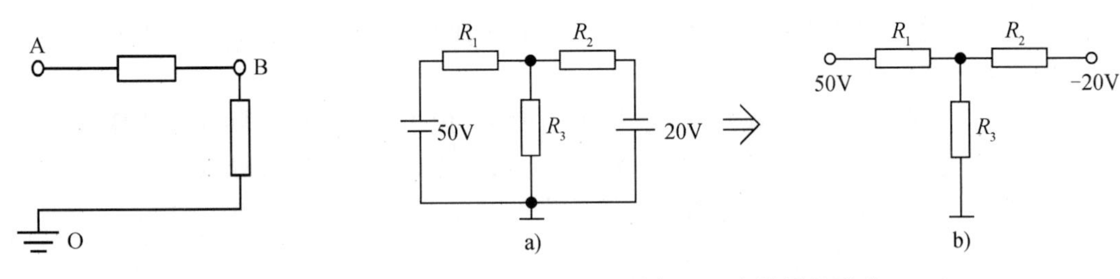

图 1-7 电位

图 1-8 电路图的形式

在电路分析中，有时使用电动势表示电源。电动势是衡量外力移动正电荷从低电位到高电位做功能力的物理量，其大小为

$$e = \frac{\mathrm{d}w_{\mathrm{ba}}}{\mathrm{d}q} \tag{1-3}$$

电动势的单位也是伏特(V)，其实际方向规定为从低电位指向高电位。

电动势和电压的物理意义虽然不同，但二者都可表示电源元件两端电位的高低。需注意的是，电压的实际方向是由高电位指向低电位，电动势的实际方向是从低电位指向高电位，即二者的实际方向相反。与电压一样，电动势也需引入参考方向的表示方法，用“+”“-”参考极性表示，电动势的电路模型如图 1-9 所示。

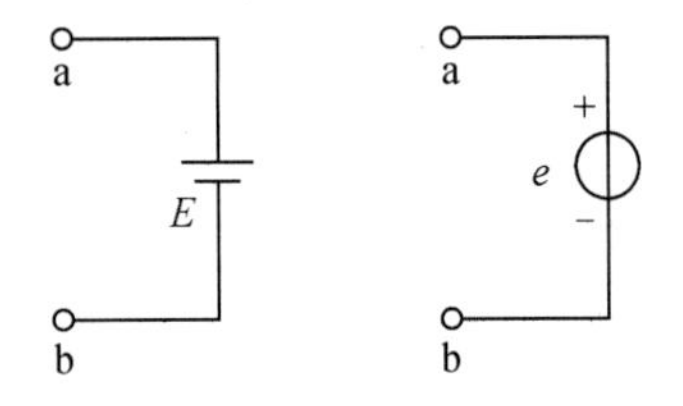

图 1-9 电动势的电路模型

1.2.2 功率和能量

功率和能量的计算也是电路分析的主要内容。我们知道，所有实际器件对功率的大小都是有限制的，另外，使用和消耗了电能，就要向供电部门缴纳电费，所以，在设计中只计算电压和电流是不够的。

电场力做功使得正电荷经电路元件(或一段电路)从高电位移到低电位(这时电压和电流的实际方向相同)，此时电位能减少，说明电路元件吸收了电能；当正电荷经电路元件从低电位移到高电位(这时电压和电流的实际方向相反)，则需要外力作功，此时电位能增加，说明电路元件发出了电能。电路元件吸收或发出能量 w 的速率称为功率，用 p 表示，即

$$p = \frac{\mathrm{d}w}{\mathrm{d}t}$$

根据电压定义

$$u = \frac{\mathrm{d}w}{\mathrm{d}q}$$

和电流定义

$$i = \frac{\mathrm{d}q}{\mathrm{d}t}$$

有

$$\mathrm{d}w = u \cdot \mathrm{d}q = ui\mathrm{d}t$$

故

$$p = \frac{\mathrm{d}w}{\mathrm{d}t} = ui \tag{1-4}$$

在国际单位制中，电流单位为安培，电压单位为伏特，功率单位为瓦特，简称瓦(W)。

根据式(1-4)，可得到 t_0 到 t 时间内，电路吸收或发出的能量为

$$w(t) = \int_{t_0}^{t} p(\xi)\mathrm{d}\xi = \int_{t_0}^{t} u(\xi)i(\xi)\mathrm{d}\xi \tag{1-5}$$

下面讨论当电路元件的电压、电流用参考方向表示时，如何判断该元件是吸收电能还是发出电能。

1）电压、电流的参考方向相同(关联参考方向)时，若 $p>0$，可知 u、i 值同为正或同为负，说明 u、i 实际方向一致，即正电荷从元件高电位移向低电位，电场力做功，元件吸收电能；若 $p<0$，则元件发出电能。

2）电压与电流的参考方向相反(非关联参考方向)时，若 $p>0$，说明 u、i 的实际方向也相反，元件发出电能；若 $p<0$，则元件是吸收电能的。

以上有关功率的讨论不仅适用于一个元件，也适用于一段电路。

【例 1-1】电路如图 1-10 所示，各元件上电流和电压的参考方向均已选定。已知：$U_1=1\text{V}$，$U_2=-3\text{V}$，$U_3=8\text{V}$，$U_4=-4\text{V}$，$U_5=7\text{V}$，$U_6=-3\text{V}$，$I_1=2\text{A}$，$I_2=1\text{A}$，$I_3=-1\text{A}$，试求各元件的功率，指出它们是吸收电能还是发出电能，并验证整个电路的总功率是否满足能量守恒定律。

解　$P_1=U_1I_1=1\times2=2\text{W}$，由于 U_1 与 I_1 的参考方向相反，且 $P_1>0$，故判断元件 1 发出电能。同理，

$$P_2=U_2I_1=(-3)\times2=-6\text{W}(\text{发出})$$
$$P_3=U_3I_1=8\times2=16\text{W}(\text{吸收})$$
$$P_4=U_4I_2=(-4)\times1=-4\text{W}(\text{发出})$$
$$P_5=U_5I_3=7\times(-1)=-7\text{W}(\text{发出})$$
$$P_6=U_6I_3=(-3)\times(-1)=3\text{W}(\text{吸收})$$

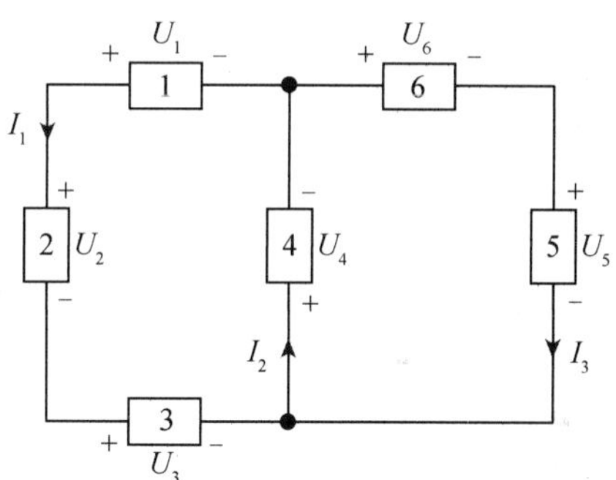

图 1-10　例 1-1 图

且
$$\sum P_{\text{发出}} = \sum P_{\text{吸收}}$$

本题的计算结果验证了电路的功率满足能量守恒定律。

1.3　电路元件

电路中有两种类型的元件：无源元件和有源元件。无源元件包括电阻、电容、电感，有源元件包括独立电源和受控源。有源元件能够产生能量，而无源元件则不能产生能量。

1.3.1　电阻元件

电阻元件是表征消耗能量的理想元件，其特性是由电阻元件的电压电流关系表征的，称为伏安特性。从特性来看，电阻元件可分为线性电阻、非线性电阻、时不变电阻和时变电阻。

线性电阻元件的电路模型如图 1-11 所示，电压电流的参考方向设为关联参考方向。在任何时刻，线性电阻元件的电压与电流的关系服从欧姆定律，其伏安特性曲线是通过坐标原点的直线，如图 1-12 所示。

应用欧姆定律，图 1-11 所示电阻元件的电压电流关系式为

$$u = Ri \tag{1-6a}$$

式中，R 表示电阻值。图 1-12 为电阻元件的伏安特性曲线，从中看出，电阻值

$$R = \frac{u}{i} = \tan\alpha$$

线性电阻元件的电阻值是一个与电压 u、电流 i 无关的常数。

令 $G = \dfrac{1}{R}$，称为电导，则式(1-6a)可写成 $i = Gu$。式中，电阻的单位为欧姆(Ω)，电导的单位为西门子(S)。

如果电阻元件上电压的参考方向与电流的参考方向设成相反(非关联参考方向)，如图 1-13 所示，则应用欧姆定律时，应写成

$$u = -Ri \tag{1-6b}$$

或

$$i = -Gu$$

所以，欧姆定律的公式必须和参考方向配合使用。

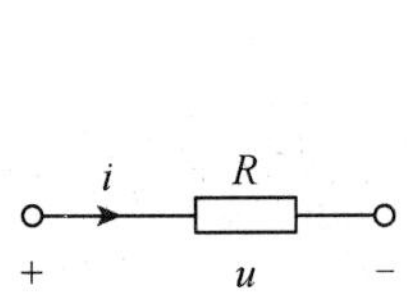

图 1-11 电阻元件

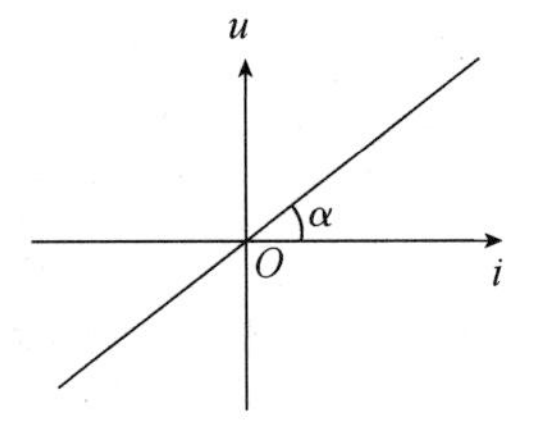

图 1-12 电阻元件的伏安特性曲线

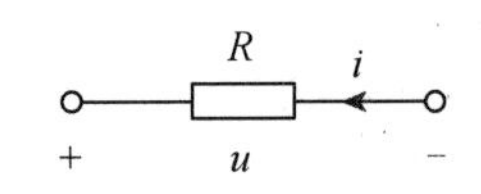

图 1-13 u、i 方向非关联

由式(1-6a)可知，任何时刻，线性电阻元件的电压(或电流)完全由同一时刻的电流(或电压)所决定，而与前一时刻的电流(或电压)的值无关。

在电压电流关联参考方向下，线性电阻元件在任何时刻吸取的功率为

$$p = ui = Ri^2 = Gu^2$$

式中，电阻 R、电导 G 是正实数，故功率 p 为非负值，这说明任何时刻电阻元件都在吸收电能，所以线性电阻元件是耗能元件，也是无源元件。

具有电阻特性的电阻器、电灯、电炉、电熨斗、烤面包机等实际器件，它们的伏安特性曲线都有程度不同的非线性。但是在一定工作电流(或电压)范围内，若这些元件的伏安特性曲线近似为直线，则可以将其当成线性电阻元件进行分析。

非线性电阻元件的伏安特性不是一条通过原点的直线，二极管的伏安特性曲线如图 1-14 所示，因此二极管是一个非线性电阻元件。另外，二极管的伏安特性还与其电压或电流的方向有关。当二极管两端的电压方向不同时，特性曲线也不同。而前面讨论的线性电阻元件的特性则与电压或电流的方向无关，因此，线性电阻是双向性元件。

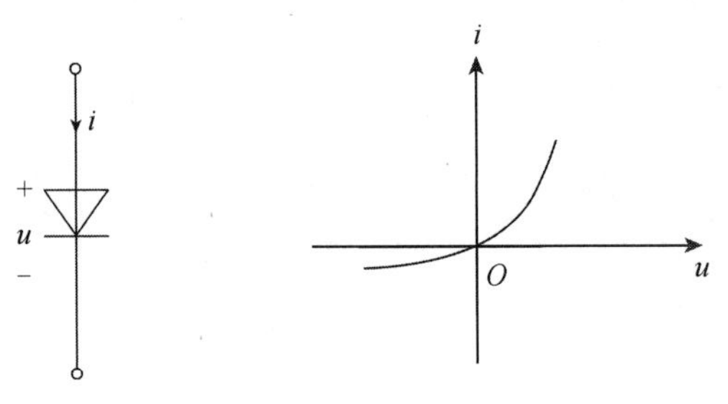

图 1-14 二极管(非线性电阻)及其伏安特性曲线

如果电阻元件的伏安特性不随时间改变，则称其为非时变电阻元件；若其伏安特性是随时间改变的，则称其为时变电阻元件。

1.3.2　电容元件

电容元件是表征储存电场能量的理想元件，其特性是由电容元件的电压电荷关系表示的，称为库伏特性。从元件特性来看，电容元件可分为线性电容、非线性电容、时不变电容和时变电容。为了便于分析电路，需以库伏特性为基础，建立电容元件的电压电流关系。

电容元件的电路模型如图 1-15a 所示。根据物理学知识和参考方向的应用，若设电容元件的电压参考方向由正极板指向负极板，则任何时刻，正极板上的电荷与电压有如下关系：

$$q = Cu \tag{1-7}$$

式(1-7)为电容元件的库伏特性，式中 C 为电容值，其大小反映了元件储存电场能量的能力。若不满足上述参考方向的设定，在式(1-7)等号右端应添负号。

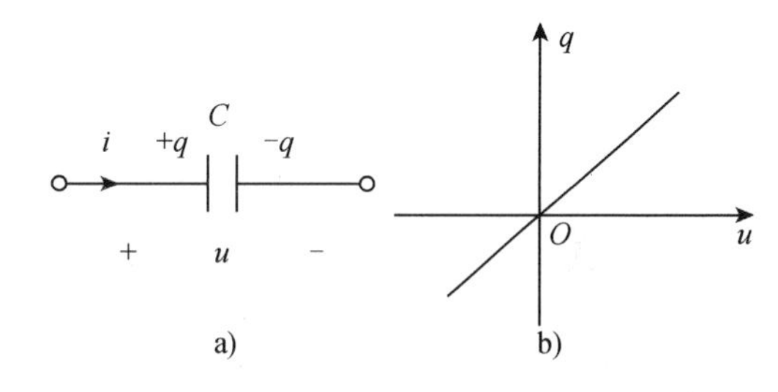

图 1-15　电容元件及其库伏特性曲线

线性电容元件的库伏特性是通过 $q-u$ 坐标原点的直线，如图 1-15b 所示，这说明线性电容元件的电容值是一个与电荷 q、电压 u 无关的正实常数。电容的单位为法拉，简称法，用 F 表示。通常采用微法(μF)、皮法(pF)作为电容的单位，$1\mu F = 10^{-6}F$，$1pF = 10^{-12}F$。

下面建立电容元件的电压与电流的关系。

由物理学可知，当极板间电压发生变化时，极板上的电荷也随着改变，于是电路中出现电流。如果设电流参考方向如图 1-15a 所示，则有

$$i = \frac{dq}{dt}$$

上式表明，当电荷增加时，$i>0$，说明电流的实际方向与参考方向相同，此时电容充电；当电荷减少时，$i<0$，说明电流的实际方向与参考方向相反，此时电容放电。

将电容的库伏特性表达式(1-7)代入上式，且电荷、电压、电流三者的参考方向如图 1-15a 所示，可得

$$i = \frac{dq}{dt} = \frac{dCu}{dt} = C\frac{du}{dt} \tag{1-8a}$$

式(1-8a)表示的是电容元件的电压与电流的关系式，是分析电容元件的依据。需要注意的是，从推导过程可知，式(1-8a)是在电流参考方向与电压参考方向相同(关联参考方向)时得到的，如图 1-15a 所示。如果电压与电流的参考方向不一致(非关联参考方向)，则有

$$i = -C\frac{du}{dt} \tag{1-8b}$$

因为电容元件的伏安关系是一种微分关系，故电容元件又称为动态元件。从式(1-8a)可看出，任何时刻，线性电容元件中的电流与该时刻电压的变化率成正比。当电压发生剧变(即$\frac{du}{dt}$很大)时，电流会很大；当电压不随时间变化(即使此刻电压值很大)时，电容中的电流为零，这时电容元件相当于断路(或开路)。

在图1-15a所示的电流参考方向和电荷参考极性下，由$i=\dfrac{dq}{dt}$，可得到从t_0时刻起，电荷q与电流i的积分关系为

$$\int_{q(t_0)}^{q(t)} dq = \int_{t_0}^{t} i(\xi)\,d\xi$$

$$q(t) - q(t_0) = \int_{t_0}^{t} i(\xi)\,d\xi$$

$$q(t) = q(t_0) + \int_{t_0}^{t} i(\xi)\,d\xi \tag{1-9}$$

对于线性电容元件，由式(1-9)，可得到电容的电压与电流的积分关系

$$u(t) = \frac{1}{C}q(t) = \frac{1}{C}q(t_0) + \frac{1}{C}\int_{t_0}^{t} i(\xi)\,d\xi = u(t_0) + \frac{1}{C}\int_{t_0}^{t} i(\xi)\,d\xi \tag{1-10}$$

从式(1-10)可看出，在任何时刻t，电容元件的电压$u(t)$与其初始值$u(t_0)$和从t_0到t的所有电流值有关。式(1-10)与式(1-8)一样，也是电容元件的电压与电流的关系式。

在电压和电流具有关联参考方向时，线性电容元件吸收的瞬时功率为

$$p = u \cdot i = Cu\frac{du}{dt}$$

从t_0到t时间内，电容元件吸收的电能为

$$\begin{aligned} W_C &= \int_{t_0}^{t} u(\xi)i(\xi)\,d\xi = \int_{t_0}^{t} Cu(\xi)\frac{du(\xi)}{d\xi}\cdot d\xi = C\int_{u(t_0)}^{u(t)} u(\xi)\,du(\xi) \\ &= \frac{1}{2}Cu^2(t) - \frac{1}{2}Cu^2(t_0) \end{aligned} \tag{1-11}$$

其中，$\dfrac{1}{2}Cu^2(t_0)$是电容元件在t_0时刻已经储存的电场能量。

式(1-11)中，如果$u(t_0)=0$，即电容元件在初始时刻t_0未有储能，那么电容元件在任何时刻t所储存的电场能量$W_C(t)$将等于它在t_0到t时间内吸收的能量，即

$$W_C(t) = \frac{1}{2}Cu^2(t)$$

式(1-11)中，如果$u^2(t)>u^2(t_0)$，则电容元件充电(吸收能量)；如果$u^2(t)<u^2(t_0)$，则电容元件放电(释放能量)。电容元件是一种储能元件，而且不会释放出多于它所吸收或储存的能量，因此电容元件是一种无源元件。

电容器是为了获得一定大小的电容制造出的实际器件，当电容器的损耗不可忽略时，通常用线性电阻元件和线性电容元件的并联组合作为电容器的电路模型。电容的效应在其他场合也存在，如一对架空输电线之间就有电容，因为一对输电线可视作电容的两个极板，输电线之间的空气则为电容极板间的介质，这就相当于电容器的作用。又如一只电感线圈，各线匝之间也有电容，不过这种匝间电容比较小，当线圈中电流和电压随时间变化不快时，其电容效应可略去不计。

1.3.3 电感元件

电感元件是表征储存磁场能量的理想元件，其特性是由磁链与电流关系表示的，称为韦安特性。从元件特性来看，电感元件可分为线性电感、非线性电感、时不变电感和时变电

感。为了便于分析电路，需以韦安特性为基础，建立电感元件的电压电流关系。

先讨论电感元件的韦安特性。由物理学可知，如图 1-16a 所示线圈中通过电流 i 后，在线圈中将产生磁通 ϕ_L，磁链 ψ_L 为通过各匝线圈的磁通之和，当磁链 ψ_L 的参考方向与电流 i 的参考方向满足右手螺旋关系时，线圈的磁链 ψ_L 与电流 i 的关系为

$$\psi_L = Li \tag{1-12}$$

式(1-12)为电感元件的韦安特性，式中 L 称为线圈的电感，其大小反映了线圈储存磁场能量的能力。电感元件的电路模型如图 1-16b 所示。

线性电感元件的韦安特性是通过 $\psi_L - i$ 坐标原点的直线，见图 1-16c，所以线性电感元件的电感值是一个与磁链 ψ_L、电流 i 无关的正实常数。磁通和磁链的单位是韦伯(wb)，电感的单位是亨利，简称亨(H)，有时还采用毫亨(mH)和微亨(μH)作为电感的单位，且有 $1\text{H} = 10^3\text{mH} = 10^6\mu\text{H}$。

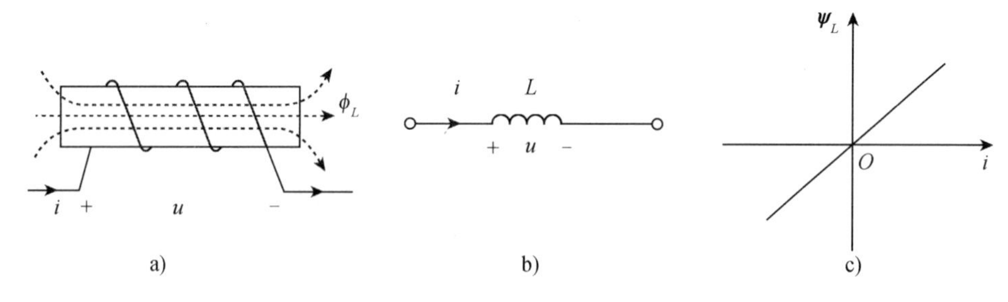

图 1-16　线性电感元件及其韦安特性曲线

下面研究电感元件的电压与电流的关系。

依据电磁感应定律，线圈中的电流 i 随时间变化时，磁链随之改变，线圈两端便产生感应电压，当感应电压 u 的参考方向与磁链 ψ_L 的参考方向满足右手螺旋关系时，如图 1-16a 所示，有

$$u = \frac{\mathrm{d}\psi_L}{\mathrm{d}t} \tag{1-13}$$

把式(1-12)所示的线性电感元件的韦安特性代入式(1-13)，可得

$$u = L\frac{\mathrm{d}i}{\mathrm{d}t} \tag{1-14a}$$

式(1-14a)是线性电感元件的电压电流关系。式(1-14a)是在 i 与 ψ_L、u 与 ψ_L 的参考方向分别满足右手螺旋关系条件下得出的，因此可以说，式(1-14a)是在 u 与 i 具有关联参考方向下得出的。如果 u 与 i 为非关联参考方向，则在式(1-14a)等号右端应添负号，即

$$u = -L\frac{\mathrm{d}i}{\mathrm{d}t} \tag{1-14b}$$

由式(1-14a)可知，任何时刻，线性电感元件上的电压与该时刻的电流变化率成正比。电流变化快，感应电压高；电流变化慢，感应电压低。当电流不随时间变化时，则感应电压为零，这时电感元件相当于短路。

如图 1-17 所示电路，电动势 U_s 是常数，当电路中各元件的电压、电流不随时间变化时，则电感元件相当于短路，电容元件相当于断路，此时电路如图 1-18 所示。

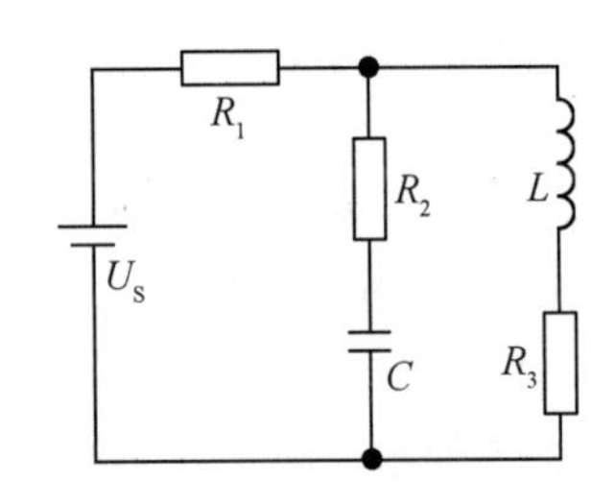

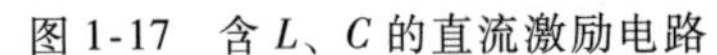
图 1-17　含 L、C 的直流激励电路

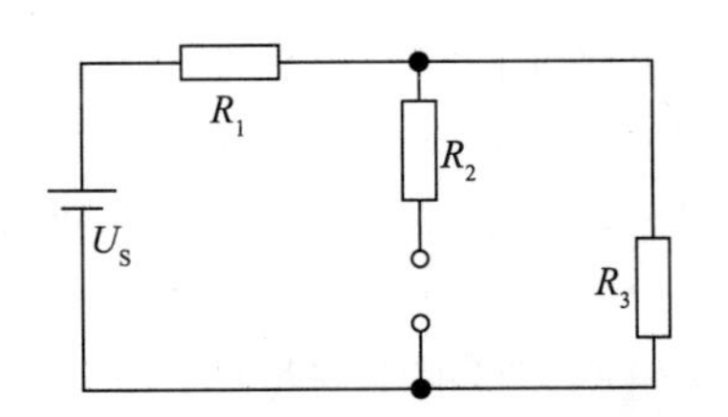

图 1-18　电感元件短路，电容元件断路

在图 1-16b 所示的关联参考方向下，仿照式(1-9)的推导过程，由式(1-13)，可得到电感元件的自感磁链 ψ_L 与电压 u 的积分关系

$$\psi_L(t) = \psi_L(t_0) + \int_{t_0}^{t} u(\xi)\,\mathrm{d}\xi$$

对于线性电感元件，其电流与电压的关系为

$$i(t) = \frac{1}{L}\psi_L(t) = \frac{1}{L}\psi_L(t_0) + \frac{1}{L}\int_{t_0}^{t} u(\xi)\,\mathrm{d}\xi = i(t_0) + \frac{1}{L}\int_{t_0}^{t} u(\xi)\,\mathrm{d}\xi \qquad (1\text{-}15)$$

从式(1-15)可看出，在任何时刻 t，电感元件的电流 $i(t)$ 是由其初始值 $i(t_0)$，以及从 t_0 到 t 的所有电压值决定的。式(1-14)和式(1-15)是线性电感元件的电流与电压的关系式，是分析线性电感元件的依据。

在电压和电流具有关联参考方向时，线性电感元件吸收的功率为

$$p = u \cdot i = Li\frac{\mathrm{d}i}{\mathrm{d}t}$$

从 t_0 到 t 时间内，电感元件吸收的电能为

$$\begin{aligned} W_L &= \int_{t_0}^{t} u(\xi)i(\xi)\,\mathrm{d}\xi = \int_{t_0}^{t} Li(\xi)\frac{\mathrm{d}i(\xi)}{\mathrm{d}\xi}\cdot \mathrm{d}\xi = L\int_{i(t_0)}^{i(t)} i(\xi)\,\mathrm{d}i(\xi) \\ &= \frac{1}{2}Li^2(t) - \frac{1}{2}Li^2(t_0) \end{aligned} \qquad (1\text{-}16)$$

式中，如果 $i(t_0)=0$，即 t_0 时刻磁场能量为零，则电感元件在时刻 t 所储存的磁场能量 $W_L(t)$ 等于它在 t_0 到 t 时间内所吸收的能量，即

$$W_L(t) = \frac{1}{2}Li^2(t)$$

与电容元件的分析结果相同，电感元件也是一种储能元件。同时，电感元件也不会释放出多于它所吸收或储存的能量，因此也是一种无源二端元件。

对于空心线圈，可以用线性电感表征其储存磁场能量的特性。当线圈导线电阻的损耗不可忽略时，通常用线性电阻元件和线性电感元件的串联组合作为空心线圈的电路模型。

对于铁心线圈，需用非线性电感元件表征其储存磁场能量的特性。因为在线圈中放入铁心后，其韦安特性是非线性的，电感不是常数。不过，如果铁心中含有较大的空气隙，或者在铁磁材料的非饱和状态下工作，那么韦安特性可近似为线性的。

式(1-6)、式(1-8)、式(1-14)分别是分析 R、L、C 元件的电压电流关系的理论依据。

1.3.4　电压源

任何实际电路正常工作时必须要有提供能量的电源，实际电源多种多样。为了对实际电

源进行模拟，理论上定义了两种理想的独立电源：独立电压源和独立电流源。加“独立”二字是为了与后面介绍的受控源(非独立电源)相区别。

独立电压源和独立电流源，分别简称为电压源和电流源。

电压源是一个理想的有源二端元件。电压源的电压不随外电路的变化而变化，其电路模型如图 1-19 所示。图 1-19a 所示模型可表示直流电压源或随时间变化的电压源，而图 1-19b 只表示直流电压源，图 1-19c 表示电压源的伏安特性，表达式为 $u=U_S$。

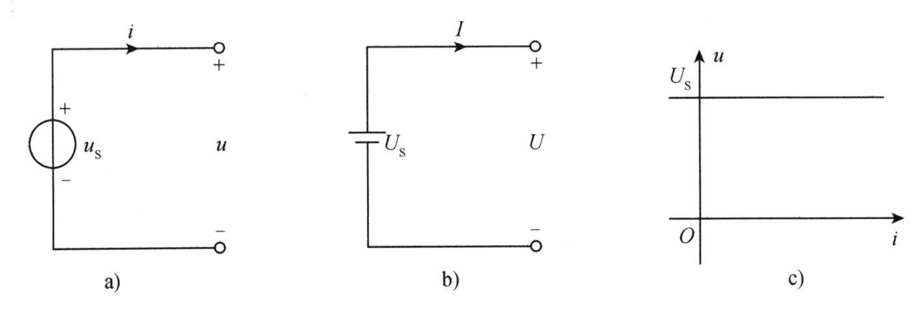

图 1-19　电压源的电路模型及其伏安特性曲线

1.3.5　电流源

电流源也是一个理想的有源二端元件。电流源的电流不随外电路的变化而变化，其电路模型如图 1-20a 所示。箭头表示电流的参考方向，伏安特性曲线如图 1-20b 所示，其表达式为 $i=i_S$。

【例 1-2】分别计算图 1-21 中电压源和电流源的功率。

解　电压源的电流为 3A，电流源的端电压为 5V，所以

图 1-21a 中，

$$P_1=3\times5=15\text{W}$$

图 1-21b 中，

$$P_2=2\times5=10\text{W}$$

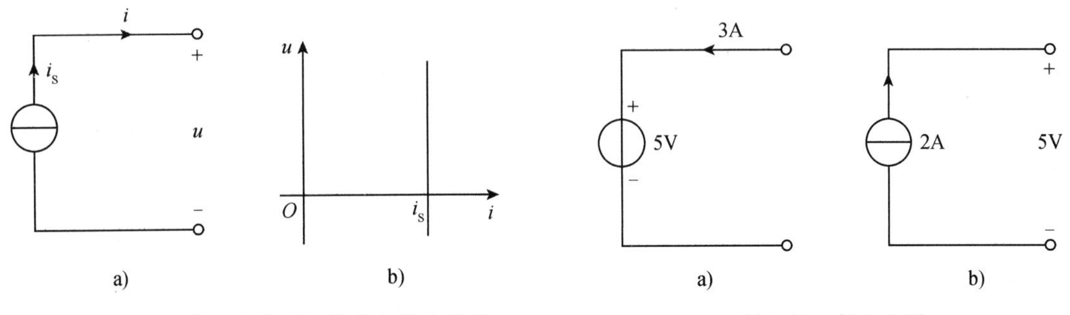

图 1-20　电流源的电路模型及其伏安特性曲线　　图 1-21　例 1-2 图

由于 P_1、P_2 均大于 0，且电压源的电压与其电流参考方向相同，而电流源的电流与其电压参考方向相反，因此可判定，电压源吸收功率，电流源发出功率。可见，电源既能发出功率也能吸收功率。

1.3.6 受控电源

受控电源是从实际半导体器件抽象出来的理想化模型。对一些半导体器件，如晶体三极管、场效应晶体管等，若想建立它们的电路模型，仅用前面讲过的 R、L、C 元件描述它们的特性是不够的，需要提出受控电源这一理想元件。受控电源包括受控电压源和受控电流源，受控电压(流)源的电压(流)是受电路中某处电压(流)控制的，也称为非独立电源。例如，晶体管集电极电流受基极电流控制，因此晶体管集电极电流可视为受控电流源。

受控电源共有四种，分别为：电压控制的电压源(VCVS)、电压控制的电流源(VCCS)、电流控制的电压源(CCVS)和电流控制的电流源(CCCS)。它们的电路模型分别如图 1-22 所示，受控电源用菱形符号表示。μ、g、r、β 称为控制系数，其中 μ、β 是比例系数，g 的单位是西门子(S)，r 的单位为欧姆(Ω)。当这些系数为常数时，对应电源称为线性受控源。

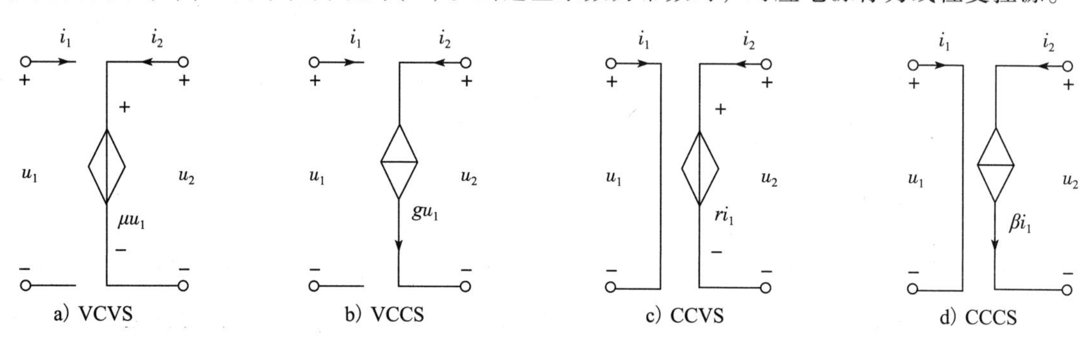

图 1-22 四种受控源的电路模型

图 1-23 是一个含受控电源的电路，其中受控电源是电流控制电流源，受控电源的参数 0.98I 称为受控量，I 称为控制量。

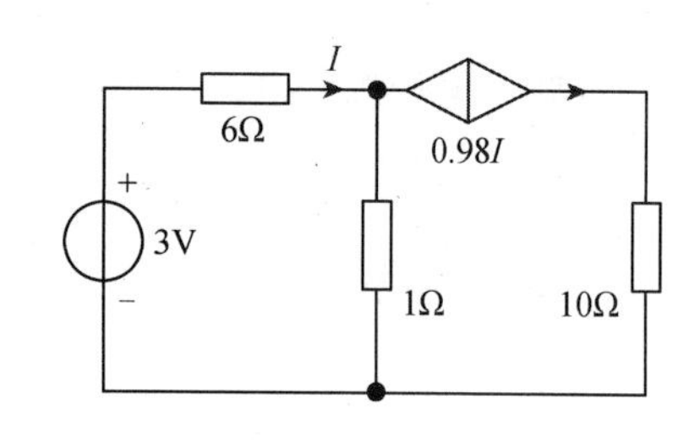

图 1-23 含受控电源的电路

应当指出，独立电源在电路中发挥激励作用，在电路中产生电压和电流，而受控电源反映电路中某处的电压或电流受另一处的电压或电流控制这一现象。当控制量为零时，受控电源也为零。

1.4 基尔霍夫定律

前面几节讨论了单个电路元件的电压与电流的约束关系，本节将研究由这些元件组成电路后，电路中各元件电压的约束关系及电流的约束关系。

集总参数电路模型是由若干理想电路元件连接而成的，电路中各元件的电流和电压必然受到两类约束：一类约束是元件本身特性对元件电压、电流形成的约束，如式(1-6a)、式(1-8a)和式(1-14a)所示；另一类约束是组成电路的各个元件的电压(电流)之间的约束，一般叫作拓扑约束或互连约束，基尔霍夫定律阐述的正是这种约束关系。

在介绍基尔霍夫定律之前，先针对如图 1-24 所示的电路介绍几个描述电路结构的术语。

支路：把电路中通过同一个电流的一段电路称作支路。在图 1-24 所示电路中有 3 条支路，即 alb、a2b、a3b。支路 a1b 和 a2b 中含有电源，称为含源支路；支路 a3b 中没有电源，称为无源支路。

节点：三条或三条以上支路的连接点称作节点。图 1-24 所示电路图中有两个节点，即节点 a 和节点 b。

回路：电路中任一闭合路径称为回路，图 1-24 中有 3 条回路，即 a3b2a、a2b1a、a3b1a。

网孔：内部不含支路的回路称为网孔，在图 1-24 中，a3b2a、a2b1a 为网孔。

基尔霍夫定律是集总参数电路的基本定律，它包括电流定律和电压定律，下面分别予以介绍。

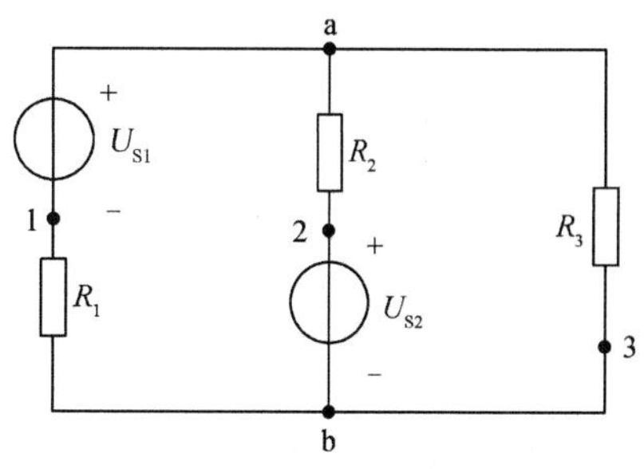

图 1-24　节点、支路、回路

1.4.1　基尔霍夫电流定律

基尔霍夫电流定律(Kirchhoff's Current Law，KCL)：在集总电路中，任何时刻流入或流出任一节点的所有支路电流的代数和等于零，其数学表达式为

$$\sum i = 0 \tag{1-17}$$

式中，若流出节点的电流取“+”号，则流入节点的电流取“-”号。例如，对于图 1-25a 所示电路中的节点 1，在给定的参考方向下，设流出节点的电流取“+”号，则应用 KCL 可列出方程

$$-i_1 + i_{12} - i_{31} = 0$$

或写成

$$i_{12} = i_1 + i_{31}$$

此式说明，任何时刻，流入任意节点的支路电流之和等于流出该节点的支路电流之和。

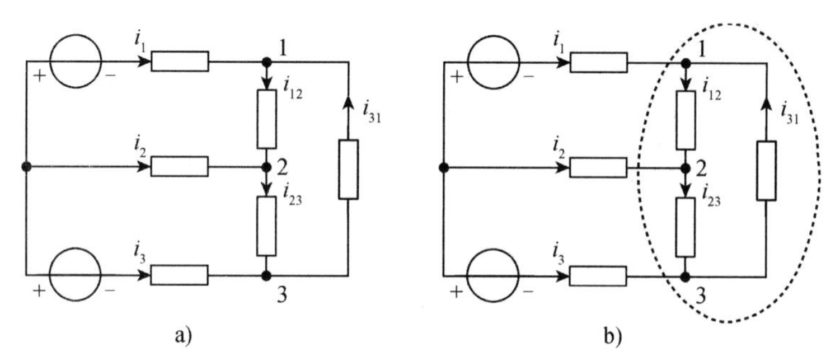

图 1-25　KCL 应用示例

KCL 不仅适用于节点，对包围了几个节点的闭合面也是适用的，此时，闭合面称为广义节点。如图 1-25b 所示电路中的虚线包围区域，设流入闭合面的电流取“+”号，则对闭合面可列出

$$i_1 + i_2 + i_3 = 0$$

下面进行简单的证明。

闭合面内包含三个节点 1、2 和 3，对它们分别列出 KCL 方程：

对节点 1，

$$i_1 = i_{12} - i_{31}$$

对节点 2，

$$i_2 = i_{23} - i_{12}$$

对节点3，

$$i_3 = i_{31} - i_{23}$$

三式相加有

$$i_1 + i_2 + i_3 = 0$$

可见，流入或流出闭合面的各支路电流的代数和等于零，满足基尔霍夫电流定律。

基尔霍夫电流定律是电流连续性的体现，即在电路中的任何一个节点上，电荷既不能产生，也不能消失。

1.4.2 基尔霍夫电压定律

基尔霍夫电压定律(Kirchhoff's Voltage Law, KVL)：在集总电路中，任何时刻，沿任一回路所有支路(或元件)电压的代数和等于零，其数学表达式为

$$\sum u = 0 \tag{1-18}$$

在列写如式(1-18)所示的回路电压方程时，需要指定回路的绕行方向。凡支路(或元件)电压的参考方向与回路绕行方向一致者，在式(1-18)中该项电压取"+"号；否则取"-"号。

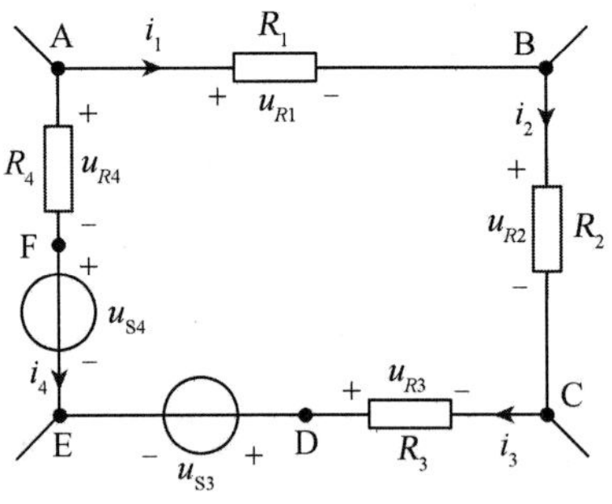

图1-26所示为某电路的一个回路，设回路的绕行方向是顺时针方向，然后按给定各元件电压的参考方向，根据式(1-18)，可写出

$$u_{R1} + u_{R2} - u_{R3} + u_{S3} - u_{S4} - u_{R4} = 0 \tag{1-19}$$

图1-26 KVL应用示例

这就是一个回路中各元件电压的约束关系。为了能求解电流，还需把各电阻元件的电压电流关系式代入式(1-19)，注意欧姆定律的正负号，则有

$$R_1 i_1 + R_2 i_2 + R_3 i_3 + u_{S3} - u_{S4} - R_4 i_4 = 0 \tag{1-20}$$

由式(1-20)可看出，当电阻中的电流参考方向与绕行方向一致时，该项电压前取"+"号，相反则取"-"号；电压源电压的参考方向与绕行方向一致时，其前面取"+"号，相反则取"-"号。依据这个规律，可以直接列写出如式(1-20)形式的KVL方程。

式(1-20)可以整理成

$$R_1 i_1 + R_2 i_2 + R_3 i_3 + u_{S3} = u_{S4} + R_4 i_4 \tag{1-21}$$

式(1-21)表明，方程等号左边和右边分别是图1-26中A点到E点2条路径(ABCDE路径和AFE路径)所经过的各元件的电压的代数和，不论沿哪条路径，A点和E点之间的电压值都是相同的。基尔霍夫电压定律是电压与路径无关这一性质的体现，即

$$u_{AE} = R_1 i_1 + R_2 i_2 + R_3 i_3 + u_{S3} \quad 或 \quad u_{AE} = u_{S4} + R_4 i_4 \tag{1-22}$$

式(1-22)表明，A点到E点的电压u_{AE}是沿着从A点走向E点的方向，写出所经过的各元件电压的代数和，当电阻中的电流参考方向与绕行方向一致时，该项电压前取"+"号，相反则取"-"号；电压源电压的参考方向与绕行方向一致时，其前面取"+"号，相反则取"-"号。依据这个规律，可以直接列写出电路中任意两点之间的电压方程。例如，按照此规律列写F点到C点的电压u_{FC}，有

$$u_{FC} = u_{S4} - u_{S3} - R_3 i_3 \quad 或 \quad u_{FC} = -R_4 i_4 + R_1 i_1 + R_2 i_2$$

上面的分析也启发我们，基尔霍夫电压定律不仅可以用于回路，还可以推广到不构成回路的某一段电路，但要将断开处的电压列入方程。图 1-27 是某网络中的部分电路，在 a、b 两点之间没有闭合，设绕行方向为沿 abcda 方向，且 a、b 两点间的电压用 u_{ab}表示，则可列写出回路方程

$$u_{ab}+i_3R_3+i_1R_1-u_{S1}+u_{S2}-i_2R_2=0 \tag{1-23}$$

整理得

$$u_{ab}=i_2R_2-u_{S2}+u_{S1}-i_1R_1-i_3R_3$$

此式与按照式(1-22)直接列写 a、b 两点之间的电压方程的结果是一样的。

KCL 确定了电路中任一节点的电流约束关系，而 KVL 确定了电路中任一回路的电压约束关系。这两个定律仅与元件的连接有关，而与元件本身无关。不论元件是线性的还是非线性的、是时变的还是非时变的，只要是集总参数电路，KCL 和 KVL 总是成立的。

各元件的电压和电流的约束关系以及 KCL 和 KVL 是分析电路的理论依据。

【**例 1-3**】用 KCL 和 KVL 求图 1-28 中各元件的电流和电压。

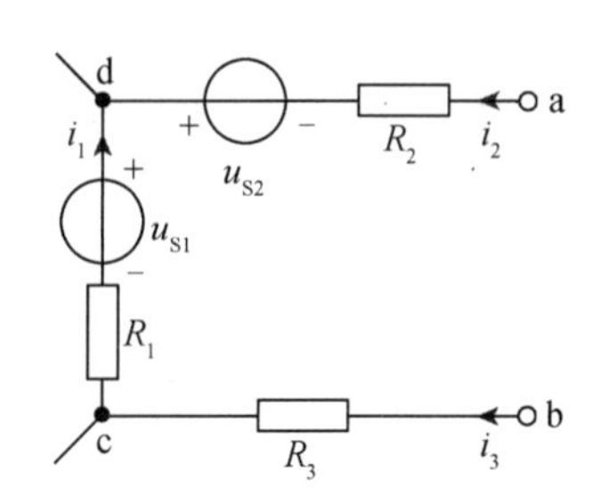

图 1-27　KVL 应用于某一段电路

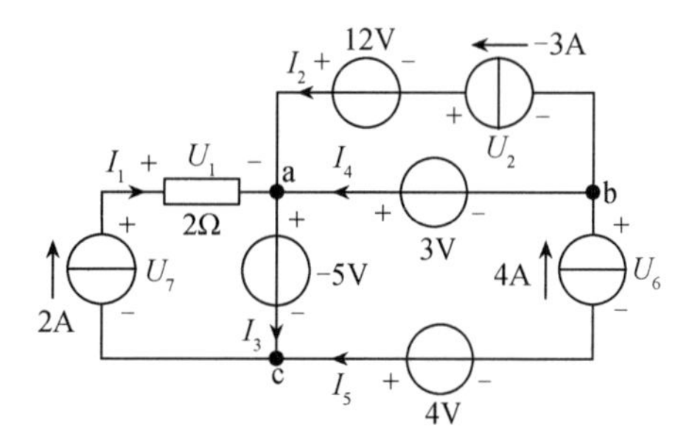

图 1-28　例 1-3 图

解　根据 KCL，

对于节点 b，

$$I_4=4-(-3)=7\text{A}$$

对于节点 a，

$$I_3=I_1+I_2+I_4=2+(-3)+7=6\text{A}$$

$$I_5=-4\text{A}$$

由欧姆定律，有

$$U_1=2I_1=2\times2=4\text{V}$$

根据 KVL，

$$U_2=-12+3=-9\text{V}$$

$$U_6=-3+(-5)+4=-4\text{V}$$

$$U_7=U_1+(-5)=4-5=-1\text{V}$$

【**例 1-4**】求图 1-29 中的 I_1 和 I_2。

解　由 KCL，对节点 a 有

$$I_1=3+8=11\text{A}$$

对由虚线表示的闭合面，KCL 仍然成立，所以有

$$I_2+4+3=0$$

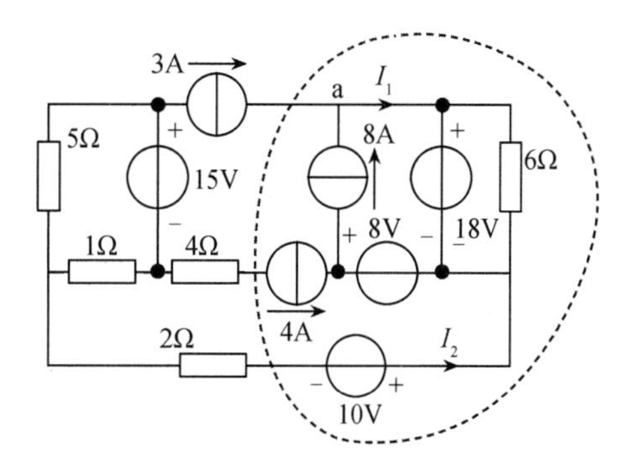

图 1-29　例 1-4 图

即

$$I_2 = -7\text{A}$$

【例 1-5】求图 1-30 所示电路的 U_{AB}。

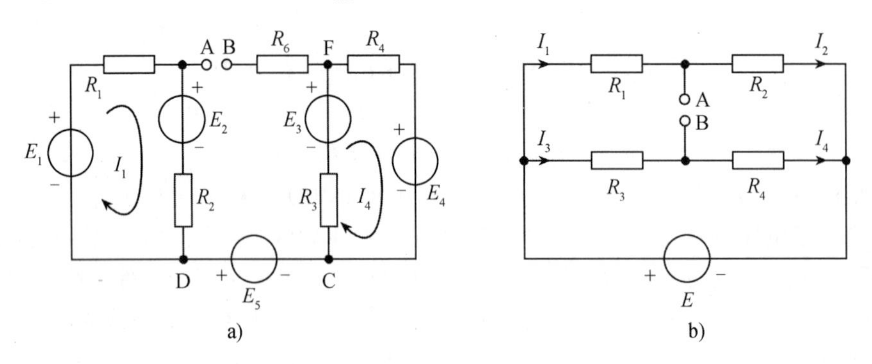

图 1-30 例 1-5 图

解 图 1-30a 中，由于 AB 间开路，对左、右两个回路分别列 KVL 方程

$$I_1R_1 + I_1R_2 = E_1 - E_2 \quad 或 \quad I_1 = \frac{E_1 - E_2}{R_1 + R_2}$$

$$I_4R_4 + I_4R_3 = E_3 - E_4 \quad 或 \quad I_4 = \frac{E_3 - E_4}{R_3 + R_4}$$

因为 R_6 中电流为零，所以

$$U_{AB} = U_{AD} + U_{DC} + U_{CF} + U_{FB} = E_2 + I_1R_2 + E_5 + I_4R_3 - E_3 + 0$$

$$= E_2 + E_5 - E_3 + R_2 \times \frac{E_1 - E_2}{R_1 + R_2} + R_3 \times \frac{E_3 - E_4}{R_3 + R_4}$$

$$= \frac{R_2E_1 + R_1E_2}{R_1 + R_2} - \frac{R_4E_3 + R_3E_4}{R_3 + R_4} + E_5$$

图 1-30b 中，由于 A、B 间开路，根据 KCL，有 $I_1 = I_2$，$I_3 = I_4$，由 KVL 有

$$R_1I_1 + R_2I_1 = E \quad 或 \quad I_1 = \frac{E}{R_1 + R_2}$$

$$R_3I_3 + R_4I_3 = E \quad 或 \quad I_3 = \frac{E}{R_3 + R_4}$$

所以

$$U_{AB} = R_2I_2 - R_4I_3 = R_2 \times \frac{E}{R_1 + R_2} - R_4 \times \frac{E}{R_3 + R_4}$$

$$= E \times \frac{R_2R_3 - R_1R_4}{(R_1 + R_2)(R_3 + R_4)}$$

【例 1-6】已知图 1-31 中，$i_1 = 5\text{A}$，$i_2 = 10\sin(20t)\text{A}$，$u_C = 5\cos(20t)\text{V}$。试求 i_L、u_{bd}。

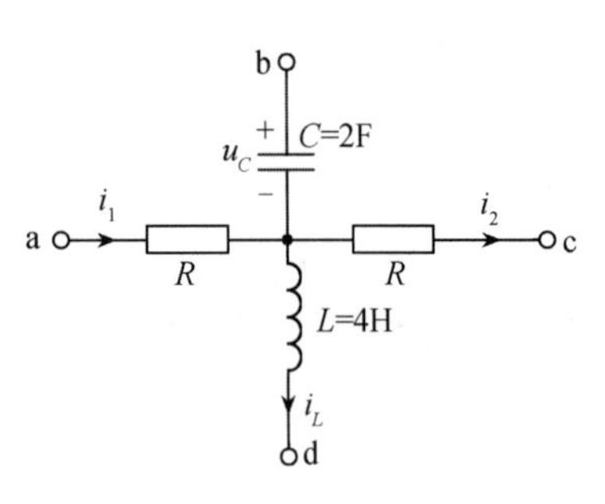

图 1-31 例 1-6 图

解 由基尔霍夫电流定律有

$$i_L = i_1 - i_2 + C\frac{\mathrm{d}u_C}{\mathrm{d}t} = 5 - 210\sin(20t)(\text{A})$$

由基尔霍夫电压定律有

$$u_{bd}=u_C+u_L=u_C+L\frac{di_L}{dt}=-16795\cos(20t)(V)$$

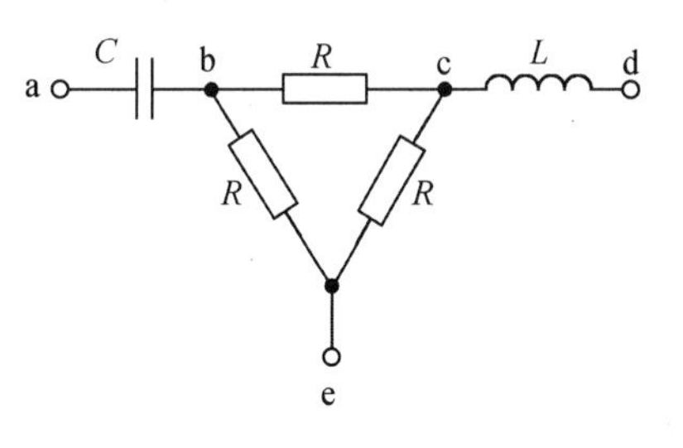

图 1-32　例 1-7 图

【例 1-7】图 1-32 中，已知 $R=1\Omega$，$C=0.1F$，$L=0.5H$，$u_{ab}=\sin(10t)V$，$u_{dc}=e^{-2t}V$，$i_{dc}(0)=1A$，求 $t>0$ 时的 u_{bc}。

解　根据电容和电感元件的伏安特性，分别有

$$i_{ab}=C\frac{du_{ab}}{dt}=0.1\frac{d}{dt}\sin(10t)=\cos(10t)(A)$$

$$i_{dc}=i_{dc}(0)+\frac{1}{L}\int_0^t u_{dc}dt=1+\frac{1}{0.5}\int_0^t e^{-2t}dt=2-e^{-2t}(A)$$

对节点 b 和 c 分别应用 KCL，

$$i_{be}=i_{ab}-i_{bc}=\cos(10t)-i_{bc}$$

$$i_{ce}=i_{dc}+i_{bc}=2-e^{-2t}+i_{bc}$$

对于由三个电阻构成的回路应用 KVL，有

$$Ri_{bc}=Ri_{be}-Ri_{ce}$$

把 i_{be}和 i_{ce}的表达式代入上式，整理得

$$i_{bc}=\frac{1}{3}[\cos(10t)-2+e^{-2t}](A)$$

故

$$u_{bc}=Ri_{bc}=\frac{1}{3}[\cos(10t)-2+e^{-2t}](V)$$

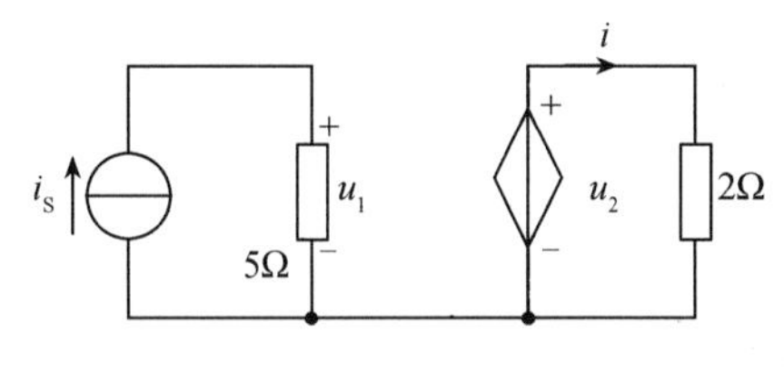

图 1-33　例 1-8 图

【例 1-8】求图 1-33 所示电路中的电流 i。其中 VCVS 的输出 $u_2=0.5u_1$，电流源 $i_S=2A$。

解　先求控制电压 u_1

$$u_1=2\times5=10V$$

则

$$i=\frac{u_2}{2}=\frac{0.5u_1}{2}=\frac{0.5\times10}{2}=2.5A$$

【例 1-9】已知如图 1-34 所示的电路中 $i_R(t)=e^{-0.5t}A$，求电流 $i(t)$。

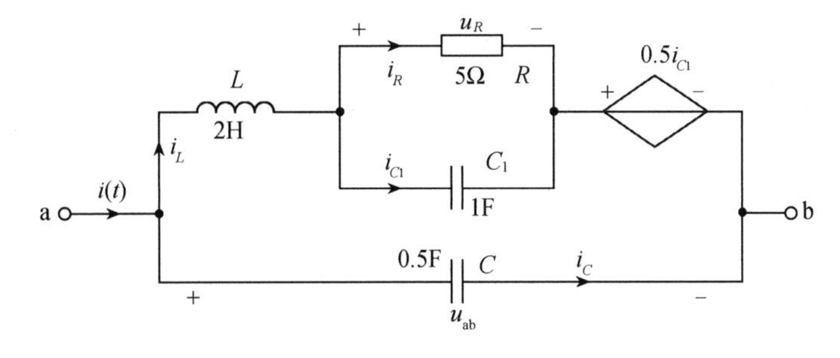

图 1-34　例 1-9 图

解　设 i_C、i_L、u_R、u_{ab}的参考方向如图所示。

由电阻的电压电流关系得

$$u_R(t) = Ri_R(t) = 5e^{-0.5t}(\mathrm{V})$$

由电容的电压电流关系得

$$i_{C1}(t) = C_1\frac{\mathrm{d}u_R(t)}{\mathrm{d}t} = -2.5e^{-0.5t}(\mathrm{A})$$

由 KCL 得

$$i_L(t) = i_R(t) + i_{C1}(t) = -1.5e^{-0.5t}(\mathrm{A})$$

由 KVL 和电感的电压电流关系，得

$$u_{ab}(t) = L\frac{\mathrm{d}i_L(t)}{\mathrm{d}t} + u_R(t) + 0.5i_{C1}(t) = 5.25e^{-0.5t}(\mathrm{V})$$

又由电容的电压电流关系得

$$i_C(t) = C\frac{\mathrm{d}u_{ab}(t)}{\mathrm{d}t} = -1.3125e^{-0.5t}(\mathrm{A})$$

由 KCL 得

$$i(t) = i_L(t) + i_C(t) = -2.8125e^{-0.5t}(\mathrm{A})$$

【例 1-10】电路如图 1-35a 所示，已知 $U=2\mathrm{V}$，试求电流 I 及电阻 R。

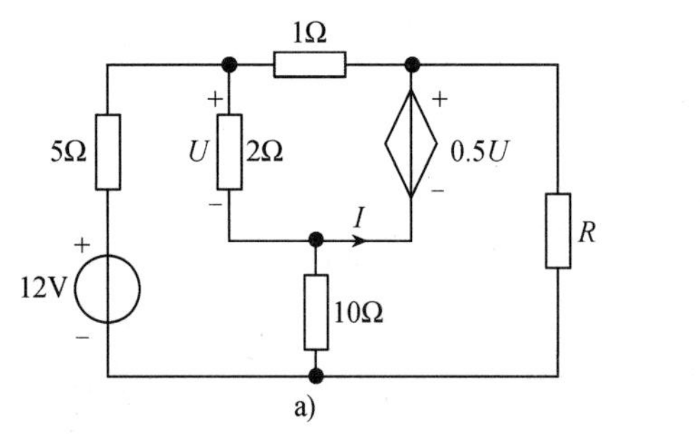

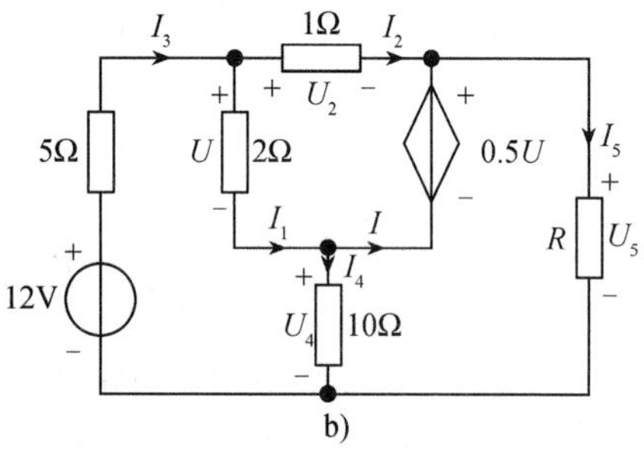

图 1-35 例 1-10 图

解 设各元件电压、电流的参考方向如图 1-35b 所示。根据 KCL 和欧姆定律可知 $I=I_1-I_4$，$R=\dfrac{U_5}{I_5}$，由此可确定需求解 I_1、I_4、U_5、I_5 等。

$$I_1 = \frac{U}{2} = \frac{2}{2} = 1\mathrm{A} \quad (欧姆定律)$$

$$U_2 = U - 0.5U = 0.5 \times 2 = 1\mathrm{V} \quad (\mathrm{KVL})$$

$$I_2 = \frac{U_2}{1} = \frac{1}{1} = 1\mathrm{A} \quad (欧姆定律)$$

$$I_3 = I_1 + I_2 = 1 + 1 = 2\mathrm{A} \quad (\mathrm{KCL})$$

$$U_4 = -U - 5I_3 + 12 = -2 - 5 \times 2 + 12 = 0\mathrm{V} \quad (\mathrm{KVL})$$

$$I_4 = \frac{U_4}{10} = \frac{0}{10} = 0\mathrm{A} \quad (欧姆定律)$$

$$I_5 = I_3 - I_4 = 2 - 0 = 2\mathrm{A} \quad (\mathrm{KCL})$$

$$U_5 = 0.5U + U_4 = 0.5 \times 2 = 1\mathrm{V} \quad (\mathrm{KVL})$$

所以

$$I = I_1 - I_4 = 1 - 0 = 1\text{A} \qquad (\text{KCL})$$

$$R = \frac{U_5}{I_5} = \frac{1}{2} = 0.5\Omega \qquad (\text{欧姆定律})$$

【例 1-11】图 1-36 所示晶体管放大电路中，已知 $R_1 = 15.6\text{k}\Omega$，$R_2 = 20\text{k}\Omega$，$R_c = 1.5\text{k}\Omega$，$U_{be} = -0.4\text{V}$，求电流 I_b。

解　由 KCL 可知，需先求解 I_1、I_2。选定支路电流 I_1、I_2 的参考方向如图所示，且 $I_b = I_1 - I_2$，求 I_2。

根据 KVL 列出网孔 BDEbeB 的电压方程

$$-6 + I_2 R_2 + U_{be} = 0$$

由此得

$$I_2 = \frac{6 - U_{be}}{R_2}$$

代入数值得

$$I_2 = \frac{6 - (-0.4)}{20 \times 10^3} = \frac{6.4}{20 \times 10^3} = 3.2 \times 10^{-4}\text{A} = 0.32\text{mA}$$

再求 I_1，列回路 AGBcbEA 的电压方程

$$-12 - U_{be} + I_1 R_1 = 0$$

代入数值并整理得

$$I_1 = \frac{12 + (-0.4)}{15.6 \times 10^3} = 0.74 \times 10^{-3}\text{A} = 0.74\text{mA}$$

最后得

$$I_b = I_1 - I_2 = 0.74 - 0.32 = 0.42\text{mA}$$

【例 1-12】图 1-37 所示为带有 8 个端钮的集成电路。试求 U_4、U_7、U_{23}、U_{56} 以及 I（大小和实际方向）。

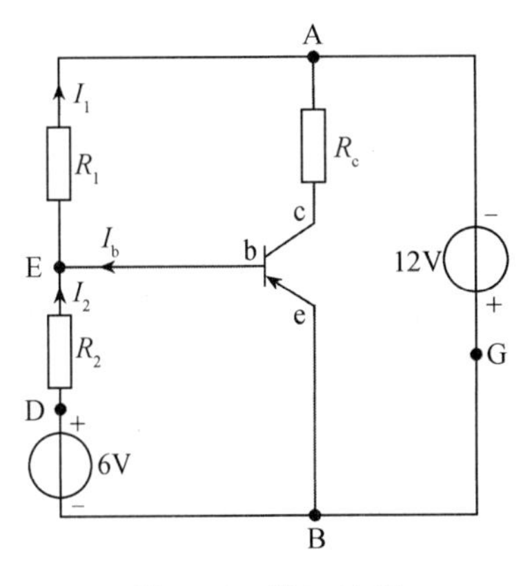

图 1-36　例 1-11 图

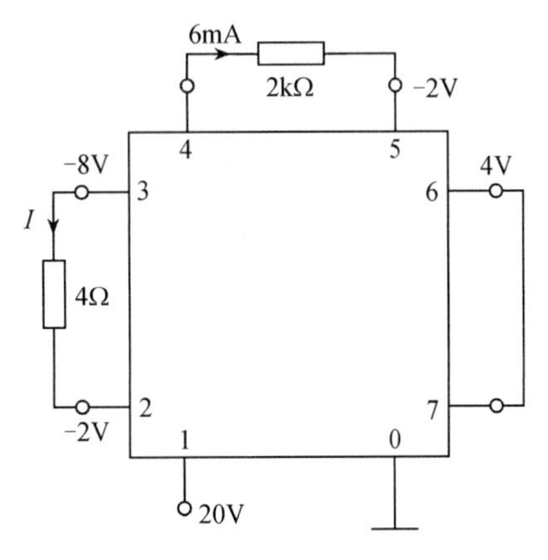

图 1-37　例 1-12 图

解　由已知的各点电位，可有

$$U_4 = U_{45} + U_5 = 2 \times 10^3 \times 6 \times 10^{-3} - 2 = 10\text{V}$$

$$U_7 = U_6 = 4\text{V}$$

$$U_{23} = U_2 - U_3 = (-2) - (-8) = 6\text{V}$$

$$U_{56} = U_5 - U_6 = (-2) - 4 = -6\text{V}$$

设 I 的参考方向如图所示，则由欧姆定律得

$$I = \frac{U_3 - U_2}{4} = \frac{(-8) - (-2)}{4} = \frac{-6}{4} = -1.5\text{A}$$

由式中负号可知，I 的实际方向是由 2 指向 3。

【例 1-13】图 1-38 所示的含理想运算放大器电路中，u_1、u_2 是电路的输入信号，求当 u' 和 i' 近似为 0 时，电路的输出电压 u_o。（图中方框是理想运算放大器的符号。）

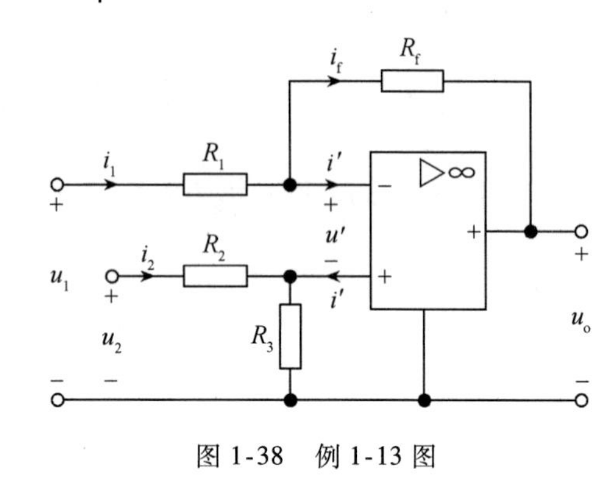

图 1-38　例 1-13 图

解　由 $i'=0$ 可知，R_1 与 R_f 串联，R_2 与 R_3 串联，且 $u'=0$，可有

$$u_o = -R_f i_f + R_3 i_2 = \frac{u_o - u_1}{R_1 + R_f}R_f + \frac{u_2}{R_2 + R_3}R_3$$

整理得

$$u_o = -\frac{R_f}{R_1}u_1 + \frac{R_1 + R_f}{R_2 + R_3} \cdot \frac{R_3}{R_1}u_2$$

由计算结果可知，上述电路有减法器的功能。若设各电阻值均为 1Ω，则有

$$u_o = u_2 - u_1$$

习题一

1-1 求题 1-1 图所示电路的电压 U 和电流 I。

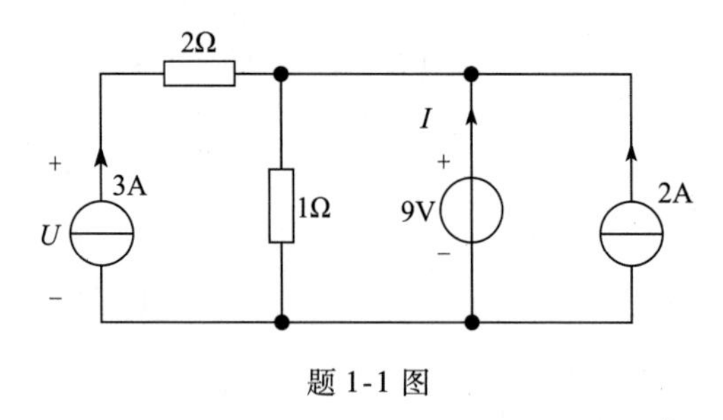

题 1-1 图

1-2 列出题 1-2 图所示各电路的 VCR 式(电压与电流的关系表达式)。

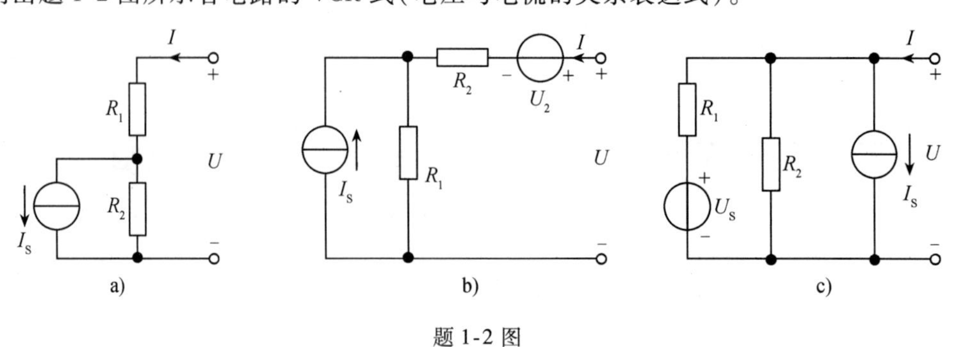

题 1-2 图

1-3 求题 1-3 图中各点电位。

1-4 求题 1-4 图中的电流 I。

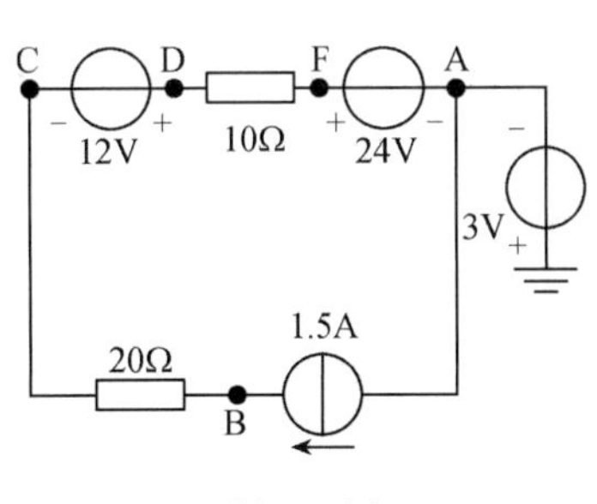

题 1-3 图

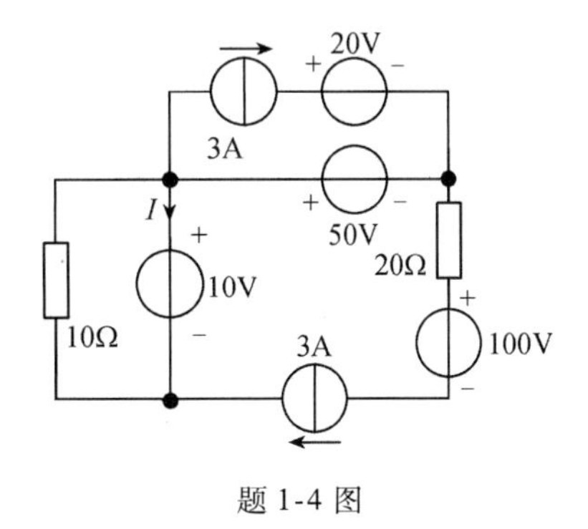

题 1-4 图

1-5 试求题 1-5 图中的 I_1、I_2、I 及 U_{ab}。

1-6 求题 1-6 图中的 I_S。

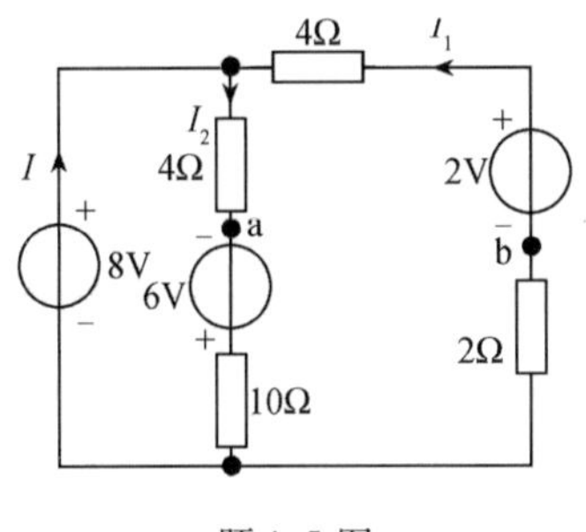

题 1-5 图

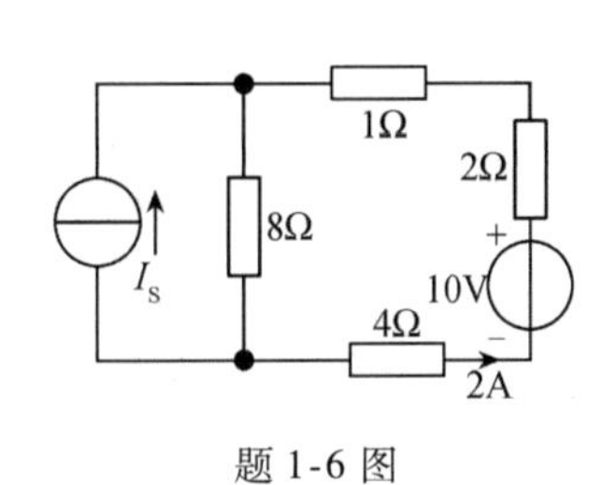

题 1-6 图

1-7 电路如题 1-7 图所示，试求 U_S、R_1、R_2。

1-8 电路如题 1-8 图所示：(1)求电压 U；(2)如果原为 1Ω、4Ω 的电阻和 1A 的理想电流源可变，U 值是否改变。

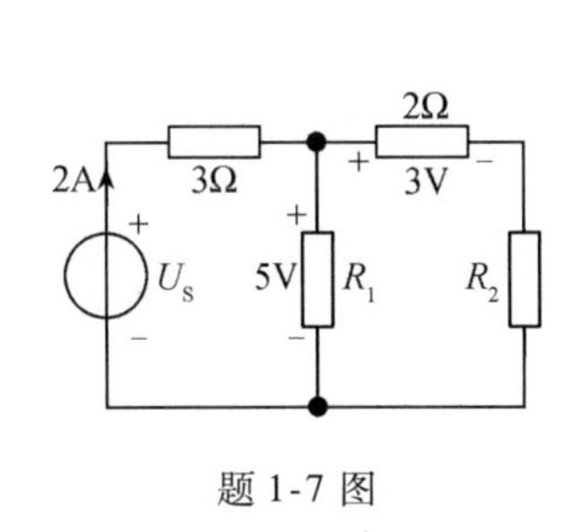

题 1-7 图

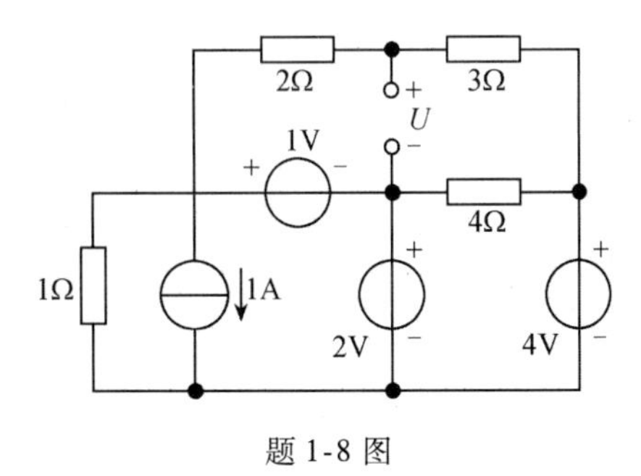

题 1-8 图

1-9 题 1-9 图电路中 $I_A = I_B = 5A$，求电压 U_{AB}和 U_{BC}。

1-10 题 1-10 图所示电路中，已知 $U_1 = 1V$，试求电阻 R。

1-11 电路如题 1-11 图所示，

(1) 开关 S 打开时，求题 1-11 图中的 U_{ab}；

(2) 开关 S 闭合时，求题 1-11 图所示开关中的电流；

(3) 开关 S 闭合时，题 1-11 图中电压 U_{ab}均为零，为何开关中电流却不相同?

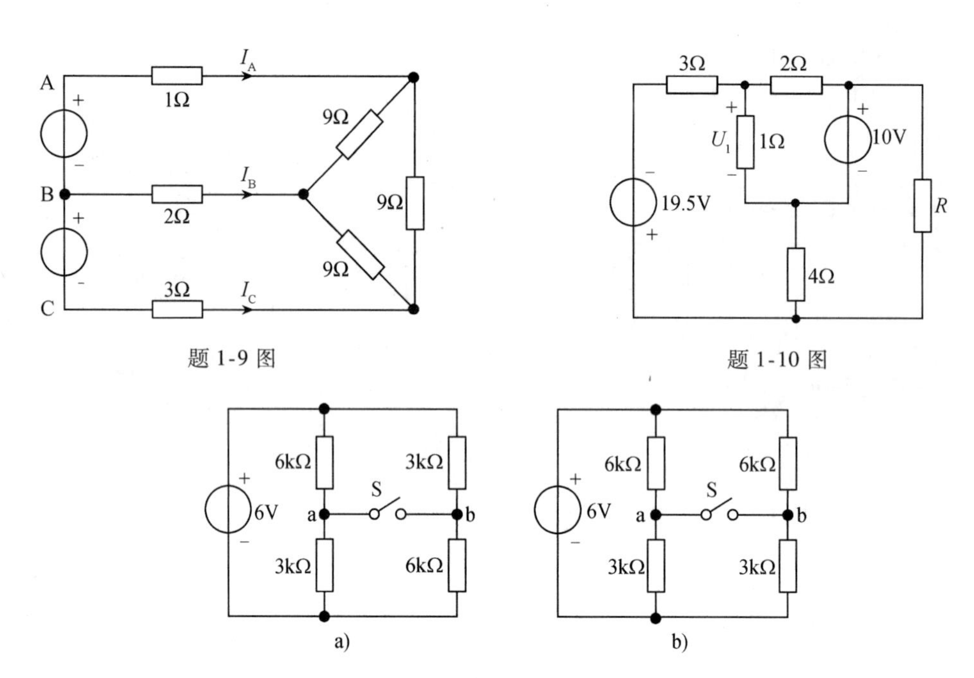

题 1-9 图

题 1-10 图

题 1-11 图

1-12 题 1-12 图所示电路中，当开关 S 断开时，若使 $U_{AB}=0$，R 值应为多大？若此时将 S 闭合，求 I_1、I_2 和 I。

1-13 电路如题 1-13 图所示，外加电压 $U=200\text{V}$，电路总共消耗功率 $P=400\text{W}$，求 R_x 和各支路电流。

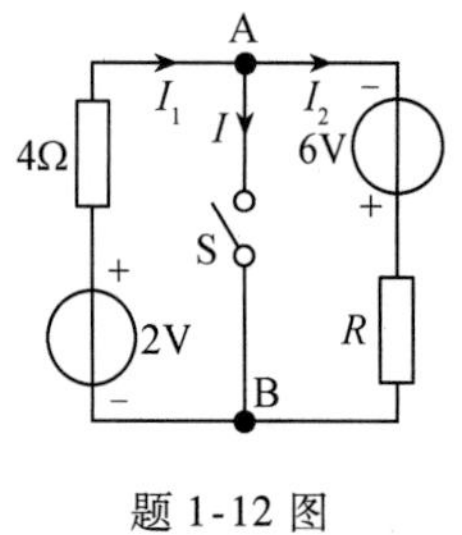

题 1-12 图

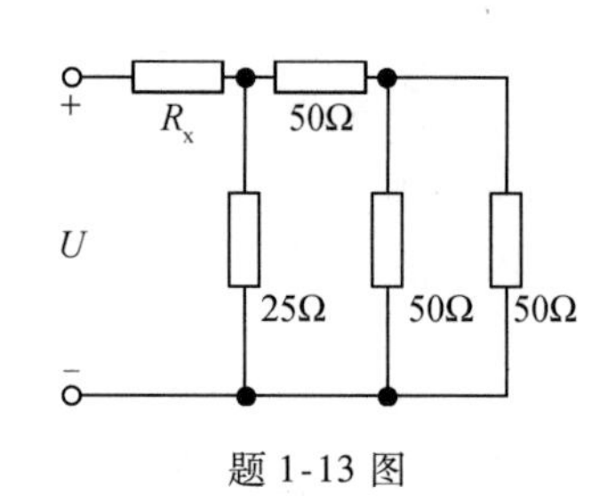

题 1-13 图

1-14 试证明题 1-14 图所示电路中 $\sum P=0$。

1-15 试求题 1-15 图所示电路中负载所吸收的功率。

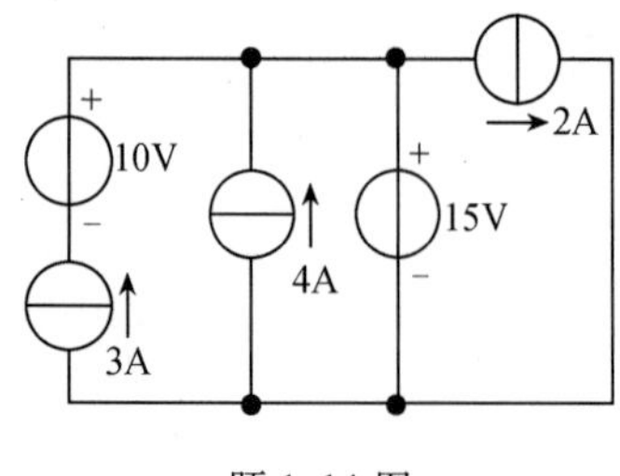

题 1-14 图

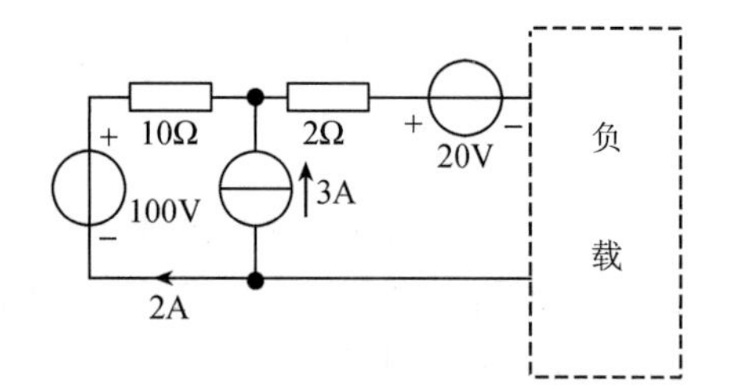

题 1-15 图

1-16 已知题 1-16 图中 $I=1\text{A}$，试求电流表 A_1 和 A_2 的读数。

1-17 电路如题 1-17 图所示，求 U_1 和 U_2。

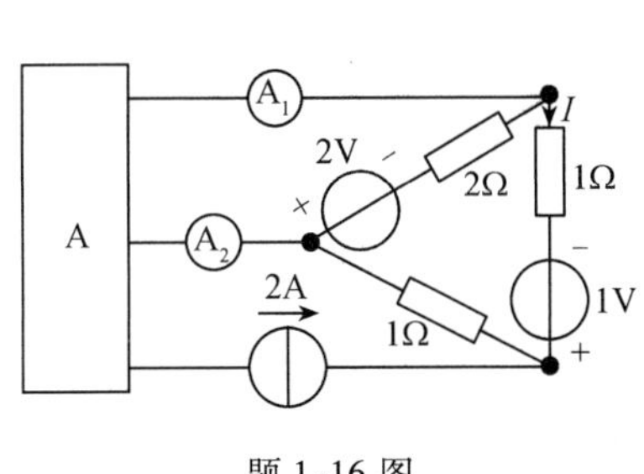

题 1-16 图

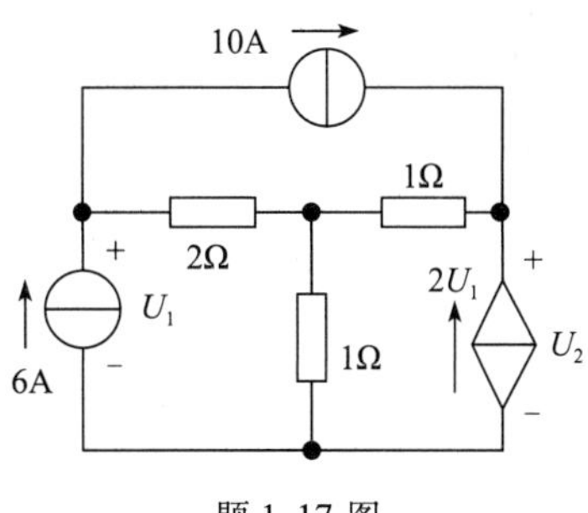

题 1-17 图

1-18 某晶体管电路如题 1-18 图所示，已知 $U_{BE}=0.7\text{V}$，$U_E=2\text{V}$。求电流 I_E、I_C、I_B 和电压 U_B、U_C、U_{CE}、U_{BC}。

1-19 求题 1-19 图所示电路中的电位 U_a。

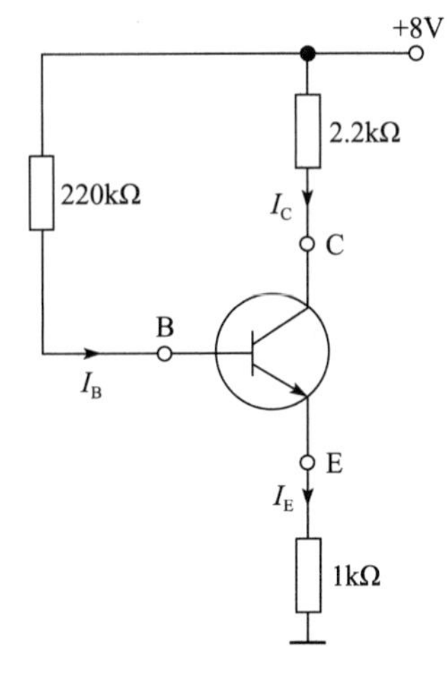

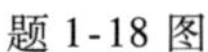

题 1-18 图

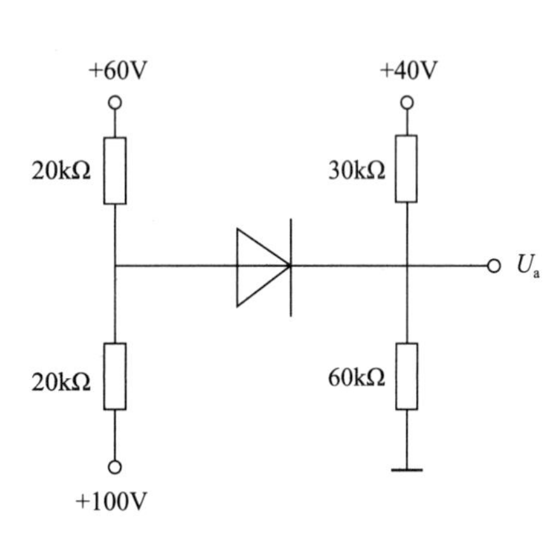

题 1-19 图

1-20 题 1-20 图所示电路中，已知 $R_1=R_2=20\Omega$，求 a、b 端的等效电阻 R。

1-21 题 1-21 图示电路中的 $U_S=3\text{V}$，$I_S=2\text{A}$，$R_1=4\Omega$，$R_2=20\Omega$，求 VCCS 两端的电压 U。

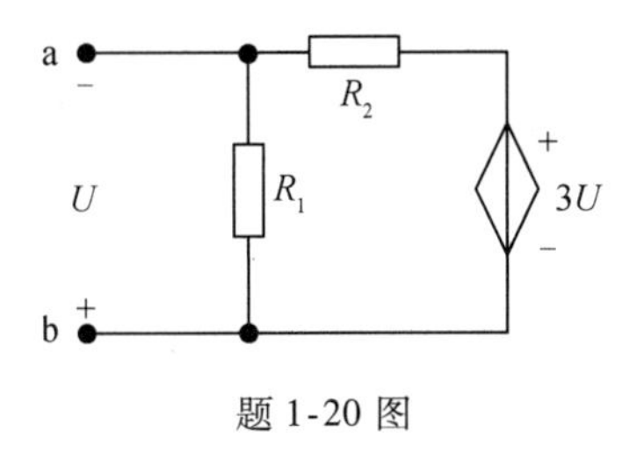

题 1-20 图

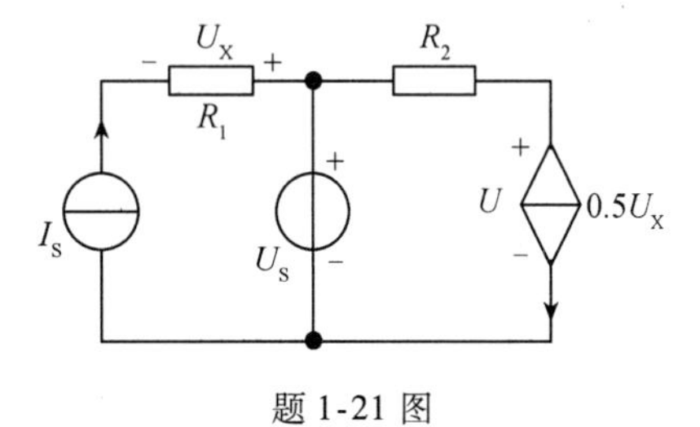

题 1-21 图

第2章 直流电路分析方法

内容提要： 本章介绍电阻的等效变换、电源的等效变换以及分析线性电阻电路的一般方法。一般方法是选择一组电路未知变量列写电路方程进行求解。

本章重点： 电阻的Y/△变换，电源的等效变换，支路电流法，回路电流法，节点电压法。

2.1 电阻的连接及其等效变换

利用等效电路分析求解电路是电路理论中的一个重要方法。本节主要讨论等效电路的概念及其在电阻连接方面的应用。

电路如图 2-1 所示，如果两个二端网络 N_1 和 N_2 的 ab 端口的伏安关系相同，则称 N_1 和 N_2 是等效的，或称 N_1 和 N_2 互为等效电路，尽管电路 N_1 和 N_2 的内部结构和元件参数可能完全不同，但由于其端口的伏安关系相同，所以对其外部电路 M 而言，它们的作用完全相同。掌握了等效的概念和方法，就可以用简单的二端网络去等效代替原来复杂的二端网络，使电路的分析计算得到简化。本节研究无源二端电阻网络的等效化简。

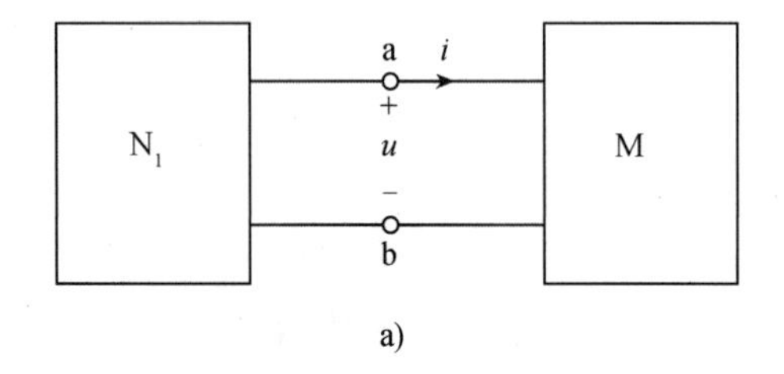

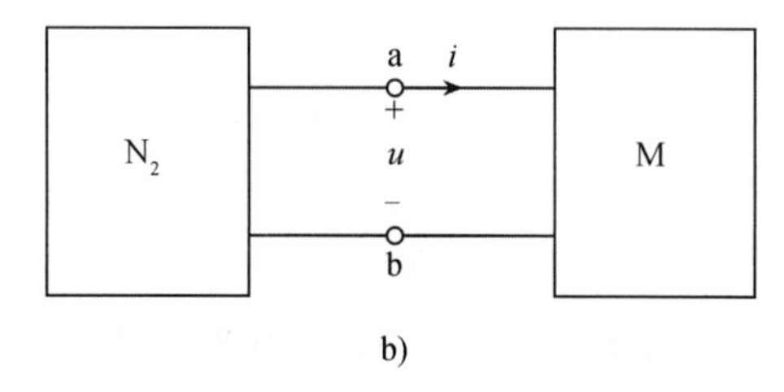

图 2-1　等效的定义

2.1.1 电阻的串联和并联及其等效变换

1. 用等效电路的分析方法研究电阻串联电路的化简

图 2-2a 中，R_1，R_2，…，R_n 串联，根据欧姆定律和基尔霍夫定律，可得

$$u = u_1 + u_2 + \cdots + u_k + \cdots + u_n = R_1 i + R_2 i + \cdots + R_k i + \cdots + R_n i \\ = (R_1 + R_2 + \cdots + R_k + \cdots + R_n) i \tag{2-1}$$

R_1 R_2 … R_n + u_1 − + u_2 − + u_n − i + u − a)

R i + u − b)

图 2-2　电阻的串联

令
$$R = R_1 + R_2 + \cdots + R_k + \cdots + R_n = \sum_{k=1}^{n} R_k \tag{2-2}$$
式(2-1)可写成
$$u = Ri \tag{2-3}$$
由式(2-3)，可以画出如图2-2b所示的电路。由于式(2-1)与式(2-3)表示的伏安关系相同，所以图2-2b与图2-2a是等效电路。这里R为n个电阻串联的等效电阻，所谓“等效”，是指用R代替n个串联电阻后，对外电路的作用不变，外施同一电压时，可得到相同的电流。

电阻串联时，各电阻上的电压为
$$u_k = R_k i = R_k \frac{u}{R} = \frac{R_k}{R} u \quad (k = 1,2,\cdots,n) \tag{2-4}$$
可见，串联电阻上的电压与电阻成正比，式(2-4)称为串联电阻的分压公式。

当只有两个电阻串联时，如图2-3所示，分压公式为
$$u_1 = \frac{R_1}{R_1 + R_2} u \qquad u_2 = \frac{R_2}{R_1 + R_2} u$$

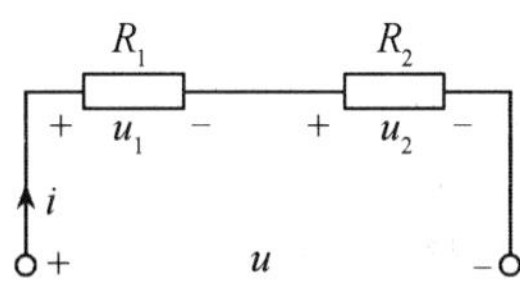

图2-3　两个电阻的串联

2. 用等效电路的分析方法研究电阻并联电路的化简

图2-4a中，n个电阻并联，每个电阻中的电流分别为
$$i_1 = \frac{u}{R_1},\ i_2 = \frac{u}{R_2},\ \cdots,\ i_k = \frac{u}{R_k},\ \cdots,\ i_n = \frac{u}{R_n}$$
由基尔霍夫电流定律，得
$$\begin{aligned} i &= i_1 + i_2 + \cdots + i_k + \cdots + i_n = \frac{u}{R_1} + \frac{u}{R_2} + \cdots + \frac{u}{R_k} + \cdots + \frac{u}{R_n} \\ &= \left(\frac{1}{R_1} + \frac{1}{R_2} + \cdots + \frac{1}{R_k} + \cdots + \frac{1}{R_n}\right) u \\ &= (G_1 + G_2 + \cdots + G_k + \cdots + G_n) u \end{aligned} \tag{2-5}$$
令
$$G = G_1 + G_2 + \cdots + G_k + \cdots + G_n = \sum_{k=1}^{n} G_k \tag{2-6}$$
则
$$i = \frac{1}{R} u = Gu \tag{2-7}$$

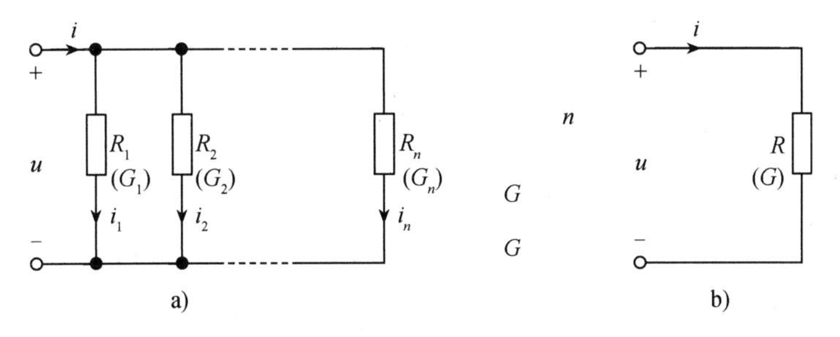

图2-4　电阻的并联

由式(2-7)，可以画出如图2-4b所示的电路。由于式(2-5)与式(2-7)表示的伏安关系相同，所以图2-4b与图2-4a是等效电路。这里$G = \dfrac{1}{R}$为n个电阻并联的等效电导。用$G =$

$\frac{1}{R}$代替 n 个并联电阻后，对外电路的作用不变，外施同一电压时，可得到相同的电流。

电阻并联时，通过各电阻的电流为

$$i_k = G_k u = G_k \frac{i}{G} = \frac{G_k}{G} i \quad (k = 1,2,\cdots,n) \tag{2-8}$$

可见，并联电阻中的电流与电导成正比，式(2-8)称为并联电阻的分流公式。

两个电阻并联时，如图 2-5 所示，由式(2-6)有

$$\frac{1}{R} = \frac{1}{R_1} + \frac{1}{R_2}$$

故等效电阻为

$$R = \frac{R_1 R_2}{R_1 + R_2}$$

此时分流公式为

$$i_1 = \frac{R_2}{R_1 + R_2} i \qquad i_2 = \frac{R_1}{R_1 + R_2} i$$

【例 2-1】图 2-6 所示电路是直流电动机的一组调速电阻，它由四个电阻串联而成。利用几个开关的闭合或断开，在 ab 端可以得到多个电阻值。设四个标准电阻都是 1Ω，试求在下列三种情况下 a、b 两点间的电阻值。

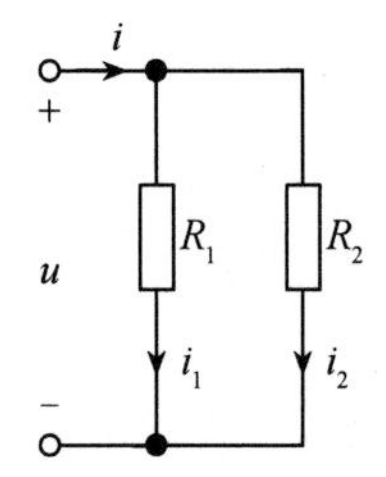

图 2-5 两个电阻的并联

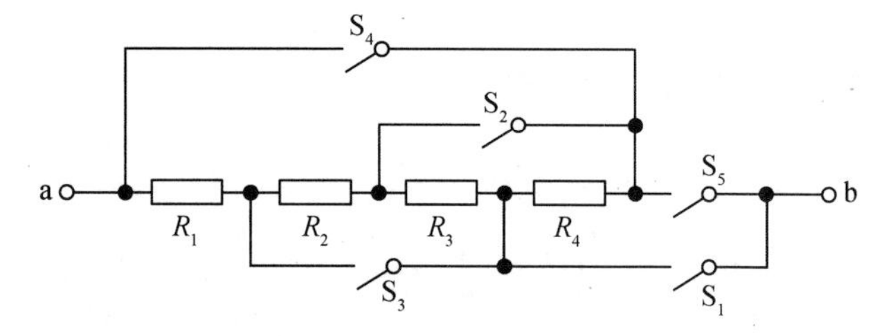

图 2-6 例 2-1 图

1) S_1 和 S_5 闭合，其他断开；

2) S_2、S_3 和 S_5 闭合，其他断开；

3) S_1、S_3 和 S_4 闭合，其他断开。

解 1) S_1 和 S_5 闭合，其他开关断开时的等效电路如图 2-7a 所示，其等效电阻为

$$R_{ab} = R_1 + R_2 + R_3 = 3\Omega$$

2) S_2、S_3 和 S_5 闭合，其他开关断开时的等效电路如图 2-7b 所示，其等效电阻为

$$R_{ab} = R_1 + R_2 // R_3 // R_4 = \frac{4}{3}\Omega$$

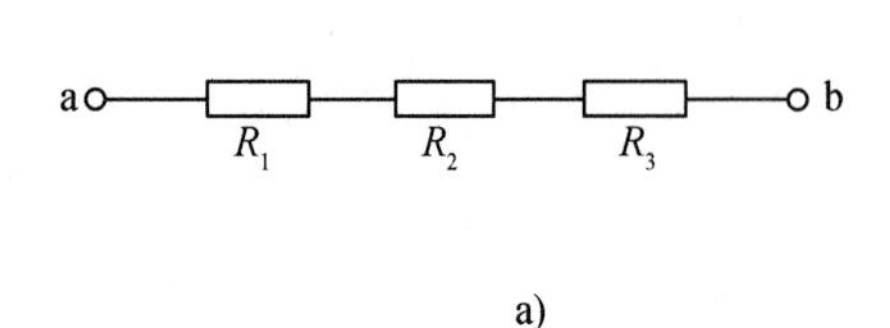

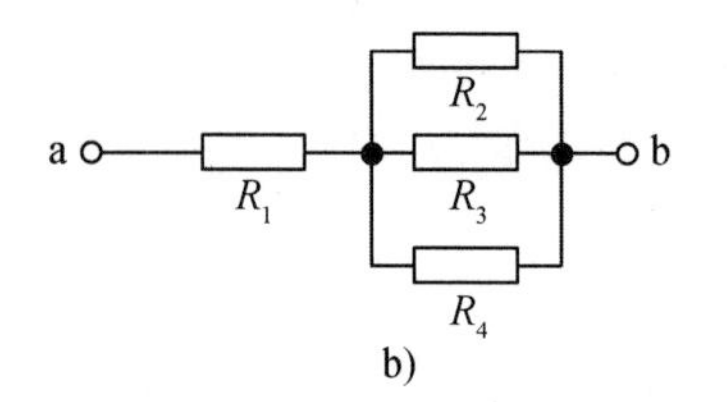

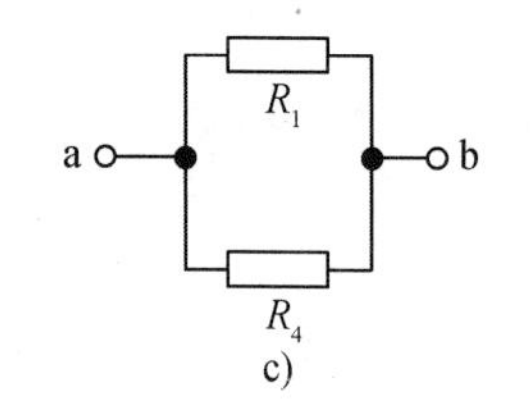

图 2-7 例 2-1 的求解

3）S_1、S_3 和 S_4 闭合，其他开关断开时的等效电路如图 2-7c 所示，其等效电阻为

$$R_{ab} = R_1 // R_4 = 0.5\Omega$$

【例 2-2】某信号发生器内的衰减网络如图 2-8a 所示。其中 $R_1 = R_3 = R_5 = 45\Omega$，$R_2 = R_4 = 5.5\Omega$，$R_6 = 5\Omega$，在 A、O 端输入电压 U，输出电压为 U_{BO}、U_{CO}、U_{DO}。计算各输出电压的衰减比例。

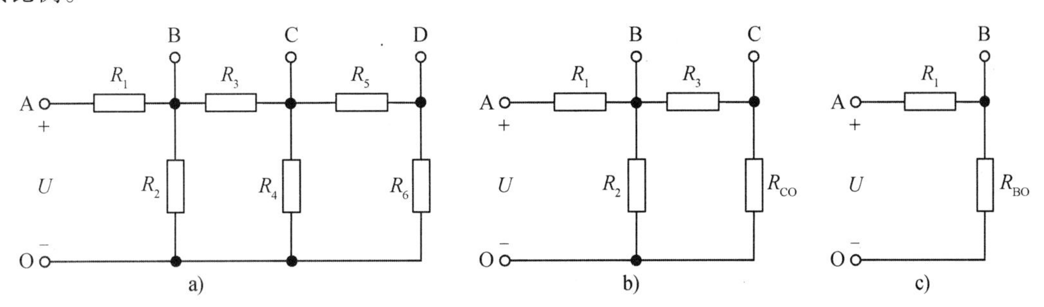

图 2-8　例 2-2 图

解　可以用串、并联等效化简方法求解。具体步骤是，从电路的“末端”着手，逐步化简，分别求出 BO、CO、DO 端的等效电阻和电压。

1）DO 端等效电阻为 $R_{DO} = R_6$。

2）CO 端等效电阻为 R_5、R_6 串联，再与 R_4 并联，即

$$R_{CO} = \frac{R_4(R_5 + R_6)}{R_4 + (R_5 + R_6)} = \frac{5.5 \times 50}{5.5 + 50} = 4.955 \approx 5\Omega$$

电路可等效化简为图 2-8b。

3）BO 端等效电阻为电阻 R_3 与 R_{CO} 串联，再与 R_2 并联，即

$$R_{BO} = \frac{R_2(R_3 + R_{CO})}{R_2 + (R_3 + R_{CO})} = \frac{5.5 \times 50}{5.5 + 50} = 4.955 \approx 5\Omega$$

电路进一步等效化简为图 2-8c。

4）计算各端电压。

根据图 2-8c，有

$$U_{BO} = U\frac{R_{BO}}{R_1 + R_{BO}} = U\frac{5}{45 + 5} = \frac{1}{10}U$$

根据图 2-8b，有

$$U_{CO} = U_{BO}\frac{R_{CO}}{R_3 + R_{CO}} = U_{BO}\frac{5}{45 + 5} = \frac{1}{100}U$$

根据图 2-8a，有

$$U_{DO} = U_{CO}\frac{R_6}{R_5 + R_6} = U_{CO}\frac{5}{45 + 5} = \frac{1}{10}U_{CO} = \frac{1}{1000}U$$

根据以上计算结果可知，这是一个具有 1∶10、1∶100 和 1∶1000 三级衰减比例输出的网络。

【例 2-3】电路如图 2-9 所示，试求 I 和 I_1。

解　1）先利用电阻串并联的方法求出 ab 端的等效电阻 R_{ab}

$$R_{ab} = (3//6) + [12//(2 + 4)] = 6\Omega$$

2）求总电流 I

$$I = \frac{30}{4+6} = 3\text{A}$$

3）由分流公式求 I_1

$$I_1 = I \times \frac{6}{3+6} = 2\text{A}$$

【例 2-4】图 2-10 中，若已知 10Ω 电阻两端的电压 U 为 36V，参考方向如图所示，试求 R 值。

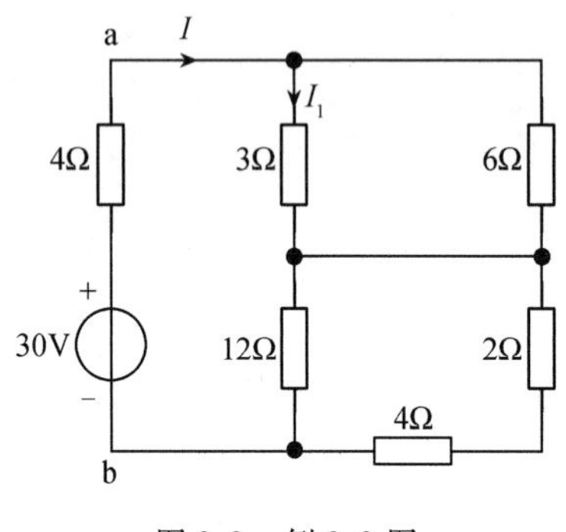

图 2-9　例 2-3 图

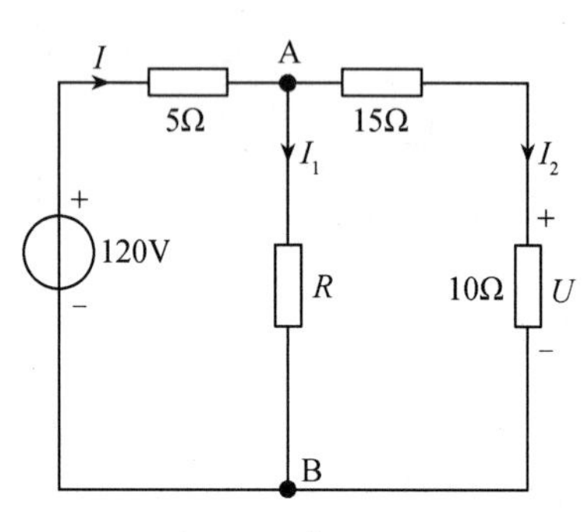

图 2-10　例 2-4 图

解　利用串并联等效及分流公式，可写出 10Ω 电阻两端的电压 U 的表达式

$$U = \frac{120}{5 + \frac{25R}{25+R}} \times \frac{R}{25+R} \times 10 = 36\text{V}$$

整理得

$$\frac{120R}{125 + 5R + 25R} = 3.6$$

解方程得

$$R = 37.5\Omega$$

【例 2-5】图 2-11a 是惠斯通电桥电路，试推导出电桥平衡条件(检流计 G 等效为电阻 R_g)。

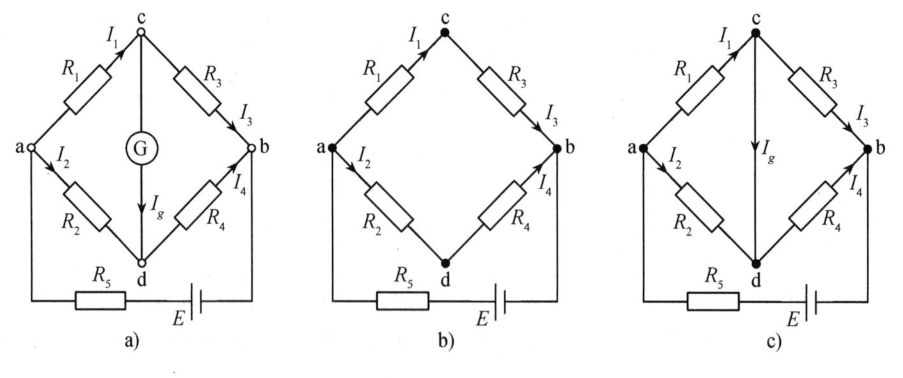

图 2-11　例 2-5 图

解　电桥平衡时，R_g 支路中电流 I_g 为零。图 2-11a 所示电路无法直接应用电阻串并联等效的方法进行化简，但由电桥平衡时电流 I_g 为零可知，c、d 两点是自然等位点(两点间的

电压与电流均为0)，因此 c、d 两点即可断开处理，如图 2-11b 所示；也可短路处理，如图 2-11c 所示。

由图 2-11c 有

$$R_1I_1 = R_2I_2$$
$$R_3I_3 = R_4I_4$$

将以上两式相除，得

$$\frac{R_1I_1}{R_3I_3} = \frac{R_2I_2}{R_4I_4}$$

由图 2-11b，又可知 $I_1 = I_3$，$I_2 = I_4$，代入上式，最后得出

$$\frac{R_1}{R_3} = \frac{R_2}{R_4} \quad 或 \quad R_1R_4 = R_2R_3$$

由于此式是在电桥平衡时得到的，因此称为电桥平衡条件。根据这一关系，若知其中三个电阻的值，就可确定另外一个电阻的值。因此惠斯通电桥可以用来测量电阻的值。

从此题还可以看出，图 2-11a 所示电路本来不存在串并联结构，但当元件参数满足$\frac{R_1}{R_3} = \frac{R_2}{R_4}$时，电路中会出现等(电)位点。把等位点用短路线连接或者断开，不会使电路中其他元件上的电流发生变化，但可使电路得到简化，形成串并联结构。

2.1.2 电阻的星形联结和三角形联结及其等效变换

在电路分析中经常会遇到电阻既非串联又非并联的情况，如图 2-12 所示的星形联结(Y结)或三角形联结(△结)时，可通过等效变换的方法，将图 2-13a 所示的星形联结等效变换成图 2-13b 所示的三角形联结。变换后，会出现电阻串联或并联的形式，如图 2-14 所示。

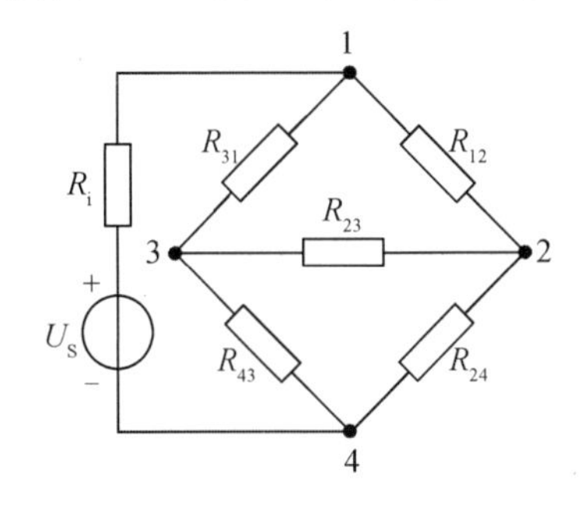

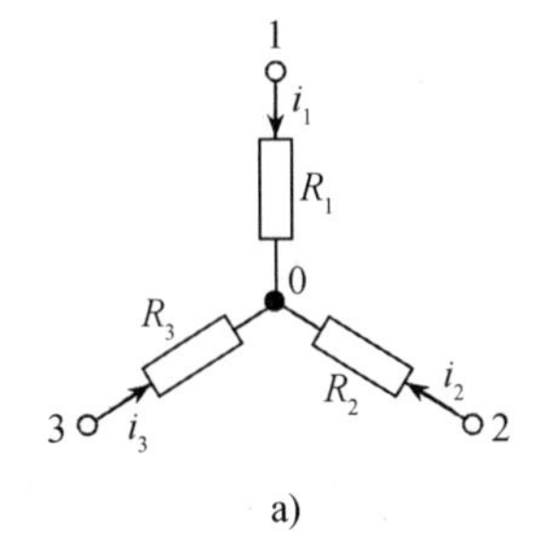

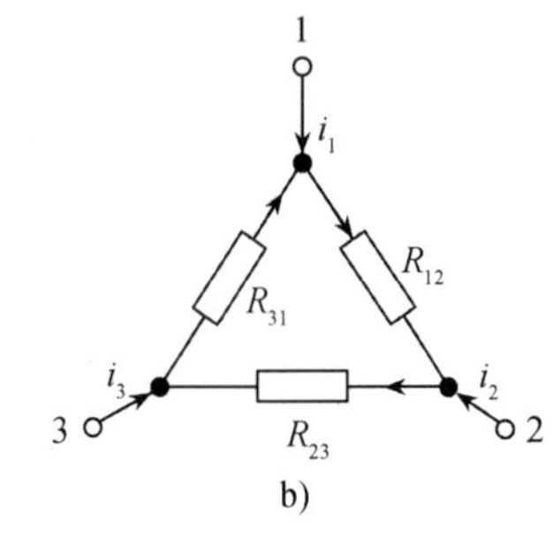

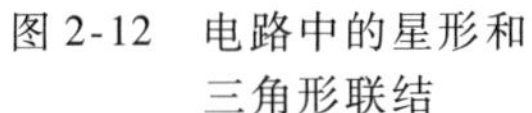
图 2-12 电路中的星形和三角形联结

图 2-13 星形和三角形联结

下面研究图 2-13 所示的电阻星形联结与三角形联结等效变换的条件，并推导出变换公式。根据电路等效的定义，如果图 2-13a 和 b 是等效的，则它们对外端子(端子 1、2、3)上的伏安特性应相同。具体地说，两个电路在相同的 u_{12}、u_{23} 和 u_{31} 的作用下，与外电路相连的电流 i_1、i_2、i_3 应分别相等。

对于图 2-13a 所示的星形联结电路，应用基尔霍夫定律，可列出 3 个端子间的电压方程

$$u_{12} = R_1i_1 - R_2i_2 \tag{2-9a}$$
$$u_{23} = R_2i_2 - R_3i_3 \tag{2-9b}$$

$$u_{31}=R_3i_3-R_1i_1 \tag{2-9c}$$

对于如图 2-13b 所示的三角形联结电路，应用基尔霍夫定律，可列出如下方程

$$i_1=\frac{u_{12}}{R_{12}}-\frac{u_{31}}{R_{31}} \tag{2-10a}$$

$$i_2=\frac{u_{23}}{R_{23}}-\frac{u_{12}}{R_{12}} \tag{2-10b}$$

$$i_3=\frac{u_{31}}{R_{31}}-\frac{u_{23}}{R_{23}} \tag{2-10c}$$

$$u_{12}+u_{23}+u_{31}=0 \tag{2-10d}$$

由式(2-10d)可得

$$u_{31}=-u_{12}-u_{23} \tag{2-11}$$

将式(2-11)代入式(2-10a)，然后与式(2-10b)联解，可得

$$u_{12}=\frac{R_{12}R_{31}}{R_{12}+R_{23}+R_{31}}i_1-\frac{R_{12}R_{23}}{R_{12}+R_{23}+R_{31}}i_2 \tag{2-12}$$

同理，由式(2-10b)、式(2-10c)和式(2-10d)，可推导出

$$u_{23}=\frac{R_{23}R_{12}}{R_{12}+R_{23}+R_{31}}i_2-\frac{R_{23}R_{31}}{R_{12}+R_{23}+R_{31}}i_3 \tag{2-13}$$

以及

$$u_{31}=\frac{R_{31}R_{23}}{R_{12}+R_{23}+R_{31}}i_3-\frac{R_{31}R_{12}}{R_{12}+R_{23}+R_{31}}i_1 \tag{2-14}$$

式(2-12)、式(2-13)和式(2-14)是三角形联结的 3 个端子间的电压方程。

根据电路等效的条件，式(2-12)应与式(2-9a)相等，式(2-13)应与式(2-9b)相等，式(2-14)应与式(2-9c)相等，由此可得到三角形联结与星形联结的各电阻的等效对应关系

$$\begin{cases}R_1=\dfrac{R_{12}R_{31}}{R_{12}+R_{23}+R_{31}}\\[2ex] R_2=\dfrac{R_{23}R_{12}}{R_{12}+R_{23}+R_{31}}\\[2ex] R_3=\dfrac{R_{31}R_{23}}{R_{12}+R_{23}+R_{31}}\end{cases} \tag{2-15}$$

式(2-15)为电阻从三角形联结变成星形联结的计算公式。

电阻由星形联结变换为三角形联结的计算公式的推导过程如下。

将式(2-15)中的 R_1、R_2、R_3 分别两两相乘，而后相加，有

$$\begin{aligned}R_1R_2+R_2R_3+R_3R_1&=\frac{R_{12}^2R_{23}R_{31}+R_{23}^2R_{12}R_{31}+R_{31}^2R_{12}R_{23}}{(R_{12}+R_{23}+R_{31})^2}\\&=\frac{R_{12}R_{23}R_{31}(R_{12}+R_{23}+R_{31})}{(R_{12}+R_{23}+R_{31})^2}\\&=\frac{R_{12}R_{23}R_{31}}{R_{12}+R_{23}+R_{31}}\end{aligned} \tag{2-16}$$

再将式(2-16)分别除以式(2-15)的第三式、第二式和第一式，可得

$$\begin{cases} R_{12} = \dfrac{R_1R_2 + R_2R_3 + R_3R_1}{R_3} \\ R_{23} = \dfrac{R_1R_2 + R_2R_3 + R_3R_1}{R_1} \\ R_{31} = \dfrac{R_1R_2 + R_2R_3 + R_3R_1}{R_2} \end{cases} \tag{2-17}$$

式(2-17)为电阻从星形联结变成三角形联结的计算公式。

为了方便记忆，可利用下面的一般公式。

△结变Y结：

$$\text{Y形电阻} = \frac{\text{△形相邻电阻的乘积}}{\text{△形电阻之和}} \tag{2-18}$$

Y结变△结：

$$\text{△形电阻} = \frac{\text{Y形电阻两两乘积之和}}{\text{Y形不相邻电阻}} \tag{2-19}$$

若三角形(或星形)的三个电阻相等，变换后的星形(或三角形)的三个电阻也相等，且有

$$R_{\triangle} = 3R_{Y}$$

$$R_{Y} = \frac{1}{3}R_{\triangle}$$

式中，$R_{\triangle}$为△结电阻，R_{Y}为Y结电阻。

【例 2-6】求图 2-14a 所示桥形电路的 R_{12}。

解　方法一　先将图 2-14a 中点 1、3、4 所连的△结电阻等效成Y结电阻，如图 2-14b 所示，这时出现了电阻串并联结构。由式(2-15)计算出Y结的 3 个电阻的值。

$$R_1 = \frac{2 \times 2}{2 + 2 + 1} = 0.8\Omega$$

$$R_3 = \frac{2 \times 1}{2 + 2 + 1} = 0.4\Omega$$

$$R_4 = \frac{2 \times 1}{2 + 2 + 1} = 0.4\Omega$$

对变换后的电路，用串并联方法求出

$$R_{12} = 0.8 + \frac{(0.4 + 1)(0.4 + 2)}{(0.4 + 1) + (0.4 + 2)} + 1 = 0.8 + 0.884 + 1 = 2.684\Omega$$

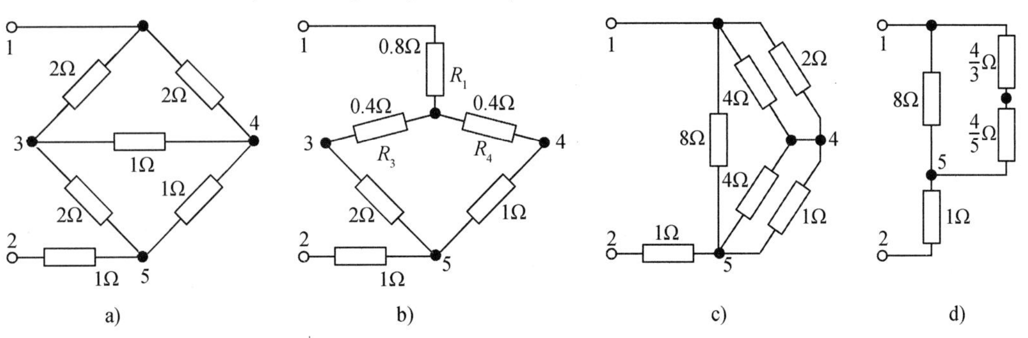

图 2-14　桥形电路的等效电阻

方法二 取图 2-14a 中的点 3 作为公共点，将点 3 与点 1、4、5 连接的 3 个Y结电阻等效成△结电阻，如图 2-14c 所示，出现了电阻串并联结构。用式(2-17)计算出 3 个△结电阻的值，并标注在图 2-14c 中，再进行串并联简化，得出图 2-14d，最后求出点 1、2 之间的等效电阻

$$R_{12} = 1 + \frac{8 \times \left(\frac{4}{3} + \frac{4}{5}\right)}{8 + \left(\frac{4}{3} + \frac{4}{5}\right)} = 1 + 1.684 = 2.684\Omega$$

可见，上述两种解法的结果相同。

对于仅含电阻的二端网络，可以利用前面介绍的电阻串并联和Y/△变换的方法求出它的等效电阻。若二端网络内部还含有受控源，则应采用外加电源法求解。例如，求图 2-15a 所示二端电阻电路的等效电阻，可外加一电压源 u_S，如图 2-15b 所示，若端子处的电流为 i，则等效电阻为 $R_{eq} = \frac{u_S}{i}$，此法称为外加电压源法；也可外加一电流源 i_S，如图 2-15c 所示，若端子间的电压为 u，则等效电阻为 $R_{eq} = \frac{u}{i_S}$，此法称为外加电流源法。

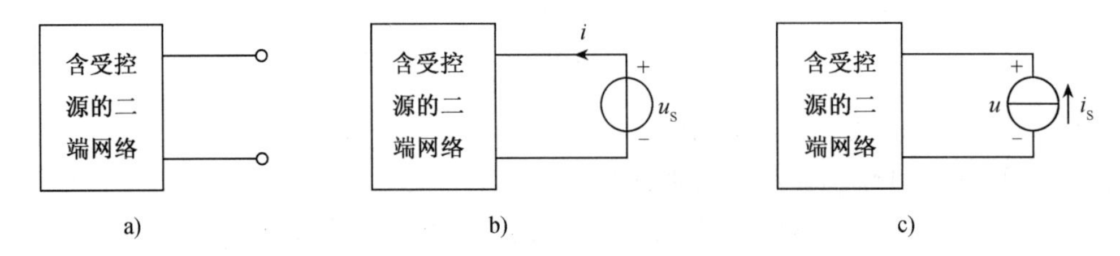

图 2-15 含受控源二端网络的等效电阻

【例 2-7】求如图 2-16a 所示电路 a、b 两端的等效电阻 R_{ab}，并画出其等效电路。

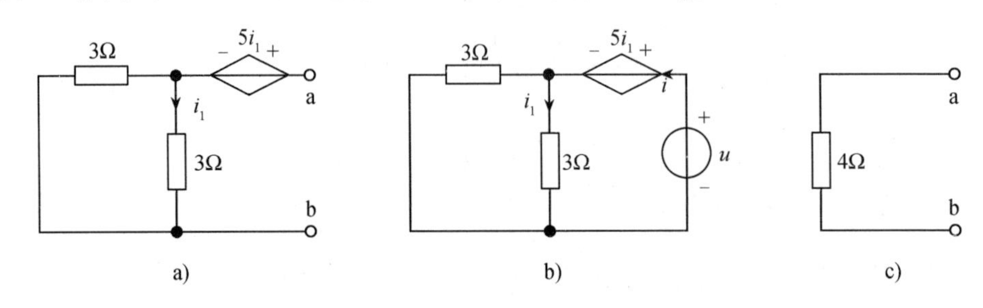

图 2-16 例 2-7 图

解 这是一个含受控源的二端电阻网络，可采用外加电源建立 $u-i$ 关系的方法求 R_{ab}，外加电压源的电路如图 2-16b 所示。应用 KCL、KVL 有

$$\begin{cases} u = 5i_1 + 3i_1 = 8i_1 \\ i = 2i_1 \end{cases}$$

求解方程，得出 $u-i$ 关系式为

$$u = 4i$$

所以

$$R_{ab} = \frac{u}{i} = 4\Omega$$

等效电路如图 2-16c 所示。

2.2　电源的连接及其等效变换

本节研究电源的电路模型及实际电压源与实际电流源的等效变换。

2.2.1　电压源、电流源的串联和并联

当 n 个电压源串联时，可以用一个电压源等效，如图 2-17 所示，且这个等效的电压源的电压为

$$u_S = u_{S1} + u_{S2} + \cdots + u_{Sk} + \cdots + u_{Sn} = \sum_{k=1}^{n} u_{Sk}$$

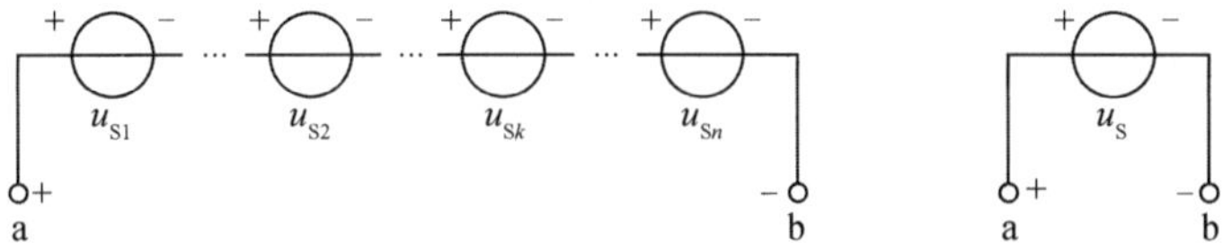

图 2-17　电压源串联及其等效电路

当 n 个电流源并联时，可以用一个电流源等效替代，如图 2-18 所示，且这个等效的电流源的电流为

$$i_S = i_{S1} + i_{S2} + \cdots + i_{Sk} + \cdots + i_{Sn} = \sum_{k=1}^{n} i_{Sk}$$

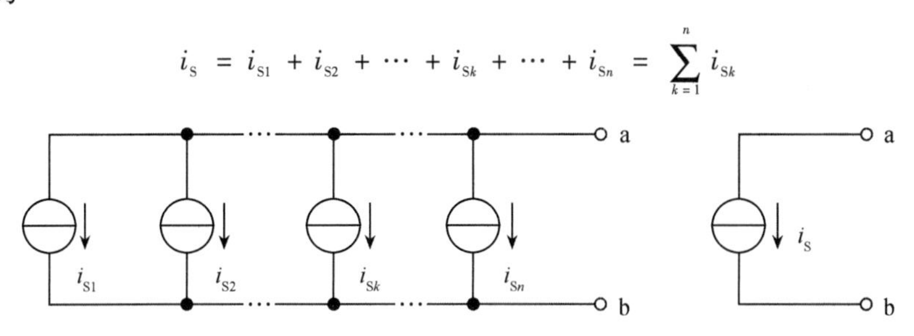

图 2-18　电流源并联及其等效电路

只有电压相等的电压源才允许并联，只有电流相等的电流源才允许串联。

2.2.2　电压源、电流源的等效变换

1. 实际电压源

实际电压源内部有能量消耗，其电路模型可用电压源 U_S 和电阻 R_S 串联表示，如图 2-19a 所示，对应的伏安特性方程为

$$U = U_S - R_S I \tag{2-20}$$

或

$$I = \frac{U_S}{R_S} - \frac{U}{R_S} \tag{2-21}$$

其伏安特性曲线如图 2-19b 所示，其中 A、B 为两个特殊点：

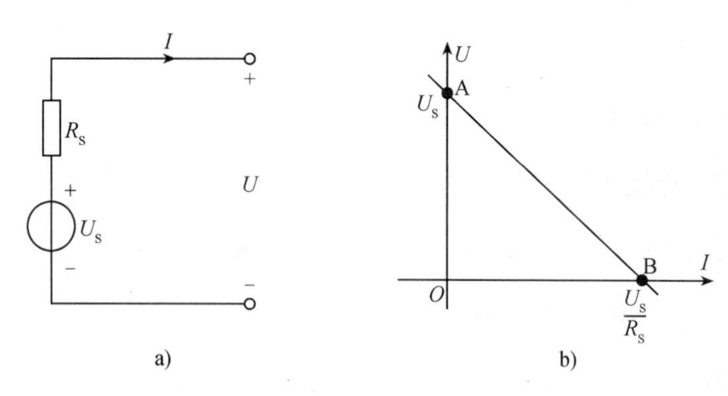

图 2-19　实际电压源及其伏安特性曲线

A 点处的电压为实际电压源的开路电压 U_{oc}（不接负载时），电路处于断路状态，此时输出电流 $I=0$，所以开路电压 U_{oc} 等于电压源 U_s；B 点处的电流为电路的短路电流，因输出端短路时，输出电压 $U=0$，所以短路电流 I_{sc} 为 $\frac{U_s}{R_s}$。

实际电压源的伏安特性为一直线，所以只要开路点、短路点确定，伏安特性曲线便可知。

2. 实际电流源

实际的电流源内部也有损耗，其电路模型可用一个电流源 I_s 与电阻 R 并联表示，如图 2-20a 所示。实际电流源的伏安方程为

$$I = I_s - \frac{U}{R} = I_s - GU \tag{2-22}$$

或

$$U = RI_s - RI \tag{2-23}$$

开路电压 $U_{oc}=RI_s$，短路电流 $I_{sc}=I_s$。

实际电流源的伏安特性曲线如图 2-20b 所示，其中 A 点和 B 点分别为电源的开路点和短路点。

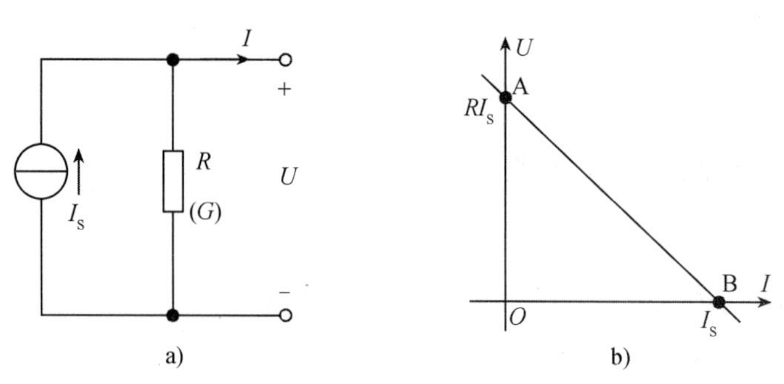

图 2-20　实际电流源及其伏安特性曲线

3. 实际电源模型的等效变换

对于图 2-19a 和图 2-20a 所示的两种实际电源，如果它们的端口 a、b 间具有相同的伏安特性，则它们对外电路的作用是等效的。下面推导这两种实际电源的等效条件。

(1)实际电流源等效变换成实际电压源

如图 2-19a 所示实际电压源的 $u-i$ 关系如式(2-20)所示，即

$$U = U_s - R_s I$$

如图 2-20a 所示实际电流源的 $u-i$ 关系如式(2-23)所示，即

$$U = RI_s - RI$$

若使两种实际电源的伏安特性相同，则上面两式中的对应项应该相等，于是有

$$R_s = R \quad 和 \quad U_s = RI_s \tag{2-24}$$

式(2-24)是实际电流源等效变换成实际电压源的条件。应用式(2-24)时，U_s 和 I_s 的参考方向应如图 2-19a 和图 2-20a 所示，即 I_s 的参考方向由 U_s 的负极指向正极。

(2)实际电压源等效变换成实际电流源

如图 2-19a 所示实际电压源的 $u-i$ 关系如式(2-21)所示，即

$$I = \frac{U_s}{R_s} - \frac{U}{R_s}$$

如图 2-20a 所示实际电流源的 $u-i$ 关系如式(2-22)所示，即

$$I = I_s - \frac{U}{R} = I_s - GU$$

若使两种实际电源的伏安特性相同，则上面两式中的对应项应该相等，于是有

$$R = R_s \quad 和 \quad I_s = \frac{U_s}{R_s} \tag{2-25}$$

式(2-25)是实际电压源等效变换成实际电流源的条件。应用式(2-25)时，U_s 和 I_s 的参考方向应如图 2-19a 和图 2-20a 所示，即 I_s 的参考方向还是由 U_s 的负极指向正极。

【例 2-8】分别求出如图 2-21a 和 b 所示电路的等效电路。

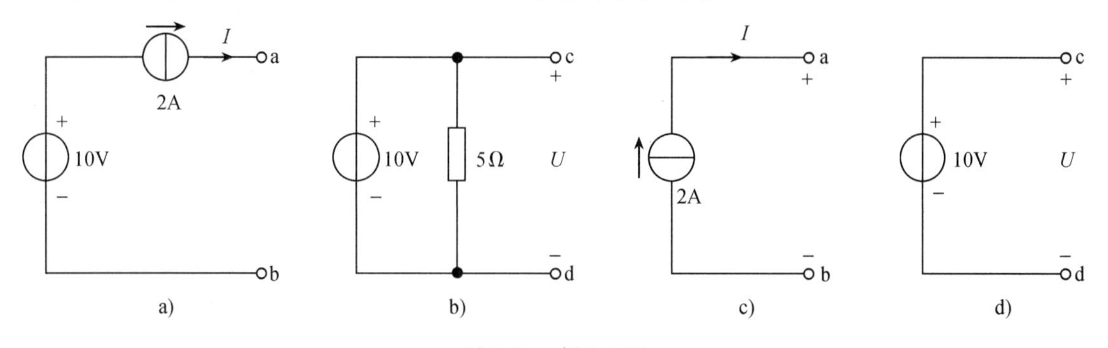

图 2-21　例 2-8 图

解　对于图 2-21a，电路对外提供一个恒定的 2A 电流，与电压源 10V 无关，所以端口的电压电流关系为 $I=2A$，其等效电路为 2A 的电流源，如图 2-21c 所示；同理，如图 2-21b 所示电路的等效电路为一个 10V 的电压源，如图 2-21d 所示。

通过上述分析可知，与电流源串联或与电压源并联的元件，对外电路不起作用。

【例 2-9】求如图 2-22a 所示电路的等效电路。

解　从图 2-22a 所示电路的左侧向右侧逐步等效变换，首先将图 2-22a 左侧的 2V、2Ω、3Ω 的串联部分等效变换成 0.4A 电流源和 5Ω 的并联部分，如图 2-22b 所示，再依次将电路简化为图 2-22c、d，最后得到图 2-22a 的等效电路，如图 2-22e 所示。

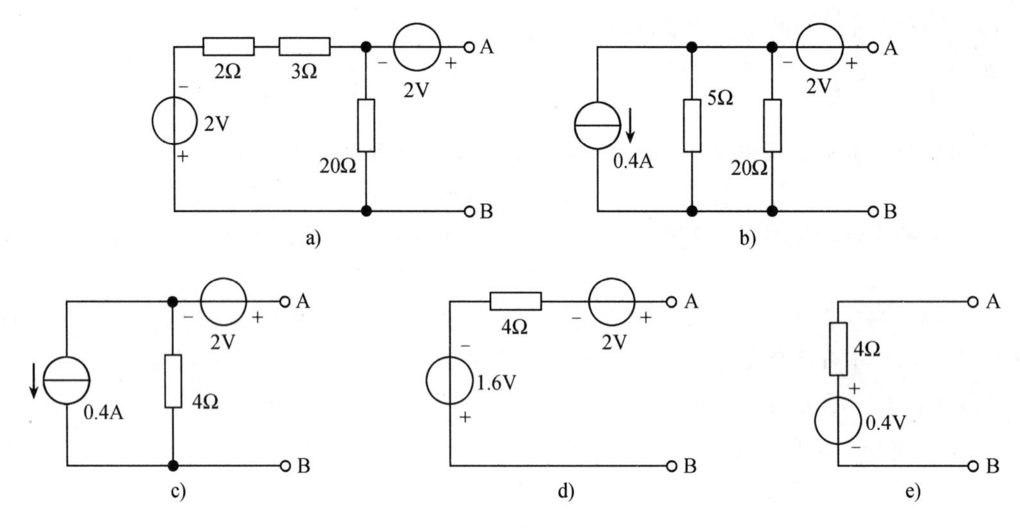

图 2-22　例 2-9 图

【例 2-10】如图 2-23a 所示电路中，已知 $U_s=12\text{V}$，求 I。

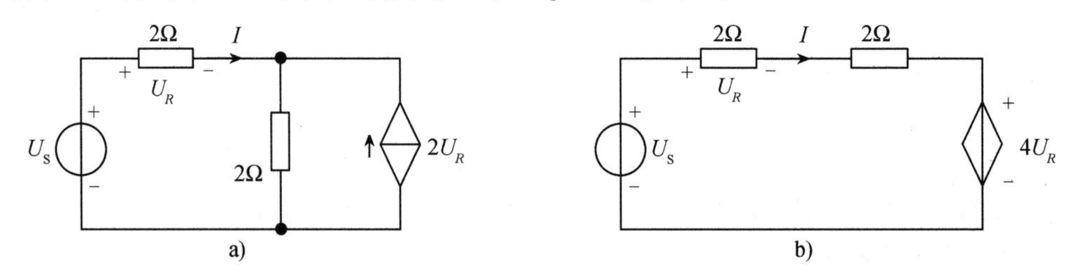

图 2-23　例 2-10 图

解　受控电源也可仿照独立源，应用电源等效变换方法。但对含有受控电源的电路进行化简时，要注意保留控制量。

先将图 2-23a 中的受控电流源与 2Ω 的并联等效变换为受控电压源与 2Ω 的串联，如图 2-23b 所示，电路化简后，对图 2-23b 所示回路有

$$U_s = 4I + 4U_R$$

因为

$$U_R = 2I$$

所以

$$U_s = 4I + 4 \times 2I = 12I$$

把 $U_s=12\text{V}$ 代入上式，求出

$$I = 1\text{A}$$

2.3　支路电流法

前面介绍的电路分析方法，如依据元件特性、基尔霍夫定律，或等效变换化简电路，不便于对电路进行一般性的分析，因此对复杂电路的分析有必要寻求系统化的一般方法。系统化的一般方法是，选择一组电路变量(电流或电压)，建立电路变量的方程以进行求解。在这类方法中，支路电流法最为直接，并具有普遍适用性。

支路电流法是以支路电流作为电路变量，应用 KCL 和 KVL，列出与支路数相等的独立方程，然后解出各支路电流的方法。

下面以图 2-24 为例进行说明。这个电路有六条支路，因此有 6 个支路电流变量。

1）先设定各支路电流的参考方向并标于图中。

2）应用 KCL 列写节点电流方程，电路中有四个节点。

对节点①

$$-I_1+I_4+I_6=0 \tag{2-26}$$

对节点②

$$I_3-I_4+I_5=0 \tag{2-27}$$

对节点③

$$-I_2-I_5-I_6=0 \tag{2-28}$$

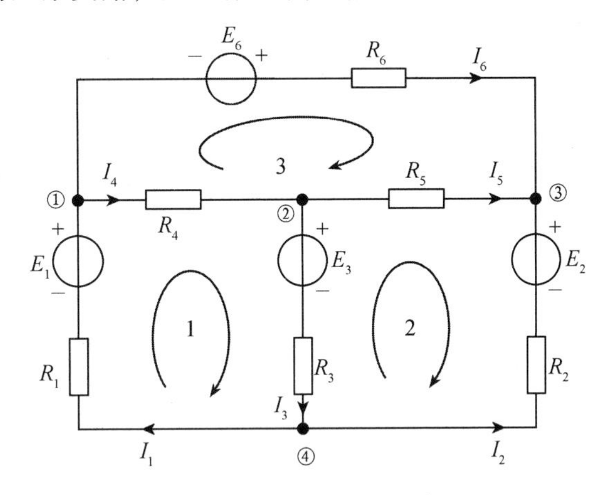

图 2-24 支路电流法示例

这 3 个节点方程显然是互相独立的。因为每个方程中都包含了其余两个方程没有涉及的支路电流，所以某一方程不可能由另外两个方程导出。如果对节点④再列一个方程，那么这四个方程就不再是互相独立的了，因为对节点④列出的方程是上述 3 个节点方程相加的结果。由此可见，具有四个节点的网络，应用 KCL，可以列出 3 个独立的节点方程，对应于这 3 个独立节点方程的节点称为独立节点。可任意选择三个独立节点列出方程。

推广到具有 n 个节点的网络，理论上可以证明，独立的节点方程数(或独立节点数)等于节点数减 1，即$(n-1)$个。这说明，对于有 n 个节点的网络，任选一个节点作参考节点，其余$(n-1)$个节点就是独立节点，对这$(n-1)$个节点列出的方程是独立方程。

为求出图 2-24 所示电路的 6 个未知支路电流，在已列出 3 个独立节点方程的基础上，还需应用 KVL，建立其余三个方程。

3）应用 KVL 建立回路电压方程。

若选择图 2-24 所示电路的三个网孔列写出回路电压方程，并设顺时针方向为各回路的绕行方向，则有如下结果。

对回路 1

$$R_1I_1+R_4I_4+R_3I_3=E_1-E_3 \tag{2-29}$$

对回路 2

$$R_5I_5-R_2I_2-R_3I_3=E_3-E_2 \tag{2-30}$$

对回路 3

$$R_6I_6-R_5I_5-R_4I_4=E_6 \tag{2-31}$$

这 3 个方程中，无论哪一个都不能从另外两个推导出，因此它们是独立的。这 3 个独立方程对应的 3 个回路称为独立回路。如果再选一回路，如回路④①②③④，列出的回路电压方程为

$$R_1I_1+R_4I_4+R_5I_5-R_2I_2=E_1-E_2 \tag{2-32}$$

显然这 4 个方程不是相互独立的，因为把式(2-29)和式(2-30)相加可得到式(2-32)。由此可知，若能选取独立回路，则可保证列出的回路电压方程是独立的。

选取独立回路较为有效的方法是，在每选取一个新回路时，要保证至少有一条新支路(即在已选取的回路中未经过的支路)出现在回路中，这样可将一个新的变量列入方程中；

而对于较复杂的电路，可利用图论的知识选取独立回路。可以证明，对于平面网络(当电路展开在平面上的时候，不会出现其他交叉支路)，网孔就是独立回路，网孔数也就是独立回路数。

4）联立求解独立的节点电流方程和独立的回路电压方程，即式(2-26)～式(2-31)，可求出如图2-24所示电路的各支路电流。

从上面的讨论可看出，应用支路电流法的关键在于列出与支路电流数目相等的独立方程。一般来说，对于具有n个节点、b条支路的网络，需应用KCL列出$(n-1)$个独立的节点电流方程，应用KVL列出$b-(n-1)$(等于网孔数)个独立的回路电压方程。

【例2-11】用支路电流法求如图2-25所示电路中的各支路电流。

解 1）设各支路电流的参考方向如图2-25所示。

2）选节点0为参考节点，节点①②③为独立节点，列KCL方程

$$\begin{cases} I_1 = I_2 + I_3 \\ I_3 = I_4 + I_5 \\ I_2 + I_5 + I_6 = 0 \end{cases}$$

3）取三个网孔为独立回路，设各回路的绕行方向为顺时针方向，如图2-25所示，列写KVL方程

$$\begin{cases} 8I_3 + 2I_4 = 36 \\ 12I_2 - 4I_5 - 8I_3 = 0 \\ -2I_4 + 4I_5 = -24 \end{cases}$$

4）联立求解上面六个方程，可得

$$I_1 = 4\text{A},\ I_2 = 1\text{A},\ I_3 = 3\text{A}$$

$$I_4 = 6\text{A},\ I_5 = -3\text{A},\ I_6 = 2\text{A}$$

【例2-12】用支路电流法求如图2-26所示电路中各支路电流和受控源的端电压。

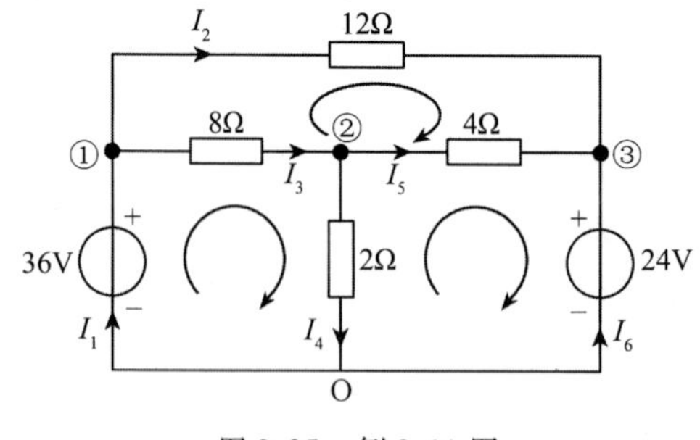

图2-25　例2-11图

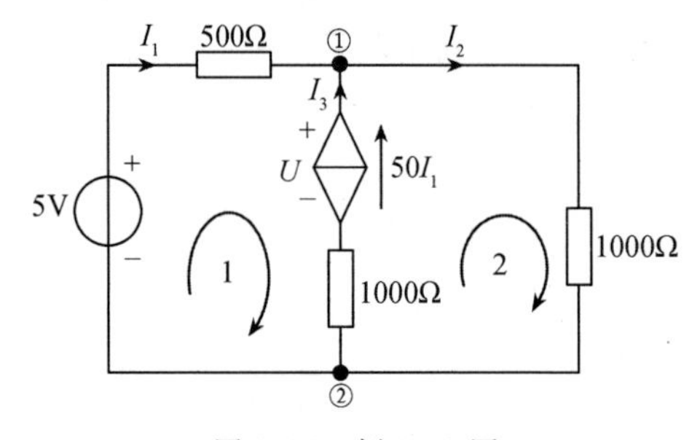

图2-26　例2-12图

解 1）设各支路电流方向和受控源的电压方向如图2-26所示。

2）选节点②为参考节点，节点①为独立节点，列KCL方程

$$I_1 + I_3 = I_2$$

3）选网孔为独立回路，取顺时针方向为绕行方向，并设受控电流源的电压为U，列KVL方程

$$500I_1 - 1000I_3 = 5 - U$$

$$1000I_3 + 1000I_2 = U$$

4）考虑到上式中，受控源电压是未知量，需补充方程，即用待求量表示受控量。此题中由于 I_1、I_3 是待求量，故有

$$I_3 = 50I_1$$

5）联立求解上面4个方程，解得

$$I_1 = 0.097\text{mA},\quad I_2 = 4.95\text{mA},\quad U = 9.8\text{V}$$

对含受控源的电路，在根据基尔霍夫定律列方程时会增加未知量，这时通常需要补写方程，补写的方程中将控制量用相应的支路电流表示。

2.4 回路电流法

回路电流是假想的沿回路流动的电流，回路电流法是以独立回路的电流作为电路变量，列写KVL方程并对其进行求解。由于一个电路的独立回路数少于支路数，所以回路电流法与支路电流法相比，减少了方程的个数。

1. 回路电流方程及其一般形式

按图2-27中所设的各支路电流的参考方向，根据KCL，有 $i_b = i_a - i_c$，此式可以理解为，支路b的电流 i_b 是由两个分量 i_a 和 i_c 组成的。其中支路b中的第一个分量 i_a 与 i_b 的方向相同，可看成 i_b 与支路a的电流 i_a 构成环流 i_{l1}；支路b中的第二个分量 i_c 与 i_b 的方向相反，可看成 i_b 与支路c的电流 i_c 构成环流 i_{l2}。i_{l1} 和 i_{l2} 是假想的沿着回路1和回路2流动的电流，称为回路电流，如图2-27所示。

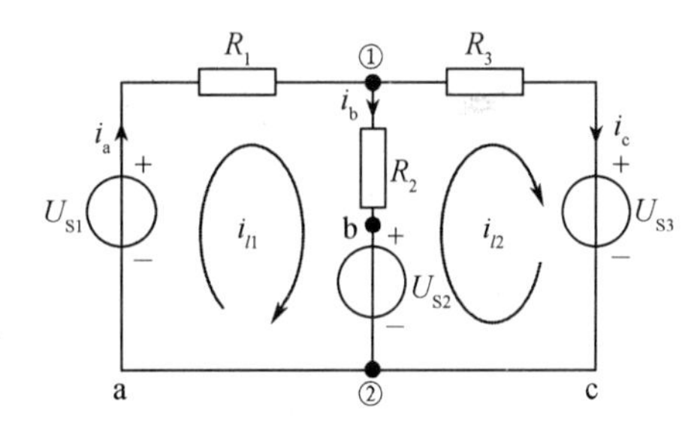

图2-27　回路电流法示意图

由于a支路只有 i_{l1} 流过，a支路电流就是回路电流 i_{l1}，即 $i_a = i_{l1}$；同理，c支路电流为回路电流 i_{l2}，即 $i_c = i_{l2}$；而b支路有两个回路电流 i_{l1} 和 i_{l2} 同时通过，所以b支路电流应为回路电流 i_{l1} 和 i_{l2} 的代数和，即 $i_b = i_{l1} - i_{l2}$。可见，各支路电流可以用回路电流表示。

将回路电流作为未知量，根据KVL列出独立的回路电流方程并联立求解，这种方法称为回路电流法。为了使列出的回路电流方程相互独立，应选独立回路作为回路电流的环流路径。

下面以图2-27所示电路为例，列写回路电流方程。

首先，选取独立回路，并选定各回路电流的参考方向。由于应用KVL列方程，所以还需设定各回路的绕行方向。如果回路电流的参考方向与回路的绕行方向是相同的，可便于列写方程。对图2-27所示的电路，选定各回路的绕行方向和各回路电流的参考方向相同，为顺时针方向，故只标记出回路电流 i_{l1} 和 i_{l2} 的方向，不必标出回路的绕行方向。

其次，列写回路电流方程。依据KVL，按回路电流（即绕行方向）的顺时针方向，逐项写出各元件电压的代数和。注意 R_2 上流过两个回路电流。

对回路1

$$-U_{S1} + R_1 i_{l1} + R_2 i_{l1} - R_2 i_{l2} + U_{S2} = 0 \tag{2-33}$$

对回路2

$$-U_{S2} - R_2 i_{l1} + R_2 i_{l2} + R_3 i_{l2} + U_{S3} = 0 \tag{2-34}$$

整理回路电流方程式(2-33)和式(2-34)后，得

$$(R_1+R_2)i_{l1}-R_2 i_{l2}=U_{S1}-U_{S2} \tag{2-35}$$

$$-R_2 i_{l1}+(R_2+R_3)i_{l2}=U_{S2}-U_{S3} \tag{2-36}$$

最后，联立求解式(2-35)和式(2-36)，便可得出各回路电流。

从回路电流方程式(2-35)和式(2-36)中能总结出一些规律，利用这些规律，可简化回路电流方程的列写。在式(2-35)中，i_{l1}前的系数是回路1中各电阻(R_1和R_2)的和，称为回路1的自电阻，由于回路绕行的方向已设定为与回路电流的参考方向一致，所以自电阻电压总是正的，也可看作自电阻总是正的；i_{l2}前的系数R_2是i_{l1}与i_{l2}都通过的电阻，称为回路1与回路2的互电阻，由于i_{l1}与i_{l2}通过R_2时方向不一致，i_{l2}在互电阻上引起的电压为负值，若将此负号包含在互电阻中，则互电阻取负号。同理，若i_{l1}与i_{l2}通过R_2时方向一致，则互电阻取正号。在等号的右边，是回路1的各电压源电压的代数和，其中U_{S1}的方向与回路1的绕行方向不一致，故U_{S1}前面取正号，U_{S2}的方向与回路1的绕行方向一致，故U_{S2}前面取负号。分析式(2-36)，会得到同样的规律。

用R_{11}和R_{22}分别代表回路1和回路2的自电阻($R_{11}=R_1+R_2$，$R_{22}=R_2+R_3$)，用R_{12}表示回路1与回路2的互电阻，R_{21}表示回路2与回路1的互电阻，且$R_{12}=R_{21}$。

在这样的约定下，式(2-35)和式(2-36)表示的回路电流方程可写成

$$\begin{cases}R_{11}i_{l1}+R_{12}i_{l2}=U_{Sl1}\\R_{21}i_{l1}+R_{22}i_{l2}=U_{Sl2}\end{cases} \tag{2-37}$$

式(2-37)为回路电流方程的一般形式。式中U_{Sl1}($U_{Sl1}=U_{S1}-U_{S2}$)为回路1的各电压源电压的代数和，U_{Sl2}($U_{Sl2}=U_{S2}-U_{S3}$)为回路2的各电压源电压的代数和。

按照总结出的规律，可直接列写出式(2-37)形式的方程，这称为系统化的一般编写法。

具有l个独立回路的电路，其回路电流方程一般式可由式(2-37)推广而得，即

$$\begin{cases}R_{11}i_{l1}+R_{12}i_{l2}+R_{13}i_{l3}+\cdots+R_{1l}i_{ll}=U_{Sl1}\\R_{21}i_{l1}+R_{22}i_{l2}+R_{23}i_{l3}+\cdots+R_{2l}i_{ll}=U_{Sl2}\\\qquad\vdots\\R_{l1}i_{l1}+R_{l2}i_{l2}+R_{l3}i_{l3}+\cdots+R_{ll}i_{ll}=U_{Sll}\end{cases} \tag{2-38}$$

式(2-38)中有相同下标的电阻R_{11}，R_{22}，R_{33}，…，R_{ll}是各回路的自电阻，有不同下标的电阻R_{12}，R_{13}，R_{23}，…是回路间互电阻。等号右边是各回路电压源电压代数和。将式(2-38)写成矩阵形式，即

$$\begin{bmatrix}R_{11}&R_{12}&R_{13}&\cdots&R_{1l}\\R_{21}&R_{22}&R_{23}&\cdots&R_{2l}\\\vdots&\vdots&\vdots&&\vdots\\R_{l1}&R_{l2}&R_{l3}&\cdots&R_{ll}\end{bmatrix}\begin{bmatrix}i_{l1}\\i_{l2}\\\vdots\\i_{ll}\end{bmatrix}=\begin{bmatrix}U_{Sl1}\\U_{Sl2}\\\vdots\\U_{Sll}\end{bmatrix}$$

现将回路电流法的步骤归纳如下：

1）选定l个独立回路(独立回路数=网孔数)，并确定回路电流的方向(其方向为回路绕行方向)；

2）按式(2-38)列写l个回路电流方程；

3）联立求解回路电流方程，求得各回路电流；

4）选定各支路电流的参考方向，支路电流为有关回路电流的代数和。

【例2-13】在如图2-28所示的电路中，电阻和电压源均已给定，试用回路电流法求各支路电流。

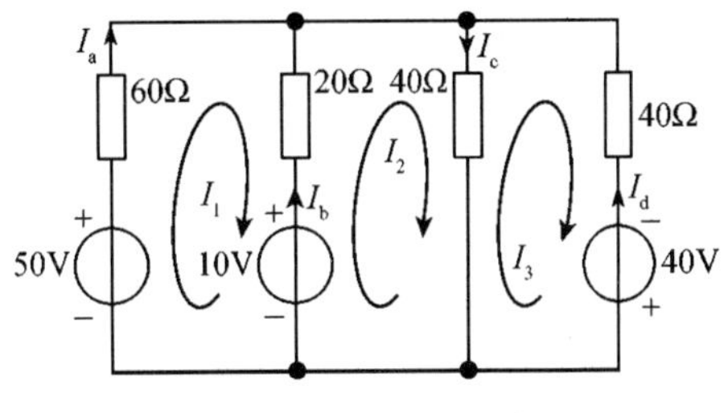

图2-28　例2-13图

解　1）选取独立回路电流 I_1、I_2、I_3 及其参考方向，如图2-28所示，设各回路的绕行方向与回路电流方向相同。

2）按式(2-38)列写3个回路电流方程，将各自电阻、互电阻、各电源项直接写入方程中。

回路1

$$(60+20)I_1-20I_2=50-10$$

回路2

$$-20I_1+(40+20)I_2-40I_3=10$$

回路3

$$-40I_2+(40+40)I_3=40$$

3）用消元法或行列式法，解得

$$I_1=0.786\text{A},\quad I_2=1.143\text{A},\quad I_3=1.071\text{A}$$

4）设各支路电流的参考方向如图，则各支路电流为

$$I_a=I_1=0.786\text{A}\quad I_b=-I_1+I_2=0.357\text{A}$$

$$I_c=I_2-I_3=0.072\text{A}\quad I_d=-I_3=-1.071\text{A}$$

5）校验。

取一个未用过的回路，如最外面的回路(由60Ω电阻、40Ω电阻及50V电压源、40V电压源构成)，回路的绕行方向为顺时针方向。按照KVL，有

$$60I_a-40I_d=50+40$$

把上面求得的 I_a、I_d 的值代入，方程成立，故答案正确。

2. 含有电流源支路的电路分析

当电路中含有电流源，且电流源两端无电阻与其并联时，直接列写式(2-38)所示的方程有困难，对此，一般采用下述方法来处理。

方法一　在选取独立回路时，设定电流源中仅通过一个回路电流，这样该回路电流便仅由电流源决定，于是可免去该回路方程的列写。而其他的回路电流方程，仍正常列写。如图2-29所示的电路，选取独立回路电流时，设定仅回路电流 i_1 流过电流源 i_{S2}，列出方程

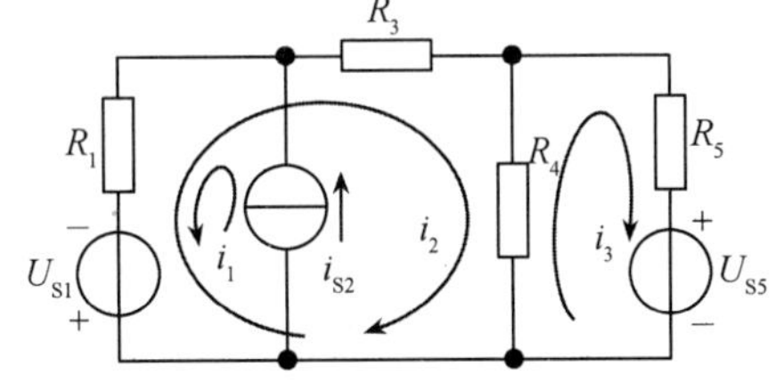

图2-29　选电流源电流作为回路电流

$$\begin{cases}i_1=i_{S2}\\-R_1i_1+(R_1+R_3+R_4)i_2-R_4i_3=-U_{S1}\\-R_4i_2+(R_4+R_5)i_3=-U_{S5}\end{cases}$$

由上述方程联立求解回路电流 i_1、i_2、i_3。

方法二　与例2-12所用的处理方法一样，将电流源的电压作为变量列入回路电流方程中，然后再列写一个回路电流与电流源电流的约束方程。把这个约束方程与回路电流方程合

成一组联立方程，则方程数与变量数相同。如图 2-30 所示的电路中，电流源的电压设为 u_i，参考方向如图所示，列出回路电流方程

$$\begin{cases} R_1 i_1 = -U_{S1} - u_i \\ (R_3 + R_4)i_2 - R_4 i_3 = u_i \\ -R_4 i_2 + (R_5 + R_4)i_3 = -U_{S5} \end{cases}$$

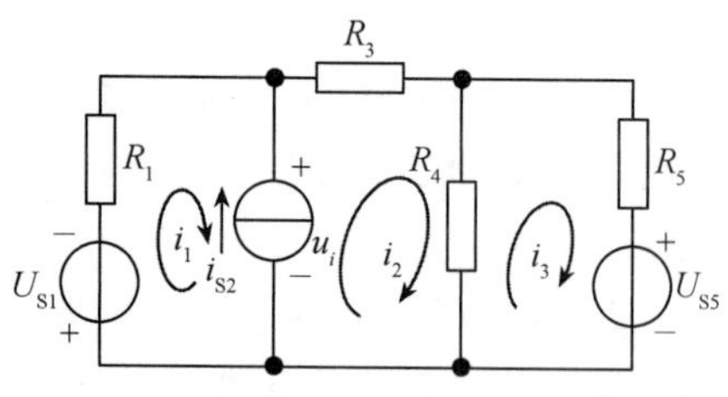

图 2-30　选电流源电压作为变量

再补充一个约束方程

$$-i_1 + i_2 = i_{S2}$$

由上面四个方程式，可以联立解得回路电流 i_1、i_2、i_3。

对含受控源的电路列回路电流方程时，可先将受控源视为独立电源列入方程，然后将受控源的控制量用相应的回路电流表示。

【例 2-14】用回路电流法求解图 2-31 所示电路的支路电流 I_3，已知 $\mu=1$，$\alpha=1$。

解　选定回路电流 I_{l1}、I_{l2}、I_{l3}及参考方向，设受控电流源中只流过一个回路电流 I_{l3}。

对回路 1 和 2，列出回路电流方程

$$6I_{l1} - 2I_{l2} - 2I_{l3} = 16$$

$$-2I_{l1} + 6I_{l2} - 2I_{l3} = -\mu U_1$$

对回路 3

$$I_{l3} = \alpha I_3$$

补充两个受控源的控制量与回路电流关系的方程

$$U_1 = 2I_{l1}$$

$$I_3 = I_{l1} - I_{l2}$$

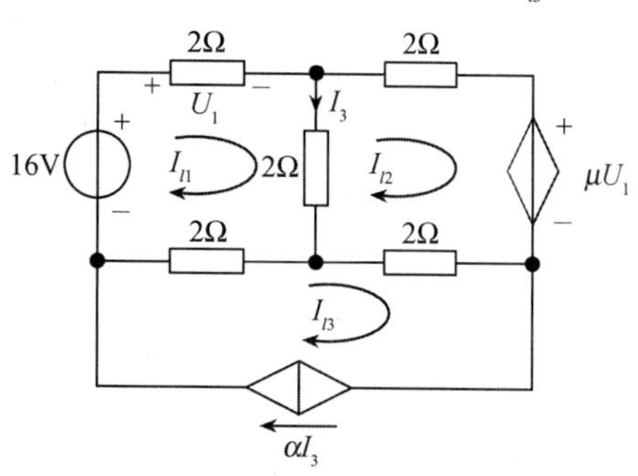

图 2-31　例 2-14 图

将 $\alpha=1$，$\mu=1$ 代入，联立求解上述 5 个方程，得

$$I_{l1} = 4\text{A},\quad I_{l2} = 1\text{A},\quad I_{l3} = 3\text{A}$$

所以

$$I_3 = 3\text{A}$$

2.5　节点电压法

2.4 节用回路电流代替支路电流作为未知量，与支路电流法相比，省去了按照 KCL 列写的方程，使方程的个数减少了$(n-1)$个，以此类推，还可以找到一种方法，省去按照 KVL 列写的方程。本节提出的节点电压(位)法就是这样的方法。节点电压法以$(n-1)$个独立节点电压为未知量，根据 KCL 列出方程并求解。下面举例说明该方法的原理及应用。

1. 节点电压方程及其一般形式

如图 2-32 所示的电路有 3 个节点，设节点 O 为参考节点，节点①、节点②的电压 u_{n1}、u_{n2}为独立变量，对节点①与节点②分别列出 KCL 方程

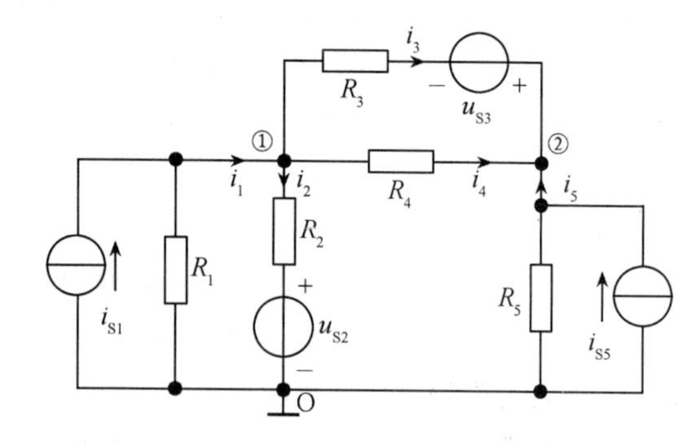

图 2-32　节点电压法示例

$$\begin{cases} -i_1+i_2+i_3+i_4=0 \\ -i_3-i_4-i_5=0 \end{cases} \tag{2-39}$$

将各支路电流用节点电压表示，有

$$\begin{cases} i_1=i_{S1}-\dfrac{u_{n1}}{R_1} \\ i_2=\dfrac{u_{n1}-u_{S2}}{R_2} \\ i_3=\dfrac{u_{n1}-u_{n2}+u_{S3}}{R_3} \\ i_4=\dfrac{u_{n1}-u_{n2}}{R_4} \\ i_5=i_{S5}-\dfrac{u_{n2}}{R_5} \end{cases} \tag{2-40}$$

将式(2-40)代入式(2-39)，整理后，有

$$\begin{cases} \left(\dfrac{1}{R_1}+\dfrac{1}{R_2}+\dfrac{1}{R_3}+\dfrac{1}{R_4}\right)u_{n1}-\left(\dfrac{1}{R_3}+\dfrac{1}{R_4}\right)u_{n2}=i_{S1}+\dfrac{u_{S2}}{R_2}-\dfrac{u_{S3}}{R_3} \\ -\left(\dfrac{1}{R_3}+\dfrac{1}{R_4}\right)u_{n1}+\left(\dfrac{1}{R_3}+\dfrac{1}{R_4}+\dfrac{1}{R_5}\right)u_{n2}=i_{S5}+\dfrac{u_{S3}}{R_3} \end{cases} \tag{2-41}$$

式(2-41)是以节点电压u_{n1}和u_{n2}为变量的KCL方程，称为节点电压方程。由式(2-41)可解出各节点电压，并由各节点电压，应用式(2-40)可解出各支路电流。这就是节点电压法。

上述列写节点电压方程的过程较复杂。由式(2-41)可找出列写节点电压方程的一般规律，利用这些规律，可总结出系统化的一般编写法，使节点电压方程的列写得到简化。为便于说明，式(2-41)可进一步写成一般形式，即

$$\begin{cases} G_{11}u_{n1}+G_{12}u_{n2}=i_{Sn1}+G_{Sn1}u_{Sn1} \\ G_{21}u_{n1}+G_{22}u_{n2}=i_{Sn2}+G_{Sn2}u_{Sn2} \end{cases} \tag{2-42}$$

式(2-42)中，$G_{11}=\dfrac{1}{R_1}+\dfrac{1}{R_2}+\dfrac{1}{R_3}+\dfrac{1}{R_4}$，它等于图2-32中与节点①相连的各支路电导之和，称为节点①的自电导；$G_{22}=\dfrac{1}{R_3}+\dfrac{1}{R_4}+\dfrac{1}{R_5}$，它等于与节点②相连的各支路电导之和，称为节点②的自电导，且自电导总为正。$G_{12}=G_{21}=-\left(\dfrac{1}{R_3}+\dfrac{1}{R_4}\right)$，它等于节点①、节点②之间的各支路电导之和，称为节点①与节点②之间的互电导，且互电导总为负。式中i_{Sn1}表示流入节点①的电流源的电流代数和；i_{Sn2}表示流入节点②的电流源的电流代数和。而$G_{Sn1}u_{Sn1}$表示与节点①相连的各电压源和与其串联的电导乘积的代数和。各电压源的正极与节点①相连时取正号，否则取负号。$G_{Sn2}u_{Sn2}$表示与节点②相连的各电压源和与其串联的电导乘积的代数和。正负号的确定与$G_{Sn1}u_{Sn1}$的确定规则相同。

按照总结出的规律，可直接列写出式(2-42)形式的方程，这称为系统化的一般编写法。

具有$(n-1)$个独立节点的电路，其节点电压方程的一般形式为

$$\begin{cases} G_{11}u_{n1}+G_{12}u_{n2}+\cdots+G_{1(n-1)}u_{n(n-1)}=i_{Sn1}+G_{Sn1}u_{Sn1} \\ G_{21}u_{n1}+G_{22}u_{n2}+\cdots+G_{2(n-1)}u_{n(n-1)}=i_{Sn2}+G_{Sn2}u_{Sn2} \\ \vdots \\ G_{(n-1)1}u_{n1}+G_{(n-1)2}u_{n2}+\cdots+G_{(n-1)(n-1)}u_{n(n-1)}=i_{Sn(n-1)}+G_{Sn(n-1)}u_{Sn(n-1)} \end{cases} \tag{2-43}$$

现将节点电压法的解题步骤归纳如下：

1）选定参考节点(参考节点电位为零)，其余节点是独立节点；

2）对独立节点按式(2-43)列写节点电压方程；

3）由节点电压方程解出各节点电压，然后求出其他待求量。

节点电压(位)法是电路计算中应用得较广泛的一种。在具体应用时，还会遇到一些问题，下面举例说明。

2. 含有电压源支路的电路分析

当网络中存在电压源支路时，由于该支路中没有电阻，因此不能直接按式(2-43)列写方程，这时可采用下面的方法进行处理。

方法一 取电压源支路的一端作为参考节点。这时该支路的另一端连接的节点电压成为已知量，且等于该电压源电压。例如在列写如图 2-33a 所示电路的节点方程时，针对 E_2 支路是电压源支路的情况，可选 C 点作为参考节点，这时节点 B 的电位 U_B 成为已知量，即 $U_B=E_2$，因此不必再列写 B 点的节点方程，只要对节点 A、节点 O 列出节点方程即可。但应注意：对节点 A、节点 O 列节点方程时，仍应考虑与节点 B 之间的互电导。列出如下方程

$$\begin{cases} U_B=E_2 \\ (G_1+G_5+G_6)U_A-G_5U_B-G_1U_O=0 \\ -G_1U_A-G_3U_B+(G_1+G_3+G_4)U_O=-I_S \end{cases}$$

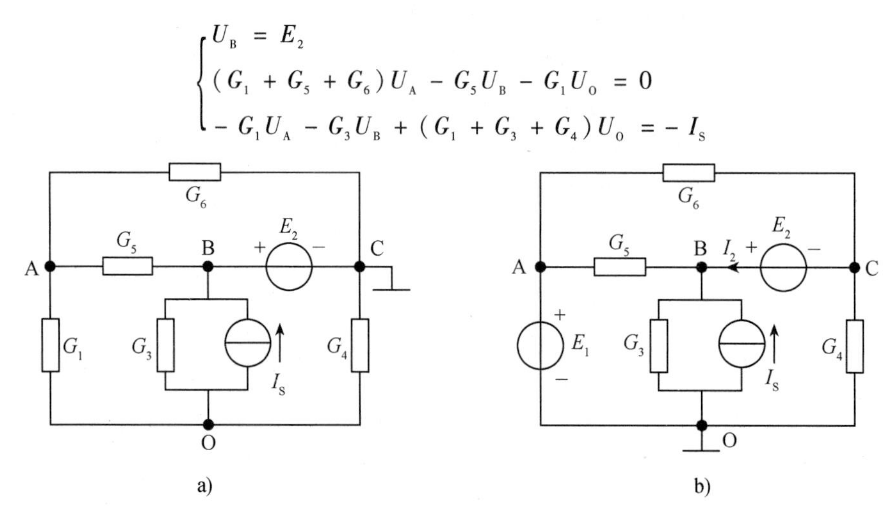

图 2-33 对电压源支路的处理

方法二 将电压源支路的电流作为未知量列入节点方程，并将该电压源与节点电压的关系作为补充方程。

在图 2-33b 中，设 O 点为参考点，并设电压源支路 E_2 中电流为 I_2，列出节点方程

$$\begin{cases} U_A=E_1 \\ -G_5U_A+(G_5+G_3)U_B=I_S+I_2 \\ -G_6U_A+(G_4+G_6)U_C=-I_2 \end{cases}$$

上面 3 个方程中除节点电压 U_A、U_B、U_C 以外，还有未知量 I_2，所以需要列写一个补充方程，利用 E_2 与节点电压 U_B、U_C 的关系，列出

$$U_B - U_C = E_2$$

由上面 4 个方程可解出各节点电压。

电路中含有受控源时，先将受控源当作独立电源列入方程，然后再将受控源的控制量用相应的节点电压表示。

【例 2-15】用节点电压分析法求解图 2-34 中的电压 u 和电流 i。

解　选定 b 点为参考点，列出关于节点 a、c、d 的方程

$$\begin{cases} u_a = 2u \\ \left(\dfrac{1}{2} + \dfrac{1}{2} + 1\right)u_c - u_a - \dfrac{1}{2}u_d = 0 \\ \left(1 + 1 + \dfrac{1}{2}\right)u_d - u_a - \dfrac{1}{2}u_c = -5 \end{cases}$$

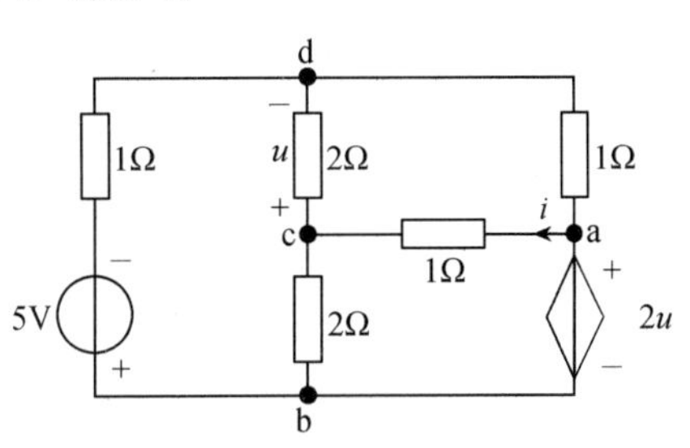

图 2-34　例 2-15 图

控制量 u 与节点电压的关系为

$$u = u_c - u_d$$

联立求解上述方程，得

$$u_a = 4\text{V},\quad u_c = 2\text{V},\quad u_d = 0\text{V}$$

由节点电压求出电压 u 和电流 i

$$u = \frac{u_a}{2} = 2\text{V}$$

$$i = \frac{u_a - u_c}{1} = 2\text{A}$$

【例 2-16】图 2-35 电路中，$R_1 = 2\Omega$，$R_2 = 0.2\Omega$，$R_3 = 0.4\Omega$，$R_4 = 0.5\Omega$，$R_5 = 1\Omega$，$R_6 = 0.25\Omega$，$I_{S1} = 8\text{A}$，$I_{S2} = -3\text{A}$，$E = 3.2\text{V}$。试用节点电压法求电压源支路电流和电流源电压。

解　对图 2-35，设 O 点为参考点，U_A、U_B、U_C 为节点电压，列出节点方程

$$\begin{cases} \left(\dfrac{1}{R_1} + \dfrac{1}{R_4} + \dfrac{1}{R_5}\right)U_A - \dfrac{1}{R_4}U_B - \dfrac{1}{R_5}U_C = I_{S1} \\ -\dfrac{1}{R_4}U_A + \left(\dfrac{1}{R_3} + \dfrac{1}{R_4}\right)U_B - \dfrac{1}{R_3}U_C = I_{S2} - \dfrac{E}{R_3} \\ -\dfrac{1}{R_5}U_A - \dfrac{1}{R_3}U_B + \left(\dfrac{1}{R_3} + \dfrac{1}{R_5} + \dfrac{1}{R_6}\right)U_C = \dfrac{E}{R_3} \end{cases}$$

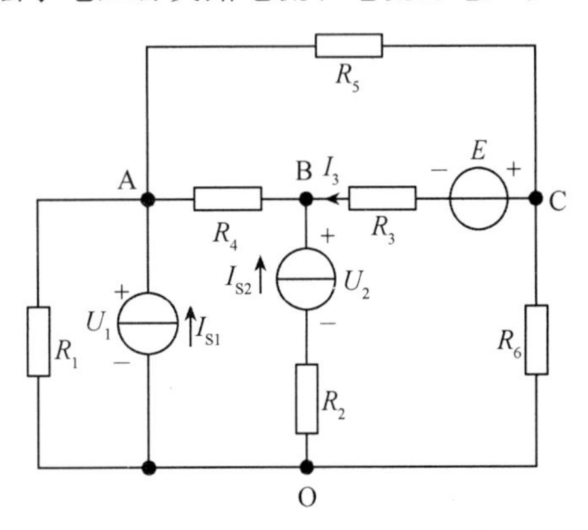

图 2-35　例 2-16 图

注意：与电流源 I_{S2} 串联的电阻 R_2 对外不起作用，不可列入方程中。

代入已知数据后，得

$$U_A = 2\text{V},\quad U_B = -1\text{V},\quad U_C = 1\text{V}$$

由各节点电压，可得到如下结果。

电流源 I_{S1} 的电压

$$U_1 = U_A = 2\text{V}$$

电流源 I_{S2} 的电压

$$U_2 = U_B + R_2 I_{S2} = -1.6\text{V}$$

电压源 E 中的电流

$$I_3 = \frac{(U_C - U_B) - E}{R_3} = -3\text{A}$$

【例 2-17】 在图 2-36 中，$E = 6\text{V}$，$R_1 = R_4 = R_5 = 1\Omega$，$R_2 = R_3 = 2\Omega$，$\mu = 5$。分别用节点电压法和回路电流法求各支路电流。

解 1）用节点电压法求解。因有受控电压源，所以取其一端的 O 点作为参考点，并把受控源当作独立电源处理，列出节点电压方程

$$\begin{cases} U_1 = -\mu U \\ -\dfrac{1}{R_2}U_1 + \left(\dfrac{1}{R_2} + \dfrac{1}{R_3} + \dfrac{1}{R_5}\right)U_2 - \dfrac{1}{R_3}U_3 = 0 \\ -\dfrac{1}{R_1}U_1 - \dfrac{1}{R_3}U_2 + \left(\dfrac{1}{R_1} + \dfrac{1}{R_4} + \dfrac{1}{R_3}\right)U_3 = -\dfrac{E}{R_1} \end{cases}$$

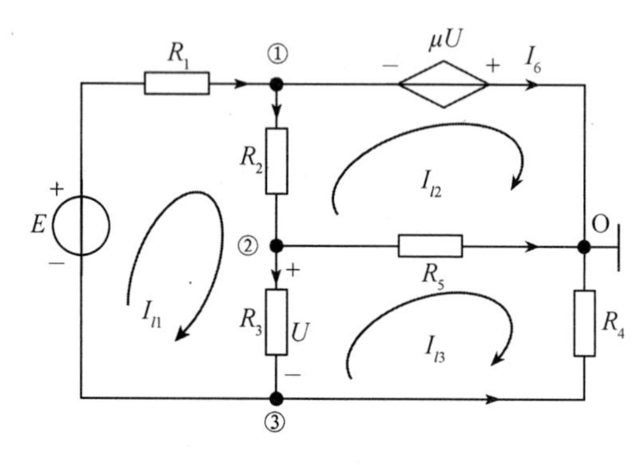

图 2-36 例 2-17 图

用节点电压表示控制量

$$U = U_2 - U_3$$

将已知条件代入上面 4 个方程，整理后，得

$$\begin{cases} U_1 + 5U_2 - 5U_3 = 0 \\ -U_1 + 4U_2 - U_3 = 0 \\ -2U_1 - U_2 + 5U_3 = -12 \end{cases}$$

用行列式求解，有

$$\Delta = \begin{vmatrix} 1 & 5 & -5 \\ -1 & 4 & -1 \\ -2 & -1 & 5 \end{vmatrix} = 9$$

$$U_1 = \frac{\begin{vmatrix} 0 & 5 & -5 \\ 0 & 4 & -1 \\ -12 & -1 & 5 \end{vmatrix}}{\Delta} = -20\text{V}$$

同理，求出

$$U_2 = -8\text{V}, \quad U_3 = -12\text{V}$$

各支路电流为

$$I_{R5} = \frac{U_2}{R_5} = -8\text{A}$$

$$I_{R4} = \frac{U_3}{R_4} = -12\text{A}$$

$$I_{R3} = \frac{U_2 - U_3}{R_3} = 2\text{A}$$

$$I_{R1} = I_{R3} - I_{R4} = 14\text{A}$$

$$I_{R2} = \frac{U_1 - U_2}{R_2} = -6\text{A}$$

$$I_6 = I_{R1} - I_{R2} = 20\text{A}$$

2）用回路电流法求解。取网孔为独立回路，并设各回路电流均为顺时针方向，如图 2-36 所示。先把受控电源作为独立电源处理，列出回路电压方程

$$\begin{cases}(R_1 + R_2 + R_3)I_{l1} - R_2I_{l2} - R_3I_{l3} = E \\ -R_2I_{l1} + (R_2 + R_5)I_{l2} - R_5I_{l3} = \mu U \\ -R_3I_{l1} - R_5I_{l2} + (R_3 + R_4 + R_5)I_{l3} = 0\end{cases}$$

用回路电流表示受控电源的控制量

$$U = (I_{l1} - I_{l3})R_3$$

将已知条件代入上面 4 个方程，整理后，得

$$\begin{cases}5I_{l1} - 2I_{l2} - 2I_{l3} = 6 \\ -12I_{l1} + 3I_{l2} + 9I_{l3} = 0 \\ -2I_{l1} - I_{l2} + 4I_{l3} = 0\end{cases}$$

解出

$$I_{l1} = 14\text{A},\quad I_{l2} = 20\text{A},\quad I_{l3} = 12\text{A}$$

且各支路电流为

$$I_{R1} = I_{l1} = 14\text{A}$$

$$I_6 = I_{l2} = 20\text{A}$$

$$I_{R4} = -I_{l3} = -12\text{A}$$

$$I_{R2} = I_{l1} - I_{l2} = -6\text{A}$$

$$I_{R3} = I_{l1} - I_{l3} = 2\text{A}$$

$$I_{R5} = I_{l3} - I_{l2} = -8\text{A}$$

【例 2-18】图 2-37 所示为两台发电机并联运行的电路。已知 $E_1 = 230\text{V}$，$R_{01} = 0.5\Omega$，$E_2 = 226\text{V}$，$R_{02} = 0.3\Omega$，负载电阻 $R_L = 5.5\Omega$，求各支路的电流。

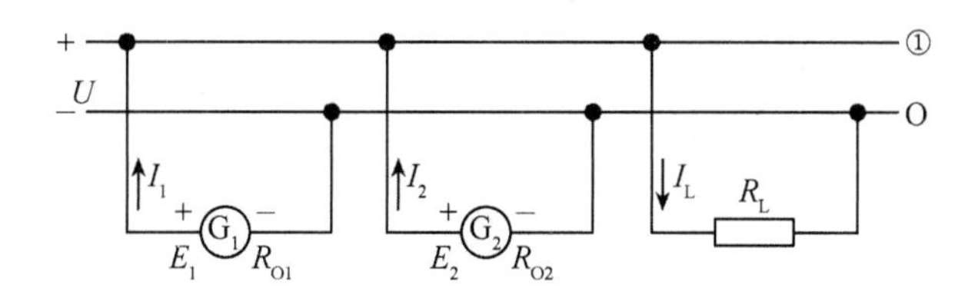

图 2-37　例 2-18 图

解　电路有两个节点，因此选用节点电压法。设 O 为参考节点，则有

$$\left(\frac{1}{R_{01}} + \frac{1}{R_{02}} + \frac{1}{R_L}\right)U = \frac{E_1}{R_{01}} + \frac{E_2}{R_{02}}$$

所以

$$U=\frac{\dfrac{E_1}{R_{01}}+\dfrac{E_2}{R_{02}}}{\dfrac{1}{R_{01}}+\dfrac{1}{R_{02}}+\dfrac{1}{R_L}}$$

代入数值，有

$$U=\frac{\dfrac{230}{0.5}+\dfrac{226}{0.3}}{\dfrac{1}{0.5}+\dfrac{1}{0.3}+\dfrac{1}{5.5}}=220\text{V}$$

各支路电流为

$$I_1=\frac{E_1-U}{R_{01}}=\frac{230-220}{0.5}=20\text{A}$$

$$I_2=\frac{E_2-U}{R_{02}}=\frac{226-220}{0.3}=20\text{A}$$

$$I_L=\frac{U}{R_L}=\frac{220}{5.5}=40\text{A}$$

【例 2-19】数模变换器（DAC）解码网络如图 2-38所示。输入该电路的二进制数最多可为 4 位数，开关 2^0、2^1、2^2、2^3 分别与其第一～四位数对应。当二进制的某位为“1”时，对应的开关就接在电源 U_S 上；当某位为“0”时，对应的开关就接地。图中开关位置表明输入为“1010”（对应十进制的 10），试说明其数模变换原理。

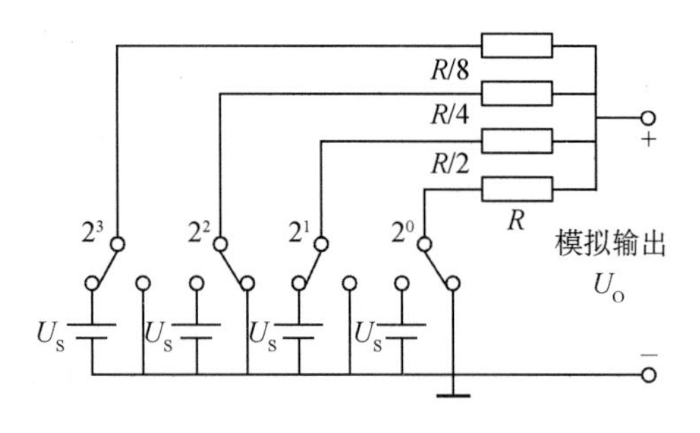

图 2-38 例 2-19 图

解 此电路的工作原理可以用节点电压方程来说明。

输出端的节点电压方程为

$$\left(\frac{8}{R}+\frac{4}{R}+\frac{2}{R}+\frac{1}{R}\right)U_o=\frac{8}{R}U_s+\frac{4}{R}U_s+\frac{2}{R}U_s+\frac{1}{R}U_s$$

$$U_o=\frac{U_s\dfrac{8}{R}+U_s\dfrac{4}{R}+U_s\dfrac{2}{R}+U_s\dfrac{1}{R}}{\dfrac{8}{R}+\dfrac{4}{R}+\dfrac{2}{R}+\dfrac{1}{R}}=\frac{U_s\dfrac{8}{R}+U_s\dfrac{4}{R}+U_s\dfrac{2}{R}+U_s\dfrac{1}{R}}{\dfrac{15}{R}}$$

设 $U_S=15\text{V}$，输入为数字量“1001”（对应模拟量十进制数 9），此时

$$U_o=\frac{U_s\dfrac{8}{R}+0\dfrac{4}{R}+0\dfrac{2}{R}+U_s\dfrac{1}{R}}{\dfrac{15}{R}}=\frac{\dfrac{9}{R}U_s}{\dfrac{15}{R}}=9\text{V}$$

这表明该电路完成了“数模变换”。

【例 2-20】如图 2-39a 所示的电路，方框部分是运算放大器。运算放大器的输入电压为 u'，输入电阻为 R_i，输出电阻为 R_o，放大倍数为 A。运算放大器的电路模型可用受控源表示，如图 2-39b 中虚线框部分所示。若选用 μA741 运算放大器，其参数为 $R_i=2\text{M}\Omega$，$R_o=$

75Ω，$A=200\,000$。当 $R_1=5\text{k}\Omega$，$R_f=50\text{k}\Omega$，求负载电阻 $R_L=1\text{k}\Omega$ 时的输出电压 u_o。

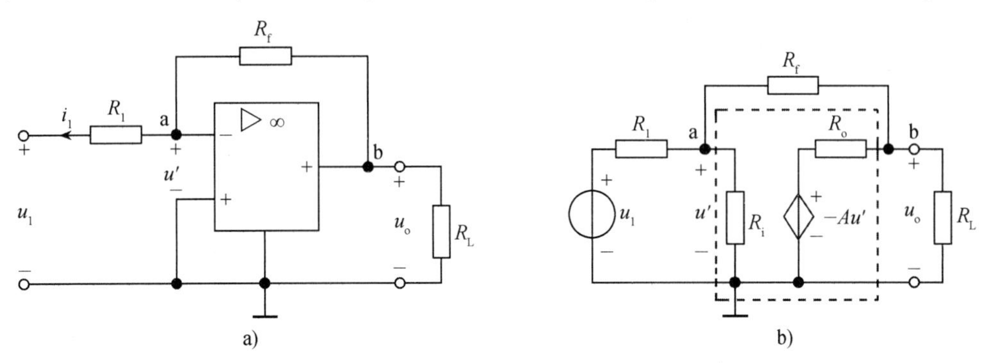

图 2-39　例 2-20 图

解　对图 2-39b 所示电路，选用节点电压法分析。选 a 点、b 点为两个独立节点，且设 a 点电压为 u'，b 点电压为 u_o，列出如下节点电压方程。

对节点 a

$$\left(\frac{1}{R_1}+\frac{1}{R_i}+\frac{1}{R_f}\right)u'-\frac{1}{R_f}u_o=\frac{u_1}{R_1} \tag{例 2-20.1}$$

对节点 b

$$\left(\frac{1}{R_f}+\frac{1}{R_o}+\frac{1}{R_L}\right)u_o-\frac{1}{R_f}u'=-\frac{Au'}{R_o} \tag{例 2-20.2}$$

整理后，得

$$G'u'-\frac{1}{R_f}u_o=\frac{u_1}{R_1} \tag{例 2-20.3}$$

$$G_o u_o-\frac{1}{R_f}u'=-\frac{Au'}{R_o} \tag{例 2-20.4}$$

式中，$G'=\frac{1}{R_1}+\frac{1}{R_i}+\frac{1}{R_f}$，$G_o=\frac{1}{R_f}+\frac{1}{R_o}+\frac{1}{R_L}$

联立求解(例 2-20.3)和(例 2-20.4)，得

$$u_o=R_f G'\cdot\frac{G_o R_f R_o}{R_o-AR_f}u_o-\frac{R_f}{R_1}u_1$$

整理后，有

$$u_o=\frac{-\dfrac{R_f}{R_1}}{1+\dfrac{\left(\dfrac{R_f}{R_1}+\dfrac{R_f}{R_i}+1\right)\left(\dfrac{R_o}{R_f}+1+\dfrac{R_o}{R_L}\right)}{A-\dfrac{R_o}{R_f}}}u_1$$

将各参数值代入分母，得

$$u_o=\frac{-\dfrac{R_f}{R_1}}{1+0.000\,061\,6}u_1\approx-\frac{R_f}{R_1}u_1$$

由计算过程可知，由于 A 很大，R_i 很大，R_o 很小，所以得上述结果。

当 R_L 为∞时，电路如图 2-40 所示，则输出电压

$$u_o = \frac{-\dfrac{R_f}{R_1}}{1+\dfrac{\left(\dfrac{R_f}{R_1}+\dfrac{R_f}{R_i}+1\right)\left(\dfrac{R_o}{R_f}+1\right)}{A-\dfrac{R_o}{R_f}}}u_1 \approx -\frac{R_f}{R_1}u_1$$

由计算结果可知，电路的输出电压 u_o 与信号源电压 u_1 的比值仅由 R_f 和 R_1 的比值决定，图 2-40 所示电路称为倒向比例器。

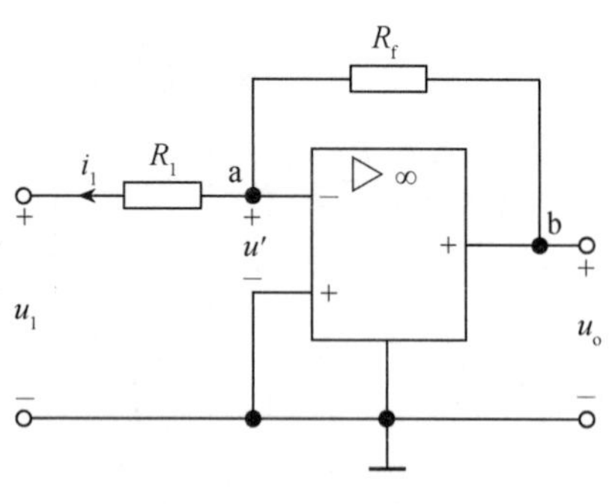

图 2-40 倒向比例器

习题二

2-1 求题 2-1 图所示各电路的等效电阻 R_{ab}。

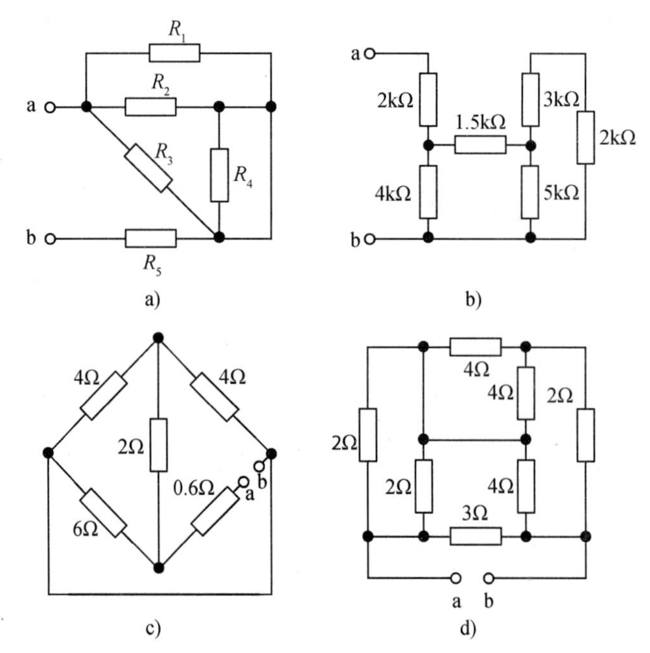

题 2-1 图

2-2 分别求出题 2-2 图中开关 S 闭合和打开时的等效电阻 R_{ab}。

2-3 求题 2-3 图中电路的 U 和 U_{ab}。

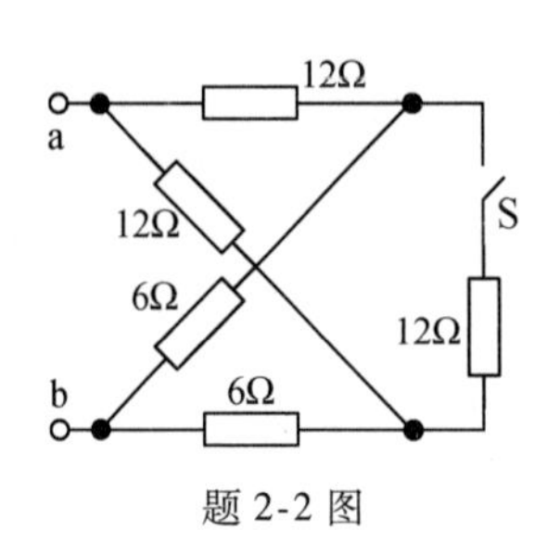

题 2-2 图

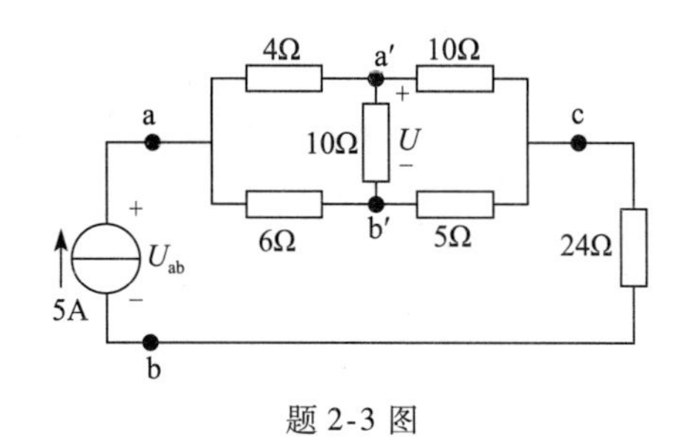

题 2-3 图

2-4 将题 2-4 图中各电路化简成最简形式。

2-5 求题 2-5 图中电路的 U。

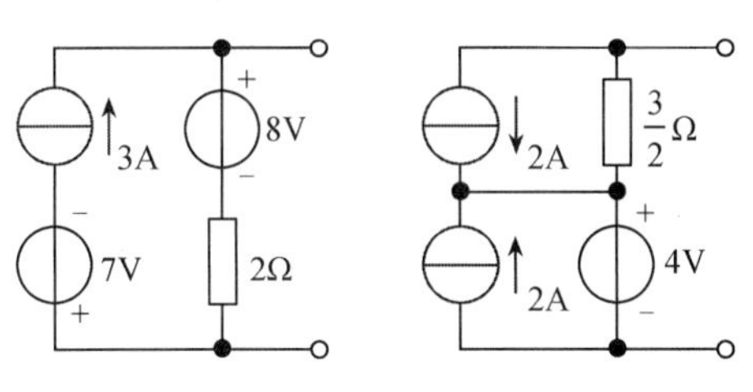

题 2-4 图

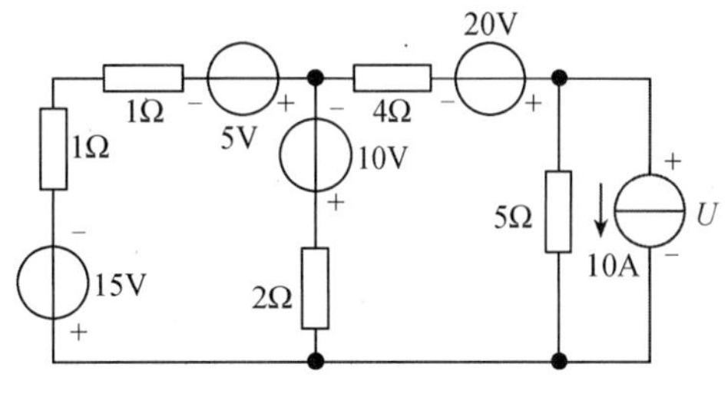

题 2-5 图

2-6 电路如题 2-6 图所示，其中各参数均已给定。求：(1)电压 u_2 和电流 i_2；(2)若电阻 R_1 增大，问 u_2、i_2 怎样变化。

2-7 用支路电流法求题 2-7 图中电流 I_R。

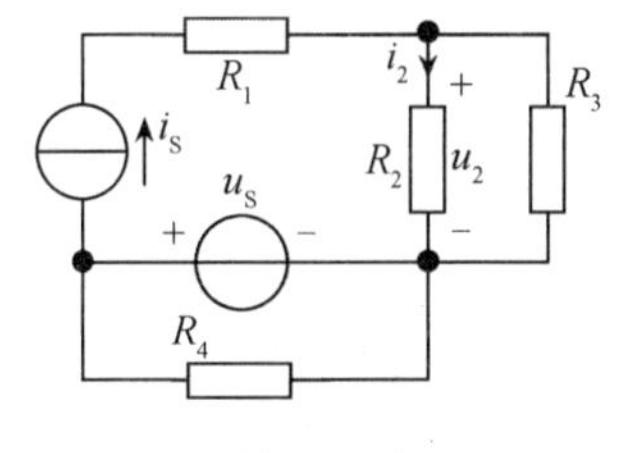

题 2-6 图

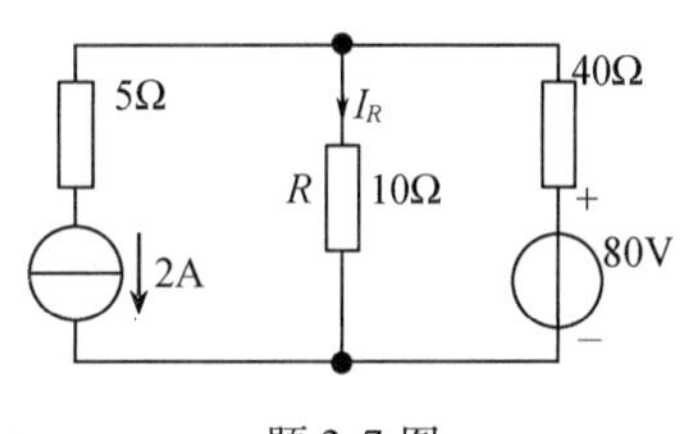

题 2-7 图

2-8 列出题 2-8 图中电路的节点电压方程。

2-9 试用节点电压法求题 2-9 图中电路的 I。

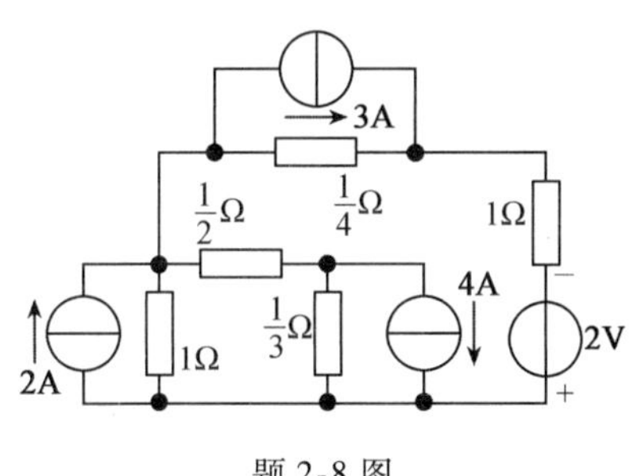

题 2-8 图

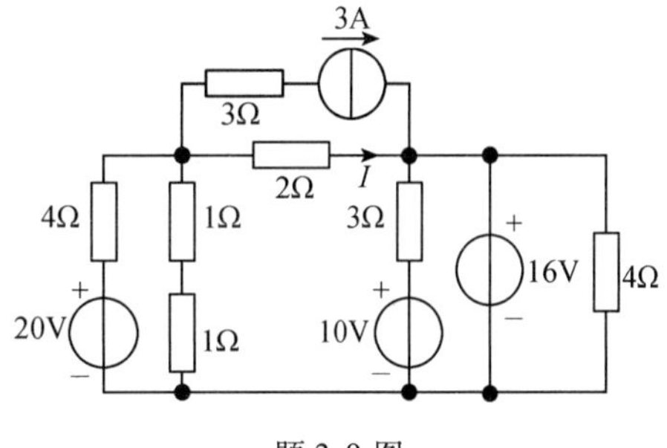

题 2-9 图

2-10 已知题 2-10 图中 $E_1=100\text{V}$，$E_2=110\text{V}$，$R_1=10\Omega$，$R_2=1\Omega$，$R_3=2\Omega$，$R_4=20\Omega$，$R_5=5\Omega$，$R_6=4\Omega$。试用节点电压法求 U_{ab}。

2-11 用回路电流法求题 2-11 图中节点 1、2 和 3 的电位。

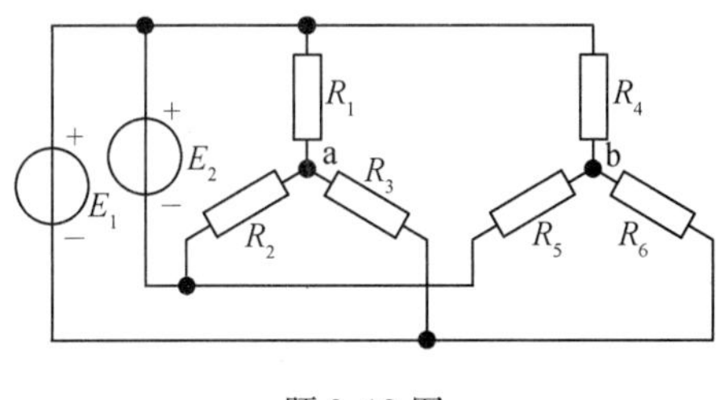

题 2-10 图

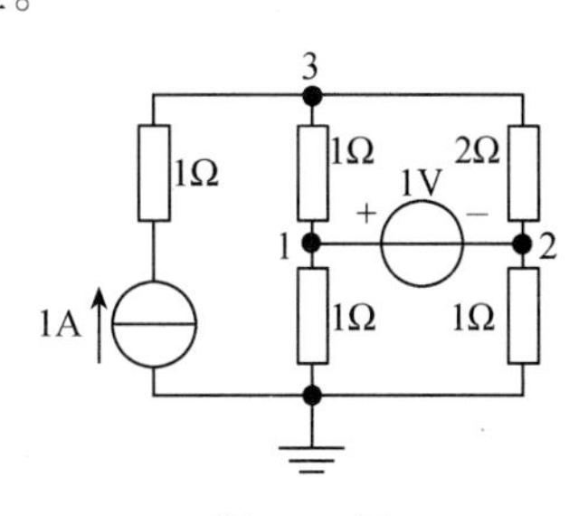

题 2-11 图

2-12 用回路电流法(且列最少的方程)求题 2-12 图中的 I_x。

2-13 已知题 2-13 图所示电路中，$R_1=2\Omega$，$R_2=2\Omega$，$R_3=1\Omega$，$R_4=3\Omega$，$R_5=1\Omega$，$R_6=2\Omega$，$U_{S1}=10V$，$U_{S4}=8V$，若使 R_4 的功率为零，求 U_{S5}。

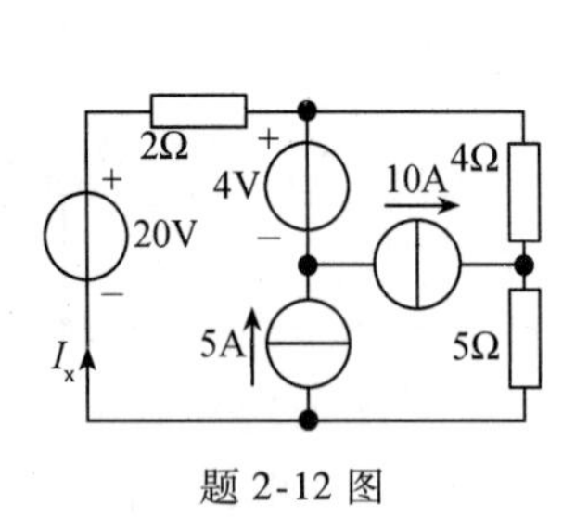

题 2-12 图

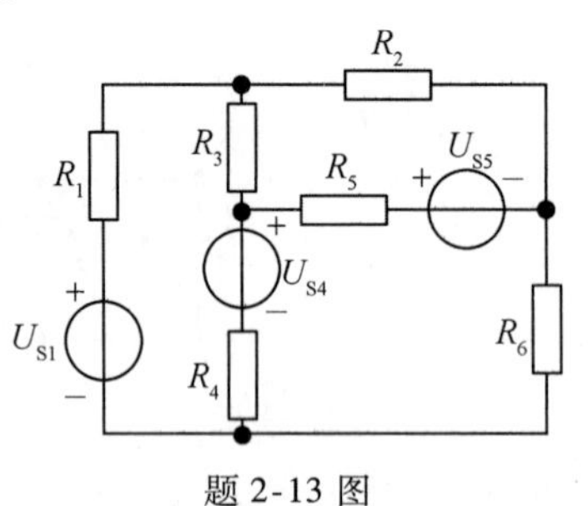

题 2-13 图

2-14 在题 2-14 图所示电路中，仅需编写出以 i_1 和 i_2 为变量的方程，就可以求解电路，试求 i_1、i_2。

2-15 用节点法求题 2-15 图中电路的电流 I_1。

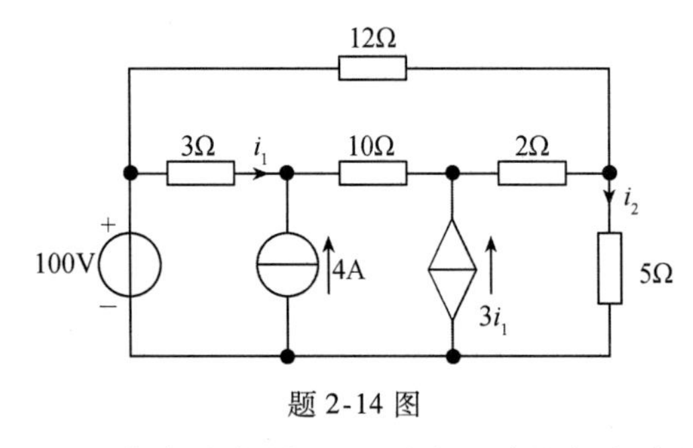

题 2-14 图

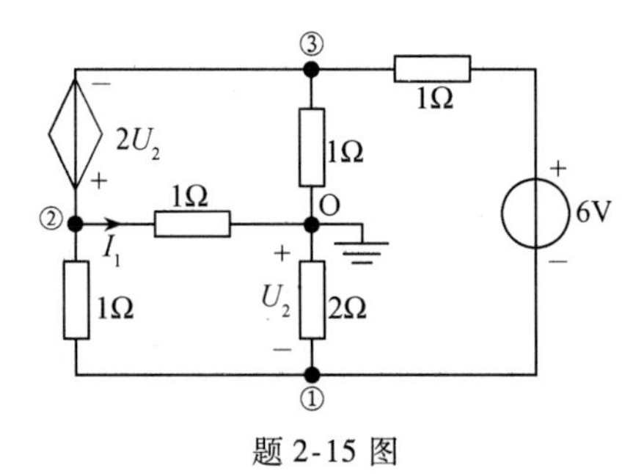

题 2-15 图

2-16 用节点法求题 2-16 图中电路的各支路电流。

2-17 已知题 2-17 图中电路的 $\beta=2$，求 I。

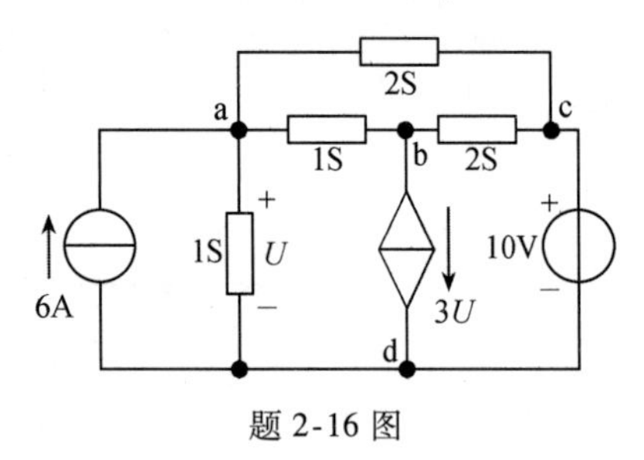

题 2-16 图

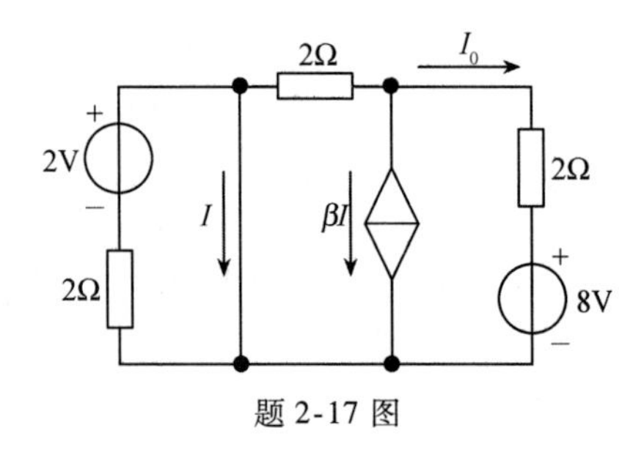

题 2-17 图

2-18 求题 2-18 图中电路的 5Ω 电阻吸收的功率。

2-19 求题 2-19 图中电流源的电压 U_1。

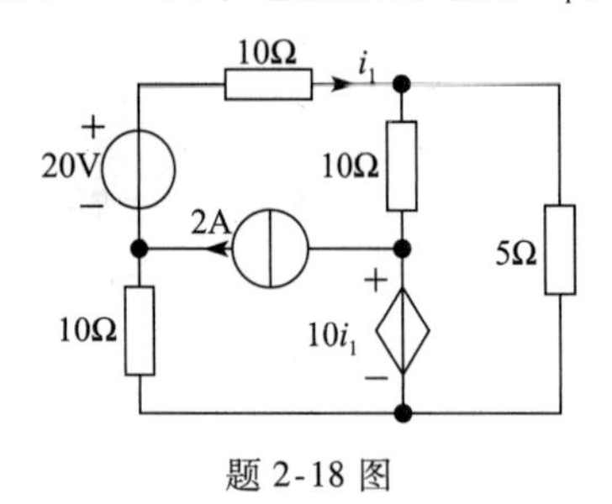

题 2-18 图

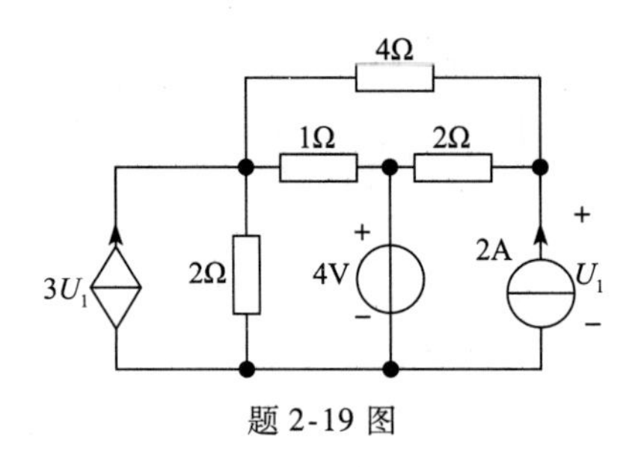

题 2-19 图

2-20 题 2-20 图为一模拟计算机加法电路，U_{S1}、U_{S2}、U_{S3}代表相加数，试证明输出电压 U_o 与加数之和成正比。

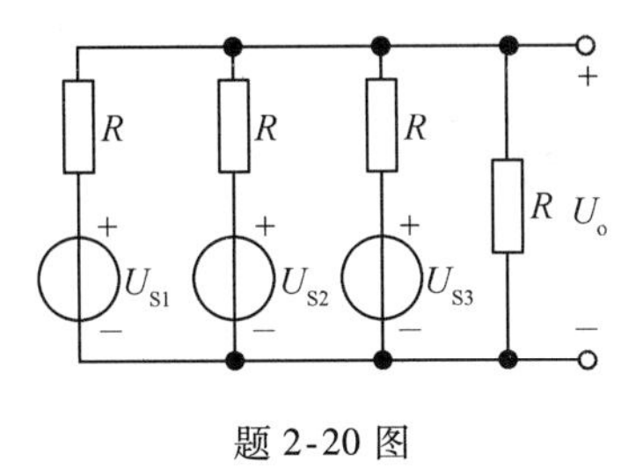

题 2-20 图

2-21 题 2-21 图中电路为晶体管放大器等效电路，电路中各电阻及 β 均为已知，求电流放大系数 $A_i\left(A_i=\dfrac{i_2}{i_1}\right)$、电压放大系数 $A_u\left(A_u=\dfrac{u_2}{u_s}\right)$和输入电阻 $R_i(u_S/i_1)$。

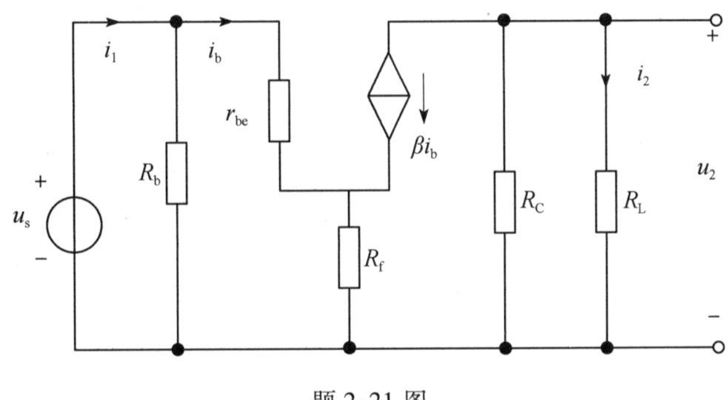

题 2-21 图

第3章 电路定理

内容提要：本章以线性电阻网络为例介绍电路定理，电路定理主要包括叠加定理、替代定理、戴维南定理、互易定理。这些定理在电路分析中具有普遍应用意义。

本章重点：叠加定理，戴维南定理。

3.1 叠加定理

电路定理反映了电路的一些重要特性，应用电路定理分析复杂电路时，可使电路分析更灵活、有效、简便。

1. 齐性定理

在线性电路中，当所有激励都增大 K 倍或缩小 $1/K$（K 为常数）时，响应也将同样增大 K 或缩小 $1/K$ 倍。当只有一个独立电源作用时，电路中的激励与响应成正比，这一关系称为齐性定理。

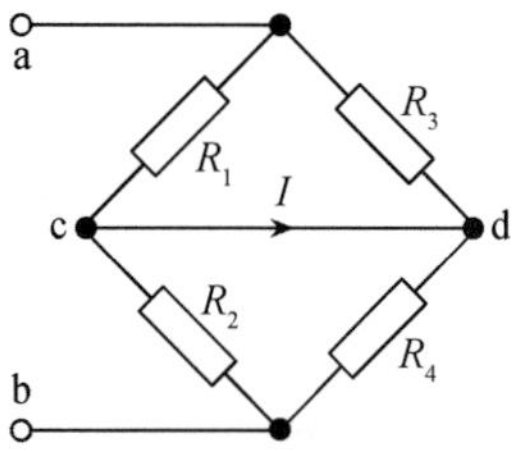

【例 3-1】图 3-1 所示电路中，已知各电阻 $R_1=3\Omega$，$R_2=2\Omega$，$R_3=6\Omega$，$R_4=2\Omega$，$I=1\text{A}$，求 U_{ab}。

图 3-1　例 3-1 图

解　应用齐性定理可简化分析。

根据 a、b 端等效电阻值 $R_{ab}=3\Omega$，设 $U_{ab}=9\text{V}$，此时电流 I 用 I'表示，求 I'。

设各电阻的电流参考方向与 U_{ab}方向相同，则

$$I'=\frac{U_{ab}}{R_{ab}}\frac{R_3}{R_1+R_3}-\frac{U_{ab}}{R_{ab}}\frac{R_4}{R_2+R_4}=0.5\text{A}$$

现已知 $I=1\text{A}$，根据齐性定理，因为

$$\frac{I'}{9}=\frac{1}{U_{ab}}$$

所以

$$U_{ab}=2\times 9=18\text{V}$$

2. 叠加定理

叠加定理可叙述为：在线性电路中，当有两个或两个以上的独立电源作用时，任意支路的电流或电压都是各个独立电源单独作用而其他独立电源不作用时，在该支路中产生的各电流分量或各电压分量的代数和。

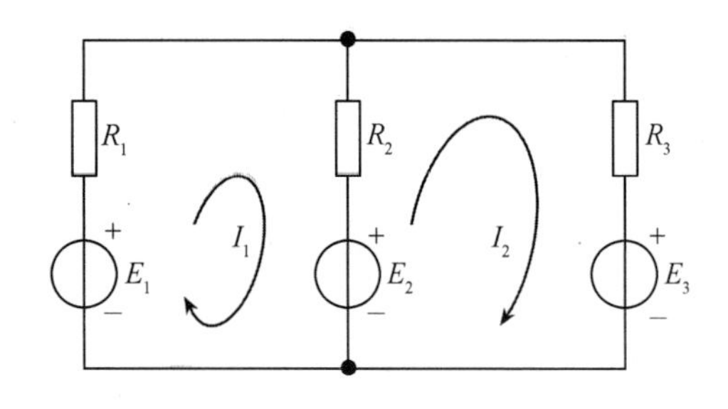

图 3-2　叠加定理说明示例

下面以图 3-2 所示电路为例说明叠加定理的正确性。

图 3-2 所示电路具有两个独立回路，取网孔为独立回路，回路电流为 I_1 和 I_2，则回路电流方程为

$$\begin{cases} R_{11}I_1 + R_{12}I_2 = E_{11} \\ R_{21}I_1 + R_{22}I_2 = E_{22} \end{cases} \tag{3-1}$$

其中，$R_{11}=R_1+R_2$，$R_{22}=R_2+R_3$，$R_{12}=R_{21}=-R_2$，$E_{11}=E_1-E_2$，$E_{22}=E_2-E_3$，用行列式求解，得，

$$\begin{aligned} I_1 &= \frac{D_{11}}{D}E_{11} + \frac{D_{21}}{D}E_{22} = \frac{D_{11}}{D}(E_1 - E_2) + \frac{D_{21}}{D}(E_2 - E_3) \\ &= \frac{D_{11}}{D}E_1 + \left(-\frac{D_{11}}{D} + \frac{D_{21}}{D}\right)E_2 - \frac{D_{21}}{D}E_3 \end{aligned} \tag{3-2}$$

式中，

$$D = \begin{vmatrix} R_{11} & R_{12} \\ R_{21} & R_{22} \end{vmatrix} = R_{11}R_{22} - R_{12}R_{21} = R_1R_2 + R_2R_3 + R_3R_1$$

$$D_{11} = (-1)^{1+1}R_{22} = R_2 + R_3$$

$$D_{21} = (-1)^{2+1}R_{12} = -R_{12} = R_2$$

由于电路中各电阻是线性的，所以式(3-2)中 E_1、E_2、E_3 前面的系数都是常数。于是回路电流 I_1 就是各个电动势 E_1、E_2 和 E_3 的一次函数。当电动势 E_1 单独作用时，$E_2=0$，$E_3=0$，回路电流 $I'_1=\frac{D_{11}}{D}E_1$；当电动势 E_2 单独作用时，$E_1=0$，$E_3=0$，回路电流 $I''_1=\left(-\frac{D_{11}}{D}+\frac{D_{21}}{D}\right)E_2$；而当电动势 E_3 单独作用时，$E_1=0$，$E_2=0$，回路电流 $I'''_1=-\frac{D_{21}}{D}E_3$。这就是说，回路电流 I_1 由三个分量 I'_1、I''_1、I'''_1 所组成，即 $I_1=I'_1+I''_1+I'''_1$。三个电动势共同作用时，在回路 1 中产生的回路电流等于这些电动势单独作用时，在该回路中产生的回路电流分量的代数和。这个结论对于回路 2 显然也成立。需要指出，电压源不作用是指它的电动势为零，在电路图中相当于把电压源短路；电流源不作用是指它的电流为零，在电路图中相当于把电流源断开。

因为支路电流是回路电流的代数和，而支路电压与支路电流是线性关系，所以叠加定理同样适用于各支路电流和支路电压。

从节点电压法出发，经过类似的分析，同样可以说明叠加定理的正确性。

应当注意，叠加定理只能用来分析线性电路，对于非线性电路，叠加定理是不适用的。在线性电路中，功率不能按叠加的方法计算，因为功率不是电压或电流的一次函数。

如果线性电路中有 m 个独立电压源和 n 个独立电流源，则由叠加定理和齐性定理可得，电路中任一电压(或电流)响应都可以表示为如下的形式：

$$\alpha_1u_{s1} + \alpha_2u_{s2} + \cdots + \alpha_mu_{sm} + \beta_1i_{s1} + \beta_2i_{s2} + \cdots + \beta_ni_{sn} \tag{3-3}$$

式(3-3)中，系数 $\alpha_j(j=1, 2, \cdots, m)$ 和 $\beta_l(l=1, 2, \cdots, n)$ 为与独立电源无关的常数，它们仅取决于电路的参数以及响应的类别和位置。响应不同，系数不同。上述响应形式是分析抽象电路(结构或参数未知的电路)的基础。

【例 3-2】已知 $R_3=2\Omega$，$R_4=3\Omega$，$R_5=2\Omega$，$R_6=3\Omega$，$U_{S1}=10V$，$I_{S2}=2A$，应用叠加定

理计算图 3-3a 所示电路的支路电流 I_5、I_6 和电压 U_1、U_2。

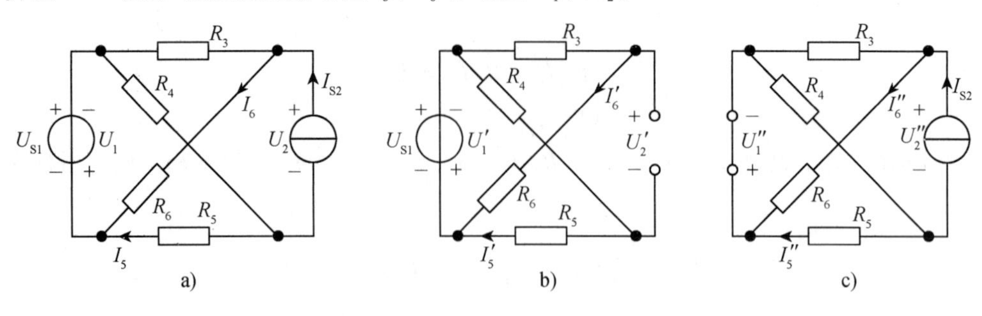

图 3-3　例 3-2 图

解　用叠加定理求解的过程如图 3-3b 和 c 所示，需分别求解各电源单独作用的情形，然后将结果叠加。

对图 3-3b，电压源单独作用，电流源作断路处理，有

$$I_6' = \frac{U_{S1}}{R_3 + R_6} = \frac{10}{2 + 3} = 2\text{A}$$

$$I_5' = \frac{U_{S1}}{R_4 + R_5} = \frac{10}{3 + 2} = 2\text{A}$$

$$U_2' = R_6 I_6' - R_5 I_5' = 3 \times 2 - 2 \times 2 = 2\text{V}$$

$$U_1' = -U_{S1} = -10\text{V}$$

对图 3-3c，电流源单独作用，电压源作短路处理，有

$$I_5'' = -I_{S2} \times \frac{R_4}{R_4 + R_5} = -1.2\text{A}$$

$$I_6'' = I_{S2} \times \frac{R_3}{R_3 + R_6} = 0.8\text{A}$$

$$U_1'' = 0$$

$$U_2'' = R_6 I_6'' - R_5 I_5'' = 4.8\text{A}$$

将各分量叠加，得

$$I_5 = I_5' + I_5'' = 0.8\text{A}$$

$$I_6 = I_6' + I_6'' = 2.8\text{A}$$

$$U_1 = U_1' + U_1'' = -10\text{V}$$

$$U_2 = U_2' + U_2'' = 6.8\text{V}$$

叠加时要注意，即当某电流(或电压)分量的参考方向与该电流(或电压)的参考方向一致时，在叠加式中该项取正号，否则取负号。

对于含有受控源的有源线性网络，叠加定理也适用，但受控源不能单独作用，在求取某一分量时，控制量也需用分量表示。

【**例 3-3**】电路如图 3-4a 所示，用叠加定理求 U_3。

解　据叠加定理，画出两个独立电源单独作用时的电路，如图 3-4b、c 所示(注意控制量的表示)。

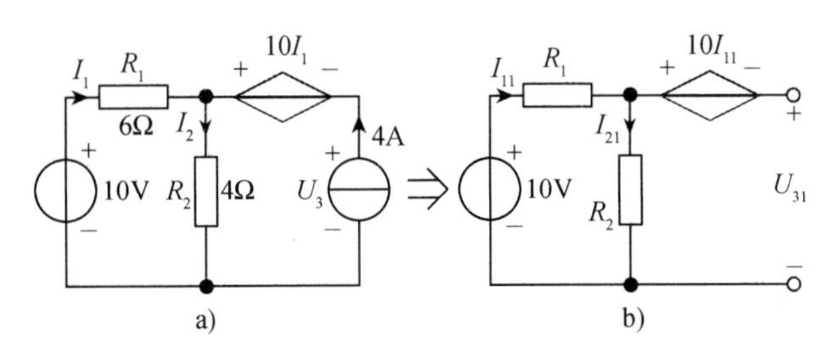

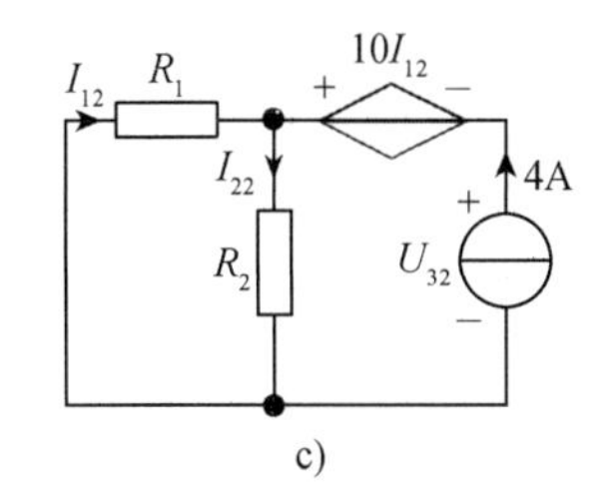

图 3-4　例 3-3 图

在图 3-4b 中，电压源单独作用，电流源作断路处理，有

$$U_{31} = -10I_{11} + 4I_{21}$$

而

$$I_{11} = I_{21} = \frac{10}{6+4} = 1\text{A}$$

所以

$$U_{31} = -6\text{V}$$

在图 3-4c 中，电流源单独作用，电压源作短路处理，有

$$U_{32} = -10I_{12} + 4I_{22}$$

而

$$I_{12} = -4 \times \frac{4}{6+4} = -1.6\text{A}$$

$$I_{22} = 4 \times \frac{6}{6+4} = 2.4\text{A}$$

叠加得

$$U_{32} = 25.6\text{V}$$

$$U_3 = U_{31} + U_{32} = 19.6\text{V}$$

【例 3-4】电路如图 3-5 所示，N 为线性电阻网络，若 $I_S = 12\text{A}$，$U_S = 5\text{V}$ 时，$U = 80\text{V}$；若 $I_S = 4\text{A}$，$U_S = -5\text{V}$ 时，$U = 0\text{V}$。当 $I_S = 10\text{A}$，$U_S = 6\text{V}$ 时，求 U 为多少？

解　电路含有两个独立电源 I_s 和 U_s，由叠加定理得

$$U = U' + U'' = k_1 I_S + k_2 U_S$$

其中，$U' = k_1 I_S$ 为电流源单独作用时产生的电压分量；$U'' = k_2 U_S$ 为电压源单独作用时产生的电压分量。

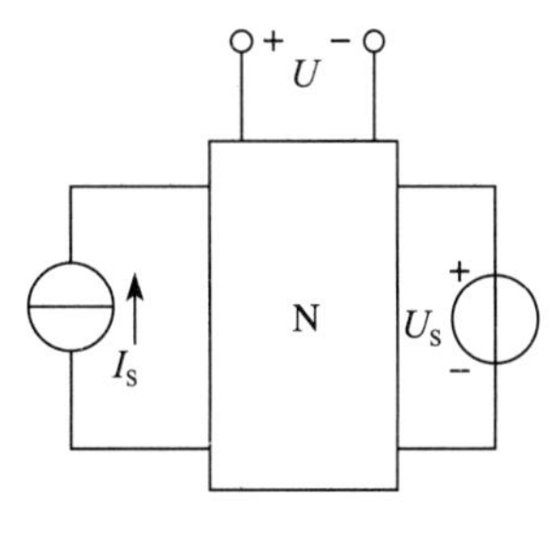

图 3-5　例 3-4 图

代入已知条件得

$$80 = 12k_1 + 5k_2$$

$$0 = 4k_1 - 5k_2$$

解得

$$k_1 = 5,\quad k_2 = 4$$

所以有

$$U = 5I_S + 4U_S$$

当 $I_S = 10\text{A}$，$U_S = 6\text{V}$ 时，有

$$U = 5 \times 10 + 4 \times 6 = 74\text{V}$$

3.2 替代定理

替代定理可叙述为：任意线性和非线性、时变和时不变网络，在存在唯一解的条件下，若某支路电压(或支路电流)已知，那么该支路就可以用一个独立的电压源(或电流源)替代，该电压源的电压等于该支路电压(电流源的电流等于该支路电流)，替代后不影响网络中其余部分的电流、电压。

举一个简单的例子来说明替代定理。

对图 3-6a 所示电路，各支路电流为

$$I_1 = 2\text{A},\quad I_2 = 1\text{A},\quad I_3 = 1\text{A}$$

设支路 3 的电压 U_3 的参考方向与 I_3 相同，且 $U_3 = 4I_3 + 4 = 8\text{V}$。

若用电压源 $U_S = 8\text{V}$ 替代支路 3 的电压，如图 3-6b 所示，求得的各支路电流仍为原值；若用电流源 $i_S = i_3 = 1\text{A}$ 替代支路 3 的电流，如图 3-6c 所示，电路中各支路电流值、电压值仍不变。

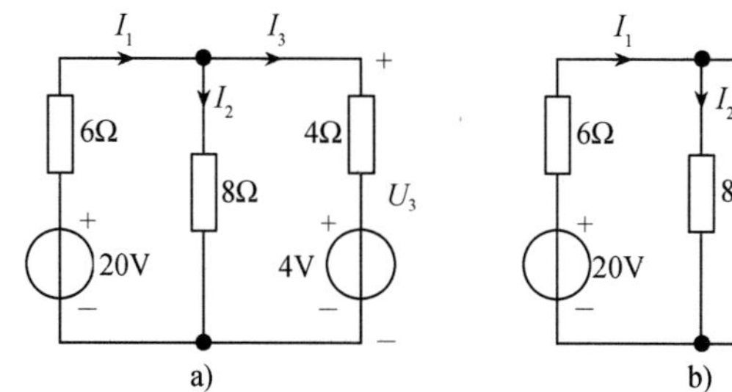

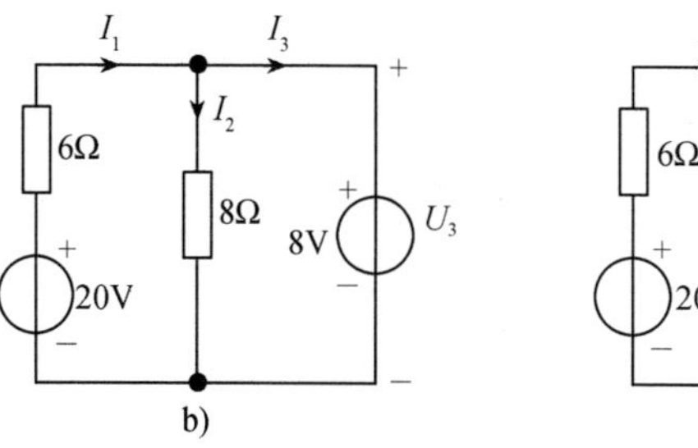

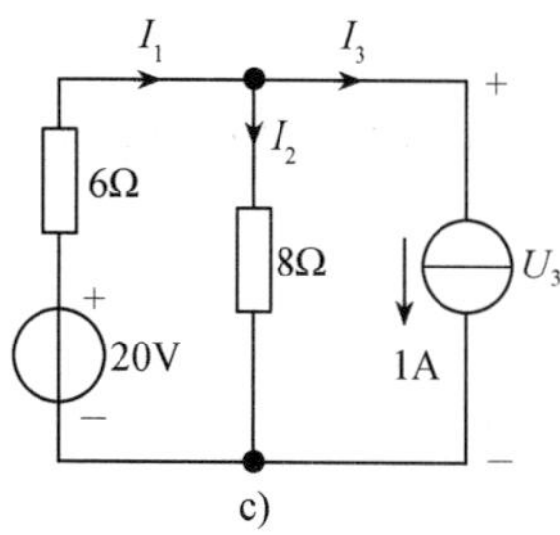

图 3-6　替代定理说明示例

替代定理的正确性是容易直观理解的。现简单证明如下：给定一组代数方程(线性或非线性)，只要存在唯一解，则其中任一未知量，若用其解来替换，就不会引起其他变量的解改变。对电路来说，根据基尔霍夫定律列出方程，支路电压和支路电流是未知量，把一个支路电压 u 用电压源 $u_S = u$ 代替，就相当于把未知量用其解来代替。如图 3-6b 所示，这不会使任何一个支路的电压值和电流值发生改变。同样，把一个支路电流 i 用电流源 $i_S = i$ 代替，如图 3-6c 所示，电路中其他变量的解也不会改变。

【例 3-5】若要使图 3-7a 中的 $I_X = \dfrac{1}{8}I$，试求 R_X。

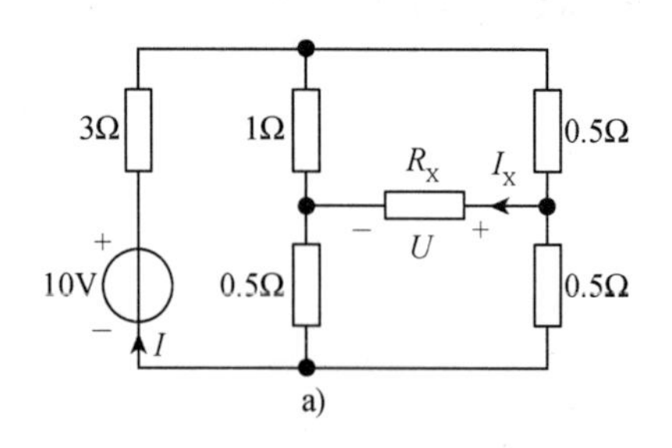

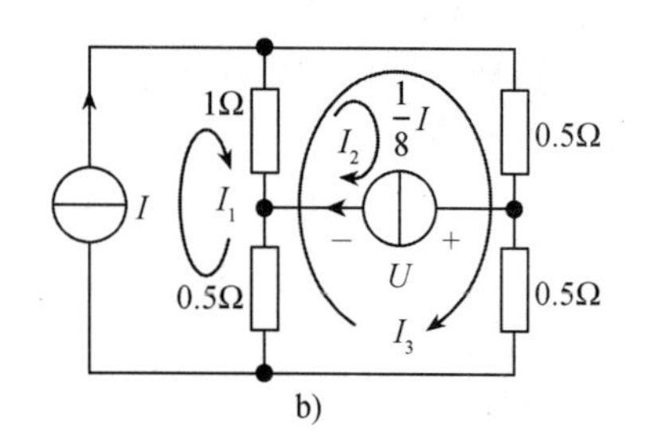

图 3-7　例 3-5 图

解　此题若采用替代定理分析，将 I 和 I_X 分别用电流源替代后，会使计算得到简化。替代后的电路如图 3-7b 所示，由回路电流法可得

$$\begin{cases} I_1 = I \\ I_2 = I_X = \dfrac{1}{8}I \\ -(1+0.5)I_1 + (1+0.5)I_2 + (1+0.5+0.5+0.5)I_3 = 0 \end{cases}$$

而

$$U = 0.5I_3 - 0.5(I_1 - I_3)$$

解得

$$R_X = \frac{U}{I_X} = \frac{\dfrac{1}{40}I}{\dfrac{1}{8}I} = 0.2\Omega$$

3.3 等效电源定理

当我们研究网络中某一部分电路的响应时，网络的其他部分若能用简单的等效电路代替，则可使电路分析得到简化。内部不含独立电源的二端网络称为无源二端网络，它可用一个等效电阻作为它的等效电路。内部含独立电源的二端网络称为有源二端网络，等效电源定理说明了有源二端网络的最简单等效电路的存在、结构和求取方法。等效电源定理包括戴维南定理和诺顿定理。

3.3.1 戴维南定理

一个线性含源二端(也称为一端口)网络的对外作用可以用一个电压源串联一个电阻等效，电压源电压等于该含源二端网络的开路电压，电阻等于将该含源二端网络内各独立电源置零后得到的无源二端网络的等效电阻，这就是戴维南定理。

图 3-8a 表示一个有源二端网络 A 及其外电路。有源二端网络 A 的开路电压是将外电路断开后，a、b 端的电压 U_K，如图 3-8b 所示。如果把有源二端网络 A 内部的所有独立电源都置零(即电压源短路，电流源开路)，则原网络变成一个无源二端网络，如图 3-8c 所示(其中 P 表示无源的意思)，而等效电阻 R_i，就是此时从 a、b 两端看进去的等效电阻。图 3.8d 中的电压源 U_K 与电阻 R_i 的串联便是有源二端网络 A 的戴维南等效电路。

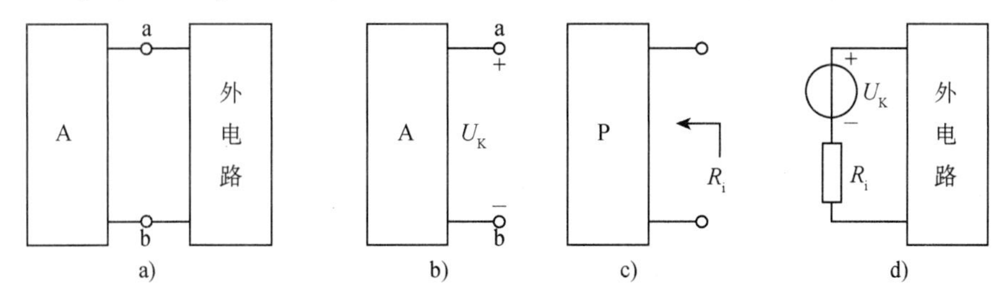

图 3-8　戴维南定理说明

对于戴维南定理，可应用两个电路等效应具有相同伏安关系的概念进行证明。证明过程如下。

为了求出如图 3-9a 所示有源二端网络 A 的伏安关系，可在 a、b 端外施一电流源 i，如图 3-9b 所示，然后求 a、b 端的电压。a、b 端的电压可应用叠加定理求取，求解过程如图 3-9c

所示，图3-9c中上方电路为图3-9b中电流源不作用($i=0$，即a、b端开路)，而有源网络A中所有独立电源共同作用的情况，在a、b端产生的电压为有源二端网络A的开路电压$u'=u_{abk}$；图3-9c中下方电路为有源网络A中所有独立电源不作用(此时有源网络A变成无源二端网络P)而只有电流源i作用的情况，产生的电压$u''=-R_i i$，R_i为无源二端网络P的等效电阻。根据叠加定理，有源二端网络A的a、b端电压为

$$u = u' + u'' = u_{abk} - R_i i \tag{3-4}$$

式(3-4)是有源二端网络A的a、b端的伏安关系。由此伏安关系可画出等效电路，如图3-9d所示，图3-9d是戴维南定理给出的戴维南等效电路。由于图3-9a与图3-9d有相同的伏安特性表达式，如式(3-4)所示，所以这两个电路等效。戴维南定理得到了证明。

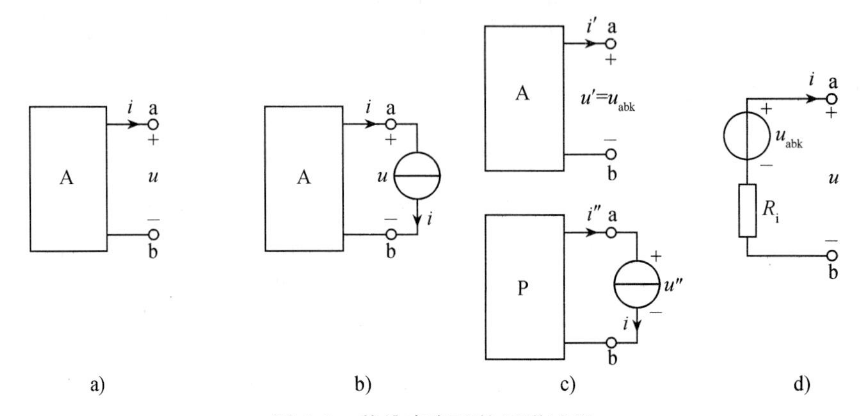

图3-9　戴维南定理的证明过程

应用戴维南定理求解电路的步骤如下：

1) 将待求支路看作外电路，把待求支路以外的部分看作有源二端网络，求出有源二端网络的开路电压U_K；

2) 设有源二端网络中的独立电源为零(电压源短路、电流源开路)，求该无源二端网络的等效电阻R_i；

3) 用电压源U_K与电阻R_i串联的支路(即戴维南等效电路)代替原有源二端网络，然后连接待求支路，进行分析计算。

下面总结等效电阻R_i的求解方法。除了可用电阻串并联化简的方法进行计算之外，还可以用下述通用性更强的两种方法。

方法一　令网络内所有独立电源为零，在端口a、b处施加一电压u(或电流i)，求出端口的电流i(或电压u)，如图3-10a所示，则a、b端的等效电阻为

$$R_i = \frac{u}{i}$$

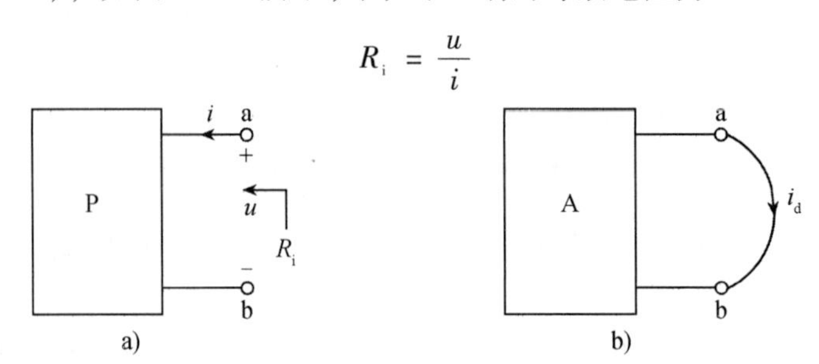

图3-10　求等效电阻R_i图示

方法二　分别求出有源二端网络 A 的开路电压 u_k 和短路电流 i_d，如图 3-10b 所示，由于有源二端网络 A 的戴维南等效电路是由开路电压 u_k 与等效电阻 R_i 串联而成的，所以

$$R_i = \frac{u_k}{i_d} \tag{3-5}$$

在电路分析中，应根据电路的具体情况，选择求等效电阻的方法。

戴维南定理对以下几种情况有较强的适用性：

1）只计算较复杂电路中某一支路的电压或电流；

2）分析某一元件参数变动的影响；

3）分析含有一个非线性元件的电路；

4）给出的条件不便于列写电路方程进行求解。

【例 3-6】图 3-11a 所示电路中，$U_{S1}=40\text{V}$，$U_{S2}=40\text{V}$，$R_1=4\Omega$，$R_2=2\Omega$，$R_3=5\Omega$，$R_4=10\Omega$，$R_5=8\Omega$，$R_6=2\Omega$，求 I_3。

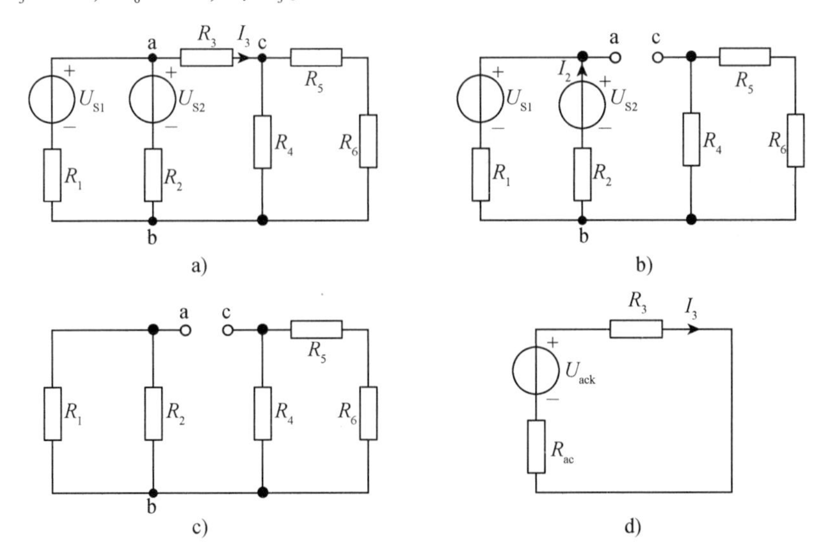

图 3-11　例 3-6 图

解　将 R_3 支路以外部分看成有源二端网络(a、c 二端)，求其戴维南等效电路。求开路电压的电路如图 3-11b 所示。设电流 I_2 的参考方向如图所示，则有

$$U_{ack} = U_{S2} - R_2 I_2 = U_{S2} - R_2 \cdot \frac{U_{S2} - U_{S1}}{R_1 + R_2} = 40 - 2 \times \frac{40 - 40}{4 + 2} = 40\text{V}$$

求等效电阻 R_{ac} 的电路如图 3-11c 所示，则有

$$R_{ac} = R_{ab} + R_{bc} = \frac{R_1 R_2}{R_1 + R_2} + \frac{R_4(R_5 + R_6)}{R_4 + (R_5 + R_6)} = \frac{4 \times 2}{4 + 2} - \frac{10 \times 10}{10 + 10} = 6.333\Omega$$

于是可得到图 3-11a 所示电路的等效电路，如图 3-11d 所示，求出 I_3，即

$$I_3 = \frac{U_{ack}}{R_{ac} + R_3} = \frac{40}{6.333 + 5} = 3.53\text{A}$$

【例 3-7】图 3-12 所示电路中，各电阻均为 1Ω，各电动势均未知，但已知 ab 支路中电流 $I=5\text{A}$。若在 ab 支路中再串一个 2Ω 电阻，此时 I 为多大?

解　1）把电路从 a、b 处断开，则虚线区域内为一有源二端网络，求出该有源二端网络

的戴维南等效电路。

先求等效电阻 $R_{ab'}$。所有电源为零（电动势短路）后的电路如图 3-13 所示，由于电路对称，所以 c、d 两点等位，有

$$R_{ab'} = \frac{1\times1}{1+1} + \frac{1\times1}{1+1} = 1\Omega$$

然后求有源二端网络的开路电压 U_k。由于该有源二端网络内的未知参数太多，难以直接求出其开路电压，所以可利用图 3-12所示电路的戴维南等效电路求取，如图 3-14a 所示，其中 $R_{ab'}$已求出，且已知 $I=5\text{A}$，所以有

$$U_S = -(R_{ab'}+1)\times5 = -10\text{V}$$

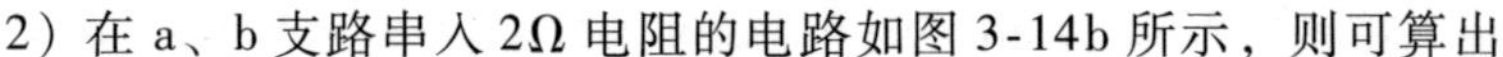

图 3-12　例 3-7 图

2）在 a、b 支路串入 2Ω 电阻的电路如图 3-14b 所示，则可算出

$$I = -\frac{U_S}{R_{ab'}+1+2} = -\frac{-10}{1+1+2} = 2.5\text{A}$$

图 3-13　例 3-7 求等效电阻电路

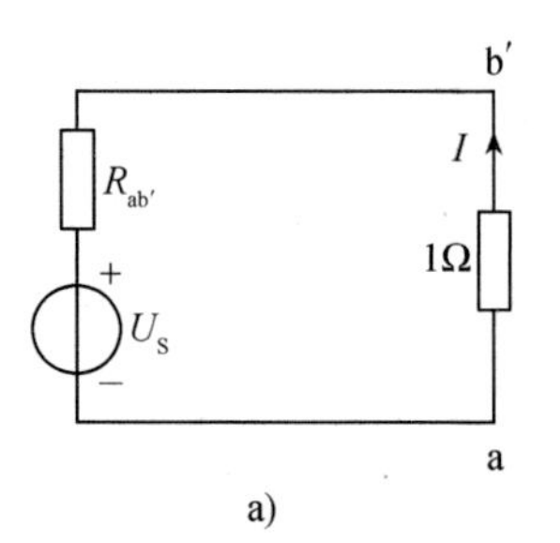

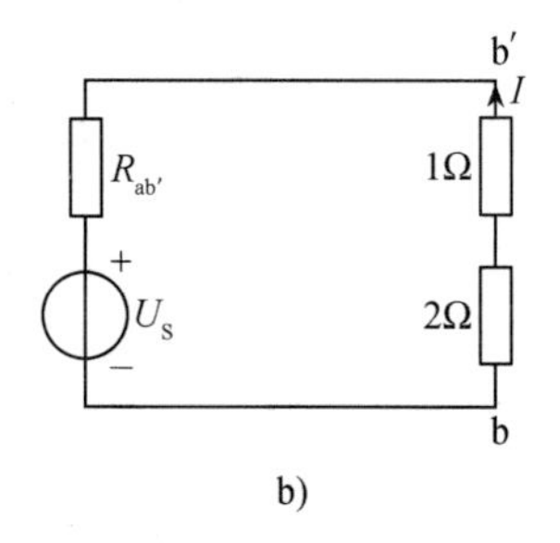

图 3-14　例 3-7 戴维南等效电路

【例 3-8】当 $r=3$，$I_S=3\text{A}$ 时，用戴维南定理求图 3-15a 中的电流 I。

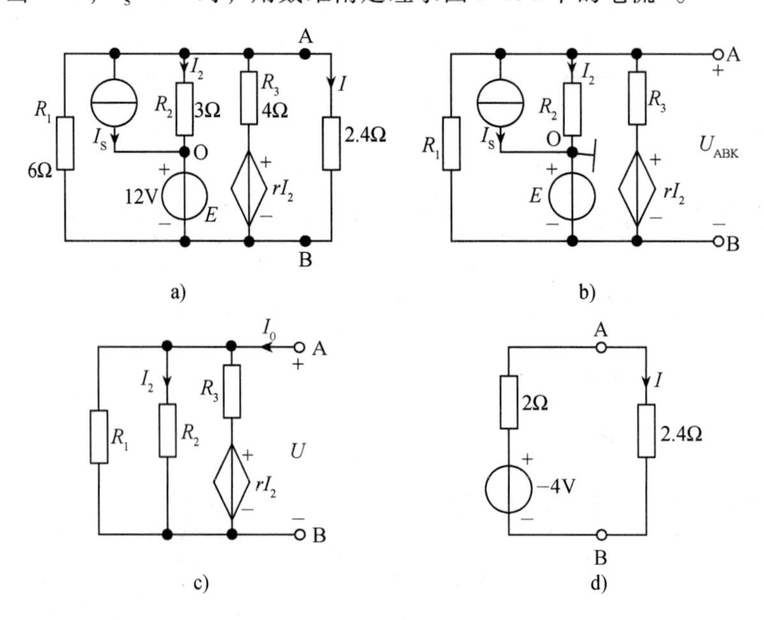

图 3-15　例 3-8 图

解　先求 A、B 左侧的戴维南等效电路。

求开路电压 U_{ABK} 的电路如图 3-15b 所示，取 O 点为参考点，列出节点电压方程

$$U_B = -E = -12V$$

$$\left(\frac{1}{R_1}+\frac{1}{R_2}+\frac{1}{R_3}\right)U_A-\left(\frac{1}{R_1}+\frac{1}{R_3}\right)U_B = -I_S+\frac{rI_2}{R_3}$$

$$I_2 = \frac{U_A}{R_2}$$

代入已知条件，解出

$$U_A = -16V$$

故

$$U_{ABK} = U_A - U_B = -4V$$

求等效电阻的无源二端网络如图 3-15c 所示，先假设端口电压 U 和电流 I_0 的参考方向，且设成一致，然后建立 U 和 I_0 的关系式，U 和 I_0 的比值是等效电阻。根据 KCL 列出方程

$$I_0 = \frac{U}{R_1}+\frac{U}{R_2}+\frac{U-rI_2}{R_3}$$

且

$$I_2 = \frac{U}{R_2}$$

解出

$$I_0 = \frac{U}{2}$$

等效电阻为

$$\frac{U}{I_0} = 2\Omega$$

画出等效电路，如图 3-15d 所示，可得

$$I = \frac{-4}{2+2.4} = -0.91A$$

【例 3-9】图 3-16a 所示电路为一晶体管放大电路，已知 $U_{be}=0.7V$，$I_c=100I_b$，$U_{CC}=15V$，$R_{b1}=50k\Omega$，$R_{b2}=100k\Omega$，$R_c=5k\Omega$，$R_e=3k\Omega$。求节点 c 的电压。

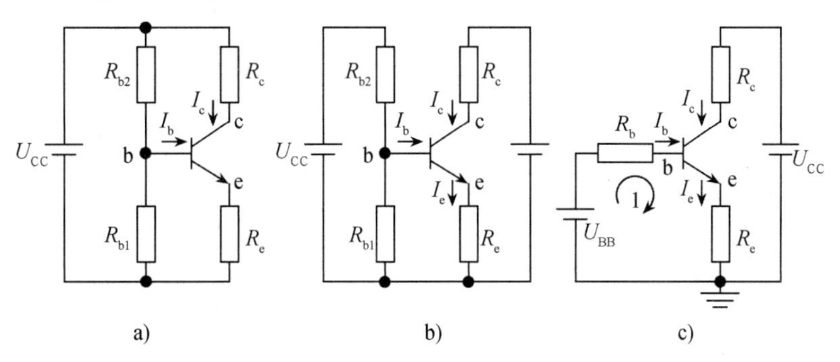

图 3-16 例 3-9 图

解 将直流电压源表示为两个，电路如图 3-16b 所示，再将晶体管基极(节点 b)以左的部分用戴维南电路等效，如图 3-16c 所示，则

$$R_b = \frac{R_{b1}R_{b2}}{R_{b1}+R_{b2}} = \frac{50\times 100}{50+100} = 33.3\text{k}\Omega$$

$$U_{BB} = \frac{R_{b1}}{R_{b1}+R_{b2}}U_{CC} = \frac{50}{50+100}\times 15 = 5\text{V}$$

对回路 1 应用 KVL，有

$$R_bI_b + U_{be} + R_eI_e = U_{BB}$$

若令

$$\beta = \frac{I_c}{I_b} = 100$$

由于

$$I_e = I_b + I_c = (1+\beta)I_b$$

所以

$$I_b = \frac{U_{BB}-U_{be}}{R_b+(1+\beta)R_e} = \frac{5-0.7}{33.3+(1+100)\times 3} = 0.0128\text{mA}$$

$$I_c = \beta I_b = 1.28\text{mA}$$

根据 KVL，节点 c 的电压

$$U_c = U_{CC} - R_cI_c = 15 - 5\times 1.28 = 8.6\text{V}$$

3.3.2 诺顿定理

任何一个含源线性二端网络，对外电路来说，可以用一电流源并联一电阻等效代替，电流源的电流等于该含源二端网络的短路电流，电阻等于该含源二端网络转化为无源网络的等效电阻。这就是诺顿定理。

因为实际电压源和实际电流源之间可以等效变换，所以由戴维南定理很容易理解诺顿定理。在图 3-17 中，图 b 和图 c 中的虚线框部分分别为含源二端网络 A 的戴维南等效电路和诺顿等效电路。

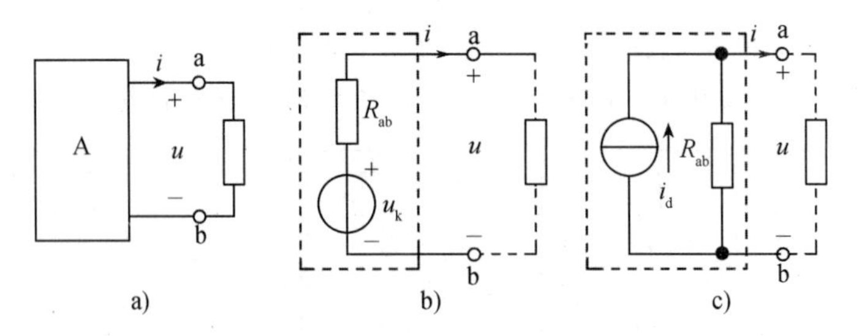

图 3-17 有源二端网络的等效电路

【例 3-10】对图 3-18a 所示电路，当 R 为 3Ω 时，用诺顿定理求 I。

解 将图 3-18a 所示电路中 ef 左侧的电路看作有源二端网络，若直接求其诺顿等效电路，计算较复杂，可逐段应用诺顿定理求等效电路。这里用了三次诺顿定理，首先，对图 3-18a 中 ab 左侧的电路求诺顿等效电路，求出短路电流和等效电阻，即

$$I_{ab} = \frac{15}{20} + \frac{5}{20} = 1\text{A},\quad R_{ab} = 10\Omega$$

ab 端左侧的诺顿等效电路如图 3-18b 所示。然后对图 3-18b 中的 cd 左侧的电路求诺顿等效电路，求出短路电流和等效电阻，即

$$I_{cd} = \frac{1}{2} + 2 = 2.5\text{A}, \quad R_{cd} = 20\Omega$$

cd 端左侧的诺顿等效电路如图 3-18c 所示。

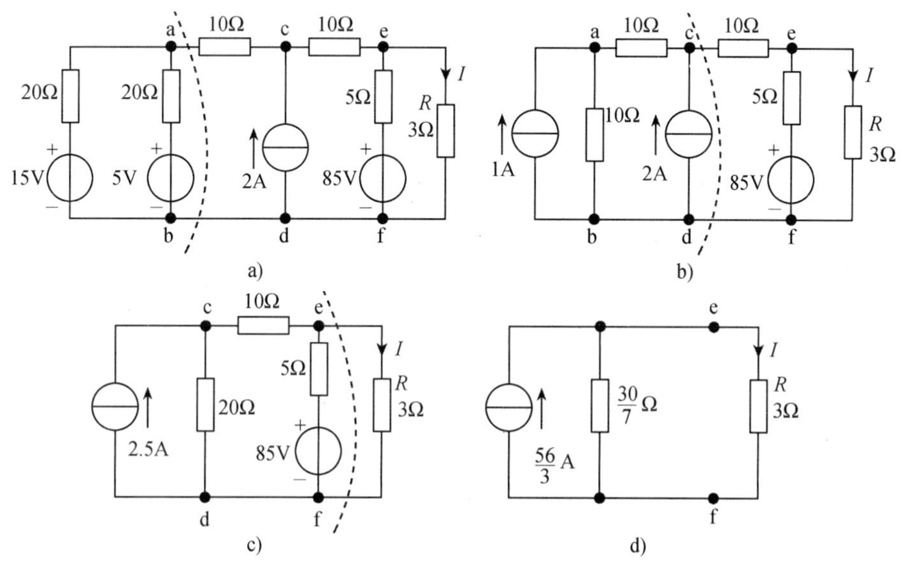

图 3-18　例 3-10 图

再对图 3-18c 中 ef 左侧的电路求诺顿等效电路，求出短路电流和等效电阻，即

$$I_{ef} = \frac{2.5}{20+10} \times 20 + \frac{85}{5} = \frac{56}{3}\text{A}, \quad R_{ef} = \frac{30}{7}\Omega$$

这样就求出了如图 3-18a 所示 ef 端左侧的诺顿等效电路，如图 3-18d 所示，最后计算出

$$I = \frac{56}{3} \times \frac{\frac{30}{7}}{\frac{30}{7}+3} = 10.98\text{A}$$

【例 3-11】电路如图 3-19a 所示，分别用叠加定理、等效电源定理求 I_1。

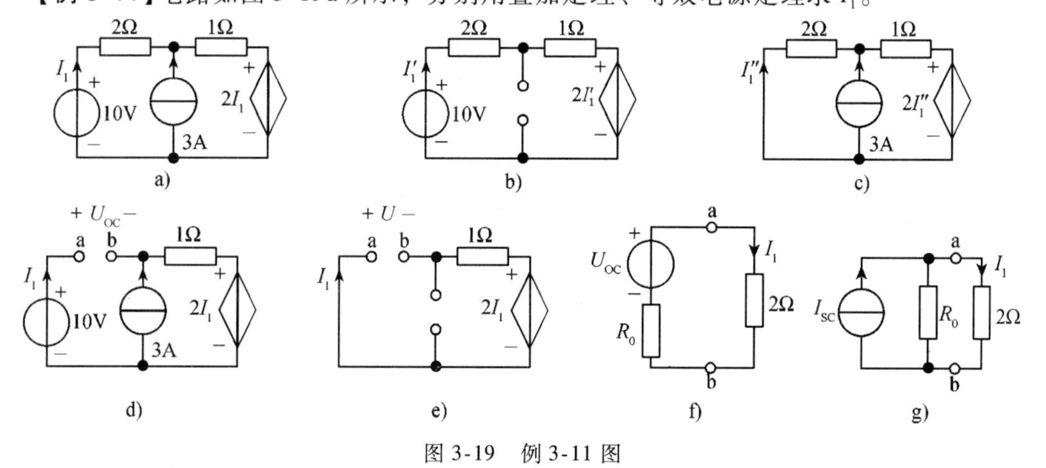

图 3-19　例 3-11 图

解 1)用叠加定理求 I_1。10V 电压源和 3A 电流源分别单独作用时的电路如图 3-19b、c 所示。对图 b，根据 KVL，有

$$10 = 2I_1' + I_1' + 2I_1'$$

解出

$$I_1' = 2\text{A}$$

对图 c，根据 KVL，有

$$2I_1'' + (3 + I_1'') \times 1 + 2I_1'' = 0$$

解出

$$I_1'' = -0.6\text{A}$$

利用叠加定理可得

$$I_1 = I_1' + I_1'' = 1.4\text{A}$$

2)用戴维南定理求 I_1。首先移去 2Ω 电阻，则有源二端网络如图 3-19d 所示。求开路电压时，由于 $I_1 = 0$，则受控源的电压 $2I_1 = 0$，1Ω 电阻中的电流为 3A，所以

$$U_{\text{OC}} = 10 - 0 - 1 \times 3 = 7\text{V}$$

求等效电阻的电路如图 3-19e 所示。在端口处施加电压 U，计算 I_1，由于 U 与 I_1 不是关联参考方向，则等效电阻 $R_0 = \frac{U}{-I_1}$。对图 e，根据 KVL，有

$$U = -2I_1 - 1 \times I_1 = -3I_1$$

所以

$$R_0 = \frac{U}{-I_1} = 3\Omega$$

戴维南等效电路如图 3-19f 所示，有

$$I_1 = \frac{U_{\text{OC}}}{R_0 + 2} = \frac{7}{3 + 2} = 1.4\text{A}$$

3)用诺顿定理求 I_1。设短路电流 I_{SC} 的方向如图 3-19d 所示由 a 流向 b，则

$$10 = 1 \times (3 + I_{\text{SC}}) + 2I_1, \quad I_1 = I_{\text{SC}}$$

解得

$$I_{\text{SC}} = \frac{7}{3}\text{A}$$

等效电阻 R_0 的求解与戴维南等效电阻的求解相同，即 $R_0 = 3\Omega$。这样，得到的诺顿等效电路如图 3-19g 所示。由此求得

$$I_1 = \frac{R_0}{R_0 + 2} I_{\text{SC}} = \frac{3}{5} \times \frac{7}{3} = 1.4\text{A}$$

3.3.3 最大功率传输定理

一个线性含源的二端网络，当所接负载不同时，二端网络传输给负载的功率就不同，讨论负载为何值时能从电路获取最大功率，以及最大功率的值是多少的问题具有一定的工程意义。

我们先用戴维南定理对含源二端网络 A 进行等效，然后对所得的等效电路进行讨论，如图 3-20 所示。

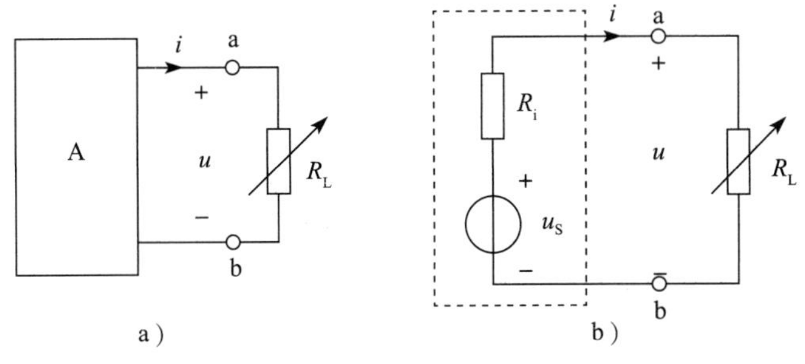

图 3-20 最大功率传输示例电器

负载电流为

$$i = \frac{u_S}{R_i + R_L}$$

负载获得的功率为

$$p_L = i^2 R_L = \left(\frac{u_S}{R_i + R_L}\right)^2 R_L = \frac{u_S^2 R_L}{(R_i + R_L)^2} \tag{3-6}$$

当 R_L 改变时，若使 p_L 最大，则$\frac{dp_L}{dR_L}=0$，由此可解得 p_L 最大时的 R_L 值，即

$$\frac{dp_L}{dR_L} = u_S^2 \cdot \frac{(R_i + R_L)^2 - 2(R_i + R_L)R_L}{(R_i + R_L)^4} = u_S^2 \cdot \frac{(R_i - R_L)}{(R_i + R_L)^3} = 0$$

由此可得负载获得最大功率的条件为

$$R_L = R_i \tag{3-7}$$

将此条件代入式(3-6)，可得 R_L 获得的最大功率

$$p_{Lmax} = \left(\frac{u_S}{2R_i}\right)^2 R_L = \frac{u_S^2}{4R_i} \tag{3-8}$$

由上面分析可得出结论：当负载电阻 R_L 等于有源二端网络的输入电阻 R_i 时，负载吸收最大功率，式(3-8)是最大功率的计算公式。

值得注意的是，当负载获得最大功率时，电源的效率不一定是最大的。电力系统中要求尽可能地提高电源的效率，以便充分利用能源，因而不要求最大功率传输；但在电子技术、通信技术中，注重的往往是如何将微弱信号尽可能地放大，因此常利用最大功率传输条件，使负载获得最大功率。

【例 3-12】在图 3-21a 中，若电阻 R_L 可变，问 R_L为多大时，它可从电路中吸收最大功率？并求出此功率。

解 将图 3-21a 中 ab 端的左侧部分看作一个有源二端网络，用戴维南等效电路替代后，所得电路如图 3-21b 所示。

将待求支路(负载 R_L)断开，然后求这个有源二端网络的戴维南等效电路(即开路电压 U_{abk}和等效电阻 R_i)。

应用节点电压法，可得 ab 端的开路电压为

$$\left(\frac{1}{6} + \frac{1}{2}\right)U_{abk} = 1 + \frac{10}{2} - 3$$

$$U_{abk} = 4.5\text{V}$$

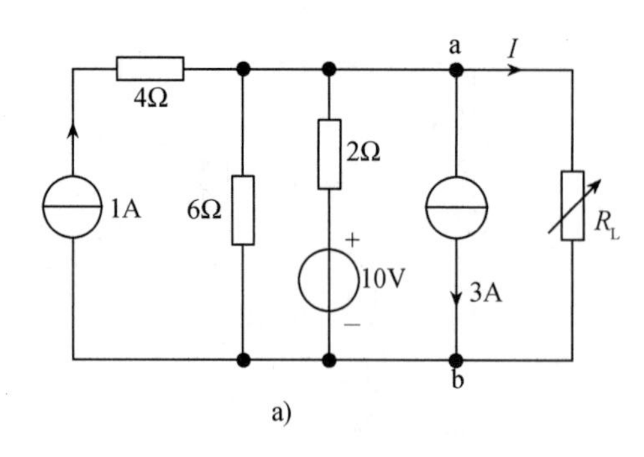

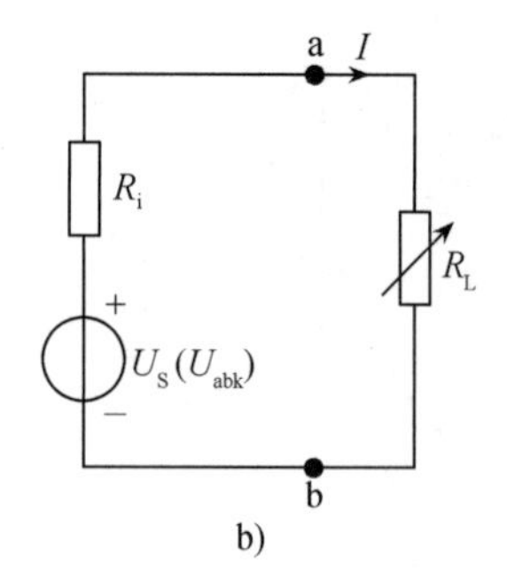

图 3-21 例 3-12

令有源二端网络内的独立电源为零(电压源短路、电流源开路)，可得 ab 端左侧电路的等效电阻

$$R_i = \frac{6 \times 2}{6 + 2} = 1.5\Omega$$

可见，当 $R_L = R_i = 1.5\Omega$ 时，R_L 可获得最大功率，其值为

$$P_{max} = \frac{U_{abk}^2}{4R_i} = 3.375\text{W}$$

3.4 特勒根定理

特勒根定理是电路理论中的一个重要定理，它和基尔霍夫定律一样，与电路中各支路元件的性质无关，适用于线性、非线性、时变和非时变电路。特勒根定理有两种形式，具体介绍如下。

1. 特勒根第一定理

对于一个具有 n 个节点和 b 条支路的集总参数电路，设支路电压 u_k 和支路电流 $i_k(k=1, 2, \cdots, b)$ 取关联参考方向，则在任何时刻 t，有

$$\sum_{k=1}^{b} u_k i_k = 0 \tag{3-9}$$

上式表明，在任一时刻各支路吸收或发出的功率之和恒等于零。因此，特勒根第一定理表达的是功率守恒。

此定理可通过如图 3-22 所示电路来证明，具体如下：令 u_{n1}，u_{n2}，u_{n3} 分别表示节点 1、2、3 的节点电压。由 KVL 可得出各支路电压与节点电压的关系

$$\begin{cases} u_1 = u_{n1} \\ u_2 = u_{n1} - u_{n2} \\ u_3 = u_{n2} - u_{n3} \\ u_4 = -u_{n1} + u_{n3} \\ u_5 = u_{n2} \\ u_6 = u_{n3} \end{cases} \tag{3-10}$$

图 3-22 特勒根定理 1 说明图示

对节点 1、2、3 应用 KCL，可得

$$\begin{cases} i_1 + i_2 - i_4 = 0 \\ -i_2 + i_3 + i_5 = 0 \\ -i_3 + i_4 + i_6 = 0 \end{cases} \tag{3-11}$$

而

$$\sum_{k=1}^{6} u_k i_k = u_1 i_1 + u_2 i_2 + u_3 i_3 + u_4 i_4 + u_5 i_5 + u_6 i_6 \tag{3-12}$$

将式(3-10)代入(3-12)，把各支路电压用节点电压表示，可得

$$\sum_{k=1}^{6} u_k i_k = u_{n1} i_1 + (u_{n1} - u_{n2}) i_2 + (u_{n2} - u_{n3}) i_3 + (-u_{n1} + u_{n3}) i_4 + u_{n2} i_5 + u_{n3} i_6 \tag{3-13}$$

整理式(3-13)，可得

$$\sum_{k=1}^{6} u_k i_k = u_{n1}(i_1 + i_2 - i_4) + u_{n2}(-i_2 + i_3 + i_5) + u_{n3}(-i_3 + i_4 + i_6)$$

式中，括号内的电流分别为节点1、2、3处电流的代数和，故利用式(3-11)，可有

$$\sum_{k=1}^{6} u_k i_k = 0$$

上述证明可推广至任何具有 n 个节点和 b 条支路的电路，对应有

$$\sum_{k=1}^{b} u_k i_k = 0 \tag{3-14}$$

2. 特勒根第二定理

设有两个具有 n 个节点、b 条支路的集总参数电路 N 和 $\hat{N}$，它们的拓扑结构相同，且支路电压与支路电流取关联参考方向，并分别用(i_1，i_2，…，i_b)、(u_1，u_2，…，u_b)和($\hat{i}_1$，$\hat{i}_2$，…，$\hat{i}_b$)、($\hat{u}_1$，$\hat{u}_2$，…，$\hat{u}_b$)表示两个电路中 b 条支路的电流和电压，则在任何时刻 t，有

$$\sum_{k=1}^{b} u_k \hat{i}_k = 0 \tag{3-15}$$

$$\sum_{k=1}^{b} \hat{u}_k i_k = 0 \tag{3-16}$$

此定理证明如下：设电路 N 如图3-22所示，电路 $\hat{N}$ 如图3-23所示，它们具有相同的拓扑结构。

对电路 $\hat{N}$ 的节点1、2、3列写KCL方程，有

$$\begin{cases} \hat{i}_1 + \hat{i}_2 - \hat{i}_4 = 0 \\ -\hat{i}_2 + \hat{i}_3 + \hat{i}_5 = 0 \\ -\hat{i}_3 + \hat{i}_4 + \hat{i}_6 = 0 \end{cases} \tag{3-17}$$

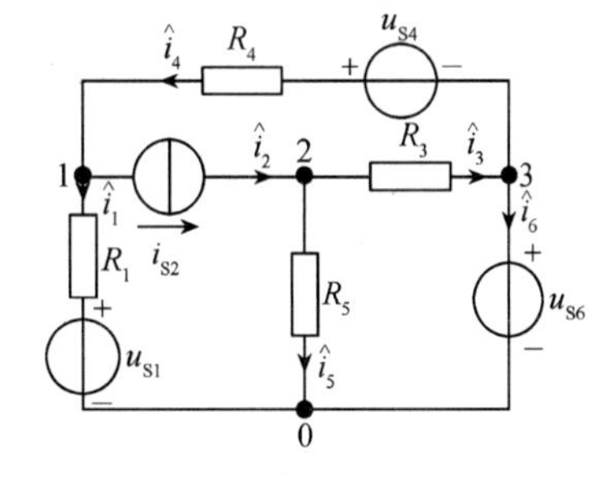

图3-23　特勒根定理2说明图示

再利用式(3-12)，可得出

$$\sum_{k=1}^{6} u_k \hat{i}_k = u_{n1}(\hat{i}_1 + \hat{i}_2 - \hat{i}_4) + u_{n2}(-\hat{i}_2 + \hat{i}_3 + \hat{i}_5) + u_{n3}(-\hat{i}_3 + \hat{i}_4 + \hat{i}_6)$$

再利用式(3-17)，可得出

$$\sum_{k=1}^{6} u_k \hat{i}_k = 0 \tag{3-18}$$

同理可证明

$$\sum_{k=1}^{6} \hat{u}_k i_k = 0 \tag{3-19}$$

上述证明可推广至任何具有 n 个节点和 b 条支路的电路，对应有

$$\sum_{k=1}^{b} u_k \hat{i}_k = 0 \tag{3-20}$$

$$\sum_{k=1}^{b} \hat{u}_k i_k = 0 \tag{3-21}$$

值得注意的是，此定理不能用功率守恒来解释，它仅仅是，对于两个具有相同拓扑结构的电路，一个电路的支路电压和另一个电路的支路电流，或者同一电路在不同时刻的相应支路电压和支路电流必须遵循的数学关系。由于它仍具有功率之和的形式，所以又称为“似功率定理”。

【例 3-13】图 3-24 所示电路中，N 为线性无源电阻电路，当 $R_2=4\Omega$，外加电压 $U_1=10\text{V}$ 时，测得 $I_1=2\text{A}$，$I_2=1\text{A}$。现将 R_2 改为 1Ω，$U_1=24\text{V}$，且测得 $I_1=6\text{A}$，试求此时 I_2 为多少？

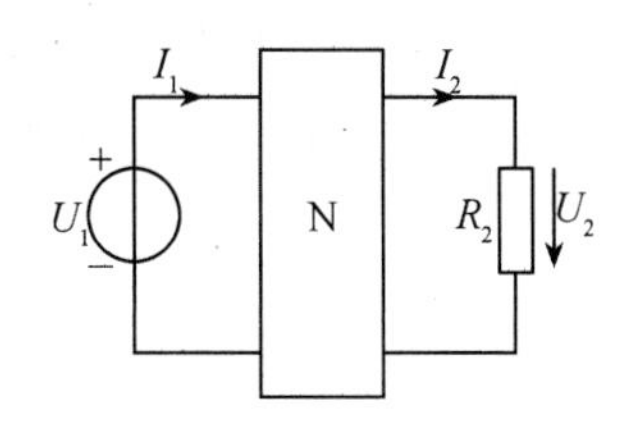

图 3-24　例 3-13 图

解　由电路已知条件可知：第一次测量时，$U_1=10\text{V}$，$I_1=2\text{A}$，$I_2=1\text{A}$，$U_2=R_2I_2=4\text{V}$；第二次测量时，$\hat{U}_1=24\text{V}$，$\hat{I}_1=6\text{A}$，而$\hat{U}_2=R_2\hat{I}_2=\hat{I}_2$，由于 N 为纯电阻网络，所以由特勒根定理 2 可得

$$U_1(-\hat{I}_1)+U_2\hat{I}_2=\hat{U}_1(-I_1)+\hat{U}_2 I_2$$

代入数值

$$10\times(-6)+4\times\hat{I}_2=24\times(-2)+\hat{I}_2$$

解得

$$\hat{I}_2=4\text{A}$$

3.5　互易定理

互易定理说明了线性网络的一个重要性质。互易是指激励与响应互换位置。互易定理有三种形式。

第一种形式：如图 3-25a、b 所示，网络 N 为线性无源电阻网络，激励为电压源，响应为电流。图 3-25a 中，支路 1 的电压源 U_{S1} 在支路 2 中产生的电流为 I_2，将此电压源移到支路 2，如图 3-25b 所示，U_{S2} 在支路 1 中产生的电流为 I_1，则有

$$\frac{I_2}{U_{S1}}=\frac{I_1}{U_{S2}} \tag{3-22}$$

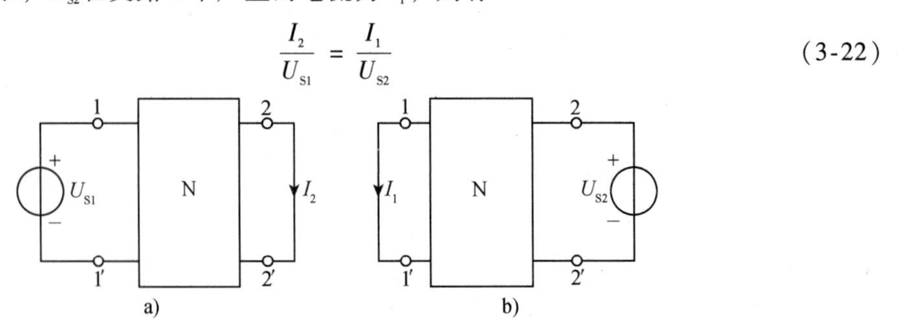

图 3-25　互易定理的第一种形式

当 $U_{S1}=U_{S2}$时，$I_1=I_2$。

下面举例来说明。如图 3-26a 所示的电阻网络 N 中，激励为 6V，响应为 I_2，求得 $I_2=0.78A$；若将激励和响应互换位置，如图 3-26b 所示，经计算可知，$I_1=0.78A$。

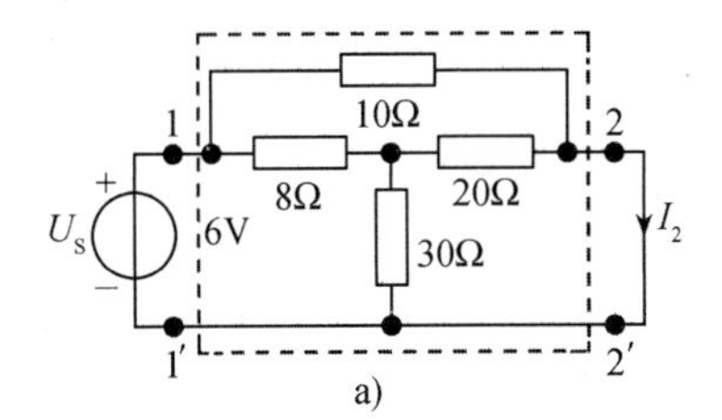

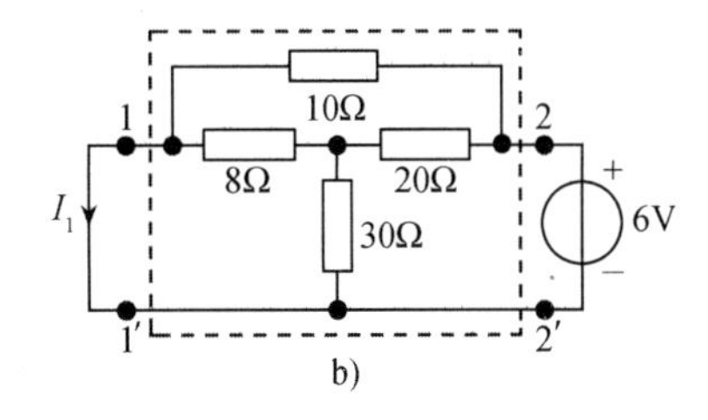

图 3-26　互易定理的第一种形式举例

第二种形式：如图 3-27a、b 所示，网络 N 为线性无源电阻网络，激励为电流源，响应为电压。11′端的电流源 I_{S1}在 22′端产生的电压为 U_2，22′端的电流源 I_{S2}在 11′端产生的电压为 U_1，则有

$$\frac{U_2}{I_{S1}}=\frac{U_1}{I_{S2}} \tag{3-23}$$

当 $I_{S1}=I_{S2}$时，$U_1=U_2$。

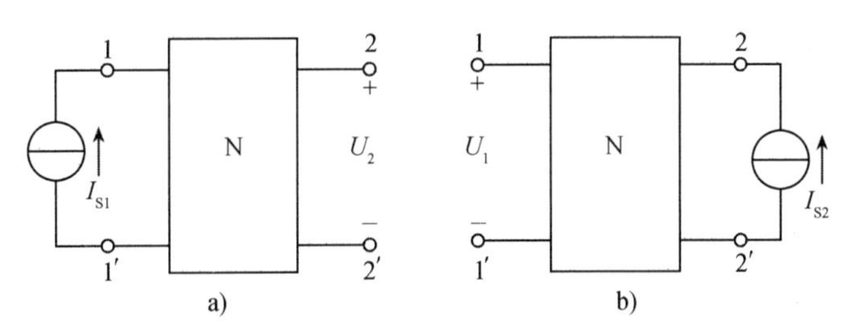

图 3-27　互易定理的第二种形式

第三种形式：如图 3-28a、b 所示，网络 N 为线性无源电阻网络，激励分别为 I_{S1}、U_{S2}，响应分别为 I_2、U_1，则有

$$\frac{I_2}{I_{S1}}=\frac{U_1}{U_{S2}} \tag{3-24}$$

若在数值上 $I_{S1}=U_{S2}$，则在数值上 $I_2=U_1$。

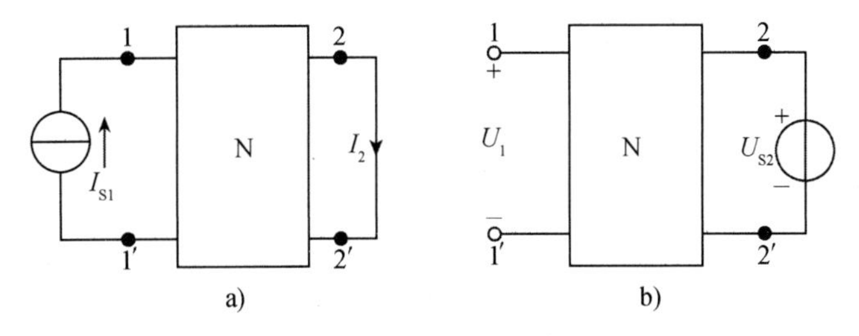

图 3-28　互易定理的第三种形式

互易定理的证明从略，读者可查阅有关资料。

由线性电阻、电感、电容组成的网络满足互易定理，此网络称为互易网络。

【例 3-14】对于如图 3-29a 所示电阻网络，试用互易定理求 I_2。

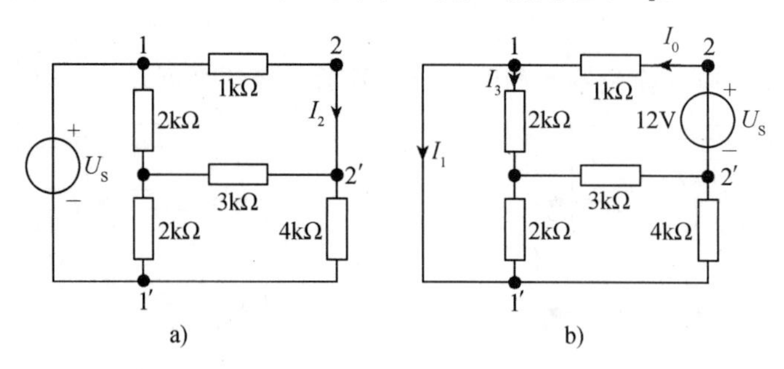

图 3-29　例 3-14 图

解　直接由图 3-29a 求 I_2 较麻烦，应用互易定理可使计算简化。在 3-29a 图中，激励为 U_S，响应为 I_2。应用互易定理的第一种形式，电路如图 3-29b 所示，利用电阻串、并联及分流公式，可轻松求出

$$I_0 = \frac{12}{1 + \frac{[(2//2) + 3] \times 4}{[(2//2) + 3] + 4}} = 4\text{mA}$$

$$I_3 = \frac{4}{2} \times \frac{1}{2} = 1\text{mA}$$

$$I_1 = I_0 - I_3 = 3\text{mA}$$

所以

$$I_2 = I_1 = 3\text{mA}$$

在应用互易定理时，激励和响应的参考方向若与图 3-25、图 3-27、图 3-28 中的参考方向相同，定理的表达式为正号，否则，要适当添加负号。

【例 3-15】测得图 3-30a 中 $U_1 = 10\text{V}$，$U_2 = 5\text{V}$，求图 3-30b 中的电流 I。

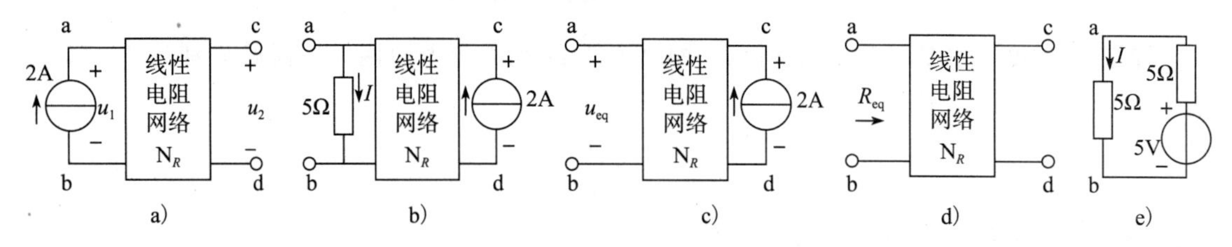

图 3-30　例 3-15 图

解　由戴维南定理和互易定理求解。根据戴维南定理可将图 3-30b 等效变换成图 3-30e。

1) 利用互易定理可得戴维南等效电路的开路电压 $u_{eq} = 5\text{V}$，如图 3-30c 所示。

2) 结合图 3-30a，可知图 3-30d 中的戴维南等效电路的电阻 $R_{eq} = \frac{U_1}{2} = \frac{10}{2} = 5\Omega$。

3) 由图 3-30e 的最简等效电路，解得

$$I = \frac{5}{5+5} = 0.5\text{A}$$

习题三

3-1 试用叠加定理求题 3-1 图中的 I。

3-2 用叠加定理求题 3-2 图中 AB 间的开路电压和短路电流。

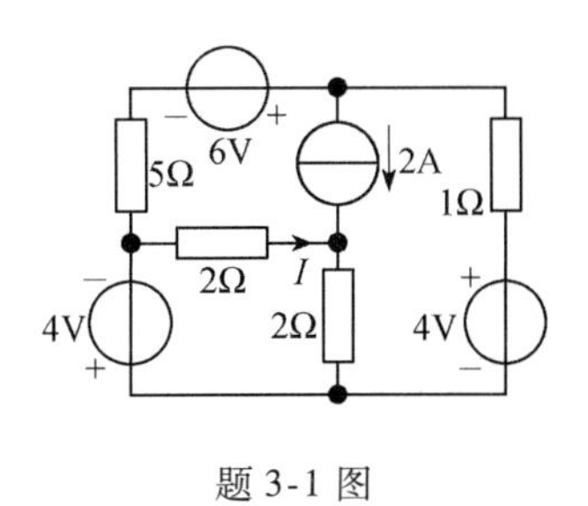

题 3-1 图

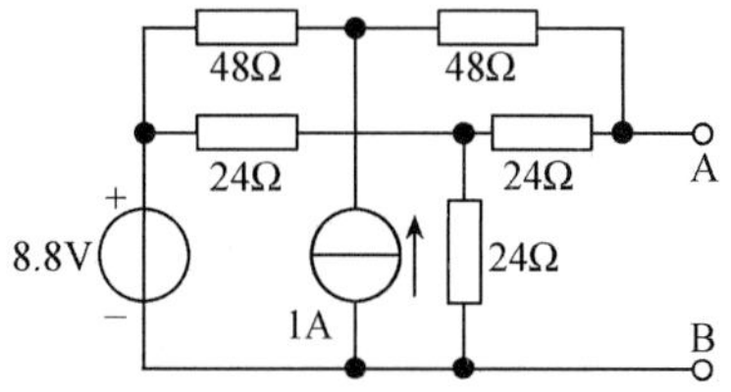

题 3-2 图

3-3 题 3-3 图所示电路中：(1)开关 S_1 和 S_2 都打开时，电流表的读数为 100mA；(2)当 S_1 闭合($i_{S1}=1A$)S_2 打开时，电流表的读数为 150mA；(3)当 S_1 和 S_2 都闭合时($i_{S1}=1A$，$i_{S2}=1A$)，电流表读数为 100mA。当 $i_{S1}=3A$，$i_{S2}=-5A$ 时，试求电流表的读数。

3-4 一含源电路如题 3-4 图所示，$u_{ab}=7V$，当 a、b 间短路时(如图中虚线所示)，$I=17.5A$。试求含源二端网络 A 的等效电路。

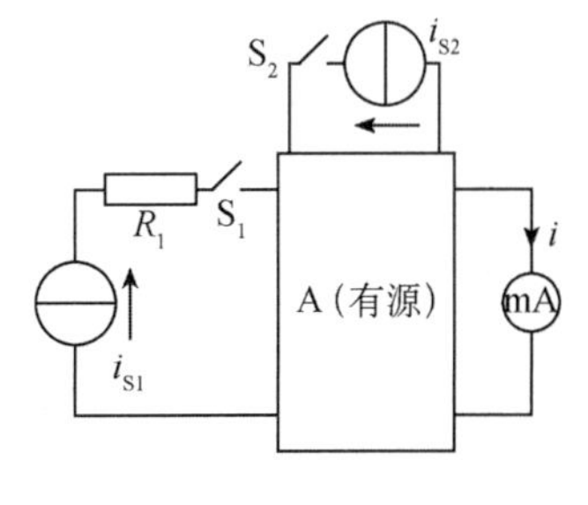

题 3-3 图

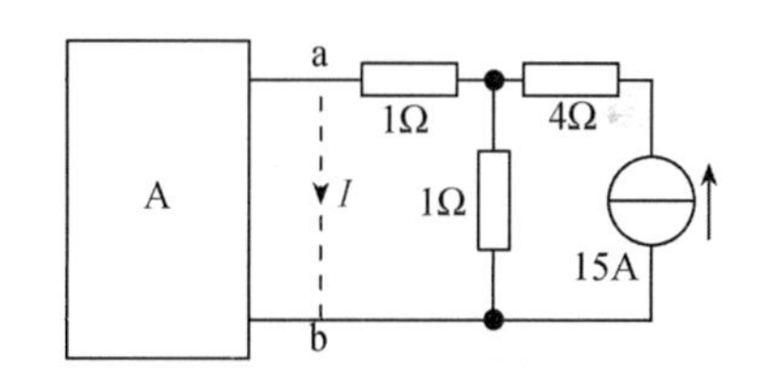

题 3-4 图

3-5 用戴维南定理和诺顿定理求题 3-5 图所示网络的等效含源支路。

3-6 在题 3-6 图所示电路中，试问：

(1) R 为多大时，它吸收最大功率？并求此最大功率。

(2) 若 $R=80\Omega$，欲使 R 中电流为零，则 a、b 间应再并接什么理想元件，其参数应为多大？

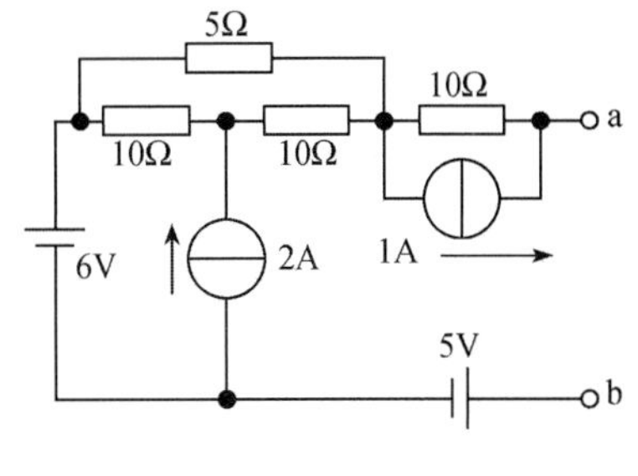

题 3-5 图

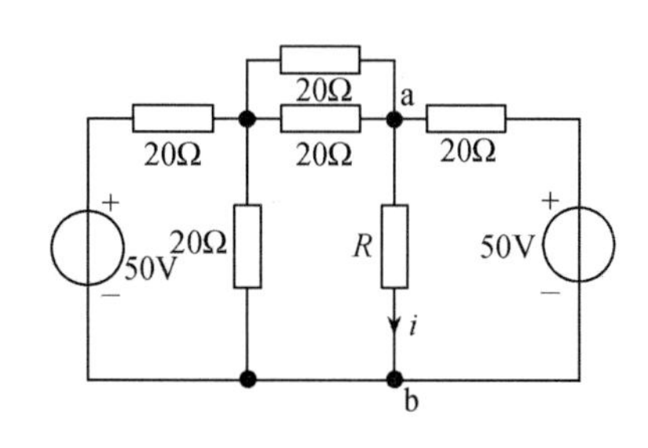

题 3-6 图

3-7 在题3-7图所示电路中，若使电流 I 增加为 $2I$（U_s 不变），14Ω 电阻应变为何值？

3-8 在题3-8图所示电路中，已知 $R_5=8\Omega$ 时，$i_5=20\text{A}$，当 $R_5=2\Omega$ 时，$i_5=50\text{A}$。当 R_5 等于3Ω时，试求通过 R_5 中的电流有多大。

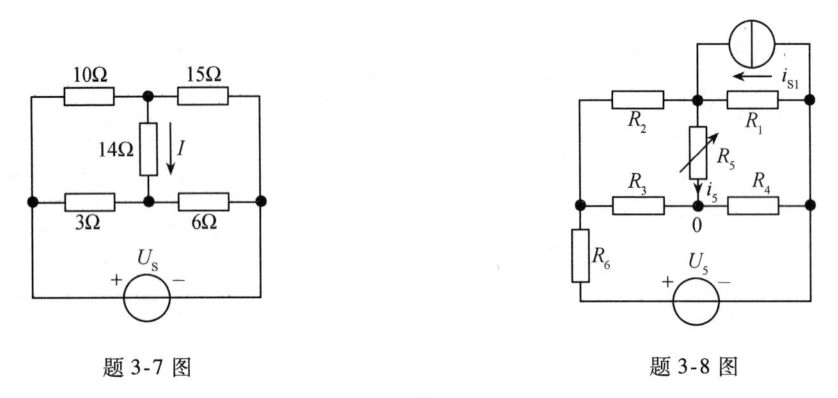

题3-7图　　　　题3-8图

3-9 求题3-9图所示电路中的 U_s 和 R_s 值。网络N的伏安特性曲线如图b所示。

3-10 已知题3-10图所示电路中B元件的伏安关系为 $u=2i^2$，试求 i 为何值。

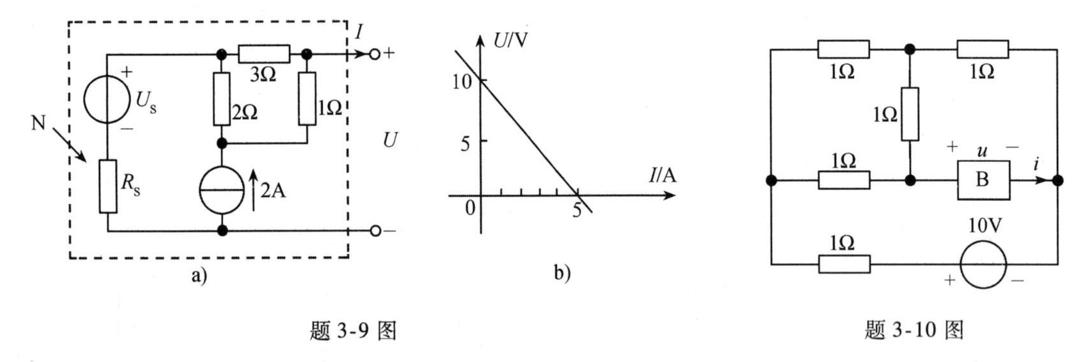

题3-9图　　　　题3-10图

3-11 在题3-11图所示电路中，P为无源网络，A为有源网络。已知图a中 $u_{ab}=1\text{V}$ 时，$i_1=0.1\text{A}$，$i_2=0.02\text{A}$；图b中 $u_{cd}=12\text{V}$；图c中 $u_{ab}=10\text{V}$。试求图c中的 i_2 和含源二端网络A的等效电路。

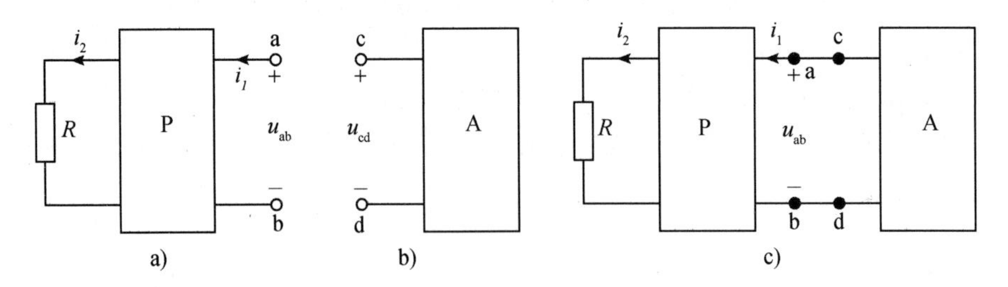

题3-11图

3-12 在题3-12图所示电路中，ab右侧的入端电阻 R_{ab} 已知，且 $R=0$ 时，$u=u_1$；$R=\infty$ 时 $u=u_2$，A为线性含源一端口网络。求证：当 R 为任何值时，电压

$$u=\frac{R_{ab}u_1+Ru_2}{R+R_{ab}}$$

3-13 用戴维南定理和诺顿定理求题3-13图所示电路的等效含源支路。

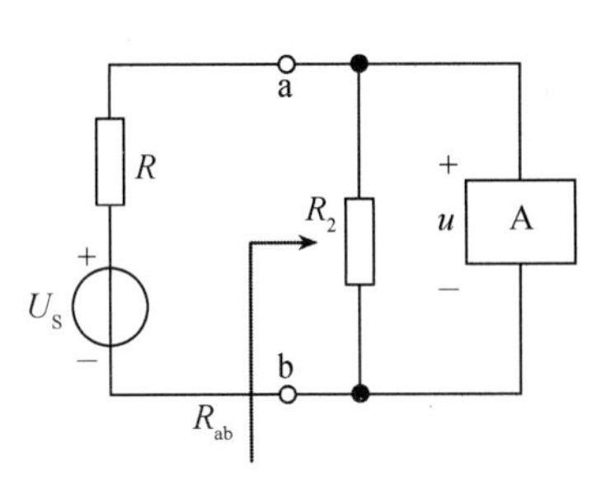

题 3-12 图

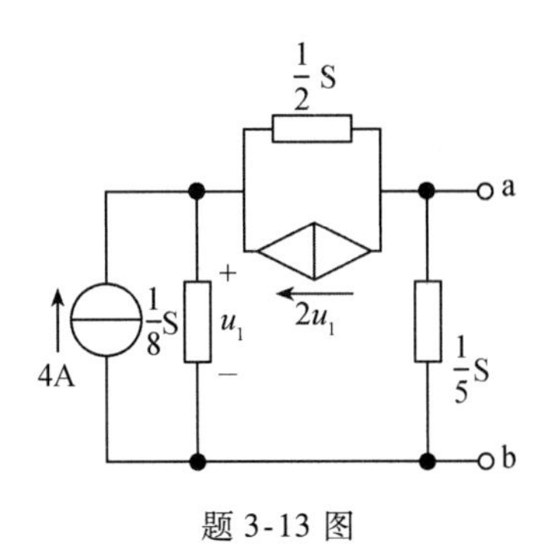

题 3-13 图

3-14 用戴维南定理化简题 3-14 图所示电路。

3-15 如题 3-15 图所示电路，R 为多大时，可获得最大功率？并求出最大功率。

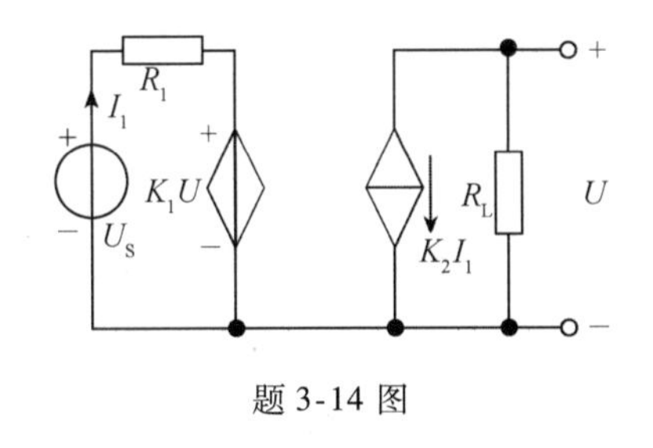

题 3-14 图

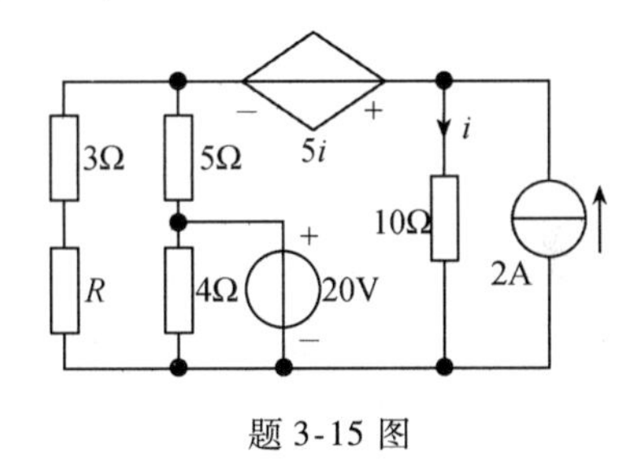

题 3-15 图

3-16 在题 3-16 图中 N 为线性无源二端网络，图 a 中，$U_{S1}=5\text{V}$，$I_1=1\text{A}$，$I_2=\dfrac{1}{2}\text{A}$，接入 U_{S2} 后，如图 b 所示，当 $I_1'=0$ 时，求 U_{S2}。将 U_{S1} 改换成 5Ω 电阻，如图 c 所示，求 I_1''。

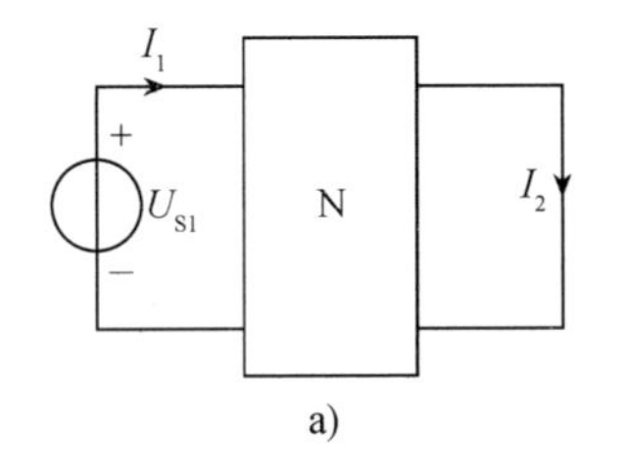

a)

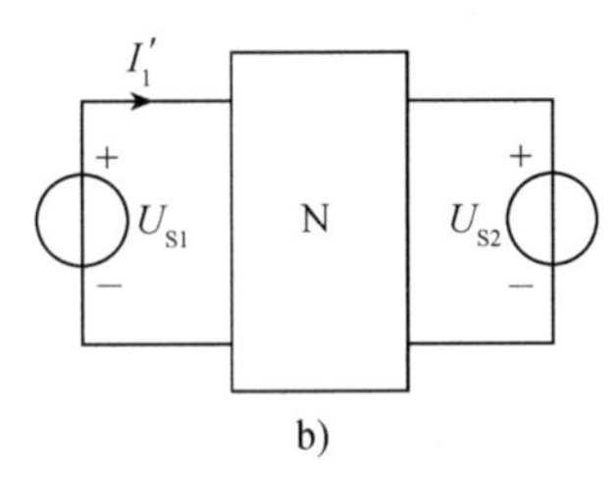

b)

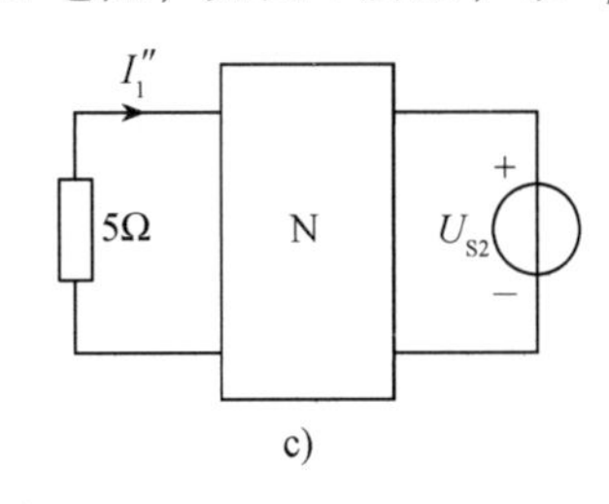

c)

题 3-16 图

第4章 线性动态电路暂态过程的时域分析

内容提要：含有储能元件电感 L、电容 C 的电路是动态电路，描述动态电路的方程是微分方程，动态电路的响应一般由稳态响应和暂态响应组成。本章采用直接求解线性常微分方程的方法分析动态电路的响应——时域分析法。

本章重点：初始条件的确定，动态电路微分方程的建立，动态电路的零输入响应、零状态响应、暂态响应、稳态响应、全响应的概念与求解，三要素法。

4.1 动态电路的暂态过程及初始条件的确定

在第1章学习了元件的 u-i 特性和基尔霍夫定律，这两类约束是分析电路的基本理论依据，以后各章都是应用这些基本理论依据，列写电路方程、分析求解各种电路问题。第2章研究的是电阻电路，列出的方程是代数方程。本章研究含有电感电容的电路，依据两类约束列出微分方程后，研究一般解的求解方法。

以图4-1所示电路为例，列出开关闭合后的电路方程，如式(4-1)所示，

$$RC\frac{\mathrm{d}u_C}{\mathrm{d}t}+LC\frac{\mathrm{d}^2u_C}{\mathrm{d}t^2}+u_C=u_\mathrm{S} \tag{4-1}$$

式(4-1)所示微分方程的解如式(4-2)所示，

$$u_C(t)=u_{C\mathrm{p}}(t)+u_{C\mathrm{h}}(t) \tag{4-2}$$

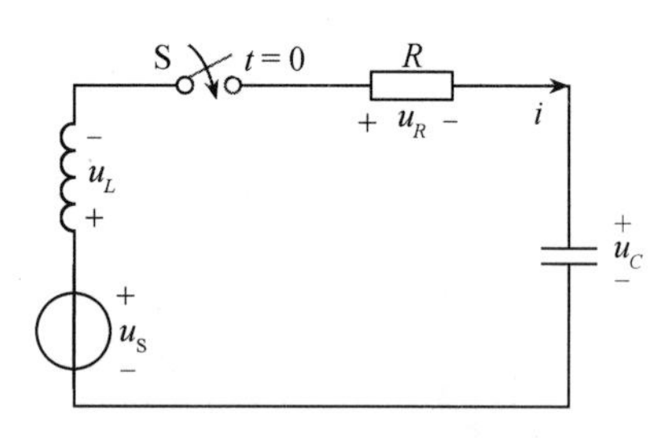

图4-1 动态电路举例

本章研究一般情况下，式(4-2)所示(4-1)对应齐次方程的通解 $u_{C\mathrm{h}}(t)$ 的求解方法。

对于稳定电路，$u_{C\mathrm{p}}(t)$ 是电路的稳态解(或称稳态响应)。稳态解与激励形式密切相关，如果激励是正弦量，稳态解是同频率的正弦量；如果激励是常量，稳态解也是常量，如第1、2章中的直流(常量)激励电路的求解，是稳态解的求解。通解 $u_{C\mathrm{h}}(t)$ 随着时间的增加而衰减至零，称为暂态解。由此可知，响应 $u_C(t)$ 需要经过足够长的时间，才能达到稳态 $u_{C\mathrm{p}}(t)$。这段时间经历的过程称为暂态过程，也称为过渡(动态)过程，这段时间电路的状态称为动态，用微分方程描述的电路称为动态电路(网络)。

由高等数学的知识可知，求解微分方程还需要知道变量的初始条件，即初始时刻变量的状态。这个初始时刻是动态过程的开始时刻。在图4-1所示电路中，初始时刻是开关瞬间闭合时刻。显然，开关闭合前后对应两个不同的电路结构，将这种开关通断、电源或元件参数的突然变化等称为换路，换路造成了电路结构和状态的改变，使电路从原来的稳态向另一个稳态变化，这个变化过程就是上面讨论的暂态或过渡(动态)过程。可见，出现动态过程的内因是电路存在储能元件，外因是换路的发生。

根据两类约束建立描述电路的微分方程，然后求解微分方程的方法称为动态电路暂态过程的时域分析法(也称经典法)。分析电路动态过程还有其他的方法，本书的第9章将介绍

另一种分析方法。

初始条件是所求电路变量及其各阶导数在换路瞬间的值，也称为初始值。

设换路是在 $t=0$ 时刻发生的，用 $t=0_-$ 表示换路前最末时刻，用 $t=0_+$ 表示换路后最初时刻。可依据元件的 u-i 特性研究电路变量在换路瞬间的状态。

依据电容元件的 u-i 特性，有

$$u_C(t) = u_C(t_0) + \frac{1}{C}\int_{t_0}^{t} i_C(\xi)\mathrm{d}\xi \tag{4-3}$$

可得电容电压换路后初始时刻的值为

$$u_C(0_+) = u_C(0_-) + \frac{1}{C}\int_{0_-}^{0_+} i_C(\xi)\mathrm{d}\xi$$

在换路瞬间，若 i_C 为有限值，则 $\int_{0_-}^{0+} i_C(\xi)\mathrm{d}\xi = 0$，可有

$$u_C(0_+) = u_C(0_-) \tag{4-4}$$

同理，依据电感元件的 u-i 特性，有

$$i_L(t) = i_L(t_0) + \frac{1}{L}\int_{t_0}^{t} u_L(\xi)\mathrm{d}\xi \tag{4-5}$$

可得电感电流换路后初始时刻的值为

$$i_L(0_+) = i_L(0_-) + \frac{1}{L}\int_{0_-}^{0_+} u_L(\xi)\mathrm{d}\xi$$

在换路瞬间，若 u_L 为有限值，则 $\int_{0_-}^{0+} u_L(\xi)\mathrm{d}\xi = 0$，可有

$$i_L(0_+) = i_L(0_-) \tag{4-6}$$

式(4-4)和式(4-6)分别表明，如果电容电流和电感电压是有限值，则电容电压和电感电流在换路瞬间保持不变，称为不发生跃变。式(4-4)与式(4-6)称为换路定律。电路中其他变量(如电阻电流、电感电压、电容电流等)不具有式(4-4)和式(4-6)所示的特性，因此在换路瞬间会发生跃变。

对于线性电容元件和线性电感元件，依据 $q=Cu$，$\psi=Li$，换路定律还可以写成

$$q(0_+) = q(0_-) \qquad \psi(0_+) = \psi(0_-)$$

换路定律是有条件的，如果电容电流和电感电压不是有限值，换路定律就不适用了。本章的后续内容会讨论这类问题。

应用换路定律，可以通过换路前的 $u_C(0_-)$ 求出换路后的初始值 $u_C(0_+)$；通过换路前的 $i_L(0_-)$ 求出换路后的初始值 $i_L(0_+)$。电路中其他变量的初始值需要利用电容电压和电感电流的初始值 $u_C(0_+)$ 和 $i_L(0_+)$ 求得。

确定初始条件的步骤是：首先，对换路前的电路计算 $u_C(0_-)$、$i_L(0_-)$，根据换路定律可得到 $u_C(0_+)$、$i_L(0_+)$；然后，对 $t=0_+$ 时刻(换路后瞬间)的电路，利用 $u_C(0_+)$、$i_L(0_+)$，求出待求量的初始值。

【例 4-1】图 4-2 所示电路中，在 $t=0$ 时将开关 S 闭合，$t<0$ 时电路已达稳态，试求各元件电流、电压初始值。

解　对图 4-2 所示电路，因 $t<0$ 时电路已达到稳态，在直流电源作用下，电容相当于开路；此时开关 S 未闭合，故有

$$u_C(0_-) = U_S = 10\text{V}$$
$$u_C(0_+) = u_C(0_-) = 10\text{V}$$

$t=0_+$ 时刻（换路后）的电路如图 4-3 所示，开关 S 已闭合，为了便于分析，将电容上的初始电压 $u_C(0_+)$ 用电压源替代，画于电路图中，可计算出

$$u_1(0_+) = U_S - u_C(0_+) = 0, \qquad i_1(0_+) = \frac{u_1(0_+)}{R_1} = 0$$

$$u_2(0_+) = u_C(0_+) = 10\text{V}, \qquad i_2(0_+) = \frac{u_2(0_+)}{R_2} = 5\text{mA}$$

$$i_C(0_+) = i_1(0_+) - i_2(0_+) = 0 - 5 = -5\text{mA}$$

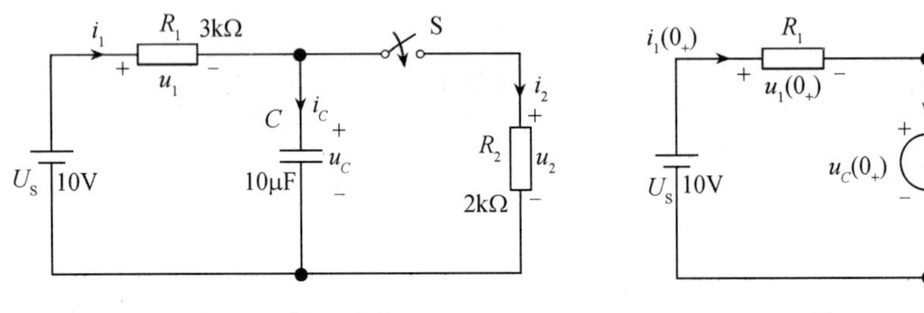

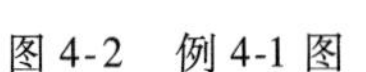

图 4-2 例 4-1 图

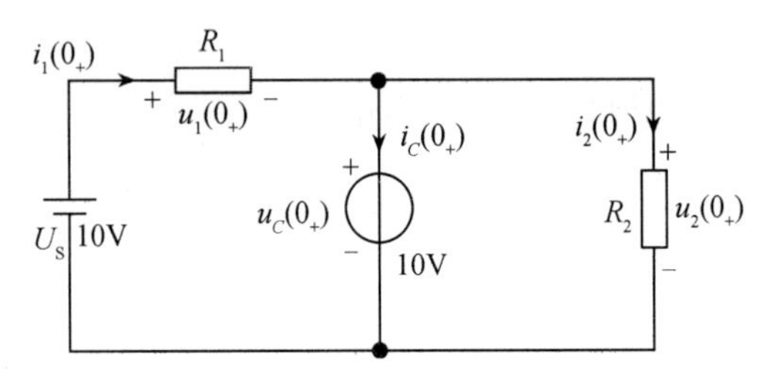

图 4-3 $t=0_+$ 时电路

【例 4-2】电路如图 4-4a 所示，$t<0$ 电路处于稳态，$t=0$ 时将开关 S 由①扳向②，试求各元件电压、电流初始值及 $\left.\frac{\mathrm{d}i_L}{\mathrm{d}t}\right|_{t=0_+}$，$\left.\frac{\mathrm{d}u_C}{\mathrm{d}t}\right|_{t=0_+}$。

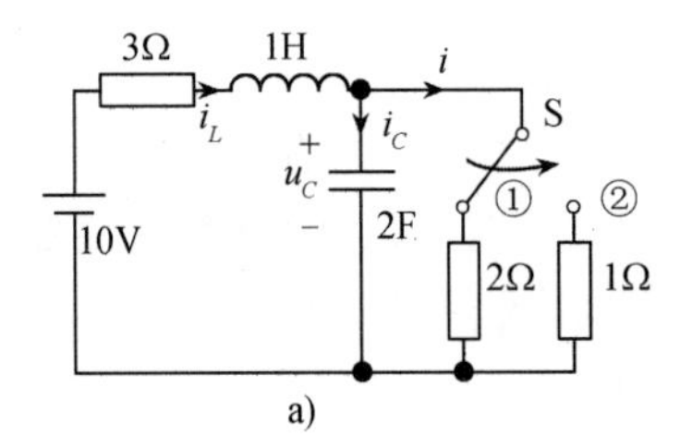

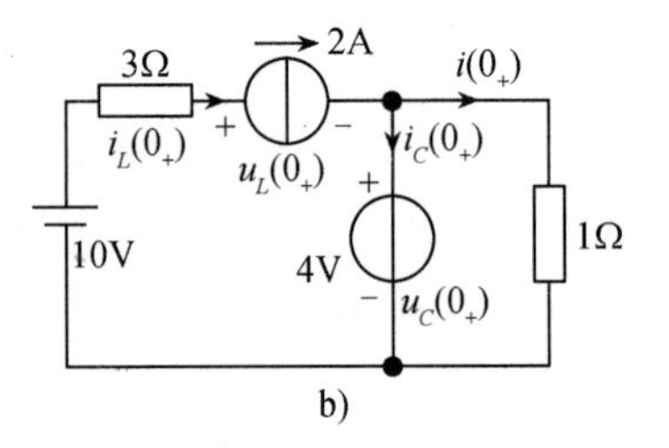

图 4-4 例 4-2 图

解 首先，求初始值 $u_C(0_+)$、$i_L(0_+)$。因为 $t<0$ 时电路已达到稳态，电感相当于短路，电容相当于开路。开关 S 已合于①，于是有

$$i_L(0_-) = \frac{10}{3+2} = 2\text{A}$$
$$u_C(0_-) = 2i(0_-) = 2i_L(0_-) = 4\text{V}$$

由换路定律，可得

$$u_C(0_+) = u_C(0_-) = 4\text{V}$$
$$i_L(0_+) = i_L(0_-) = 2\text{A}$$

$t=0_+$ 时刻的等效电路如图 4-4b 所示，开关 S 已合于②。

各元件电压、电流初始值为

$$i(0_+) = \frac{u_C(0_+)}{1} = 4\text{A}$$

$$i_C(0_+) = i_L(0_+) - i(0_+) = 2 - 4 = -2\text{A}$$
$$u_L(0_+) = -3i_L(0_+) + 10 - 4 = 0$$

由 $i_C = C\dfrac{\mathrm{d}u_C}{\mathrm{d}t}$，有

$$\left.\frac{\mathrm{d}u_C}{\mathrm{d}t}\right|_{t=0_+} = \frac{i_C(0_+)}{C} = -1\text{V/s}$$

由 $u_L = L\dfrac{\mathrm{d}i_L}{\mathrm{d}t}$，有

$$\left.\frac{\mathrm{d}i_L}{\mathrm{d}t}\right|_{t=0_+} = \frac{u_L(0_+)}{L} = 0\text{V/s}$$

【例4-3】电路如图4-5a所示，换路前电路处于稳态，$t=0$ 时将开关S由①扳向②，试求 $i_R(0_+)$。

解 由分流公式可知

$$i_L(0_-) = 1\text{A}$$
$$u_C(0_-) = 20i_L(0_-) = 20\text{V}$$

根据换路定律有

$$i_L(0_+) = 1\text{A}, u_C(0_+) = 20\text{V}$$

$t=0_+$ 时等效电路如图4-5b所示，将其化简，过程如图4-5c、d、e所示，则

$$i_R(0_+) = \frac{10}{10+30} = 0.25\text{A}$$

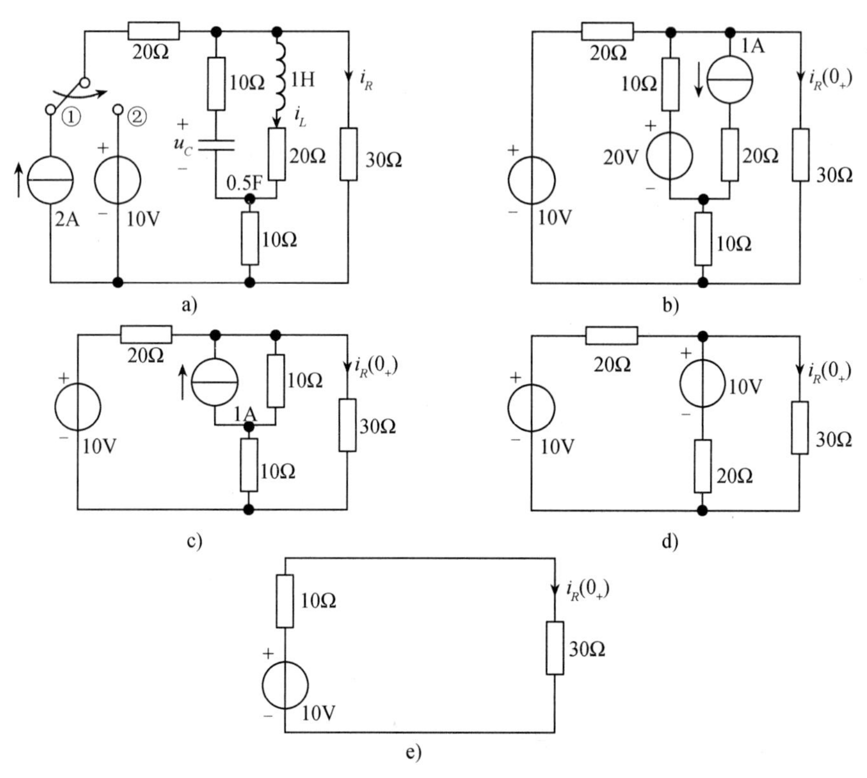

图4-5 例4-3图

【例 4-4】图 4-6a 电路为测量电感直流电阻的电路。设检流计允许流过的电流为 10μA，测试结束时，应当先断开哪个开关？为什么？

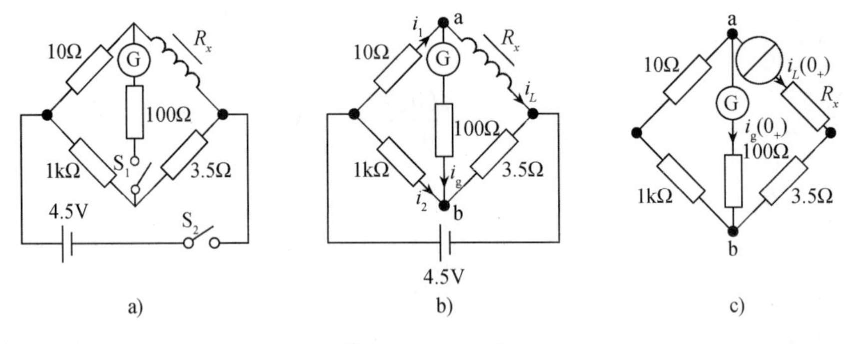

图 4-6 例 4-4 图

解 测试完毕，应将开关 S_1 先断开后再断开 S_2，否则会导致检流计损坏。因为，若先断开 S_2，则被测电感线圈两端将产生很高的感应电压，经检流计支路(此支路电阻小)形成很大的电流。下面用换路定律计算此电流值。

设 S_2 断开前电路已经达到稳态，电桥平衡，$i_g=0$，其稳态电路如图 4-6b 所示，a、b 两点等电位。此时

$$10i_1 = 1000i_2$$

又

$$i_2 = \frac{4.5}{1000+3.5} = 4.484\times10^{-3}\text{A}$$

所以

$$i_L = i_1 = 100i_2 = 100\times4.484\times10^{-3} = 0.4484\text{ A}$$

设 $t=0$ 时，将 S_2 断开，根据换路定律有

$$i_L(0_+) = i_L(0_-) = 0.4484\text{ A}$$

若求 $i_g(0_+)$需要画 0_+时刻的等效电路，如图 4-6c 所示，此时

$$i_g(0_+) = \frac{1000+10}{(1000+10)+100}\times[-i_L(0_+)] = -0.408\text{ A}$$

其值大于 10μA，可见，S_2 断开瞬间流过检流计的电流大大超过它的额定电流 10μA，检流计会立即损坏，因此，不允许先断开 S_2。

4.2 一阶电路的零输入响应

只含有一个储能元件的电路，列出的方程是一阶微分方程，因此含有一个储能元件的电路称为一阶电路。当换路后瞬间储能元件的储能不为零，即 $u_C(0_+)$或 $i_L(0_+)$不为零时，电路即使无电源作用也会有响应产生，这个响应称为零输入响应。

4.2.1 RC 电路的零输入响应

图 4-7a 为 RC 充放电电路。换路前电容已充电，即 $u_C(0_-)=u_C(0_+)=U_0$；换路后，电容电压从 U_0 开始逐渐减小，一直下降到零，动态过程结束。为了寻求 u_C 和其他响应的变化规律，进行如下分析。对于换路后的电路，根据基尔霍夫定律有

$$u_R = u_C,\quad u_R = Ri$$

按图 4-7b 所示参考方向

$$i = -C\frac{\mathrm{d}u_C}{\mathrm{d}t}$$

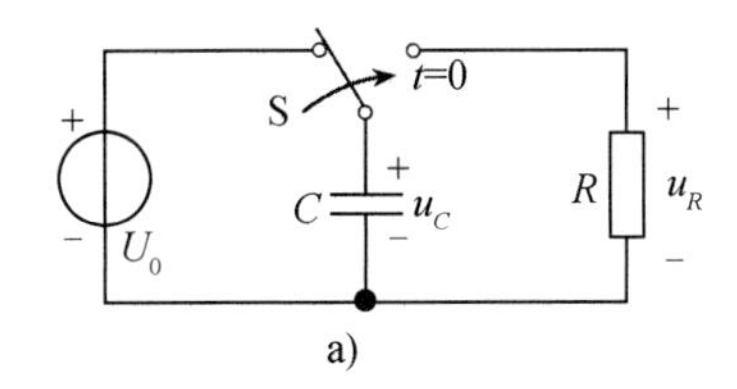

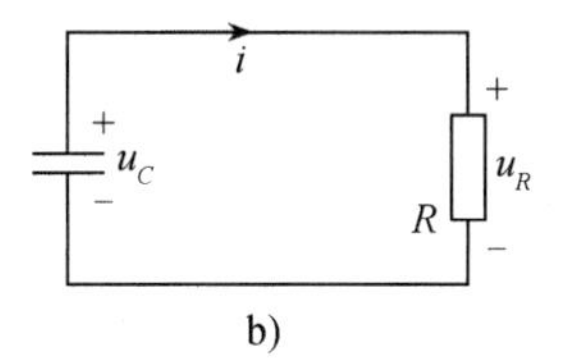

图 4-7　RC 充放电电路

以 u_C 为状态变量，得一阶线性齐次微分方程

$$RC\frac{\mathrm{d}u_C}{\mathrm{d}t} + u_C = 0 \tag{4-7}$$

令 $u_C(t) = A\mathrm{e}^{pt}$，得相应的特征方程

$$RCp + 1 = 0$$

其特征根为

$$p = -\frac{1}{RC}$$

则

$$u_C(t) = A\mathrm{e}^{-\frac{t}{RC}} \tag{4-8}$$

式(4-8)中常数 A 要由初始条件来确定。把 $u_C(0_+) = U_0$ 代入上式，得 $A = U_0$。于是，得到满足初始条件的微分方程的解

$$u_C(t) = U_0\mathrm{e}^{-\frac{t}{RC}}\quad (t \geqslant 0) \tag{4-9}$$

电路中的电流为

$$i = -C\frac{\mathrm{d}u_C}{\mathrm{d}t} = \frac{U_0}{R}\mathrm{e}^{-\frac{t}{RC}}\quad (t \geqslant 0) \tag{4-10}$$

电阻上的电压为

$$u_R(t) = u_C(t) = U_0\mathrm{e}^{-\frac{t}{RC}}\quad (t \geqslant 0) \tag{4-11}$$

可以看出，u_C、i、u_R 都是按相同指数规律变化的，因 $p = -1/RC < 0$，所以这些响应都是随时间衰减的，最终趋于零。

令 $RC = \tau$，τ 称为 RC 电路的时间常数。式(4-9)、式(4-10)可表示为

$$u_C(t) = U_0\mathrm{e}^{-\frac{t}{\tau}}\qquad (t \geqslant 0) \tag{4-12}$$

$$i = \frac{U_0}{R}\mathrm{e}^{-\frac{t}{\tau}}\qquad (t \geqslant 0) \tag{4-13}$$

u_C、i 的变化曲线如图 4-8 所示。

对时间常数 τ 要明确以下几点：

1) τ 的量纲$[\tau] = [R]\cdot[C]$ = 欧·法 = 欧·库/伏 = 欧·安·秒/伏 = 秒，即时间常数的基本单位是秒(s)。而特征方程的根 $p = -\dfrac{1}{\tau}$，单位是秒分之一(1/s)，它取决于电路结

构和元件参数，而与激励无关，称为电路固有频率。

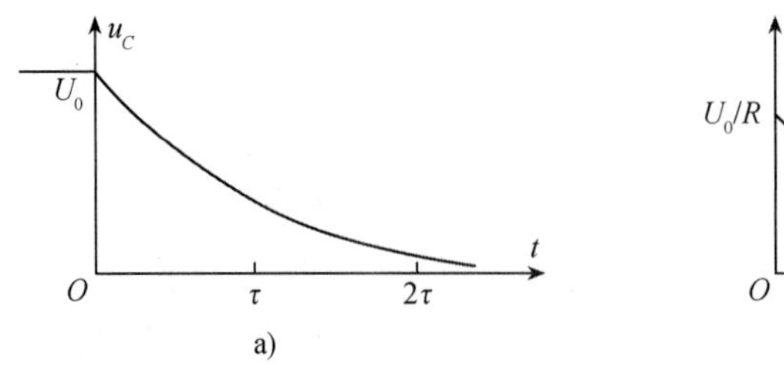

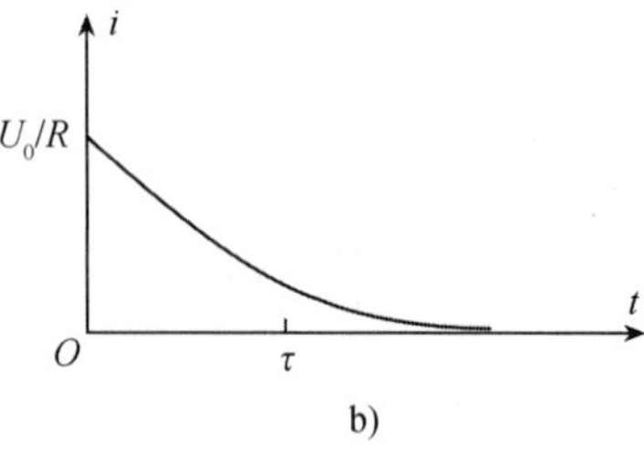

图 4-8　u_C、i 的变化曲线

2）把 u_C，i 不同时刻的数值列于表 4-1，可见，换路后经过一个时间常数的时间，u_C 衰减为初始值 U_0 的 36.8%。从任意时刻算起，每经过一个时间常数的时间 u_C 都衰减为原值的 36.8%。换句话说，u_C 衰减为原值的 36.8% 所经历的时间是一个时间常数。

表 4-1　零输入响应衰减与时间常数的关系

t	$e^{-t/\tau}$	u_C	i
0	$e^0=1$	U_0	U_0/R
τ	$e^{-1}=0.368$	$0.368U_0$	$0.368U_0/R$
2τ	$e^{-2}=0.135$	$0.135U_0$	$0.135U_0/R$
3τ	$e^{-3}=0.050$	$0.050U_0$	$0.050U_0/R$
4τ	$e^{-4}=0.018$	$0.018U_0$	$0.018U_0/R$
5τ	$e^{-5}=0.007$	$0.007U_0$	$0.007U_0/R$
…	…	…	…
∞	$e^{-\infty}=0$	0	0

因为

$$u_C(t)=U_0e^{-\frac{t}{\tau}}\qquad(t\geq 0)$$

所以，当 $t=t_0+\tau$ 时，

$$u_C(t_0+\tau)=U_0e^{-\frac{t_0+\tau}{\tau}}=U_0e^{-\frac{t_0}{\tau}-1}=0.368u_C(t_0)\qquad(t\geq 0)$$

3）如果不知道网络的结构和参数，无法计算时间常数，可用实测的办法得到响应的动态曲线，进而得到时间常数。可以证明，动态曲线上任意点的次切距在数值上等于时间常数 τ，如图 4-9 所示。

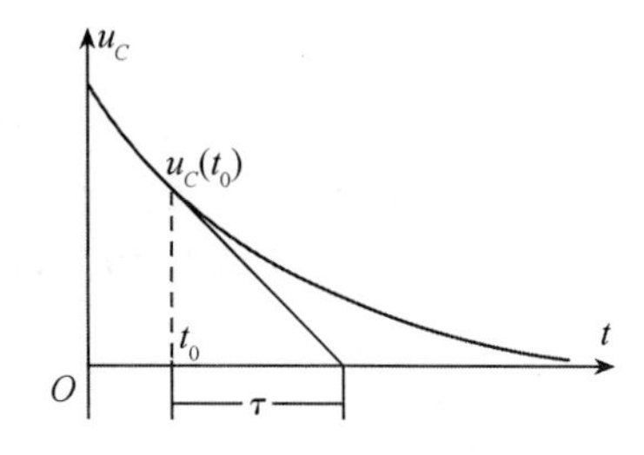

图 4-9　响应曲线与时间常数

因为在 $t=t_0$ 时，u_C 的变化率为

$$\left.\frac{du_C}{dt}\right|_{t=t_0}=-\frac{U_0}{\tau}e^{-\frac{t_0}{\tau}}=-\frac{u_C(t_0)}{\tau}$$

若 $u_C(t_0)$ 按上面的变化率减小，即按图 4-9 中的直线下降，经过时间 τ，$u_C(t_0)$ 一定下降到零。

4）从理论上讲，只有 t 趋于 ∞，动态过程才能结束，但从表 4-1 可见，当时间由零经过 5τ 时，响应相对于初值已变得很小。因而，工程上认为，经过 $3\tau\sim5\tau$ 后，动态过程就结束了。显然，动态过程的快慢是由时间常数的大小来决定的。

动态过程中能量转换的关系是，电容储存的电场能量全部变成了电阻消耗的能量。

$$W_R = \int_0^{\infty} R\frac{U_0^2}{R^2}e^{-\frac{2t}{\tau}}dt = \frac{1}{2}CU_0^2 = W_C(0_+)$$

4.2.2 RL 电路的零输入响应

图 4-10a 的 RL 充放电电路，其动态过程和上面讨论的 RC 充放电电路过程是类似的。

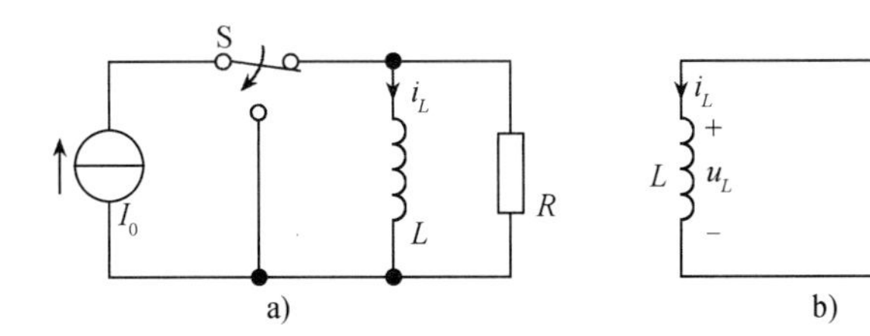

图 4-10　RL 充放电电路

由图 4-10a 可知

$$i_L(0_-) = i_L(0_+) = I_0$$

对于换路后的电路图 4-10b，根据 KVL 有

$$L\frac{di_L}{dt} + Ri_L = 0 \tag{4-14}$$

$$\frac{L}{R}\frac{di_L}{dt} + i_L = 0 \tag{4-15}$$

式(4-15)与式(4-7)类似，也是一阶线性齐次微分方程，其通解为

$$i_L(t) = Ae^{-\frac{t}{L/R}} \tag{4-16}$$

由初始条件 $i_L(0_+) = I_0$ 来确定待定系数 A，则 $A = I_0$。此时

$$i_L(t) = I_0e^{-\frac{t}{L/R}} \tag{4-17}$$

令 $\frac{L}{R} = \tau$，τ 为 RL 电路的时间常数，于是

$$i_L(t) = I_0e^{-\frac{t}{\tau}} \quad (t \geqslant 0) \tag{4-18}$$

电感电压为

$$u_L(t) = L\frac{di_L}{dt} = -RI_0e^{-\frac{t}{\tau}} \qquad (t \geqslant 0) \tag{4-19}$$

i_L、u_L 的曲线如图 4-11 所示。

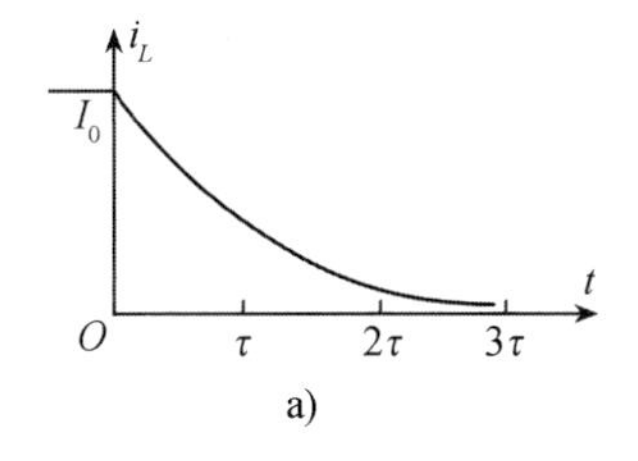

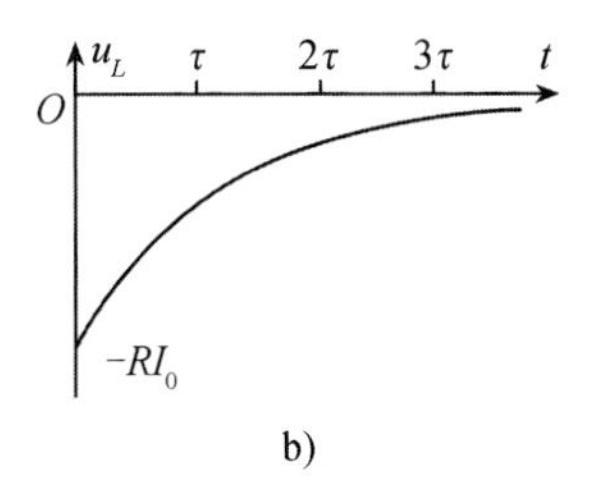

图 4-11　i_L、u_L 的响应曲线

在 RL 放电电路的动态过程中，电感储存的磁场能量全部变成了电阻消耗的能量。

$$W_R = \int_0^{\infty} Ri_L^2 \mathrm{d}t = \int_0^{\infty} RI_0^2 \mathrm{e}^{-\frac{2t}{\tau}} \mathrm{d}t = \frac{1}{2}LI_0^2 = W_L(0_+)$$

从以上分析可见，零输入响应都是从初始值按指数规律衰减到零的变化过程。

【例 4-5】电路如图 4-12a 所示，换路前电路处于稳态，$t=0$ 时将开关 S 由①扳向②，求换路后的 i_L、u_L、u_{12}。

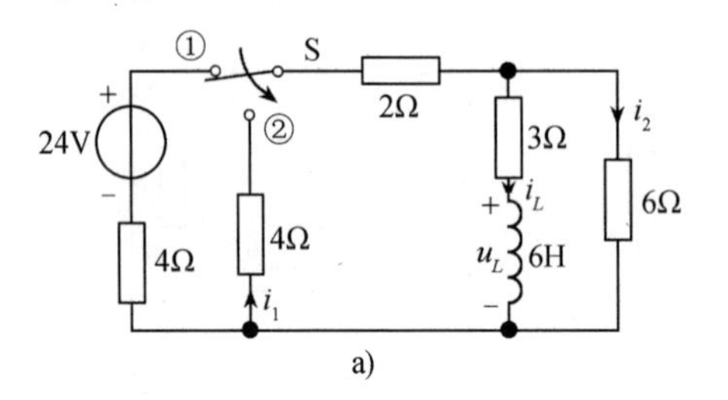

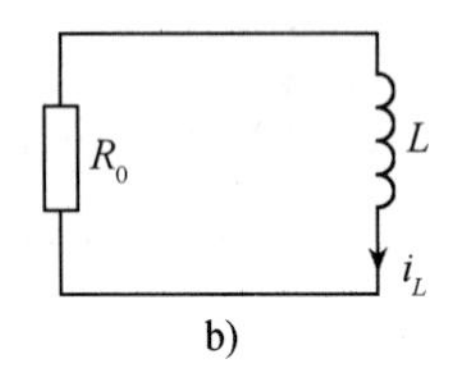

图 4-12 例 4-5 图

解 换路前电路处于稳态，有

$$i_L(0_-) = \frac{24}{4+2+2} \times \frac{6}{3+6} = 2\mathrm{A} = i_L(0_+)$$

换路后的电路输入为零，所求响应是零输入响应。从电感两端视入的等效电阻

$$R_0 = 3 + \frac{6 \times (2+4)}{6+2+4} = 6\Omega$$

等效电路如图 4-12b 所示，时间常数

$$\tau = \frac{L}{R_0} = 1\mathrm{s}$$

$$i_L(t) = i_L(0_+)\mathrm{e}^{-\frac{t}{\tau}} = 2\mathrm{e}^{-t}\mathrm{A} \quad (t \geqslant 0)$$

$$u_L(t) = L\frac{\mathrm{d}i_L}{\mathrm{d}t} = -12\mathrm{e}^{-t}\mathrm{V} \quad (t \geqslant 0)$$

$$i_1(t) = \frac{1}{2}i_L(t) = \mathrm{e}^{-t}\mathrm{A} \quad (t \geqslant 0)$$

$$u_{12}(t) = 24 + 4i_1(t) = 24 + 4\mathrm{e}^{-t}\mathrm{V} \quad (t \geqslant 0)$$

【例 4-6】图 4-13a 所示为直流发电机励磁电路，电源电压 $U_\mathrm{S} = 220\mathrm{V}$，励磁绕组的电阻 $R_i = 22\Omega$，电感 $L = 18\mathrm{H}$，并接在绕组两端的电阻 $R = 8\Omega$，$t=0$ 时将开关 S 断开，$t<0$ 时电路处于稳态，试求零输入响应 i_L、u_R。

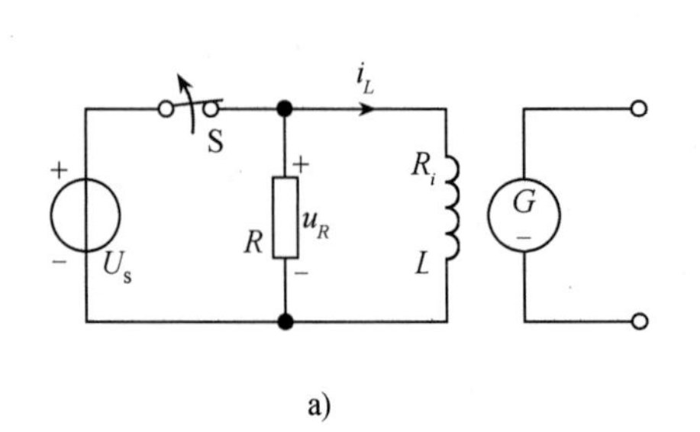

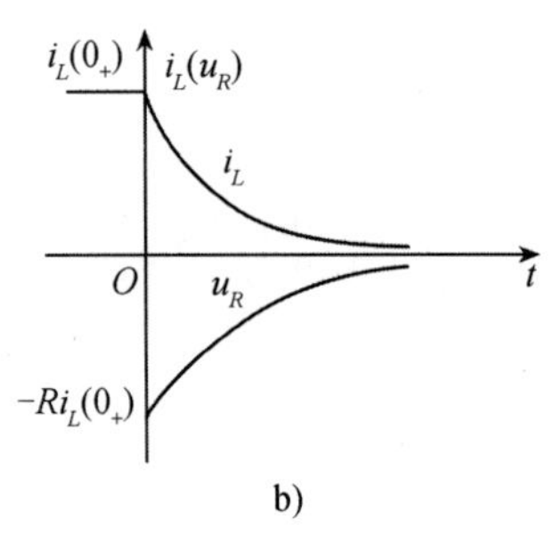

图 4-13 例 4-6 图

解

$$i_L(0_-)=\frac{220}{22}=10\text{A}=i_L(0_+)$$

时间常数

$$\tau=\frac{18}{22+8}=0.6\text{s}$$

$$i_L(t)=10\text{e}^{-\frac{t}{0.6}}=10\text{e}^{-1.67t}\text{A}\quad(t\geqslant 0)$$

$$u_R(t)=-Ri_L=-8\times 10\text{e}^{-1.67t}=-80\text{e}^{-1.67t}\text{V}\quad(t\geqslant 0)$$

i_L、u_R 的变化曲线如图 4-13b 所示。

假若 R 处所接是电压表，其内阻为 1MΩ，因而换路瞬间 $u_R(0_+)=-Ri_L(0_+)=-10^6\times 10=-10\text{MV}$。这样的高电压将造成电压表和激磁绕组损坏。因此，工程实际电路中，当断开感性负载时，必须考虑磁场能量的泄放。实用的办法是在感性负载两端并接二极管(称泄放或续流二极管)或阻值小的电阻(称泄放或续流电阻)，如图 4-14a、b 所示。

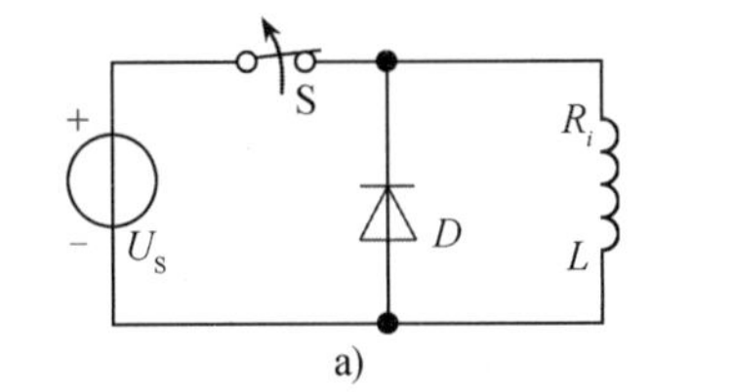

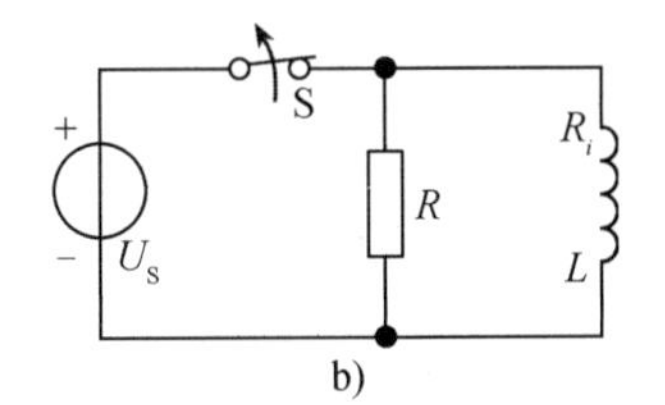

图 4-14　感性负载两端并接二极管(小电阻)泄流

4.3　一阶电路的零状态响应

电路的初始状态为零，即 $u_C(0_+)$或 $i_L(0_+)$等于零，由外加激励引起的响应称为零状态响应。本节研究 RC、RL 电路在直流电源激励下产生的零状态响应。

4.3.1　RC 电路的零状态响应

图 4-15a 所示电路，换路前开关 S 闭合，$u_C(0_-)=0$，换路后，根据 KCL 有

$$i_C+i_R=I_S$$

同时，$i_C=C\dfrac{\mathrm{d}u_C}{\mathrm{d}t}$，$i_R=\dfrac{u_C}{R}$，于是

$$C\frac{\mathrm{d}u_C}{\mathrm{d}t}+\frac{u_C}{R}=I_S$$

或

$$RC\frac{\mathrm{d}u_C}{\mathrm{d}t}+u_C=RI_S \tag{4-20}$$

式(4-20)为一阶线性非齐次方程，它的全解由其特解 u_{Cp}和相应齐次方程的通解 u_{Ch}组成，即

$$u_C=u_{Cp}+u_{Ch} \tag{4-21}$$

因而有

$$RC\frac{\mathrm{d}}{\mathrm{d}t}(u_{Cp}+u_{Ch})+(u_{Cp}+u_{Ch})=RI_s \tag{4-22}$$

其中特解应满足

$$RC\frac{\mathrm{d}u_{Cp}}{\mathrm{d}t}+u_{Cp}=RI_s \tag{4-23}$$

齐次方程的通解应满足

$$RC\frac{\mathrm{d}u_{Ch}}{\mathrm{d}t}+u_{Ch}=0 \tag{4-24}$$

式(4-24)的解应为

$$u_{Ch}(t)=A\mathrm{e}^{-\frac{t}{RC}}=A\mathrm{e}^{-\frac{t}{\tau}} \tag{4-25}$$

式中 $\tau=RC$，是 RC 电路的时间常数。

在式(4-23)中，因 RI_s 是常数，则特解应是常数，令 $u_{Cp}=K$，则由式(4-23)可知

$$RC\cdot 0+K=RI_s \tag{4-26}$$

于是求得特解

$$u_{Cp}=K=RI_s \tag{4-27}$$

全解为

$$u_C=RI_s+A\mathrm{e}^{-\frac{t}{\tau}} \tag{4-28}$$

式中，A 由初始条件来确定。因电路是零状态，$u_C(0_+)=u_C(0_-)=0$，故

$$0=RI_s+A$$

所以

$$A=-RI_s$$

得

$$u_C=RI_s-RI_s\mathrm{e}^{-\frac{t}{\tau}}=RI_s(1-\mathrm{e}^{-\frac{t}{\tau}})\quad(t\geqslant 0) \tag{4-29}$$

$$i_R=\frac{u_C}{R}=I_s(1-\mathrm{e}^{-\frac{t}{\tau}})\quad(t\geqslant 0) \tag{4-30}$$

$$i_C=I_s-i_R=I_s\mathrm{e}^{-\frac{t}{\tau}}\qquad(t\geqslant 0) \tag{4-31}$$

u_C、i_C、i_R 的变化曲线如图 4-15b、c 所示。

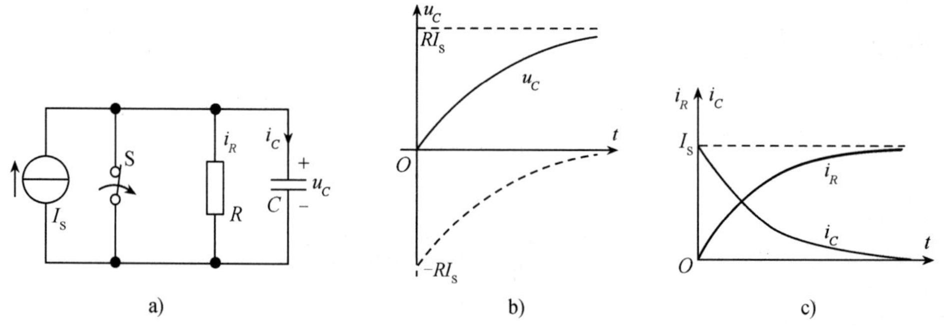

图 4-15 RC 电路的零状态响应

分析结果表明，换路瞬间 $u_C(0_+)=u_C(0_-)=0$，电容相当于短路，$i_R(0_+)=0$，I_s 流经电容，给电容充电。随着 u_C 增长，i_R 增长。而 i_C 减小，当 $t=\infty$ 时，$i_C(\infty)=0$，电容相当

于开路，I_S 流经电阻，$u_C(\infty)=RI_S$，这时 $\left.\dfrac{du_C}{dt}\right|_{t=\infty}=0$，电容电压不再变化，电路达到了新的稳态。

在这个暂态过程中，u_C 有两个分量，特解 $u_{Cp}=RI_S$，它是电容电压达到稳态时的值，简称稳态值，也叫稳态响应。由于这个分量是外加激励作用产生的最终结果，它的变化规律与外加激励有关，因此又叫强制响应。另一个分量 u_{Ch} 是对应的齐次方程的通解，它只存在于电路的暂态过程中，其变化规律与外加激励无关，即总是按指数规律衰减到零，衰减的快慢与特征方程的根，即电路的固有频率有关，因而称为暂态响应或固有响应。

4.3.2　RL 电路的零状态响应

对图 4-16a 所示 RL 电路，$i_L(0_+)=0$，在电压源作用下所产生的也是零状态响应，其分析方法与 RC 电路相同。

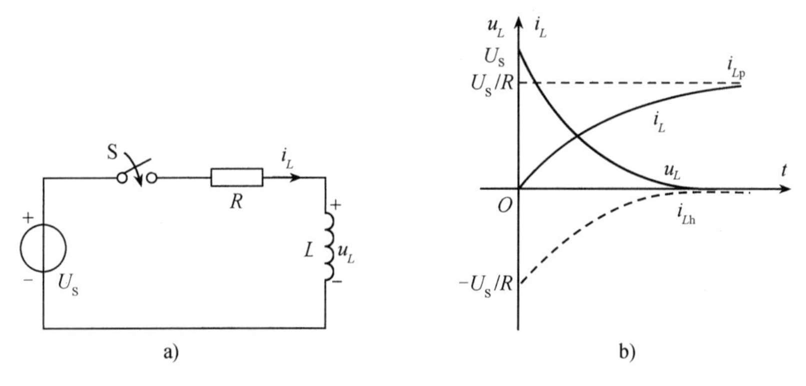

图 4-16　RL 零状态电路及其响应

换路后，电路的微分方程为

$$L\frac{di_L}{dt}+Ri_L=U_S \tag{4-32}$$

通解包含两部分

$$i_L=i_{Lp}+i_{Lh} \tag{4-33}$$

其中

$$i_{Lp}(t)=\frac{U_S}{R} \tag{4-34}$$

$$i_{Lh}(t)=Ae^{-\frac{t}{L/R}}=Ae^{-\frac{t}{\tau}} \tag{4-35}$$

式中，$\tau=\dfrac{L}{R}$ 为 RL 电路的时间常数，于是

$$i_L(t)=\frac{U_S}{R}+Ae^{-\frac{t}{\tau}}\quad(t\geqslant 0)$$

由初始条件 $i_L(0_+)=0$ 来确定待定系数 A，此时

$$i_L(0_+)=\frac{U_S}{R}+A=0,\qquad A=-\frac{U_S}{R} \tag{4-36}$$

所以

$$i_L(t)=\frac{U_S}{R}-\frac{U_S}{R}e^{-\frac{t}{\tau}}=\frac{U_S}{R}(1-e^{-\frac{t}{\tau}})\text{A}\qquad(t\geqslant 0)\tag{4-37}$$

$$u_L(t)=L\frac{di_L}{dt}=U_Se^{-\frac{t}{\tau}}\text{V}\qquad(t\geqslant 0)\tag{4-38}$$

i_L、u_L 的响应曲线如图 4-16b 所示。

由于电感中电流不能跃变，换路瞬间 $i_L(0)=0$，相当于开路，$u_R(0_+)=0$，外加电源电压全加在电感两端，使电感中电流增大，u_R 增大，同时 u_L 减小，当 $t=\infty$ 时，$u_R=U_S$，$i_L(\infty)=\frac{U_S}{R}$ 不再变化，即 $\left.\frac{di_L}{dt}\right|_{t=0_+}=0$，$u_L(\infty)=0$，电感相当于短路，电路又达到稳态。

可见，一阶电路的零状态响应是从初始值向稳态值变化的过程。因为 $u_C(0_+)=0$，$i_L(0_+)=0$，u_C、i_L 这两个响应，对于零状态电路都是从零变化到稳态值。

零状态电路动态过程的能量转换关系是：电源提供的能量，一部分被电阻消耗，另一部分转换成电容储存的电场能量或电感储存的磁场能量。

【例 4-7】图 4-17 电路中，电容原未充电。已知 $E=100\text{V}$，$R=500\Omega$，$C=10\mu\text{F}$。在 $t=0$ 时将开关 S 闭合，求：1）$t\geqslant 0$ 时的 u_C 和 i；2）u_C 达到 80V 所需要的时间。

解 1）电路的响应为零状态响应。且有

$$\tau=RC=500\times10\times10^{-6}=5\times10^{-3}\text{s}=5\text{ms}$$

$$u_C(0_+)=u_C(0_-)=0,\ u_C(\infty)=E=100\text{V}$$

$$u_C(t)=100(1-e^{-200t})\text{V}\quad(t\geqslant 0)$$

$$i_C(t)=C\frac{du_C}{dt}=0.2e^{-200t}\text{A}\quad(t\geqslant 0)$$

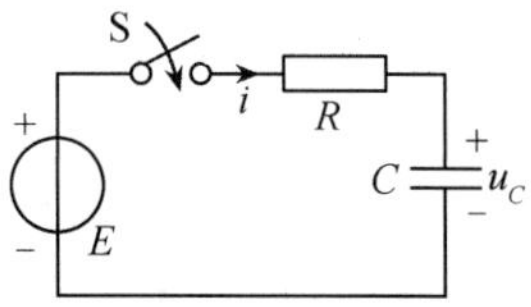

图 4-17 例 4-7 图

2）设换路后，经过 t_1 时间，u_C 充电到 80V，则

$$80=100(1-e^{-200t_1})$$

$$100e^{-200t_1}=20$$

解得

$$t_1=-\frac{\ln 0.2}{200}=8.05\times10^{-3}\text{s}=8.05\text{ms}$$

以上两例均可通过列、解微分方程进行分析。

4.4 一阶电路的全响应和三要素方法

前两节讨论过的一阶电路的零输入响应、零状态响应是动态电路分析中的特殊情况，本节研究输入和初始状态都不为零时一阶电路的响应，这种响应称为电路的全响应。

求解电路的全响应仍是求解非齐次微分方程的问题，其求解步骤与求零状态响应相同，只是初始条件不为零了。下面仍以 RC 并联电路与电流源接通为例说明全响应的计算方法。

设在图 4-18 所示电路中，换路前电容电压已充电到 U_0，即 $u_C(0_-)=U_0$。在 $t=0$ 时开关 S_1 由 a 接到 b，同时闭合开关 S_2。换路后，电路既有输入作用，初始状态又不为零，所产生的响应就是全响应，但电路的微分方程仍与式(4-20)一

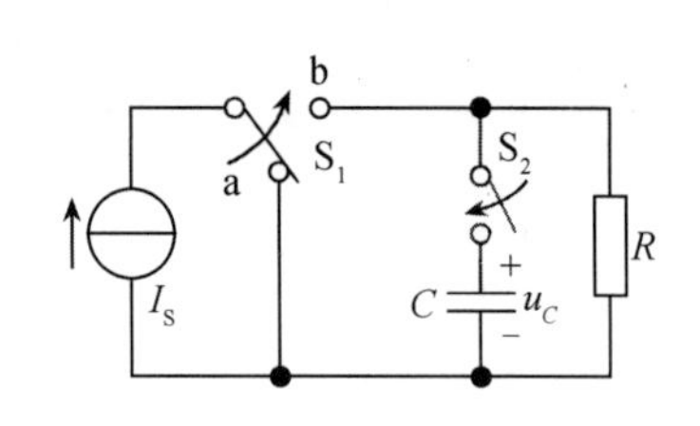

图 4-18 RC 电路全响应电路图

样，即为

$$RC\frac{du_C}{dt}+u_C=RI_s$$

其解答仍与式(4-28)一样

$$u_C=RI_s+Ae^{-\frac{t}{\tau}}$$

根据换路定律

$$u_C(0_+)=u_C(0_-)=U_0$$

将初始条件代入解，有

$$U_0=RI_s+A$$

则

$$A=U_0-RI_s$$

电路的全响应为

$$\underbrace{u_C(t)}_{\text{全响应}}=\underbrace{RI_s}_{\text{稳态响应}}+\underbrace{(U_0-RI_s)e^{-\frac{t}{\tau}}}_{\text{暂态响应}}\quad(t\geqslant0)\tag{4-39}$$

显然，u_C 仍由两个分量组成，第一项是稳态响应(强制响应)；第二项是暂态响应(固有响应)。稳态响应的变化规律取决于激励的变化规律。这里激励是直流电源，稳态响应也是恒定不变的，暂态响应则既与初始状态有关，又与激励有关(但变化规律与激励无关)。

式(4-39)可改写成

$$\underbrace{u_C(t)}_{\text{全响应}}=\underbrace{U_0e^{-\frac{t}{\tau}}}_{\text{零输入响应}}+\underbrace{RI_s(1-e^{-\frac{t}{\tau}})}_{\text{零状态响应}}\quad(t\geqslant0)\tag{4-40}$$

式(4-40)中第一项是零输入响应，第二项是零状态响应，说明电路的全响应等于零输入响应和零状态响应之和，这是叠加原理在线性动态网络分析中的体现。

图4-19中，曲线1是稳态响应，曲线2是暂态响应，曲线3是零输入响应，曲线4是零状态响应。

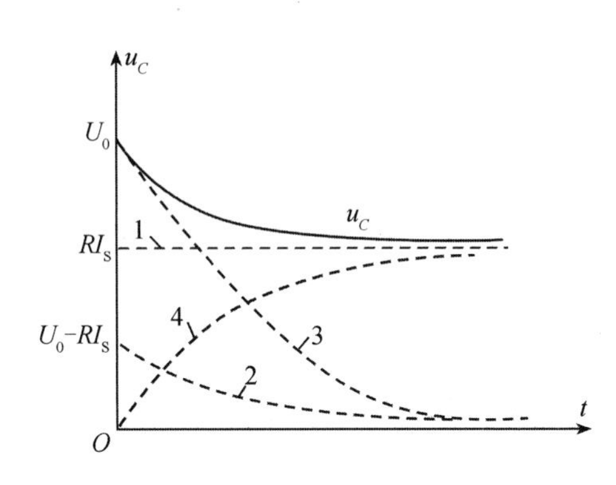

图4-19　RC电路全响应的分解形式

分析结果表明：全响应的两种表达式中都含有响应的初始值、稳态值和时间常数这3个要素。

对于一阶动态电路问题，用列、解微分方程的方法分析较麻烦。而工程实际中遇到的激励源常常是直流信号、正弦信号、矩形脉冲或阶跃信号(在本章后续内容中介绍)等，分析这类问题时，常使用一种直观、简捷的方法，这就是下面要讨论的三要素法。

当考虑一般情况时，一阶电路中任何状态变量 $f(t)$ 的微分方程可写成

$$\frac{df(t)}{dt}+\frac{1}{\tau}f(t)=v(t)\tag{4-41}$$

解为

$$f(t)=f(\infty)+Ae^{-\frac{t}{\tau}}\tag{4-42}$$

由初始条件确定待定系统 A

$$A = f(0_+) - f(\infty)\big|_{t=0_+} \tag{4-43}$$

此时，全响应为

$$f(t) = f(\infty) + [f(0_+) - f(\infty)\big|_{t=0_+}]e^{-\frac{t}{\tau}} \tag{4-44}$$

当激励是直流电源时，$f(\infty)$ 不是时间的函数，即 $f(\infty)\big|_{t=0_+} = f(\infty)$，则

$$f(t) = f(\infty) + [f(0_+) - f(\infty)]e^{-\frac{t}{\tau}} \tag{4-45}$$

式(4-44)、式(4-45)称为一阶电路的三要素公式。式中所包含的三个要素中，初始值按4.1节提供的方法计算；稳态值按电路达到新的稳态时的情况来计算，如果激励是直流电源，稳态时电容应视为开路，电感应视为短路；因为时间常数是从解齐次微分方程得到的，所以它与激励无关，而应由储能元件两端视入的无源二端网络(将有源二端网络内部独立源置零)的等效电阻 R_e 和储能元件的参数来决定。若储能元件是电容，则 $\tau = R_eC$；若储能元件是电感，则 $\tau = L/R_e$。只要求出初始值、稳态值、时间常数这三个要素，则全响应可按公式直接写出，这就是解一阶电路的三要素法。

【例 4-8】图4-20a所示电路，开关S断开的电路已达稳态。在 $t=0$ 时开关S闭合，用三要素法求开关闭合后的 $u(t)$，并定性画出其波形。

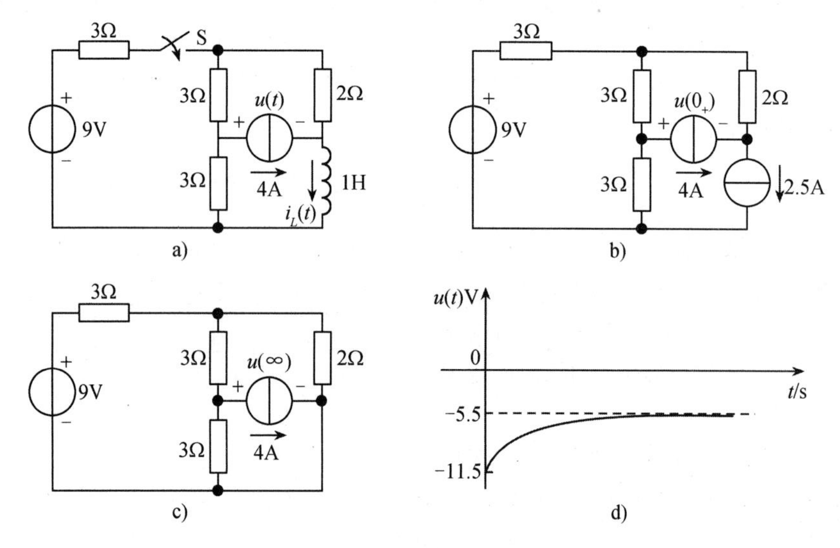

图4-20 例4-8图

解 1）求初始值。由换路前电路，求得

$$i_L(0_-) = \frac{5}{8} \times 4 = 2.5\text{A}$$

由换路定律有

$$i_L(0_+) = i_L(0_-) = 2.5\text{A}$$

$t=0_+$ 时刻的等效电路如图4-20b所示，可选择适当方法(如节点法或叠加原理)解得

$$u(0_+) = -11.5\text{V}$$

2）求稳态值。稳态时等效电路如图4-20c所示，解得

$$u(\infty) = -5.5\text{V}$$

3）求时间常数。L 两端的等效电阻为

$$R_e = 2 + \frac{3\times(3+3)}{3+(3+3)} = 4\Omega$$

时间常数为

$$\tau = \frac{L}{R_e} = \frac{1}{4} = 0.25\text{s}$$

于是，由三要素公式得

$$u(t) = -5.5 + (-11.5 + 5.5)e^{-4t}$$
$$= -5.5 - 6e^{-4t}\text{V} \qquad (t > 0)$$

其波形如图 4-20d 所示。

【例 4-9】电路如图 4-21a 所示，电路中网络 N 仅由线性电阻组成，开关 S 在位置 a 闭合已久，已知 $u_C(0_-)=10\text{V}$，$i_2(0_-)=0.2\text{A}$，$t=0$ 时，开关由 a 合向 b，求 $t\geqslant 0$ 时的 $u_C(t)$。

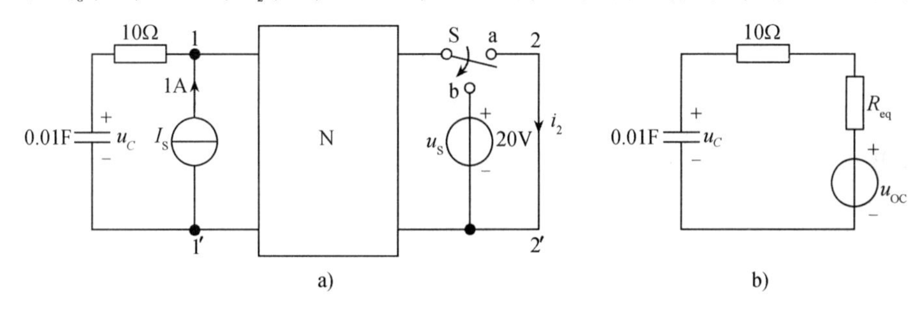

图 4-21　例 4-9 电路示意图

解　由换路定律有

$$u_C(0_+) = u_C(0_-) = 10\text{V}$$

稳态值的求解相对复杂。根据叠加原理知，11′端口的开路电压是由 1A 电流源和 u_S 共同作用产生的。1A 电流源单独作用时，$u'_C(\infty)=10\text{V}$；而 u_S 作用时，在 11′端口产生的开路电压可以通过互易定理求得。因 1A 电流源单独作用时，在 22′端口产生的电流为 0.2A，根据互易定理第三种形式，u_S 在 11′端口产生的开路电压 $u''_C(\infty)=20\times\frac{0.2}{1}=4\text{V}$。所以

$$u_C(\infty) = u'_C(\infty) + u''_C(\infty) = 10 + 4 = 14\text{V}$$

从 11′端向右看的等效电路如图 4-21b 所示。C 两端的等效电阻为

$$R_e = 10 + R_{eq} = 10 + \frac{u_C(0_-)}{I_S} = 20\Omega$$

时间常数为

$$\tau = R_e C = 0.2\text{s}$$

由三要素公式得

$$u_C(t) = 14 + (10-14)e^{-5t} = 14 - 4e^{-5t}\text{V} \quad (t\geqslant 0)$$

【例 4-10】图 4-22a 所示 RC 电路，当 $-\infty\leqslant t\leqslant 0_-$ 时，开关 S 接于 a，$u_S=0\text{V}$，当 $t=0$ 时 S 由 a 扳向 b，$u_S=10\text{V}$。经 1μs 后，再将 S 由 b 扳向 a，试求全响应 $u_2(t)$。

解　虚线框内的开关电路，可等效为图 4-22b 所示脉冲信号，其幅度 $U_m=10\text{V}$，脉冲宽度 $t_K=1\mu\text{s}$。

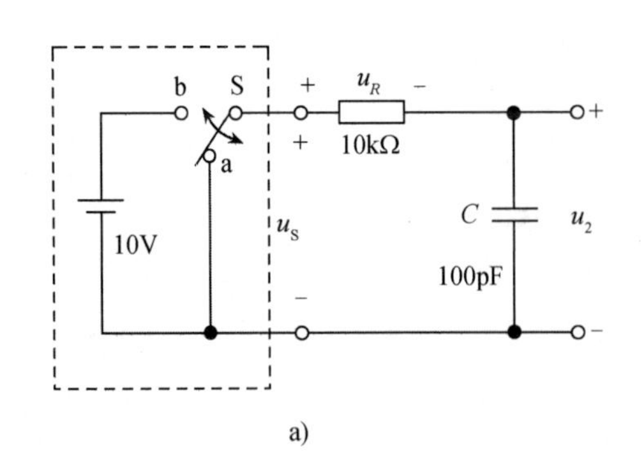

a)

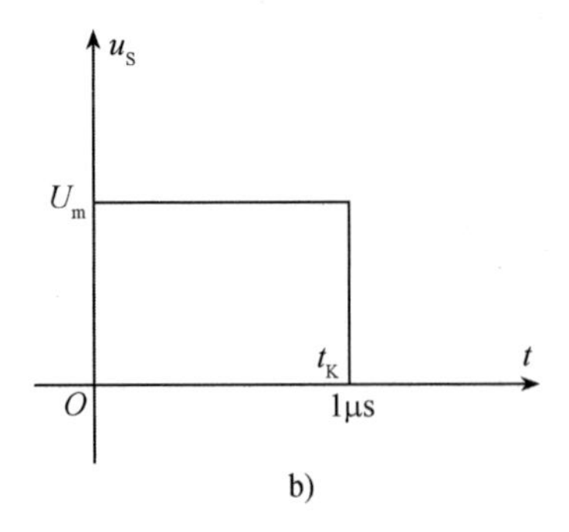

b)

图 4-22 例 4-10 电路示意图

当 $0_+ \leqslant t \leqslant t_K$时，S 由 a 扳向 b，RC 电路的响应为零状态响应。此时，可用三要素法求 $u_2(t)$。其稳态值为

$$u_2(\infty)=10\text{V}$$

此值并非电路的最终稳态值，称为虚稳态值。时间常数为

$$\tau=RC=10\times10^3\times100\times10^{-12}=10^{-6}\text{s}=1\mu\text{s}$$

由三要素公式得

$$\begin{aligned}u_2(t)&=10(1-\mathrm{e}^{-\frac{t}{10^{-6}}})\\&=10(1-\mathrm{e}^{-10^6t})\text{V}\quad(0_+\leqslant t\leqslant 1\mu\text{s})\end{aligned}$$

当 $t\geqslant t_K$时，开关 S 由 b 扳向 a，$u_S=0$V，相当于短路，电容通过电阻放电。此时，RC 电路的响应为零输入响应。当 $t=t_K$时的电容电压由前式可得

$$u_2(t_{K-})=10-10\mathrm{e}^{-\frac{t_K}{\tau}}=10-10\mathrm{e}^{-1}=6.32\text{V}$$

因电容电压不能跃变，故

$$u_2(t_{K+})=u_2(t_{K-})=6.32\text{V}$$

稳态值(最终稳态值)为

$$u_2(\infty)=0\text{V}$$

时间常数与前一个动态过程相同。当 $t\geqslant t_{K+}$时

$$u_2(t)=6.32\mathrm{e}^{-\frac{t-t_K}{\tau}}\text{V}\quad(t\geqslant t_{K+})$$

其波形如图 4-23b 所示。

因为 $0\leqslant t<t_K$ 时，

$$u_R=u_S-u_2$$

则

$$u_R(t)=10\mathrm{e}^{-\frac{t}{\tau}}\text{V}\qquad(0\leqslant t<t_K)$$

$$u_R(t_{K-})=3.68\text{V}$$

$$u_R(\infty)=0\text{V}$$

当 $t\geqslant t_K$时，$u_S=0$V，$u_R=-u_2$，则

$$u_R(t)=-6.32\mathrm{e}^{-\frac{t-t_K}{\tau}}\text{V}\quad(t\geqslant t_K)$$

$$u_R(t_{K+})=-6.32\text{V}$$

$$u_R(\infty)=0\text{V}$$

u_R 的波形如图 4-23c 所示。

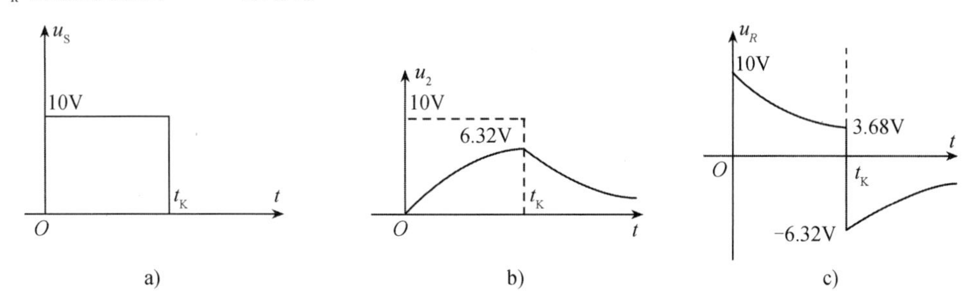

图 4-23　例 4-10 输入和响应的波形

【例 4-11】在图 4-24a 所示电路中，已知 $E=10\text{V}$，$R_1=4\Omega$，$R_2=4\Omega$，$R_3=2\Omega$，$C=1\text{F}$。电容 C 原未充电，当 $t=0$ 时将开关 S 闭合，求 S 闭合后的 $u_C(t)$。

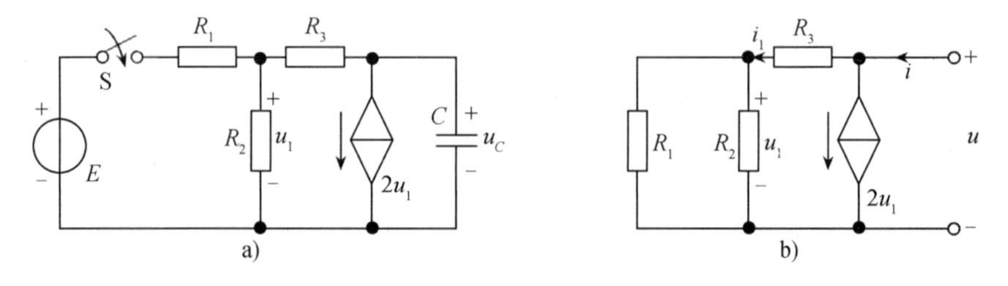

图 4-24　例 4-11 电路示意图

解　1）求初始值。

$$u_C(0_+)=u_C(0_-)=0$$

2）求稳态值。稳态时电容支路电流为零，故 R_3 中电流为 $2u_1(\infty)$，而 R_1 中的电流为

$$\frac{u_1(\infty)}{R_2}+2u_1(\infty)$$

根据 KVL，有

$$E=R_1\left[\frac{u_1(\infty)}{R_2}+2u_1(\infty)\right]+u_1(\infty)$$

从而求得

$$u_1(\infty)=1\text{V}$$

于是

$$u_C(\infty)=u_1(\infty)-R_3\cdot 2u_1(\infty)=-3\text{V}$$

3）求时间常数。为了求出时间常数 τ，首先要求出电容两端的无源二端网络的等效电阻，按图 4-24b，有

$$i=i_1+2u_1$$

$$i_1=\frac{u}{R_3+\dfrac{R_1R_2}{R_1+R_2}}=\frac{u}{4}$$

$$u_1=\frac{R_1R_2}{R_1+R_2}i_1=2i_1=\frac{u}{2}$$

$$i=\frac{u}{4}+2\times\frac{u}{2}=\frac{5}{4}u$$

等效电阻

$$R_0=\frac{u}{i}=\frac{4}{5}=0.8\Omega$$

时间常数

$$\tau=R_0C=0.8\times1=0.8\text{s}$$

由三要素公式得

$$u_C(t)=-3+[0-(-3)]\text{e}^{-\frac{t}{0.8}}=-3+3\text{e}^{-1.25t}\text{V}\quad(t\geqslant0)$$

应当指出的是，含受控源网络的等效电阻可能出现负值，则 $\tau=R_0C$ 或 $\tau=L/R_0$ 为负值，网络的固有频率 $p=-1/\tau$ 则为正值，因而暂态响应(固有响应) $A\text{e}^{pt}$ 为随时间增长的函数，当 $t\to\infty$ 时，网络的响应不能达到稳态，强制响应就不能称为稳态响应。

【例 4-12】图 4-25 为测子弹速度的电路原理图。已知 $U_S=100\text{V}$，$R=50\text{k}\Omega$，$C=0.2\mu\text{F}$，$l=3\text{m}$，子弹先撞开开关 S_1，经距离 l 后又撞开开关 S_2、同时将 S_3 关闭，此时 G 测得电容 C 上的电荷为 $Q_1=7.65\mu\text{C}$，试求子弹的速度 v。

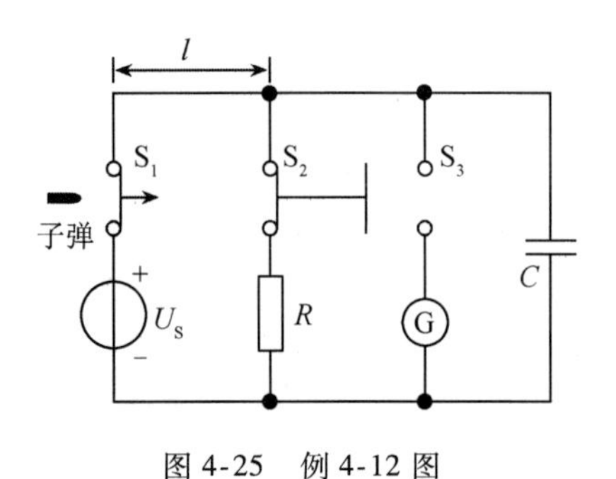

图 4-25 例 4-12 图

解 求速度 v 的关键是求出子弹经过 l 所需要的时间 t_1。设子弹撞开 S_1 瞬间为 $t=0$，可以看出

$$u_C(0_+)=u_C(0_-)=U_S=100\text{V}$$
$$Q(0_+)=Cu_C(0_+)=20\mu\text{C}$$

当 S_1 断开后，C 开始经过 R 放电，且 $u_C(\infty)=0$，$\tau=RC=10\text{ms}$，所以

$$u_C(t)=100\text{e}^{-100t}\text{V}$$

在 t_1 时，S_2 断开的同时 S_3 闭合，此时，电容的端电压为

$$u_C(t_1)=100\text{e}^{-100t_1}\text{V}$$

电容 C 上的电荷量为

$$Q(t_1)=Cu_C(t_1)=0.2\times10^{-6}\times100\text{e}^{-100t_1}=7.65\times10^{-6}\text{C}$$

解出

$$t_1=9.61\text{ms}$$

于是，子弹速度为

$$v=\frac{l}{t_1}\approx312.2\text{m/s}$$

【例 4-13】图 4-26a 所示电路中，VD_1 和 VD_2 为理想二极管，$U_{S1}=10\text{V}$，$U_{S2}=8.64\text{V}$，两个电容的初始电压 $u_{C1}(0_-)=0$，$u_{C2}(0_-)=6.32\text{V}$。$t=0$ 时开关闭合，求 $t\geqslant0$ 时的电压 $u_{C1}(t)$，并画出其曲线。

解 1) 在 $0\leqslant t<t_1$(t_1 为 VD_1 的导通时刻)期间，VD_1 是截止的。电源通过 1Ω 电阻给 C_1 充电。且

$$u_{C1}(0_+)=u_{C1}(0_-)=0,\ u_{C1}(\infty)=U_{S1}=10\text{V},\ \tau=RC_1=1\text{s}$$

所以

$$u_{C1}(t)=10(1-e^{-t})\text{V}$$

当 $u_{C1}(t_1)=6.32\text{V}$ 时，理想二极管 VD_1 开始导通，有 $10(1-e^{-t_1})=6.32\text{V}$，解得 $t_1=1\text{s}$。

2）在 $t_1\leqslant t<t_2$（t_2 为 VD_2 的导通时刻）期间，VD_1 导通，VD_2 截止。C_1 和 C_2 均被充电。且

$$u_{C1}(t_{1+})=6.32\ \text{V},\quad u_{C1}(\infty)=10\ \text{V},\quad \tau=R(C_1+C_2)=2\text{s}$$

所以

$$u_{C1}(t)=u_{C2}(t)=10+(6.32-10)e^{-0.5(t-1)}=10-3.68e^{-0.5(t-1)}\text{V}$$

当 $u_{C1}(t_2)=u_{C2}(t_2)=8.64\text{V}$ 时，理想二极管 VD_2 开始导通，有

$$u_{C2}(t_2)=10-3.68e^{-0.5(t_2-1)}=8.64\text{V}$$

解得

$$t_2=3\text{s}$$

3）当 $t>t_2$时，二极管 VD_1、VD_2 均导通，且 $u_{C1}(t)=u_{C2}(t)=8.64\text{V}$。

u_{C1}的响应曲线如图 4-26b 所示。

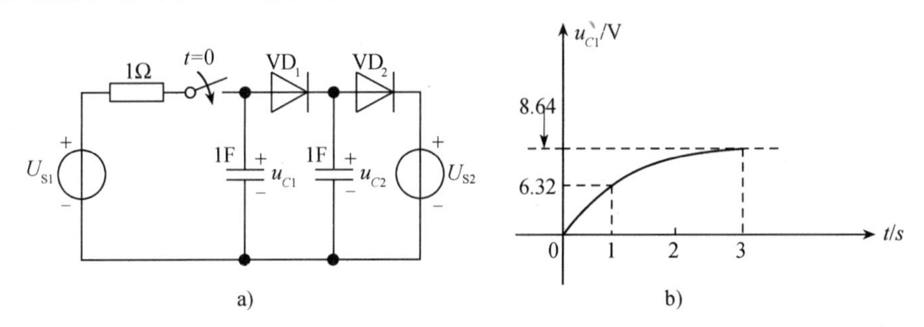

图 4-26　例 4-13 图

4.5　一阶电路的阶跃响应

零状态电路对阶跃信号产生的响应称为阶跃响应。

单位阶跃函数用符号 $1(t)$表示，其定义为

$$1(t)=\begin{cases}0 & \text{当 } t<0 \text{ 时}\\ 1 & \text{当 } t>0 \text{ 时}\end{cases}\tag{4-46}$$

它的波形如图 4-27a 所示，$t=0$ 处函数不连续，函数值由 0 跃变到 1。

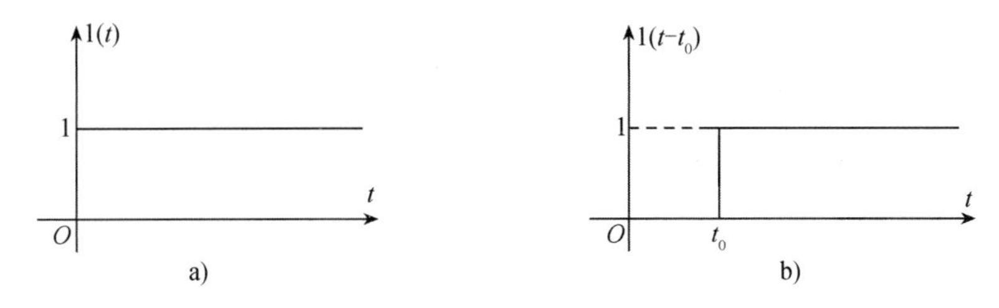

图 4-27　单位阶跃信号和延迟的单位阶跃信号

在 $t=0$ 时，把零状态电路接通到 1V 直流电压源时，可用图 4-28a 中开关 S 的动作来描述，也可以用图 4-28b 中电路加单位阶跃电压来描述。用后面一种方法时不用画出开关 S，只要把激励写成单位阶跃电压就可以了。同理，在 $t=0$ 时，把零状态电路接通到 1A 直流电

流源时，可用开关的动作来描述，如图 4-28c 所示，也可用电路加单位阶跃电流来描述，如图 4-28d 所示。

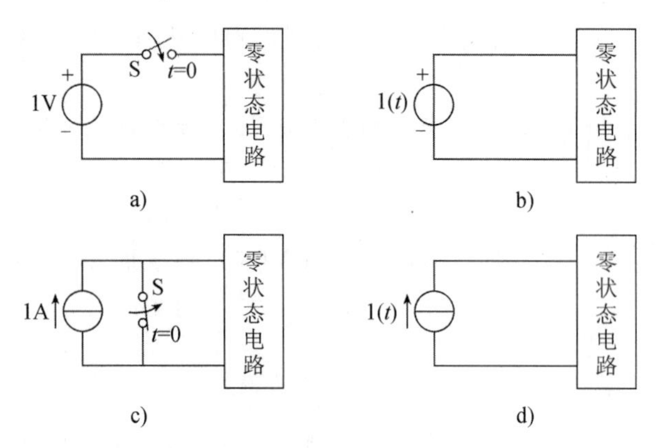

图 4-28　用阶跃信号代替开关电路

如果在 $t=0$ 时，零状态电路接通到直流电压源 U_s 或直流电流源 I_s，则外加激励可以写作 $U_s1(t)$ 或 $I_s1(t)$。

单位阶跃函数表示的是从 $t=0$ 时开始阶跃，如果阶跃是从 $t=t_0$ 时开始的，它就是 $1(t)$ 在时间上延迟 t_0 后得到的结果，所以把它叫作延迟的阶跃函数，并记作 $1(t-t_0)$。其定义为

$$1(t-t_0)=\begin{cases}0 & \text{当 } t<t_0 \text{ 时}\\ 1 & \text{当 } t>t_0 \text{ 时}\end{cases} \tag{4-47}$$

$1(t-t_0)$ 的波形如图 4-27b 所示。

引用单位阶跃函数可带给我们许多方便。首先，像图 4-15 之类的电路可以不用再画开关。可以简化为图 4-29 的电路图。其次，对于图 4-29 所示电路，其响应可写作

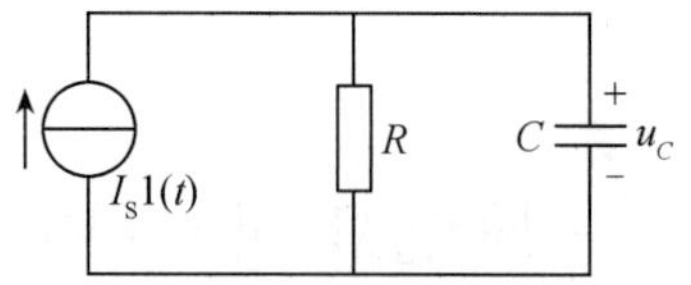

$$u_C(t)=RI_s(1-e^{-\frac{t}{\tau}})1(t)$$

图 4-29　将图 4-15 的开关电路用阶跃信号电路替代后的电路

式中，$1(t)$ 可以表明响应的时域。因此，不必再注明 $t\geqslant 0$ 了。就是说可用 $1(t)$ 表示开关的动作和时间函数的时域。

零状态网络对单位阶跃信号的响应称为单位阶跃响应，用 $s(t)$ 表示。例如，图 4-30a 所示电路中，电容电压的单位阶跃响应为

$$s(t)=R(1-e^{-\frac{t}{\tau}})1(t) \tag{4-48}$$

它的波形如图 4-30b 所示。显然，当输入信号为 $K1(t)$ 时，所产生的响应就是 $Ks(t)$。

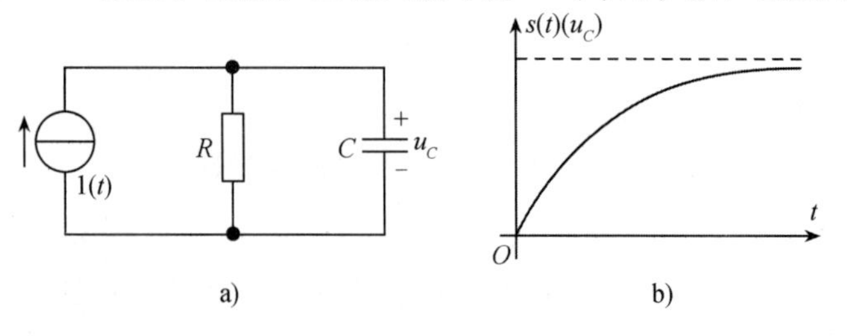

图 4-30　RC 阶跃电路及单位阶跃响应

RC 并联零状态电路如图 4-31a 所示，所加激励是 $I_s1(t-t_0)$，其波形绘于图 4-31b。产生的响应也延迟 t_0，称为延迟阶跃响应。若延迟单位阶跃响应用 $s(t-t_0)$ 表示，则

$$s(t-t_0)=R(1-e^{-\frac{t-t_0}{\tau}})1(t-t_0) \tag{4-49}$$

图 4-31a 中的电容电压 u_C，就是延迟阶跃响应，可以写作

$$u_C(t)=RI_s(1-e^{-\frac{t-t_0}{\tau}})1(t-t_0) \tag{4-50}$$

其波形如图 4-31c 所示。

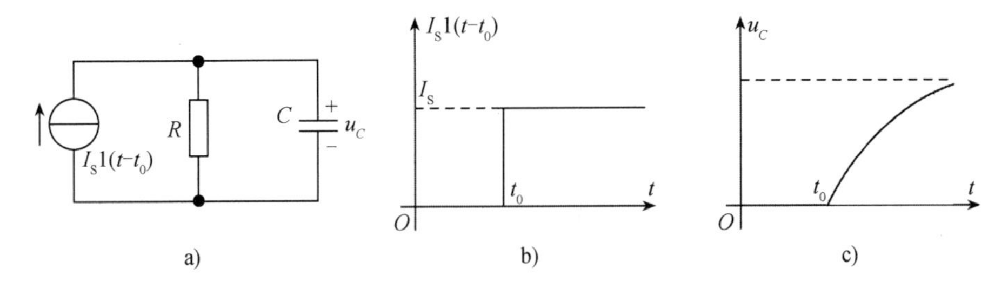

图 4-31　RC 阶跃电路及延迟的单位阶跃响应

【例 4-14】图 4-32a 所示电路为零状态电路，激励是幅度为 E，脉冲宽度为 t_0 的矩形脉冲电压，见图 4-32b。试求输出电压 $u_C(t)$。

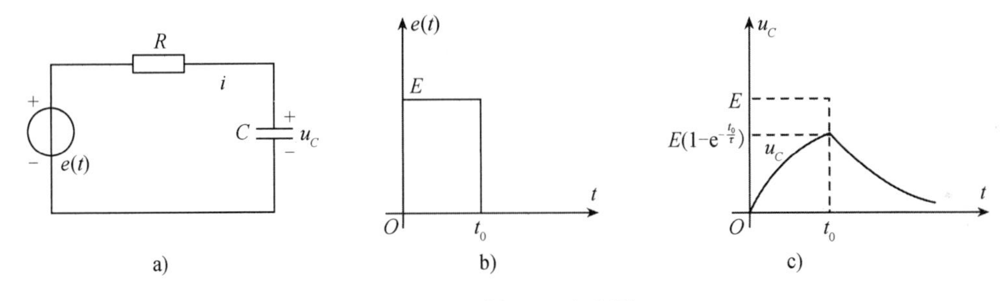

图 4-32　例 4-14 电路图

解法一　在 $0\leqslant t\leqslant t_0$时，$u_C$ 是电路的零状态响应，这时有

$$u_C(t)=E(1-e^{-\frac{t}{\tau}})\quad(0\leqslant t\leqslant t_0)$$

当 $t=t_0$时，

$$u_C(t_0)=E(1-e^{-\frac{t_0}{\tau}})$$

当 $t\geqslant t_0$时，$e(t)=0$，u_C是零输入响应，因为

$$u_C(t_{0-})=E(1-e^{-\frac{t_0}{\tau}})=u_C(t_{0+})$$

所以

$$u_C(t)=E(1-e^{-\frac{t_0}{\tau}})e^{-\frac{t-t_0}{\tau}}\quad(t\geqslant t_0)$$

u_C的波形如图 4-32c 所示。

解法二　把矩形脉冲看作两个阶跃函数之差，见图 4-33a，即

$$e(t)=E[1(t)-1(t-t_0)]$$

然后，利用叠加原理分别计算电路对阶跃函数和延迟阶跃函数的响应，将所得结果叠加，就得到电路在矩形脉冲激励作用下的响应。

当 $E1(t)$ 作用时

$$u'_C(t)=E(1-e^{-\frac{t}{\tau}})1(t)$$

当 $-E(t-t_0)$ 作用时

$$u''_C(t)=-E(1-e^{-\frac{t-t_0}{\tau}})1(t-t_0)$$

于是，在 $e(t)$ 作用下有

$$\begin{aligned}u_C(t)&=u'_C(t)+u''_C(t)\\&=E(1-e^{-\frac{t}{\tau}})1(t)-E(1-e^{-\frac{t-t_0}{\tau}})1(t-t_0)\end{aligned}$$

其波形如图 4-33b ~ d 所示。

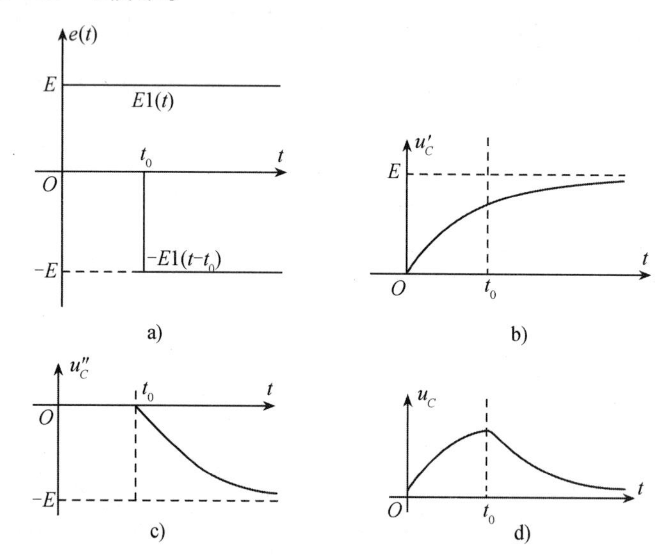

图 4-33 用叠加原理描述延迟的单位阶跃信号及其响应

上述两种解法的结果相同。

4.6 一阶电路的冲激响应

零状态电路对冲激函数所产生的响应称为冲激响应。本节将讨论单位脉冲函数、冲激函数、冲激响应、电容电压和电感电流跃变等问题。

4.6.1 冲激响应

单位脉冲函数的定义为

$$f(t)=\begin{cases}0 & \text{当 } t<0 \text{ 时}\\ \dfrac{1}{a} & \text{当 } 0<t<a \text{ 时}\\ 0 & \text{当 } t>a \text{ 时}\end{cases} \tag{4-51}$$

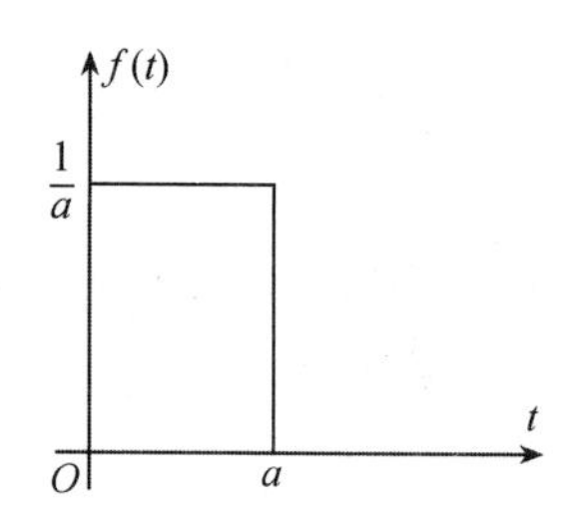

图 4-34 单位脉冲信号

其波形如图 4-34 所示。

脉冲幅度为$1/a$，脉冲宽度（作用时间）为 a，对于任何 a 值，单位脉冲函数的波形与横轴所围的面积总等于 1。当 a 变小时，幅

度 $1/a$ 就变大，当 $a\to 0$ 时，则 $(1/a)\to\infty$，但其面积仍等于1，把单位脉冲函数的这种极限情况称为单位冲激函数，用 $\delta(t)$ 表示，定义为

$$\delta(t)=0 \qquad (t\neq 0)$$

$$\int_{-\infty}^{+\infty}\delta(t)\,\mathrm{d}t = 1 \tag{4-52}$$

其波形如图4-35所示。图中(1)表示单位冲激函数的强度或面积。当强度不等于1时，则称之为冲激函数，用 $K\delta(t)$ 表示。

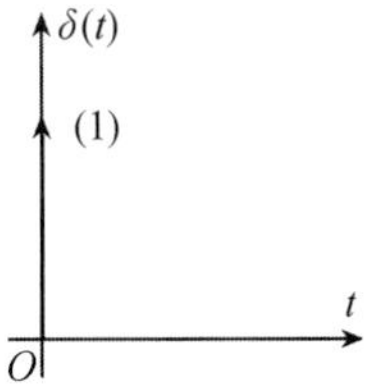

根据 $1(t)$ 和 $\delta(t)$ 的定义，两者存在以下重要关系

$$\int_{-\infty}^{t}\delta(\xi)\,\mathrm{d}\xi = \begin{cases}0 & t<0\\ 1 & t>0\end{cases} = 1(t) \tag{4-53}$$

$$\frac{\mathrm{d}1(t)}{\mathrm{d}t}=\delta(t) \tag{4-54}$$

图4-35　单位冲激信号

$\int_{-\infty}^{t}\delta(\xi)\,\mathrm{d}\xi = 1(t)$ 是很显然的，因为单位冲激函数是单位脉冲函数极限情况，它与横轴所围的面积等于1，因此当冲激函数出现时，积分结果便等于1，这便是单位阶跃函数。而单位阶跃函数是实际直流电源的波形上升率极大的情况下的模型，对阶跃函数求导，得到的是幅度极大、而脉冲宽度极窄的脉冲，即单位冲激函数。

如果单位冲激函数是在 $t=t_0$ 时刻出现的，则称为延迟单位冲激函数，记作 $\delta(t-t_0)$。

单位冲激函数具有一个重要性质——筛选性(或采样性质)，因为冲激函数在 $t\neq 0$ 时为零，则对任意 $t=0$ 处连续的函数 $g(t)$，将有

$$g(t)\delta(t)=g(0)\delta(t)$$

故

$$\int_{-\infty}^{\infty}g(t)\delta(t)\,\mathrm{d}t = g(0)\int_{-\infty}^{\infty}\delta(t)\,\mathrm{d}t = g(0)$$

对任意 $t=t_0$ 处连续的函数 $g(t)$，将有

$$\int_{-\infty}^{\infty}g(t)\delta(t-t_0)\,\mathrm{d}t = g(t_0) \tag{4-55}$$

如图4-36所示。式(4-55)说明，延迟的单位冲激函数 $\delta(t-t_0)$ 能把在 t_0 处的值筛选出来。

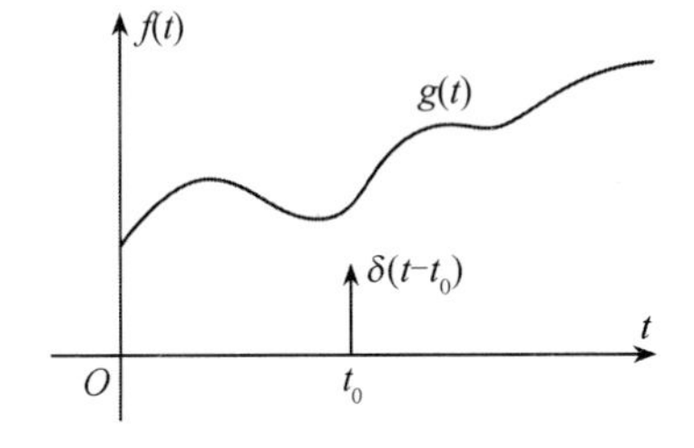

图4-36　单位冲激信号的采样性

零状态电路对单位冲激函数的响应称为单位冲激响应，用 $h(t)$ 表示。因为单位冲激函数是单位脉冲函数脉冲宽度趋于零的极限，所以可以先求电路对单位脉冲函数的响应，然后再求脉冲宽度趋于零的极限，就可以得到单位冲激响应。

单位脉冲函数 $f(t)$ 可写成阶跃函数和延迟阶跃函数之差，即

$$f(t)=\frac{1}{a}[1(t)-1(t-a)] \tag{4-56}$$

单位脉冲函数的响应为

$$\frac{1}{a}[s(t)-s(t-a)] \tag{4-57}$$

单位冲激响应

$$h(t)=\lim_{a\to 0}\frac{1}{a}[s(t)-s(t-a)]=\frac{\mathrm{d}s(t)}{\mathrm{d}t} \tag{4-58}$$

可见，单位阶跃响应对时间的导数就是单位冲激响应。这提供了计算冲激响应的一种方法，即可先求电路的单位阶跃响应，然后求导，便得到单位冲激响应。

对线性电路来说，描述其状态的微分方程是线性常系数微分方程，若所加激励是 $e(t)$，产生的响应是 $r(t)$，则当激励变成 $e(t)$ 的导数或积分时，所得响应必相应的变成 $r(t)$ 的导数或积分。

根据式(4-54)，有

$$\frac{\mathrm{d}1(t)}{\mathrm{d}t}=\delta(t)$$

则

$$\frac{\mathrm{d}s(t)}{\mathrm{d}t}=h(t)$$

由式(4-53)可知

$$\int_0^t \delta(\xi)\mathrm{d}\xi = 1(t)$$

则

$$\int_0^t h(\xi)\mathrm{d}\xi = s(t) \tag{4-59}$$

由此得到一个重要结论，就是对单位阶跃响应求导可得单位冲激响应，而单位冲激响应的积分便是单位阶跃响应。

电路对冲激函数 $K\delta(t)$ 所产生的冲激响应为

$$h_K(t)=K\frac{\mathrm{d}s(t)}{\mathrm{d}t}=Kh(t) \tag{4-60}$$

上式表明，用冲激函数的强度乘以单位冲激响应便得到该冲激函数作用于电路所产生的冲激响应。也就是说，当脉冲宽度变得极小时，它对电路所产生的响应取决于脉冲面积的大小，而不是单独取决于脉冲的幅度或宽度。

下面分别讨论 RC、RL 电路的冲激响应。

图 4-37 为 RC 并联零状态电路，激励为冲激电流源 $K\delta(t)$。下面求冲激响应 u_C和 i_C。

首先求出电容电压的单位阶跃响应，根据式(4-58)就可以得到电容电压的单位冲激响应，最后由式(4-60)可求得电路对 $K\delta(t)$ 所产生的响应 u_C和 i_C。这个电路电容电压的单位阶跃响应在 4.5 节已经求出，为

$$s(t)=R(1-\mathrm{e}^{-\frac{t}{RC}})1(t)$$

电容电压的单位冲激响应为

$$h(t)=\frac{\mathrm{d}s(t)}{\mathrm{d}t}=\frac{\mathrm{d}}{\mathrm{d}t}[R(1-\mathrm{e}^{-\frac{t}{RC}})1(t)]$$

$$=\frac{1}{C}\mathrm{e}^{-\frac{t}{RC}}1(t)+R(1-\mathrm{e}^{-\frac{t}{RC}})\delta(t)$$

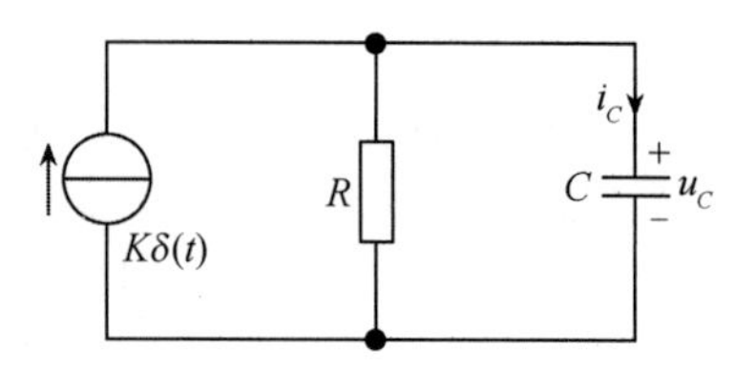

图 4-37　RC 并联零状态电路

因为 $\delta(t)$ 只在 $t=0$ 时存在，而 $(1-\mathrm{e}^{-\frac{t}{RC}})$ 在 $t=0$ 时为零，故上式中第二项为零。所以

$$h(t)=\frac{1}{C}\mathrm{e}^{-\frac{t}{RC}}1(t) \tag{4-61}$$

据式(4-60)，电路对冲激电流源 $K\delta(t)$ 产生的响应为

$$u_C(t)=Kh(t)=\frac{K}{C}\mathrm{e}^{-\frac{t}{RC}}1(t) \tag{4-62}$$

而

$$\begin{aligned} i_C(t) &= C\frac{\mathrm{d}u_C}{\mathrm{d}t}=-\frac{K}{RC}\mathrm{e}^{-\frac{t}{RC}}1(t)+K\mathrm{e}^{-\frac{t}{RC}}\delta(t) \\ &= -\frac{K}{RC}\mathrm{e}^{-\frac{t}{RC}}1(t)+K\delta(t) \end{aligned} \tag{4-63}$$

图 4-38 画出了 u_C、i_C随时间变化的曲线。

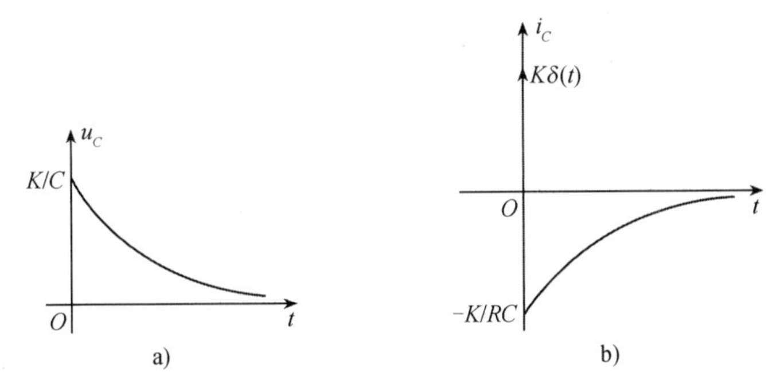

图 4-38　u_C、i_C随时间变化的曲线

这个问题还可这样分析：因为当 $t<0$ 时，$K\delta(t)=0$，冲激电流源相当于开路，而电路是零状态，故 $u_C(0_-)=0$，在 $t=0$ 瞬间，冲激电流给电容充电，使电容获得电压。应当说明的是，在 $t=0$ 瞬间，电阻中不可能流过冲激电流，如果冲激电流流过电阻，则其两端电压为无限大，而电容即使有冲激电流给它充电，其电压只能是有限值，这样就会违背基尔霍夫第二定律。所以，$t=0$ 瞬间的情况就是冲激电流源给电容充电，电路如图 4-39a 所示，故

$$u_C(0_+)=\frac{1}{C}\int_{0_-}^{0_+}K\delta(t)\,\mathrm{d}t=\frac{K}{C}$$

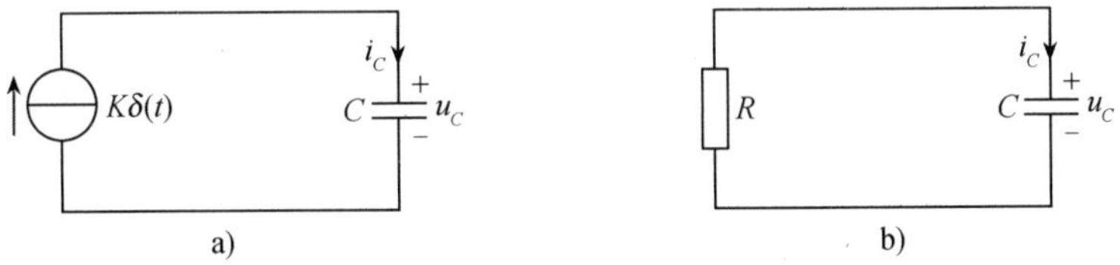

a)　　b)

图 4-39　图 4-37 在 $t=0$ 和 $t>0$ 时的电路

当 $t>0$ 时，$K\delta(t)=0$，冲激电流源相当于开路。于是已经充电的电容通过电阻放电，所产生的响应是零输入响应，电路如图 4-39b 所示，则

$$u_C(t)=u_C(0_+)\mathrm{e}^{-\frac{t}{RC}}1(t)=\frac{K}{C}\mathrm{e}^{-\frac{t}{\tau}}1(t)$$

而

$$i_C(t)=C\frac{\mathrm{d}u_C}{\mathrm{d}t}=K\delta(t)-\frac{K}{RC}\mathrm{e}^{-\frac{t}{RC}}1(t)$$

结果表明，电容中的电流在 $t=0$ 瞬间是一个冲激电流，随后立即变成绝对值按指数规律衰减的放电电流。由于冲激电流的作用，$u_C(0_-)\neq u_C(0_+)$，这种情况称为电容电压的跃变。两种分析方法所得的结果是相同的。

图 4-40 为 RL 串联的零状态电路，激励为冲激电压源。下面求冲激响应 i_L、u_L。

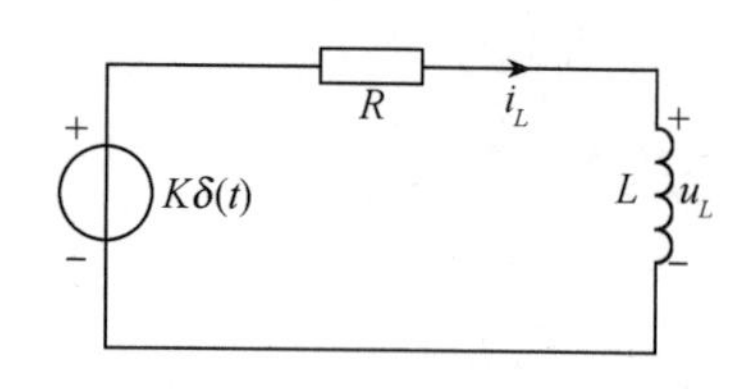

图 4-40　RL 串联的零状态电路

该电路电感电流的单位阶跃响应为

$$s(t)=\frac{1}{R}(1-\mathrm{e}^{-\frac{R}{L}t})1(t)$$

电感电流的单位冲激响应为

$$\begin{aligned}h(t)&=\frac{\mathrm{d}s(t)}{\mathrm{d}t}=\frac{1}{L}\mathrm{e}^{-\frac{R}{L}t}1(t)+\frac{1}{R}(1-\mathrm{e}^{-\frac{R}{L}t})\delta(t)\\&=\frac{1}{L}\mathrm{e}^{-\frac{R}{L}t}1(t)\end{aligned}\tag{4-64}$$

冲激电压源 $K\delta(t)$ 所产生的响应为

$$i_L(t)=Kh(t)=\frac{K}{L}\mathrm{e}^{-\frac{R}{L}t}1(t)\tag{4-65}$$

$$\begin{aligned}u_L(t)&=L\frac{\mathrm{d}i_L(t)}{\mathrm{d}t}=L\frac{\mathrm{d}}{\mathrm{d}t}\left[\frac{K}{L}\mathrm{e}^{-\frac{R}{L}t}1(t)\right]\\&=-\frac{KR}{L}\mathrm{e}^{-\frac{R}{L}t}1(t)+K\mathrm{e}^{-\frac{R}{L}t}\delta(t)\\&=-\frac{KR}{L}\mathrm{e}^{-\frac{R}{L}t}1(t)+K\delta(t)\end{aligned}\tag{4-66}$$

i_L 和 u_L 随时间变化的曲线如图 4-41 所示。

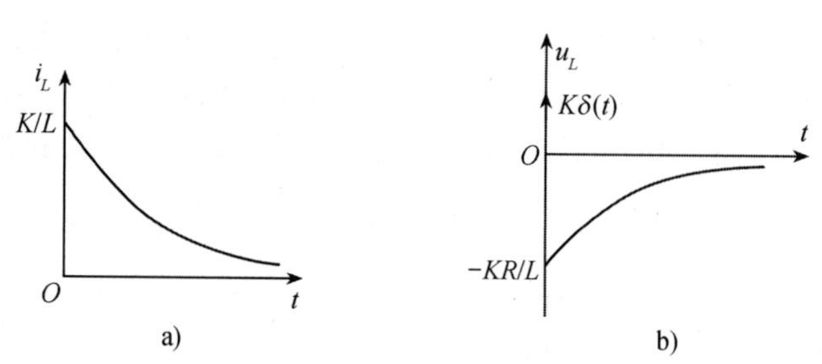

图 4-41　i_L 和 u_L 的冲激响应曲线

这个问题也可以这样分析：当 $t<0$ 时，$K\delta(t)=0$，冲激电压源相当于短路，$i_L(0_-)=0$，在 $t=0$ 瞬间，冲激电压作用于电感，电感中的电流由 $i_L(0_-)=0$ 跃变为 $i_L(0_+)$。

$$i_L(0_+)=\frac{1}{L}\int_{0_-}^{0_+}K\delta(t)\,\mathrm{d}t=\frac{K}{L}$$

当 $t>0$ 时，$K\delta(t)=0$，冲激电压源相当于短路，电感放电，产生零输入响应。所以，当 $t>0$ 时，电路中的电流为

$$i_L(t)=i_L(0_+)\mathrm{e}^{-\frac{R}{L}t}1(t)=\frac{K}{L}\mathrm{e}^{-\frac{R}{L}t}1(t)$$

电感电压在 $t=0$ 瞬间是一个冲激电压，随后变成绝对值按指数规律衰减的电压，即

$$u_L(t)=L\frac{\mathrm{d}i_L}{\mathrm{d}t}=K\delta(t)-\frac{KR}{L}\mathrm{e}^{-\frac{R}{L}t}1(t)$$

这种情况下，$i_L(0_-)\neq i_L(0_+)$，是因为冲激电压源使电感电流发生了跃变。

【例 4-15】试求图 4-42 所示零状态电路对冲激电压源所产生的响应 u_C、i_C。

解　先用三要素法求出电容电压的单位阶跃响应。

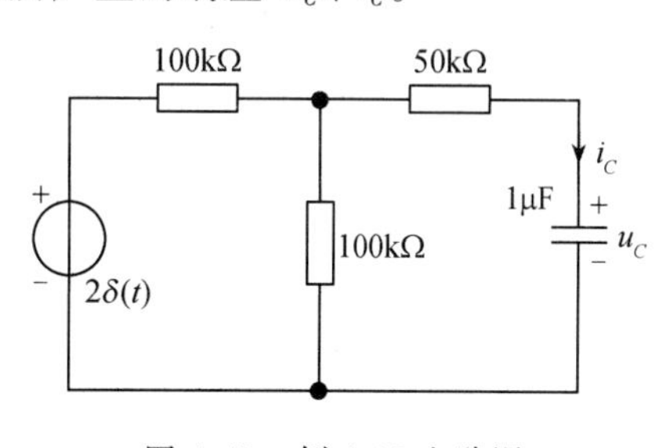

图 4-42　例 4-15 电路图

因为

$$u_C(0_+)=0$$

$$u_C(\infty)=1\times\frac{100\times10^3}{(100+100)\,10^3}=0.5\mathrm{V}$$

$$\tau=R_0C=\left(50+\frac{100\times100}{100+100}\right)\times10^3\times10^{-6}=0.1\mathrm{s}$$

故

$$s(t)=[0.5+(0-0.5)\mathrm{e}^{-\frac{t}{0.1}}]1(t)=0.5(1-\mathrm{e}^{-10t})1(t)$$

电容电压的单位冲激响应为

$$h(t)=\frac{\mathrm{d}s(t)}{\mathrm{d}t}=5\mathrm{e}^{-10t}1(t)+0.5(1-\mathrm{e}^{-10t})\delta(t)=5\mathrm{e}^{-10t}1(t)$$

电路对 $2\delta(t)$ 产生的响应为

$$u_C(t)=Kh(t)=10\mathrm{e}^{-10t}1(t)\mathrm{V}$$

$$i_C(t)=C\frac{\mathrm{d}u_C}{\mathrm{d}t}=-10^{-4}\mathrm{e}^{-10t}1(t)+10^{-5}\delta(t)\mathrm{A}$$

4.6.2　电容电压、电感电流的跃变

前面讨论了在冲激电源作用下引起电容电压、电感电流跃变的问题，还有另一种情况也能使电容电压、电感电流发生跃变。

图 4-43a 所示电路，换路时未充电的电容和电压源接通，根据 KVL 知，电容电压由 $u_C(0_-)=0$ 跃变到 $u_C(0_+)=U_S$，电容电压发生跃变，其中流过的必是冲激电流。设换路时 $i=A\delta(t)$，按 $u_C=\frac{1}{C}\int_{0_-}^{0_+}i\mathrm{d}t=\frac{1}{C}\int_{0_-}^{0_+}A\delta(\mathrm{t})\mathrm{d}t=\frac{A}{C}=U_S$，可求得 $A=CU_S$，所以充电电流 $i=CU_S\delta(t)$。

图 4-43b 所示电路换路时电流源与零状态电感接通，电感电流由零跃变到 I_S，因此电感两端电压必为冲激函数。设换路时 $u_L=A\delta(t)$，则

$$i_L=\frac{1}{L}\int_{0_-}^{0_+}u_L\mathrm{d}t=\frac{1}{L}\int_{0_-}^{0_+}A\delta(\mathrm{t})\mathrm{d}t=\frac{A}{L}=I_S$$

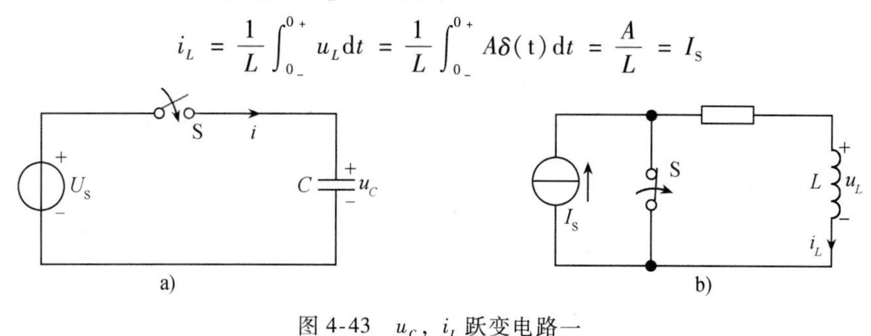

图 4-43　u_C，i_L 跃变电路一

可求得 $A=LI_S$，所以电感电压 $u_L=LI_S\delta(t)$。

图 4-43 所示电路能使电容电压或电感电流发生跃变，因而图 4-44 所示的电路在换路时也能引起电容电压、电感电流的跃变。

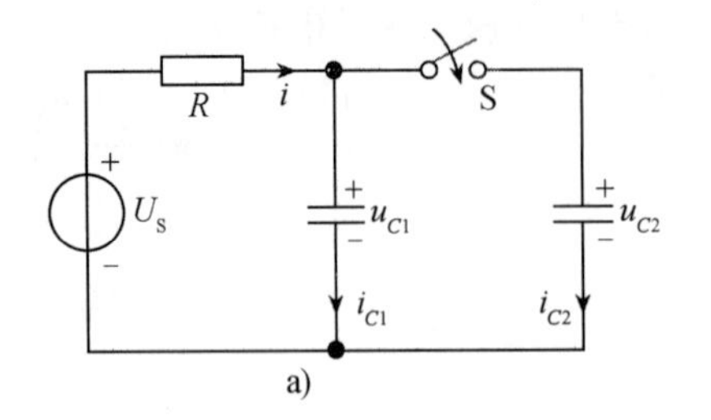

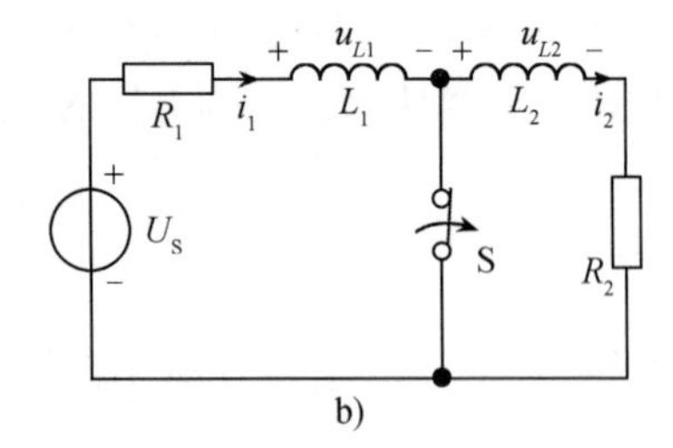

图 4-44 u_C，i_L跃变电路二

图 4-44a 中，$u_{C1}(0_-)=U_S$，$u_{C2}(0_-)=0$，在换路瞬间，据 KVL 应有 $u_{C1}(0_+)=u_{C2}(0_+)$。但因 i 不可能是冲激电流，所以 C_1、C_2 极板上总电荷量在换路瞬间不能发生变化，根据电荷守恒原理

$$q(0_-)=q(0_+) \tag{4-67}$$

$$C_1U_S=C_1u_{C1}(0_+)+C_2u_{C2}(0_+)$$

$$=(C_1+C_2)u_{C1}(0_+)$$

于是

$$u_{C1}(0_+)=u_{C2}(0_+)=\frac{C_1}{C_1+C_2}U_S$$

可见，由于换路构成了纯电容回路，u_{C1}、u_{C2}都发生了跃变。此刻 C_1、C_2 中的电流一定是冲激电流。设 $i_{C1}(0)=A_1\delta(t)$，$i_{C2}(0)=A_2\delta(t)$，则

$$u_{C1}(0_+)=u_{C1}(0_-)+\frac{1}{C_1}\int_{0_-}^{0_+}A_1\delta(\mathrm{t})\mathrm{d}t \tag{4-68}$$

$$\frac{C_1}{C_1+C_2}U_S=U_S+\frac{A_1}{C_1}$$

$$A_1=C_1\left(\frac{C_1}{C_1+C_2}U_S-U_S\right)=-\frac{C_1C_2}{C_1+C_2}U_S$$

此时

$$i_{C1}(0)=-\frac{C_1C_2}{C_1+C_2}U_S\delta(t)$$

$$u_{C2}(0_+)=\frac{1}{C_2}\int_{0_-}^{0_+}A_2\delta(\mathrm{t})\mathrm{d}t$$

$$\frac{C_1}{C_1+C_2}U_S=\frac{A_2}{C_2}$$

$$A_2=\frac{C_1C_2}{C_1+C_2}U_S$$

所以

$$i_{C2}(0)=\frac{C_1C_2}{C_1+C_2}U_S\delta(t)$$

两个冲激电流大小相等，$i_{C1}(0)$ 是负的冲激，它使 u_{C1} 从 U_S 减小到 $u_{C1}(0_+)$，而 i_{C2} 是正的冲激，它使 u_{C2} 从零增加到 $u_{C2}(0_+)$。换路后的动态过程容易分析，从略。

在图 4-44b 中，$i_1(0_-)=U_S/R_1$，$i_2(0_-)=0$，换路瞬间应有 $i_1(0_+)=i_2(0_+)$，即 i_1、i_2 都将发生跃变，L_1、L_2 两端都应有冲激电压出现，但由于换路后的回路没有外加冲激电压源的作用，若把 L_1、L_2 看成一个整体，它们的两端不可能存在冲激电压，否则将违背基尔霍夫第二定律，所以与 L_1、L_2 有关的总磁链在换路瞬间不能发生变化。根据磁链守恒原理

$$\psi(0_-)=\psi(0_+)$$

$$L_1\frac{U_S}{R_1}=L_1i_1(0_+)+L_2i_2(0_+)$$

因为

$$i_1(0_+)=i_2(0_+)$$

所以

$$i_1(0_+)=i_2(0_+)=\frac{L_1U_S}{(L_1+L_2)R_1}$$

可见，由于换路后出现了电感相连的节点（在网络图论中把两条支路的连接点也定义为节点），换路瞬间 i_1、i_2 都发生了跃变，L_1、L_2 两端必定出现冲激电压，设 $u_{L1}(0)=A_1\delta(t)$，$u_{L2}(0)=A_2\delta(t)$，则

$$i_1(0_+)=\frac{U_S}{R_1}+\frac{1}{L_1}\int_{0_-}^{0_+}A_1\delta(t)\mathrm{d}t=\frac{U_S}{R_1}+\frac{A_1}{L_1} \tag{4-69}$$

$$A_1=L_1\left[\frac{L_1U_S}{(L_1+L_2)R_1}-\frac{U_S}{R_1}\right]=-\frac{L_1L_2U_S}{(L_1+L_2)R_1}$$

所以

$$u_{L1}(0)=-\frac{L_1L_2U_S}{(L_1+L_2)R_1}\delta(t)$$

同理

$$u_{L2}(0)=\frac{L_1L_2U_S}{(L_1+L_2)R_1}\delta(t)$$

可见，两个冲激电压大小相等而方向相反，正是由于它们的作用使电流发生了跃变。

判断电容电压、电感电流是否跃变是一个复杂问题。从上面的讨论中可以看出，换路时形成只有电容或电容和电压源构成的回路，且此时它们的电压代数和不等于零，将发生电容电压的跃变。若换路时形成只有电感或电感和电流源构成的节点，且此时它们电流的代数和不等于零，将发生电感电流的跃变。其原因是电容中流过冲激电流，电感两端出现了冲激电压，即在换路瞬间，相当于功率无限大的能源作用于储能元件，使它们的储能发生了跃变。

4.7　线性动态网络对任意激励的响应

前面几节讨论过恒定电源、阶跃函数、冲激函数激励的电路所产生的响应。本节将讨论线性动态网络在任意激励下所产生的零状态响应，可以用激励函数和网络单位冲激响应的卷积来表示，故称卷积分析法。

图 4-45a 所示线性动态网络 N，所加激励 $e(t)$ 的波形如图 4-45b 所示。

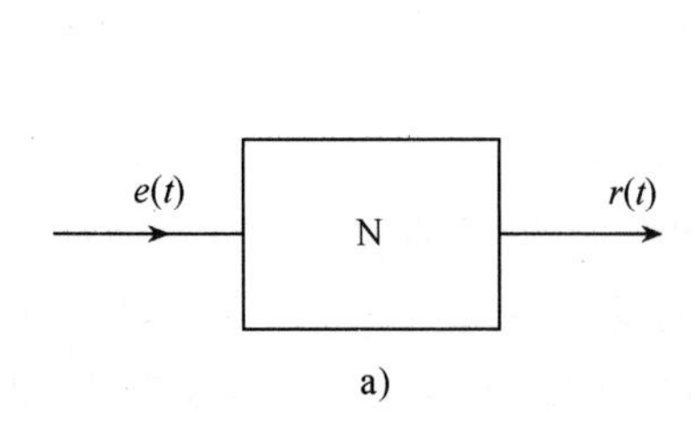

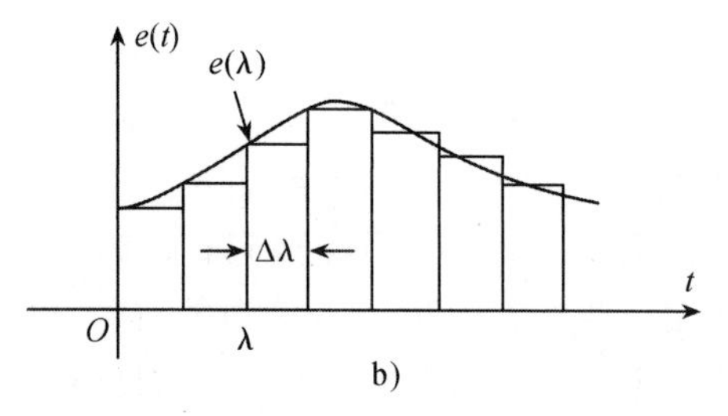

图 4-45　任意激励作用于线性网络

为了求出响应 $r(t)$，可把 $e(t)$ 用一系列矩形窄脉冲表示，在 $t=\lambda$ 处脉冲幅度是 $e(\lambda)$，宽度 $\Delta\lambda$，$e(t)$ 产生的响应 $r(t)$ 可用一系列矩形脉冲产生的响应的叠加来近似表示。当 $\Delta\lambda\to0$ 时，每个窄脉冲都变成了冲激函数，所产生的响应则是冲激响应和一系列延迟冲激响应，将其积分便可求出 $r(t)$。

若 $\delta(t-\lambda)$ 激励网络 N 产生的响应是 $h(t-\lambda)$，当 $e(t)$ 激励网络 N 时，因 $t=\lambda$ 处冲激函数的强度为 $e(\lambda)\Delta\lambda$，根据 $h_K(t)=Kh(t)$，它所产生的响应可表示为

$$\Delta r(t)=[e(\lambda)\Delta\lambda]h(t-\lambda)$$

当 $\Delta\lambda\to0$ 时，上式变为

$$\mathrm{d}r(t)=[e(\lambda)\mathrm{d}\lambda]h(t-\lambda)$$

则在任意激励 $e(t)$ 下网络 N 的零状态响应

$$r(t)=\int_0^t e(\lambda)h(t-\lambda)\mathrm{d}\lambda \tag{4-70}$$

上式变换自变量，即设 $\lambda=t-x$，$\mathrm{d}\lambda=-\mathrm{d}x$，$t-\lambda=x$，由式(4-70)不难得到

$$r(t)=\int_t^0 e(t-x)h(x)(-\mathrm{d}x)=\int_0^t e(t-x)h(x)\mathrm{d}x$$

用 λ 替换上式中的 x，则有

$$r(t)=\int_0^t e(t-\lambda)h(\lambda)\mathrm{d}\lambda \tag{4-71}$$

式(4-70)、式(4-71)可简化为

$$r(t)=e(t)*h(\lambda)=h(t)*e(\lambda) \tag{4-72}$$

式中，$*$ 表示卷积，式(4-70)、式(4-71)的积分式称卷积积分。两式说明网络 N 对任意激励 $e(t)$ 的零状态响应 $r(t)$ 等于激励 $e(t)$ 和网络 N 单位冲激响应 $h(t)$ 的卷积积分。它揭示了电路或系统在任意激励下的零状态响应与其单位冲激响应的关系。就是说只要求出网络 N 的单位冲激响应 $h(t)$，用卷积分析法就能求出网络 N 在任意激励下所产生的零状态响应。

卷积分析法是线性非时变电路或系统时域分析的重要方法。

【例 4-16】图 4-46a 所示 RC 电路中，激励 $u_S=2t1(t)\,\mathrm{V}$，试求零状态响应 u_C。

解　单位阶跃响应

$$s(t)=(1-\mathrm{e}^{-\frac{t}{RC}})1(t)$$

单位冲激响应

$$h(t)=\frac{\mathrm{d}s(t)}{\mathrm{d}t}=\frac{1}{RC}\mathrm{e}^{-\frac{t}{RC}}1(t)$$

$$h(\lambda)=\frac{1}{RC}\mathrm{e}^{-\frac{\lambda}{RC}}1(\lambda)$$

$$u_S(-\lambda+t)=2(-\lambda+t)1(-\lambda+t)$$

$$\begin{aligned}
u_C &= h(t) * u_S(t) \\
&= \int_0^t \frac{1}{RC}e^{-\frac{\lambda}{RC}}1(\lambda)2(-\lambda+t)1(-\lambda+t)\mathrm{d}\lambda \\
&= \int_0^t \frac{2}{RC}e^{-\frac{\lambda}{RC}}(-\lambda)[1(\lambda)\cdot 1(-\lambda+t)]\mathrm{d}\lambda + \int_0^t \frac{2t}{RC}e^{-\frac{\lambda}{RC}}[1(t)\cdot 1(-\lambda+t)]\mathrm{d}\lambda \\
&= \frac{2}{RC}\int_0^t \lambda e^{-\frac{\lambda}{RC}}\mathrm{d}\lambda \cdot 1(t) + \frac{2t}{RC}\int_0^t e^{-\frac{\lambda}{RC}}\mathrm{d}\lambda \cdot 1(t) \\
&= -\frac{2}{RC}\left[(RC)^2 e^{-\frac{\lambda}{RC}}\left(\frac{-\lambda}{RC}-1\right)\right]_0^t 1(t) + \frac{2t}{RC}[(-RC)e^{-\frac{\lambda}{RC}}]_0^t 1(t) \\
&= 2[t-RC(1-e^{-\frac{t}{RC}})]1(t)
\end{aligned}$$

代入 R、C 数值得

$$u_C(t)=2[t-(1-e^{-t})]1(t)$$

积分中曾使用积分公式 $\int xe^{ax}\mathrm{d}x = -\frac{e^{ax}}{a^2}(ax-1)$，$u_C$ 的波形如图 4-46b 所示。

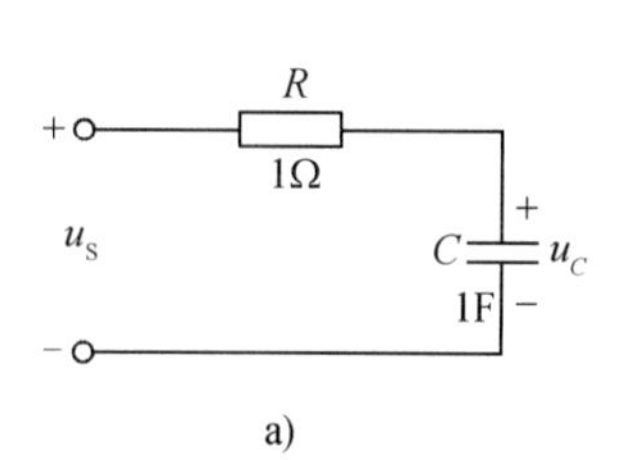

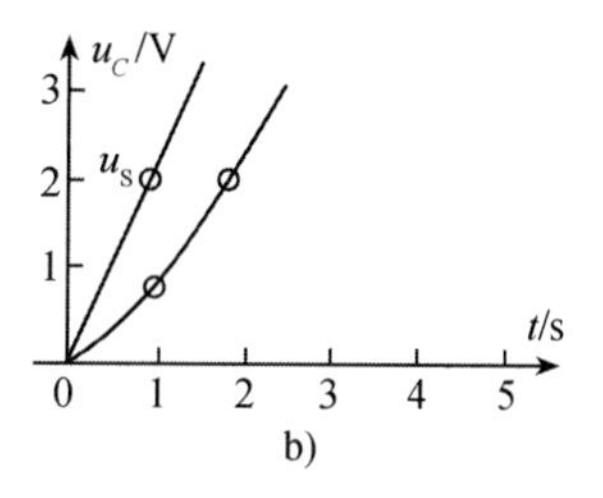

图 4-46 例 4-16 电路图

习题四

4-1 题 4-1 图电路中，$U=100\text{V}$，$R=100\Omega$，$L_2=0.1\text{H}$，$R_3=100\Omega$，$t=0$ 时将开关打开，求 $i(0_+)$，$u_{L2}(0_+)$。

4-2 题 4-2 图电路中，换路前电路稳态，$t=0$ 时 S 闭合，试求：

(1) $u_C(0_-)$，$i_C(0_-)$ 和 $u_C(0_+)$，$i_C(0_+)$ 各是多少？

(2) $u_L(0_-)$，$i_L(0_-)$ 和 $u_L(0_+)$，$i_L(0_+)$ 各是多少？

(3) $u_R(0_-)$，$i_R(0_-)$ 和 $u_R(0_+)$，$i_R(0_+)$ 各是多少？

(4) 总结换路时哪些初值跃变？哪些不跃变？

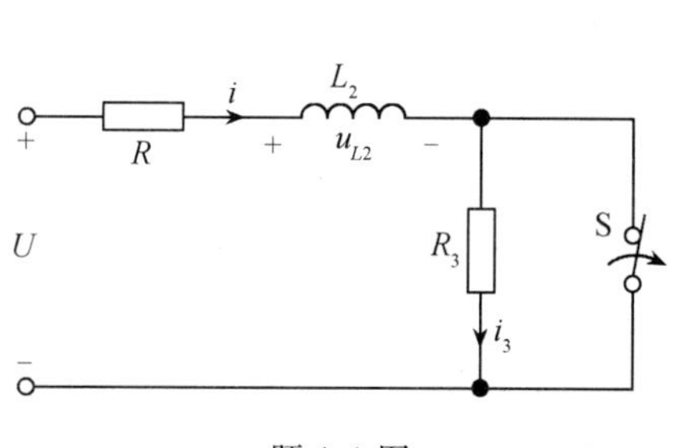

题 4-1 图

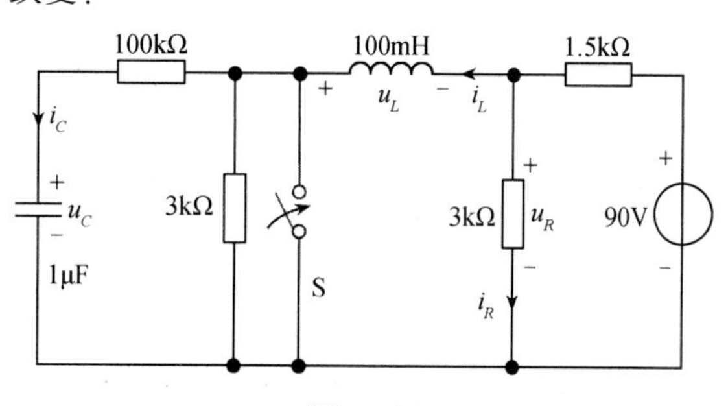

题 4-2 图

4-3 题4-3图电路原已稳定，$t=0$ 时将开关S由a投向b，求 $t\geqslant 0$ 时的 u_L，i_L 和 u_{ab}。

4-4 题4-4图电路原已稳定，已知 $R_1=R_2=R_3=10\Omega$，$L=2\text{H}$，$C=0.1\text{F}$，$U_S=20\text{V}$，$t=0$ 时开关闭合，求 $t\geqslant 0$ 时的 i_K。

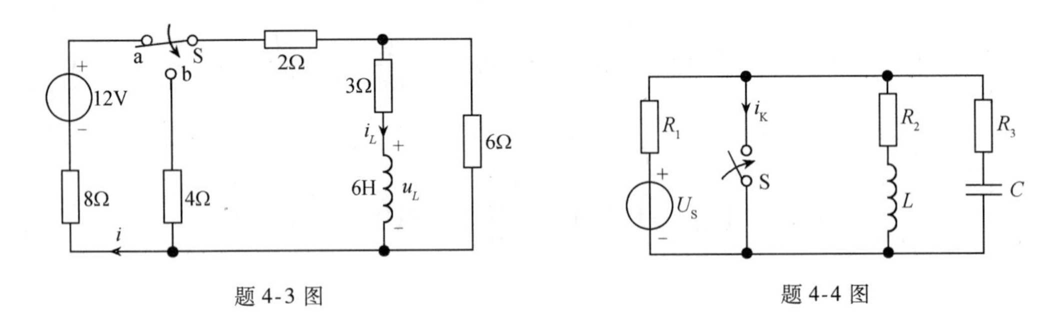

题4-3图　　　　题4-4图

4-5 在题4-5图电路中，S原是闭合的，电路已达到稳态，$t=0$ 时将S打开，求 $t\geqslant 0$ 时的 u_C、i_C、i_1、i 和 u_K。

4-6 在题4-6图电路中，开关S原是闭合的，电路已达稳态，$t=0$ 时将S打开，求 $t\geqslant 0$ 时的 i_L、u_L 和 u。

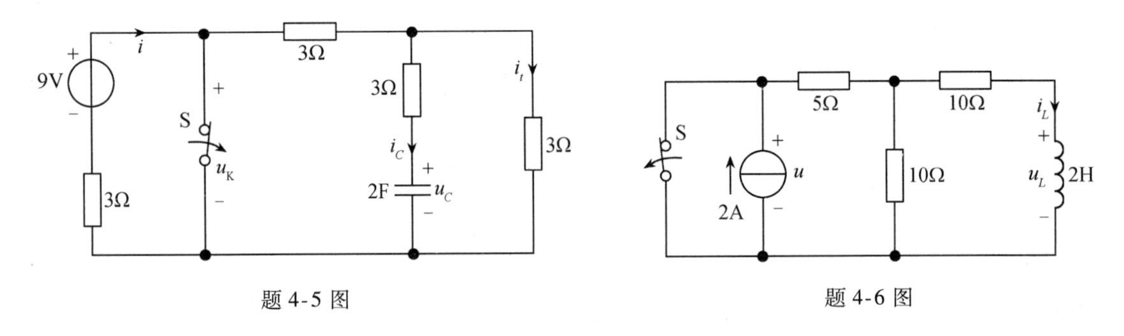

题4-5图　　　　题4-6图

4-7 在题4-7图中，已知 $U_S=100\text{V}$，$R_1=R_2=100\Omega$，$C=1\mu\text{F}$，且电容原未充电。当开关 S_1 闭合(此时 S_2 也是闭合的)后经过0.1ms再将开关 S_2 打开，求 S_2 打开后的电容电压。

4-8 题4-8图电路在换路前已达稳态，在 $t=0$ 时将开关S闭合，求 $t\geqslant 0$ 时的 u_C。

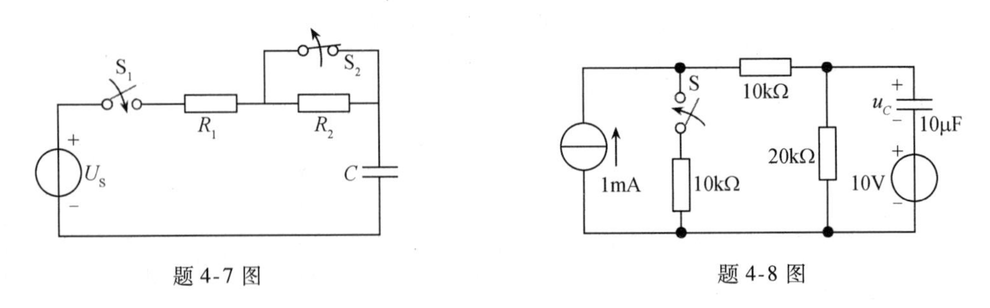

题4-7图　　　　题4-8图

4-9 题4-9图电路在换路前电路已达稳态，$t=0$ 时将开关S闭合，求 $t\geqslant 0$ 时的 i_L。

4-10 在题4-10图中，开关S原是打开的，电路已经稳定，$t=0$ 时合上开关S，求 $t\geqslant 0$ 时的 i。

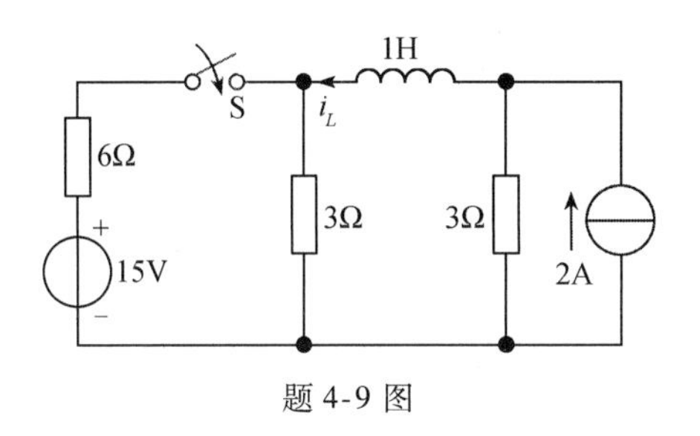

题 4-9 图

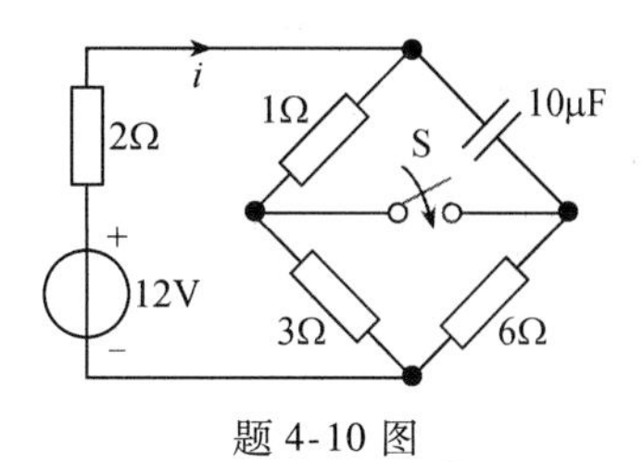

题 4-10 图

4-11 在题 4-11 图电路中，$t=0$ 时开关 S 闭合，求 $t\geqslant0$ 时的 u_C。

4-12 题 4-12 图所示电路在换路前已达稳态，$t=0$ 时将开关 S 闭合，求 $t\geqslant0$ 时的 u_C。

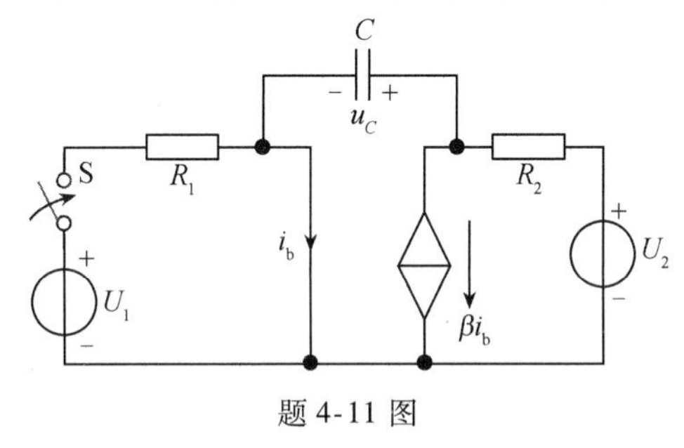

题 4-11 图

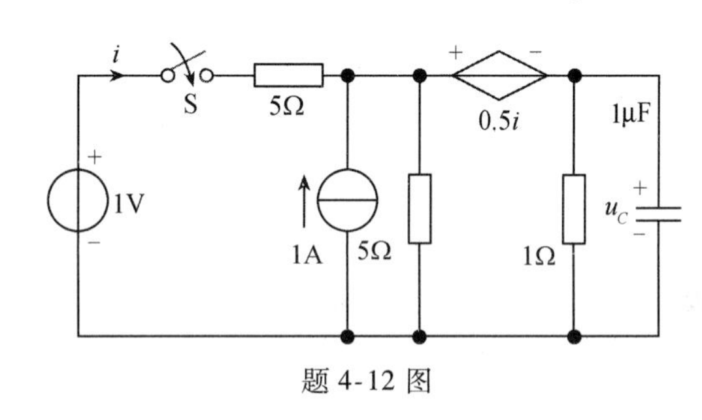

题 4-12 图

4-13 题 4-13 图电路中，开关 S 原在闭合位置，电路已达稳态，在 $t=0$ 时将开关 S 打开，求 $t\geqslant0$ 时的 u_C、i_L 和 u_K。

4-14 题 4-14 图中，换路前电路稳态，$t=0$ 时开关 S 闭合，已知 $u_C(0_-)=10\text{V}$，求 $t\geqslant0$ 时的 i。

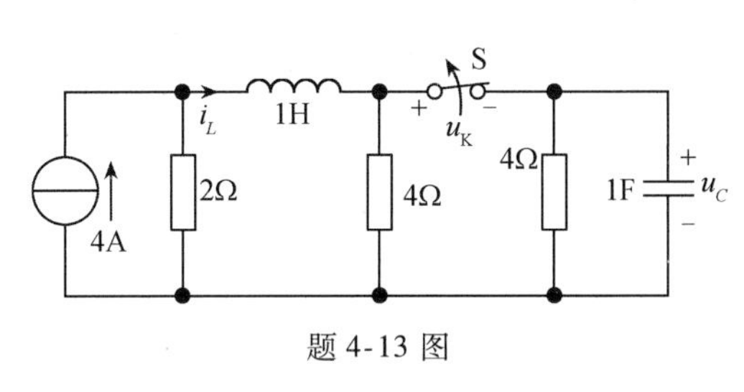

题 4-13 图

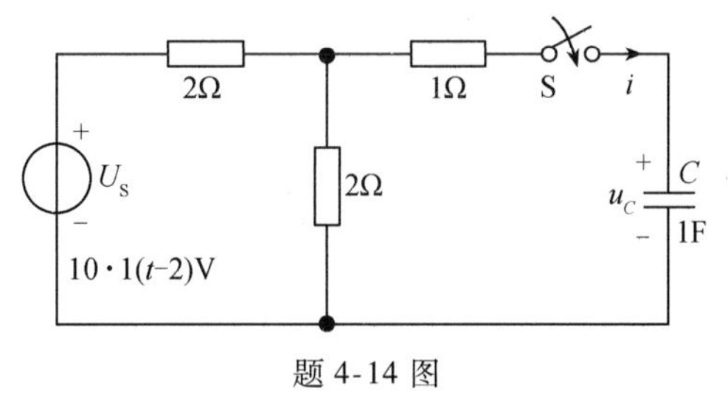

题 4-14 图

4-15 在题 4-15 图所示电路中，以电流源 i_S 为激励，以电压 u_C 为响应时，已知其单位阶跃响应 $s(t)=2(1-\mathrm{e}^{-5t})1(t)$。$t<0$ 时电容已充电，$u_C(0_-)=3\text{V}$。分别在 $i_S=21(t)\text{A}$ 和 $i_S=0.2\delta(t)$ 两种情况下求全响应 $i_C(t)$。

4-16 题 4-16 图中方框表示不含受控源的无源线性电路，电路参数为固定值，$t=0$ 时开关 S 闭合，在 22′端接不同元件时，其两端电压的零状态响应亦不同，已知 22′ 接电阻 $R=2\Omega$ 时，响应为 $u_{22'}(t)=\frac{1}{4}(1-\mathrm{e}^{-t})1(t)$；22′ 接电容 $C=1\text{F}$ 时，响应为 $u_{22'}(t)=\frac{1}{2}(1-\mathrm{e}^{-0.25t})1(t)$。求把 RC 并联结在 22′ 端时，响应 $u_{22'}(t)$ 的表达式。

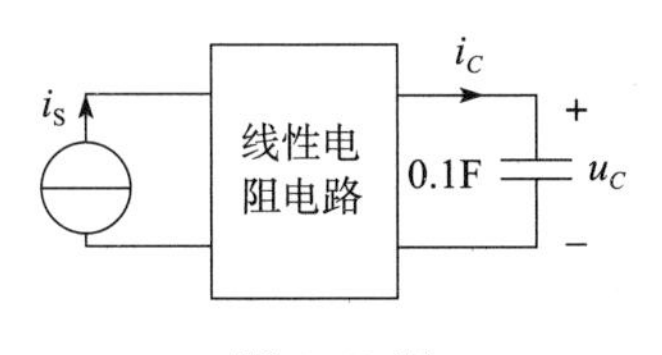

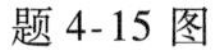

题 4-15 图

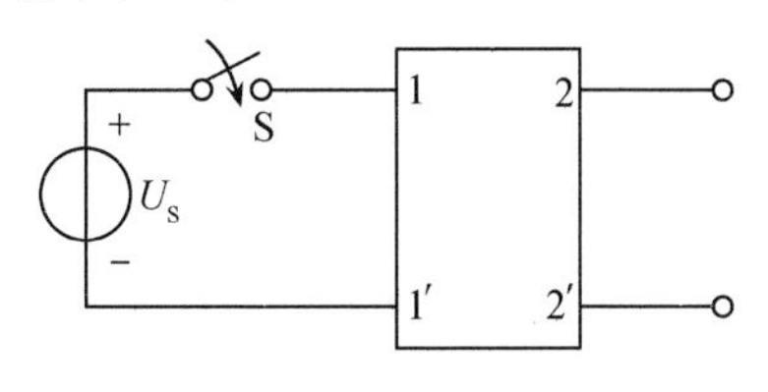

题 4-16 图

4-17 把正、负脉冲电压加在RC串联电路上，电路零状态，脉冲宽度 $T=RC$，正脉冲的幅度为10V，如题4-17图所示。求负脉冲幅度多大才能使负脉冲结束时（$t=2T$）电容电压为零。

4-18 已知题4-18图所示电路中，N_1 为电阻网络，$u_S(t)=1(t)$V，$C=2$F，其零状态响应

$$u_2(t)=\left(\frac{1}{2}+\frac{1}{8}e^{-0.25t}\right)1(t)\text{V}$$

如果用 $L=2$H 的电感代替电容 C，试求零状态响应 $u_2(t)$。

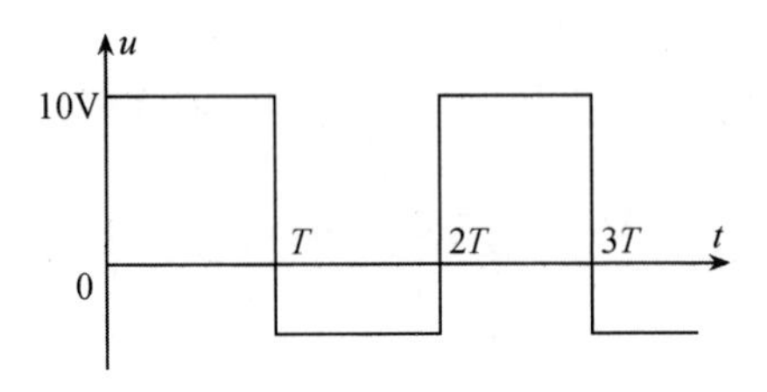

题4-17图

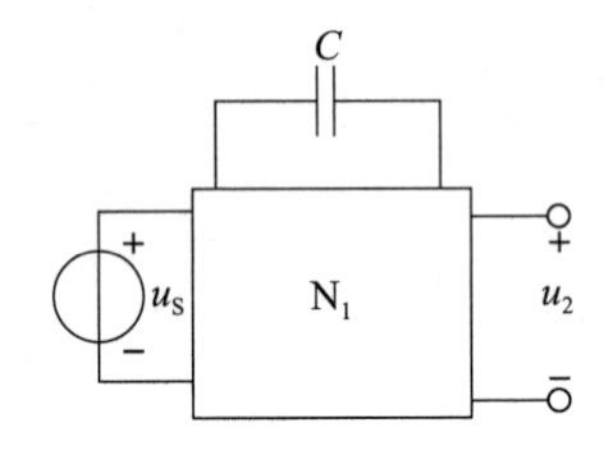

题4-18图

4-19 题4-19图电路原已稳态，$t=0$ 时合上开关S，求 $t\geqslant 0$ 时各支路电压、电流。

4-20 已知某电路在单位冲激电压激励下的电压响应 $h(t)=2e^{-2t}1(t)$V，试求此电路在题4-20图所示电压激励时的电压响应。

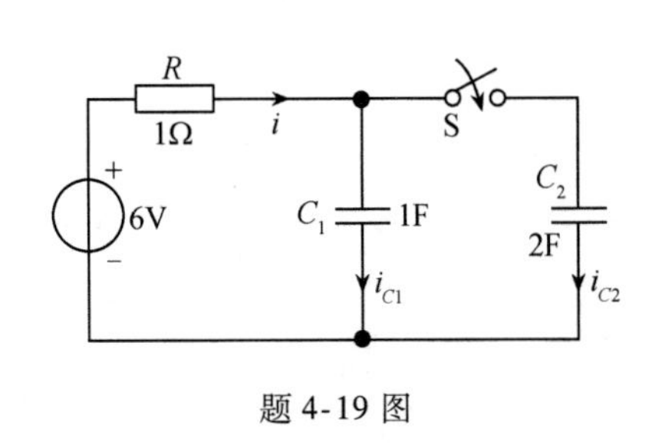

题4-19图

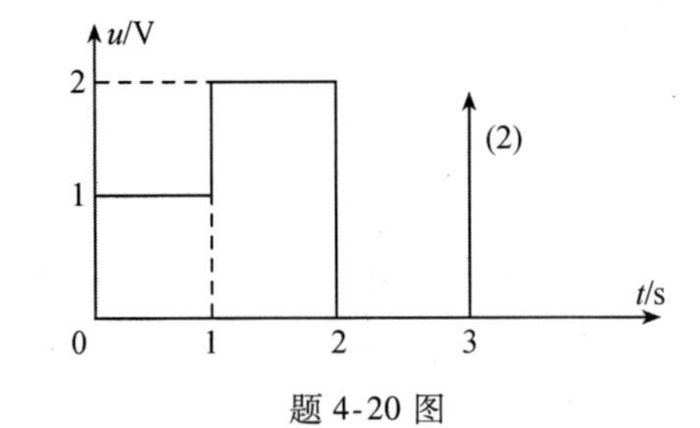

题4-20图

第5章

正弦稳态电路的分析

内容提要：本章介绍正弦稳态电路的概念和相量分析法，主要包括正弦稳态响应的形式，正弦量与复数的变换关系，正弦稳态电路相量模型的建立，基尔霍夫定律的相量表示形式，学习过的直流电阻电路分析方法在本章的应用，正弦稳态电路功率的计算，以及谐振电路分析。

本章重点：两类约束的相量形式，相量分析法。

5.1 正弦稳态响应

在实际生产和生活中，正弦交流电源应用广泛。一个按正弦规律变化的函数既可以用正弦函数表示，也可以用余弦函数表示。下面的讨论中采用正弦函数。本章研究正弦激励在电路中产生稳态响应的分析计算方法，本节讨论正弦稳态电路和正弦稳态响应的概念。

以图5-1所示的正弦激励电路为例，应用第1章所学的电路元件特性和基尔霍夫定律分析电路的响应。设开关S在计时起点 $t=0$ 时闭合，且电压源 $u_S=U_{Sm}\sin(\omega t+\psi_S)$，研究开关闭合后电容电压 $u_C(t)$ 的解。

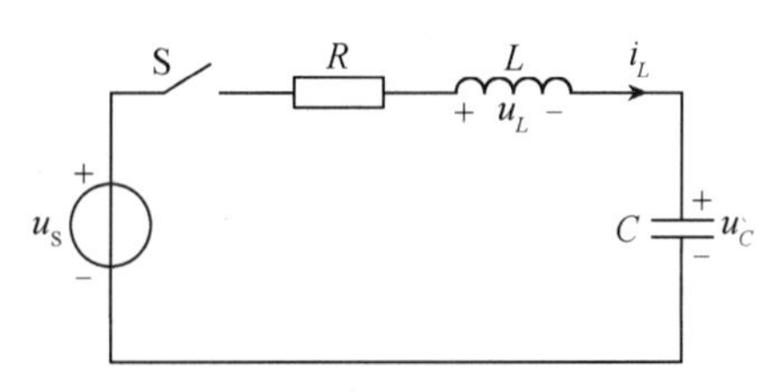

图5-1　正弦激励电路

设各元件的电压与电流为关联参考方向，依据各元件特性方程和基尔霍夫定律，以电容电压为变量列出图5-1所示电路(开关闭合后)的方程，有

$$C\frac{\mathrm{d}u_C}{\mathrm{d}t}=i_L \tag{5-1}$$

$$L\frac{\mathrm{d}i_L}{\mathrm{d}t}=u_L \tag{5-2}$$

$$Ri_L+L\frac{\mathrm{d}i_L}{\mathrm{d}t}+u_C=u_S \tag{5-3}$$

将式(5-1)和式(5-2)代入式(5-3)，整理得

$$RC\frac{\mathrm{d}u_C}{\mathrm{d}t}+LC\frac{\mathrm{d}^2u_C}{\mathrm{d}t^2}+u_C=u_S \tag{5-4}$$

或

$$LC\frac{\mathrm{d}^2u_C}{\mathrm{d}t^2}+RC\frac{\mathrm{d}u_C}{\mathrm{d}t}+u_C=U_{Sm}\sin(\omega t+\psi_S)$$

式(5-4)是以电容电压为变量列出的电路方程。当电路只含电阻和电源时，列出的电路方程是代数方程，可用第2、3章介绍的方法求解。当电路中有电感和电容时，由于储能元件的特性是微分形式，所以列出的电路方程是微分方程。式(5-4)所示微分方程的解在高等数学

课程中讨论过，可直接使用其结论，得到的通解为

$$u_C(t) = \underbrace{u_{Cm}\sin(\omega t+\psi)}_{u_{Cp}(t)} + \underbrace{K_1e^{s_1t}+K_2e^{s_2t}}_{u_{Ch}(t)} \tag{5-5}$$

其中，$u_{Ch}(t)$ 是式(5-4)对应的齐次微分方程的通解。如果齐次通解 $u_{Ch}(t)$ 中的 s_1、s_2 都具有负实部，则称电路是稳定的，$u_{Ch}(t)$ 经过足够长的时间后衰减到零；$u_{Cp}(t)$ 是式(5-4)非齐次微分方程的一个特解，应是与激励 u_S 同频率的正弦函数。当一个稳定电路的响应不随时间改变或随时间周期性改变时，称这时电路达到了稳定状态，这时电路的响应称为稳态响应。由此可知，正弦激励下电路的响应经过足够长的时间后等于式(5-4)微分方程的非齐次特解，是与激励同频率的正弦函数，称为电路的稳态响应，即

$$u_C(t) = u_{Cp}(t) = u_{Cm}\sin(\omega t+\psi)$$

上面对于电容电压的讨论对电路中其他响应也是适用的。可以说，一个线性时不变电路在正弦激励作用下，若其响应是与激励同频率的正弦函数，如图5-2所示，则称此电路处于正弦稳态，称此电路为正弦稳态电路，电路中的响应称为正弦稳态响应。正弦稳态电路和正弦稳态响应还分别称为正弦交流电路和正弦交流响应。

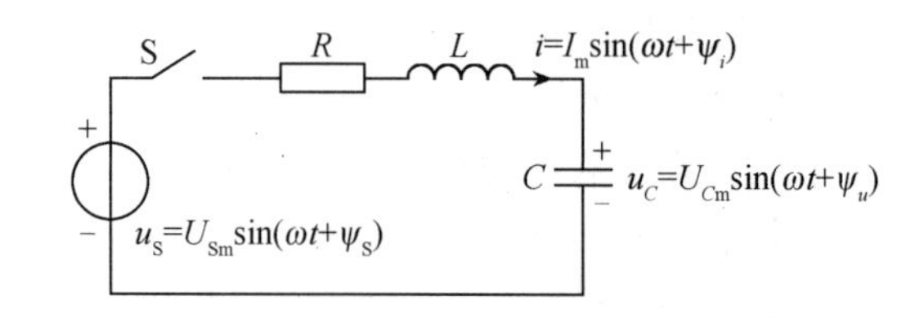

图5-2　正弦稳态电路(S闭合后)

上面的讨论可以推广到具有相同频率的多个正弦信号激励的线性时不变电路的分析中。在具有相同频率的几个正弦电压源和电流源激励下，若电路中的响应是与激励同频率的正弦函数，称电路处于正弦稳态。

本章主要研究正弦稳态电路的分析方法。如上面所述，正弦稳态响应可通过求解式(5-4)所示微分方程的非齐次特解求出，但由于列写和求解高阶微分方程比较困难，以及正弦函数运算相对复杂，通常采用一种数学变换的方法进行正弦稳态电路的分析与计算，这种方法称为相量法。

电路中按正弦规律变化的电压和电流统称为正弦量。相量法与正弦量有关，下面复习正弦量的相关知识。

5.2　正弦量的相量表示

5.2.1　正弦量

1. 正弦量的三要素

图5-2中的正弦电流为

$$i(t) = I_m\sin(\omega t+\psi_i) \tag{5-6}$$

其波形(称为波形图)如图5-3所示。式(5-6)中，$i(t)$ 表示电流的瞬时值；I_m 表示电流的最大值(即振幅)。

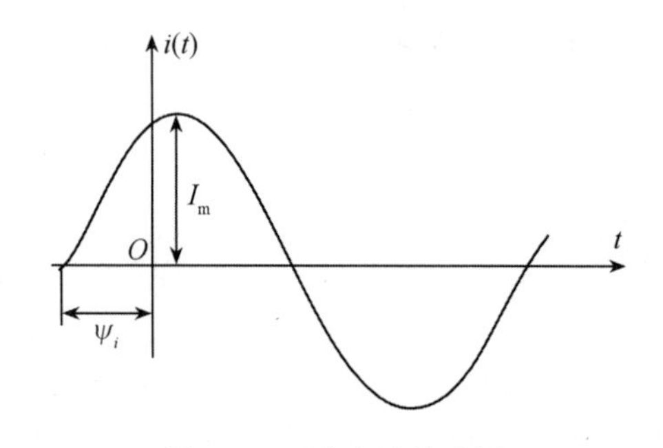

图5-3　正弦电流波形图

正弦量变化一个周波所需的时间称为周期，用 T 表示，其单位为秒(s)。单位时间内周波重复出现

的次数称为频率，用f表示，单位为赫兹(Hz)，$f=\frac{1}{T}$。我国电网的正弦交流电频率为50Hz，称为工频。

正弦量一个周期内角度变化为2π弧度(rad)，角频率是单位时间内变化的角度，为$\frac{2\pi}{T}$，用ω表示，其单位为弧度/秒(rad/s)。角频率、周期和频率三者关系为

$$\omega=\frac{2\pi}{T}=2\pi f \tag{5-7}$$

式(5-6)中的$(\omega t+\psi_i)$称为相位角，或称相位，其单位用弧度(rad)或度表示，它是时间的函数，表示正弦量的进程。$t=0$时的相位ψ_i称作初相位，简称初相。在振幅一定时它可决定正弦量的初始值，即

$$i(0)=I_m\sin\psi_i$$

通常，初相位的取值$|\psi_i|\leqslant\pi$。

正弦量的振幅，初相位和角频率是正弦量的三要素。

2. 正弦量的相位差

两个同频率正弦电流

$$i_1(t)=I_{1m}\sin(\omega t+\varphi_1)$$

$$i_2(t)=I_{2m}\sin(\omega t+\varphi_2)$$

其波形如图5-4所示，它们之间的相位差为

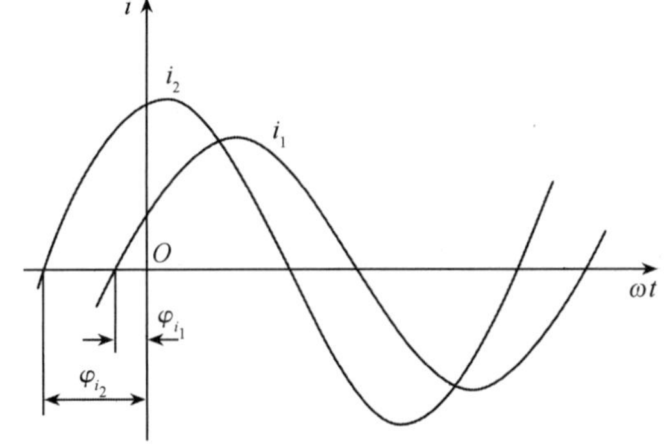

图5-4　同频率正弦量的相位差

$$\psi=(\omega t+\varphi_1)-(\omega t+\varphi_2)=\varphi_1-\varphi_2 \tag{5-8}$$

可见，同频率正弦量的相位差等于初相位之差，这是一个不随时间变化的常量，且与计时起点的选择无关。

如果这两个正弦电流的相位差为零，称这两个正弦量同相位。如图5-5a所示。若两个正弦量的相位差为$\frac{\pi}{2}$弧度，则称之为正交，如图5-5b所示；当两个正弦量的相位差为π，称为反相，如图5-5c所示。当相位差$\psi=\varphi_{i_1}-\varphi_{i_2}>0$时，称$i_1$超前于$i_2$，超前的相位角为$\psi$，或者说$i_2$落后于$i_1$，通常相位差取值$|\psi|\leqslant\pi$。

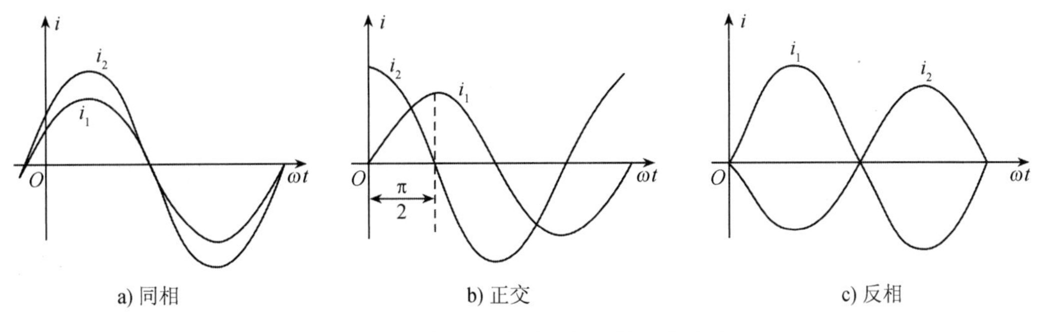

图5-5　同频率正弦量相位差的3种形式

【例5-1】图5-6所示元件A中通过的正弦电流，$f=1\text{Hz}$，$I_m=100\text{mA}$，初相位$\varphi_i=\frac{\pi}{4}$，

求出 $t=0.5\mathrm{s}$ 时电流瞬时值。若元件电压为 $u=100\sin(2\pi t+60°)\mathrm{V}$，求电压与电流的相位差。

解 电流的角频率为

$$\omega=2\pi f=2\pi\times1=2\pi\ \mathrm{rad/s}$$

电流瞬时值表达式为

$$i=100\sin\left(2\pi t+\frac{\pi}{4}\right)\mathrm{mA}$$

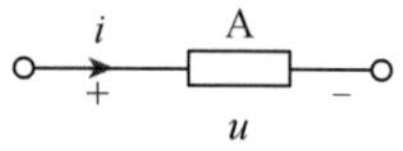

图 5-6 例 5-1 图

当 $t=0.5\mathrm{s}$ 时，电流瞬时值为

$$\begin{aligned}i(0.5)&=100\sin\left(2\pi\times0.5+\frac{\pi}{4}\right)\\&=-70.7\mathrm{mA}\end{aligned}$$

$i(0.5)$ 为负值，说明这一瞬间电流的实际方向与图示参考方向相反。

电压与电流的相位差为

$$\varphi_u-\varphi_i=60°-45°=15°$$

说明电压超前电流 15°。

3. 正弦量的有效值

正弦量是周期量。周期量的有效值反映周期量在一个周期内的平均效应。如果周期电流 i 通过电阻 R，在一个周期时间内消耗的电能等于某一直流电流 I 通过同一个电阻 R 在同样时间内消耗的电能，则把这个直流电流 I 定义为该周期电流 i 的有效值。下面推导周期量有效值的计算公式。

周期电流 i 通过电阻 R 时，该电阻在一个周期 T 内吸收的电能为

$$W_{\mathrm{A}}=\int_0^T i^2R\mathrm{d}t$$

直流电流 I 通过同一电阻 R，该电阻在时间 T 内吸收的电能为

$$W_{\mathrm{D}}=I^2RT$$

若 $W_{\mathrm{A}}=W_{\mathrm{D}}$，则有

$$I^2RT=R\int_0^T i^2\mathrm{d}t$$

由上式可推导出周期电流 i 的有效值为

$$I=\sqrt{\frac{1}{T}\int_0^T i^2\mathrm{d}t}\tag{5-9}$$

式(5-9)也称为 i 的方均根式，适用于求取各种周期量的有效值。

对于正弦电流 $i=I_{\mathrm{m}}\sin(\omega t+\varphi_i)$，其有效值可用式(5-9)计算出

$$\begin{aligned}I&=\sqrt{\frac{1}{T}\int_0^T i^2\mathrm{d}t}=\sqrt{\frac{1}{T}\int_0^T I_{\mathrm{m}}^2\sin^2(\omega t+\varphi_i)\mathrm{d}t}\\&=\sqrt{\frac{1}{T}\left[\frac{I_{\mathrm{m}}^2}{2}\int_0^T\mathrm{d}t-\frac{I_{\mathrm{m}}^2}{2}\int_0^T\cos(2\omega t+2\varphi_i)\mathrm{d}t\right]}\\&=\frac{I_{\mathrm{m}}}{\sqrt{2}}\end{aligned}\tag{5-10}$$

由式(5-10)，正弦量可写成如下形式

$$i = I_m \sin(\omega t + \varphi_i) = \sqrt{2} I \sin(\omega t + \varphi_i) \tag{5-11}$$

在正弦稳态电路分析中，有效值用大写字母表示。至此，正弦量的三要素可用有效值、角频率和初相位表达。

【例5-2】正弦电流经全波或半波整流后，所得电流波形是非正弦周期性波形，分别如图5-7a、b所示，试分别求出它们的有效值。

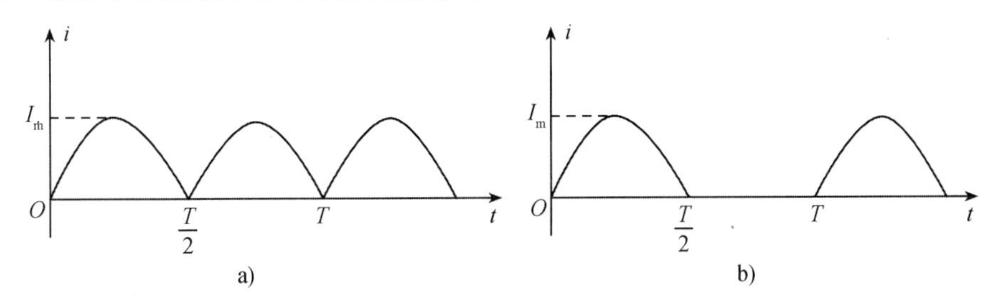

图5-7　例5-2图

解　对于图5-7a所示全波整流电流波形，其周期为$\frac{T}{2}$，在$0 \leqslant t \leqslant \frac{T}{2}$区间内，$i = I_m \sin(\omega t)$，根据式(5-9)，其有效值为

$$I_{全} = \sqrt{\frac{1}{T/2}\int_0^{\frac{T}{2}} I_m^2 \sin^2(\omega t)\,dt} = \sqrt{\frac{2I_m^2}{T}\int_0^{\frac{T}{2}} \frac{1-\cos(2\omega t)}{2}dt} = \frac{I_m}{\sqrt{2}}$$

可见正弦电流经全波整流后的有效值$I_{全}$与正弦电流的有效值相等。

对于图5-7b所示半波整流电流波形，其周期为T，在$0 \leqslant t \leqslant \frac{T}{2}$时，$i = I_m \sin(\omega t)$；在$\frac{T}{2} \leqslant t \leqslant T$时，$i = 0$。根据式(5-9)，其有效值为

$$I_{半} = \sqrt{\frac{1}{T}\int_0^{\frac{T}{2}} I_m^2 \sin^2(\omega t)\,dt} = \frac{I_m}{2}$$

5.2.2　相量

由于正弦稳态响应是与激励同频率的正弦量，因此在分析一个正弦稳态电路时，需要进行大量的同频率正弦量相加减的计算，当直接对正弦量的瞬时表达式相加减时，其三角函数的计算是很繁杂的。由于同频率正弦量的计算可只计算出各响应的振幅和初相，因此可以应用数学上的变换思想，利用正弦量与复数可以互相变换的特点，将正弦量用复数表示，然后用复数计算代替正弦量计算，从而降低计算的复杂性，最后将复数形式的计算结果反变换成正弦量。这种变换方法称为相量法，表示正弦量的复数称为相量。下面简要复习复数知识。

1. 复数

复数一般有代数形、三角形、指数形和极坐标形式共4种表示形式。

设复数A，若写成

$$A = a_1 + ja_2$$

这样的表达式称为复数的代数形式，其中 a_1 和 a_2 分别表示复数的实部和虚部。式中，$\mathrm{j}=\sqrt{-1}$，是虚数单位，复数的实部和虚部可以这样表示

$$\mathrm{Re}[A]=\mathrm{Re}[a_1+\mathrm{j}a_2]=a_1$$

$$\mathrm{Im}[A]=\mathrm{Im}[a_1+\mathrm{j}a_2]=a_2$$

Re[A]是取复数实部的符号表示，Im[A]是取复数虚部的符号表示。

复数 A 可在复平面上表示，直角坐标系的横轴表示复数的实部；纵轴表示虚部，如图 5-8 所示。每一个复数都和复数平面上的一个点对应。图 5-8 中示出的 3 + j4 和 −3 − j4 两个复数分别对应复数平面上的 a、b 两点。

复数在复平面上还可以用有向线段表示，如图 5-9 中的有向线段 $\overline{OA}$ 表示复数 A。有向线段的长度 $a=|\overline{OA}|$，称复数 A 的模。有向线段与实轴正向之间夹角 θ，称复数 A 的幅角。

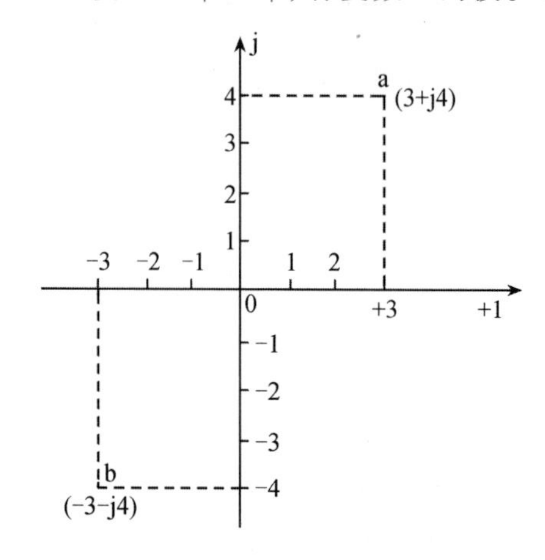

图 5-8 复数的实部和虚部

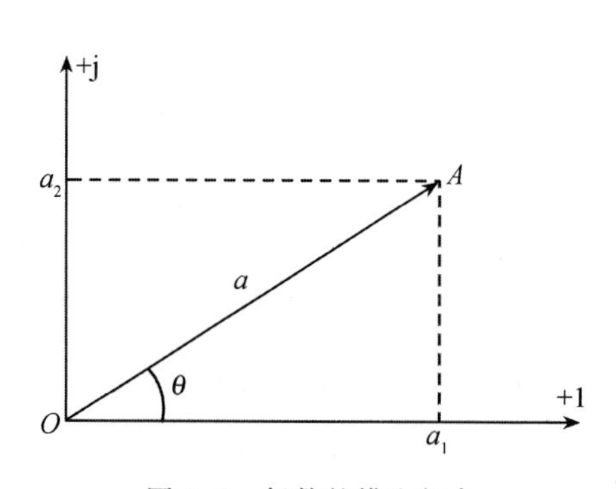

图 5-9 复数的模和幅角

由图 5-9 可知

$$\begin{cases} a_1=a\cos\theta \\ a_2=a\sin\theta \\ a=\sqrt{a_1^2+a_2^2} \\ \tan\theta=\dfrac{a_2}{a_1} \end{cases} \tag{5-12}$$

从上式可得到复数的三角形式

$$A=a\cos\theta+\mathrm{j}a\sin\theta \tag{5-13}$$

根据欧拉公式 $\mathrm{e}^{\mathrm{j}\theta}=\cos\theta+\mathrm{j}\sin\theta$，复数还可以表示为指数形式

$$A=a(\cos\theta+\mathrm{j}\sin\theta)=a\mathrm{e}^{\mathrm{j}\theta} \tag{5-14}$$

为书写方便，复数的指数形式还可用极坐标形式表示为

$$A=a\angle\theta$$

复数的加减法运算，一般采用代数形式；复数的乘除运算，一般采用指数形式或极坐标形式。

复数 $\mathrm{e}^{\mathrm{j}\theta}=1\angle\theta$ 是模等于 1 而辐角为 θ 的复数。复数 A 乘以 $\mathrm{e}^{\mathrm{j}\theta}$ 等于把复数 A 向逆时针方向旋转一个角度 θ，而 A 的模 a 不变。所以 $\mathrm{e}^{\mathrm{j}\theta}$ 称为旋转因子。

【例 5-3】1）把复数 $A_1 = 5\angle 150°$，$A_2 = 10\angle -180°$，$A_3 = 1\angle 90°$ 和 $A_4 = 1\angle -90°$ 写成代数形式。

2）把 $A_1 = 3 - j4$，$A_2 = -3 - j4$，$A_3 = j5$ 写成极坐标形式并用有向线段表示。

解 1）

$$A_1 = 5\cos 150° + j5\sin 150° = -4.330 + j2.50$$

$$A_2 = 10\cos(-180°) + j10\sin(-180°) = -10$$

$$A_3 = \cos(90°) + j\sin(90°) = 0 + j = j$$

$$A_4 = \cos(-90°) + j\sin(-90°) = 0 - j = -j$$

2）

$$A_1 = 3 - j4 = \sqrt{3^2 + 4^2}\angle \arctan\frac{-4}{3} = 5\angle -53.1°$$

$$A_2 = -3 - j4 = \sqrt{(-3)^2 + (-4)^2}\angle \arctan\left(\frac{4}{3} + \pi\right) = 5\angle 233.1° = 5\angle -126.9°$$

$$A_3 = j5 = 5\angle 90°$$

复数 A_1、A_2、A_3 可用图 5-10 所示的有向线段来表示。

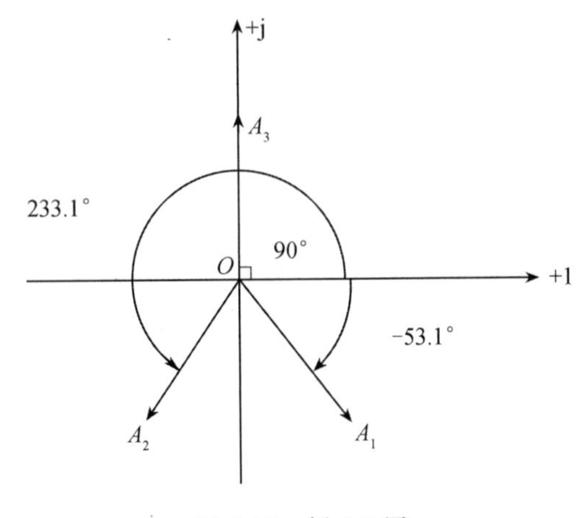

图 5-10　例 5-3 图

2. 用相量表示正弦量

研究正弦量与复数的变换，需建立正弦量与复数的对应关系。根据欧拉公式，一个复指数函数 $U_m e^{j(\omega t+\varphi_u)}$ 可写成

$$U_m e^{j(\omega t+\varphi_u)} = U_m[\cos(\omega t + \varphi_u) + j\sin(\omega t + \varphi_u)]$$
$$= U_m\cos(\omega t + \varphi_u) + jU_m\sin(\omega t + \varphi_u)$$

从上式可以看出，正弦量是复指数函数 $U_m e^{j(\omega t+\varphi_u)}$ 的虚部，因此，正弦量可以用复指数函数表示为

$$u = U_m\sin(\omega t + \varphi_u) = \mathrm{Im}[U_m e^{j(\omega t+\varphi_u)}]$$
$$= \mathrm{Im}[U_m e^{j\varphi_u} e^{j\omega t}] = \mathrm{Im}[\dot{U}_m e^{j\omega t}] = \mathrm{Im}[\sqrt{2}\dot{U} e^{j\omega t}] \tag{5-15}$$

式中，Im 是取虚部的符号。$\dot{U}_m$，$\dot{U}$ 是复数，分别是

$$\dot{U}_m = U_m e^{j\varphi_u} = U_m\angle\varphi_u$$

$$\dot{U} = U\mathrm{e}^{\mathrm{j}\varphi_u} = U\angle\varphi_u \tag{5-16}$$

$\dot{U}$ 称为正弦量 u 的有效值相量，简称为相量，辐角 φ_u 是正弦量的初相位，$\dot{U}$ 对应着正弦量的两个要素。$\dot{U}_m$ 称为正弦量 u 的振幅相量。式(5-15)给出了正弦量和相量的变换关系，每一个正弦量都对应着一个相量。对于一个正弦量，可以通过复指数函数 $U_m\mathrm{e}^{\mathrm{j}(\omega t+\varphi_u)}$ 得到它的相量 $\dot{U}$；对于一个相量，可以通过将相量 $\dot{U}$ 乘以 $\sqrt{2}\,\mathrm{e}^{\mathrm{j}\omega t}$，再取其虚部得到对应的正弦量。由于这个变换关系比较直观，所以对于一个正弦量，可直接写出它的相量，不必通过式(5-15)进行演算；反之，知道了相量，也可以直接写出对应的正弦量。相量在复平面上的表示称为相量图，如图 5-11 所示。

式(5-15)表示的相量和正弦量的对应关系还可以在复平面上进行讨论，以加深理解。$\mathrm{e}^{\mathrm{j}\omega t} = 1\angle\omega t$，是个旋转因子，$\omega t$ 每增加 2π，$\mathrm{e}^{\mathrm{j}\omega t}$ 旋转一周。复指数函数 $U_m\mathrm{e}^{\mathrm{j}(\omega t+\varphi_u)}$ 可以看成是相量 $\dot{U}$ 乘以 $\sqrt{2}$，再乘以旋转因子 $\mathrm{e}^{\mathrm{j}\omega t}$，所以复指数函数 $U_m\mathrm{e}^{\mathrm{j}(\omega t+\varphi_u)}$ 称为旋转相量。式(5-15)表示的对复指数函数取虚部，相当于复平面上旋转相量在虚轴上的投影。

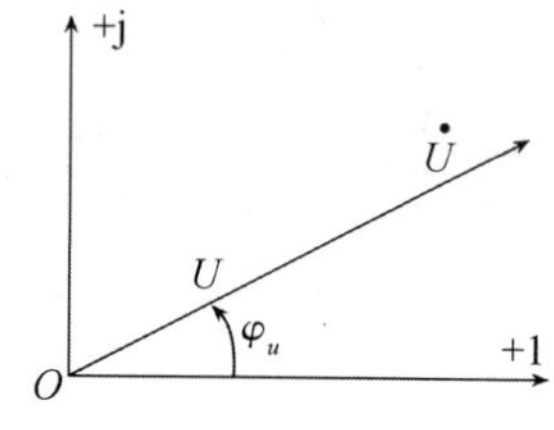

图 5-11　相量图

在实际应用中，一般用有效值表示正弦电压和电流的大小，因此，通常采用有效值相量 $\dot{U}$。例如，对于正弦电流

$$i = \sqrt{2}\,5\sin(\omega t + 30°)$$

其电流相量为

$$\dot{I} = 5\mathrm{e}^{\mathrm{j}30°} = 5\angle 30°$$

上面讨论了正弦量与相量的变换关系。下面讨论用相量代替同频率正弦量的加减运算问题。

已知电流 $i_1 = \sqrt{2}I_1\sin(\omega t + \psi_1)$，$i_2 = \sqrt{2}I_2\sin(\omega t + \psi_2)$，计算 $i_1 + i_2$。

利用式(5-15)，可进行如下运算

$$\begin{aligned}
i &= i_1 + i_2 \\
&= \sqrt{2}I_1\sin(\omega t + \psi_1) + \sqrt{2}I_2\sin(\omega t + \psi_2) \\
&= \mathrm{Im}[\sqrt{2}I_1\mathrm{e}^{\mathrm{j}\psi_1}\mathrm{e}^{\mathrm{j}\omega t}] + \mathrm{Im}[\sqrt{2}I_2\mathrm{e}^{\mathrm{j}\psi_2}\mathrm{e}^{\mathrm{j}\omega t}] \\
&= \mathrm{Im}[\sqrt{2}\,\dot{I}_1\mathrm{e}^{\mathrm{j}\omega t}] + \mathrm{Im}[\sqrt{2}\,\dot{I}_2\mathrm{e}^{\mathrm{j}\omega t}] \\
&= \mathrm{Im}[\sqrt{2}(\dot{I}_1 + \dot{I}_2)\mathrm{e}^{\mathrm{j}\omega t}] \\
&= \mathrm{Im}[\sqrt{2}\dot{I}\mathrm{e}^{\mathrm{j}\omega t}] \\
&= \sqrt{2}\,I\sin(\omega t + \psi)
\end{aligned}$$

式中，$\dot{I} = \dot{I}_1 + \dot{I}_2$。由上述计算过程可知，同频率正弦量相加的计算，可以通过相量相加的计算来完成，即把三角函数的相加转化为复数相加，简化了计算。以后进行同频率正弦量相加减的计算时，不必进行上述推导，可将正弦量直接写成相量，然后进行相量的计算，最后将相量形式的计算结果反变换成正弦量。

【例 5-4】有两个同频率正弦电流（$\omega = 100\pi$），已知 $I_1 = 4\mathrm{A}$，$I_2 = 8\mathrm{A}$，且 i_1 超前 i_2 的角度为 30°，求 $i_1 + i_2$ 的有效值和初相角。

解　方法一　用三角函数表示正弦量并直接求解。设 i_2 为参考正弦量(即初相位为零)

$$i_2 = 8\sqrt{2}\sin(\omega t) \qquad i_1 = 4\sqrt{2}\sin(\omega t + 30^\circ)$$

则

$$\begin{aligned}
i_1 + i_2 &= 4\sqrt{2}\sin(\omega t + 30^\circ) + 8\sqrt{2}\sin(\omega t) \\
&= \sqrt{2}[(4\sin(\omega t)\cdot\cos 30^\circ + 4\cos(\omega t)\cdot\sin 30^\circ)] + 8\sqrt{2}\sin(\omega t) \\
&= \sqrt{2}\left[\left(4\cdot\frac{\sqrt{3}}{2}\sin(\omega t) + 2\cos(\omega t)\right)\right] + 8\sqrt{2}\sin(\omega t) \\
&= \sqrt{2}[(2\sqrt{3} + 8)\sin(\omega t) + 2\cos(\omega t)] \\
&= \sqrt{2}[11.46\sin(\omega t) + 2\cos(\omega t)] \\
&= \sqrt{2}\cdot\sqrt{11.46^2 + 2^2}\left[\frac{11.46}{\sqrt{11.46^2 + 2^2}}\sin(\omega t) + \frac{2}{\sqrt{11.46^2 + 2^2}}\cos(\omega t)\right] \\
&= \sqrt{2}\cdot 11.63[\cos 10^\circ\sin(\omega t) + \sin 10^\circ\cos(\omega t)] \\
&= \sqrt{2}\cdot 11.63\sin(\omega t + 10^\circ)
\end{aligned}$$

计算结果表明，同频率正弦量相加后，其结果也是同频率的正弦量。从计算过程可以看出，用此方法计算较麻烦。

方法二　画出波形图，然后逐点相加。

此方法是先画出 i_1 和 i_2 的波形图，如图 5-12 所示，然后把某一时刻两个电流的瞬时值相加，可取 n 个时刻，即可得到 $i = i_1 + i_2$ 的波形。这种作图方法计算量较大，而且计算精度也不易保证。

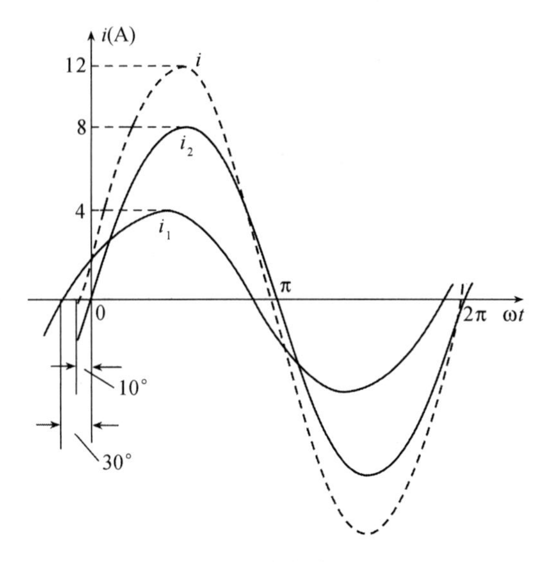

图 5-12　正弦量相加的图解法

方法三　用相量求解。设 i_2 为参考正弦量（即初相位为零）。写出 i_1 和 i_2 的相量分别为

$$\dot{I}_2 = 8\angle 0^\circ\text{A}$$

$$\dot{I}_1 = 4\angle 30^\circ\text{A}$$

则

$$\dot{I} = \dot{I}_1 + \dot{I}_2 = 4\angle 30° + 8\angle 0°$$
$$= 4\cos 30° + j4\sin 30° + 8\cos 0° + j8\sin 0°$$
$$= 4\frac{\sqrt{3}}{2} + j4\times\frac{1}{2} + 8 + j0 = 2\sqrt{3} + 8 + j2$$
$$= 3.46 + 8 + j2 = 11.46 + j2 = 11.63\angle 10°\text{A}$$

根据求得的电流相量 $\dot{I}$，写出正弦量 i 的瞬时值形式，即

$$i = \sqrt{2}\cdot 11.63\sin(\omega t + 10°)\text{A}$$

显然，与前两种方法相比，相量计算方法是比较简便的。

5.3 电阻、电感、电容元件伏安关系的相量形式

5.2 节研究的用相量表示正弦量，可简化正弦稳态电路中正弦量相加减的运算，但对于 5.1 节中讨论的正弦稳态响应的求解，还需先列出类似式(5-4)的微分方程，而高阶微分方程的列写是很困难的。能否不经过列出微分方程这一步，而直接根据电路图列出相量方程进行求解？要解决这个问题，关键在于能否建立 R、L、C 元件伏安关系的相量形式和基尔霍夫定律的相量形式。本节研究 R、L、C 元件伏安关系的相量形式，5.4 节研究基尔霍夫定律的相量形式。

5.3.1 电阻元件伏安关系的相量形式

图 5-13a 所示的线性电阻元件伏安关系在 1.3 节中已讨论，即

$$u(t) = R\cdot i(t)$$

在正弦稳态电路中，若电阻元件的电流的瞬时值为

$$i = \sqrt{2}\cdot I\sin(\omega t + \varphi_i) \tag{5-17}$$

则电压的瞬时值为

$$u = R\cdot i = \sqrt{2}\cdot RI\sin(\omega t + \varphi_i) = \sqrt{2}U\sin(\omega t + \varphi_u) \tag{5-18}$$

由式(5-18)可知，电阻元件电压电流有效值关系为

$$U = RI$$

相位关系为

$$\varphi_u = \varphi_i$$

电阻元件电压 u 与电流 i 同相位，电压 u 与电流 i 的波形如图 5-13c 所示。

下面将电阻元件电压 u 与电流 i 分别用相量表示，然后分析电阻元件中电压相量与电流相量的关系。由式(5-17)，可写出

$$\dot{I} = I\angle\varphi_i$$

由式(5-18)，可得

$$\dot{U} = U\angle\varphi_u = RI\angle\varphi_i = R\dot{I}$$

由此得到电阻元件伏安关系的相量形式

$$\dot{U} = R\dot{I} \tag{5-19}$$

由式(5-19)可画出电阻元件的相量电路模型，如图 5-13b所示。电压相量和电流相量的相量图如图 5-13d 所示。

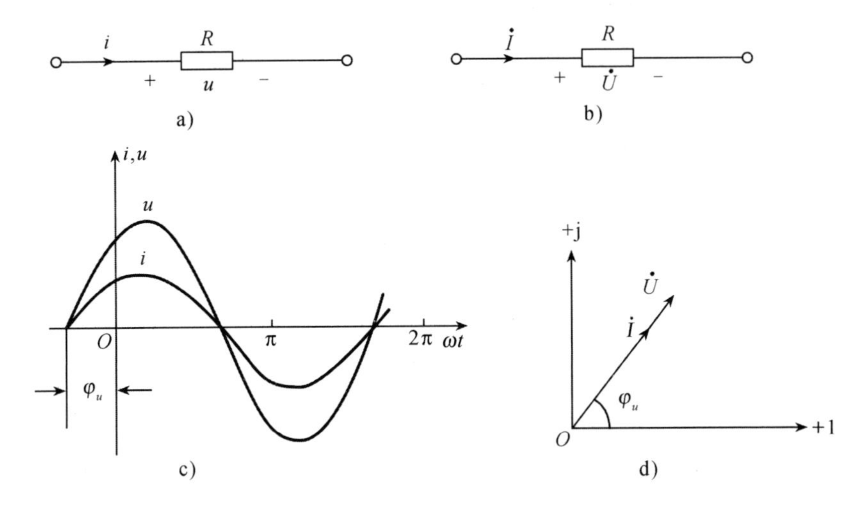

图 5-13　电阻元件的伏安关系及电路模型

5.3.2　电感元件伏安关系的相量形式

图 5-14a 所示线性电感元件的伏安关系已在 1.3 节中讨论，即

$$u(t) = L \cdot \frac{\mathrm{d}i(t)}{\mathrm{d}t}$$

在正弦稳态电路中，若电感电流的瞬时值为

$$i = \sqrt{2} \cdot I\sin(\omega t + \varphi_i) \tag{5-20}$$

则电感电压的瞬时值为

$$u = L \cdot \frac{\mathrm{d}i}{\mathrm{d}t} = \sqrt{2} \cdot \omega L \cdot I\cos(\omega t + \varphi_i) = \sqrt{2} \cdot \omega L \cdot I\sin\left(\omega t + \varphi_i + \frac{\pi}{2}\right)$$

$$= \sqrt{2}U\sin(\omega t + \varphi_u) \tag{5-21}$$

式中

$$U = \omega L \cdot I,\quad \varphi_u = \varphi_i + \frac{\pi}{2}$$

由式(5-21)看出，电感电压与电感电流是同频率的正弦量，有效值关系是 $U = \omega L \cdot I$，相位关系是电感电压超前于电感电流 90°，波形图如图 5-14c 所示。

下面将电感元件的电压 u 与电流 i 分别用相量表示，然后分析电感元件的电压相量与电流相量的关系。由式(5-20)可写出

$$\dot{I} = I\angle\varphi_i$$

由式(5-21)，可得

$$\dot{U} = U\angle\varphi_u = \omega LI\angle(\varphi_i + 90°) = \omega L\angle 90° \cdot I\angle\varphi_i = \omega L\mathrm{j}\dot{I}$$

其中，$1\angle 90° = \mathrm{j}$，$I\angle\varphi_i = \dot{I}$，由上式得到电感元件伏安关系的相量形式

$$\dot{U} = \mathrm{j}\omega L\dot{I} \tag{5-22}$$

由式(5-22)可以看出，在电感电压有效值 U 一定时，ωL 越小，电感电流有效值 I 越大，ωL 具有与电阻 R 相同的量纲，称为感抗，用 X_L 表示。$X_L = \omega L$，单位为欧姆。式(5-22)也可以写成

$$\dot{U} = \mathrm{j}X_L\dot{I} \tag{5-23}$$

感抗 ωL 的大小与频率有关，$\omega = 0$（在直流电路中）时，则 $X_L = 0$，电感相当于短路；当$\omega \to \infty$ 时，$X_L \to \infty$，电感相当于断路，所以电感对高频电流有较强的抑制作用。感抗的倒数称为感纳，用 B_L 表示，$B_L = \dfrac{1}{\omega L}$，单位为西门子(S)。

由式(5-23)表示的电感元件伏安关系的相量形式，可画出电感元件的相量电路模型，如图 5-14b 所示。电感电压和电流的相量图如图 5-14d 所示。

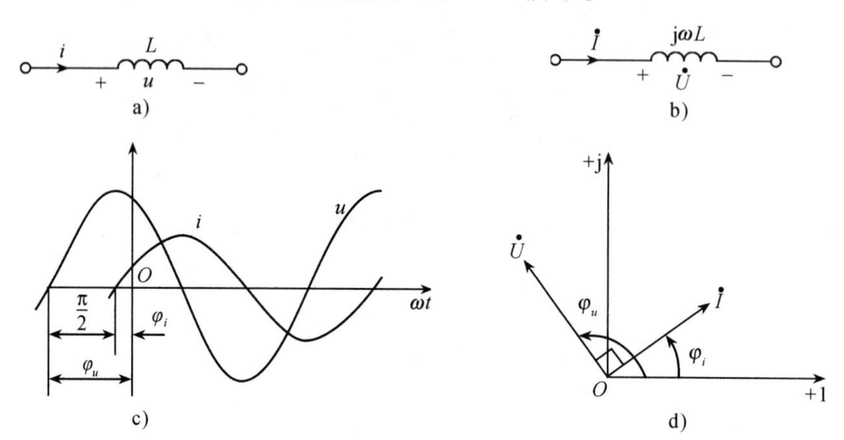

图 5-14　电感元件的伏安关系及电路模型

5.3.3　电容元件伏安关系的相量形式

图 5-15a 所示的线性电容元件伏安关系已在 1.3 节中讨论，即

$$i(t) = C \cdot \frac{\mathrm{d}u(t)}{\mathrm{d}t}$$

在正弦稳态电路中，若电容电压的瞬时值为

$$u = \sqrt{2} \cdot U\sin(\omega t + \varphi_u) \tag{5-24}$$

则电容电流的瞬时值为

$$i = C \cdot \frac{\mathrm{d}u}{\mathrm{d}t} = \sqrt{2} \cdot \omega C \cdot U\cos(\omega t + \varphi_u) = \sqrt{2} \cdot \omega C \cdot U\sin\left(\omega t + \varphi_u + \frac{\pi}{2}\right)$$

$$= \sqrt{2}I\sin(\omega t + \varphi_i) \tag{5-25}$$

式中

$$I = \omega CU, \qquad \varphi_i = \varphi_u + \frac{\pi}{2}$$

由式(5-25)看出，电容电流与电容电压为同频率正弦量，其有效值 $I = \omega CU$，其相位超前于电压相位 $\dfrac{\pi}{2}$（或 90°）。电容电流与电压的波形图如图 5-15c 所示。

下面将电容元件的电压 u 与电流 i 分别用相量表示，然后建立电容元件的电压相量与电流相量的关系。由式(5-24)可写出

$$\dot{U} = U\angle\varphi_u$$

由式(5-25)可写出

$$\dot{I} = I\angle\varphi_i = \omega CU\angle(\varphi_u + 90°) = \omega C\angle 90° \cdot U\angle\varphi_u = \omega C\mathrm{j}\dot{U}$$

其中，$1\angle 90° = \mathrm{j}$，$U\angle\varphi_u = \dot{U}$，由此得到电容元件伏安关系的相量形式

$$\dot{I} = \mathrm{j}\omega C\dot{U} \text{ 或 } \dot{U} = \frac{1}{\mathrm{j}\omega C}\dot{I} = -\mathrm{j}\frac{1}{\omega C}\dot{I} \tag{5-26}$$

由式(5-26)可以看出，在电容电压有效值 U 一定时，$\frac{1}{\omega C}$ 越大，电容电流有效值 I 越小，$\frac{1}{\omega C}$ 具有与电阻 R 相同的量纲，称为容抗，用 X_C 表示。$X_C = \frac{1}{\omega C}$，单位为欧姆。式(5-26)也可以写成

$$\dot{U} = -\mathrm{j}X_C\dot{I}$$

容抗 $\frac{1}{\omega C}$ 的大小与频率有关，当 $\omega = 0$（在直流电路中）时，则 $X_C \to \infty$，电容相当于开路，所以，电容对低频电流有较强的抑制作用；当 $\omega \to \infty$ 时，$X_C = 0$，即电容相当于短路。容抗的倒数称为容纳，用字母 B_C 表示，$B_C = \omega C$，单位为西门子(S)。

由式(5-26)表示的电容元件伏安关系的相量形式，可画出电容元件电路模型的相量形式，如图5-15b所示。电容电压相量和电流相量的相量图如图5-15d所示。

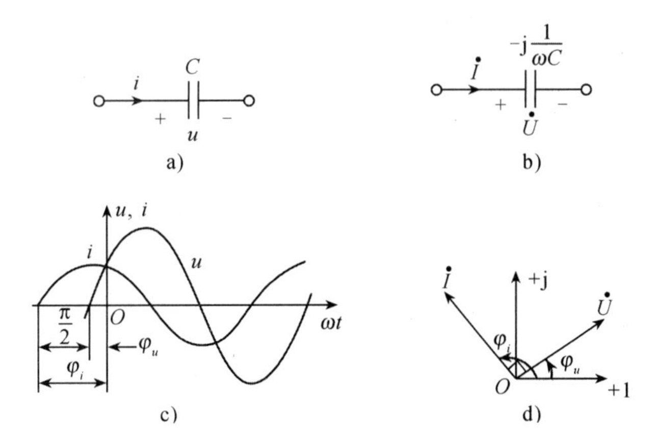

图5-15　电容元件的伏安关系及电路模型

【例5-5】已知某线圈的电感为0.1H，线圈的电阻可忽略，加在线圈上的正弦电压为10V(有效值)，初相为30°，角频率为10^6rad/s。试求线圈中的电流，写出其瞬时值表达式并画出相量图。

解　方法一　由式(1-15)知，稳态时

$$i(t) = \frac{1}{L}\int u(t)\,\mathrm{d}t$$

已知 $u = \sqrt{2} \times 10\sin(\omega t + 30°)\,\mathrm{V}$，代入上式，计算得

$$i = \sqrt{2} \times 10^{-4}\sin(\omega t - 60°)\,\mathrm{A}$$

方法二　由式(5-23)，可有

$$\dot{I} = \frac{\dot{U}}{\mathrm{j}\omega L} = \frac{10\angle 30°}{10^5\angle 90°} = 10^{-4}\angle -60°$$

由相量可写出正弦量

$$i=\sqrt{2}\times10^{-4}\sin(\omega t-60°)\text{A}$$

相量图如图 5-16 所示。

【例 5-6】 已知一电容 $C=500\text{pF}$，通过该电容的电流 $i=\sqrt{2}\cdot20\sin(10^6t+35°)\text{mA}$，求电容两端电压 u_C。

解 由式(5-26)，有

$$\begin{aligned}\dot{U}_C&=-\text{j}\frac{1}{\omega C}\dot{I}\\&=-\text{j}\frac{1}{10^6\times500\times10^{-12}}\times20\times10^{-3}\angle35°\\&=-\text{j}2\times10^3\times20\times10^{-3}\angle35°=40\angle-55°\text{V}\end{aligned}$$

由相量写出正弦量为

$$u_C=\sqrt{2}\times40\sin(10^6t-55°)\text{V}$$

相量图如图 5-17 所示。

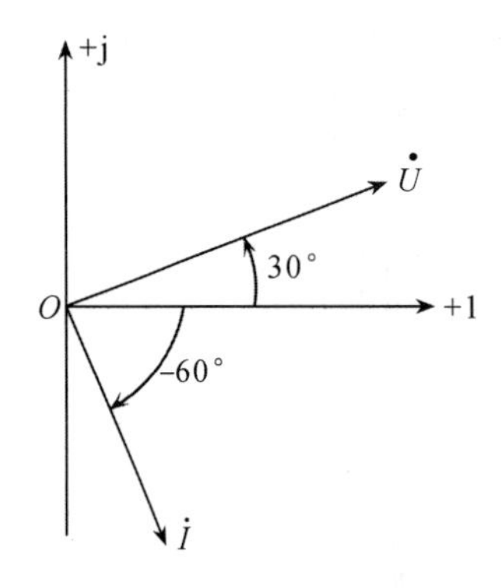

图 5-16 例 5-5 的相量图

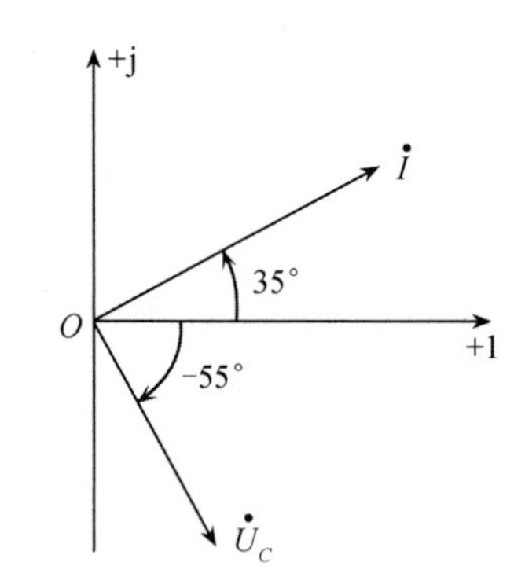

图 5-17 例 5-6 的相量图

5.4 基尔霍夫定律的相量形式及电路的相量模型

为了能列写相量形式的电路方程，在分别建立了电路元件 R、L、C 伏安特性的相量形式后，还需要建立基尔霍夫定律的相量形式。

已知基尔霍夫电流定律的时域表达式为

$$\sum i(t)=0$$

由于正弦稳态电路中的电流是与激励同频率的正弦函数，可将上式时域正弦量求和(假设有 k 个正弦电流求和)进行如下计算

$$\begin{aligned}\sum i(t)&=\sum\sqrt{2}I_k\sin(\omega t+\varphi_k)\\&=\sum\text{Im}[I_{km}\text{e}^{\text{j}\varphi_k}\text{e}^{\text{j}\omega t}]=\text{Im}\sum[I_{km}\text{e}^{\text{j}\varphi_k}\text{e}^{\text{j}\omega t}]\\&=\text{Im}\sum[\sqrt{2}\dot{I}_k\text{e}^{\text{j}\omega t}]=\text{Im}[\sqrt{2}\text{e}^{\text{j}\omega t}\sum\dot{I}_k]=0\end{aligned}$$

故有

$$\sum\dot{I}_k=0\ \text{或}\ \sum\dot{I}=0 \tag{5-27}$$

式(5-27)是基尔霍夫电流定律的相量形式。当电路中的正弦电流用相量表示时，可根据

式(5-27)列写出各节点的电流相量方程，式中 Im 是取虚部的符号。

同理，基尔霍夫电压定律的时域表达式为

$$\sum u(t)=0$$

在正弦稳态电路中，基尔霍夫电压定律的相量形式为

$$\sum \dot{U}=0 \tag{5-28}$$

当电路中的正弦电压用相量表示时，可根据式(5-28)列写出各回路的电压相量方程。

当正弦稳态电路中的各正弦量用相量表示时，根据各元件的相量电路模型，可画出整个电路的相量模型，然后应用 R、L、C 元件相量形式的伏安特性及相量形式的基尔霍夫定律，列出相量方程求解，最后将求解出的相量反变换成正弦量。

对于图 5-18 所示的一个正弦稳态电路的时域模型，其相量模型如图 5-19 所示。对图 5-18 所示电路的时域模型列写的方程为

$$i_R = i_C + i_L$$

$$Ri_R + \frac{1}{C}\int i_C \mathrm{d}t = u_S$$

$$\frac{1}{C}\int i_C \mathrm{d}t = L\frac{\mathrm{d}i_L}{\mathrm{d}t}$$

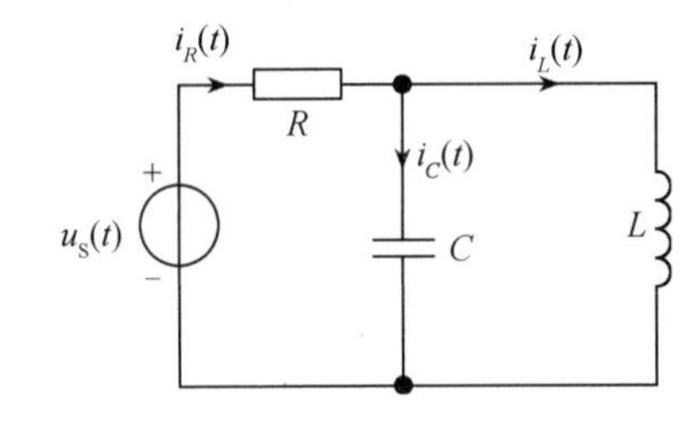

图 5-18　电路的时域模型

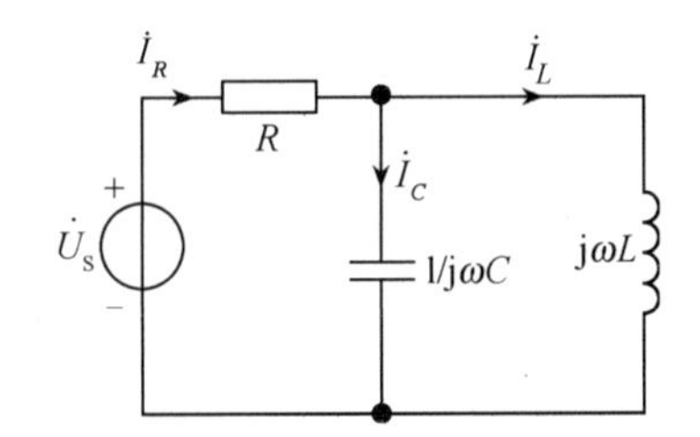

图 5-19　正弦稳态电路的相量模型

对图 5-19 所示电路的相量模型，列写方程为

$$\dot{I}_R = \dot{I}_C + \dot{I}_L,\ R\dot{I}_R + \frac{1}{\mathrm{j}\omega C}\dot{I}_C = \dot{U}_S,\ \frac{1}{\mathrm{j}\omega C}\dot{I}_C = \mathrm{j}\omega L\dot{I}_L$$

由上述列写出的方程形式可知，时域电路方程是微分方程，相量电路方程是代数方程。显然，列写及求解代数方程比微分方程更容易。另外，相量模型中表示出了频率参数 ω，便于研究正弦稳态电路的频率特性。

5.5　复阻抗与复导纳及其等效变换

在 5.4 节中研究了单一元件伏安关系的相量形式，本节研究一段电路、一个二端网络，或者一个实际元件的伏安关系的相量形式，并提出了阻抗和导纳的概念。

5.5.1　复阻抗

RLC 串联电路如图 5-20 所示，u 为正弦激励，电路中各响应均为正弦量。RLC 串联电路的相量模型如图 5-21 所示。设各元件的电压与电流均为关联参考方向，根据基尔霍夫电压定律的相量形式可写出

$$\dot{U} = \dot{U}_R + \dot{U}_L + \dot{U}_C \tag{5-29}$$

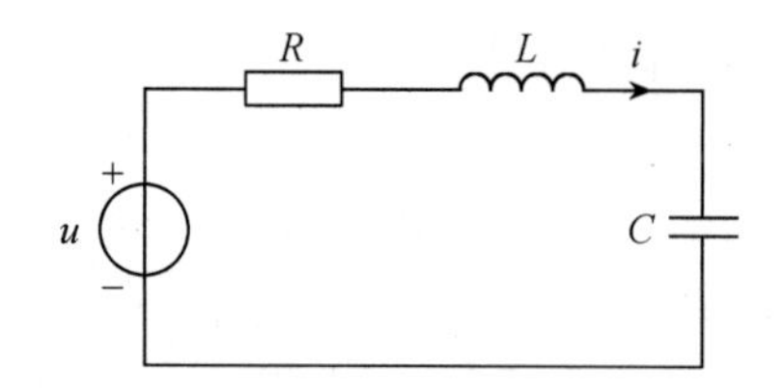

图 5-20 RLC 串联电路

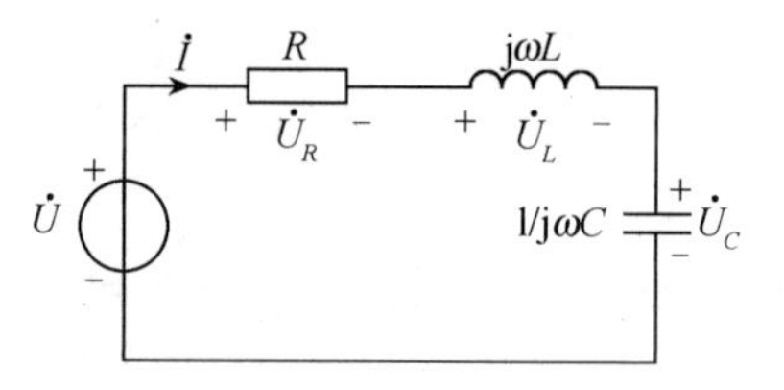

图 5-21 RLC 串联电路的相量模型

又根据各元件伏安特性的相量形式可写出

$$\dot{U}_R = R\dot{I}\ ,\ \dot{U}_L = \mathrm{j}\omega L\dot{I}\ ,\ \dot{U}_C = -\mathrm{j}\frac{1}{\omega C}\dot{I} \tag{5-30}$$

将式(5-30)代入式(5-29)，有

$$\begin{aligned}\dot{U} &= \left[R + \mathrm{j}\left(\omega L - \frac{1}{\omega C}\right)\right]\dot{I}\\ &= [R + \mathrm{j}(X_L - X_C)]\dot{I}\\ &= [R + \mathrm{j}X]\dot{I} = Z\dot{I}\end{aligned} \tag{5-31}$$

式中

$$Z = R + \mathrm{j}X = z\angle\varphi \tag{5-32}$$

Z 称为阻抗，Z 的实部为电阻 R，虚部 $X = X_L - X_C$，是感抗和容抗之差，X 称为电抗。$X>0$，此时电路称为感性电路；$X<0$，此时电路称为容性电路；$X=0$，此时电路是电阻性。电路阻抗的模和辐角分别为

$$z = \sqrt{R^2 + X^2} = \sqrt{R^2 + (X_L - X_C)^2} \tag{5-33}$$

$$\varphi = \arctan\left(\frac{X}{R}\right) = \arctan\left(\frac{X_L - X_C}{R}\right) \tag{5-34}$$

由式(5-31)可知，阻抗 Z 还表示电路的电压相量与电流相量之比，即

$$Z = \frac{\dot{U}}{\dot{I}} = \frac{U\angle\varphi_u}{I\angle\varphi_i} = z\angle(\varphi_u - \varphi_i) = z\angle\varphi \tag{5-35}$$

由此可知，对任意一个无源二端网络，如 RLC 串联电路，可以把阻抗(端口的电压相量与电流相量之比)作为一个参数来表示这个网络的端口特性，也称为等效阻抗。阻抗的模等于电压与电流的有效值之比，阻抗的幅角 φ（称阻抗角)等于电压与电流的相位差，即

$$\begin{cases}\dfrac{U}{I} = z\\ \varphi_u - \varphi_i = \varphi\end{cases} \tag{5-36}$$

这样，阻抗 Z 既可由电路的元件参数及电路的工作频率写出，也可由电路端口处的电压相量与电流相量之比得到。$\dot{U} = Z\dot{I}$，在形式上与欧姆定律相似，也称为相量形式的欧姆定律。

由式(5-36)和式(5-33)，有

$$\begin{aligned}U &= z\cdot I\\ &= \sqrt{R^2 + (X_L - X_C)^2}\cdot I\\ &= \sqrt{(RI)^2 + (X_L - X_C)^2 I^2}\\ &= \sqrt{U_R^2 + (U_L - U_C)^2}\\ &= \sqrt{U_R^2 + U_X^2}\end{aligned} \tag{5-37}$$

式中，U_R 为电阻电压有效值，$U_X = U_L - U_C$ 是电抗电压有效值。

由式(5-33)、(5-34)可看出，电阻 R，电抗 X 与阻抗 z 构成了一个直角三角形，称为阻抗三角形。由式(5-37)可看出，U_R，U_X，U 三个电压的关系也构成了一个直角三角形，称为电压三角形。阻抗三角形和电压三角形是相似三角形，如图 5-22 所示。

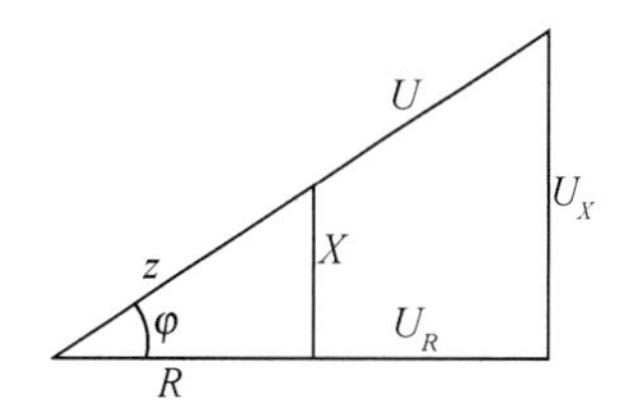

图 5-22　阻抗三角形与电压三角形

【例 5-7】$R=30\Omega$，$L=127\text{mH}$ 的线圈与 $C=39.8\mu\text{F}$ 的电容器串联，接到电压为220V、频率为50Hz的正弦交流电源上，试求通过线圈的电流、线圈电压及电容器电压的相量。

解　由题意可知，这是一个 R，L，C 串联电路，画出其相量模型如图 5-21 所示。电路的阻抗为

$$Z = R + \text{j}\omega L - \text{j}\frac{1}{\omega C} = 30 + \text{j}(40 - 80) = 30 - \text{j}40 = 50\angle -53.1°\Omega$$

设电源电压为参考相量，即

$$\dot{U} = 220\angle 0°\text{V}$$

则电路中的电流

$$\dot{I} = \frac{\dot{U}}{Z} = \frac{220\angle 0°}{50\angle -53.10°} = 4.4\angle 53.1°\text{A}$$

线圈(RL 串联)阻抗

$$Z_{RL} = R + \text{j}X_L = 30 + \text{j}40 = 50\angle 53.1°\Omega$$

线圈电压

$$\dot{U}_{RL} = Z_{RL}\cdot\dot{I} = 50\angle 53.1° \times 4.4\angle 53.1° = 220\angle 106.2°\text{V}$$

电容电压

$$\dot{U}_C = -\text{j}X_C\cdot\dot{I} = -\text{j}80 \times 4.4\angle 53.1° = 352\angle -36.9°\text{V}$$

相量图如图 5-23 所示。

【例 5-8】日光灯正常工作时，如果不计镇流器的电阻，就是一个 L(镇流器)和 R(灯管)的串联电路，如图 5-24 所示。设已知外加电压 $U=220\text{V}$，$f=50\text{Hz}$，电流 $I=0.36\text{A}$，日光灯的功率 $P=40\text{W}$。求镇流器的电感 L。

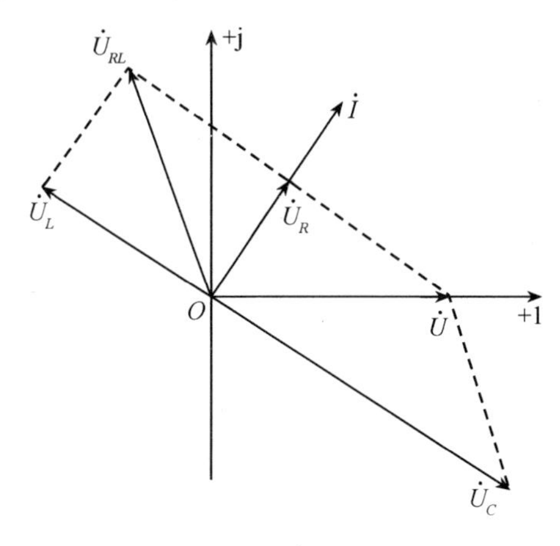

图 5-23　例 5-7 图

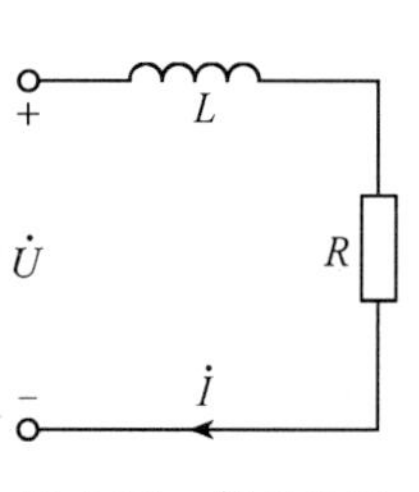

图 5-24　例 5-8 图

解　方法一　电阻消耗功率，故

$$U_R = \frac{P}{I} = \frac{40}{0.36} = 111.1\text{V}$$

据电压三角形，已知 $U_R = 111.1\text{V}$，$U = 220\text{V}$，故

$$U_L = \sqrt{U^2 - U_R^2} = \sqrt{220^2 - 111.1^2} \approx 189.9\text{V}$$

由此得

$$X_L = \frac{U_L}{I} = \frac{189.9}{0.36} = 527.5\Omega$$

$$L = \frac{X_L}{\omega} = 1.679\text{H}$$

方法二　设电流为参考相量，即

$$\dot{I} = 0.36\angle 0°\text{A}$$

则

$$\dot{U} = 220\angle\varphi\text{V}$$

因为 $P = I^2R$，故灯管的电阻为

$$R = \frac{P}{I^2} = \frac{40}{0.36^2} = 308.6\Omega$$

根据式(5-31)，有

$$220\angle\varphi = (308.6 + \text{j}X_L)0.36\angle 0°$$

写成代数形式，有

$$220\cos\varphi + \text{j}220\sin\varphi = 111.1 + \text{j}0.36X_L$$

根据复数相等的条件，得出

$$\begin{cases} 220\cos\varphi = 111.1 \\ 220\sin\varphi = 0.36X_L \end{cases}$$

联立解得

$$\varphi = 59.67°$$
$$X_L = 527.5\Omega$$

故

$$L = \frac{X_L}{\omega} = \frac{527.5}{2\pi \cdot 50} = 1.679\text{H}$$

5.5.2　复导纳

RLC 并联电路的相量模型如图 5-25 所示，设电源电压相量为

$$\dot{U} = U\angle\varphi_u$$

各元件伏安关系的相量形式为

$$\dot{I}_R = G\dot{U},\ \dot{I}_L = -\text{j}\frac{1}{\omega L}\dot{U},\ \dot{I}_C = \text{j}\omega C\dot{U}$$

根据基尔霍夫第一定律的相量形式，可写出

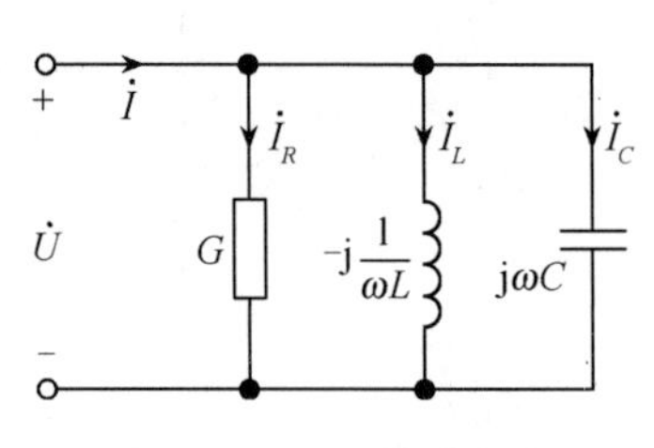

图 5-25　RLC 并联电路

$$\begin{aligned}\dot{I} &= \dot{I}_R + \dot{I}_L + \dot{I}_C \\ &= \left(\frac{1}{R} - \mathrm{j}\frac{1}{\omega L} + \mathrm{j}\omega C\right)\dot{U} \\ &= \left[G + \mathrm{j}\left(\omega C - \frac{1}{\omega L}\right)\right]\dot{U} \\ &= [G + \mathrm{j}(B_C - B_L)]\dot{U} \\ &= [G + \mathrm{j}B]\dot{U} \\ &= Y \cdot \dot{U}\end{aligned} \tag{5-38}$$

式中

$$Y = G + \mathrm{j}B = y\angle\theta = y\angle -\varphi \tag{5-39}$$

称为电路的导纳。导纳的实部是电导 G，虚部 B 称为电纳，是容纳和感纳之差，即 $B = B_C - B_L$。由式(5-38)还可知，$B>0$，电路为容性；$B<0$，电路为感性；$B=0$，电路为阻性。

导纳的模与幅角分别为

$$y = \sqrt{G^2 + B^2} = \sqrt{G^2 + (B_C - B_L)^2} \tag{5-40}$$

$$-\varphi = \arctan\left(\frac{B}{G}\right) = \arctan\left(\frac{B_C - B_L}{G}\right) \tag{5-41}$$

由式(5-38)可知，导纳还表示电流相量与电压相量之比

$$Y = \frac{\dot{I}}{\dot{U}} = \frac{I\angle\varphi_i}{U\angle\varphi_u} = \frac{I}{U}\angle(\varphi_i - \varphi_u) = y\angle\theta = y\angle -\varphi$$

其中

$$y = \frac{I}{U}, \theta = \varphi_i - \varphi_u = -\varphi$$

可见，导纳的模等于电流与电压有效值之比，幅角 θ 称为导纳角，等于电流与电压的相位差，$-\theta$ 是阻抗角 φ。

RLC 并联电路的电流有效值

$$\begin{aligned}I &= yU = \sqrt{G^2 + B^2} \cdot U = \sqrt{G^2 + (B_C - B_L)^2} \cdot U \\ &= \sqrt{(GU)^2 + [(B_C - B_L) \cdot U]^2} = \sqrt{I_R^{\ 2} + (I_C - I_L)^2}\end{aligned} \tag{5-42}$$

【例 5-9】一个 RLC 并联电路，如图 5-25 所示。已知 $R=25\Omega$，$L=2\text{mH}$，$C=5\mu\text{F}$，电流 $I=0.34\text{A}$，电源角频率 $\omega=5000\text{rad/s}$，试求电压 U 和各元件的电流相量。

解 电路的导纳为

$$\begin{aligned}Y &= \frac{1}{R} + \mathrm{j}\omega C - \mathrm{j}\frac{1}{\omega L} \\ &= 0.04 + \mathrm{j}0.025 - \mathrm{j}0.1 = 0.04 - \mathrm{j}0.075 = 0.085\angle -61.93°\text{S}\end{aligned}$$

设电流 $\dot{I}$ 为参考相量

$$\dot{I} = 0.34\angle 0°\text{A}$$

电压相量为

$$\dot{U} = \frac{\dot{I}}{Y} = \frac{0.34\angle 0°}{0.085\angle -61.93°} = 4\angle 61.93°\text{V}, U = 4\text{V}$$

根据

$$\dot{I}_R = G\dot{U}\ ,\ \dot{I}_L = -\mathrm{j}\frac{1}{\omega L}\dot{U}\ ,\ \dot{I}_C = \mathrm{j}\omega C\dot{U}$$

各元件的电流相量分别为

$$\dot{I}_R = G\dot{U} = 0.04 \times 4\angle 61.93^\circ = 0.16\angle 61.93^\circ\mathrm{A}$$

$$\dot{I}_L = -\mathrm{j}\frac{1}{\omega L}\dot{U} = -\mathrm{j}0.1 \times 4\angle 61.93^\circ = 0.4\angle -28.07^\circ\mathrm{A}$$

$$\dot{I}_C = \mathrm{j}\omega C\dot{U} = \mathrm{j}0.025 \times 4\angle 61.93^\circ = 0.1\angle 151.93^\circ\mathrm{A}$$

5.5.3 复阻抗与复导纳的等效变换

图5-26a所示的无源二端网络，当网络端口的电压为 $\dot{U}$，电流为 $\dot{I}$ 时，则网络的阻抗为

$$Z = \frac{\dot{U}}{\dot{I}} = R + \mathrm{j}X$$

用 R 与 jX 串联的等效电路代替这个无源二端网络，称为无源二端网络的串联等效电路，如图5-26b所示。

图5-26a所示的无源二端网络的导纳为

$$Y = \frac{\dot{I}}{\dot{U}} = G + \mathrm{j}B$$

用 G 与 jB 并联的等效电路代替这个无源二端网络，称为无源二端网络的并联等效电路，如图5-26c所示。

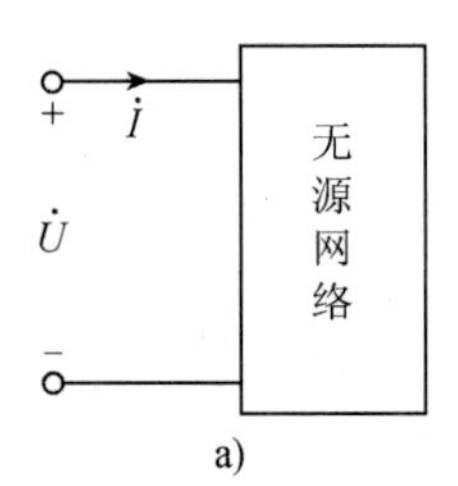

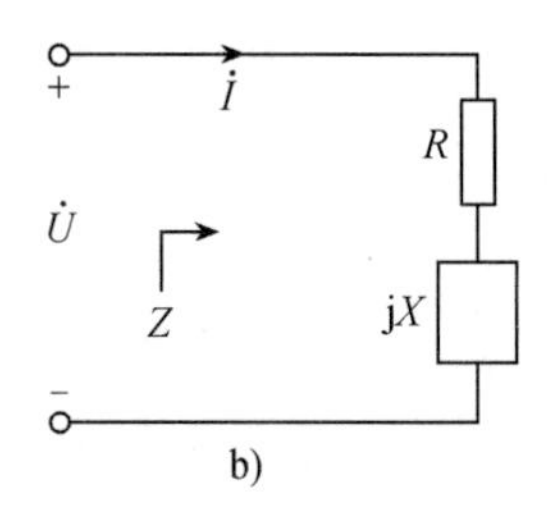

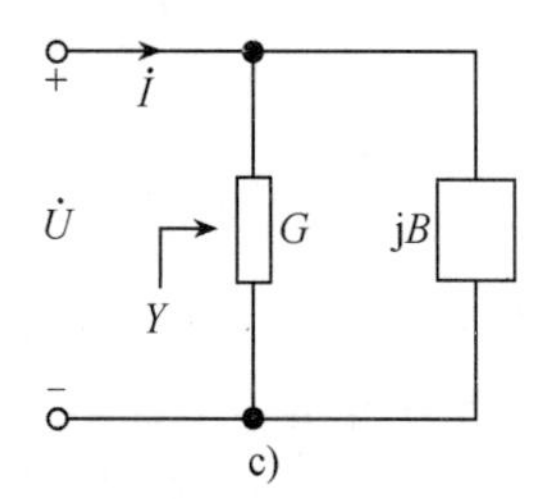

图5-26 无源二端网络的等效电路

一个网络既可用串联等效电路表示，又可用并联等效电路表示。根据 Z 与 Y 互为倒数的关系，可以得到这两个等效电路参数间的关系。

若已知一个无源二端网络的复导纳 $Y=G+\mathrm{j}B$，则该网络的阻抗 Z 为

$$Z = \frac{1}{Y} = \frac{1}{G+\mathrm{j}B} = \frac{G}{G^2+B^2} + \mathrm{j}\frac{-B}{G^2+B^2} = R + \mathrm{j}X \tag{5-43}$$

同理，若已知一个无源二端网络的阻抗 $Z = R + \mathrm{j}X$，也可求出该网络的导纳

$$Y = \frac{1}{Z} = \frac{1}{R+\mathrm{j}\omega L} = \frac{R}{R^2+(\omega L)^2} + \mathrm{j}\frac{-\omega L}{R^2+(\omega L)^2} = G + \mathrm{j}B \tag{5-44}$$

【例5-10】有一 RLC 串联电路，其中 $R=5\Omega$，$L=0.01\mathrm{H}$，$C=100\mu\mathrm{F}$，试在下列两种频率下求其串联等效电路和并联等效电路参数：1) $f=50\mathrm{Hz}$；2) $f=500\mathrm{Hz}$。

解 1) $f=50\mathrm{Hz}$ 时，电路的复阻抗为

$$Z = R + \mathrm{j}\left(\omega L - \frac{1}{\omega C}\right) = 5 + \mathrm{j}\left(100\pi \times 0.01 - \frac{10^6}{100\pi \times 100}\right)$$

$$= 5 + \mathrm{j}(3.14 - 31.83) = 5 - \mathrm{j}28.69\Omega$$

因电抗为负值，故电路呈容性，其串联等效电路是由电阻和电容构成，如图 5-27a 所示。等效电容为

$$C=\frac{1}{\omega X_C}=\frac{1}{100\pi\times 28.69}=110.9\mu\mathrm{F}$$

这个电路的等效导纳为

$$Y=\frac{1}{Z}=\frac{1}{5-\mathrm{j}28.69}=\frac{1}{29.12\angle-80.11^\circ}$$

$$=0.03434\angle 80.11^\circ=0.005898+\mathrm{j}0.03383\mathrm{S}$$

因电纳为正值，故电路呈容性，其并联等效电路是由电导和电容构成，如图 5-27b 所示，其中等效电导为

$$G=0.005898\mathrm{S}$$

电容为

$$C=\frac{B_C}{\omega}=\frac{0.033}{100\pi}=0.0001077\mathrm{F}=107.7\mu\mathrm{F}$$

2) $f=500\mathrm{Hz}$ 时，电路的复阻抗为

$$Z=5+\mathrm{j}\left(1000\pi\times 0.01-\frac{10^6}{1000\pi\times 100}\right)$$

$$=5+\mathrm{j}(31.42-3.183)=5+\mathrm{j}28.24\Omega$$

因电抗为正，故电路呈感性，其串联等效电路是由电阻与电感串联，如图 5-27c 所示。其中电感为

$$L=\frac{X_L}{\omega}=\frac{28.24}{1000\pi}=0.008989\mathrm{H}=8.989\mathrm{mH}$$

这个电路的等效导纳为

$$Y=\frac{1}{Z}=\frac{1}{5+\mathrm{j}28.24}=\frac{5}{5^2+28.24^2}-\mathrm{j}\frac{28.24}{5^2+28.24^2}=0.006079-\mathrm{j}0.034\mathrm{S}$$

因电纳为负值，故电路呈感性，其并联等效电路是由电导和感纳并联，如图 5-27d 所示。其中电导为

$$G=0.006079\mathrm{S}$$

电感为

$$L=\frac{1}{\omega B_L}=\frac{1}{1000\pi\times 0.03434}=0.009268\mathrm{H}=9.268\mathrm{mH}$$

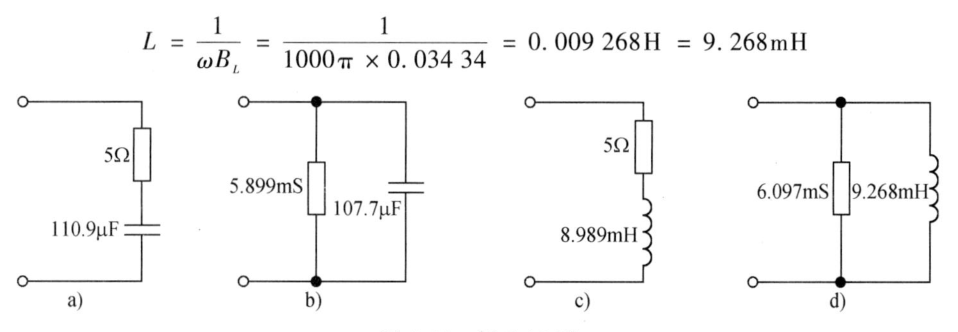

图 5-27　例 5-10 图

从计算结果可知，电路的性质与频率有关。在某一频率下得出的等效参数，只在电路工作在该频率时才是有效的。

5.6 正弦交流电路的功率

本节先分别讨论电阻、电感、电容三个元件的功率特点，然后讨论一般二端网络的功率特点与计算。

当电路中的电压、电流随时间变化时，一个元件或者一个二端网络在某瞬间吸收的功率也是随时间变化的，称为瞬时功率，用 $p(t)$ 表示，它等于电压瞬时值与电流瞬时值的乘积，即

$$p(t) = u(t) \cdot i(t) \tag{5-45}$$

对于元件或电路消耗的功率，采用平均功率（也称有功功率）表示，它是瞬时功率在一个周期内的平均值，用大写字母 P 表示，即

$$P = \frac{1}{T}\int_0^T p\mathrm{d}t = \frac{1}{T}\int_0^T u \cdot i\mathrm{d}t \tag{5-46}$$

平均功率的单位是瓦特，简称瓦。

5.6.1 电阻、电感、电容元件的功率

1. 电阻元件的功率

设电阻元件的电流与电压为关联参考方向。当电阻元件的电流为 $i = I_{\mathrm{m}}\sin(\omega t)$ 时，电压为 $u = iR = U_{\mathrm{m}}\sin(\omega t)$，将其代入式(5-45)中，则电阻元件的瞬时功率为

$$\begin{aligned} p &= u \cdot i = \sqrt{2}U\sin(\omega t) \cdot \sqrt{2}I\sin(\omega t) \\ &= 2UI\sin^2(\omega t) = UI - UI\cos(2\omega t) \end{aligned} \tag{5-47}$$

瞬时功率的波形如图 5-28 所示。瞬时功率的频率是电流频率的 2 倍。瞬时功率是非负值，这说明电阻总是消耗功率的（$P=0$ 时除外）。

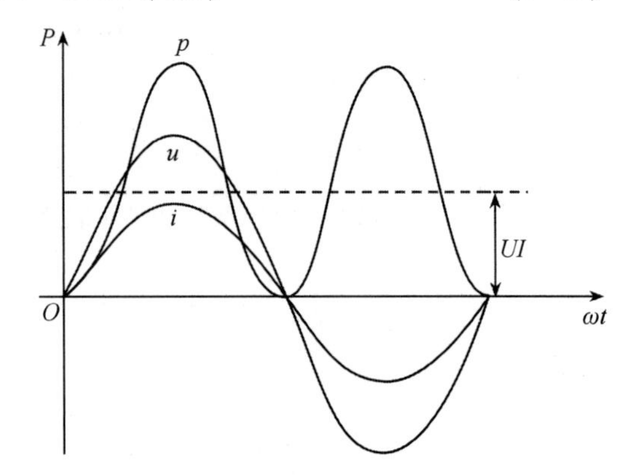

图 5-28 电阻元件的瞬时功率

根据式(5-46)，电阻元件消耗的功率，即平均功率（也称有功功率）为

$$\begin{aligned} P &= \frac{1}{T}\int_0^T p\mathrm{d}t = \frac{1}{T}\int_0^T (UI - UI\cos(2\omega t))\mathrm{d}t \\ &= \frac{1}{T}\int_0^T UI\mathrm{d}t - \frac{1}{T}\int_0^T UI\cos(2\omega t)\mathrm{d}t \\ &= UI \end{aligned} \tag{5-48}$$

由于 $U = RI$，式(5-48)也可写成

$$P = I^2R = U^2/R = U^2G \tag{5-49}$$

【例 5-11】有 100W，220V 的灯泡，接于 $u = \sqrt{2} \cdot 220\sin(\omega t + 60°)$V 的电源上。求流经灯泡的电流瞬时值表达式（$\omega = 314$rad/s）。

解 灯泡可看成是一个电阻。

因为

$$P = U^2/R$$

则

$$R = U^2/P = 484\Omega$$

且

$$\dot{I} = \frac{\dot{U}}{R} = \frac{220\angle 60°}{484} = 0.455\angle 60°\text{A}$$

所以

$$i = \sqrt{2} \cdot 0.455\sin(\omega t + 60°)\text{A}$$

2. 电感元件的功率

设电感元件的电流与电压为关联参考方向，当 $i = I_m\sin(\omega t)$ 时，

$$u = L\frac{\mathrm{d}i}{\mathrm{d}t} = U_m\sin\left(\omega t + \frac{\pi}{2}\right)$$

其瞬时功率为

$$\begin{aligned} p &= u \cdot i = U_m\sin\left(\omega t + \frac{\pi}{2}\right) \cdot I_m\sin(\omega t) \\ &= U_m I_m\cos(\omega t)\sin(\omega t) \\ &= UI\sin(2\omega t) \end{aligned} \tag{5-50}$$

由式(5-50)看出，瞬时功率的频率是电流频率的两倍。

图5-29给出了电感上电压、电流、瞬时功率及瞬时能量的波形图。由图5-29可知，在第一个四分之一周期内，由于电压与电流同为正值，瞬时功率应为正值，说明了电感吸收电能并转换成磁场能量储存在磁场中，此能量为 $W_L = \frac{1}{2}Li^2$，它随电流增大而增加，当电流达到最大值时，W_L 也达最大值。在第二个四分之一周期内，电感电流为正值，电压为负值，瞬时功率为负值，说明了电感释放原先储存的能量，在此期间电流下降，磁场能量减少，到第二个四分之一周期结束时，电流下降到零，磁场能量全部放出。这说明，电感与外部电路之间存在能量交换。第三个和第四个四分之一周期的情况分别与第一个和第二个四分之一周期相似，这里不再重复叙述。

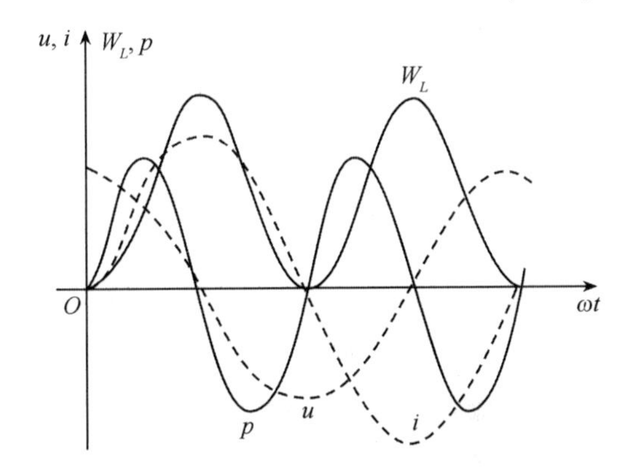

图5-29 电感元件的瞬时功率

电感在一个周期内吸收的平均功率为

$$P = \frac{1}{T}\int_0^T p\mathrm{d}t = \frac{1}{T}\int_0^T UI\sin(2\omega t)\mathrm{d}t = 0 \tag{5-51}$$

可见电感只是储存能量，并不消耗能量。电感虽然不消耗能量，但是它在某一段时间从外部电路吸收功率，为了表示这部分功率的大小，将电感从外部电路吸收功率的最大值，即电感瞬时功率的最大值，定义为无功功率，用大写字母 Q_L 表示

$$Q_L = UI$$

根据电感电压电流的有效值关系 $U = IX_L$，上式还可写成

$$Q_L = UI = I^2X_L = U^2/X_L \tag{5-52}$$

无功功率的单位称为无功伏安，简称乏，用 var 表示。

3. 电容元件的功率

设电容元件的电流与电压为关联参考方向，且电容电流为

$$i = I_m \sin(\omega t)$$

则电容电压为

$$u = U_m \sin\left(\omega t - \frac{\pi}{2}\right)$$

电容元件的瞬时功率为

$$p = u \cdot i = I_m \sin(\omega t) \cdot U_m \sin\left(\omega t - \frac{\pi}{2}\right)$$

$$= -I_m \sin(\omega t) \cdot U_m \cos(\omega t) = -UI\sin(2\omega t) \tag{5-53}$$

由式(5-53)看出，电容元件的瞬时功率表达式中有负号，说明电容元件的瞬时功率与电感元件的瞬时功率是互相抵消的。图5-30给出了电容电压、电流、瞬时功率及瞬时能量的波形图。在一个周期内的充放电分析过程可参考电感元件的分析过程。

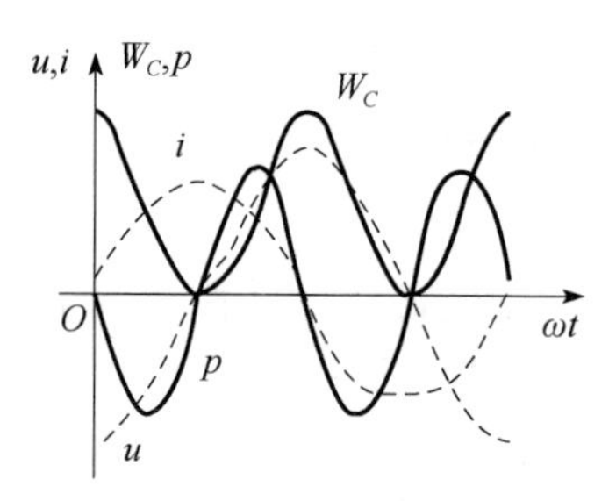

图5-30 电容元件的瞬时功率

电容元件吸收的平均功率为

$$P = \frac{1}{T}\int_0^T p\mathrm{d}t = \frac{1}{T}\int_0^T ui\mathrm{d}t$$

$$= \frac{1}{T}\int_0^T -UI\sin(2\omega t)\mathrm{d}t = 0 \tag{5-54}$$

与电感元件类似，电容元件储存电场能量，并不消耗功率。所以，其平均功率等于零。电容虽然不消耗能量，但通过瞬时功率可以看出，它在某一段时间从外部电路吸收功率，即与外部电路之间存在能量交换，将电容从外部电路吸收功率的最大值，即电容瞬时功率的最大值，定义为无功功率，用大写字母 Q_C 表示，

$$Q_C = -UI = -I^2X_C = -U^2/X_C \tag{5-55}$$

Q_C 单位与 Q_L 单位一样，也称为无功伏安，简称乏，用 var 表示。

5.6.2 无源二端网络的功率

本节讨论无源二端网络的功率。与上述单个元件功率情况不同的是，通常无源二端网络由耗能元件和储能元件组成，耗能与储能会同时发生，使得功率的分析更复杂些。

1. 瞬时功率

对图5-31所示的无源二端网络，设电流初相位为0，则电压的初相位为 φ，即

$$i = I_m \sin(\omega t)$$

$$u = U_m \sin(\omega t + \varphi)$$

该无源二端网络吸收的瞬时功率为

$$p = u \cdot i = U_m I_m \sin(\omega t + \varphi) \cdot \sin(\omega t)$$

$$= \frac{1}{2}U_m I_m [\cos\varphi - \cos(2\omega t + \varphi)]$$

$$= UI\cos\varphi - UI\cos(2\omega t + \varphi) \tag{5-56}$$

从式(5-56)可以看出，瞬时功率由两部分组成，一部分是恒定分量 $UI\cos\varphi$，另一部分是余弦分量，其频率是电源频率的两倍。瞬时功率曲线如图 5-32 所示。由图 5-32 可看出，由于 $0<\varphi<90°$，故 p 值有正有负，且正负面积不等。当 $p>0$ 时，表示该二端网络吸收功率；当 $p<0$ 时，表示该二端网络发出功率，这是因为无源二端网络内既有耗能元件也有储能元件。

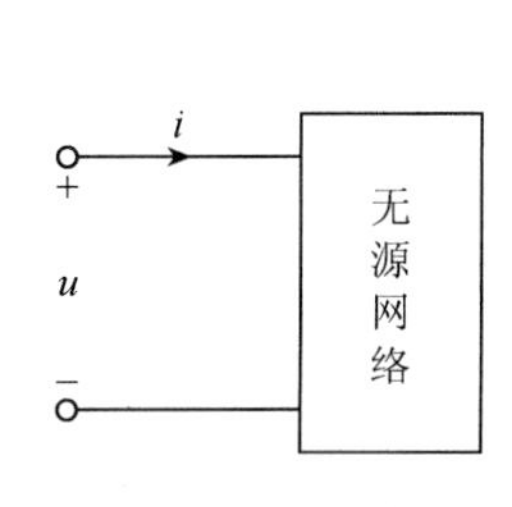

图 5-31　无源二端网络

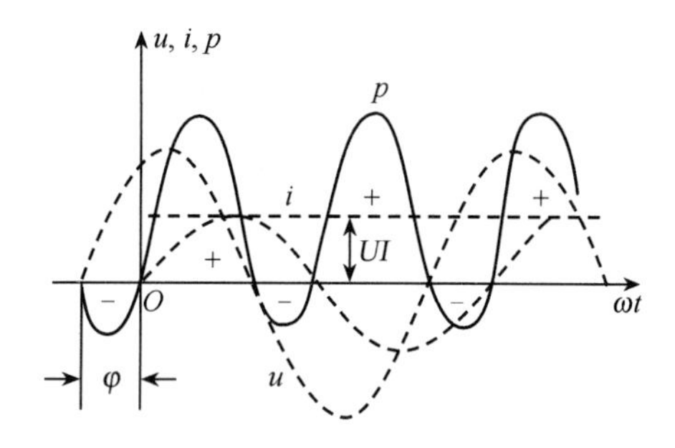

图 5-32　无源二端网络吸收的瞬时功率

2. 平均功率与功率因数

无源二端网络中耗能元件吸收的功率用平均功率表示，即对式(5-56)所示的瞬时功率计算平均值

$$P=\frac{1}{T}\int_0^T p\mathrm{d}t=\frac{1}{T}\int_0^T UI[\cos\varphi-\cos(2\omega t+\varphi)]\mathrm{d}t=UI\cos\varphi \tag{5-57}$$

式(5-57)说明，在正弦交流电路中，无源二端网络吸收的平均功率不仅与网络的电压和电流的有效值有关，而且还与电压与电流的相位差有关。式中，$\cos\varphi$ 称为功率因数，φ 是该无源二端网络的阻抗角。纯电阻电路的功率因数等于 1；纯电抗电路的功率因数等于零。一般情况下，功率因数在 0 与 1 之间。

如果该无源二端网络用复阻抗 $Z=R+\mathrm{j}X$ 表示，则平均功率还可表示为

$$P=UI\cos\varphi=I^2\frac{U}{I}\cos\varphi=I^2z\cos\varphi=I^2R$$

3. 视在功率、无功功率

视在功率是用来表示某些电气设备容量的，如发电机提供的电压是由发电机的绝缘性能限定的，称为额定电压；它提供的最大电流则是由导线的材料、截面和散热条件确定的，称为额定电流，额定电压与额定电流通常用有效值表示，二者的乘积表示这台发电机的容量，即表示这台发电机可能提供的最大功率，称为视在功率，用大写字母 S 表示，即

$$S=UI \tag{5-58}$$

视在功率的单位为伏安(VA)，或千伏安(kVA)。

无源二端网络中的无功功率，仍定义为储能元件吸收的最大功率，即储能元件瞬时功率的最大值。由式(5-56)表示的无源二端网络的瞬时功率表达式还可以写成

$$\begin{aligned}p&=UI\cos\varphi-UI\cos(2\omega t+\varphi)\\&=UI\cos\varphi-UI\cos\varphi\cos(2\omega t)+UI\sin\varphi\sin(2\omega t)\\&=UI\cos\varphi(1-\cos(2\omega t))+UI\sin\varphi\cdot\sin(2\omega t)\end{aligned} \tag{5-59}$$

上式的前一部分和电阻元件的瞬时功率表达式式(5-47)相似。式(5-59)的后一部分和

储能元件的瞬时功率表达式式(5-50)相似，是无源二端网络中储能元件的瞬时功率表达式，以其最大值定义无功功率，即

$$Q = UI\sin\varphi \tag{5-60}$$

无功功率的单位仍是无功伏安，简称乏(var)或千乏(kvar)。

由于阻抗角 φ 有正负之分，故无功功率有正负之分，对于感性电路，$\varphi > 0$，Q 为正值；对于容性电路，$\varphi < 0$，Q 为负值。

根据式(5-57)、式(5-58)和式(5-60)可以看出，平均功率、视在功率和无功功率三者的关系如式(5-61)所示，可以用一直角三角形表示(称为功率三角形)，如图 5-33 所示。

$$\begin{cases} S = \sqrt{P^2 + Q^2} \\ \varphi = \arctan\dfrac{Q}{P} \end{cases} \tag{5-61}$$

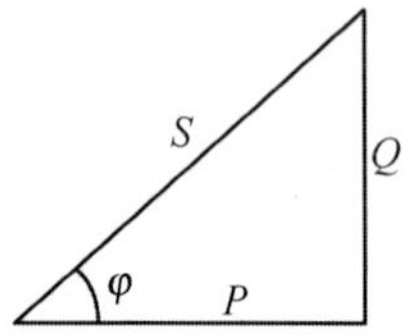

图 5-33 功率三角形

它与同一电路的电压三角形、阻抗三角形是相似三角形。

【例 5-12】已测得日光灯电压的有效值 $U = 215\text{V}$，电流有效值 $I = 0.24\text{A}$，平均功率 $P = 40\text{W}$，试求日光灯功率因数、无功功率和视在功率。

解 由平均功率表达式，可求出功率因数

$$\cos\varphi = \frac{P}{UI} = \frac{40}{215 \times 0.24} = 0.775$$

且

$$\begin{aligned} \varphi &= 39.2° \\ S &= UI = 215 \times 0.24 = 51.6\text{VA} \\ Q &= UI\sin\varphi = 215 \times 0.24\sin 39.2° = 32.6\text{var} \end{aligned}$$

4. 复功率

为了能直接用电压相量和电流相量计算功率，我们引出了复功率的概念。复功率是一个二端网络的电压相量与电流相量的共轭复数之积，用 $\tilde{S}$ 表示。设电流的初相位是 φ_i，则

$$\begin{aligned} \tilde{S} &= \dot{U}\dot{I}^* = U\mathrm{e}^{\mathrm{j}\varphi_u} \cdot I\mathrm{e}^{-\mathrm{j}\varphi_i} = UI\mathrm{e}^{\mathrm{j}(\varphi_u - \varphi_i)} \\ &= UI\mathrm{e}^{\mathrm{j}\varphi} = UI\cos\varphi + \mathrm{j}UI\sin\varphi = P + \mathrm{j}Q \end{aligned} \tag{5-62}$$

由上式可知，一个无源二端网络的复功率的实部是有功功率 P，虚部是无功功率 Q。复功率的模是视在功率 S，复功率的角是该网络的阻抗角 φ。

【例 5-13】图 5-34 所示电路图中，已知 $R_1 = 20\Omega$，$X_1 = 60\Omega$，$R_2 = 30\Omega$，$X_2 = 40\Omega$，$R_3 = 45\Omega$，电源电压有效值为 $U = 220\text{V}$。求电路为复功率、功率因数、有功功率和无功功率。

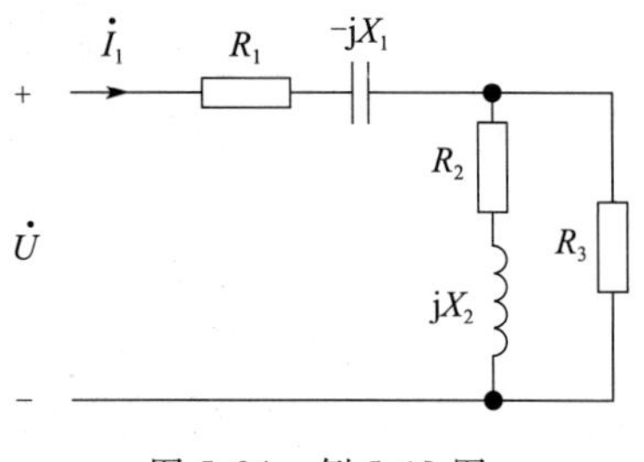

图 5-34 例 5-13 图

解 仿照电阻电路分析、电路的总等效阻抗为

$$Z = R_1 - \mathrm{j}X_1 + \frac{(R_2 + \mathrm{j}X_2) \cdot R_3}{R_2 + \mathrm{j}X_2 + R_3}$$

$$= 20 - j60 + \frac{(30 + j40) \times 45}{30 + j40 + 45}$$
$$= 20 - j60 + 23.98 + j11.21$$
$$= 43.98 - j48.79$$
$$= 65.69\angle -47.97°\Omega$$

设电源电压为参考相量，即 $\dot{U} = 220\angle 0°\text{V}$，则

$$\dot{I}_1 = \frac{220\angle 0°}{65.69\angle -47.97°} = 3.349\angle 47.97°\text{A}$$

所以，电路的复功率为

$$\tilde{S} = \dot{U}\dot{I}_1^* = 220\angle 0° \times 3.349\angle -47.97°$$
$$= 736.81\angle -47.97° = 493.3 - j547.3\text{VA}$$

功率因数为

$$\cos\varphi = \cos(-47.97°) = 0.6695$$

由复功率，可得

$$P = 493.3\text{W},\ Q = -547.3\text{var}$$

5.6.3　功率因数的提高

当负载的功率因数比较低时，电路中会有较大的无功功率，由此带来的主要问题是发电设备的利用率降低和输电线路的损耗增大。比如，发电设备容量 $S = UI$，当 $\cos\varphi = 1$ 时，负载吸收有功功率 $P = S\cos\varphi = S$，即设备容量全部用于做功；而当 $\cos\varphi = 0.5$ 时，$P = S\cos\varphi = 0.5S$，即设备容量只有一半用于做功，造成设备浪费。另外，由于 $I = \frac{P}{U\cos\varphi}$，在一定电压和功率情况下，当负载功率因数降低时，电流增大，从而使输电线路损耗增加。

因此，需要研究提高功率因数的方法。以感性负载为例，因为电感与电容产生的无功功率是互相抵消的，所以常用的方法是在电感性负载两端并联电容器，如图 5-35a 所示。设电压 $\dot{U}$ 为参考相量(初相位为 0)，感性负载支路电流落后 $\dot{U}$ φ 角，电容支路电流超前 $\dot{U}$ 90°，电路的相量图如图 5-35b 所示，从相量图可以看出，并联电容器以后，由于 $\dot{I}_C$ 的作用，使得阻抗角 φ'小于并联电容器以前的阻抗角 φ，提高了功率因数，同时总电流 $\dot{I}$ 的有效值也减小了。

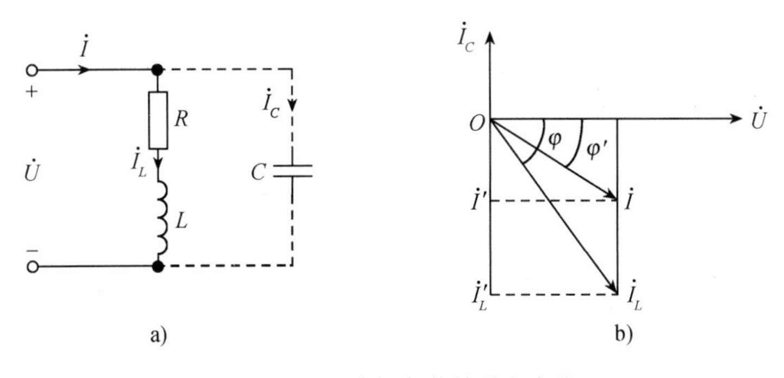

图 5-35　电感性负载并联电容器

下面讨论如何根据功率因数的期望值计算并联的电容数值。

图 5-35a 所示电路的负载电流为 I_L，负载功率因数为 $\cos\varphi$，端电压有效值为 U，则有

$$I_L = \frac{P}{U\cos\varphi}$$

由图 5-35b 所示的电路的各支路的电压、电流关系相量图可以看出，I_L 在纵轴上的投影 I'_L 为

$$I'_L = \frac{P}{U\cos\varphi}\sin\varphi = \frac{P}{U}\tan\varphi$$

并联电容之后，根据基尔霍夫第一定律有

$$\dot{I} = \dot{I}_C + \dot{I}_L$$

式中，$\dot{I}_L$ 是负载电流，与并联电容前数值相同。但线路中总电流 $\dot{I}$ 发生了变化，它在纵轴上的投影为

$$I' = \frac{P}{U\cos\varphi'}\sin\varphi' = \frac{P}{U}\tan\varphi'$$

因为

$$I_C = U \cdot \omega C$$

且由图 5-45b 所示的相量图可以看出

$$I_C = I'_L - I'$$

所以

$$U\omega C = \frac{P}{U}(\tan\varphi - \tan\varphi')$$

即

$$C = \frac{P}{U^2\omega}(\tan\varphi - \tan\varphi') \tag{5-63}$$

式(5-63)为将电路的功率因数从 $\cos\varphi$ 提高到 $\cos\varphi'$ 需并联电容值的计算公式。

【例 5-14】 如图 5-36 所示电路中，已知 $U=220\text{V}$，感性负载吸收的有功功率 $P=100\text{kW}$，$\cos\varphi = 0.85$，$f=50\text{Hz}$，试求

1）通过负载的电流 I_L 及未并联电容时电源的视在功率 S。

2）欲将功率因数提高到 0.95，应并联多大电容？

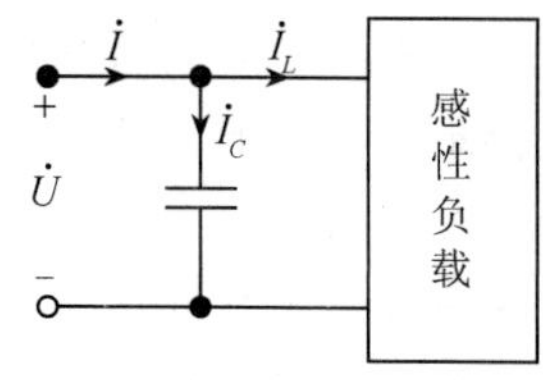

图 5-36　例 5-14 图

解　1）根据 $P = UI\cos\varphi$，可求出负载的电流为

$$I_L = \frac{P}{U\cos\varphi} = \frac{100 \times 10^3}{220 \times 0.85} = 534.8\text{A}$$

由此电流可求出电源的视在功率：

$$S = UI_L = 220 \times 534.8 = 117.66 \times 10^3\text{VA} = 117.66\text{kVA}$$

2）由式(5-63)，可求出并联电容值。

当 $\cos\varphi' = 0.95$ 时，$\varphi' = 18.19°$

当 $\cos\varphi = 0.85$ 时，$\varphi = 31.79°$

$$C = \frac{P}{U^2\omega}(\tan\varphi - \tan\varphi')$$

$$= \frac{100 \times 10^3}{220^2 \times 314}(0.6198 - 0.3286)$$

$$= \frac{10^5}{152 \times 10^5} \times 0.2912$$

$$= 1.916 \times 10^{-3}\text{F} = 1916\mu\text{F}$$

并联电容后的视在功率

$$S = \frac{P}{\cos\varphi'} = \frac{100 \times 10^3}{0.95} = 105.26 \times 10^3 \text{VA}$$

可见，并联电容后，电源的视在功率比并联电容前减小了，这说明电路对电源容量的要求降低了。

5.6.4　传输最大功率

如图 5-37 所示电路中的电源电压 $\dot{U}_S$，内阻抗 $Z_i = R_i + jX_i$ 均已确定，负载阻抗 $Z = R + jX$，且电阻 R 与 X 均可独立变化。试讨论负载获取最大功率的条件。

负载获取的功率为

$$P = I^2 R = \left[\frac{U_S}{\sqrt{(R_i + R)^2 + (X_i + X)^2}}\right]^2 R$$

$$= \frac{U_S^2}{(R_i + R)^2 + (X_i + X)^2} R$$

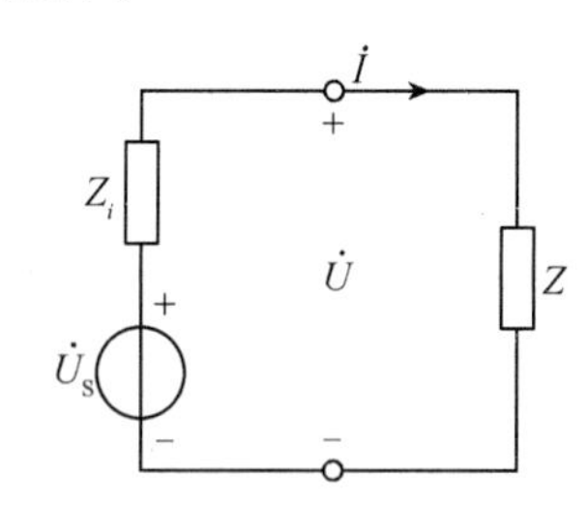

图 5-37　负载获取的功率

式中，R_i、X_i 及 U_S 为定值。若仅改变 X，使

$$X_i + X = 0$$

即

$$X = -X_i \tag{5-64}$$

此时，P 为

$$P = \frac{U_S^2}{(R_i + R)^2} R$$

再讨论 P 随 R 变化的极值情况，与直流电阻电路获最大功率的分析方法相同，即令 $\frac{dP}{dR} = 0$，可得到负载获取最大功率时的 R 值，即

$$R = R_i \tag{5-65}$$

结论：当负载阻抗 $Z = R + jX$ 满足下述条件

$$R = R_i,\ X = -X_i \tag{5-66}$$

即负载阻抗与电源内阻抗为共轭复数（$Z = Z_i^*$）时，负载获得最大功率，称为共轭匹配。此最大功率为

$$P_{max} = \frac{U_S^2}{4R_i}$$

【例 5-15】 如图 5-38a 所示正弦电路，已知 $U_S = 10\text{V}$，$\omega = 10^3 \text{rad/s}$，$Z_N$ 为何值时它获得最大功率？P_{Zmax} 为多大？

解　利用戴维南定理，求出网络 N 的戴维南等效电路如图 5-38b 所示。当 $Z_N = Z_i^*$ 时，负载获得最大功率。

$$Z_i = \frac{R_1 R_2}{R_1 + R_2} + j\omega L = R_i + jX_i = (1.2 + j1.5)\text{k}\Omega$$

$$\dot{U}_0 = \frac{R_2}{R_1 + R_2}\dot{U}_S = \frac{2}{5} \times 10 = 4\text{V}$$

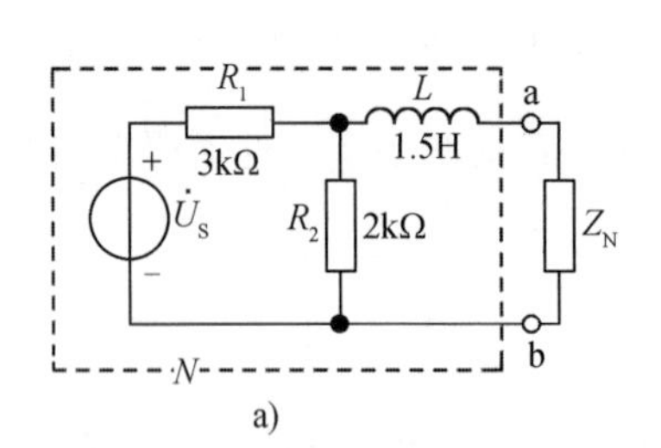

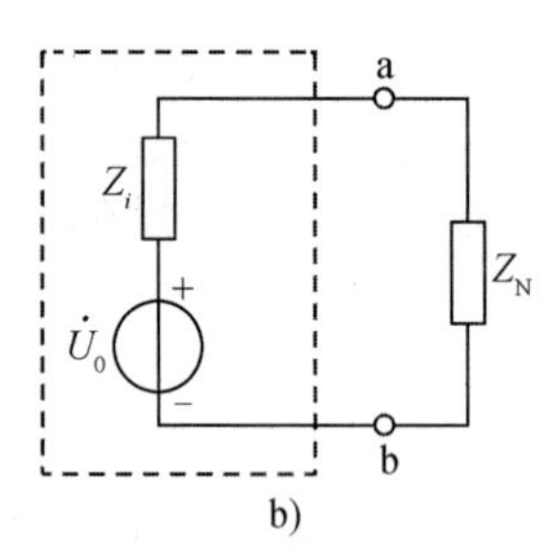

图 5-38　例 5-15 电路

为使负载获得的最大功率，应有

$$Z_N = Z_i^* = 1.2 - \text{j}1.5\text{k}\Omega$$

Z_N 为容性负载，其中

$$R_N = 1.2\text{k}\Omega, X_N = \frac{1}{\omega C} = 1.5\text{k}\Omega$$

$$C = \frac{1}{\omega X_N} = \frac{1}{10^3 \times 1.5 \times 10^3} = 0.67\mu\text{F}$$

负载获得的最大功率为

$$P_{Z\max} = \frac{U_0^2}{4R_i} = \frac{4^2}{4 \times 1.2 \times 10^3} = 3.33\text{mW}$$

5.7 正弦稳态电路的计算

由于相量形式的基尔霍夫定律和相量形式的各元件电压电流关系，在形式上与时域形式的基尔霍夫定律和欧姆定律的表达式相同，因此，在第 1、2、3 章中依据时域基尔霍夫定律和欧姆定律推导出的电阻电路分析方法和电路定理等，在正弦稳态电路的相量分析中是适用的，进一步说，只要把电阻电路公式中的 U、I、R、G 改为 $\dot{U}$、$\dot{I}$、Z、Y，就可将电阻电路的分析和计算方法应用于正弦稳态电路的相量分析和计算。只是直流电阻电路处理的是实数代数方程，而正弦稳态电路的相量分析法处理的是复数代数方程。

在正弦稳态电路的相量分析中，若电路中各正弦量的初相位都是未知时，须选定其中 1 个正弦量作为参考正弦量，其初相位设为 0 或者其他合适的数值。

1. 简单电路分析

【例 5-16】图 5-39 所示电路中，已知 $R_1 = 20\Omega$，$X_1 = 60\Omega$，$R_2 = 30\Omega$，$X_2 = 40\Omega$，$R_3 = 45\Omega$，电源电压有效值为 $U = 220\text{V}$。求电流相量 $\dot{I}_1$，$\dot{I}_2$，$\dot{I}_3$。

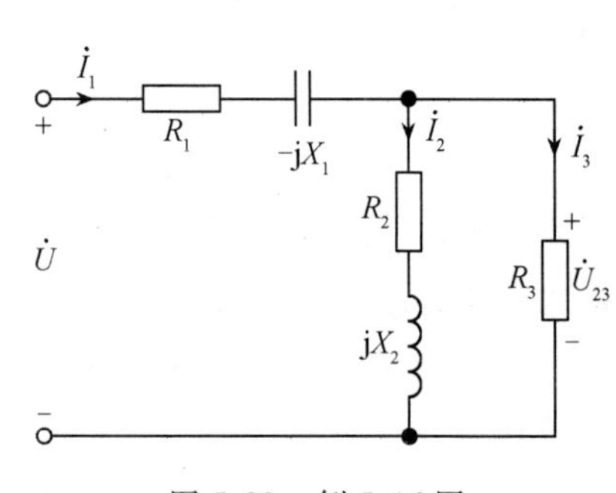

图 5-39　例 5-16 图

解　仿照电阻电路的分析，R_2 与 $\text{j}X_2$ 串联，故支路 2 的阻抗是

$$Z_2 = R_2 + \text{j}X_2 = 30 + \text{j}40 = 50\angle 53.13°\Omega$$

Z_2 与 R_3 并联的等效阻抗为

$$Z_{23}=\frac{Z_2R_3}{Z_2+R_3}=\frac{50\angle 53.13°\times 45}{30+\mathrm{j}40+45}=\frac{2250\angle 53.13°}{85\angle 28.07°}$$
$$=26.47\angle 25.06°=23.98+\mathrm{j}11.21\Omega$$

支路1的阻抗为

$$Z_1=R_1-\mathrm{j}X_1=20-\mathrm{j}60=63.25\angle -71.57°\Omega$$

电路的等效阻抗为

$$Z=Z_1+Z_{23}=20-\mathrm{j}60+23.98+\mathrm{j}11.21$$
$$=43.98-\mathrm{j}48.79=65.69\angle -47.97°\Omega$$

设电源电压为参考正弦量，即

$$\dot{U}=U\angle 0°=220\angle 0°\mathrm{V}$$

则

$$\dot{I}_1=\frac{\dot{U}}{Z}=\frac{220\angle 0°}{65.69\angle -47.97°}=3.349\angle 47.97°\mathrm{A}$$
$$\dot{U}_{23}=\dot{I}_1\cdot Z_{23}=26.47\angle 25.06°\times 3.349\angle 47.97°=88.65\angle 73.03°\mathrm{V}$$
$$\dot{I}_2=\frac{\dot{U}_{23}}{Z_2}=\frac{88.65\angle 73.03°}{50\angle 53.13°}=1.773\angle 19.9°\mathrm{A}$$
$$\dot{I}_3=\frac{\dot{U}_{23}}{Z_3}=\frac{88.65\angle 73.03°}{45}=1.97\angle 73.03°\mathrm{A}$$

2. 支路法、回路法和节点法的应用

【例5-17】如图5-40a所示电路，已知 $u_{S1}=\sqrt{2}100\sin(\omega t)\mathrm{V}$，$u_{S2}=\sqrt{2}100\sin(\omega t+90°)\mathrm{V}$，电路元件参数为 $R=5\Omega$，$X_L=5\Omega$，$X_C=2\Omega$，试求各支路电流。

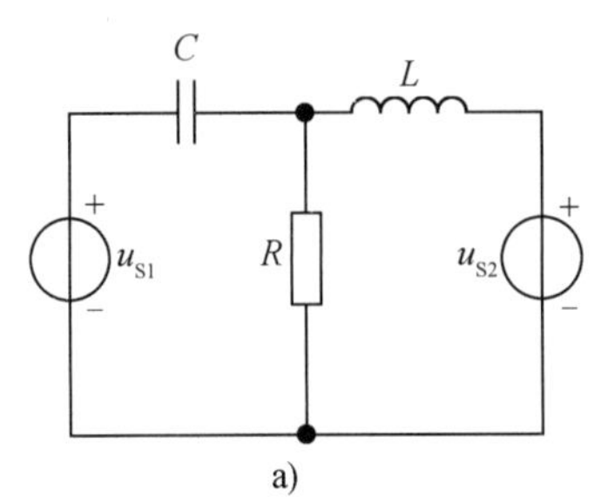

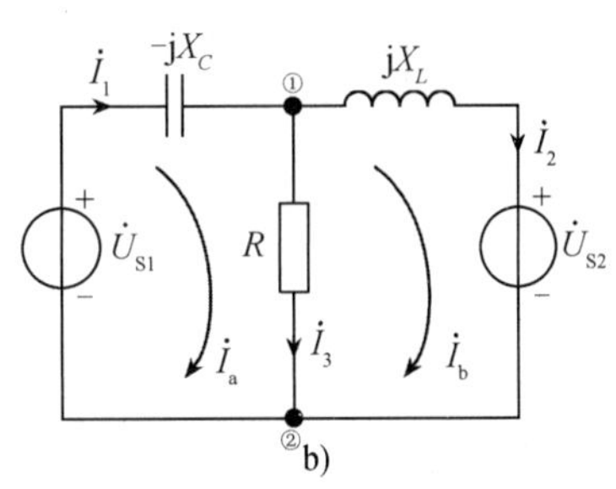

图5-40　例5-17图

解　首先画出图5-40a所示电路的相量模型，如图5-40b所示，然后可选用各种电路分析方法求解，图中 $\dot{U}_{S1}=100\angle 0°\mathrm{V}$，$\dot{U}_{S2}=100\angle 90°\mathrm{V}$。本题分别用支路电流法和回路电流法求解。

1）用支路电流法求解。仿照第2章电阻电路的分析方法，按基尔霍夫两定律的相量形式列出电路方程

$$-\dot{I}_1+\dot{I}_2+\dot{I}_3=0 \tag{5-67}$$
$$-\mathrm{j}X_C\dot{I}_1+R\dot{I}_3=\dot{U}_{S1} \tag{5-68}$$
$$\mathrm{j}X_L\dot{I}_2-R\dot{I}_3=-\dot{U}_{S2} \tag{5-69}$$

将(5-67)式代入(5-68)式，有

$$-\mathrm{j}X_C(\dot{I}_2+\dot{I}_3)+R\dot{I}_3=-\mathrm{j}X_C\dot{I}_2+(R-\mathrm{j}X_C)\dot{I}_3=\dot{U}_{S1} \tag{5-70}$$

将已知数据代入(5-69)式与(5-70)式中，得

$$\mathrm{j}5\dot{I}_2-5\dot{I}_3=-\mathrm{j}100 \tag{5-71}$$

$$-\mathrm{j}2\dot{I}_2+(5-\mathrm{j}2)\dot{I}_3=100 \tag{5-72}$$

联立求解(5-71)式与(5-72)式，得

$$\dot{I}_2=32.39\angle-115.3°=-13.84-\mathrm{j}29.28\mathrm{A}$$

$$\dot{I}_3=29.92\angle11.9°=29.28+\mathrm{j}6.169\mathrm{A}$$

再求出

$$\dot{I}_1=\dot{I}_2+\dot{I}_3=15.44-\mathrm{j}23.11=27.79\angle-56.25°\mathrm{A}$$

2）用回路电流法求解。首先选取网孔作为独立回路，如图 5-40b 所示，仿照第 2 章电阻电路的分析方法，按照自阻抗和互阻抗，列出相量形式的回路电流方程，有

$$(5-\mathrm{j}2)\dot{I}_a-5\dot{I}_b=100 \tag{5-73}$$

$$-5\dot{I}_a+(5+\mathrm{j}5)\dot{I}_b=-\mathrm{j}100 \tag{5-74}$$

联立求解(5-73)式与(5-74)式，得到各回路电流

$$\dot{I}_a=27.79\angle-56.25°=15.44-\mathrm{j}23.11\mathrm{A}$$

$$\dot{I}_b=32.39\angle-115.3°=-13.84-\mathrm{j}29.28\mathrm{A}$$

由回路电流求出各支路电流

$$\dot{I}_1=\dot{I}_a$$

$$\dot{I}_2=\dot{I}_b$$

$$\begin{aligned}\dot{I}_3&=\dot{I}_a-\dot{I}_b\\&=15.44-\mathrm{j}23.11-(-13.84-\mathrm{j}29.28)\\&=29.28+\mathrm{j}6.17=29.92\angle11.9°\mathrm{A}\end{aligned}$$

【例 5-18】含理想运算放大器电路如图 5-41 所示，$R_1=R_2=R_3=1\Omega$，$C_1=C_2=1\mathrm{F}$。求 $\dfrac{\dot{U}_2}{\dot{U}_1}$。

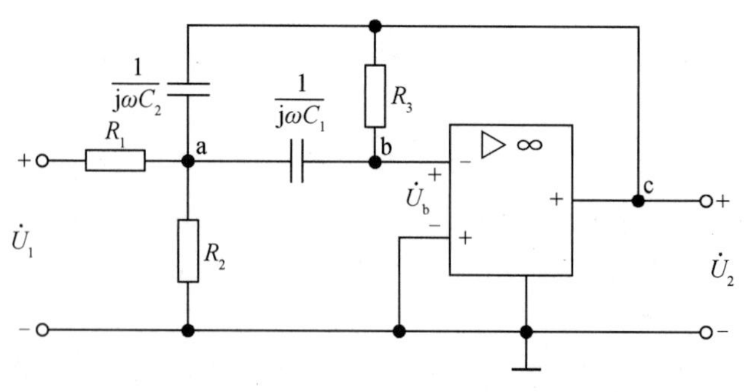

图 5-41　例 5-18 图

解　此题用节点电压法求解较为方便。理想运算放大器的输入电压 $\dot{U}_b$ 近似为 0，输入电流近似为 0。仿照第 2 章介绍的分析电阻电路的节点电压法，利用自导纳和互导纳，列出相量形式的节点电压方程

$$\dot{U}_c=\dot{U}_2$$

$$(1+1+\mathrm{j}2\omega C)\dot{U}_a-\mathrm{j}\omega C\dot{U}_b-\mathrm{j}\omega C\dot{U}_2=\dot{U}_1$$

$$(1+\mathrm{j}\omega C)\dot{U}_b-\mathrm{j}\omega C\dot{U}_a-\dot{U}_2=0$$

将 $\dot{U}_b=0$ 代入上式，可有

$$(1+1+\mathrm{j}2\omega C)\dot{U}_a-\mathrm{j}\omega C\dot{U}_2=\dot{U}_1 \tag{5-75}$$

$$-\mathrm{j}\omega C\dot{U}_a-\dot{U}_2=0 \tag{5-76}$$

由式(5-76)，可得

$$\dot{U}_a=-\frac{1}{\mathrm{j}\omega C}\dot{U}_2 \tag{5-77}$$

将式(5-77)代入式(5-75)，整理得

$$\frac{\dot{U}_2}{\dot{U}_1}=\frac{-\mathrm{j}\omega}{(\mathrm{j}\omega)^2+\mathrm{j}2\omega+2}$$

3. 网络定理的应用

【例 5-19】对例 5-17 用诺顿定理求 $\dot{I}_3$。

解　将图 5-40b 所示电路中的 $\dot{I}_3$ 支路短路，如图 5-42a 所示，短路电流 $\dot{I}_{SC}$ 为

$$\dot{I}_{SC}=\frac{100}{-\mathrm{j}2}+\frac{\mathrm{j}100}{\mathrm{j}5}=\mathrm{j}50+20=53.85\angle 68.2^\circ\mathrm{A}$$

等效内阻抗 Z_0 为

$$Z_0=\frac{\mathrm{j}5\cdot(-\mathrm{j}2)}{\mathrm{j}5-\mathrm{j}2}=-\mathrm{j}\frac{10}{3}\Omega$$

诺顿等效电路如图 5-42b 所示，得

$$\dot{I}_3=\dot{I}_{SC}\times\frac{Z_0}{Z_0+R}=(20+\mathrm{j}50)\times\frac{-\mathrm{j}\frac{10}{3}}{5-\mathrm{j}\frac{10}{3}}$$

$$=53.85\angle 68.20^\circ\times\frac{-\mathrm{j}10}{18\angle -33.68^\circ}=29.92\angle 11.9^\circ\mathrm{A}$$

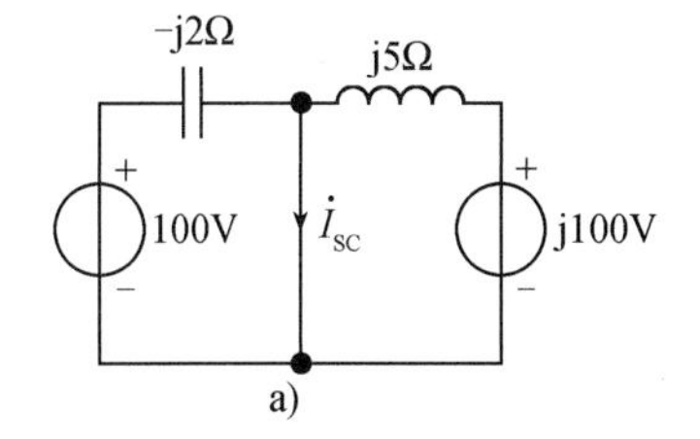

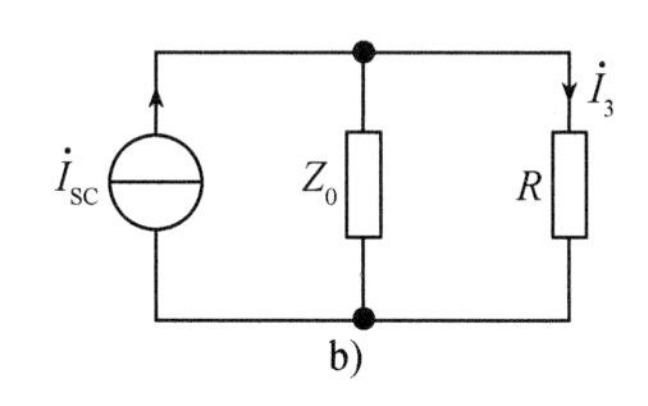

图 5-42　例 5-19 图

【例 5-20】对例 5-17 用叠加定理求 $\dot{I}_3$。

解　电路如图 5-43a 所示。

当理想电压源 $\dot{U}_{S1}$ 单独作用时，将理想电压源 $\dot{U}_{S2}$ 做短路处理，计算电路如图 5-43b 所示，求解出第 1 个分量

$$\dot{I}'_3=\frac{100}{-\mathrm{j}2+\frac{\mathrm{j}25}{5+\mathrm{j}5}}\times\frac{\mathrm{j}5}{5+\mathrm{j}5}=\frac{\mathrm{j}100}{2+\mathrm{j}3}=27.74\angle 33.7^\circ\mathrm{A}$$

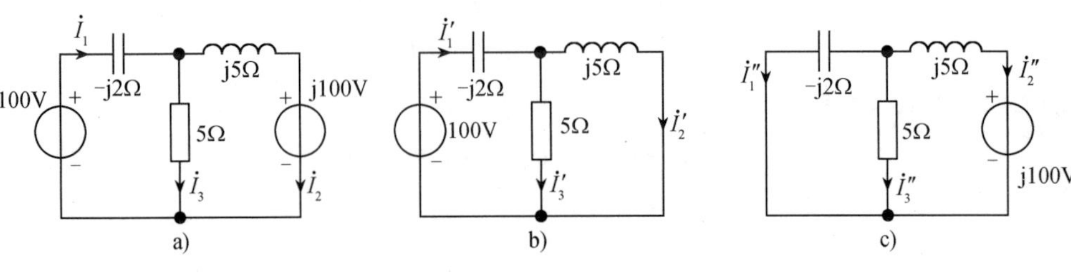

图 5-43 例 5-20 图

当 $\dot U_{S2}$ 单独作用时，$\dot U_{S1}$ 短路处理，计算电路如图 5-43c 所示，求解出第 2 个分量

$$\dot I_3'' = \frac{j100}{j5+\frac{-j10}{5-j2}} \times \frac{-j2}{5-j2} = \frac{40}{2+j3} = 11.09\angle-56.31°\text{A}$$

按图示参考方向进行叠加计算，则

$$\dot I_3 = \dot I_3' + \dot I_3'' = \frac{j100}{2+j3} + \frac{40}{2+j3} = \frac{40+j100}{2+j3} = 29.93\angle 11.9°\text{A}$$

【例 5-21】如图 5-44 所示电路，试求 $\dot U_C$。已知 $R=10\Omega$，$X_{C1}=10\Omega$，$X_{C2}=10\Omega$，$g=0.2\text{S}$，$i_S=\sqrt{2}\cdot 2\sin(\omega t)\text{A}$。

解 用戴维南定理求解。

1）将 a、b 处断开，求开路电压相量 $\dot U_{OC}$，如图 5-45a 所示。

$$\dot U' = \dot I_S \times R = 2\angle 0° \times 10 = 20\angle 0°\text{V}$$

$$\dot U_{X_{C1}} = 0.2\,\dot U' \times (-jX_{C1}) = 0.2\times 20\angle 0°\times(-j10) = 40\angle-90°\text{V}$$

则

$$\dot U_{OC} = \dot U' - \dot U_{X_{C1}} = 20 - 40\angle-90° = 44.7\angle 63.4°\text{V}$$

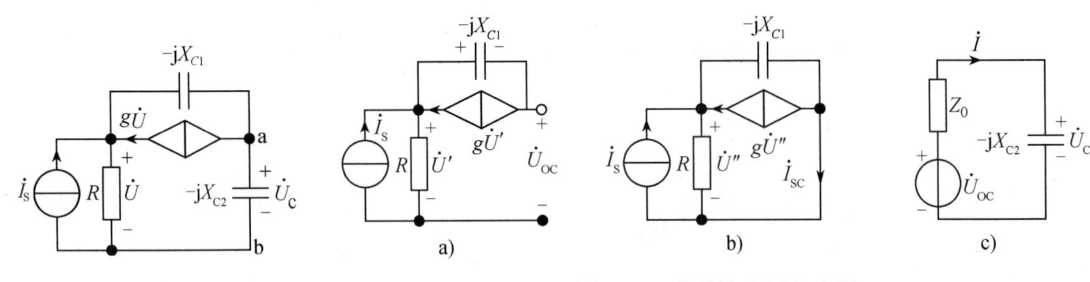

图 5-44 例 5-21 图　　　　图 5-45 戴维南定理的应用

2）等效内阻抗可通过求开路电压与短路电流的比值得到。求短路电流 $\dot I_{SC}$，如图 5-45b 所示。用节点电压法列方程

$$\dot U'' = \frac{\dot I_S + 0.2\,\dot U''}{\frac{1}{R}+\frac{1}{-jX_{C1}}} = \frac{2\angle 0° + 0.2\,\dot U''}{\frac{1}{10}+\frac{1}{-j10}}$$

整理后得

$$\dot U'' = \frac{2\angle 0°}{0.1 + j0.1 - 0.2} = 14.1\angle-135°\text{V}$$

则

$$\dot{I}_{sc} = \dot{I}_s - \frac{\dot{U}''}{R} = 2\angle 0° - 1.41\angle -135° = 3.16\angle 18.4°\text{A}$$

等效内阻抗

$$Z_0 = \frac{\dot{U}_{OC}}{\dot{I}_{SC}} = \frac{44.7\angle 63.4°}{3.16\angle 18.4°} = 14.14\angle 45°\Omega$$

3）画出等效电路如图 5-45c 所示，可计算出

$$\begin{aligned}\dot{U}_C &= \frac{\dot{U}_{OC}}{Z_0 + (-\text{j}X_{C2})} \times (-\text{j}X_{C2}) \\ &= \frac{44.7\angle 63.4°}{14.14\angle 45° - \text{j}10} \times (-\text{j}10) \\ &= 44.7\angle -26.6°\text{V}\end{aligned}$$

4. 作相量图求解

用相量图求解正弦交流电路，对有些电路的分析较方便。具体方法是：先选定参考相量，串联电路一般以电流作为参考相量，并联电路一般以电压作为参考相量，对于混联电路，按离激励最远处元件的联结方式选择参考相量，然后从该处开始，依据基尔霍夫定律和各元件电压与电流的关系，向电源端画出各相量，再运用几何、三角函数等方面的知识，图解求出结果。下面举例说明。

【例 5-22】如图 5-46 所示电路，图中 R_0 为 1kΩ，安培表 A_1、A_2 和 A_3 的读数分别为 0.4A、0.1A 和 0.35A。试计算感性负载的 R 和 X_L。

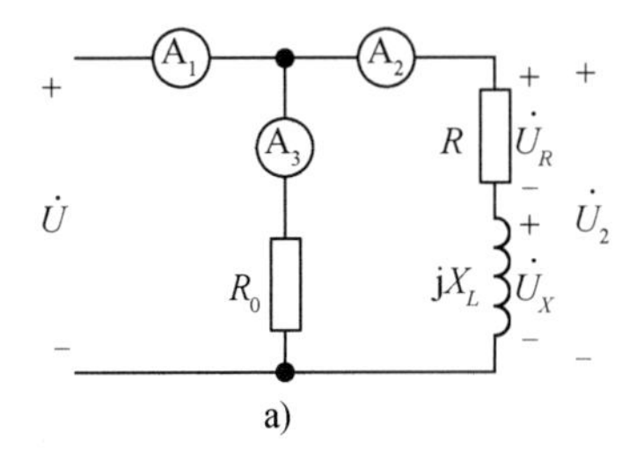

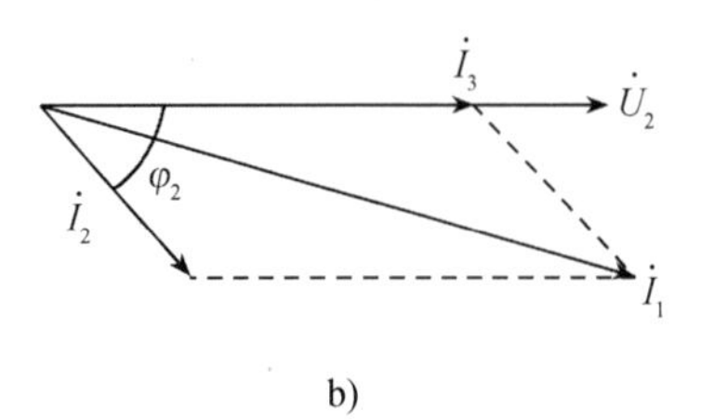

图 5-46　例 5-22 电路图

解　以负载电压 $\dot{U}_2$ 为参考相量，画出各电流的相量图，如图 5-46b 所示，根据余弦定理有

$$\cos(180° - \varphi_2) = \frac{I_2^2 + I_3^2 - I_1^2}{2I_2I_3} = -0.3929$$

∴

$$\varphi_2 = 66.42°$$

$$U_2 = R_0I_3 = 1000 \times 0.35 = 350\text{V}$$

由电压三角形知：

$$U_R = U_2\cos\varphi_2 = 140\text{V}$$

$$U_X = U_2\sin\varphi_2 = 320.78\text{V}$$

所以，

$$R = \frac{U_R}{I_2} = 1.4\text{k}\Omega$$

$$X_L = \frac{U_X}{I_2} = 3.2078\text{k}\Omega$$

【例 5-23】如图 5-47a 所示电路，当选择适当参数时，可使 $\dot{U}_2$ 与 $\dot{U}_1$ 同相位。现有 $R_1 = R_2 = 250\text{k}\Omega$，$C_1 = C_2 = 0.01\mu\text{F}$。问当 ω 为多少时，可使 $\dot{U}_2$ 与 $\dot{U}_1$ 同相位？

解 采用画相量图方法求解此题。选 $\dot{U}_2$ 为参考相量。因 $\dot{U}_1 = \dot{U}_2 + \dot{U}_3$，按题意要求，$\dot{U}_1$ 与 $\dot{U}_2$ 同相位，且 $\dot{U}_3$ 与 $\dot{U}_2$ 同为容性阻抗上的电压，因此 $\dot{U}_3$ 与 $\dot{U}_1$ 一定同相位；画出各电压的相量图后，再根据各元件电压电流的相位关系做出各电流的相量图，如图 5-47 所示。

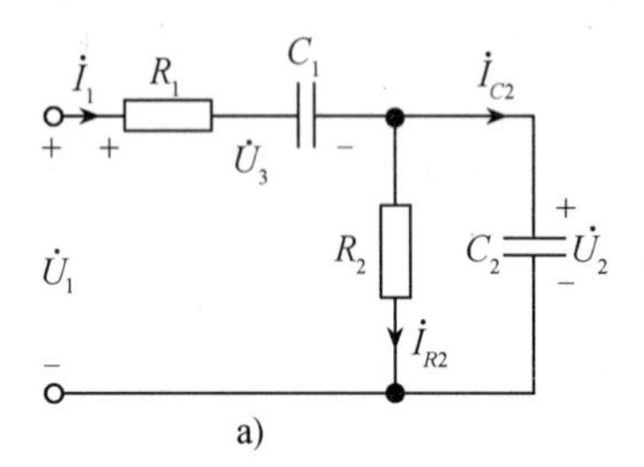

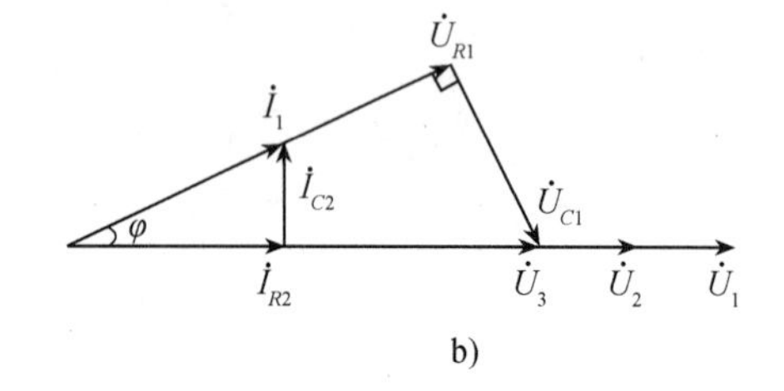

图 5-47 例 5-23 图

根据图中两个直角三角形相似关系，有

$$\tan\varphi = \frac{I_{C2}}{I_{R2}} = \frac{U_{C1}}{U_{R1}}$$

将各元件的电压和电流的关系式代入上式，有

$$\frac{U_2\omega C_2}{U_2/R_2} = \frac{I_1\dfrac{1}{\omega C_1}}{I_1R_1}$$

经整理，可得

$$\omega \cdot C_2 \cdot R_2 = \frac{1}{\omega \cdot C_1 \cdot R_1}$$

则

$$\omega = \sqrt{\frac{1}{R_1R_2C_1C_2}} = \sqrt{\frac{1}{R_1^{\ 2} \cdot C_1^{\ 2}}} = \frac{1}{R_1C_1} = 400\text{rad/s}$$

一个电路问题既可用画相量图的方法求解，又可用列方程的方法求解，还可以两种方法混合使用。如果方法选择得当，可使分析计算简便。

【例 5-24】如图 5-48 所示电路，已知 $U = U_1 = U_3 = 100\text{V}$。$\omega = 1000\ \text{rad/s}$，$L = 0.2\text{H}$，$C = 10\mu\text{F}$。试求 Z_3（感性）和各支路电流。

解 用画相量图法求解。根据阻抗角的取值范围（$-90° \leqslant \varphi \leqslant 90°$）可知，$Z_3$ 与 C 并联后等效阻抗的阻抗角 φ_2 取值范围是 $-90° \leqslant \varphi_2 \leqslant 90°$，设 $\dot{U}_3 = 100\angle 0°$，由此可确定 $\dot{I}_1$ 的相位 φ_1 的取值范围是 $-90° \leqslant \varphi_1 \leqslant 90°$。$\dot{U}_1$（电感元件的电压）应引前 $\dot{I}_1$ 90°，故 $\dot{U}_1$ 的相位应是大于 0°，小于 180°。三个电压的关系受基尔霍夫第二定律约束，满足这些条件后，做出的相量图如图 5-49 所示。通过相量图可找出 $\dot{U}_1$ 的相位，$\dot{U}_1 = 100\angle 120°\text{V}$（同时也可找到 $\dot{U}$ 的相位，$\dot{U} = 100\angle 60°\text{V}$）。

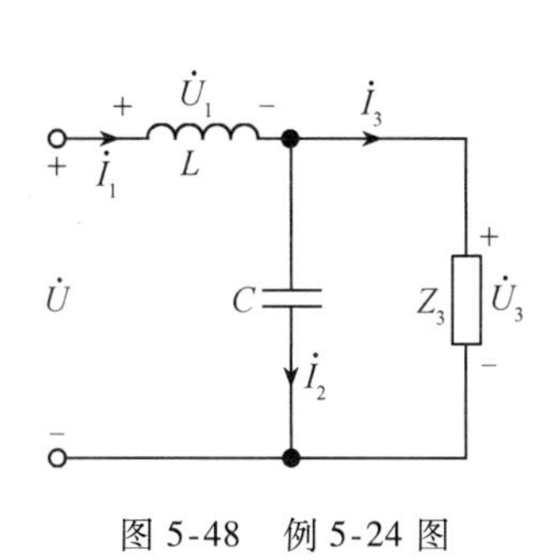

图 5-48　例 5-24 图

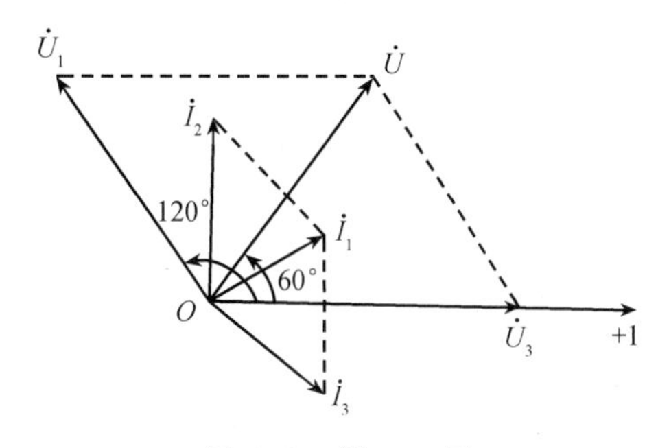

图 5-49　例 5-24 图

利用 $\dot{U}_1$ 及参考相量 $\dot{U}_3$，便可求出各支路电流及 Z_3。

$$\dot{I}_1 = \frac{\dot{U}_1}{j\omega L} = \frac{100\angle 120^\circ}{200\angle 90^\circ} = 0.5\angle 30^\circ \text{A}$$

$$\dot{I}_2 = \frac{\dot{U}_3}{-j\dfrac{1}{\omega C}} = j\omega C U_3 = 100\times 10^{-2}\angle 90^\circ = 1\angle 90^\circ \text{A}$$

$$\dot{I}_3 = \dot{I}_1 - \dot{I}_2 = 0.5\angle 30^\circ - 1\angle 90^\circ$$
$$= 0.433 + j0.25 - j1 = 0.866\angle -60^\circ \text{A}$$

所以

$$Z_3 = \frac{\dot{U}_3}{\dot{I}_3} = \frac{100\angle 0^\circ}{0.866\angle -60^\circ} = 115.8\angle 60^\circ = 58 + j100\Omega$$

【例 5-25】用列方程的方法求解例 5-24。

解　设 $\dot{U}_3 = 100\angle 0^\circ$，则 $\dot{U}_1 = 100\angle\varphi_1$，$\dot{U} = 100\angle\varphi$。按基尔霍夫第二定律列电压方程有

$$\dot{U} = \dot{U}_1 + \dot{U}_2$$

即

$$100\angle\varphi = 100\angle\varphi_1 + 100\angle 0^\circ$$

将上式写成代数形式

$$100\cos\varphi + j100\sin\varphi = 100\cos\varphi_1 + j100\sin\varphi_1 + 100$$

即

$$\cos\varphi + j\sin\varphi = \cos\varphi_1 + j\sin\varphi_1 + 1$$

根据两个复数相等，应是实部和虚部分别相等，有

$$\cos\varphi = \cos\varphi_1 + 1 \tag{5-78}$$

$$\sin\varphi = \sin\varphi_1 \tag{5-79}$$

将式(5-78)、式(5-79)分别平方，然后相加，有

$$\sin\varphi^2 + \cos^2\varphi = \cos^2\varphi_1 + 2\cos\varphi_1 + 1 + \sin^2\varphi_1$$

由于 $\sin\varphi^2 + \cos^2\varphi = 1$ 则上式可写成

$$1 = 2\cos\varphi_1 + 2$$

$$\cos\varphi_1 = -\frac{1}{2}$$

$$\varphi_1 = \pm 120^\circ$$

根据与例题5-24的求解中同样的分析，φ_1 取120°，则

$$\dot{U}_1 = 100\angle 120°\text{V}$$

利用 $\dot{U}_1$ 及 $\dot{U}_3$ 求出各支路电流及 Z_3 的具体计算过程与例题5-24中的求解相同，在此不重复叙述。

5.8 谐振电路

5.8.1 RLC串联谐振电路

谐振现象是在交流电路中出现的一种特殊的电路状态。当电路发生谐振时，会使电路中的某部分出现高于激励的电压(或电流)，或者出现电压(或电流)为零的情况。一方面，这些情况有可能破坏系统的正常工作状态或者对设备造成损害；另一方面，利用谐振的特点，可以实现许多具有特殊功能的电路。所以，研究谐振现象及谐振电路有重要的实际意义。

下面分析RLC串联电路发生谐振的条件和串联谐振的一些特征。

对于图5-50所示的RLC串联电路，在正弦电压作用下，其阻抗为

$$\begin{aligned} Z &= R + \text{j}\left(\omega L - \frac{1}{\omega C}\right) \\ &= R + \text{j}(X_L - X_C) \\ &= R + \text{j}X = z\angle\varphi \end{aligned}$$

阻抗 Z 的虚部，即阻抗的电抗 X 是角频率 ω 的函数，X，X_L，X_C 随角频率变化的情况如图5-51所示。由图5-51可看出，由于感抗 X_L 和容抗 X_C 随频率变化的特性不一样，所以当 ω 由零增加时，电抗由开始时的容性经过零转变为感性。

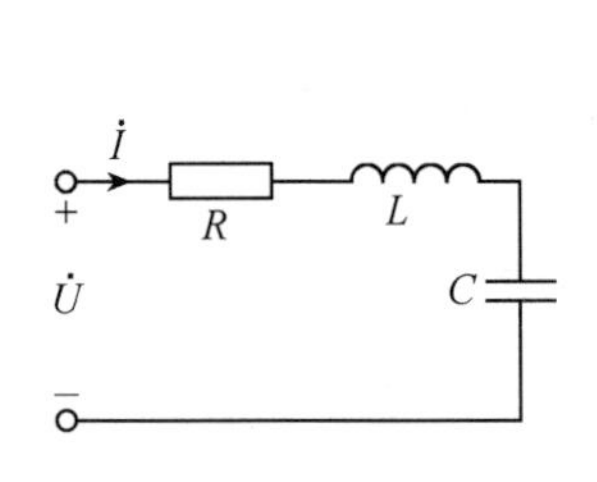

图5-50 RLC串联电路

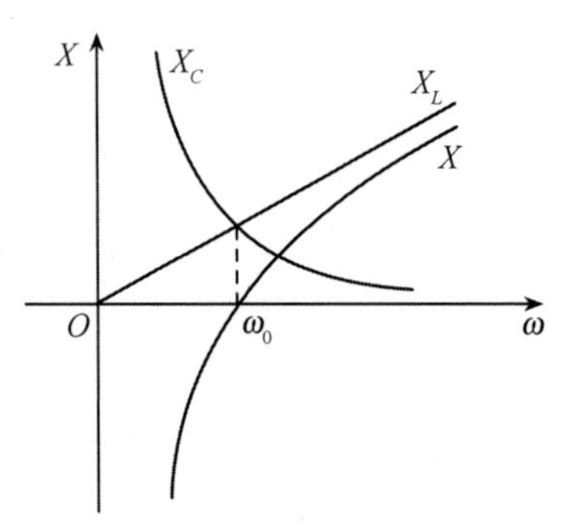

图5-51 电抗的频率特性

当 $\omega = \omega_0$ 时，感抗和容抗相等，电抗为零，即有

$$X(\omega_0) = \omega_0 L - \frac{1}{\omega_0 C} = 0 \tag{5-80}$$

此时 $Z=R$，RLC串联电路如同电阻电路，电压 $\dot{U}$ 与电流 $\dot{I}$ 同相位，阻抗角 $\varphi=0$。这种现象称为谐振。在LC串联电路中发生的谐振称为串联谐振。式(5-80)是电路发生串联谐振的条件，这说明电路谐振决定于电路本身的参数 L、C 和电源的频率。

电路发生谐振时的角频率称为谐振角频率

$$\omega_0 = \frac{1}{\sqrt{LC}} \tag{5-81}$$

谐振频率为

$$f_0 = \frac{1}{2\pi \sqrt{LC}}$$

式(5-81)说明，谐振(角)频率是由电路的参数决定的，称为电路的固有频率。只有当外加激励的频率与电路的固有频率相同时，谐振才会发生。当外加激励频率一定时，可通过调节电容或电感满足谐振条件，因为改变电容的量值比较方便，所以常采用调节电容使电路达到谐振。

现在讨论串联谐振的一些特征。RLC 串联电路发生谐振时，感抗和容抗相等，电抗等于0，其阻抗达到最小值，即等于电路中的电阻 R，因此串联谐振时的电流 $\dot{I}_0 = \dfrac{\dot{U}}{R}$ 将达到最大，这是电路发生串联谐振的一个特征。

通常根据谐振时电路的感抗 $\omega_0 L$（或者容抗 $\dfrac{1}{\omega_0 C}$）与电阻 R 的比值讨论谐振电路的性能，此比值用 Q 表示，称为谐振电路的品质因数

$$Q = \frac{\omega_0 L}{R} = \frac{1}{\omega_0 CR} = \frac{1}{R}\sqrt{\frac{L}{C}}$$

Q 还可以表示成

$$Q = \frac{\omega_0 L}{R} = \frac{\omega_0 L \cdot I^2}{R \cdot I^2} = \frac{Q_L}{P}$$

即品质因数为电感无功功率(或电容无功功率)与电阻消耗的平均功率的比值。式中，Q_L 为电感无功功率。

谐振时各元件的电压相量(设各电压参考方向与电流关联)分别为

$$\dot{U}_R = R\dot{I} = R \cdot \frac{\dot{U}}{R} = \dot{U}$$

$$\dot{U}_L = \mathrm{j}\omega_0 L\dot{I} = \mathrm{j}\omega_0 L \cdot \frac{\dot{U}}{R} = \mathrm{j}Q\dot{U}$$

$$\dot{U}_C = \frac{1}{\mathrm{j}\omega_0 C}\dot{I} = \frac{1}{\mathrm{j}\omega_0 C} \cdot \frac{\dot{U}}{R} = -\mathrm{j}Q\dot{U}$$

$\dot{U}_L$ 与 $\dot{U}_C$ 大小相等，相位相反，可完全抵消，所以串联谐振又称为电压谐振。当 Q 值很大时，电感电压和电容电压会比外加电压大得多，图 5-52 是 RLC 串联电路谐振时的电压相量图。

在电力工程中一般应避免发生电压谐振，因为谐振时在电容上和电感上可能出现比电源电压大得多的电压，可能会击穿电气设备的绝缘。在电信工程中则相反，由于某些信号源的电压十分微弱，常常利用电压谐振来获得一个较高的电压。在电信工程中通常尽量提高谐振电路的品质因数。

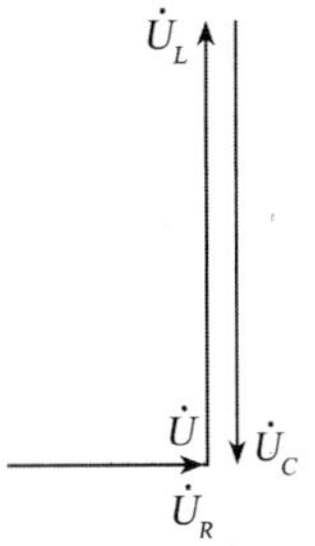

$\dot{U}_L$　$\dot{U}$　$\dot{U}_C$　$\dot{U}_R$

图 5-52　串联谐振相量

由于对某一频率发生谐振时，在电容和电感上会出现比电源电压大得多的电压，所以串联谐振电路对于不同频率的信号具有选择

的能力。为了研究串联谐振电路的选择性，需要研究电路中的电流、电压等各量随频率变化的频率特性。

下面分析串联谐振电路电流的频率特性。如图 5-50 所示的串联谐振电路中的电流

$$
\begin{aligned}
I &= \frac{U}{\sqrt{R^2+\left(\omega L-\frac{1}{\omega C}\right)^2}} = \frac{U}{\sqrt{R^2+\left(\frac{\omega}{\omega_0}\omega_0 L-\frac{\omega_0}{\omega}\frac{1}{\omega_0 C}\right)^2}} \\
&= \frac{U}{\sqrt{R^2+\omega_0^2 L^2\left(\frac{\omega}{\omega_0}-\frac{\omega_0}{\omega}\right)^2}} = \frac{U}{R\sqrt{1+Q^2\left(\eta-\frac{1}{\eta}\right)^2}} \\
&= \frac{I_0}{\sqrt{1+Q^2\left(\eta-\frac{1}{\eta}\right)^2}}
\end{aligned} \tag{5-82}
$$

式中，$I_0=\frac{U}{R}$ 为谐振时的电流；$Q=\frac{\omega_0 L}{R}$ 为品质因数；$\eta=\frac{\omega}{\omega_0}$ 为谐振角频率与激励电压角频率的比值。由式(5-82)，有

$$
U_L=\omega LI=\frac{\omega LU}{\sqrt{R^2+\left(\omega L-\frac{1}{\omega C}\right)^2}}=\frac{QU}{\sqrt{\frac{1}{\eta^2}+Q^2\left(1-\frac{1}{\eta^2}\right)^2}} \tag{5-83}
$$

$$
U_C=\frac{1}{\omega C}I=\frac{U}{\omega C\sqrt{R^2+\left(\omega L-\frac{1}{\omega C}\right)^2}}=\frac{QU}{\sqrt{\eta^2+Q^2(\eta^2-1)^2}} \tag{5-84}
$$

串联谐振电路的电流及各电压随频率变化的曲线如图 5-53 所示，也称谐振曲线。ω_0 是谐振角频率。因电阻不随频率变化，所以电阻电压与电流谐振曲线的形状相同。从谐振曲线可以看出，U_L 与 U_C 的最大值并不发生在谐振频率处。当 U_L 或 U_C 出现最大值时，式(5-83)和式(5-84)中的分母应为最小值，可以对式中分母根号内的式子求导来获得这一极值的条件，即

$$\omega=\omega_0\sqrt{\frac{2Q^2-1}{2Q^2}}<\omega_0 \text{ 时，} U_C \text{ 出现最大值}$$

$$\omega=\omega_0\sqrt{\frac{2Q^2}{2Q^2-1}}>\omega_0 \text{ 时，} U_L \text{ 出现最大值}$$

$$U_{C\max}=U_{L\max}=\frac{QU}{\sqrt{1-\frac{1}{4Q^2}}}>QU$$

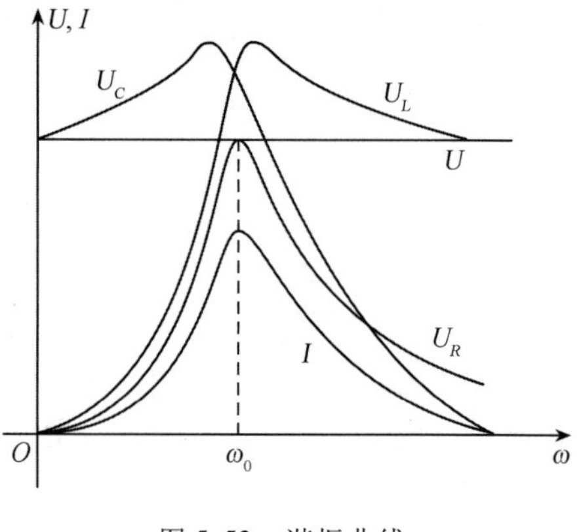

图 5-53　谐振曲线

通过对这两个极值条件的分析可知，当 Q 值增大时，两峰值向谐振频率接近，同时峰值亦增大。由于这样高的电压出现在谐振频率附近很小的范围内，因此不仅可以用串联谐振电路来选择谐振频率处的电流 I，也可以选择谐振频率附近的电压 U_C，而将此频率以外的电压加以抑制。

谐振曲线的形状与品质因数 Q 有关。式(5-82)也可写成

$$\frac{I}{I_0}=\frac{1}{\sqrt{1+Q^2\left(\eta-\frac{1}{\eta}\right)^2}}$$

以频率比 η 为横坐标，以电流比 $\frac{I}{I_0}$ 为纵坐标，若取不同的 Q 值，将画出一组曲线，称作串联谐振电路通用谐振曲线，如图 5-54 所示。可见 Q 值越大，曲线在谐振点附近的形状越尖，因此对于非谐振频率的激励，电路响应 I 将显著减小。这说明 Q 值越高，电路的选择性越好。谐振电路的这种只允许一定频率范围的电流信号通过的性质又称滤波性质。

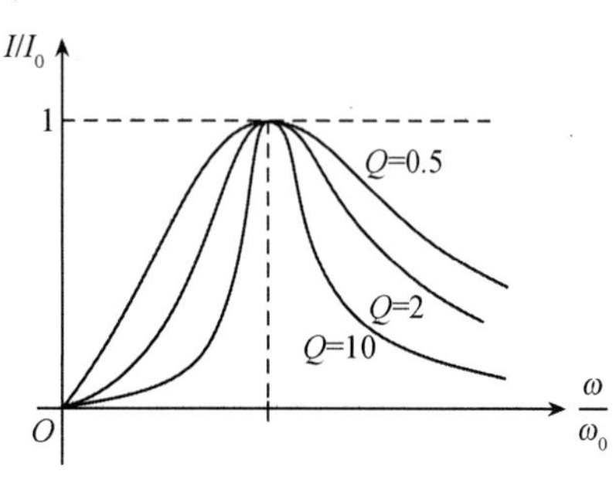

图 5-54　通用谐振曲线

【例 5-26】一个线圈与电容串联，线圈电阻 $R=16.2\Omega$，电感 $L=0.26\text{mH}$，当把电容调节到 100pF 时发生串联谐振。1）求谐振频率及品质因数；2）设外加电压为 $10\mu\text{V}$，其频率等于电路的谐振频率，求电路中的电流及电容电压；3）若外加电压仍为 $10\mu\text{V}$，但其频率比谐振频率高 10%，求电容电压。

解　1）谐振频率及品质因数分别为

$$f_0=\frac{1}{2\pi\sqrt{LC}}=\frac{1}{2\pi\sqrt{0.26\times10^{-3}\times100\times10^{-12}}}=990\times10^3\text{Hz}$$

$$Q=\frac{2\pi\times990\times10^3\times0.26\times10^{-3}}{16.2}=100$$

2）谐振时的电流及电容电压计算如下：

$$I_0=\frac{U}{R}=\frac{10\times10^{-6}}{16.2}=0.617\times10^{-6}\text{A}$$

$$X_C=\frac{1}{\omega_0C}=\frac{1}{2\pi\times990\times10^3\times100\times10^{-12}}=1620\Omega$$

$$U_C=X_CI_0=1620\times0.617\times10^{-6}=1\times10^{-3}\text{V}$$

或

$$U_C=QU=100\times10\mu\text{V}=1\text{mV}$$

3）电源频率比谐振频率高 10% 的情形：

$$f'=(1+0.1)f_0=1.1\times990\times10^3=1089\times10^3\text{Hz}$$

$$X'_L=\omega'L=2\pi\times1089\times10^3\times0.26\times10^{-3}=1780\Omega$$

$$X'_C=\frac{1}{\omega'C}=\frac{1}{2\pi\times1089\times10^3\times100\times10^{-12}}=1460\Omega$$

$$|Z'|=\sqrt{R^2+(X'_L-X'_C)}=\sqrt{16.2^2+(1780-1460)^2}=320\Omega$$

$$U'_C=\frac{U}{|Z'|}X'_C=\frac{10\times10^{-6}}{320}\times1460=0.046\times10^{-3}\text{V}$$

比较 U'_C 与 U_C 可知，当电源频率偏离电路的谐振频率时，电容电压显著下降。收音机就是利用这个原理来选择广播电台，而抑制其他广播电台的信号。

5.8.2 RLC 并联谐振电路

并联谐振电路具有与串联谐振电路不同的谐振特征。图 5-55 为典型的 RLC 并联电路。研究这个电路的谐振问题，可以采用与分析串联谐振电路类似的方法。首先写出电路的复导纳为

$$Y = G + \mathrm{j}\left(\omega C - \frac{1}{\omega L}\right) = G + \mathrm{j}(B_C - B_L) = G + \mathrm{j}B$$

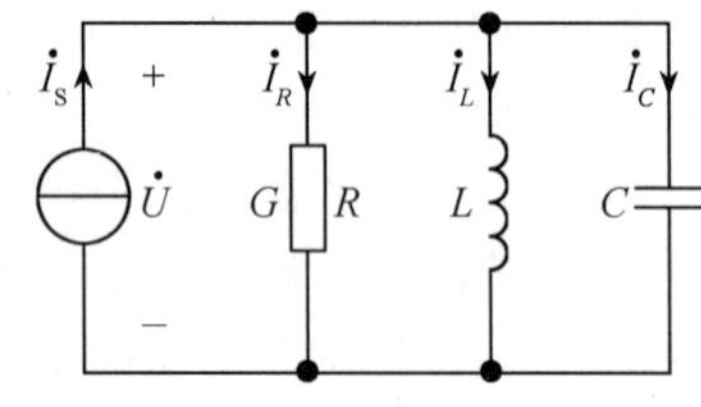

图 5-55 典型并联谐振电路

如果 ω 、L、C 满足一定的条件，使并联电路的感纳和容纳相等，即 $B_C = B_L$，则电流 $\dot{I}_s$ 与电压 $\dot{U}$ 将同相位。这种情况称为 RLC 并联电路发生谐振，简称并联谐振。显然，实现此并联谐振的条件是

$$\frac{1}{\omega_0 L} = \omega_0 C$$

谐振角频率为

$$\omega_0 = \frac{1}{\sqrt{LC}}$$

谐振时导纳最小，$|Y| = G$，因此在一定的正弦电流源 I_s 作用下，电压 U 将达到最大。

$$U_0 = \frac{I_s}{G}$$

并联谐振电路的品质因数 Q 定义为感纳(或容纳)与电导之比，即

$$Q = \frac{\dfrac{1}{\omega_0 L}}{G} = \frac{R}{\omega_0 L} \tag{5-85}$$

并联谐振时电感和电容支路中的电流

$$\dot{I}_L = \frac{\dot{U}_0}{\mathrm{j}\omega_0 L} = \frac{1/G}{\mathrm{j}\omega_0 L}\dot{I}_s = -\mathrm{j}Q\dot{I}_s$$

$$\dot{I}_C = \mathrm{j}\omega_0 C\dot{U}_0 = \frac{\mathrm{j}\omega_0 C}{G}\dot{I}_s = \mathrm{j}Q\dot{I}_s$$

由于 $\dot{I}_L$ 与 $\dot{I}_C$ 大小相等，相位相反，因此电流和为零，并联谐振又称为电流谐振。如果 Q 很大，则谐振时电感和电容中的电流要比电流源的电流大得多。

下面研究并联谐振电路的频率特性。仿照串联谐振电路的推导过程，可得到如图 5-55 所示的 RLC 并联电路电压的频率特性

$$U = \frac{I_s}{\sqrt{G^2 + \left(\omega C - \dfrac{1}{\omega L}\right)^2}} = \frac{U_0}{\sqrt{1 + Q^2\left(\eta - \dfrac{1}{\eta}\right)^2}}$$

或

$$\frac{U}{U_0} = \frac{1}{\sqrt{1 + Q^2\left(\eta - \dfrac{1}{\eta}\right)^2}} \tag{5-86}$$

式中，$U_0=\frac{I_S}{G}$为谐振时的电压；$Q=\frac{\omega_0 C}{G}$；$\eta=\frac{\omega}{\omega_0}$。

式(5-86)所示的电压频率特性与式(5-82)所示的RLC串联电路中电流的频率特性相似，可进行对偶分析，得到类似的谐振曲线和分析结果。

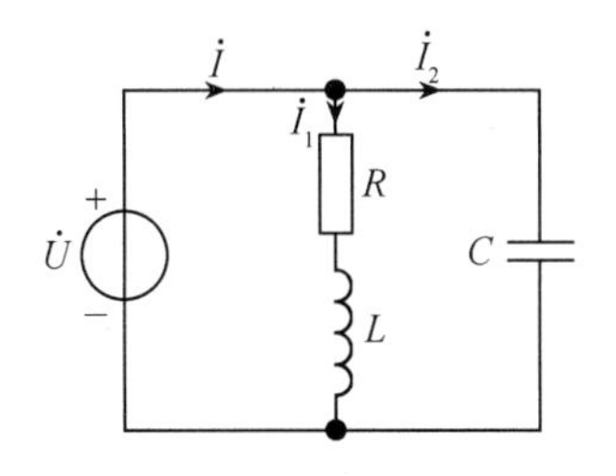

图5-56　实际并联谐振电路

在实际应用中，并联谐振电路用电感线圈和电容器组成。电感线圈用电感与电阻串联作为电路模型，如图5-56所示。分析此电路的谐振条件，仍是先写出此电路的复导纳，再整理出实部和虚部

$$Y=\frac{1}{R+\mathrm{j}\omega L}+\mathrm{j}\omega C=\frac{R}{R^2+(\omega L)^2}+\mathrm{j}\left[\omega C-\frac{\omega L}{R^2+(\omega L)^2}\right] \tag{5-87}$$

令式(5-87)中复导纳的虚部等于零，得到这个电路发生并联谐振的条件为

$$\omega_0 C=\frac{\omega_0 L}{R^2+(\omega_0 L)^2} \tag{5-88}$$

由式(5-88)解出谐振角频率

$$\omega_0=\sqrt{\frac{1}{LC}-\frac{R^2}{L^2}} \tag{5-89}$$

由式(5-89)可知，电路能否达到谐振要看根号内的值是正还是负，当$R>\sqrt{\frac{L}{C}}$时，ω_0为虚数，电路不可能谐振。

由式(5-88)可知，若调节电容达到谐振，则有

$$C=\frac{L}{R^2+(\omega_0 L)^2}$$

根据式(5-87)中的电导、容纳和感纳，可以把图5-56的电路等效为如图5-57所示的G_e、L_e、C并联等效电路进行分析，由式(5-87)可得图5-57所示电路中的各等效参数值

$$G_e=\frac{R}{R^2+(\omega L)^2} \tag{5-90}$$

$$B_L=\frac{1}{\omega L_e}=\frac{\omega L}{R^2+(\omega L)^2} \tag{5-91}$$

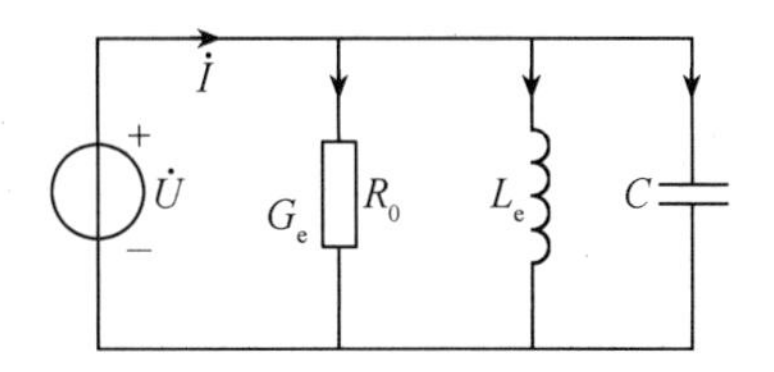

图5-57　实际并联谐振电路的等效电路

谐振时复导纳的虚部为零，整个电路的阻抗相当于一个电阻R_0，称为谐振阻抗，由式(5-90)得

$$R_0=\frac{1}{G_e}=\frac{R^2+(\omega_0 L)^2}{R} \tag{5-92}$$

将式(5-89)所示的谐振角频率ω_0代入上式，可得

$$R_0=\frac{L}{RC} \tag{5-93}$$

上式说明，谐振阻抗是由图5-56所示电路的参数决定的。线圈电阻R越小，并联谐振时的阻抗R_0越大，谐振时的电流I将越小。假设线圈电阻R趋于零，则谐振阻抗R_0趋于无穷大，谐振电流I为0。

依据式(5-85)所示并联谐振电路品质因数的定义，图5-57所示电路的品质因数为

$$Q=\frac{\dfrac{1}{\omega_0 L_e}}{G_e}=\frac{\dfrac{\omega_0 L}{R^2+\omega_0^2L^2}}{\dfrac{R}{R^2+\omega_0^2L^2}}=\frac{\omega_0 L}{R} \tag{5-94}$$

或者

$$Q=\frac{\omega_0 C}{G_e}=\frac{\omega_0 C}{\dfrac{1}{R_0}}=\omega_0 CR_0 \tag{5-95}$$

它与 RLC 串联谐振电路的品质因数相同。式中，带有 e 下标的符号是图 5-57 所示电路的参数。

【例 5-27】一个电阻为 10Ω 的电感线圈，与电容器接成并联谐振电路，品质因数 $Q=100$，如再并联一只 100kΩ 的电阻，电路的品质因数为多少？

解 由式(5-94)，线圈的感抗为

$$\omega_0 L=QR=100\times 10=1000\Omega$$

为了计算方便，将电路等效成图 5-57 的形式。由式(5-92)得

$$R_0=\frac{1}{G_e}=\frac{R^2+(\omega_0 L)^2}{R}=\frac{100+1000^2}{10}\approx 100\text{k}\Omega$$

可见，谐振阻抗为线圈电阻的 10^4 倍。如再并上一个 100kΩ 的电阻，则 R_0 与 100kΩ 并联后，等效电阻

$$R'=\frac{100\times 100}{100+100}=50\text{k}\Omega$$

由式(5-94)得

$$Q'=\frac{\dfrac{1}{\omega_0 L_e}}{G'_e}=\frac{\dfrac{\omega_0 L}{R^2+\omega_0^2L^2}}{\dfrac{1}{R'}}=R'\frac{\omega_0 L}{R^2+\omega_0^2L^2}=50\times 10^3\times 10^{-3}=50$$

【例 5-28】已知图 5-58 所示电路处于谐振状态，$u_S=\sqrt{2}\,10\sin 10^4 t\text{V}$。试求电流 i_1，i_2，i_L 和 i_C。

解 根据已知条件和电路结构，可知电路发生并联谐振。根据并联谐振的特点，可得

$$i_1=0$$

因此各电阻的电流为 0，且电感电压等于 u_S，故有

$$\dot{I}_L=\frac{\dot{U}_S}{\text{j}\omega L}=\frac{10\angle 0°}{\text{j}\,10^4\cdot 10^{-2}}=0.1\angle -90°\text{A}$$

$$\dot{I}_2=\dot{I}_C=-\dot{I}_L=0.1\angle 90°\text{A}$$

写成瞬时值为

$$i_L=\sqrt{2}\,0.1\sin(10^4 t-90°)\text{A}$$

$$i_2=i_C=\sqrt{2}\,0.1\sin(10^4 t+90°)\text{A}$$

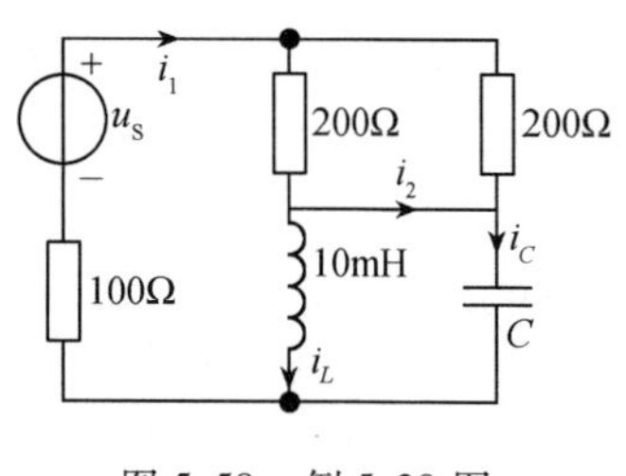

图 5-58 例 5-28 图

习题五

5-1 如题 5-1 图所示电路，已知 $u=100\sin(10t+45°)\text{V}$，$i=i_1=10\sin(10t+45°)\text{A}$，$i_2=$

$20\sin(10t+135°)$ A，试判断元件1、2、3的性质及其数值。

5-2 如题5-2图所示电路，已知 $R=9\Omega$，$X_{L1}=4\Omega$，$X_{L2}=4.34\Omega$，$U=246$V，求电流 I。

5-3 有一个额定电压为110V，功率为75W的白炽灯，不得不在电压为220V的正弦交流电源上使用。为了使电灯的端电压保持110V，可使用电阻或电感线圈与之串联。试决定所串之电阻或电感的数值（$f=50$Hz）。

5-4 如题5-4图所示电路，已知 $\dot{I}=5\angle0°$A，总电压 $\dot{U}=85-\mathrm{j}85$(V)，电容电压 $U_1=50$V，求 U_2，R，X_{C2} 值。

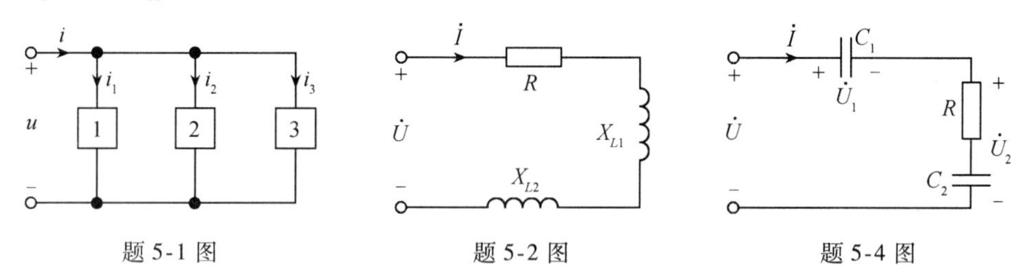

题5-1图　　题5-2图　　题5-4图

5-5 一串联电路如题5-5图所示，$R=4\Omega$，$L=0.325$H，$f=60$Hz，如 $X_C=110\Omega$，其端压 $U_C=500$V，电源电压 $U=115$V，求 R_0 值。

5-6 如题5-6图所示电路，已知 $U=149$V，$U_1=50$V，$U_2=121$V，$f=50$Hz，$R_0=5\Omega$，试求 R 和 L 值。

5-7 如题5-7图所示电路，电压表的读数分别为：$V=120$V，$V_1=10$V，$V_2=200$V，求 U_C 值。

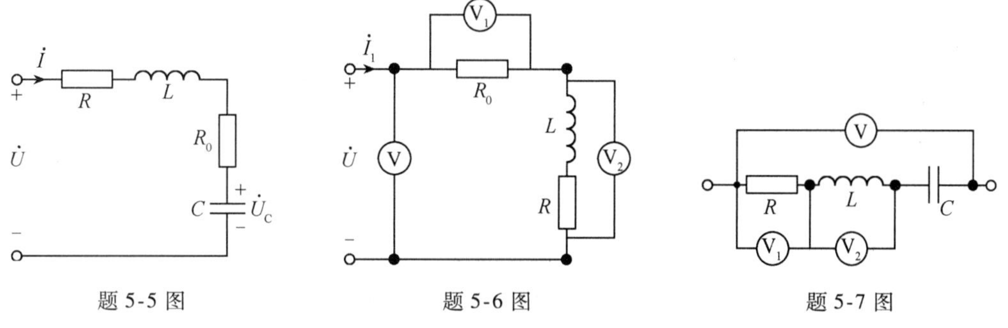

题5-5图　　题5-6图　　题5-7图

5-8 如题5-8图所示电路，已知电流表的读数分别为：A = 10A，$A_1=6$A，$A_2=6$A，电源 $\omega=100\pi$rad/s，求 C 值。

5-9 定性画出题5-9图所示电路的相量图，其中各理想元件阻抗的模均相等。

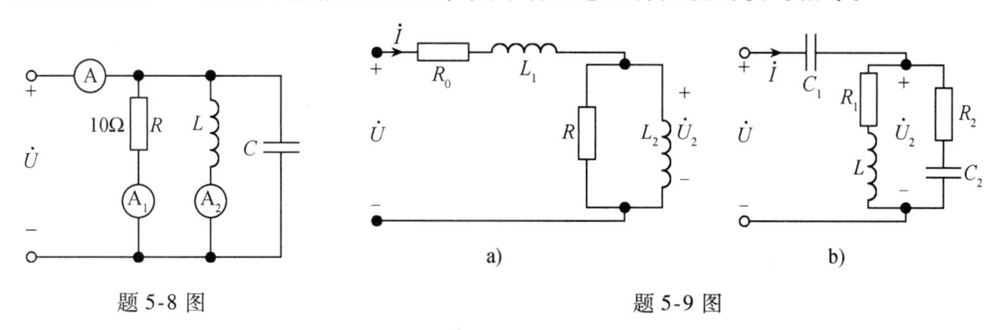

题5-8图　　题5-9图

5-10 如题5-10图所示电路，已知 $U=220$V，$Z_1=2+\mathrm{j}1\Omega$，$Z_2=2+\mathrm{j}6\Omega$，$Z_3=2-\mathrm{j}6\Omega$，

$Z_4 = 2 + j4\Omega$，求各支路电流。

5-11 如题5-11图所示电路，各电流表读数为 A = 16.1A，$A_1 = 8.93A$，$A_2 = 10A$，$R = 20\Omega$，求等效参数 Y。

5-12 如题5-12图所示电路，已知 $u_S = 4\sin(100t)$ V，$i_S = 4\sin(100t)$ A，试用节点法和叠加法求各支路电流。

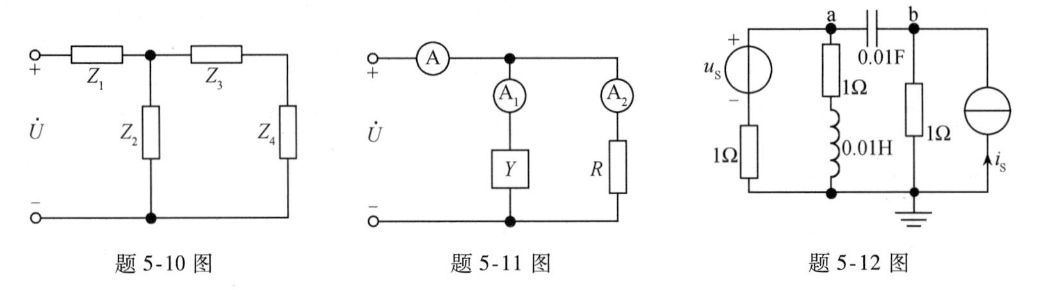

题5-10图　　题5-11图　　题5-12图

5-13 如题5-13图所示电路中电压 U 和 ω 一定，求 R 在有限值范围内变化时，而通过 R 中电流 I_R 保持不变的条件，并求此时电流值是多少？

5-14 如题5-14图所示电路，已知 $Z_1 = 200 + j1000\Omega$，$Z_2 = 500 + j1500\Omega$，R 为电阻，欲使电流 $\dot{I}_2$ 滞后于电压 $\dot{U}$ 的相位为 $\frac{\pi}{2}$，R 应为多大？

5-15 如题5-15图所示电路，图中电压 $U = 380V$，$f = 50Hz$，选取 C 使 S 打开与闭合时电流表的读数不变，并已知电流表的读数为 0.5A，求 L 值。

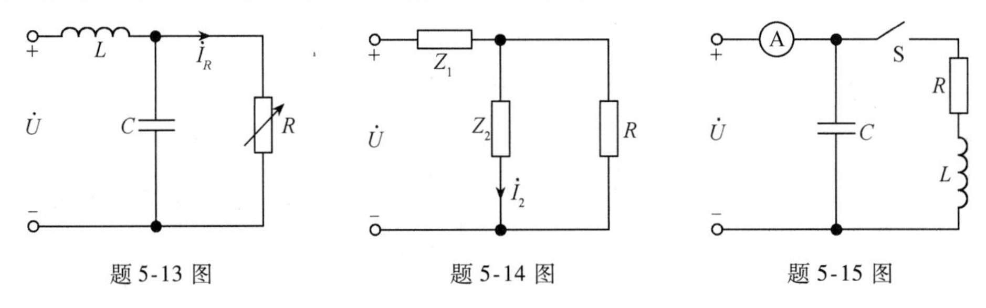

题5-13图　　题5-14图　　题5-15图

5-16 为测某线圈的参数 R 和 L，可以用三表法来进行，如题5-16图所示。已知外加电压频率 $f = 50Hz$，电压表读数为100V，电流表读数为2A，功率表读数为60W，试求 R 及 L。

5-17 如题5-17图所示电路，求：(1) 获取最大功率时，Z_L 为何值？(2) 最大功率是多少？

5-18 如题5-18图所示电路，当负载上的电压有效值为440V，$\cos\varphi = 0.8$ 时（$\varphi > 0$），吸收的功率为50kW，$f = 60Hz$。试求发电机电压有效值 U_S 和发电机提供的平均功率。

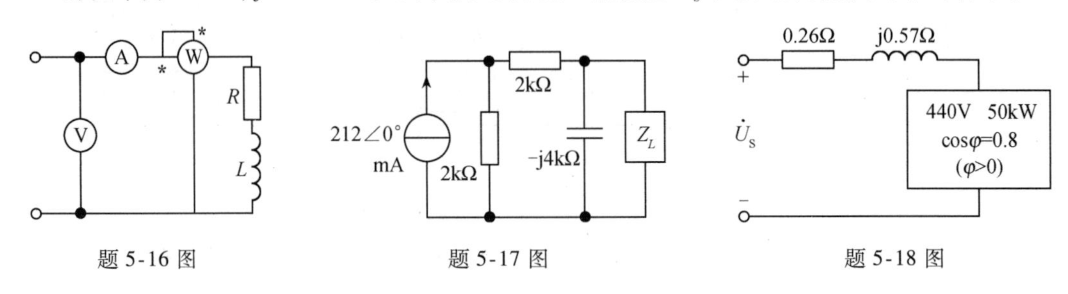

题5-16图　　题5-17图　　题5-18图

5-19 如题 5-19 图所示电路，总电压 $U = 350\text{V}$，第一组负载消耗功率为 $P_1 = 800\text{W}$，$\cos\varphi_1 = 0.5$（$\varphi_1 > 0$），第二组负载所消耗功率为 $P_2 = 3000\text{W}$，$\cos\varphi_2 = 0.8$（$\varphi_2 > 0$），求两个负载的等效参数 R_1、X_1、R_2 和 X_2。

5-20 如题 5-20 图所示电路，试证明 RC 移相电路中，当满足条件 $\omega = \dfrac{1}{\sqrt{6}RC}$ 时，输出电压 $\dot{U}_2$ 和输入电压 $\dot{U}_1$ 的相位差 180°，且 $\dfrac{U_2}{U_1} = \dfrac{1}{29}$。

5-21 如题 5-21 图所示电路，已知 $g = 1\text{s}$，$\omega = 1\ \text{rad/s}$，$\dot{I}_S = -\text{j}10\text{A}$，$\dot{U}_S = (1 - \text{j}5)\text{V}$，$Z = (0.4 - \text{j}0.2)\Omega$，求 $\dot{I}$ 值。

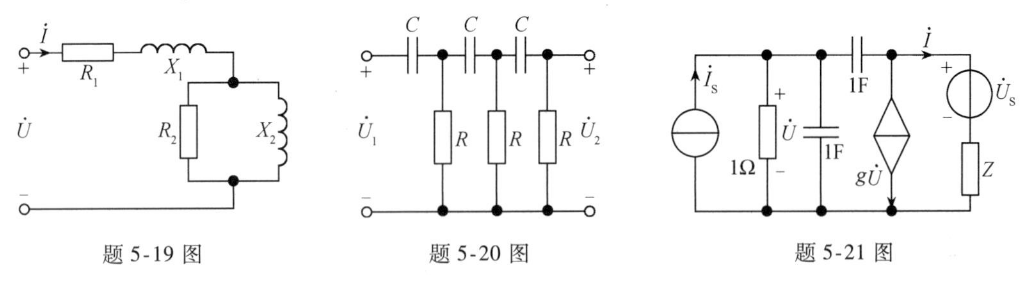

题 5-19 图　　题 5-20 图　　题 5-21 图

5-22 正弦稳态电路如题 5-22 图所示，已知功率表的读数为 100W，电压表 V_1 的读数为 200V，V_2 的读数为 100V，且 $\dot{U}$ 超前 $\dot{I}_S 60°$，求两入端阻抗 Z_1 和 Z_2。

5-23 如题 5-23 图所示电路中，$U = 200\text{V}$，电源发出功率 $P = 1500\text{W}$，$f = 50\text{Hz}$，$R_1 = R_2 = R_3$，$I_1 = I_2 = I_3$。求 R、L、C 和 I_1。

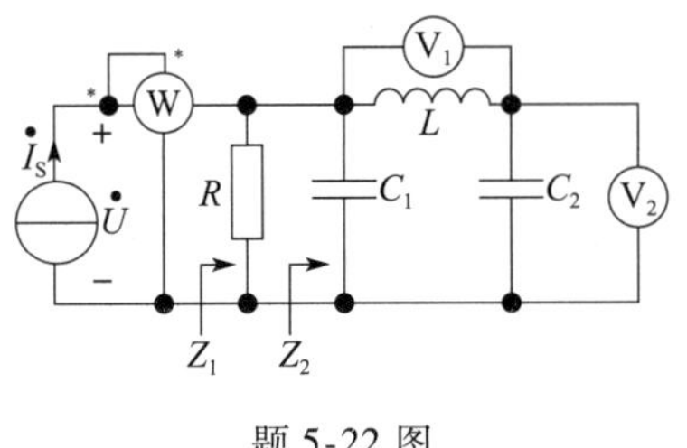

题 5-22 图

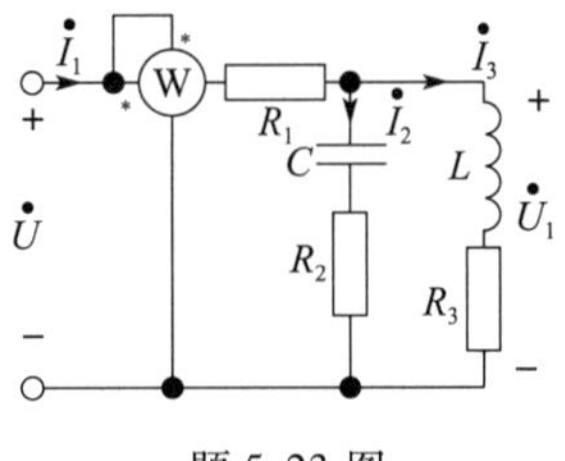

题 5-23 图

5-24 为了测线圈电阻 R_4 和电感 L_4，采用题 5-24 图所示线路接法。当滑动电压表的一端，使其读数为最小值，且已知此最小值为 30V，又知 $R_1 = 5\Omega$，$R_2 = 15\Omega$，$R_3 = 6.5\Omega$，外加电压 $U = 100\text{V}$，求 R_4 和 L_4。

5-25 电路如题 5-25 图所示，已知功率表的读数为 2000W（感性），两个电压表的读数均为 250V，电流表的读数为 10A，求参数 R、X_L 及 X_C。

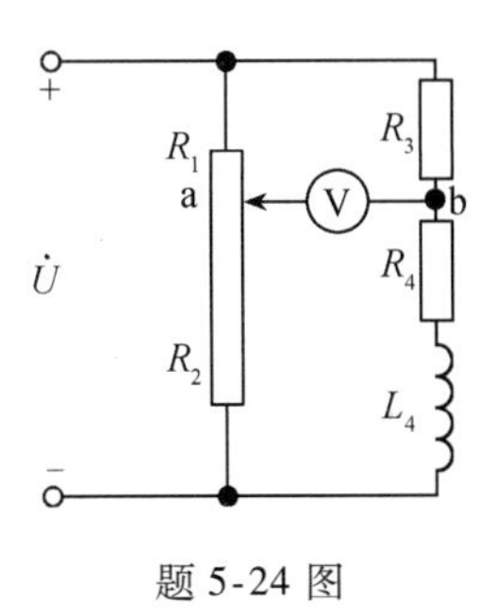

题 5-24 图

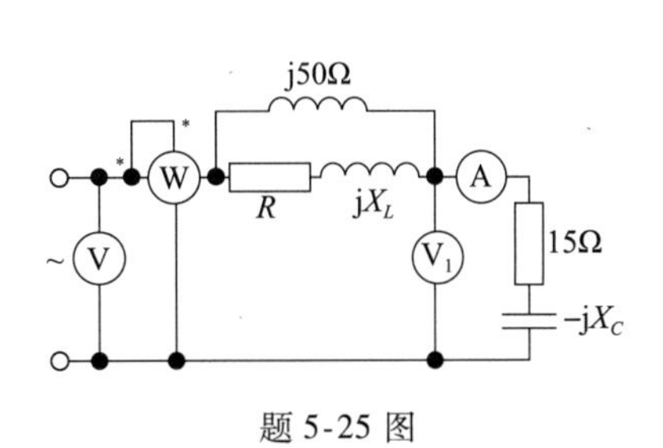

题 5-25 图

5-26 求出题 5-26 图各电路的谐振频率。

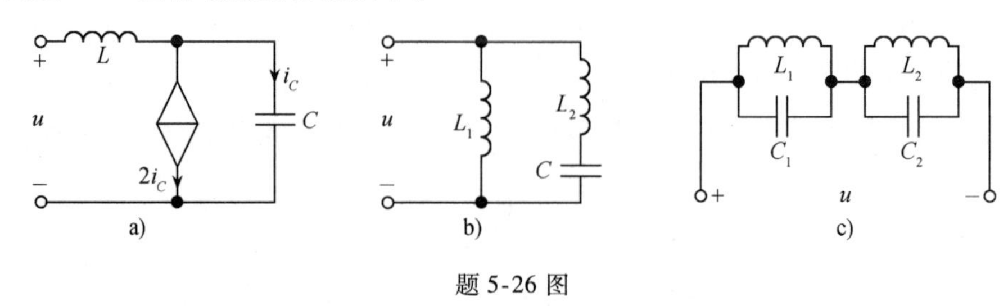

题 5-26 图

5-27 RLC 串联电路的电压 $u = \sqrt{2}\,10\sin(2500t + 15°)\text{V}$，当电容 $C = 8\mu\text{F}$ 时，电路吸收的功率为最大，$P_{\max} = 100\text{W}$。求电感 L 和电路 Q 值。

5-28 已知 $R = 10\Omega$ 的电阻与 $L = 1\text{H}$ 的电感和电容 C 串联接到端电压为 100V 的电源上，此时电流为 10A。如把 RLC 改成并联，接到同一个电源上，求各并联支路的电流。电源的频率为 50Hz。

5-29 如果题 5-29 图所示电路由电流源供电。已知 $I_s = 1\text{A}$，当 $\omega_0 = 1000\text{rad/s}$ 时电路发生谐振，$R_1 = R_2 = 100\Omega$，$L = 0.2\text{H}$。求电路谐振时电容 C 的值和电流源的电压。

5-30 题 5-30 图电路中，$R = 10\Omega$，$L = 250\mu\text{H}$，C_1、C_2 为可调电容。先调节电容 C_1，使并联电路部分在 $f_1 = 10^4\text{Hz}$ 时的阻抗达到最大，然后再调节 C_2，使整个电路在 $0.5 \times 10^4\text{Hz}$ 时阻抗最小。试求（1）电容 C_1 和 C_2；（2）当外加电压 $U = 1\text{V}$，而 $f = 10^4\text{Hz}$ 时的总电流。

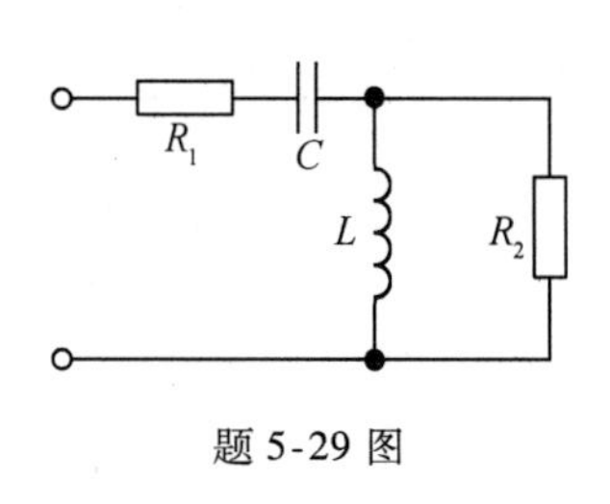

题 5-29 图

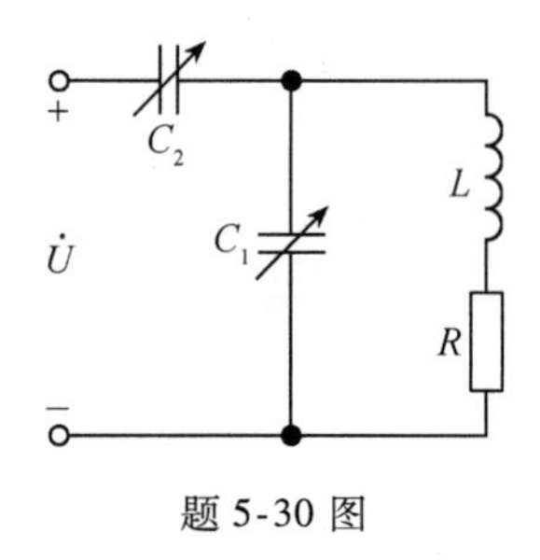

题 5-30 图

第 6 章

含耦合电感电路的分析

内容提要：本章主要介绍互感元件的电路模型及数学模型的建立，含互感电路的分析计算方法以及空心变压器、理想变压器的建模与分析方法等。

本章重点：同名端及其判断方法，互感电压表达式的列写，含互感电路的分析计算。

6.1 互感现象与互感电压

由电磁感应定律可知，一个变化电流流过线圈时，所产生的变化磁通会在线圈中产生感应电压。如果上述磁通还与其他线圈交链，也会在其他线圈中产生感应电压。通过磁通耦合的两个线圈，称为耦合线圈。耦合线圈的电路模型(即只考虑线圈的电磁感应作用，而忽略线圈电阻等次要参数)称为互感，或称耦合电感，它是电路的又一理想元件。与研究 R、L、C 元件的方法一样，为了分析含互感元件的电路，需要研究互感的特性，并建立互感元件的电压和电流关系。

两个靠近的线圈如图 6-1 所示，分别用 N_1、N_2 表示，当线圈 1 中通有电流 i_1 时，i_1 产生的穿过线圈 1 的磁通用 φ_{11} 表示，称为自感磁通；线圈 1 中各匝的自感磁通之和称为自感磁链，用 ψ_{11} 表示。i_1 产生的穿过线圈 2 的磁通用 φ_{21} 表示，称为线圈 1 对线圈 2 的互感磁通；穿过线圈 2 中各匝的互感磁通之和称为线圈 1 对线圈 2 的互感磁链，用 ψ_{21} 表示。

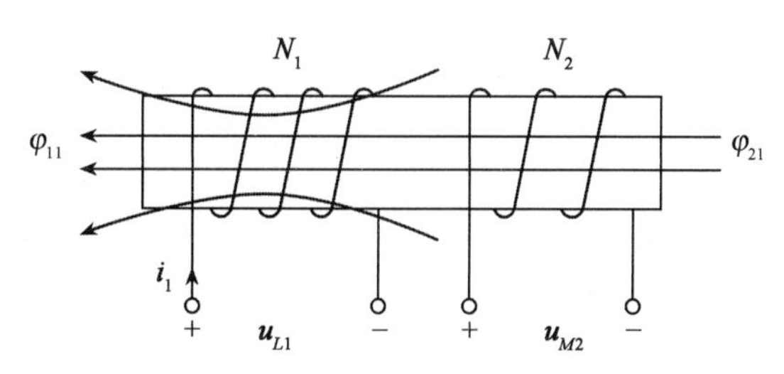

图 6-1　耦合线圈

在线性媒质中(即线圈周围没有铁磁物质)，磁链与产生它的电流成正比关系，即互感磁链 ψ_{21} 与 i_1 的关系为

$$M_{21} = \pm \frac{\psi_{21}}{i_1} \tag{6-1}$$

式中，M_{21} 称为线圈 1 对线圈 2 的互感系数，简称互感，是常量。当互感磁链 ψ_{21} 与 i_1 的参考方向为右手螺旋关系时，取正号；否则取负号。式(6-1)表示了互感的特性。

自感磁链 ψ_{11} 与 i_1 的比值，称为线圈 1 的自感系数，简称自感。当自感磁链 ψ_{11} 与 i_1 的参考方向为右手螺旋关系时，有

$$L_1 = \frac{\psi_{11}}{i_1} \tag{6-2}$$

否则添负号。这也是在 1.3 节中讨论的电感。互感的单位是亨利(H)，与自感的单位相同。

同样，当互感磁链 ψ_{12}、自感磁链 ψ_{22} 分别与 i_2 的参考方向为右手螺旋关系时，参照式(6-1)及式(6-2)，有

$$M_{12} = \frac{\psi_{12}}{i_2} \tag{6-3}$$

$$L_2 = \frac{\psi_{22}}{i_2} \tag{6-4}$$

式中，M_{12} 是线圈 2 对线圈 1 的互感，L_2 是线圈 2 的自感。可以证明 $M_{12} = M_{21}$，因此可以不加下标，只用 M 表示，统称为线圈 1 与线圈 2 之间的互感。

下面在互感特性的基础上，研究互感的电路模型和电压电流关系式，即推导互感电压与产生它的电流的关系式。分析线圈 1 的电流 i_1 在线圈 2 中产生互感电压 u_{M2} 的情况。由电磁感应定律可知，感应电压 u_{M2} 与产生它的磁链 ψ_{21} 的变化率成正比，即

$$u_{M2} = \pm \frac{\mathrm{d}\psi_{21}}{\mathrm{d}t} \tag{6-5}$$

若互感电压 u_{M2} 与互感磁链 ψ_{21} 的参考方向为右螺旋方向，式(6-5)取正号；否则取负号。

将式(6-1)代入式(6-5)，且 $M_{21} = M$，可写出线圈 2 的互感电压 u_{M2} 与线圈 1 的电流 i_1 的表达式，即

$$u_{M2} = \pm M \frac{\mathrm{d}i_1}{\mathrm{d}t} \tag{6-6}$$

式(6-6)取正号时，对应 u_{M2} 的参考方向与 ψ_{21} 的参考方向成右手螺旋方向，同时互感磁链 ψ_{21} 与 i_1 的参考方向也为右手螺旋方向(或者 2 个右手螺旋方向都不满足的情形)；如果只满足一个右手螺旋关系，则取负号。

u_{M2} 与 ψ_{21} 的方向是否符合右手螺旋关系要由线圈 2 的实际绕向来确定，而 ψ_{21} 与 i_1 的方向是否符合右手螺旋关系，要由线圈 1 的实际绕向确定，所以，确定互感电压表达式(6-6)中 M 前的正负号，除了需要知道 u_{M2} 与 i_1 的参考方向外，还需要知道两个线圈的绕向。这个问题对 i_2 产生的互感电压 u_{M1} 也是同样的。

在建立电路模型时，为了避免在电路图中画出线圈的绕向，需要找到一种方法表示出两个线圈的绕向关系。常用的方法是同名端标记法。由于两个线圈的绕向决定了线圈自感磁通与互感磁通是否相互增强，所以可据此特点标记两个线圈的同名端。同名端标记的规则是：当两个线圈的电流同时由同名端流进(或流出)线圈时，两个电流产生的磁通相互增强。据此规则可判定出图 6-2 中线圈 1 的②端和线圈 2 的③端是同名端，可用星号标记。同时，①端和④端也是同名端。同名端不仅与两线圈的绕向有关，还与两线圈的相对位置有关。

同名端标记法为耦合线圈的电路模型的建立提供了方便。图 6-3 所示的实际耦合线圈可用图 6-4所示的电路模型来表示。图 6-3 中的 1 端与 2 端是同名端。

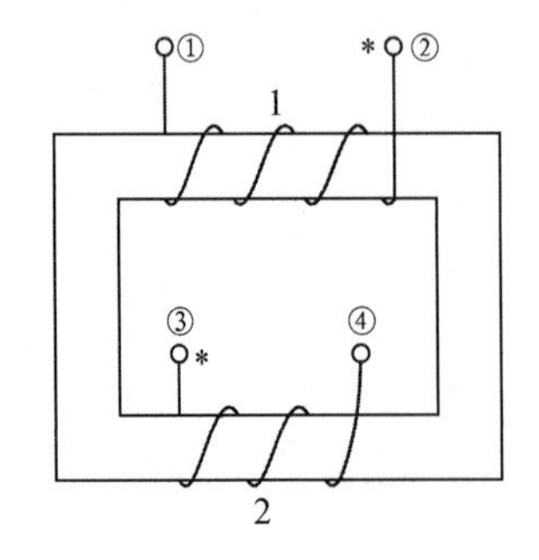

图 6-2　耦合线圈的同名端

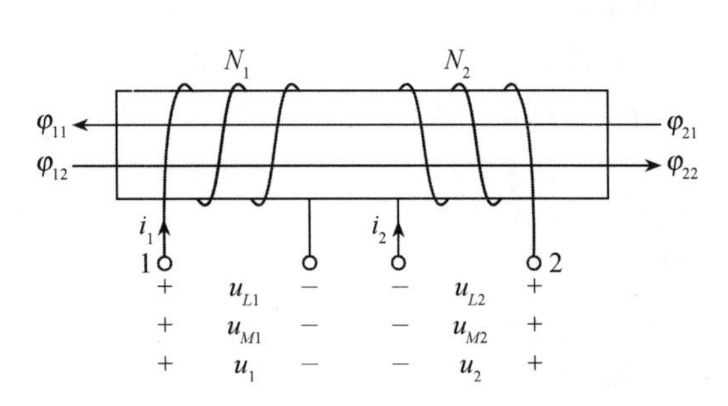

图 6-3　耦合线圈的电压电流

如何根据同名端来确定式(6-6)中互感电压表达式的正负号呢？以图 6-3 所示的线圈 1 的电流 i_1 在线圈 2 中产生互感电压 u_{M2} 为例，已判定 1 端和 2 端是同名端。设 i_1 的参考方向是由同名端流入，并设 i_1 产生的互感磁链 ψ_{21}的参考方向与 i_1 符合右手螺旋方向(考虑线圈 1 的绕向)，则有 $M = \dfrac{\psi_{21}}{i_1}$(表达式取正号)；根据同名端标记规则可知，如果电流 i_2 的参考方向是从线圈 2 的同名端流入，则 i_2 与互感磁链 ψ_{21}一定符合右手螺旋方向(考虑线圈 2 的绕向)，若设 u_{M2} 参考方向的正极在线圈 2 的同名端，则 u_{M2} 与 i_2 的参考方向一致，即 u_{M2} 与 ψ_{21} 也符合右手螺旋方向，故有 $u_{M2} = \dfrac{\mathrm{d}\psi_{21}}{\mathrm{d}t}$(表达式取正号)。可写出

$$u_{M2} = \frac{\mathrm{d}\psi_{21}}{\mathrm{d}t} = M\frac{\mathrm{d}i_1}{\mathrm{d}t} \tag{6-7}$$

上式说明，满足了两个右手螺旋方向，应取式(6-6)中的正号。通过上面的分析，可以归纳出根据线圈的同名端及电流、电压参考方向来确定式(6-6)中互感电压表达式中正负号的规则：当互感电压的参考正极所在端与产生该电压的另一线圈电流的流入端为同名端时，互感电压表达式(6-6)中的符号取正号；否则取负号。至此，建立了互感元件的电路模型和基于同名端的互感电压、电流表达式。

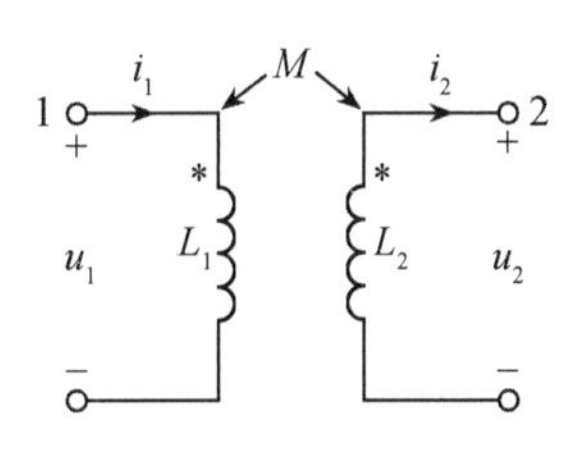

图 6-4　耦合线圈的电路模型

当有互感的两个线圈都通过电流时，每个线圈的电压(在此未考虑线圈电阻的电压)是自感电压和互感电压的代数和。对图 6-4 所示电路，设各线圈的自感电压和互感电压分别与各线圈的电压 u_1和 u_2 的参考方向相同，写出电压、电流关系式为

$$\begin{aligned} u_1 &= u_{L1} + u_{M1} = L_1\frac{\mathrm{d}i_1}{\mathrm{d}t} - M\frac{\mathrm{d}i_2}{\mathrm{d}t} \\ u_2 &= u_{L2} + u_{M2} = -L_2\frac{\mathrm{d}i_2}{\mathrm{d}t} + M\frac{\mathrm{d}i_1}{\mathrm{d}t} \end{aligned} \tag{6-8}$$

式中，由于互感电压 u_{M1}的参考正极所在端与 i_2 的流入端不是同名端，所以 $M\dfrac{\mathrm{d}i_2}{\mathrm{d}t}$ 前有负号；由于自感电压 u_{L2}与 i_2 不是关联参考方向，所以 $L_2\dfrac{\mathrm{d}i_2}{\mathrm{d}t}$ 前有负号。

工程上有时会遇到耦合线圈的绕向未知的情况，例如，线圈往往是密封的，对于这种情况，可用实验的方法确定同名端。下面通过图 6-5 说明自感电压和互感电压的实际极性与同名端的关系。各量参考方向如图 6-5 所示。设 $i_1 > 0$，并且是增加的，即 $\dfrac{\mathrm{d}i_1}{\mathrm{d}t} > 0$，则线圈 1 中的自感电压 $u_{L1} = L_1\dfrac{\mathrm{d}i_1}{\mathrm{d}t} > 0$，说明 u_{L1} 的实际方向与参考方向相同；线圈 2 中的互感电压 $u_{M2} = M\dfrac{\mathrm{d}i_1}{\mathrm{d}t} > 0$，说明 u_{M2} 的实际方向与参考方向相同。因此线圈 1 的 1 端与线圈 2 的 3 端都是高电位端。如果 i_1 减小，则按照上面的分析，1 端和 3 端都将变为低电位端。由此可见，不论 i_1 如何变化，两线圈的同名端都是由这一电流分别在两个线圈引起的感应电压的同极性端。根据这个道理可用实验的方法测定耦合线圈的同名端。

测定同名端的实验电路如图 6-6 所示。将线圈 1 经过开关 S 接至直流电压源，设 1 端接电源的正极。线圈 2 与一直流电压表相接，设 3 端接电压表的“+”端。在开关接通后的极短时间内，若电压表指针正向偏转，说明 3 端是高电位，则 1 端和 3 端是同名端；若电压表指针反向偏转，说明 3 端是低电位，则 1 端和 4 端为同名端。

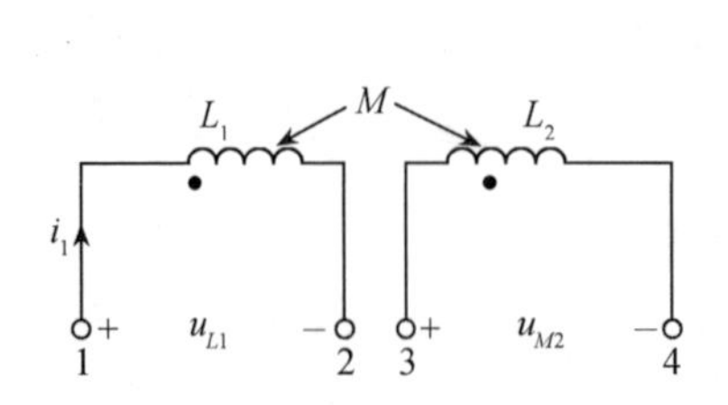

图 6-5 测定同名端的原理图

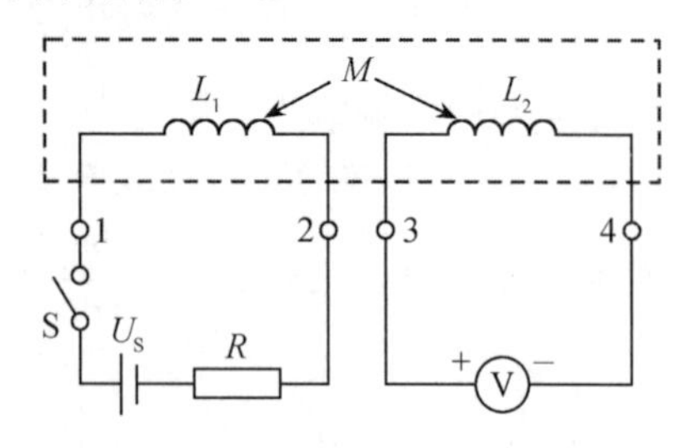

图 6-6 测定同名端的实验电路

下一节还将介绍互感线圈接通正弦交流电源也可测定同名端。

6.2 含有耦合电感电路的计算

电路中有互感时，仍然是依据基尔霍夫定律列出电路方程求解，在列电压方程时，应计入由于互感的作用而引起的互感电压。以耦合线圈的串联与并联为例，分析有互感的电路，并学习一种互感电路的等效电路分析法，称为互感消去法。

首先，分析耦合线圈串联的电路。图 6-7a 中两线圈的异名端相接，称顺接；图 6-7b 中两线圈的同名端相接，称反接。

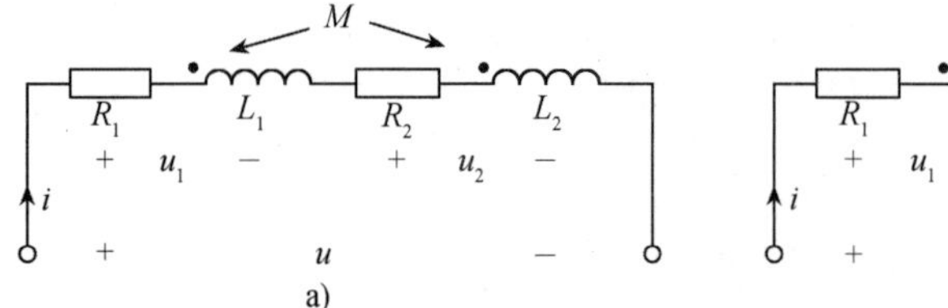

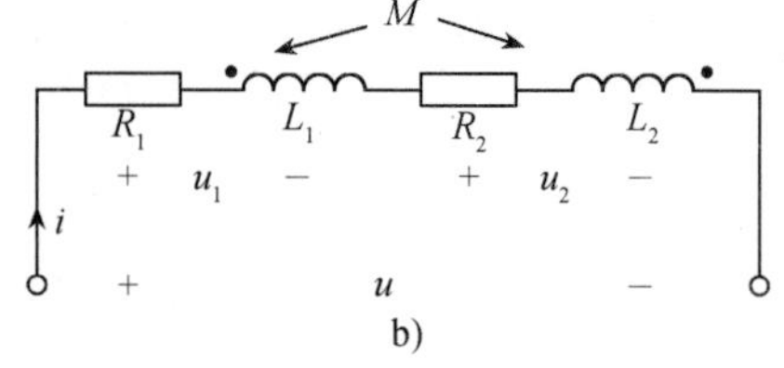

图 6-7 耦合线圈串联

图中的 R_1、L_1、R_2、L_2 分别为两个线圈的电阻和自感，M 为两个线圈的互感。根据基尔霍夫电压定律分别列出这两个串联电路的电压方程。

对图 6-7a 所示的两线圈顺接，电压方程为

$$u = u_1 + u_2 = \left(R_1 i + L_1 \frac{\mathrm{d}i}{\mathrm{d}t} + M \frac{\mathrm{d}i}{\mathrm{d}t}\right) + \left(R_2 i + L_2 \frac{\mathrm{d}i}{\mathrm{d}t} + M \frac{\mathrm{d}i}{\mathrm{d}t}\right)$$

$$= (R_1 + R_2)i + (L_1 + L_2 + 2M)\frac{\mathrm{d}i}{\mathrm{d}t} \tag{6-9}$$

对图 6-7b 所示的两线圈反接，电压方程为

$$u = u_1 + u_2 = \left(R_1 i + L_1 \frac{\mathrm{d}i}{\mathrm{d}t} - M \frac{\mathrm{d}i}{\mathrm{d}t}\right) + \left(R_2 i + L_2 \frac{\mathrm{d}i}{\mathrm{d}t} - M \frac{\mathrm{d}i}{\mathrm{d}t}\right)$$

$$= (R_1 + R_2)i + (L_1 + L_2 - 2M)\frac{\mathrm{d}i}{\mathrm{d}t} \tag{6-10}$$

式(6-9)和式(6-10)表明，图 6-7 所示的串联电路可与一个由电阻 R 和自感 L 所组成的串联电路等效。等效电阻和电感分别为

$$R = R_1 + R_2 \tag{6-11}$$

$$L = L_1 + L_2 \pm 2M \tag{6-12}$$

式(6-12)中，电路顺接时取正号，其等效电感大于两线圈自感之和；反接时取负号，其等效电感小于两自感之和，这是因为顺接时电流自两线圈的同名端流入，故两磁通互相加强，整个线圈的总磁链增多，而反接时情况则相反。

电感 L 储存的磁场能量 $W_L = \frac{1}{2}Li^2$ 是正值，所以等效电感 L 一定为正，即

$$L = L_1 + L_2 - 2M \geqslant 0$$

由此得出

$$M \leqslant \frac{1}{2}(L_1 + L_2) \tag{6-13}$$

上式说明互感系数不会大于两个自感系数的算术平均值。

对正弦稳态电路应用相量分析法，互感电压的相量形式可仿照自感电压的相量形式写出。设正弦电压 u 的角频率为 ω，则对图 6-7 所示电路，列出相量形式的电压方程为

$$\begin{aligned}\dot{U} &= (R_1\dot{I} + \mathrm{j}\omega L_1\dot{I} \pm \mathrm{j}\omega M\dot{I}) + (R_2\dot{I} + \mathrm{j}\omega L_2\dot{I} \pm \mathrm{j}\omega M\dot{I}) \\ &= [(R_1 + R_2) + \mathrm{j}\omega(L_1 + L_2 \pm 2M)]\dot{I}\end{aligned} \tag{6-14}$$

式中的正号对应于两线圈顺接情形；负号对应的是反接情形，$\mathrm{j}\omega M$ 称为互感抗。

现在分析耦合线圈并联的电路。其相量模型如图 6-8 所示，图 6-8a 为同名端连接，图 6-8b 为异名端连接。

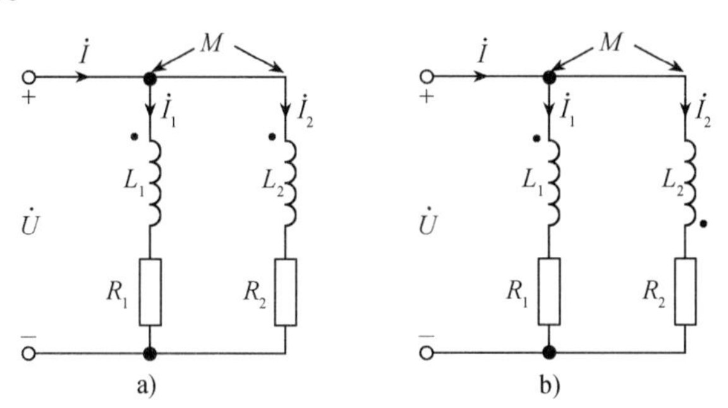

图 6-8　耦合线圈并联的相量模型

根据基尔霍夫定律的相量形式列出电压和电流的方程

$$\dot{I}_1 + \dot{I}_2 = \dot{I} \tag{6-15}$$

$$(R_1 + \mathrm{j}\omega L_1)\dot{I}_1 \pm \mathrm{j}\omega M\dot{I}_2 = \dot{U} \tag{6-16}$$

$$(R_2 + \mathrm{j}\omega L_2)\dot{I}_2 \pm \mathrm{j}\omega M\dot{I}_1 = \dot{U} \tag{6-17}$$

式(6-16)和式(6-17)中互感电压前面的正号对应于同名端连接的情形；负号对应于异名端连接的情形。若已知电压 $\dot{U}$ 及其角频率 ω，由此三式可解出电流 $\dot{I}_1$，$\dot{I}_2$ 和 $\dot{I}$。

下面介绍将图 6-8 所示的有互感电路等效为无互感电路的方法。

将式(6-15)中的 $\dot{I}_2 = \dot{I} - \dot{I}_1$ 和 $\dot{I}_1 = \dot{I} - \dot{I}_2$ 分别代入式(6-16)和式(6-17)，并整理得

$$R_1\dot{I}_1 + \mathrm{j}\omega(L_1 \mp M)\dot{I}_1 \pm \mathrm{j}\omega M\dot{I} = \dot{U} \tag{6-18}$$

$$R_2\dot{I}_2 + \mathrm{j}\omega(L_2 \mp M)\dot{I}_2 \pm \mathrm{j}\omega M\dot{I} = \dot{U} \tag{6-19}$$

当同名端相接时，用 M 前的上方符号，异名端相接时用下方符号。根据式(6-18)和式(6-19)画出的等效电路如图 6-9 所示，这是一个消去了互感的电路，由于与图 6-8 具有相同的电压电流关系式，所以图 6-9 与图 6-8 是等效的。

从推导过程可知，上面这种消去互感的方法不仅可用于耦合线圈并联，也可用于耦合线圈只有一个公共节点的情形。图 6-10a 中的耦合线圈有一个公共节点，则可用图 6-10b 所示无互感等效电路代替。图中 M 前的上方符号对应同名端连接；下方符号对应异名端连接。

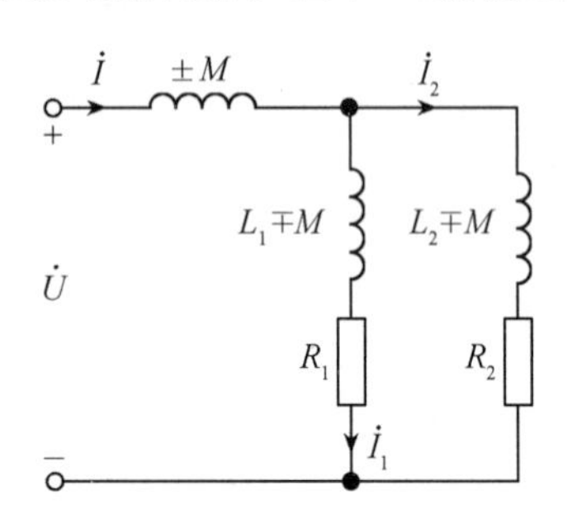

图 6-9　消去了互感的电路

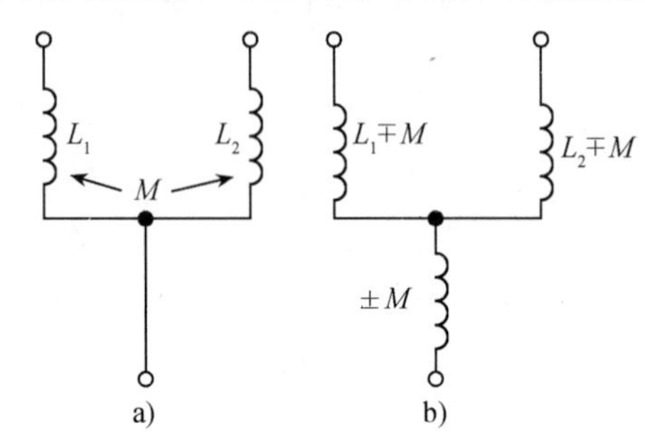

图 6-10　有公共节点的耦合线圈

这种互感消去法也可以通过电压电流瞬时值关系式推导出，因此它不仅适用于正弦电流电路，也可用于任意波形电流电路。

工程中常用耦合系数 K 反映两线圈耦合的紧密程度

$$K = \frac{M}{\sqrt{L_1 L_2}} \tag{6-20}$$

其值在 0 与 1 之间。$K = 1$ 时，称为全耦合，此时

$$M = \sqrt{L_1 L_2} \tag{6-21}$$

表示互感 M 达到最大值，这意味着一个线圈电流产生的磁通全部与另一线圈的每一匝相交链。

【例 6-1】在图 6-11a 中，已知 $U_1 = 20\text{V}$，电路参数为 $R_1 = 2\Omega$，$R_2 = 4\Omega$，$\omega L_1 = 2\Omega$，$\omega L_2 = 4\Omega$，$\omega M = 1\Omega$。1）试求在开关断开情况下的电压 U_2；2）试求在开关接通情况下的电流 I_1 与 I_2。

解　1）开关断开时两线圈顺接，如图 6-11a 所示，故等效阻抗为

$$Z = (R_1 + R_2) + \text{j}\omega(L_1 + L_2 + 2M) = 6 + \text{j}8 = 10\angle 53.1°\Omega$$

设电压 $\dot{U}_1$ 的初相位为 53.1°，则 $\dot{U}_1 = 20\angle 53.1°\text{V}$，故

$$\dot{I}_1 = \frac{\dot{U}_1}{Z} = \frac{20\angle 53.1°}{10\angle 53.1°} = 2\text{A}$$

线圈 2 的电压 $\dot{U}_2$ 中除了包括 $\dot{I}_1$ 在 R_2 和 $\text{j}\omega L_2$ 上产生的电压之外，还要包括 $\dot{I}_1$ 产生的互感电压，设互感电压的参考方向与 $\dot{U}_2$ 相同，故

$$\begin{aligned}\dot{U}_2 &= (R_2 + \text{j}\omega L_2 + \text{j}\omega M)\dot{I}_1 = (4 + \text{j}4 + \text{j})2 \\ &= 12.8\angle 51.34°\text{V}\end{aligned}$$

即 $U_2 = 12.8\text{V}$。

2）开关接通后的电路如图 6-11b 所示。

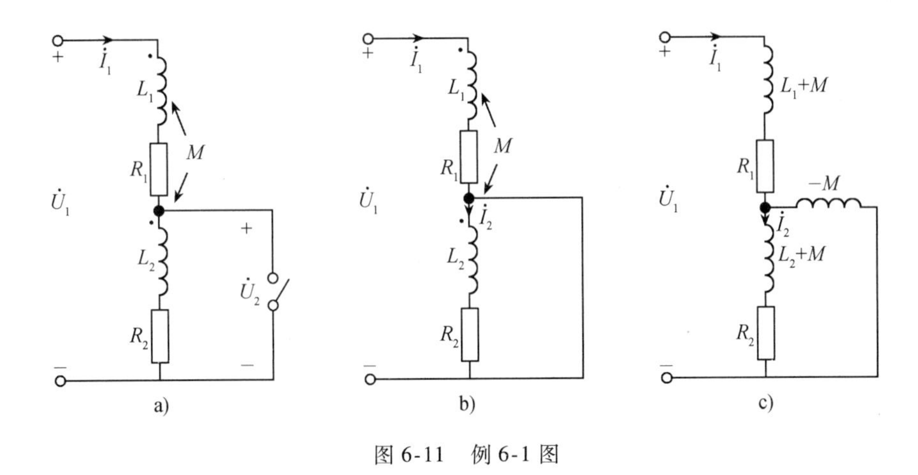

图 6-11　例 6-1 图

方法一　根据基尔霍夫定律列出方程为

$$(R_1 + j\omega L_1)\dot{I}_1 + j\omega M\dot{I}_2 = \dot{U}_1$$
$$j\omega M\dot{I}_1 + (R_2 + j\omega L_2)\dot{I}_2 = 0$$

解出

$$\dot{I}_1 = \frac{(R_2 + j\omega L_2)\dot{U}_1}{(R_1 + j\omega L_1)(R_2 + j\omega L_2) - (j\omega M)^2} = 7.1\angle 11.7°\text{A}$$

$$\dot{I}_2 = \frac{-j\omega M\dot{U}_1}{(R_1 + j\omega L_1)(R_2 + j\omega L_2) - (j\omega M)^2} = 1.25\angle 123.3°\text{A}$$

即

$$I_1 = 7.1\text{A},\ I_2 = 1.25\text{A}$$

方法二　因为题中耦合线圈有一个公共节点，故可以采用互感消去法进行分析计算，消去互感的等效电路如图 6-11c 所示。图中电流 $\dot{I}_1$ 为

$$\dot{I}_1 = \frac{\dot{U}_1}{R_1 + j\omega(L_1 + M) + \dfrac{-j\omega M[R_2 + j\omega(L_2 + M)]}{-j\omega M + R_2 + j\omega(L_2 + M)}}$$
$$= \frac{(R_2 + j\omega L_2)\dot{U}_1}{(R_1 + j\omega L_1)(R_2 + j\omega L_2) - (j\omega M)^2}$$

此式与用方法一求解得到的 $\dot{I}_1$ 表达式相同。$\dot{I}_2$ 可由图 6-11c 利用分流公式求解，结果与方法一相同。

6.3　空心变压器

变压器是利用互感实现从一个电路向另一个电路传输能量或信号的一种器件。变压器一般有两个线圈，一个与电源相接，称为原线圈，或初级；另一个与负载相接，称为副线圈，或次级。变压器在原副线圈之间一般没有电路相连接，而是通过磁通耦合把能量从电源传送到负载。线圈绕在非铁磁材料上的变压器，称为空心变压器。空心变压器的电路模型如图 6-12a 所示。空心变压器的耦合系数虽然较低，但因没有铁心中各种功率损耗，所以常用于高频电路中。

电路如图 6-12b 所示，空心变压器的初级线圈接正弦电源 $\dot{U}_1$，次级线圈接负载 $Z = R + \mathrm{j}X$。初级回路的总阻抗用 Z_{11} 表示，$Z_{11} = R_1 + \mathrm{j}\omega L_1$；次级回路的总阻抗用 Z_{22} 表示，$Z_{22} = R_2 + \mathrm{j}\omega L_2 + R + \mathrm{j}X$。按照图中标示的各电压电流的参考方向和同名端位置，对初级回路和次级回路分别列出电压方程为

$$\dot{U}_1 = Z_{11}\dot{I}_1 + \mathrm{j}\omega M\dot{I}_2 \tag{6-22}$$

$$0 = \mathrm{j}\omega M\dot{I}_1 + Z_{22}\dot{I}_2 \tag{6-23}$$

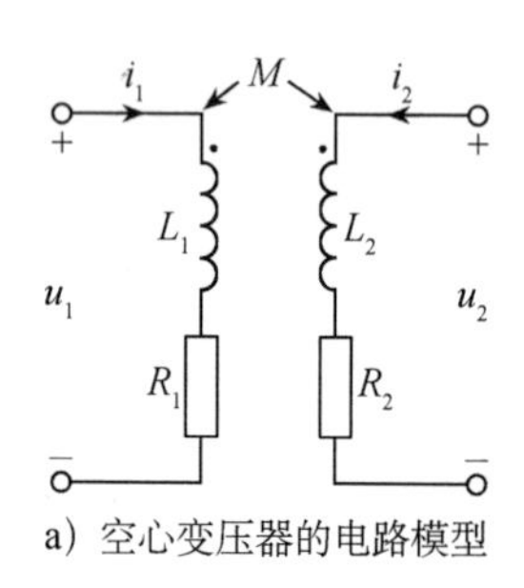

a）空心变压器的电路模型

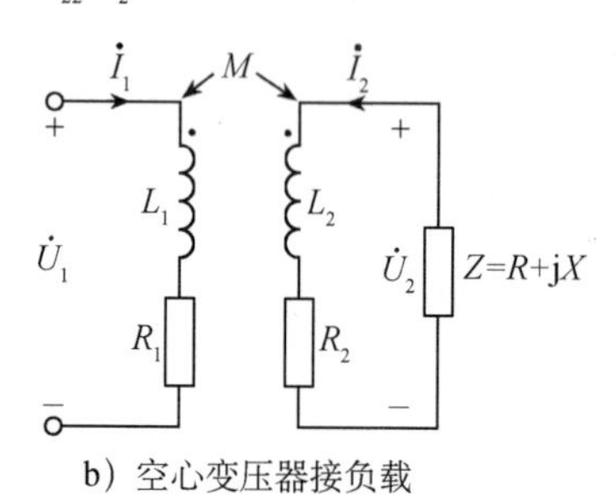

b）空心变压器接负载

图 6-12　空心变压器

求解方程式(6-22)和式(6-23)，便可求出空心变压器的初级回路电流 $\dot{I}_1$ 和次级回路电流 $\dot{I}_2$ 以及负载上的电压。

空心变压器还可以通过建立初级等效电路和次级等效电路进行分析。等效电路的求取，仍是依据基尔霍夫定律列出方程，进行整理后得出的。由式(6-23)可解出

$$\dot{I}_2 = -\frac{\mathrm{j}\omega M}{Z_{22}}\dot{I}_1 \tag{6-24}$$

将上式代入式(6-22)，得

$$\dot{U}_1 = \left(Z_{11} + \frac{\omega^2 M^2}{Z_{22}}\right)\dot{I}_1 = (Z_{11} + Z_{1r})\dot{I}_1 \tag{6-25}$$

由此可得到空心变压器初级回路的等效电路，如图 6-13a 所示，式中 $Z_{1r} = \frac{\omega^2 M^2}{Z_{22}}$，反映了次级对初级互感作用的影响，称为次级对初级的反射阻抗。由 Z_{1r} 表达式可看出，其性质与次级回路阻抗 Z_{22} 的性质相反。

同样，通过解出 $\dot{I}_2$ 的表达式可得到次级回路的等效电路，将式(6-25)求出的 $\dot{I}_1$ 代入式(6-24)，得

$$\dot{I}_2 = -\frac{\mathrm{j}\omega M\dfrac{\dot{U}_1}{Z_{11}}}{Z_{22} + \dfrac{\omega^2 M^2}{Z_{11}}} = -\frac{\mathrm{j}\omega M\dfrac{\dot{U}_1}{Z_{11}}}{Z_{22} + Z_{2r}}$$

式中，$Z_{2r} = \frac{\omega^2 M^2}{Z_{11}}$，称为初级对次级的反射阻抗。空心变压器的次级等效电路如图 6-13b 所示，图中的电压源 $\mathrm{j}\omega M\frac{\dot{U}_1}{Z_{11}}$ 是次级开路时，初级电流在次级产生的互感电压，其极性与两线圈

的同名端位置有关。若改变图 6-12b 中的一个线圈的同名端，则图 6-13b 中应为 $-\mathrm{j}\omega M\dfrac{\dot{U}_1}{Z_{11}}$。

可直接利用图 6-13 所示的初级、次级等效电路进行空心变压器的分析计算。

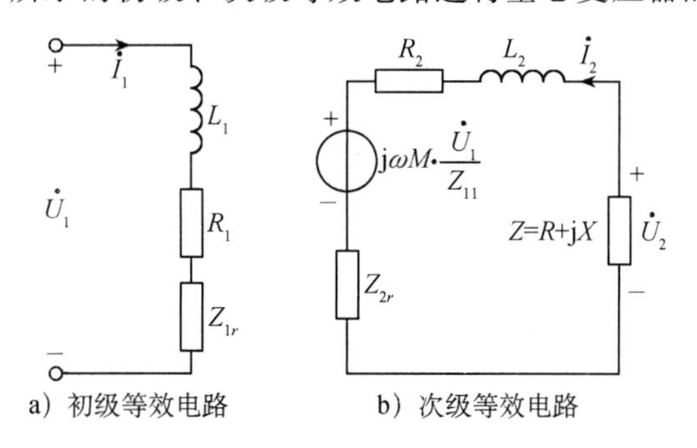

图 6-13　空心变压器的等效电路

【例 6-2】如图 6-12b 所示电路，已知 $L_1=3.6\mathrm{H}$，$L_2=0.06\mathrm{H}$，$M=0.465\mathrm{H}$，$R_1=20\Omega$，$R_2=0.08\Omega$，$Z=42\Omega$，初级电压 $u_1=115\sin 314t\mathrm{V}$。求初级电流 i_1 及负载电压 u_2。

解　1）求 i_1，其初级等效电路如图 6-13a 所示，其中

$$Z_{11}=R_1+\mathrm{j}\omega L_1=20+\mathrm{j}1130.4\Omega$$

$$Z_{1r}=\frac{\omega^2M^2}{Z_{22}}=\omega^2M^2\cdot\frac{1}{R_2+Z+\mathrm{j}\omega L_2}$$
$$=462.4\angle-24.12°\Omega$$

设

$$\dot{U}_\mathrm{S}=\frac{115}{\sqrt{2}}\angle 0°\mathrm{V}$$

则

$$\dot{I}_1=\frac{\dot{U}_\mathrm{S}}{Z_{11}+Z_{1r}}=\frac{81.317}{442.03+\mathrm{j}941.44}=0.07818\angle-64.89°\mathrm{A}$$

即

$$i_1=0.111\sin(314t-64.89°)\mathrm{A}$$

2）求 u_2，其次级等效电路如图 6-13b 所示，其中

$$\frac{\mathrm{j}\omega M}{Z_{11}}\dot{U}_\mathrm{S}=\mathrm{j}\omega M\frac{\dot{U}_\mathrm{S}}{R_1+\mathrm{j}\omega L_1}=10.502\angle 1.014°\mathrm{V}$$

$$Z_{2r}=\frac{\omega^2M^2}{Z_{11}}=\frac{\omega^2M^2}{R_1+\mathrm{j}\omega L_1}=18.857\angle-88.986°\Omega$$

$$\dot{U}_2=\frac{\dfrac{\mathrm{j}\omega M}{Z_{11}}\dot{U}_\mathrm{S}}{Z_{2r}+R_2+\mathrm{j}\omega L_2+Z}\cdot Z$$
$$=\frac{10.502\angle 1.014°}{18.857\angle-88.986°+42.08+\mathrm{j}18.84}\cdot 42$$
$$=10.4\angle 1.03°\mathrm{V}$$

即

$$u_2 = 10.4\sqrt{2}\sin(314t + 1.03°)\text{V}$$

6.4 理想变压器

理想变压器是实际变压器理想化的电路模型。理想变压器具有 3 个理想化条件：1）变压器本身不消耗能量；2）是全耦合变压器，即耦合系数 $K=1$；3）两个绕组的自感 L_1 、L_2 为无穷大，但两者比值为常数。在工程上常采用一些措施，使实际变压器的特性接近理想变压器。如采用具有高导磁率的铁磁材料做铁心；尽量增加初级次级线圈的匝数；尽量使线圈紧密耦合等。

理想变压器的电路模型如图 6-14a 所示，与研究 R、L、C 元件的电压电流关系一样，下面分析理想变压器的电压电流关系。在分析过程中，先根据理想化条件 2，分析全耦合变压器的电压电流关系，在此基础上代入理想化条件 1 和 3，最后得到理想变压器的电压电流关系。

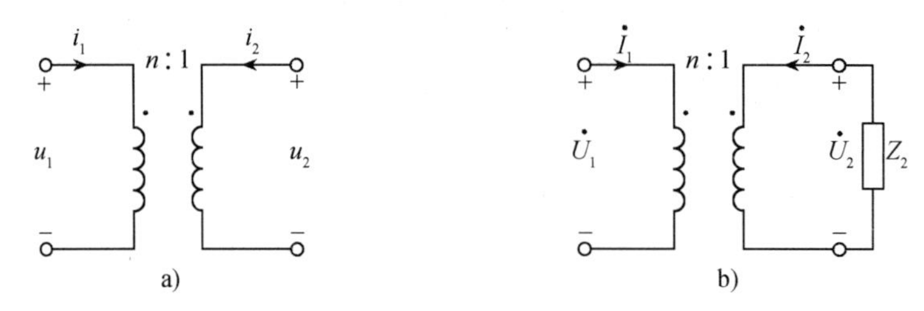

图 6-14 理想变压器的电路模型

1）对图 6-12a 所示的非理想变压器，代入理想化条件 2，即耦合系数 $K=1$，则称为全耦合变压器。设初级线圈电流产生的磁通为 φ_{11} ，次级线圈电流产生的磁通为 φ_{22} ，在全耦合的条件下，同一电流产生的互感磁通与自感磁通相同，有

$$\varphi_{21} = \varphi_{11} \qquad \varphi_{12} = \varphi_{22}$$

N_1 ，N_2 为两线圈的匝数，于是有

$$\frac{L_1}{L_2} = \frac{\dfrac{N_1\varphi_{11}}{i_1}}{\dfrac{N_2\varphi_{22}}{i_2}} = \frac{\dfrac{N_1}{N_2}\cdot\dfrac{N_2\varphi_{21}}{i_1}}{\dfrac{N_2}{N_1}\cdot\dfrac{N_1\varphi_{12}}{i_2}} = \frac{\dfrac{N_1}{N_2}M_{21}}{\dfrac{N_2}{N_1}M_{12}} = \frac{N_1^2}{N_2^2} = n^2$$

此式说明，全耦合变压器两线圈的匝数比是自感系数之比的开方，即

$$n = \frac{N_1}{N_2} = \sqrt{\frac{L_1}{L_2}}$$

2）再代入理想化条件 1，即忽略两个线圈的电阻，这时，对图 6-12a 所示的非理想变压器有

$$u_1 = L_1\frac{\mathrm{d}i_1}{\mathrm{d}t} + M\frac{\mathrm{d}i_2}{\mathrm{d}t} \tag{6-26}$$

$$u_2 = M\frac{\mathrm{d}i_1}{\mathrm{d}t} + L_2\frac{\mathrm{d}i_2}{\mathrm{d}t}$$

且 $K=1$，故

$$M = \sqrt{L_1L_2}$$

则电压比

$$\frac{u_1}{u_2}=\frac{L_1\frac{\mathrm{d}i_1}{\mathrm{d}t}+M\frac{\mathrm{d}i_2}{\mathrm{d}t}}{M\frac{\mathrm{d}i_1}{\mathrm{d}t}+L_2\frac{\mathrm{d}i_2}{\mathrm{d}t}}=\frac{\sqrt{L_1}}{\sqrt{L_2}}\cdot\frac{\sqrt{L_1}\frac{\mathrm{d}i_1}{\mathrm{d}t}+\sqrt{L_2}\frac{\mathrm{d}i_2}{\mathrm{d}t}}{\sqrt{L_1}\frac{\mathrm{d}i_1}{\mathrm{d}t}+\sqrt{L_2}\frac{\mathrm{d}i_2}{\mathrm{d}t}}=\sqrt{\frac{L_1}{L_2}}=n \tag{6-27}$$

式(6-27)为无损耗全耦合变压器的电压关系，初级与次级的电压之比仅为两线圈的匝数之比。

下面讨论无损耗全耦合变压器的电流关系，改变式(6-26)的形式，有

$$\frac{\mathrm{d}i_1}{\mathrm{d}t}=\frac{u_1}{L_1}-\frac{M}{L_1}\frac{\mathrm{d}i_2}{\mathrm{d}t}$$

假定 $t=0$ 时全耦合变压器没有能量储存(此时 $i_1(0)=i_2(0)=0$)，并考虑到全耦合变压器 $M=\sqrt{L_1L_2}$ 及 $\sqrt{\frac{L_1}{L_2}}=n$，则上式可写成

$$i_1=\frac{1}{L_1}\int_0^t u_1\mathrm{d}t-\frac{M}{L_1}i_2=\frac{1}{L_1}\int_0^t u_1\mathrm{d}t-\frac{\sqrt{L_1L_2}}{L_1}i_2=\frac{1}{L_1}\int_0^t u_1\mathrm{d}t-\frac{1}{n}i_2 \tag{6-28}$$

式(6-27)和式(6-28)分别是无损耗全耦合变压器初级与次级的电压关系和电流关系。

3) 最后代入理想化条件3，即 $L_1\to\infty$。由于理想化条件3不影响式(6-27)的推导过程和结果，所以式(6-27)也是理想变压器的电压关系。将理想化条件3代入式(6-28)，由于 $L_1\to\infty$，则理想变压器初级与次级的电流关系也是两线圈的匝数之比

$$i_1=-\frac{1}{n}i_2 \tag{6-29}$$

至此，得到了如式(6-27)和式(6-29)所示的理想变压器的电压电流关系

$$\frac{u_1}{u_2}=n \qquad \frac{i_1}{i_2}=-\frac{1}{n}$$

此关系式对应图6-14a中所标示的各电压电流的参考方向及同名端的位置。

图6-14a所示的理想变压器的相量模型如图6-14b所示，理想变压器的电压电流关系的相量形式为

$$\frac{\dot{U}_1}{\dot{U}_2}=n \qquad \frac{\dot{I}_1}{\dot{I}_2}=-\frac{1}{n} \tag{6-30}$$

此方程对应图6-14b中所标示的各电压电流的参考方向及同名端的位置。

理想变压器的电压电流关系相对简单，在实际工程中，将一些近似理想化条件的变压器等效成理想变压器，会简化电路的分析和计算。

同样，将一些近似满足全耦合条件的变压器等效成全耦合变压器，也会简化电路的分析和计算。

理想变压器不仅有上述的变换电压和电流的作用，而且有变换阻抗的作用。在图6-14b电路中，次级接上负载阻抗 Z_2，且 $Z_2=-\frac{\dot{U}_2}{\dot{I}_2}$，这时从理想变压器初级看进去的阻抗，即输入阻抗为

$$Z_{\mathrm{in}}=\frac{\dot{U}_1}{\dot{I}_1}=\frac{n\dot{U}_2}{-\frac{1}{n}\dot{I}_2}=n^2Z_2$$

可以认为，次级阻抗 Z_2 乘以 n^2 后，可由次级转移到初级来，或者说 n^2Z_2 是次级阻抗 Z_2 折合

到初级的阻抗值。根据类似的推导，初级阻抗 Z_1 除以 n^2 后，也可由初级转移到次级。

在理想变压器的电压电流关系式(6-30)中，线圈的电阻、自感和互感都没有出现，所以理想变压器既不是耗能元件，也不是储能元件，而只是一个变换信号和传输电能的元件。

【例 6-3】某信号源的内阻为 500Ω，负载电阻 $R_L = 5\Omega$。为使负载能从电源获得最大功率，需要负载电阻与电源内阻相等，为此，可在电源与负载间接入一变压器(设变压器是理想的)，以获得最大功率匹配，试求变压器的匝数比。

解 因为负载 R_L 是接在变压器的副边，折合到原边时应为 n^2R_L，根据获取最大功率的条件，应有

$$500 = n^2R_L = n^2 \cdot 5$$

故

$$n = \sqrt{100} = 10$$

即理想变压器的匝数比为 10。

由前述理想变压器电压电流关系的推导过程可知，全耦合变压器可用含理想变压器的电路等效，这种等效有时可简化电路的分析。假定式(6-28)中的初级电源 u_1 是正弦量，则该式的相量形式为

$$\dot{I}_1 = \frac{1}{j\omega L_1}\dot{U}_1 - \frac{1}{n}\dot{I}_2 = \dot{I}_{10} + \dot{I}_1'$$

由此式画出的等效电路图如图 6-15 所示。$\dot{I}_{10}$ 相当于次级开路($\dot{I}_2 = 0$)时的初级电流，称为变压器的空载电流，$\dot{I}_1'$ 则是由次级电流引起的，可以利用图 6-15 所示的等效电路分析全耦合变压器。

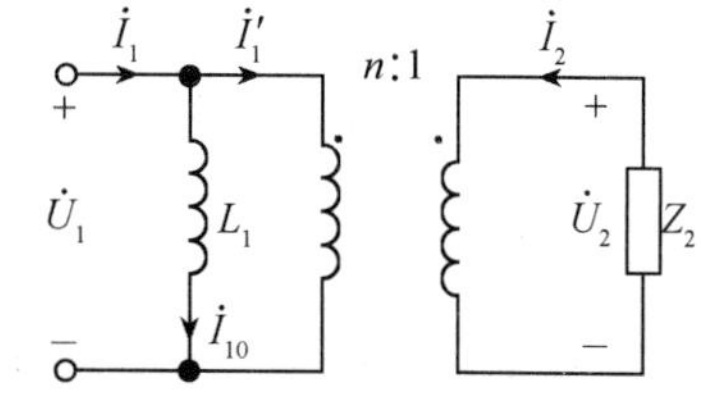

图 6-15 全耦合变压器等效成含理想变压器的电路

习题六

6-1 一耦合电感器如题 6-1 图所示，试标出同名端，并写出互感电压 u_{M2} 的数学表达式(互感为 M)。

6-2 如题 6-2 图所示耦合电感元件，试列写瞬时值电压方程式。

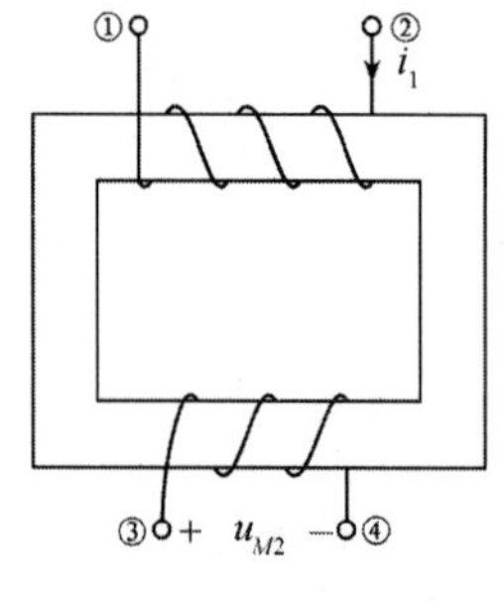

题 6-1 图

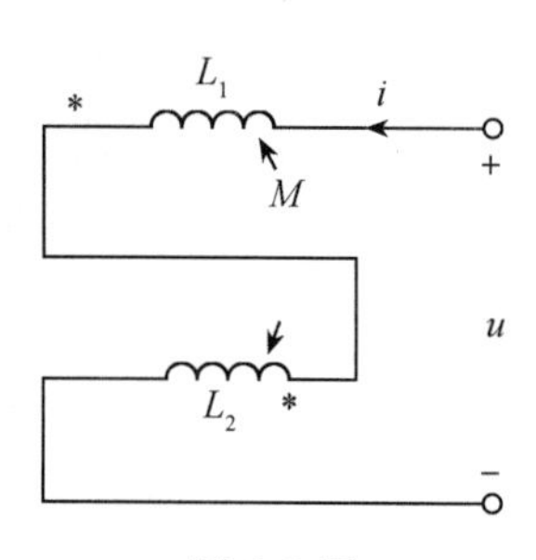

题 6-2 图

6-3 将两个线圈串联起来接到 50Hz、220V 的正弦电源上，顺接时得电流 2.7A，吸收的功率为 218.7W，反接时电流为 7A。求互感 M。

6-4 已知空心变压器如题 6-4 图 a 所示，原边电流源的电流波形如题 6-4 图 b 所示（一个周期），副边的电压表读数(有效值) $U = 25\text{V}$。

（1）画出副边端电压的波形，并计算互感 M；

（2）如果同名端弄错，对(1)的结果有无影响？

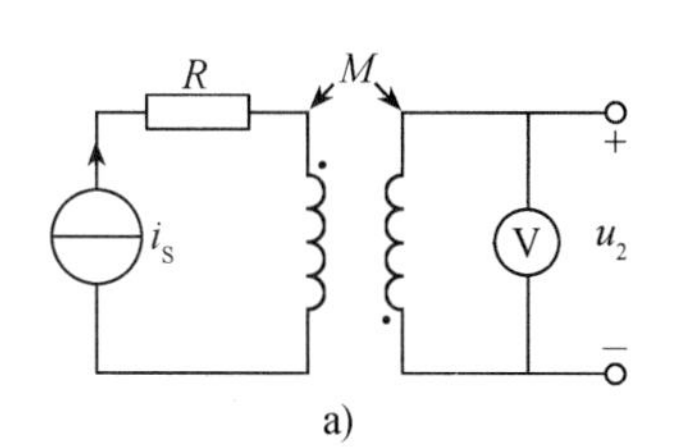

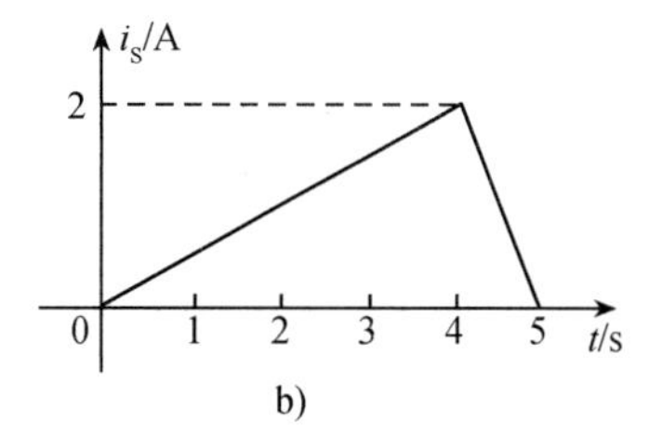

题 6-4 图

6-5 试计算题 6-5 图所示电路中 A，B 两点间的电压。设 $R_1 = 12\Omega, \omega L_1 = 12\Omega, \omega L_2 = 10\Omega$，$\omega M = 6\Omega, R_3 = 8\Omega, \omega L_3 = 6\Omega, U = 120V$。

6-6 全耦合变压器如题 6-6 图所示，已知 $R_1 = 10\Omega, \omega L_1 = 10\Omega, \omega L_2 = 1000\Omega$，$\dot{U}_S = 10\angle 0°V$。

（1）求从 ab 端看入的戴维南等效电路；

（2）若 ab 端短路，求短路电流。

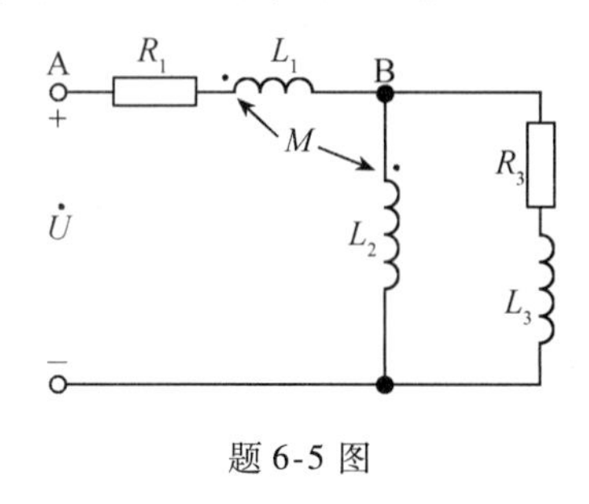

题 6-5 图

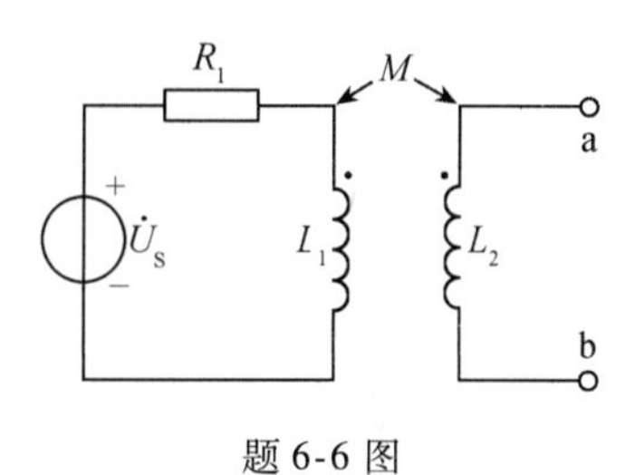

题 6-6 图

6-7 电路如题 6-7 图所示，已知 $L_1 = L_2 = 0.1H, R_L = 10\Omega, \omega = 100rad/s, \dot{U}_1 = 50V$。

（1）如果耦合系数 $K = 0.5$，计算 $\dot{I}_1$ 和 $\dot{I}_2$。

（2）如果 $K = 1$，计算 $\dot{I}_1$ 和 $\dot{I}_2$。

（3）试比较(1)(2)中 R_L 的功率。

6-8 题 6-8 图电路中，如果 $L_1L_2 = M^2$，试证明电阻上的电压 $\dot{U} = \left(1 - \frac{M}{L_1}\right)\dot{E}$ 与 R 的大小无关。

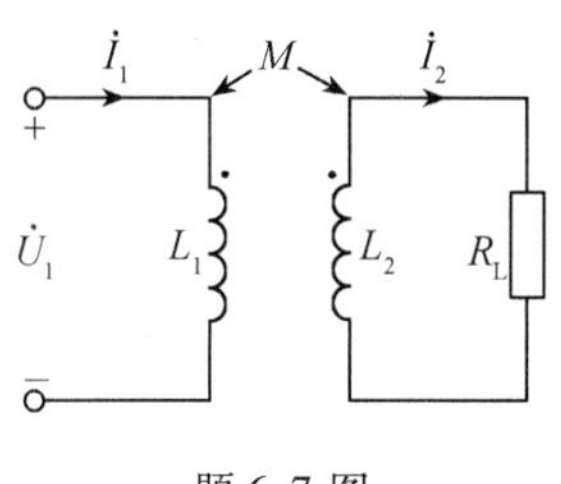

题 6-7 图

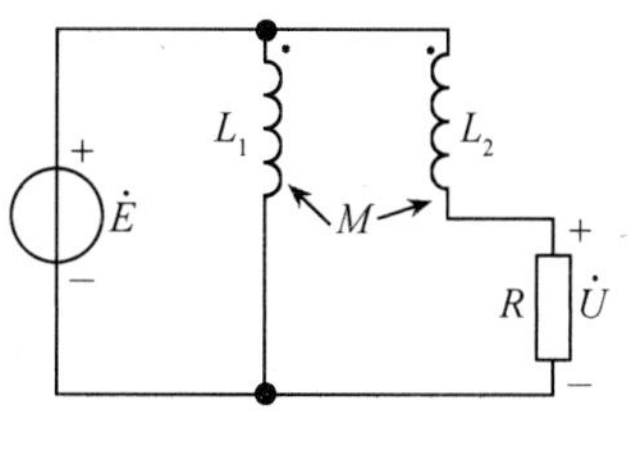

题 6-8 图

6-9 在题 6-9 图所示电路中，已知 $R_1 = R_2 = 3\Omega, X_1 = X_2 = 4\Omega, X_M = 2\Omega, U_S = 10V$。

（1）求负载 Z 能够获得的最大功率；

（2）a、c 两端子左边的电路能否等效成戴维南等效电路？为什么？

6-10 题 6-10 图电路中的全耦合变压器，其 $L_1 = 0.5\text{H}, C = 2\mu\text{F}, I_S = 1\text{A}$，匝数比 $n = 3, \omega = 1000\text{rad/s}$。求 1Ω 电阻所消耗的功率。

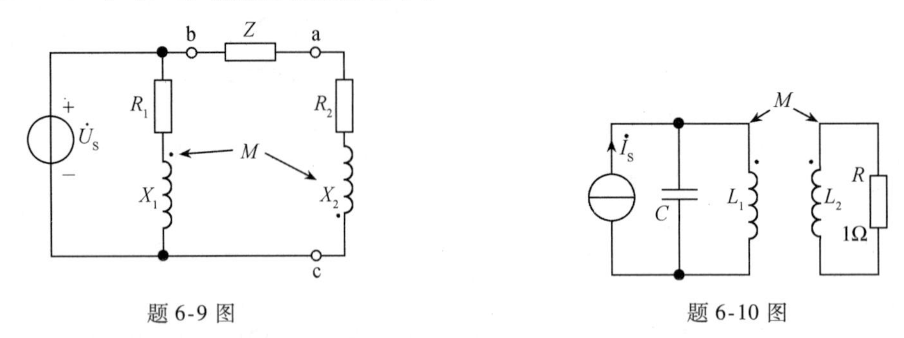

题 6-9 图　　　　题 6-10 图

6-11 求题 6-11 图电路中的电压 $\dot{U}_2$。已知理想变压器的变比为 10∶1。

6-12 题 6-12 图所示的正弦交流电路中，已知 $\dot{U}_S = 20\angle 0°\text{V}$，$Z_1 = (30 + \text{j}40)\Omega$，$Z_2 = (80 + \text{j}60)\Omega$。若 $n = 2$，求负载阻抗为何值时它获得的平均功率为最大？

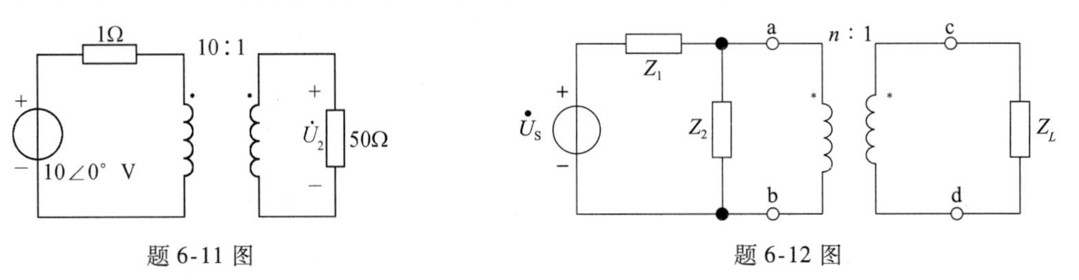

题 6-11 图　　　　题 6-12 图

6-13 求题 6-13 图电路的输入电阻。

6-14 题 6-14 图电路中的参数 L_1, L_2, M 和 C 已给定，耦合系数 $K<1$。求(1) 频率 f 为多少时，$I_2 = 0$；(2) f 又为多少时 $I_1 = 0$。

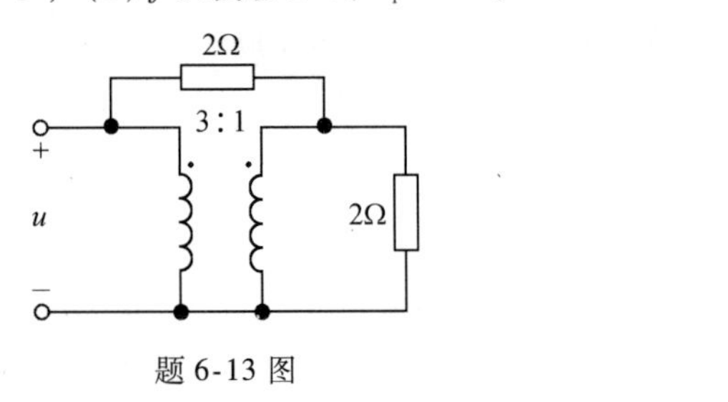

题 6-13 图

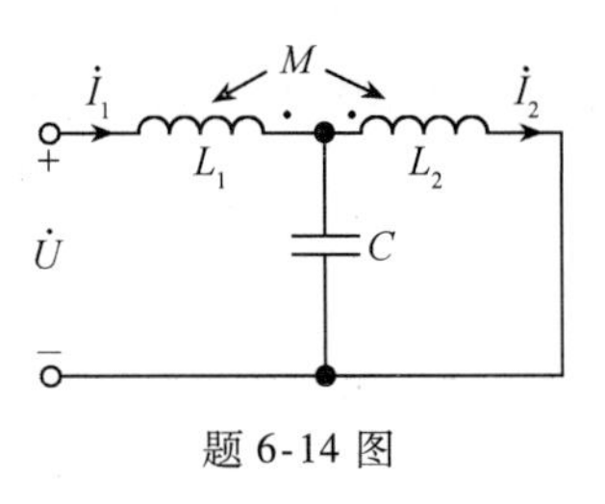

题 6-14 图

6-15 如题 6-15 图所示电路，$R_1 = R_2 = 3\text{k}\Omega, u_S = \sqrt{2}\,20\sin(\omega t)\text{V}, L_1 = 160\text{mH}$，$L_2 = 40\text{mH}$，$M = 80\text{mH}, C_2 = 0.25\mu\text{F}$。欲使 $\dot{U}_S$ 与 $\dot{I}$ 同相，试求 ω、i_2 的值。

6-16 试求题 6-16 图电路的谐振角频率。如果 $R_1 = R_2 = \sqrt{\dfrac{L}{C}}$，将出现什么样的情况？

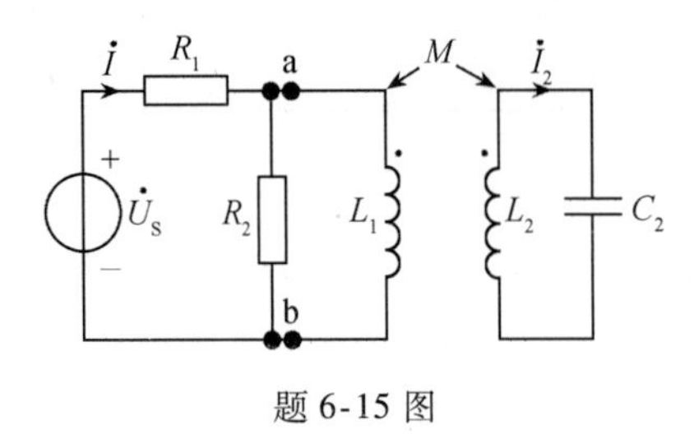

题 6-15 图

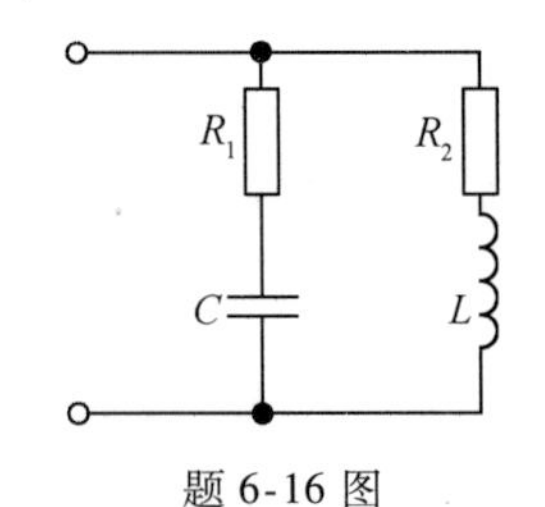

题 6-16 图

第7章 三相电路

内容提要：本章采用正弦稳态电路的分析方法分析三相电源给三相负载供电的三相电路。对于对称三相电路，介绍了其对称特点以及取一相电路进行分析和计算的简便方法。

本章重点：对称三相电路的线电压(电流)与相电压(电流)的关系，三相电路的联结方式，对称三相电路取单相计算的方法。

7.1 对称三相电路线电压(电流)与相电压(电流)的关系

1. 三相电源与三相负载

三相电路在发电、输电、配电等方面比单相电路有明显的优势，因此得到了广泛的应用。图7-1a所示为三相发电机示意图，其中绕轴旋转的一对磁极是转子，嵌有3个绕组(线圈)的固定部分称为定子。3个绕组AX、BY和CZ的尺寸及匝数相同，只是在空间位置上彼此相差120°。当转子的磁极按顺时针方向匀速旋转时，在三个绕组中都会产生感应电压，一个绕组称为一相，绕组电压称为相电压。在设计和制造发电机时，尽量保证产生的感应电压按正弦规律变化。将这样有效值相同、相位互差120°的3个绕组电压，称为对称三相电压。如果把三个绕组的始端分别标定为A、B、C，而末端分别标定为X、Y和Z，则三个相电压可分别用A相电压、B相电压、C相电压表示，即u_A、u_B、u_C。

设各相电压的参考方向由始端指向末端，且设A相电压的初相位为零，对称三相电压的瞬时值表达式如下式所示，

$$\begin{aligned} u_A &= U_m \sin \omega t \\ u_B &= U_m \sin(\omega t - 120°) \\ u_C &= U_m \sin(\omega t - 240°) = U_m \sin(\omega t + 120°) \end{aligned} \tag{7-1}$$

对称三相电压的波形图如图7-1b所示。对称三相电压的相量形式为

$$\begin{aligned} \dot{U}_A &= U\angle 0° \\ \dot{U}_B &= U\angle -120° \\ \dot{U}_C &= U\angle 120° \end{aligned} \tag{7-2}$$

图7-1c是对称三相电压的相量图。

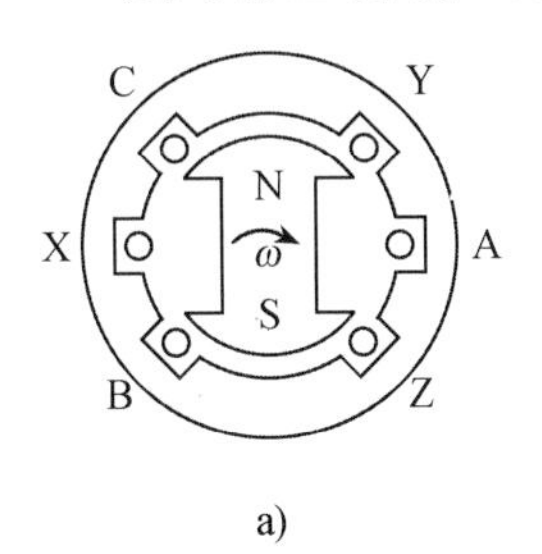

a)

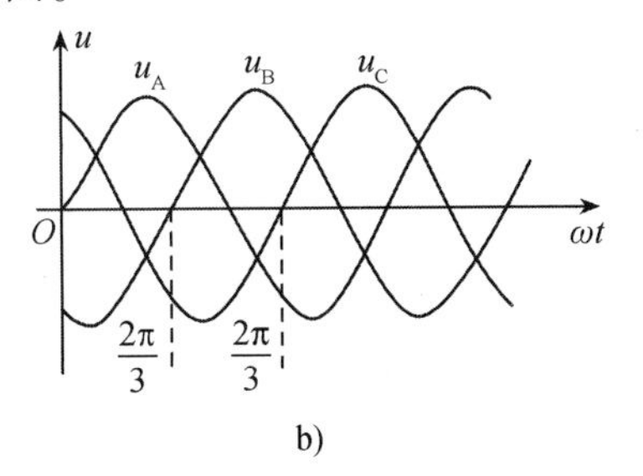

b)

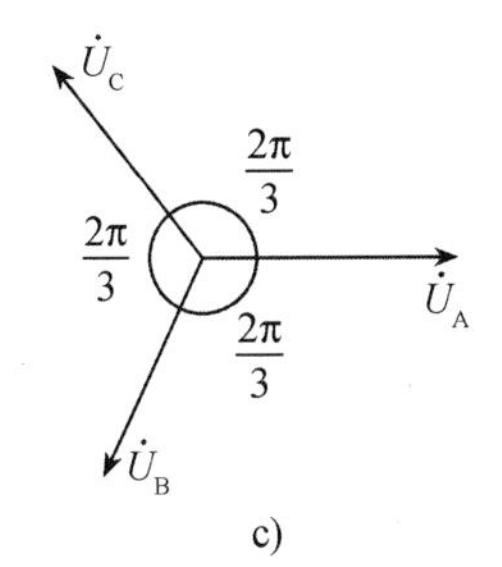

c)

图7-1 对称三相电压

三个相电压分别达到同一数值(例如达到正的最大值或达到零)的先后顺序叫作相序。式(7-1)所示三相电压的相序是 A－B－C－A，这种相序称为正序；如果是 A－C－B－A，便称为负序。如果不加说明，则三相电压的相序是指正序。

当电源是三相供电时，负载一般也是由 3 个部分组成，称为三相负载，阻抗相同的三相负载称为对称三相负载，三相感应电动机便是常见的对称三相负载。

由三相电源、三相负载和连接导线所组成的电路称为三相电路。由三相对称电源，三相对称负载以及阻抗相同的三条输电线组成的三相电路称为对称三相电路。这 3 个条件，只要有一个不满足，就构成不对称三相电路。

三相电路的电源和负载都有两种联结方式，即星形联结和三角形联结方式。

2. *星形联结方式及特点*

如图 7-2 中的三相电源和负载都是接成星形的，也称Y形。这种联结方式是把发电机三个线圈的末端 X、Y、Z 连在一起，称电源中点或零点，用 O 表示；由始端 A、B、C 引出三根导线与负载的 A′、B′、C′端相连，这 3 根导线称为端线（又称火线）；三相负载的另一端 X′、Y′、Z′也连在一起，用 O′表示，称负载中点，O′与 O 两点间的连线称为中性线。这种供电方式，称为三相四线制。如果没有中性线，则称为三相三线制。

流经端线的电流称为线电流，用 I_l 表示，如图 7-2 中的 $\dot{I}_A$、$\dot{I}_B$ 和 $\dot{I}_C$。两条端线之间的电压称为线电压，用 U_l 表示，如图 7-2 中的 $\dot{U}_{AB}$、$\dot{U}_{BC}$、$\dot{U}_{CA}$。每相负载或每相电源中的电流称为相电流，用 I_P 表示，如图 7-2 中的各相负载电流 $\dot{I}_{A'O'}$、$\dot{I}_{B'O'}$、$\dot{I}_{C'O'}$。每相负载或每相电源上的电压称为相电压，用 U_P 表示，如图 7-2 中的电源相电压 $\dot{U}_{AO}$、$\dot{U}_{BO}$、$\dot{U}_{CO}$(或$\dot{U}_A$、$\dot{U}_B$、$\dot{U}_C$)和负载相电压 $\dot{U}_{A'O'}$、$\dot{U}_{B'O'}$、$\dot{U}_{C'O'}$(或 $\dot{U}_{A'}$、$\dot{U}_{B'}$、$\dot{U}_{C'}$)。流过中性线的电流 $\dot{I}_N$ 称为中性线电流。

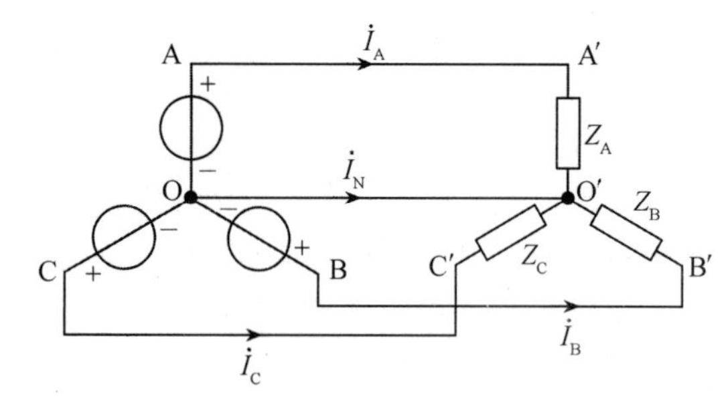

图 7-2　Y形联结的三相电路

下面讨论相电流与线电流、相电压与线电压之间的关系。

图 7-2 所示的星形联结电路，各相电流分别与相应的线电流相同，如 A 相负载 Z_A 中的相电流是线电流 $\dot{I}_A$。而线电压是两个相电压之差。依据基尔霍夫定律，可写出电源侧的线电压与相电压的关系为

$$\begin{cases}\dot{U}_{AB}=\dot{U}_{AO}-\dot{U}_{BO}\\ \dot{U}_{BC}=\dot{U}_{BO}-\dot{U}_{CO}\\ \dot{U}_{CA}=\dot{U}_{CO}-\dot{U}_{AO}\end{cases}\tag{7-3}$$

将三相对称电压表达式(7-2)代入式(7-3)，可推导出对称条件下线电压与相电压的关系表达式，即

$$\begin{aligned}\dot{U}_{AB}&=\dot{U}_{AO}-\dot{U}_{BO}=U_P\angle 0^\circ-U_P\angle -120^\circ\\ &=U_P\left(1+\frac{1}{2}+j\frac{\sqrt{3}}{2}\right)=\sqrt{3}U_P\angle 30^\circ=\sqrt{3}\dot{U}_A\angle 30^\circ\end{aligned}$$

$$\begin{aligned}\dot{U}_{BC} &= \dot{U}_{BO} - \dot{U}_{CO} = U_P\angle -120° - U_P\angle 120° \\ &= U_P\left(-\frac{1}{2} - j\frac{\sqrt{3}}{2} + \frac{1}{2} - j\frac{\sqrt{3}}{2}\right) = \sqrt{3}U_P\angle -90° = \sqrt{3}\dot{U}_B\angle 30° \\ \dot{U}_{CA} &= \dot{U}_{CO} - \dot{U}_{AO} = U_P\angle 120° - U_P\angle 0° \\ &= U_P\left(-1 - \frac{1}{2} + j\frac{\sqrt{3}}{2}\right) = \sqrt{3}U_P\angle 150° = \sqrt{3}\dot{U}_C\angle 30°\end{aligned} \tag{7-4}$$

简写为

$$\begin{cases}\dot{U}_{AB} = \sqrt{3}\dot{U}_A\angle 30° \\ \dot{U}_{BC} = \sqrt{3}\dot{U}_B\angle 30° \\ \dot{U}_{CA} = \sqrt{3}\dot{U}_C\angle 30°\end{cases} \tag{7-5}$$

式(7-5)表明，在星形联结中，若三个相电压是对称的，则三个线电压也是对称的，而且线电压的有效值等于相电压有效值的$\sqrt{3}$倍，即 $U_l = \sqrt{3}U_P$，线电压的相位超前对应相电压的相位30°，如 $\dot{U}_{AB}$ 超前 $\dot{U}_A$30°。这种固定且简单的关系会给对称三相电路的分析带来简便，只要确定了某个量，其余各量可依规律写出。

用相量图进行分析，可以得到相同结论，如图7-3所示。

对星形联结负载侧的线电流与相电流、线电压与相电压的关系作同样的分析，结论也是相同的。

3. 三角形联结方式及特点

图7-4中的三相电源和负载都是接成三角形的，也称△形，这种连接方式是把发电机的三个绕组的始端与末端依次相连接，即X接B，Y接C，Z接A，构成了一个三角形联结的电源，再从三个连接点引出三根导线连接三相负载。

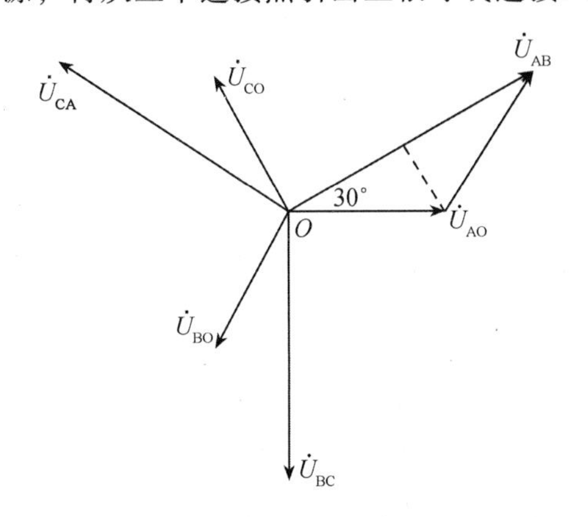

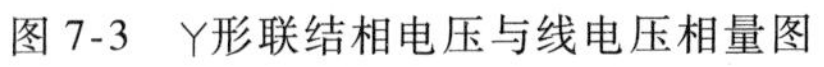
图7-3　Y形联结相电压与线电压相量图

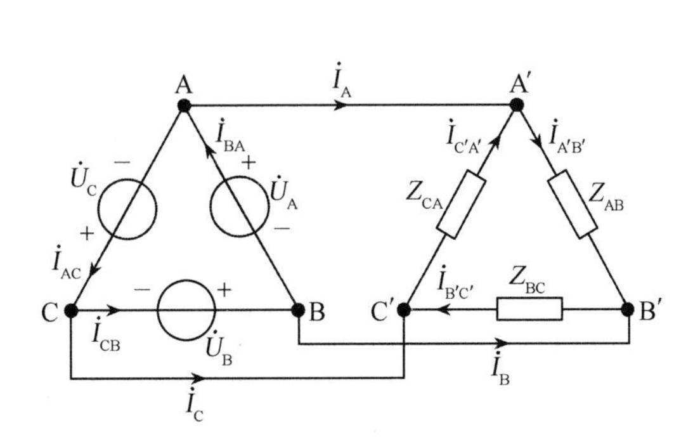

图7-4　三角形联结的三相电路

当电源的三个相电压对称且三角形联结时，电源的回路电压为

$$\begin{aligned}\dot{U} &= \dot{U}_{AX} + \dot{U}_{BY} + \dot{U}_{CZ} = \dot{U}_A + \dot{U}_B + \dot{U}_C \\ &= U_P\angle 0° + U_P\angle -120° + U_P\angle 120° \\ &= U_P\left(1 - \frac{1}{2} - j\frac{\sqrt{3}}{2} - \frac{1}{2} + j\frac{\sqrt{3}}{2}\right) = 0\end{aligned}$$

即三个相电压之和恒等于零，空载时，电源内部回路无环流。若将某一相绕组(比如 C 相绕组)接反了，即 X 接 B，Y 接 Z，C 接 A，这时三个相电压之和 $\dot{U} = \dot{U}_A + \dot{U}_B - \dot{U}_C = -2\dot{U}_C$，其相量图如图 7-5 所示，这样一来，在空载情况下，电源内部的回路电压为某一相电压的两倍，而电源绕组的阻抗又很小，就会产生很大的环流，可能会烧毁电源。为了避免这种情况发生，在把三相电源连接成三角形时，先不要闭合，留下一个开口，在开口处接上一只交流电压表进行测量，如图 7-6所示，如电压表指示为零，说明连接正确，这时可将开口处接在一起。

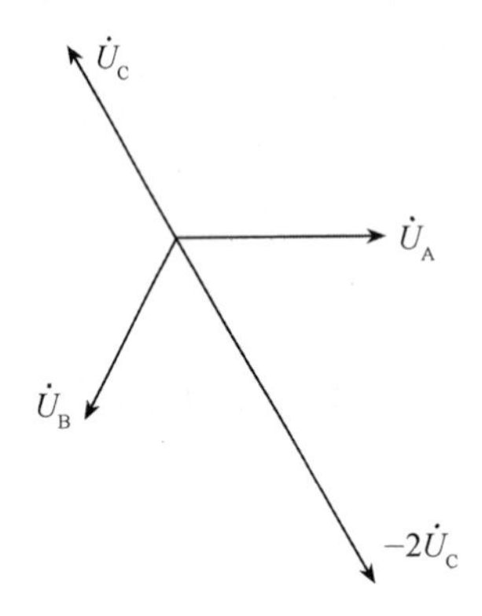

图 7-5　C 相接反时的相量图

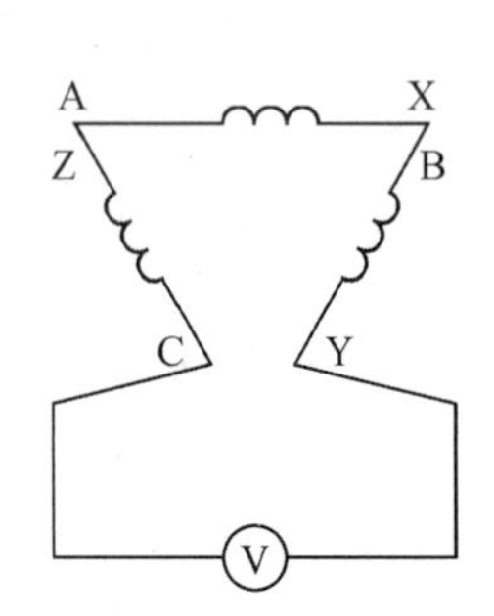

图 7-6　闭合前的检查

电源或负载是三角形联结的三相电路没有中性线，因此是三相三线制。

下面讨论对称三相电路三角形联结时的相电压与线电压、相电流与线电流之间的关系。由图 7-4 可知，电源(或负载)的一相电压也是一个线电压，即 $U_l = U_P$，如 A 相电压 $\dot{U}_A$ 即是线电压 $\dot{U}_{AB}$，即

$$\dot{U}_{AB} = \dot{U}_{AX} = \dot{U}_A \qquad \dot{U}_{A'B'} = \dot{U}_{A'X'} = \dot{U}_{A'}$$
$$\dot{U}_{BC} = \dot{U}_{BY} = \dot{U}_B, \qquad \dot{U}_{B'C'} = \dot{U}_{B'Y'} = \dot{U}_{B'}$$
$$\dot{U}_{CA} = \dot{U}_{CZ} = \dot{U}_C \qquad \dot{U}_{C'A'} = \dot{U}_{C'Z'} = \dot{U}_{C'}$$

三角形联结时的线电流是两个相电流之差，按图 7-4 所示的负载侧各电流参考方向，依据基尔霍夫定律，可写出线电流的表达式

$$\begin{cases} \dot{I}_A = \dot{I}_{A'B'} - \dot{I}_{C'A'} \\ \dot{I}_B = \dot{I}_{B'C'} - \dot{I}_{A'B'} \\ \dot{I}_C = \dot{I}_{C'A'} - \dot{I}_{B'C'} \end{cases} \tag{7-6}$$

各相电流可由各负载上的电压求出。设 $\dot{U}_{A'B'} = U_l\angle 0°$，则根据对称特点，可有 $\dot{U}_{B'C'} = U_l\angle -120°$，$\dot{U}_{C'A'} = U_l\angle 120°$，且对称三相负载 $Z_{AB} = Z_{BC} = Z_{CA} = Z$，于是三个相电流分别为

$$\dot{I}_{A'B'} = \frac{\dot{U}_{A'B'}}{Z} = \frac{U_l\angle 0°}{|Z|\angle\varphi} = I_P\angle -\varphi$$
$$\dot{I}_{B'C'} = \frac{\dot{U}_{B'C'}}{Z} = \frac{U_l\angle -120°}{|Z|\angle\varphi} = I_P\angle(-120° - \varphi) = \dot{I}_{A'B'}\angle -120° \tag{7-7}$$
$$\dot{I}_{C'A'} = \frac{\dot{U}_{C'A'}}{Z} = I_P\angle(120° - \varphi) = \dot{I}_{A'B'}\angle 120°$$

可以看出，三个相电流是对称的，将式(7-7)代入式(7-6)，得到 3 个线电流分别为

$$\dot{I}_A = I_P\angle -\varphi - I_P\angle(-\varphi+120°) = I_P\angle -\varphi(1 - 1\angle 120°)$$
$$= \sqrt{3}I_P\angle(-\varphi-30°) = \sqrt{3}\,\dot{I}_{A'B'}\angle -30°$$
$$\dot{I}_B = I_P\angle(-\varphi-120°) - I_P\angle -\varphi = I_P\angle -\varphi(1\angle -120° - 1)$$
$$= \sqrt{3}I_P\angle(-\varphi-150°) = \sqrt{3}\,\dot{I}_{B'C'}\angle -30°$$
$$\dot{I}_C = I_P\angle(-\varphi+120°) - I_P\angle(-\varphi-120°) = I_P\angle -\varphi(1\angle 120° - 1\angle -120°)$$
$$= \sqrt{3}I_P\angle(-\varphi+90°) = \sqrt{3}\,\dot{I}_{C'A'}\angle -30°$$

即

$$\begin{aligned}\dot{I}_A &= \sqrt{3}\,\dot{I}_{A'B'}\angle -30°\\ \dot{I}_B &= \sqrt{3}\dot{I}_{B'C'}\angle -30°\\ \dot{I}_C &= \sqrt{3}\dot{I}_{C'A'}\angle -30°\end{aligned} \tag{7-8}$$

可见，3 个线电流也是对称的，且线电流有效值等于相电流有效值的$\sqrt{3}$倍，即 $I_l = \sqrt{3}I_P$，而各线电流落后于对应相电流 30°，如 $\dot{I}_A$ 落后于 $\dot{I}_{A'B'}$ 30°。利用这种固定且简单的关系可以简化三角形联结的对称三相电路的分析。三角形联结时的各线电压、相电压、线电流、相电流的相量图如图 7-7 所示。

【例 7-1】有 3 台相同的单相变压器，其原边额定电压与电流分别为 220V 与 4.55A，副边额定电压与电流分别为 110V 与 9.1A。要求将这 3 台变压器接成三相变压器组，原边接成星形，副边接成三角形。试画出接线图，并计算原、副边的额定电压与电流。

解　接线图如图 7-8 所示。

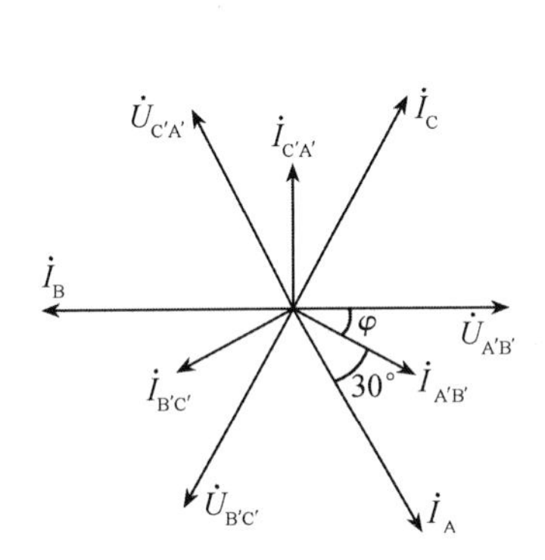

图 7-7　三角形联结时的相量图

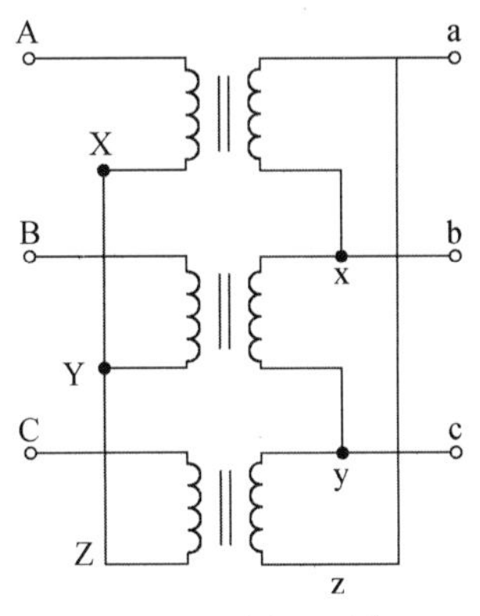

图 7-8　例 7-1 图

原边接成星形，所以额定线电压与线电流分别为

$$U_{l1} = \sqrt{3}U_{P1} = \sqrt{3}\cdot 220 = 380\text{V}$$
$$I_{l1} = I_{P1} = 4.55\text{A}$$

副边接成三角形，所以

$$U_{l2} = U_{P2} = 110\text{V}$$
$$I_{l2} = \sqrt{3}I_{P2} = \sqrt{3}\cdot 9.1 = 15.7\text{A}$$

7.2　对称三相电路的计算

经过 7.1 节的学习可知，对称三相电路的各线电压、相电压、线电流、相电流都是对称

的，且有着 $\sqrt{3}$ 和 30° 的固定关系，利用这些特点，可以简化对称三相电路的计算。

为了得到对称三相电路的简化算法，先采用一般正弦稳态电路的分析方法计算对称三相电路，然后归纳出对称三相电路的简化算法。

1. 星形联结对称三相电路计算

对于图 7-9a 所示的星形联结的对称三相四线制电路，只有两个节点，宜采用节点电压法分析。选 O 点为参考节点，列出节点电压方程为

$$\left(\frac{1}{Z}+\frac{1}{Z}+\frac{1}{Z}+\frac{1}{Z_N}\right)\dot{U}_{O'O}=\frac{\dot{U}_A}{Z}+\frac{\dot{U}_B}{Z}+\frac{\dot{U}_C}{Z}$$

两节点间的电压为

$$\dot{U}_{O'O}=\frac{\frac{1}{Z}(\dot{U}_A+\dot{U}_B+\dot{U}_C)}{\frac{3}{Z}+\frac{1}{Z_N}}$$

因电源的 3 个相电压对称，所以

$$\dot{U}_A+\dot{U}_B+\dot{U}_C=0$$

则

$$\dot{U}_{O'O}=0 \tag{7-9}$$

这说明在星形联结的对称三相电路中，无论有无中性线（Z_N 可为 ∞），电源中点与负载中点之间的电压都等于零。因此，对称三相电路中的 3 个单相支路相互独立，可单独计算。如果用电阻为零的导线将电源中点与负载中点相连，如图 7-9b 所示，可形成更直观的 3 个单相回路，其中 A 相电路如图 7-10 所示。

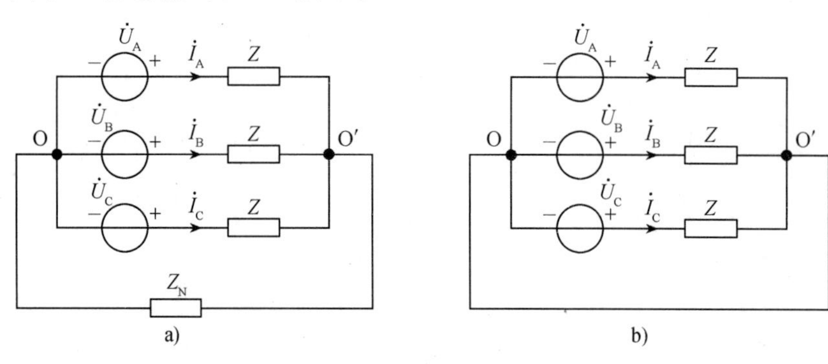

图 7-9　星形联结的对称三相电路

这样，各相电流可如下容易地求出

$$\dot{I}_A=\frac{\dot{U}_A}{Z},\quad \dot{I}_B=\frac{\dot{U}_B}{Z},\quad \dot{I}_C=\frac{\dot{U}_C}{Z} \tag{7-10}$$

从上面的计算可以看出，我们并不需要对每一相都进行计算，只要算出一相（线）电流，如 $\dot{I}_A$，再根据电流的对称性，便可以由 $\dot{I}_A$ 写出其他两相（线）电流 $\dot{I}_B$ 和 $\dot{I}_C$，即

$$\dot{I}_B=\dot{I}_A\angle-120°$$

$$\dot{I}_C=\dot{I}_A\angle 120°$$

显然，由于 3 个相（线）电流是对称的，因此中性线电流为

$$\dot{I}_{O'O}=\dot{I}_A+\dot{I}_B+\dot{I}_C=0 \tag{7-11}$$

同理，还可根据星形联结时线电压与相电压的固定关系（如式(7-5)所示），写出各线电压。星形联结对称三相电路的相量图如图 7-11 所示。

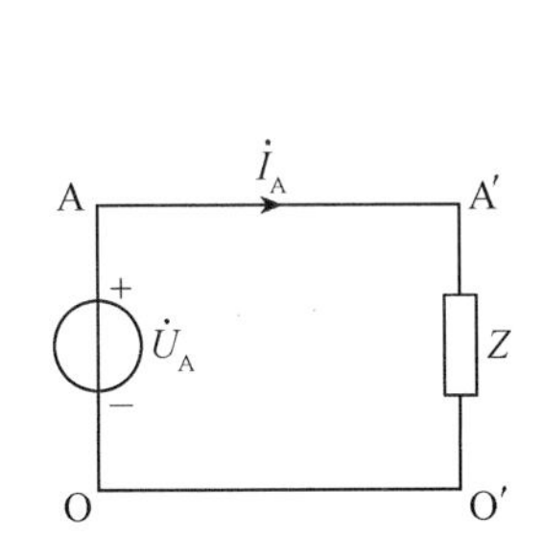

图 7-10　A 相计算电路

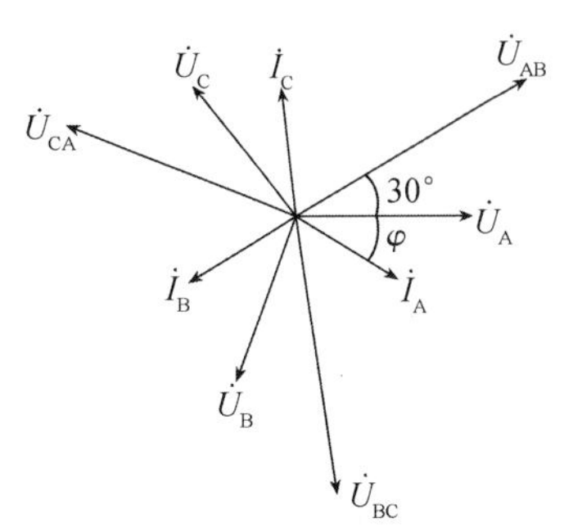

图 7-11　星形联结对称三相电路的相量图

由上可总结出星形联结对称三相电路的简化算法，用短路线连接电源中点与负载中点，形成单相回路，取出一相（如 A 相）进行计算，再推写出另外两相。

2. 三角形联结对称三相电路计算

对于图 7-12 所示三角形联结的对称三相电路，各相负载直接联在各线电压上，形成 3 个独立的单相回路。可只计算一相负载电流，其余两相可根据对称性直接写出。若

$$\dot{I}_{A'B'} = \frac{\dot{U}_{A'B'}}{Z} = \frac{\dot{U}_{AB}}{Z} \tag{7-12}$$

则

$$\dot{I}_{B'C'} = \dot{I}_{A'B'}\angle -120°$$
$$\dot{I}_{C'A'} = \dot{I}_{A'B'}\angle 120°$$

根据三角形联结对称电路的特点，如式(7-8)所示，可由相电流直接写出各线电流。

对于需要考虑线路阻抗的负载三角形联结的对称三相电路，如图 7-13 所示，在计算时，需要先把三角形联结的负载等效成星形联结，然后利用星形联结的对称三相电路的分析方法求解。

【例 7-2】如图 7-13 所示的对称三相电路，已知电源线电压为 380V，$Z_1 = 1 + j2\Omega$，$Z = 45 + j30\Omega$。试求负载端各线电压、线电流和负载的相电流。

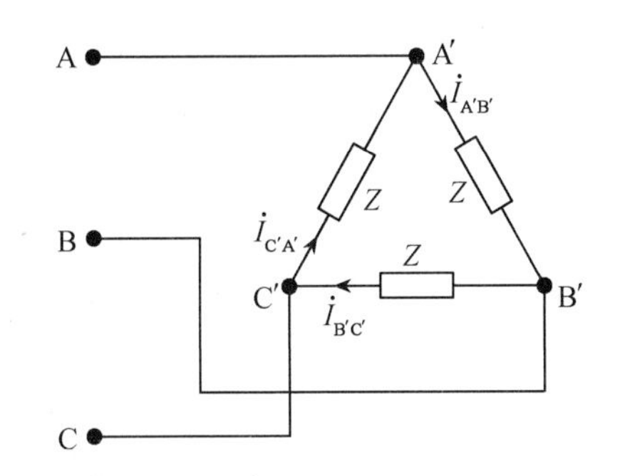

图 7-12　负载三角形联结的对称三相电路

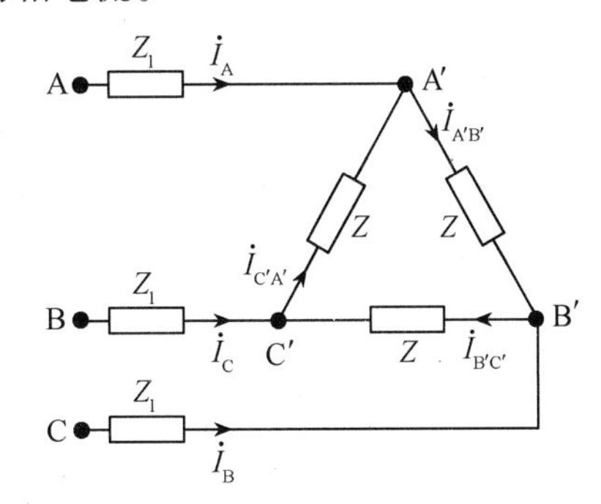

图 7-13　例 7-2 电路

解　由于电路中有线路阻抗，为了形成单相回路，需把三角形负载等效成星形负载。

$$Z_2 = \frac{1}{3}Z = \frac{1}{3}(45 + j30) = 15 + j10 = 18\angle 33.7°\Omega$$

再把电源视为星形联结，然后添上假想的中性线，得到的等效电路如图7-14所示。对图7-14所示电路，取单相(A相)计算的电路如图7-15所示。具体计算如下。

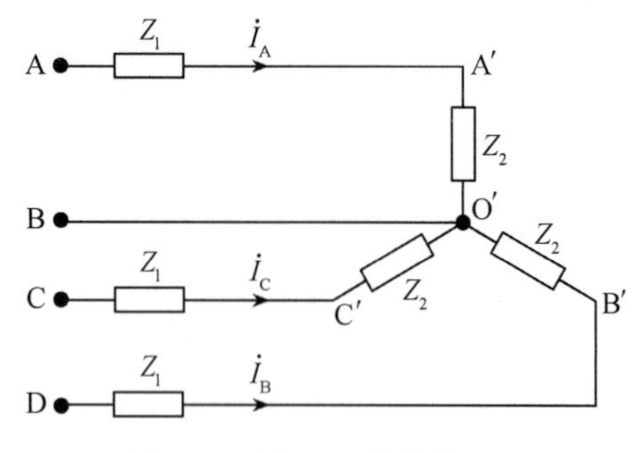

图7-14 图7-13的等效电路

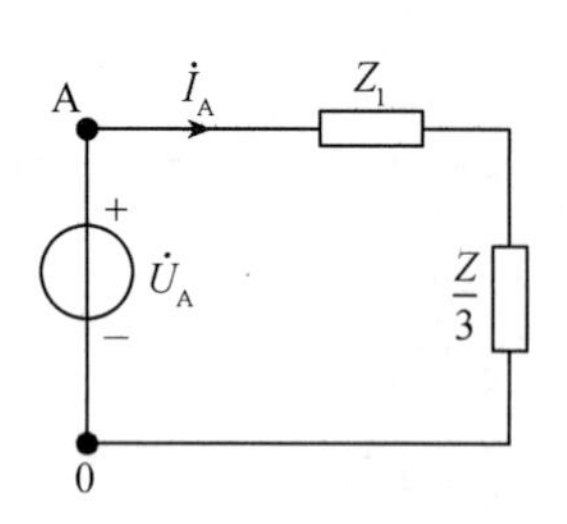

图7-15 A相计算电路

设A相电压为参考相量，则有

$$\dot{U}_A = \frac{380}{\sqrt{3}}\angle 0° = 220\angle 0°\text{V}$$

线电流为

$$\dot{I}_A = \frac{\dot{U}_A}{Z_1 + \dfrac{Z}{3}} = \frac{220\angle 0°}{1 + \text{j}2 + 15 + \text{j}10} = \frac{220\angle 0°}{16 + \text{j}12} = \frac{220\angle 0°}{20\angle 36.9°} = 11\angle -36.9°\text{A}$$

利用电路对称关系，可得

$$\dot{I}_B = \dot{I}_A\angle -120° = 11\angle -156.9°\text{A}$$

$$\dot{I}_C = \dot{I}_A\angle 120° = 11\angle 83.1°\text{A}$$

等效星形负载的相电压为

$$\dot{U}_{A'} = \frac{Z}{3}\dot{I}_A = (15 + \text{j}10)\times 11\angle -36.9° = 18\angle 33.7°\times 11\angle -36.9° = 198\angle -3.2°\text{V}$$

利用电路对称关系，可知

$$\dot{U}_{B'} = \dot{U}_{A'}\angle -120° = 198\angle -123.2°\text{V}$$

$$\dot{U}_{C'} = \dot{U}_{A'}\angle 120° = 198\angle 116.8°\text{V}$$

解出星形负载的相电压后，回到图7-13或者图7-14中，利用电路对称关系，求各线电压(也是三角形负载的各相电压)。分别为

$$\dot{U}_{A'B'} = \sqrt{3}\dot{U}_{A'}\angle 30° = \sqrt{3}\cdot 198\angle(-3.2° + 30°) = 343\angle 26.8°\text{V}$$

$$\dot{U}_{B'C'} = \sqrt{3}\dot{U}_{A'B'}\angle -120° = 343\angle -93.2°\text{V}$$

$$\dot{U}_{C'A'} = \sqrt{3}\dot{U}_{A'B'}\angle 120° = 343\angle 146.8°\text{V}$$

三角形负载的各相电流可根据对称关系，直接由各线电流写出

$$\dot{I}_{A'B'} = \frac{1}{\sqrt{3}}\dot{I}_A\angle 30° = \frac{1}{\sqrt{3}}11\angle -36.9°\angle 30° = 6.35\angle -6.9°\text{A}$$

且

$$\dot{I}_{B'C'} = 6.35\angle -126.9°\text{A}$$

$$\dot{I}_{C'A'} = 6.35\angle 113.1°\text{A}$$

【例7-3】对图7-16a所示的对称三相电路，画出单相(A相)计算电路。

解　将三角形联结的电源和负载等效成星形，其中，三角形电源等效成星形电源的 A 相电源电压，为 $\dot{U}_A=\frac{1}{\sqrt{3}}\dot{U}_{AB}\angle-30°$，B 相电源电压为 $\dot{U}_B=\frac{1}{\sqrt{3}}\dot{U}_{BC}\angle-30°$，C 相电源电压为 $\dot{U}_C=\frac{1}{\sqrt{3}}\dot{U}_{CA}\angle-30°$。三角形联结的负载等效成星形的阻抗为 $Z_4'=\frac{Z_4}{3}$，添上假想中性线，等效电路为图 7-16b，单相计算电路如图 7-16c 所示。

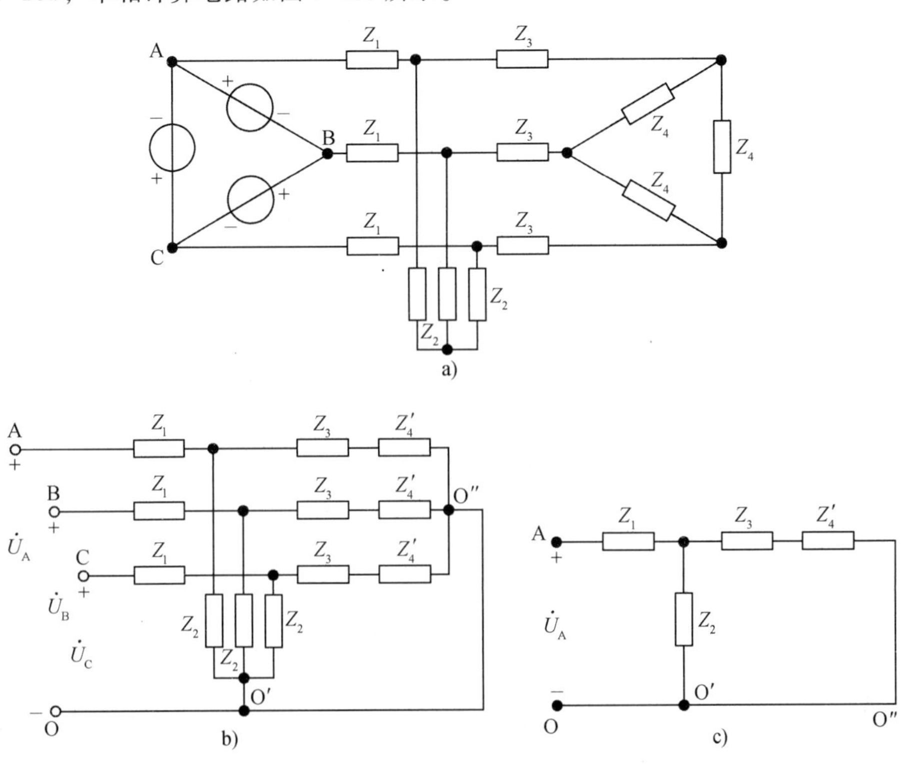

图 7-16　例 7-3 图

因此得出一般结论：无论何种连接，对称三相电路都可化为单相电路来计算。其求解步骤为：1）把各三角形联结的电源和负载化为等效的星形联结；2）用假想中性线连接各负载和电源的中性点，中性线上的原有阻抗一律不计；3）取出 A 相计算电路，求出 A 相的电压、电流；4）由对称性，得出其他两相的电压、电流；5）根据三角形联结、星形联结时线量、相量之间的关系，求出电路变换前即原电路的各电压、电流。

7.3　对称三相电路的功率

1. 三相电路功率的计算

（1）平均功率

三相电路中，三相负载吸收的平均功率应为各相负载吸收的平均功率之和，即

$$P=P_A+P_B+P_C$$
$$=U_{PA}I_{PA}\cos\varphi_A+U_{PB}I_{PB}\cos\varphi_B+U_{PC}I_{PC}\cos\varphi_C \tag{7-13}$$

式中，U_{PA}、U_{PB}、U_{PC} 分别为各相负载相电压；I_{PA}、I_{PB}、I_{PC} 分别为各相负载相电流；φ_A、φ_B、φ_C 分

别为各相负载的阻抗角。

对于对称三相电路，三相负载吸收的平均功率为

$$P = 3U_{P}I_{P}\cos\varphi \tag{7-14}$$

当负载为星形联结时，$U_l = \sqrt{3}U_P$，$I_l = I_P$；当负载为三角形联结时，$U_l = U_P$，$I_l = \sqrt{3}I_P$。若用线电压和线电流来表示三相负载的平均功率，则有

$$P = \sqrt{3}U_{l}I_{l}\cos\varphi \tag{7-15}$$

式(7-15)中的 φ 仍然是相电压与相电流的相位差角，即负载的阻抗角。

(2) 无功功率

三相负载吸收的无功功率应为各相负载吸收的无功功率之和，即

$$\begin{aligned} Q &= Q_{A} + Q_{B} + Q_{C} \\ &= U_{PA}I_{PA}\sin\varphi_{A} + U_{PB}I_{PB}\sin\varphi_{B} + U_{PC}I_{PB}\sin\varphi_{C} \end{aligned} \tag{7-16}$$

在对称三相电路中

$$Q = 3U_{P}I_{P}\sin\varphi$$

或

$$Q = \sqrt{3}U_{l}I_{l}\sin\varphi \tag{7-17}$$

(3) 视在功率

$$S = \sqrt{P^2 + Q^2}$$

对称三相电路的视在功率为

$$S = 3U_{A}I_{A} = \sqrt{3}U_{l}I_{l} \tag{7-18}$$

对称三相电路的功率因数为

$$\lambda = \frac{P}{S} = \cos\varphi = \frac{P}{\sqrt{3}U_{l}I_{l}} \tag{7-19}$$

对于不对称三相电路，也可定义功率因数为

$$\lambda = \frac{P}{S} = \cos\varphi' \tag{7-20}$$

上式中的 φ' 已经不是某相负载的阻抗角了。

(4) 瞬时功率

$$p(t) = p_{A}(t) + p_{B}(t) + p_{C}(t) = u_{A}i_{A} + u_{B}i_{B} + u_{C}i_{C}$$

设 A 相电压为参考正弦量，对称三相负载吸收的瞬时功率计算如下

$$\begin{aligned} p_{A}(t) &= u_{A}i_{A} = \sqrt{2}U_{P}\sin(\omega t)\cdot\sqrt{2}I_{P}\sin(\omega t - \varphi) \\ &= U_{P}I_{P}\cos\varphi - U_{P}I_{P}\cos(2\omega t - \varphi) \\ p_{B}(t) &= u_{B}i_{B} = \sqrt{2}U_{P}\sin(\omega t - 120°)\cdot\sqrt{2}I_{P}\sin(\omega t - 120° - \varphi) \\ &= U_{P}I_{P}\cos\varphi - U_{P}I_{P}\cos(2\omega t - 240° - \varphi) \\ p_{C}(t) &= u_{C}i_{C} = \sqrt{2}U_{P}\sin(\omega t + 120°)\cdot\sqrt{2}I_{P}\sin(\omega t + 120° - \varphi) \\ &= U_{P}I_{P}\cos\varphi - U_{P}I_{P}\cos(2\omega t + 240° - \varphi) \end{aligned}$$

因为

$$\cos(2\omega t - \varphi) + \cos(2\omega t - 240° - \varphi) + \cos(2\omega t + 240° - \varphi) = 0$$

所以三相负载吸收的瞬时功率

$$p(t) = p_A(t) + p_B(t) + p_C(t) = 3U_P I_P \cos\varphi = P \tag{7-21}$$

式(7-21)说明，对称三相电路的瞬时功率是一个常量，且等于三相电路的平均功率，也称为瞬时功率平衡。这是对称三相电路的一个优点。

【例 7-4】如图 7-17 所示，对称三相高压电网经配电线向某工厂变电所供电，已知电网的线电压为 $U_l = \sqrt{3}\cdot 6000\text{V}$，每相线路复阻抗为 $Z_1 = 1 + \text{j}2\Omega$，变电所的变压器初级为星形联结，每相的等效阻抗为 $Z_2 = 29 + \text{j}38\Omega$，试计算变压器的初级线电压 U_2、吸收的功率 P_2 和配电线的传输效率。

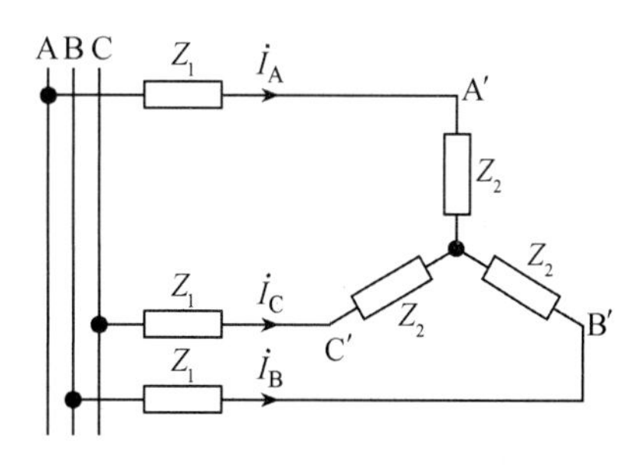

图 7-17　例 7-4 图

解　对称三相电路可取单相（A 相）计算。电源相电压为

$$U_P = \frac{U_l}{\sqrt{3}} = 6000\text{V}$$

设 $\dot{U}_A$ 为参考相量，$\dot{U}_A = 6000\angle 0°\text{V}$，则

$$\dot{I}_A = \frac{\dot{U}_A}{Z_1 + Z_2} = \frac{6000\angle 0°}{1 + \text{j}2 + 29 + \text{j}38} = \frac{6000}{30 + \text{j}40} = \frac{6000}{50\angle 53.1°} = 120\angle -53.1°\text{A}$$

变压器初级的相电压为

$$\begin{aligned}\dot{U}_{A'} &= Z_2 \cdot \dot{I}_A = 120\angle -53.1° \cdot (29 + \text{j}38) = 120\angle -53.1° \cdot 47.8\angle 52.7° \\ &= 5736\angle -0.4°\text{V}\end{aligned}$$

变压器初级的线电压为

$$\dot{U}_2 = \sqrt{3}\,\dot{U}_{A'}\angle 30° = \sqrt{3} \times 5736\angle 29.6° = 9935\angle 29.6°\text{V}$$

变电所从电网吸收的平均功率为

$$\begin{aligned}P_2 &= \sqrt{3}U_2 I_A \cos\varphi = \sqrt{3} \times 9935 \times 120\cos 52.7° \\ &= 1\,251\,336.3\text{W} \approx 1251\text{kW}\end{aligned}$$

电网发出的平均功率是 P_2 与线路电阻消耗的功率之和

$$P_1 = P_2 + \Delta P = 1251 \times 10^3 + 3I_A^2 \times 1 = 1294\text{kW}$$

所以传输效率

$$\eta = \frac{1251 \times 10^3}{1294 \times 10^3} = 0.9667 = 96.67\%$$

2. 三相电路功率的测量

根据三相电路的不同连接方式，需采用相应的功率测量方法。

（1）三相四线制的功率测量

电路如图 7-18 所示，各瓦特表电流线圈的电流是相电流，电压线圈的电压是相电压，因此，瓦特表测出的功率是一相的平均功率。一般需分别测出每一相的平均功率，将 3 只瓦特表测出的功率相加，得到三相负载的平均功率。对于对称电路，可用 1 只瓦特表测量，三相功率是一相功率的 3 倍。

（2）三相三线制的功率测量

如图 7-19 所示电路，不论负载是否对称，均可用两只瓦特表（简称瓦计）测量三相负载的平均功率(称两瓦计法)。可以证明，两只瓦特表示数的代数和是三相负载的平均功率，现证明如下。

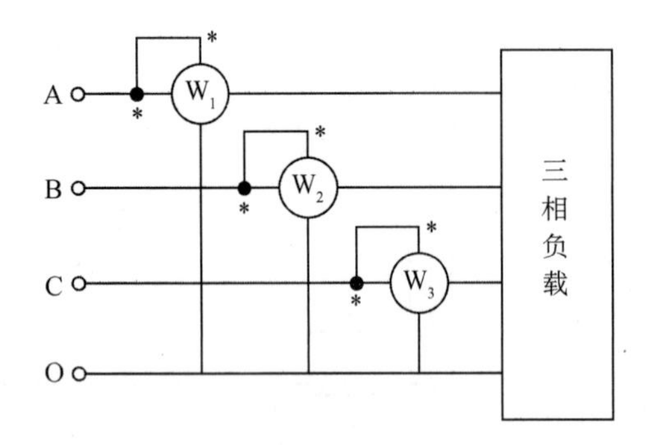

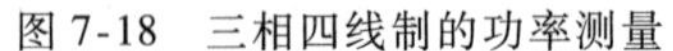
图 7-18　三相四线制的功率测量

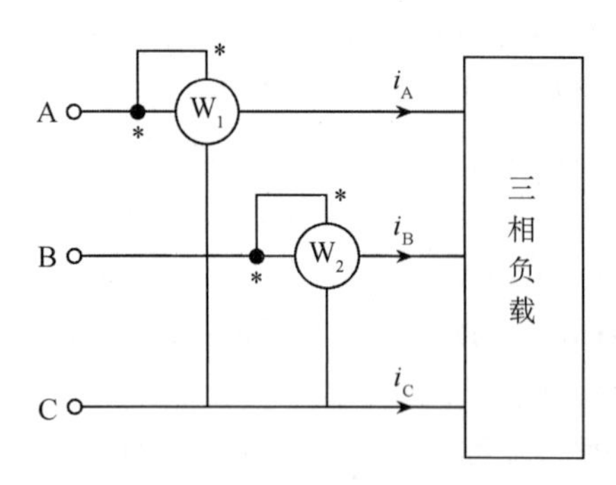

图 7-19　三相三线制的功率测量

因为三相负载可以用星形联结来表示，所以三相负载吸收的瞬时功率为

$$p(t) = p_A + p_B + p_C = u_A \cdot i_A + u_B \cdot i_B + u_C \cdot i_C \tag{7-22}$$

且

$$i_C = -i_A - i_B$$

将此式代入式(7-22)，则瞬时功率为

$$\begin{aligned} p(t) &= u_{AO'} \cdot i_A + u_{BO'} \cdot i_B - u_{CO'} \cdot (i_A + i_B) \\ &= (u_{AO'} - u_{CO'})i_A + (u_{BO'} - u_{CO'})i_B \\ &= u_{AC}i_A + u_{BC}i_B \end{aligned}$$

于是，三相平均功率为

$$P = \frac{1}{T}\int_0^T p\mathrm{d}t = \frac{1}{T}\int_0^T u_{AC}i_A\mathrm{d}t + \frac{1}{T}\int_0^T u_{BC}i_B\mathrm{d}t = U_{AC}I_A\cos\varphi_1 + U_{BC}I_B\cos\varphi_2 = P_1 + P_2$$

其中，φ_1 为 $\dot{U}_{AC}$与 $\dot{I}_A$ 的相位差，φ_2 为 $\dot{U}_{BC}$与 $\dot{I}_B$ 的相位差。根据上式的结果及图 7-19 中两只瓦计的位置，可知瓦计 W_1 的示数为 P_1，瓦计 W_2 的示数为 P_2。这就证明了两只瓦计示数的代数和是三相负载的平均功率。

应当注意，用两瓦计法测量三相功率时，一只瓦计的读数没有实际意义，它不是某一相的功率。

如果图 7-19 所示电路是对称三相电路，经推导，则有

$$\begin{cases} P_1 = U_{AC}I_A\cos(-30° + \varphi) \\ P_2 = U_{BC}I_B\cos(30° + \varphi) \end{cases} \tag{7-23}$$

可直接用上式计算对称三相电路中的两只瓦计示数，φ 为一相负载的阻抗角。

【例 7-5】如图 7-20a 所示对称三相电路，三相电源的线电压为 380V，线路阻抗 $Z_1 = 1 + \mathrm{j}1\Omega$，三相负载阻抗 $Z = 6 + \mathrm{j}9\Omega$，试求两瓦计的读数和整个电路的平均功率。

解　首先将三相负载由三角形联结等效为星形联结，如图 7-20b 所示，然后计算各线电流。星形联结时的负载等效阻抗为

$$Z' = \frac{Z}{3} = 2 + \mathrm{j}3\Omega$$

将电源看成是星形联结，有假想中点，并设 A 相电压为参考相量，即

$$\dot{U}_{AO}=\frac{380}{\sqrt{3}}=220\angle 0°\text{V}$$

则

$$\dot{I}_A=\frac{\dot{U}_{AO}}{Z_1+\frac{Z}{3}}=\frac{220\angle 0°}{1+\text{j}1+2+\text{j}3}$$

$$=\frac{220\angle 0°}{3+\text{j}4}=\frac{220\angle 0°}{5\angle 53.1°}$$

$$=44\angle -53.1°\text{A}$$

根据对称性，有

$$\dot{I}_B=44\angle -173.1°\text{A}$$

$$\dot{I}_C=44\angle 66.9°\text{A}$$

电源线电压为

$$\dot{U}_{AB}=380\angle 30°\text{V}$$

$$\dot{U}_{BC}=380\angle -90°\text{V}$$

线电压、相电压、相电流的相量图如图7-20c所示。两瓦计读数分别为

$$W_1=U_{AB}\cdot I_A\cos\varphi_1=380\cdot 44\cos(30°-(-53.1°))$$

$$=380\cdot 44\cos 83.1°=2009\text{W}$$

$$W_2=U_{CB}\cdot I_C\cos\varphi_2=380\cdot 44\cos(90°-66.9°)$$

$$=15\ 379\text{W}$$

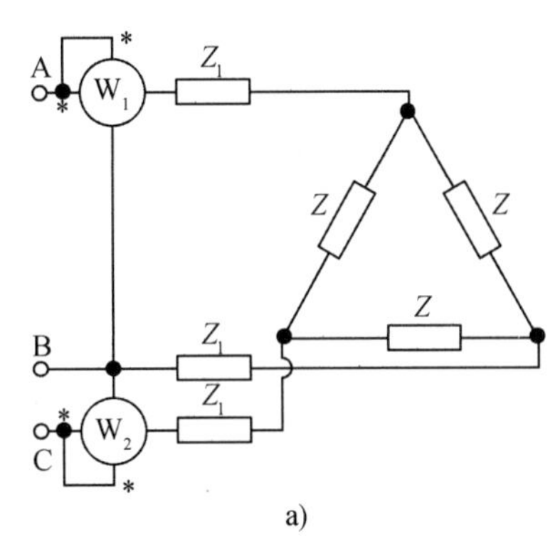

a)

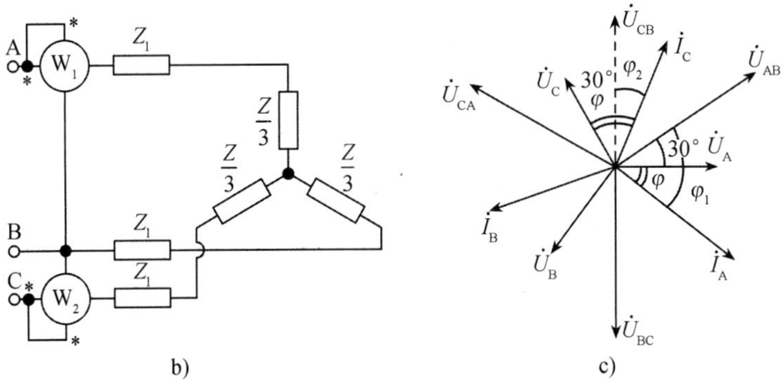

b)　　　　　　　　c)

图7-20　例7-5图

整个三相电路吸收的平均功率为

$$P = W_1 + W_2 = 2009 + 15\,379 \approx 17.39\text{kW}$$

由于是对称三相电路，两瓦计读数也可直接用式(7-23)计算，得

$$\begin{aligned} W_1 &= U_{AB} \cdot I_A \cos(30° + \varphi) \\ &= 380 \cdot 44\cos(30° + 53.1°) \\ &= 2009\text{W} \\ W_2 &= U_{CB} \cdot I_C \cos(\varphi - 30°) \\ &= 380 \cdot 44\cos(30° - 53.1°) \\ &= 15\,379\text{W} \end{aligned}$$

7.4 不对称三相电路的分析

在三相电路中，若电源不对称，或三相负载不相等，或3条端线上的复阻抗不相等时，都是不对称三相电路。实际上，三相电路一般都不是严格对称的，只是当不对称程度较低且可以忽略时，这样的电路可按对称三相电路计算。此外，许多供电电路的三相负载是不对称的；或当对称三相电路中发生短路、断路等故障时，电路也是不对称的；还有为了某种实际需要而设计的不对称三相电路。由于在不对称三相电路中，各相、线电流，各相、线电压都不存在对称关系，因此不能采用对称三相电路的简便算法，应作为一般的正弦稳态电路进行分析。

图7-21所示电路为常见的低压三相四线制供电系统。由于低压系统中有大量的单相负载，造成了三相负载不对称，即 Z_A、Z_B 与 Z_C 互不相同。若电源电压是对称的，就构成了对称三相电源向不对称三相负载供电的电路，中性线阻抗是 Z_N。这样的电路用节点电压法分析计算是比较方便的。

以节点O为参考点，则有

$$\left(\frac{1}{Z_A} + \frac{1}{Z_B} + \frac{1}{Z_C} + \frac{1}{Z_N}\right)\dot{U}_{O'O} = \frac{\dot{U}_{AO}}{Z_A} + \frac{\dot{U}_{BO}}{Z_B} + \frac{\dot{U}_{CO}}{Z_C}$$

所以

$$\dot{U}_{O'O} = \frac{\dfrac{\dot{U}_{AO}}{Z_A} + \dfrac{\dot{U}_{BO}}{Z_B} + \dfrac{\dot{U}_{CO}}{Z_C}}{\dfrac{1}{Z_A} + \dfrac{1}{Z_B} + \dfrac{1}{Z_C} + \dfrac{1}{Z_N}} \tag{7-24}$$

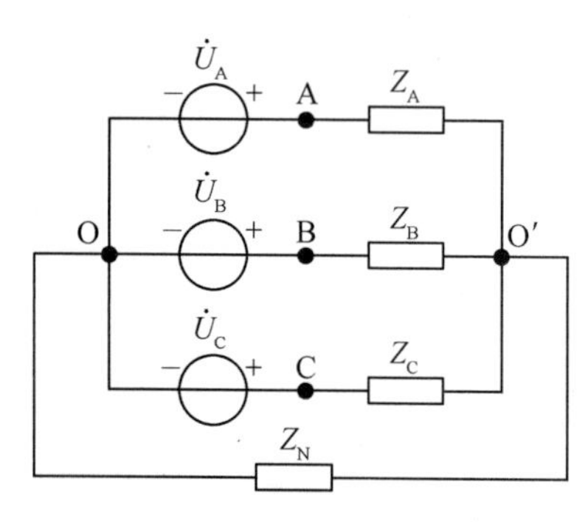

图7-21　不对称三相电路

由上式可知，当 Z_A、Z_B 与 Z_C 不相同时，$\dot{U}_{O'O} \neq 0$，说明两个中点不是等电位点，习惯上称之为中点位移，$\dot{U}_{O'O}$ 称为中点位移电压。

各相负载的相电压为

$$\begin{cases} \dot{U}_{AO'} = \dot{U}_{AO} - \dot{U}_{O'O} \\ \dot{U}_{BO'} = \dot{U}_{BO} - \dot{U}_{O'O} \\ \dot{U}_{CO'} = \dot{U}_{CO} - \dot{U}_{O'O} \end{cases} \tag{7-25}$$

由式(7-25)可知，由于 $\dot{U}_{O'O} \neq 0$，因此虽然电源相电压对称，但负载相电压已不可能对称了。中点位移电压直接影响到各负载的相电压，会使负载工作不正常，甚至造成电器设备

损坏。比如，对于照明系统，由于灯泡的额定电压一般是相同的，当某一相电压过高，灯泡就会烧坏，而当某一相电压过低，灯泡又不亮。为了解决这一问题，从式(7-24)可看出，中点位移电压与中性线阻抗大小有关。对三相三线制电路，$Z_N = \infty$，这时中点位移最严重；当 $Z_N = 0$ 时，$\dot{U}_{O'O} = 0$，没有中点位移。因此，在实际照明电路中都采用三相四线制，并且要求中性线阻抗越小越好，而且在中性线上通常不安装开关和熔丝。

对于三角形联结的三相不对称负载，也需按一般正弦稳态电路进行分析，必要时可将其等效成星形联结后，再进行分析计算。

相序指示器是人们设计的一个不对称三相电路，用它可以测量三相电路的相序。它是由一个电容器和两个白炽灯组成的星形联结负载，如图7-22所示，将它与对称三相电源相连后，根据两只白炽灯的亮度的差别，便可判定三相电源的相序。下面讨论相序指示器的工作原理。

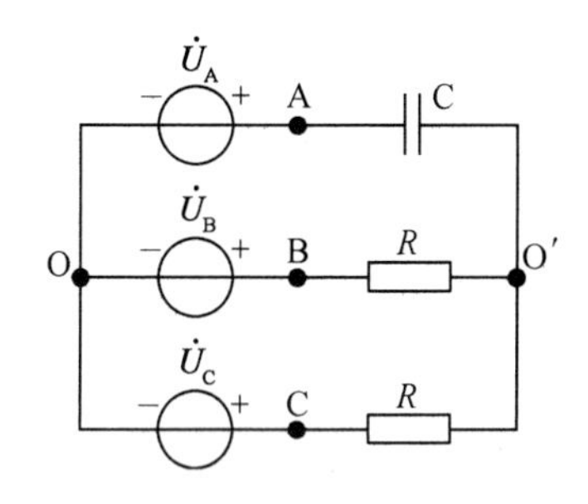

图7-22　相序指示器的原理图

由于三相电源对称，可设 $\dot{U}_{AO} = U_P\angle 0°$。为便于分析，选定 $R = \dfrac{1}{\omega C}$（也可以不相等）。应用节点电压法计算中点电压，参照式(7-24)，有

$$\dot{U}_{O'O} = \frac{j\omega C\,\dot{U}_A + \frac{1}{R}\dot{U}_B + \frac{1}{R}\dot{U}_C}{j\omega C + \frac{1}{R} + \frac{1}{R}} = \frac{U_P(j\angle 0° + \angle -120° + \angle 120°)}{j+1+1}$$

$$= \frac{U_P\left(j - \frac{1}{2} - j\frac{\sqrt{3}}{2} - \frac{1}{2} + j\frac{\sqrt{3}}{2}\right)}{2+j} = \frac{U_P(j-1)}{2+j}$$

$$= (-0.2 + j0.6)U_P = 0.6325U_P\angle 108.4°\text{V}$$

由此求出B相负载的相电压为

$$\dot{U}_{BO'} = \dot{U}_B - \dot{U}_{O'O} = U_P\angle -120° - 0.6325U_P\angle 108.4°$$

$$= U_P\left[\left(-\frac{1}{2} - j\frac{\sqrt{3}}{2}\right) + 0.2 - j0.6\right]$$

$$= (-0.3 - j1.466)U_P = 1.496U_P\angle -101.6°\text{V}$$

C相负载的相电压为

$$\dot{U}_{CO'} = 0.4009U_P$$

可见，若把与电容相接的那一相定为A相，则B相的灯泡亮，C相的灯泡暗，由此可确定电源的相序。

习题七

7-1 已知对称星形联结负载的每相电阻为10Ω，感抗为12Ω，对称线电压的有效值为380V，试求此负载的相电流。

7-2 有一个对称星形三相负载，其功率为12.2kW，线电压为220V，功率因数为0.87。求线电流，并计算负载阻抗的参数。

7-3 题 7-2 中，如果负载接成三角形，试求线电流和功率。

7-4 三相发电机的线电压 $U_l = 3300\text{V}$，经输电线供给星形联结的负载 $Z_A = Z_B = Z_C = 35 + \text{j}20\Omega$，每根端线的阻抗 $Z_l = (5 + \text{j}10)\Omega$，试求线电流、三相发电机输出功率、负载的线电压及负载吸收的功率。

7-5 在相电压是 127V 的星形联结的三相发电机上连接一组接成三角形的负载，每相负载的电阻 $R = 8\Omega$，电感 $X_L = 6\Omega$。试求发电机每相电流和每相的输出功率，并画出电流和电压的相量图。

7-6 如题 7-6 图所示，一组接成星形联结的三相电动机，每相的等效阻抗 $Z_2 = 12 + \text{j}16\Omega$，另一组接成三角形联结的变压器，每相的等效阻抗 $Z_3 = 48 + \text{j}36\Omega$，它们由线电压为 380V 的对称三相电源经过阻抗 $Z_1 = 1 + \text{j}2\Omega$ 的线路供电。试计算线电流和各组负载的相电流，并画出相量图。

7-7 如题 7-7 图所示对称负载的线电压为 $U_{ab} = U_{bc} = U_{ca} = 380\text{V}$，线电流为 2A，功率因数 $\cos\varphi = 0.8$（感性），$Z_1 = 1 + \text{j}4\Omega$，试求对称三相电源的线电压。

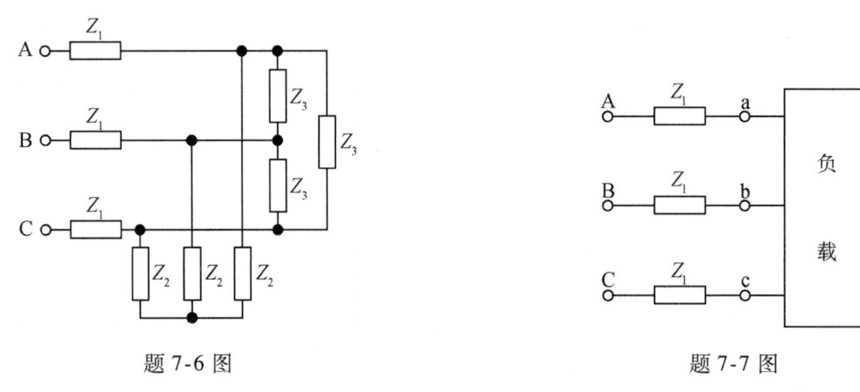

题 7-6 图　　　　题 7-7 图

7-8 如题 7-8 图所示的三相对称电路中，各阻抗为 $Z_1 = 10 + \text{j}16\Omega$，$Z_2 = 2 + \text{j}3\Omega$，$Z_3 = 3 + \text{j}21\Omega$，线电压为 380V，试求伏特表的读数。

7-9 如题 7-9 图所示电路为不对称三相四线制电路，已知电源的相电压为 220V，供给两组对称三相负载和一组单相负载。第一组负载连成星形，每相阻抗为 $Z_1 = 12 + \text{j}5\Omega$，经过阻抗为 $Z_0 = 3\Omega$ 接到中性线；第二组负载连成三角形，每相阻抗为 $Z_2 = -\text{j}120\Omega$；单相负载 R 的功率为 1650W，接在 A 线与中性线之间。求各线电流 $\dot{I}_A$、$\dot{I}_B$、$\dot{I}_C$ 和中性线电流 $\dot{I}_N$。

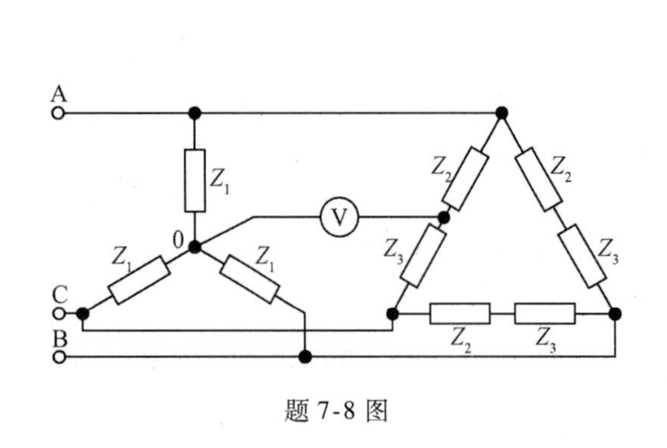

题 7-8 图

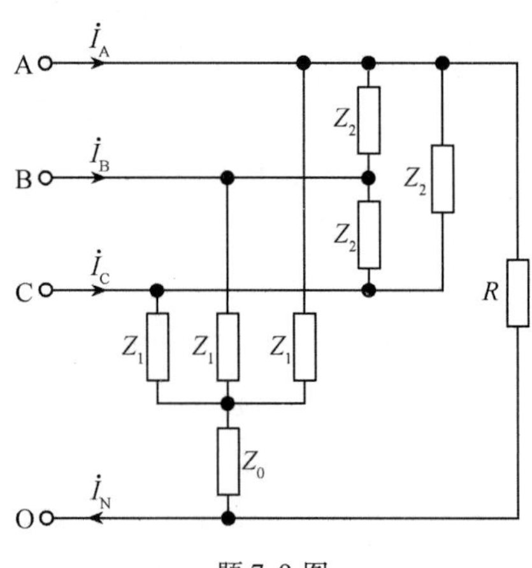

题 7-9 图

7-10 在题 7-10 图所示三相电路中，已知 $U_{AB}=380\text{V}$，求各电表的读数。

7-11 如题 7-11 图所示对称三相电路中，三角形负载的端电压等于 120V，线路阻抗为 $Z_1=1+\text{j}2\Omega$，每相负载阻抗 $Z=6+\text{j}9\Omega$，试求电源线电压和瓦计 W_1 和 W_2 的读数。

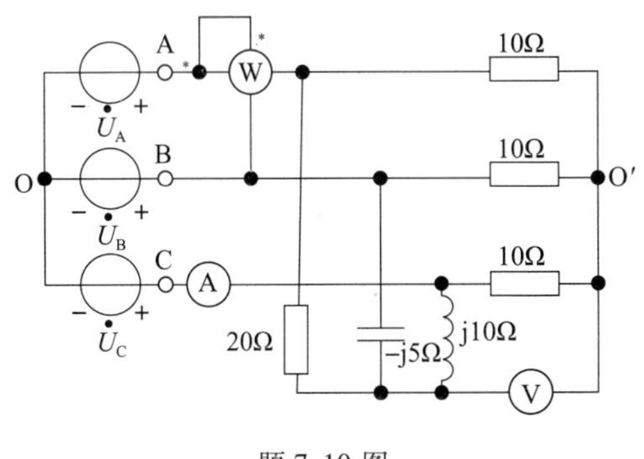

题 7-10 图

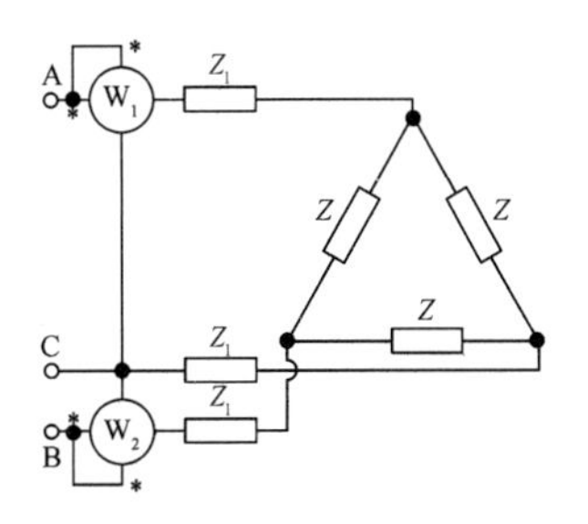

题 7-11 图

7-12 如题 7-12 图所示电路中，电路参数为：$R_{ab}=4\Omega$，$X_{ab}=3\Omega$，$R_{bc}=5\Omega$，$R_{ca}=3\Omega$，$X_{ca}=4\Omega$，电源是对称的，线电压为 120V，试求瓦计 W_1 和 W_2 的读数，并画出相量图。

7-13 如题 7-13 图所示电路，是用一个瓦计测量对称三相负载无功功率的电路，若图中瓦计的读数为 5000W，试求此负载吸收的无功功率。

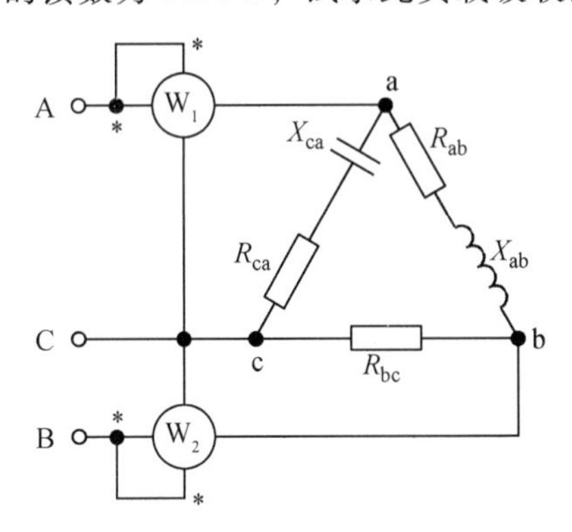

题 7-12 图

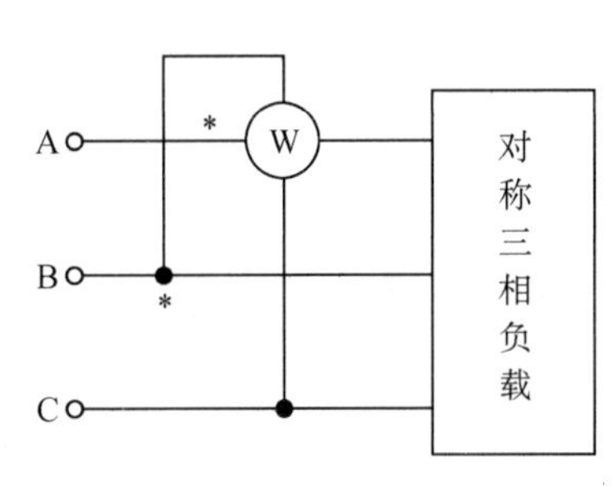

题 7-13 图

第 8 章 非正弦周期激励作用下稳态电路的分析

内容提要：本章主要研究非正弦周期激励作用的稳态电路分析方法——谐波分析法。该方法首先将周期性非正弦激励进行傅里叶级数分解，然后采用直流电路分析方法、正弦稳态电路分析方法和叠加定理进行计算，此方法也可应用到周期性非正弦三相电路的稳态分析。本章还介绍了信号的频谱及滤波器等内容。

本章重点：非正弦周期量的有效值、平均功率及非正弦周期电流电路的计算方法。

8.1 非正弦周期量的傅里叶级数展开

由第 5 章的内容可知，当线性电路中的激励为正弦量时，电路中的稳态响应是与激励同频率的正弦量。在工程实践中还经常会遇到激励是非正弦周期函数的电路，电路中的稳态响应一般是非正弦周期量，这样的电路称为周期性非正弦稳态电路，也称非正弦周期电流电路。实际上，非正弦周期性激励是普遍存在的。例如，电力系统中的发电机和变压器很难产生纯正弦形式电压，一般是接近正弦形式的非正弦周期电压；电信工程中传输的各种信号许多是非正弦周期函数，如方波信号或锯齿波信号等；还有的电路是由几个不同频率的正弦激励（或者直流激励）同时作用。以上这些激励都会在电路中产生非正弦形式的电压和电流。此外，如果电路中含有非线性元件（如半导体二极管等），即使激励是正弦形式，电路中也会产生非正弦电流或电压。因此，需要研究非正弦周期电流电路稳态响应的分析方法。图 8-1 所示为锯齿波电压信号波形，图 8-2 所示为半波整流电流波形，这些波形都是周期性非正弦形式。

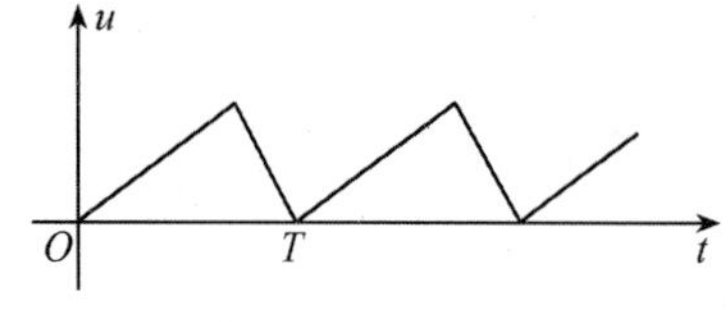

图 8-1 锯齿波信号波形

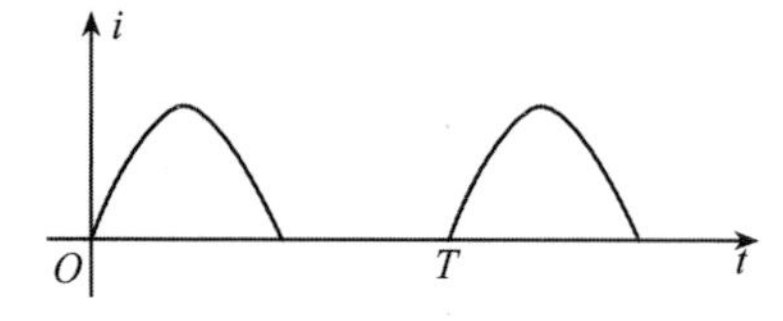

图 8-2 半波整流电流波形

分析计算非正弦周期激励下电路的稳态响应，可利用数学中傅里叶级数等相关知识，先将非正弦周期激励分解为一系列不同频率的正弦量之和，然后根据线性电路的叠加定理，分别计算在各频率正弦量单独作用下在电路中产生的正弦稳态响应分量，最后把各分量叠加，得到电路的非正弦稳态响应。对于几个不同频率的正弦激励（包括直流激励）同时作用的线性电路，可直接应用叠加定理求解。下面复习周期函数的傅里叶级数分解。

由数学中傅里叶级数的相关知识可知，周期函数

$$f(t) = f(t + kT)$$

如果满足狄里赫利条件，则 $f(t)$ 可以分解成为傅里叶级数，如式（8-1）所示。

$$\begin{aligned} f(t) &= a_0 + (a_1\cos(\omega t) + b_1\sin(\omega t)) + (a_2\cos(2\omega t) + b_2\sin(2\omega t)) + \cdots \\ &\quad + (a_k\cos(k\omega t) + b_k\sin(k\omega t)) + \cdots \\ &= a_0 + \sum_{k=1}^{\infty} (a_k\cos(k\omega t) + b_k\sin(k\omega t)) \end{aligned} \tag{8-1}$$

式中，$\omega = \dfrac{2\pi}{T}$；T 为 $f(t)$ 的周期；a_0，a_k，b_k 称为傅里叶系数。

$$a_0 = \frac{1}{T}\int_0^T f(t)\,\mathrm{d}t \tag{8-2}$$

$$a_k = \frac{2}{T}\int_0^T f(t)\cos(k\omega t)\,\mathrm{d}t \tag{8-3}$$

$$b_k = \frac{2}{T}\int_0^T f(t)\sin(k\omega t)\,\mathrm{d}t \tag{8-4}$$

式(8-1)还可写成如下的形式，

$$\begin{aligned} f(t) &= A_0 + A_{1\mathrm{m}}\sin(\omega t + \psi_1) + A_{2\mathrm{m}}\sin(2\omega t + \psi_2) \\ &\quad + \cdots + A_{k\mathrm{m}}\sin(k\omega t + \psi_k) + \cdots \\ &= A_0 + \sum_{k=1}^{\infty} A_{k\mathrm{m}}\sin(k\omega t + \psi_k) \end{aligned} \tag{8-5}$$

式(8-1)与式(8-5)中的各系数有如下关系：

$$A_{k\mathrm{m}} = \sqrt{a_k^2 + b_k^2}$$

$$\tan\psi_k = \frac{a_k}{b_k}$$

$$a_0 = A_0$$

$$a_k = A_{k\mathrm{m}}\sin\psi_k$$

$$b_k = A_{k\mathrm{m}}\cos\psi_k$$

式(8-5)中的第一项 A_0 称为周期函数 $f(t)$ 的恒定分量(或称为直流分量)；第二项 $A_{1m}\sin(\omega t + \psi_1)$ 的周期与周期函数 $f(t)$ 的周期相同，称为一次谐波(或基波分量)；其余各项的频率是基波的整数倍，称为二次谐波、三次谐波等等，三次及以上次谐波统称为高次谐波。

在电路分析中，使用式(8-5)所示的傅里叶级数形式较方便。式(8-5)是傅里叶级数的时域表示形式，也可以将其转化为频域表示形式，通常用频谱(图)表示。在图8-3所示的幅度频谱图中，图中的横坐标表示各次谐波的频率(或角频率)，图中每条线的长度代表此频率谐波分量的振幅，称为谱线。由幅度频谱可直观地看出各频率的谐波分量振幅的相对大小，由于各次谐波的角频率是 ω 的整数倍，所以这种频谱是离散频谱。如果把各次谐波的初相位大小也用相应的线段表示，可以得到相位频谱。

【例8-1】　给定一个周期性矩形波信号 $f(t)$，其波形如图8-4所示。求此信号 $f(t)$ 的傅里叶级数的展开式及其频谱。

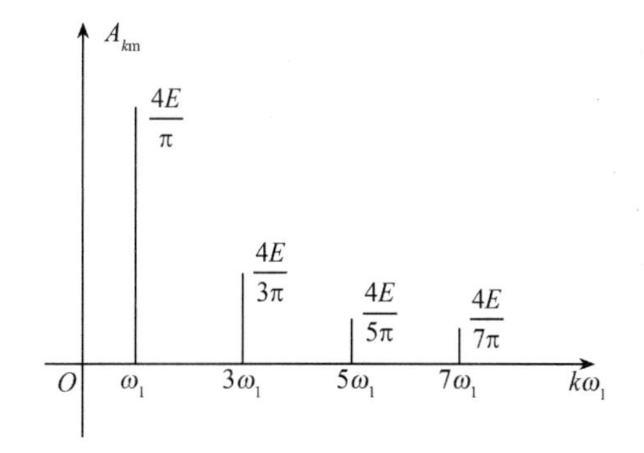

图8-3　幅度频谱(图)

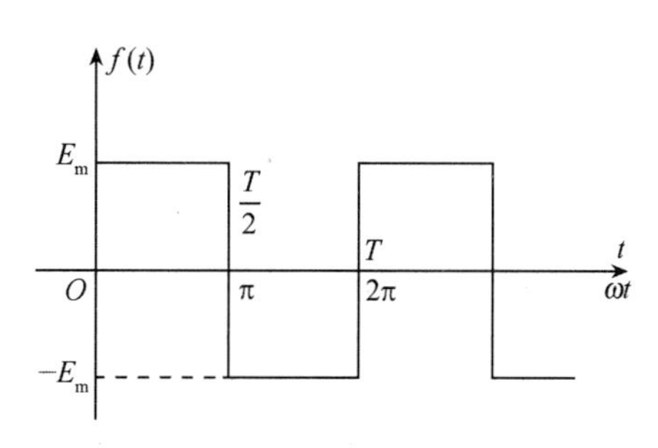

图8-4　例8-1图

解 $f(t)$ 在一个周期内的表达式为

$$\begin{cases} f(t) = E & 0 \leqslant t \leqslant \dfrac{T}{2} \\ f(t) = -E & \dfrac{T}{2} \leqslant t \leqslant T \end{cases}$$

按式(8-2)，式(8-3)和式(8-4)，可求得傅里叶系数，即

$$a_0 = \frac{1}{T}\int_0^T f(t)\mathrm{d}t = \frac{2}{T}\int_0^{\frac{T}{2}} E\mathrm{d}t + \frac{2}{T}\int_{\frac{T}{2}}^{T} (-E)\mathrm{d}t = 0$$

$$\begin{aligned} a_k &= \frac{1}{\pi}\int_0^{2\pi} f(t)\cos(k\omega t)\mathrm{d}\omega t \\ &= \frac{1}{\pi}\left[\int_0^{\pi} E\cos(k\omega t)\mathrm{d}\omega t - \int_{\pi}^{2\pi} E\cos(k\omega t)\mathrm{d}\omega t\right] \\ &= \frac{2E}{\pi}\int_0^{\pi}\cos(k\omega t)\mathrm{d}\omega t = 0 \end{aligned}$$

$$\begin{aligned} b_k &= \frac{1}{\pi}\int_0^{2\pi} f(t)\sin(k\omega t)\mathrm{d}\omega t \\ &= \frac{1}{\pi}\left[\int_0^{\pi} E\sin(k\omega t)\mathrm{d}\omega t - \int_{\pi}^{2\pi} E\sin(k\omega t)\mathrm{d}\omega t\right] \\ &= \frac{2E}{\pi}\int_0^{\pi}\sin(k\omega t)\mathrm{d}\omega t \\ &= \frac{2E}{k\pi}(1-\cos(k\pi)) \end{aligned}$$

当 k 为偶数时

$$\cos(k\pi) = 1$$

所以

$$b_k = 0$$

当 k 为奇数时

$$\cos(k\pi) = -1$$

所以

$$b_k = \frac{2E}{k\pi}\times 2 = \frac{4E}{k\pi}$$

将 a_0，a_k，b_k 代入傅里叶级数的展开式(8-1)，得

$$f(t) = \frac{4E}{\pi}\left[\sin(\omega t) + \frac{1}{3}\sin(3\omega t) + \frac{1}{5}\sin(5\omega t) + \cdots\right]$$

$f(t)$的频谱如图 8-3 所示。

将一个非正弦周期函数$f(t)$分解为傅里叶级数时，需取无穷多项才能准确地代表原函数$f(t)$。但在实际应用中，只能截取有限的项数，因此会产生误差。截取项数的多少，一般视具体问题要求的允许误差而定。图 8-5 中的曲线，分别是例 8-1 中$f(t)$的基波曲线；$f(t)$的 1，3 次谐波合成曲线；$f(t)$的 1，3，5 次谐波合成曲线；取到 13 次谐波时的合成曲线，同时也分别给出了$f(t)$的 3 次谐波，5 次谐波和 13 次谐波的谐波分量曲线。比较图中的各合成曲线，可知谐波的项数取得越多，合成曲线越接近原来的波形$f(t)$。

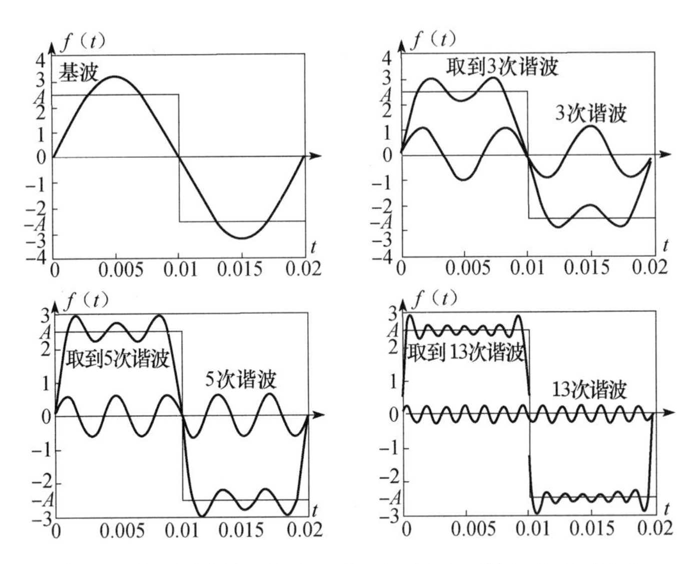

图 8-5　傅里叶级数取到 1，3，5，13 次谐波时的合成曲线

几种典型周期函数的傅里叶级数展开式如表 8-1 所示。

表 8-1　一些典型周期函数的傅里叶级数展开式

序号	$f(\omega t)$的波形	$f(\omega t)$的傅里叶级数
1		$f(\omega t)=\frac{4A}{\pi}\left(\sin(\omega t)+\frac{1}{3}\sin(3\omega t)+\frac{1}{5}\sin(5\omega t)+\cdots+\frac{1}{k}\sin(k\omega t)+\cdots\right)$（$k$ 为奇数）
2		$f(\omega t)=\frac{A}{2}-\frac{A}{\pi}\left(\sin(\omega t)+\frac{1}{2}\sin(2\omega t)+\frac{1}{3}\sin(3\omega t)+\cdots+\frac{1}{k}\sin(k\omega t)+\cdots\right)$
3		$f(\omega t)=\alpha A+\frac{2A}{\pi}\left(\sin(\alpha\pi)\cos(\omega t)+\frac{1}{2}\sin(2\alpha\pi)\cos(2\omega t)+\frac{1}{3}\sin(3\alpha\pi)\cos(3\omega t)+\cdots\right)$
4		$f(\omega t)=\frac{8A}{\pi^2}\left(\sin(\omega t)-\frac{1}{9}\sin(3\omega t)+\frac{1}{25}\sin(5\omega t)-\cdots+\frac{(-1)^{\frac{k-1}{2}}}{k^2}\sin(k\omega t)+\cdots\right)$（$k$ 为奇数）
5		$f(\omega t)=\frac{4A}{\alpha\pi}\left(\sin\alpha(\omega t)+\frac{1}{9}\sin(3\alpha)\cos(3\omega t)+\frac{1}{25}\sin(5\alpha)\cos(5\omega t)+\cdots+\frac{1}{k^2}\sin(k\alpha)\cos(k\omega t)+\cdots\right)$ （k 为奇数）
6		$f(\omega t)=\frac{A}{\pi}\left(1+\frac{\pi}{2}\sin(\omega t)-\frac{2}{3}\cos(2\omega t)-\frac{2}{15}\cos(4\omega t)-\cdots-\frac{2}{(k-1)(k+1)}\cos(k\omega t)-\cdots\right)$ （k 为偶数）
7		$f(\omega t)=\frac{4A}{\pi}\left(\frac{1}{2}-\frac{1}{3}\cos(2\omega t)-\frac{1}{15}\cos(4\omega t)-\cdots-\frac{1}{k^2-1}\cos(k\omega t)-\cdots\right)$（$k$ 为偶数）

8.2 非正弦周期量的有效值和平均功率

1. 非正弦周期量的有效值

在式(5-9)中给出了周期电流 i 的有效值定义

$$I = \sqrt{\frac{1}{T}\int_0^T i^2 \mathrm{d}t} \tag{8-6}$$

将非正弦周期函数的表达式代入上式即可求出其有效值。

为了得到非正弦周期函数的有效值与其各次谐波分量有效值之间的关系，下面将非正弦周期电流的傅里叶级数展开式代入式(8-6)求其有效值。设非正弦周期电流

$$i(t) = I_0 + \sum_{k=1}^{\infty} I_{km}\sin(k\omega t + \psi_k)$$

将 $i(t)$ 代入式(8-6)，则有

$$I = \sqrt{\frac{1}{T}\int_0^T \left[I_0 + \sum_{k=1}^{\infty} I_{km}\sin(k\omega t + \psi_k)\right]^2 \mathrm{d}t}$$

上式经平方运算后包含 4 项。分别先对这 4 项积分，再取平均，结果分别为

$$\frac{1}{T}\int_0^T I_0^2 \mathrm{d}t = I_0^2$$

$$\frac{1}{T}\int_0^T I_{km}^2 \sin^2(k\omega t + \psi_k)\mathrm{d}t = \frac{I_{km}^2}{2} = I_k^2$$

$$\frac{1}{T}\int_0^T 2I_0 I_{km}\sin(k\omega t + \psi_k)\mathrm{d}t = 0$$

$$\frac{1}{T}\int_0^T 2I_{km}\sin(k\omega t + \psi_k) I_{qm}\sin(q\omega t + \psi_q)\mathrm{d}t = 0$$

将上述 4 项结果代入根号内，求得的有效值为

$$I = \sqrt{I_0^2 + I_1^2 + I_2^2 + I_3^2 + \cdots} \tag{8-7}$$

由式(8-7)可看出，非正弦周期量的有效值等于它的直流分量的平方与各次谐波分量有效值的平方之和的平方根。一般情况下，当已知一个非正弦周期函数的傅里叶级数表达式时，用式(8-7)求其有效值较简便。

2. 非正弦周期电流电路的平均功率

设一个无源二端网络的电压和电流均为非正弦周期量，且为关联参考方向。此二端网络吸收的瞬时功率为

$$p(t) = u(t)i(t)$$

吸收的平均功率为

$$P = \frac{1}{T}\int_0^T p\mathrm{d}t = \frac{1}{T}\int_0^T ui\mathrm{d}t$$

将非正弦周期电压和电流的表达式代入上式即可求出平均功率。

如果将非正弦周期电压和电流的傅里叶级数展开式代入上式，可得到平均功率与非正弦周期电压和电流各次谐波分量之间的关系，下面推导这个关系。设 $u(t)$，$i(t)$ 分别用傅里叶级数表示为

$$u(t) = \left[U_0 + \sum_{k=1}^{\infty} U_{km}\sin(k\omega t + \psi_{uk})\right]$$

$$i(t) = \left[I_0 + \sum_{k=1}^{\infty} I_{km}\sin(k\omega t + \psi_{ik})\right]$$

则平均功率为

$$\begin{aligned}
P &= \frac{1}{T}\int_0^T \left\{\left[U_0 + \sum_{k=1}^{\infty} U_{km}\sin(k\omega t + \psi_{uk})\right] \times \left[I_0 + \sum_{k=1}^{\infty} I_{km}\sin(k\omega t + \psi_{ik})\right]\right\}\mathrm{d}t \\
&= \frac{1}{T}\int_0^T \left\{U_0 I_0 + U_0\sum_{k=1}^{\infty} I_{km}\sin(k\omega t + \psi_{ik}) + I_0\sum_{k=1}^{\infty} U_{km}\sin(k\omega t + \psi_{uk})\right. \\
&\quad + \sum_{k=1}^{\infty}\sum_{q=1}^{\infty} U_{km}I_{qm}\sin(k\omega t + \psi_{uk})\sin(q\omega t + \psi_{iq}) \\
&\quad \left. + \sum_{k=1}^{\infty} U_{km}I_{km}\sin(k\omega t + \psi_{uk})\sin(k\omega t + \psi_{ik})\right\}\mathrm{d}t \qquad k \neq q
\end{aligned} \tag{8-8}$$

分别求出式(8-8)中各项的平均值。积分式中的第一项 $U_0 I_0$ 为常数，其积分的平均值就是由恒定分量构成的功率 $U_0 I_0$；第二项的求和式与第三项的求和式中的每一项都是正弦量，因此其一个周期的积分值等于零；第四项求和式中的每一项都是不同频率两正弦量的乘积，因此其一个周期的积分值也等于零；最后一项求和式中的每一项都是同频率正弦电压与电流的乘积，与正弦电路求平均功率的过程相同，可以化为两余弦量的差，即

$$\begin{aligned}
&U_{km}I_{km}\sin(k\omega t + \psi_{uk})\sin(k\omega t + \psi_{ik}) \\
&= \frac{1}{2}U_{km}I_{km}\left[\cos(\psi_{uk} - \psi_{ik}) - \cos(2k\omega t + \psi_{uk} + \psi_{ik})\right]
\end{aligned}$$

将上式取平均值，可得第 k 次谐波构成的平均功率为

$$\frac{1}{2}U_{km}I_{km}\cos(\psi_{uk} - \psi_{ik}) = U_k I_k\cos\psi_k,\ \psi_k = \psi_{uk} - \psi_{ik}$$

因此，对式(8-8)中最后一项取平均值，可得

$$\sum_{k=1}^{\infty} U_k I_k\cos\psi_k = U_1 I_1\cos\psi_1 + U_2 I_2\cos\psi_2 + \cdots$$

将上述得到的各项结果代入式(8-8)，得到电路的平均功率为

$$P = U_0 I_0 + \sum_{k=1}^{\infty} U_k I_k\cos\psi_k = U_0 I_0 + U_1 I_1\cos\psi_1 + U_2 I_2\cos\psi_2 + \cdots \tag{8-9}$$

从式(8-9)可以看出，非正弦周期电流电路的平均功率等于非正弦周期电压和电流的恒定分量产生的功率与各次谐波分量产生的平均功率之和，只有同频率的电压和电流才能产生平均功率，而不同频率的电压和电流不能产生平均功率。

一般情况下，当已知电路的非正弦周期电压和电流的傅里叶级数表达式后，用式(8-9)求其平均功率是较简便的。

【例 8-2】已知某无源二端网络的电压及电流（参考方向关联）分别为

$$u = 10 + 20\sin(30t + 27°) + 8\sin(60t + 11°) + 4\sin(120t + 15°)\,\mathrm{V}$$

$$i = 2 + 6\sin(30t - 33°) + 4\sin(90t + 52°) + 2\sin(120t - 15°)\,\mathrm{A}$$

求电压的有效值及此二端网络吸收的平均功率。

解　根据式(8-7)可得电压的有效值为

$$U=\sqrt{10^2+\left(\frac{20}{\sqrt{2}}\right)^2+\left(\frac{8}{\sqrt{2}}\right)^2+\left(\frac{4}{\sqrt{2}}\right)^2}=18.44\text{V}$$

根据式(8-9)可得二端网络吸收的平均功率为

$$P=10\times 2+\left(\frac{20}{\sqrt{2}}\right)\left(\frac{6}{\sqrt{2}}\right)\cos 60^\circ+\left(\frac{4}{\sqrt{2}}\right)\left(\frac{2}{\sqrt{2}}\right)\cos 30^\circ=53.46\text{W}$$

8.3 非正弦周期电流电路的计算

在8.1节中已讨论了分析非正弦周期电流电路的计算思路，现将具体步骤叙述如下：

1）将已知的非正弦周期激励分解为傅里叶级数形式，即分解为恒定分量及各次谐波分量之和。高次谐波取到哪一项为止，要根据具体问题的允许误差而定。

2）分别求出激励的恒定分量以及各次谐波分量单独作用时产生的响应。对恒定分量，可用直流电路的求解方法，注意将电容看作开路，将电感看作短路；对各次谐波分量，电路的计算如同正弦稳态电路一样，用相量法进行计算，注意电感、电容对不同频率呈现不同的电抗值。

3）应用叠加定理，把由步骤2)求出的各谐波分量的瞬时值叠加。

下面举例说明。

【例8-3】在图8-6a所示电路中，已知电源电压 $e(t)=[10+\sqrt{2}\cdot 100\sin(\omega t)+\sqrt{2}\cdot 50\sin(3\omega t+30^\circ)]\text{V}$，且 $\omega=10^3\text{rad/s}, R_1=5\Omega, C=100\mu\text{F}, R_2=2\Omega, L=1\text{mH}$，求各支路电流及电源发出的功率。若在 R_2 的支路内串入一个电磁式电流表（测量读数为有效值），问这个电流表的读数是多少？

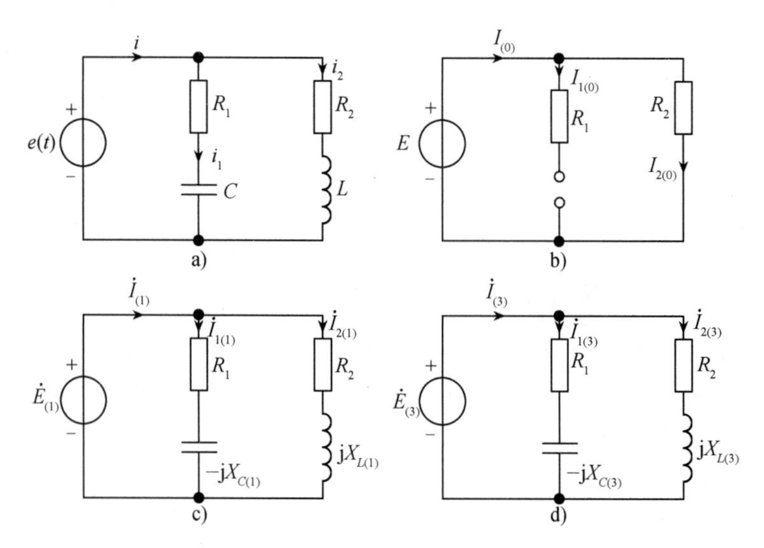

图8-6　例8-3图

解　因为电源电压的傅里叶级数已经给定，故可直接进入上述的步骤2)进行计算。

1）$e(t)$ 的直流分量 $E=10\text{V}$ 单独作用，电路如图8-6b所示，这时电容相当于开路，电感相当于短路，下标(0)表示直流分量。各支路电流分别为

$$I_{1(0)} = 0$$

$$I_{2(0)} = \frac{E_{(0)}}{R_2} = \frac{10}{2} = 5\text{A}$$

$$I_{(0)} = I_{2(0)} = 5\text{A}$$

2) $e(t)$ 的基波分量 $\sqrt{2}\cdot 100\sin(\omega t)$ 单独作用，电路如图 8-6c 所示，下标(1)表示基波(一次谐波)分量，用相量法进行计算。

$$\dot{E}_{(1)} = 100\angle 0°\text{V}$$

$$\dot{I}_{1(1)} = \frac{\dot{E}_{(1)}}{R_1 - \text{j}X_{C(1)}} = \frac{100\angle 0°}{5-\text{j}10} = \frac{100}{11.18\angle -63.43°} = 8.945\angle 63.43°\text{A}$$

$$\dot{I}_{2(1)} = \frac{\dot{E}_{(1)}}{R_{21} + \text{j}X_{L(1)}} = \frac{100\angle 0°}{2+\text{j}1} = \frac{100}{2.236\angle 26.57°} = 44.72\angle -26.57°\text{A}$$

$$\begin{aligned}\dot{I}_{(1)} &= \dot{I}_{1(1)} + \dot{I}_{2(1)} = 8.945\angle 63.43° + 44.72\angle -26.57° \\ &= 4.001 + \text{j}8 + 40 - \text{j}20 = 44 - \text{j}12 \\ &= 45.61\angle -15.26°\text{A}\end{aligned}$$

3) $e(t)$ 的三次谐波分量 $\sqrt{2}\cdot 50\sin(3\omega t + 30°)$ 单独作用，电路如图 8-6d 所示，下标(3)表示三次谐波分量。

$$X_{C(3)} = \frac{1}{3\omega C} = \frac{1}{3}X_{C(1)} = 3.333\Omega$$

$$X_{L(3)} = 3\omega L = 3X_{L(1)} = 3\Omega$$

$$\dot{E}_{(3)} = 50\angle 30°\text{V}$$

$$\dot{I}_{1(3)} = \frac{\dot{E}_{(3)}}{R_1 - \text{j}X_{C(3)}} = \frac{50\angle 30°}{5-\text{j}3.333} = \frac{50\angle 30°}{6.009\angle -33.69°} = 8.321\angle 63.69°\text{A}$$

$$\dot{I}_{2(3)} = \frac{\dot{E}_{(3)}}{R_2 + \text{j}X_{L(3)}} = \frac{50\angle 30°}{2+\text{j}3} = \frac{50\angle 30°}{3.606\angle 56.31°} = 13.87\angle -26.31°\text{A}$$

$$\dot{I}_{(3)} = \dot{I}_{1(3)} + \dot{I}_{2(3)} = 8.321\angle 63.69° + 13.87\angle -26.31° = 16.17\angle 4.65°\text{A}$$

4) 把上一步求出的各谐波分量的相量计算结果转换为瞬时值后相加，得

$$i_1 = [\sqrt{2}\cdot 8.945\sin(\omega t + 63.43°) + \sqrt{2}\cdot 8.321\sin(3\omega t + 63.49°)]\text{A}$$

$$i_2 = [5 + \sqrt{2}\cdot 44.72\sin(\omega t - 26.57°) + \sqrt{2}\cdot 13.87\sin(3\omega t - 26.31°)]\text{A}$$

$$i = [5 + \sqrt{2}\cdot 45.61\sin(\omega t - 15.26°) + \sqrt{2}\cdot 16.17\sin(3\omega t + 4.65°)]\text{A}$$

电源发出的功率为

$$\begin{aligned}P &= E_{(0)}I_{(0)} + E_{(1)}I_{(1)}\cos\varphi_{(1)} + E_{(3)}I_{(3)}\cos\varphi_{(3)} \\ &= 10\times 5 + 100\times 45.61\cos 15.26° + 50\times 16.17\cos(30° - 4.65°) \\ &= 5181\text{W}\end{aligned}$$

如果在 R_2 支路内串入一个电磁式电流表，测得有效值为

$$I_2 = \sqrt{I_{2(0)}^2 + I_{2(1)}^2 + I_{2(3)}^2} = \sqrt{5^2 + 44.72^2 + 13.87^2} = 47.09\text{A}$$

【例 8-4】在电子电路中经常遇到的阻容耦合电路如图 8-7b 所示，这种电路能够隔离输入信号中的恒定分量，而把各谐波分量传送到输出端 22′。设输入电压是频率为 f 的方波，如图 8-7a 所示，问如何选择电阻 R 和电容 C 的量值，才能使输出电压的波形(如图 8-7c 所

示）仍保持方波，而只将恒定分量滤掉？

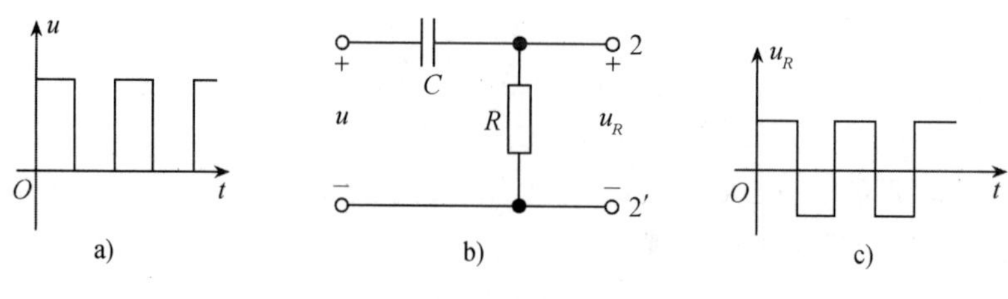

图 8-7　例 8-4 图

解　由表 8-1 可知，图 8-7a 所示方波电压包含恒定分量和各奇次谐波，即

$$u = U_0 + u_1 + u_3 + u_5 + \cdots \tag{1}$$

设方波电压第 k 次谐波分量的相量为 $\dot{U}_k$，则电阻两端电压的第 k 次谐波分量的相量可表示为

$$\dot{U}_{Rk} = \frac{\dot{U}_k}{R - \mathrm{j}\dfrac{1}{k\omega C}}R \tag{2}$$

由式(2)可知，若选取基波容抗 $\dfrac{1}{\omega C} \ll R$，则有利于基波和各高次谐波分量通过，在此取 $\dfrac{1}{\omega C} = 0.02R$。将 $k=0$，1，3，5，…分别代入式(2)，求出电阻电压的各次谐波分量，验证是否满足题目给出的要求。

$$k=0,\qquad \dot{U}_{R0} = 0$$

$$k=1,\qquad \dot{U}_{R1} = \frac{\dot{U}_1}{R + \dfrac{1}{\mathrm{j}\omega C}}R = \frac{\dot{U}_1}{R - \mathrm{j}0.02R}\cdot R \approx \frac{\dot{U}_1}{1\angle -1.146^\circ} = \dot{U}_1\angle 1.146^\circ$$

$$k=3,\qquad \dot{U}_{R3} = \frac{\dot{U}_3}{R + \dfrac{1}{\mathrm{j}3\omega C}}R = \frac{\dot{U}_3}{R - \mathrm{j}0.0067R}\cdot R \approx \frac{\dot{U}_3}{1\angle -0.382^\circ} = \dot{U}_3\angle 0.382^\circ$$

$$k=5,\qquad \dot{U}_{R5} = \frac{\dot{U}_0}{R + \dfrac{1}{\mathrm{j}5\omega C}}R = \frac{\dot{U}_5}{R - \mathrm{j}0.004R}\cdot R \approx \frac{\dot{U}_5}{1\angle 0^\circ} = \dot{U}_5$$

$$\vdots$$

将上面求出的各谐波分量的相量分别变换为瞬时值叠加，即 22′ 端的输出电压

$$u_R = u_{R0} + u_{R1} + u_{R3} + u_{R5} + \cdots \approx 0 + u_1 + u_3 + u_5 + \cdots \tag{3}$$

比较式(3)与式(1)，得

$$u_R = u - U_0$$

这说明除直流分量以外各谐波电压几乎都降落在电阻 R 上，所以输出电压 u_R 基本上保持矩形波的形状，而输入电压 u 的直流分量 U_0 降落在电容上，这种电容通常称为隔直电容。

8.4　滤波器简介

利用感抗和容抗随频率变化的特点，可以构成各种滤波电路，将这种电路接在激励与负

载之间，用来抑制某些不需要的谐波分量而只将需要的谐波分量传送给负载，这种电路称为滤波器。滤波器在通信、计算机、电力、数字信号处理等领域具有广泛的应用。一般来说，滤波器按其功用可以分为低通滤波器、高通滤波器、带通滤波器、带阻滤波器等，在这里仅介绍一些滤波器的基本概念。

1. 低通滤波器

低通滤波器是使激励信号的恒定分量和低于某一频率的谐波分量容易通过，而高于这一频率的谐波分量被抑制的滤波电路。这个频率界限称为滤波器的截止频率。图 8-8 所示的低通滤波器，对于 u_1 中的高频分量，由于容抗随频率增高而降低，所以电容 C 上的高频电压分量相对较小，有抑制高频分量的作用。低通滤波器的频率特性如图 8-9 所示，ω_C 称为截止角频率。

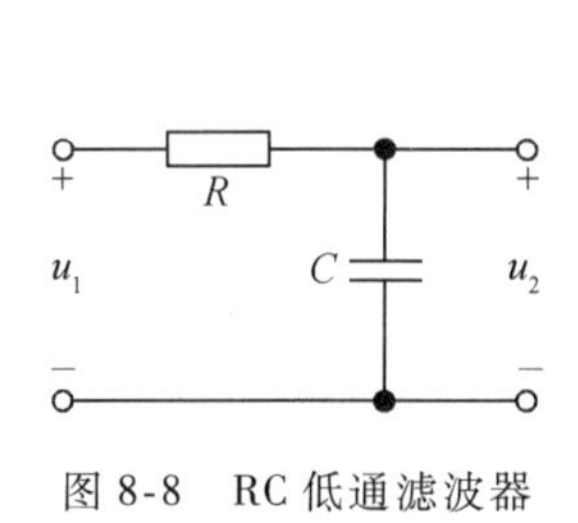

图 8-8　RC 低通滤波器

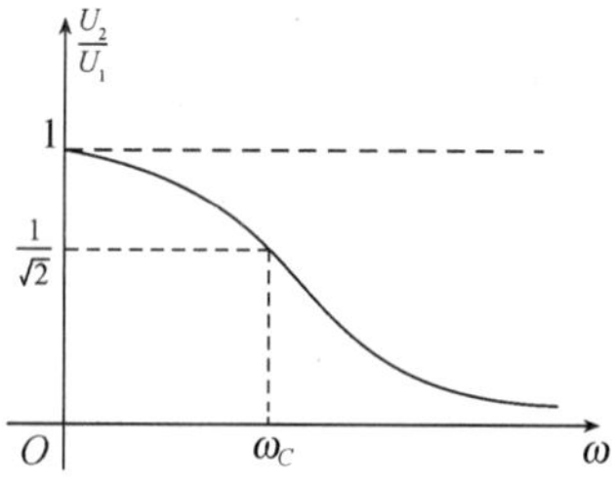

图 8-9　低通滤波器的幅频特性

2. 高通滤波器

高通滤波器是使激励信号 u_1 中高于某一频率的谐波分量容易通过，而低于这一频率的谐波分量被抑制的滤波电路。为此只要把图 8-8 中的输出改为电阻电压即可，如图 8-10 所示。对 u_1 中的高频分量，由于容抗随频率增高而降低，所以电容 C 上的高频电压分量相对较小，而电阻上高频电压分量相对较大，高频分量得到输出。高通滤波器的频率特性如图 8-11所示。

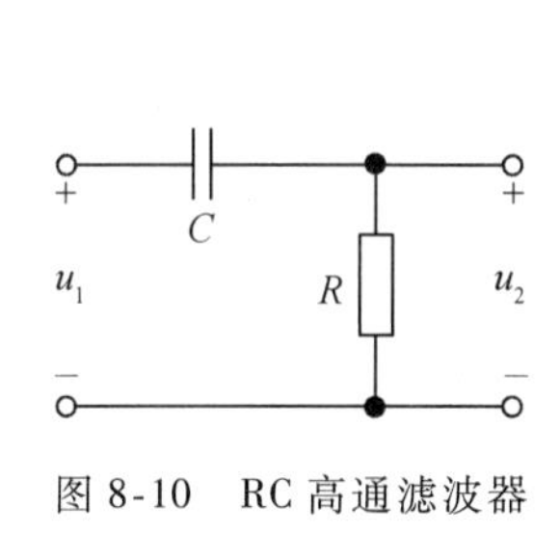

图 8-10　RC 高通滤波器

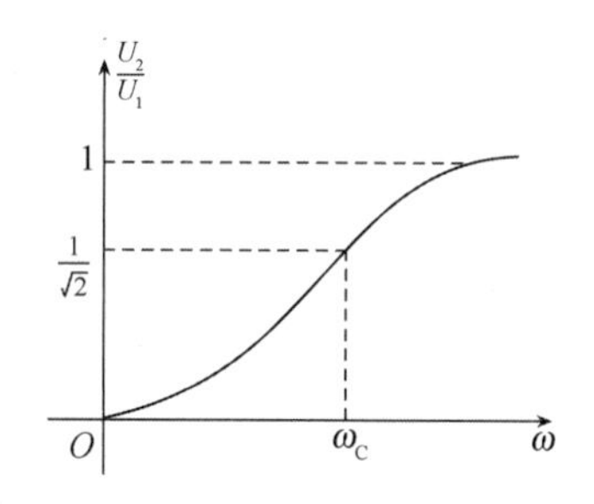

图 8-11　高通滤波器的幅频特性

3. 带通滤波器

带通滤波器是使激励信号 u 中某一频率范围的谐波分量容易通过，而超出这一频率范围的谐波分量被抑制的滤波电路。图 8-12 所示的 RLC 串联电路，u 为信号源，电阻电压 u_R 为输出。u_R 的频率特性如图 8-13 所示，与谐振曲线的形状相同。谐振时输出电压最高，谐振频率附近的谐波分量的输出电压较高，离谐振频率较远的谐波分量的输出电压较低，输出电压表现出带通特性。

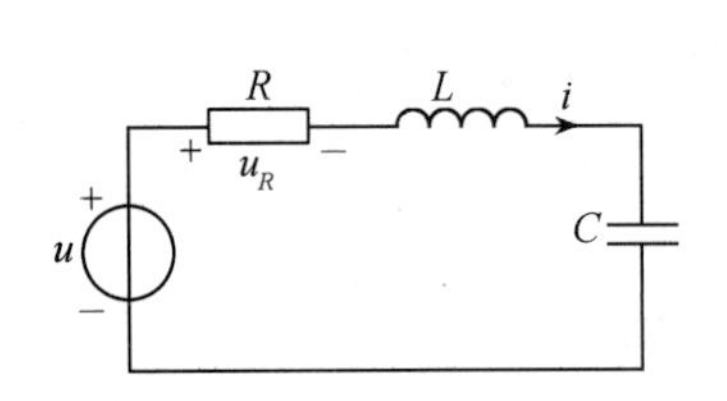

图 8-12　带通滤波器

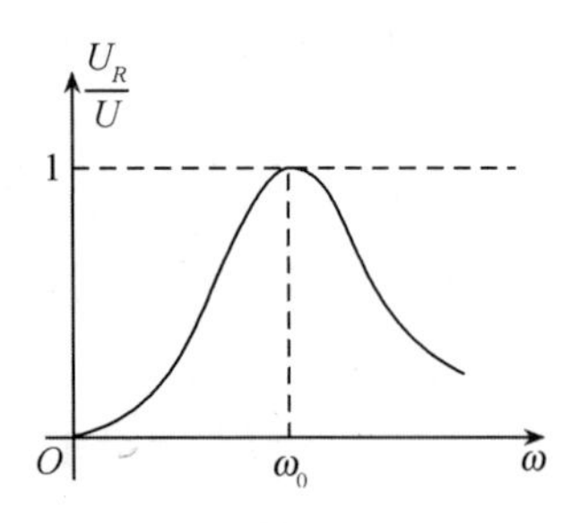

图 8-13　带通滤波器的幅频特性

4. 带阻滤波器

带阻滤波器是使激励信号中某一频率范围的谐波分量被抑制，而超出这一频率范围的谐波分量容易通过的滤波电路。图 8-14 所示为一简单的带阻滤波器，i 为信号源，u 为输出。

图 8-15 所示为带阻滤波器的幅频特性，与 RLC 串联电路复阻抗 $|Z|$ 的曲线形状相同。谐振时输出电压最低，谐振频率附近的谐波分量的输出较低，离谐振频率较远的谐波分量的输出较高，输出电压表现出带阻特性。

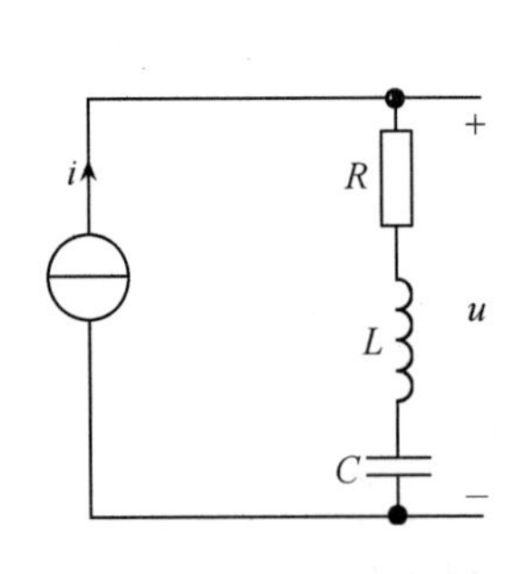

图 8-14　带阻滤波器

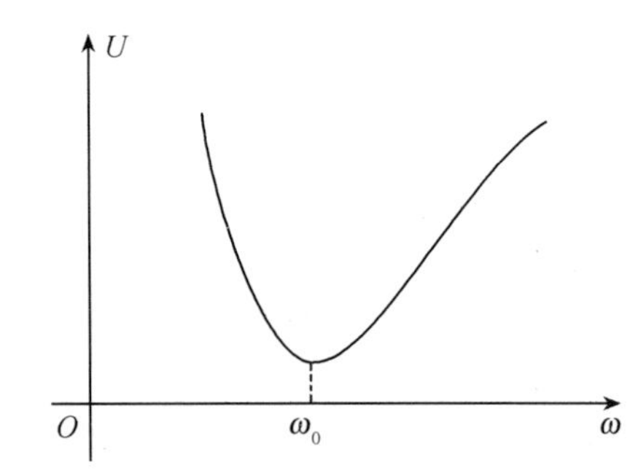

图 8-15　带阻滤波器的幅频特性

下面以图 8-8 所示低通滤波器为例，说明如何确定截止频率。图 8-8 所示电路的响应 u_2 与激励 u_1 的相量比值 $H(\mathrm{j}\omega)$，即频率特性为

$$H(\mathrm{j}\omega)=\frac{\dot{U}_2}{\dot{U}_1}=\frac{1}{1+\mathrm{j}\omega CR}$$

其幅频特性，即 $\dot{U}_2$ 与 $\dot{U}_1$ 比值的模随频率变化的特性为

$$|H(\mathrm{j}\omega)|=\frac{1}{\sqrt{1+(\omega CR)^2}}$$

上式表明，随着角频率 ω 的增加，响应 u_2 的幅值随之减小，具有“低通”的频率特性。幅频特性曲线如图 8-9 所示。幅频特性曲线下降到最大值的 $1/\sqrt{2}$时所对应的频率称为截止频率，记为 f_C，图 8-8 所示电路的截止角频率 ω_C 为

$$|H(\mathrm{j}\omega)|=\frac{1}{\sqrt{1+(\omega_C CR)^2}}=\frac{1}{\sqrt{2}}$$

$$\omega_C=\frac{1}{CR}$$

【例 8-5】图 8-16a 所示电路中有一 LC 滤波器，其中 $L=5\mathrm{H}$，$C=10\mu\mathrm{F}$。设滤波器的输入电压 u_{ab} 为正弦全波整流电压波形，如图 8-16b 所示，电压的振幅 $U_{\mathrm{m}}=150\mathrm{V}$，角频率

$\omega=314\text{rad/s}$，负载电阻 $R=2000\Omega$。求负载电压 u_{cd} 及电感中的电流 i。

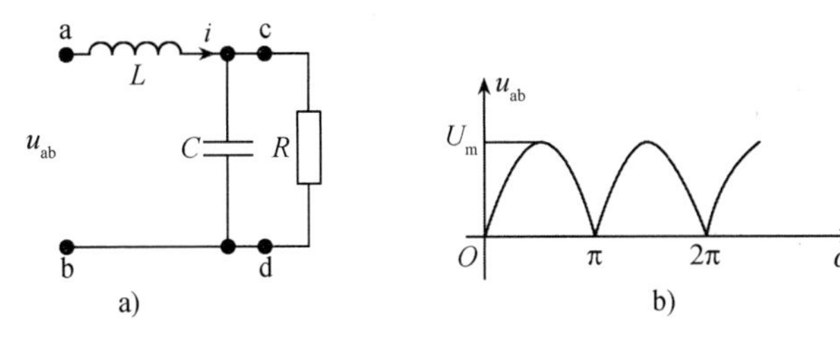

图 8-16　例 8-5 图

解　1）从表 8-1 中找到正弦全波整流电压 u_{ab} 的傅里叶级数为

$$u_{ab}=\frac{2U_m}{\pi}+\frac{4U_m}{\pi}\left(-\frac{1}{3}\cos(2\omega t)-\frac{1}{15}\cos(4\omega t)-\cdots\right)$$

取到 4 次谐波，并代入数据，有

$$u_{ab}=95.5-45\sqrt{2}\cos(2\omega t)-9\sqrt{2}\cos(4\omega t)$$

2）分别计算电源电压的恒定分量及各次谐波产生的响应。

恒定分量作用时，相当于电感短路，电容开路，故

$$I_0=\frac{95.5}{2000}=0.0478\text{A}$$

$$U_{cd0}=95.5\text{V}$$

二次谐波作用时，ab 两端的输入阻抗为

$$Z_2=\text{j}2\omega L+\frac{R/\text{j}2\omega C}{R+1/\text{j}2\omega C}=\text{j}2\omega L+\frac{R}{1+\text{j}2\omega CR}$$

$$=\text{j}1000\pi+12.6-\text{j}158\approx 2980\angle 90°\Omega$$

$$\dot{I}_2=\frac{45\angle 0°}{2980\angle 90°}=0.0151\angle -90°\text{A}$$

$$\dot{U}_{cd2}=Z_{cd2}\dot{I}_2=2.39\angle -175.4°\text{V}$$

四次谐波作用时，ab 两端的输入阻抗为

$$Z_4=\text{j}4\omega L+\frac{R}{1+\text{j}4\omega CR}=\text{j}2000\pi+79\angle -87.7°\approx 6280\angle 90°\Omega$$

$$\dot{I}_4=\frac{9\angle 0°}{6280\angle 90°}=0.00143\angle -90°\text{A}$$

$$\dot{U}_{cd4}=Z_{cd4}\dot{I}_4=79\angle -87.7°\times 0.00143\angle -90°=0.113\angle -177.7°\text{V}$$

可见负载上的四次谐波电压有效值仅占恒定电压的 0.12%，四次以上各谐波所占百分比则更小，所以不必考虑更高次谐波的作用。

3）把相量变换为瞬时值，再将恒定分量与各次谐波分量相叠加(注意：电源电压 u_{ab} 中各谐波分量之前均有负号)，即

$$i=I_0-i_2-i_4$$

$$=0.0478-0.0151\sqrt{2}\cos(2\omega t-90°)-0.00143\sqrt{2}\cos(4\omega t-90°)\text{A}$$

$$u_{cd}=u_{cd0}-u_{cd2}-u_{cd4}$$

$$=95.5-2.39\sqrt{2}\cos(2\omega t-175.4°)-0.113\sqrt{2}\cos(4\omega t-177.7°)\text{V}$$

负载电压 u_{ab} 中最大的谐波电压，即二次谐波电压的有效值仅占恒定分量的 2.5%，这表明这个 LC 电路具有滤掉高次谐波分量的作用，是低通滤波器。其中串联电感 L 起抑制交流的作用，常称为扼流圈；并联电容 C 起减少负载电阻上交流电压的作用，常称为旁路电容。可以看出，图 8-16a 所示电路的功能是将一个正弦电源通过全波整流和滤波，变换成一个(近似)直流电源加到负载上。

8.5 非正弦周期激励下的对称三相电路分析

一般情况下，交流发电机产生的电动势不是理想的正弦波，这种情况对三相交流发电机也是存在的，所以需要讨论三相电路中非正弦周期电压和电流的分析计算问题。本节主要讨论非正弦周期激励作用于对称三相电路的分析与计算。

1. 非正弦周期性对称三相电源的表示

对称三相电源的各相电压虽然是非正弦的，但波形相同，只是在时间上彼此相差三分之一周期，可表示为

$$
\begin{aligned}
u_A &= f(t) \\
u_B &= f\left(t-\frac{T}{3}\right) \\
u_C &= f\left(t-2\frac{T}{3}\right)
\end{aligned}
\tag{8-10}
$$

式中，T 为基波的周期。三相电路中的非正弦波通常是上下半波对称的，其傅里叶级数只含有奇次谐波分量，即

$$
\begin{aligned}
u_A(t) &= U_{1m}\sin(\omega t+\varphi_1)+U_{3m}\sin(3\omega t+\varphi_3)+U_{5m}\sin(5\omega t+\varphi_5) \\
&\quad +U_{7m}\sin(7\omega t+\varphi_7)+\cdots \\
u_B(t) &= U_{1m}\sin\left(\omega\left(t-\frac{T}{3}\right)+\varphi_1\right)+U_{3m}\sin\left(3\omega\left(t-\frac{T}{3}\right)+\varphi_3\right) \\
&\quad +U_{5m}\sin\left(5\omega\left(t-\frac{T}{3}\right)+\varphi_5\right)+U_{7m}\sin\left(7\omega\left(t-\frac{T}{3}\right)+\varphi_7\right)+\cdots \\
&= U_{1m}\sin(\omega t-120^\circ+\varphi_1)+U_{3m}\sin(3\omega t+\varphi_3)+U_{5m}\sin(5\omega t-240^\circ+\varphi_5) \\
&\quad +U_{7m}\sin(7\omega t-120^\circ+\varphi_7)+\cdots \\
u_C(t) &= U_{1m}\sin\left(\omega\left(t-2\frac{T}{3}\right)+\varphi_1\right)+U_{3m}\sin\left(3\omega\left(t-2\frac{T}{3}\right)+\varphi_3\right) \\
&\quad +U_{5m}\sin\left(5\omega\left(t-2\frac{T}{3}\right)+\varphi_5\right)+U_{7m}\sin\left(7\omega\left(t-2\frac{T}{3}\right)+\varphi_7\right)+\cdots \\
&= U_{1m}\sin(\omega t-240^\circ+\varphi_1)+U_{3m}\sin(3\omega t+\varphi_3)+U_{5m}\sin(5\omega t-120^\circ+\varphi_5) \\
&\quad +U_{7m}\sin(7\omega t-240^\circ+\varphi_7)+\cdots
\end{aligned}
\tag{8-11}
$$

式(8-11)中的谐波次数分别是奇数。由式(8-11)可以看出，u_A，u_B，u_C 三个相电压中的基波，$6k+1$ 次(1 次，7 次，13 次等)谐波分别大小相等，相位互差 120°，其相序为 A－B－C，称为正序谐波分量；$6k+5$ 次(5 次，11 次等)谐波分别大小相等，相位互差 120°，其相序为A－C－B，与正序相反，称为负序谐波分量；$6k+3$ 次(3 次，9 次等)谐波分量分别大小相等，相位相同，称为零序谐波分量。这里，$k=0$，1，2，3，…。

以上分析对于对称三相非正弦周期电流也是有效的。

2. 非正弦周期性对称三相电路的分析

与单相非正弦电路的计算方法类似，分别计算三相激励的各次同频率的谐波分量(如三相电源的基波分量)在电路中产生的响应，然后将响应的各谐波分量的瞬时值叠加。由于对称三相非正弦周期电压的各次同频率谐波电压可分为正序、负序及零序谐波电压分量3类，所以需分别讨论各类谐波的分析计算方法。

(1) 正序和负序谐波分量的分析与计算

因为正序谐波分量和负序谐波分量都是对称三相电源，所以当某次谐波分量单独作用时，可按7.2节中介绍的对称三相电路来分析计算，即简化成单相电路计算。需注意谐波阻抗的变换和相序的不同。

(2) 零序谐波分量的分析与计算

零序谐波分量不是对称三相激励，应按一般正弦稳态电路进行分析计算。下面对几种具体情况进行讨论。

1) 对称Y-Y系统无中性线情况。电路如图8-17中开关断开状态，因为三相零序谐波是同相的，如果没有中性线，零序谐波的线电流(也是相电流)为零，因此负载相电压中没有零序谐波电压。电源相电压中的零序谐波电压加在负载中点和电源中点之间，所以在非正弦情况下，即使负载是对称的，它的中点O′与电源中点O之间的电压也不为零。中点之间的电压有效值等于电源相电压中零序谐波电压的有效值，即

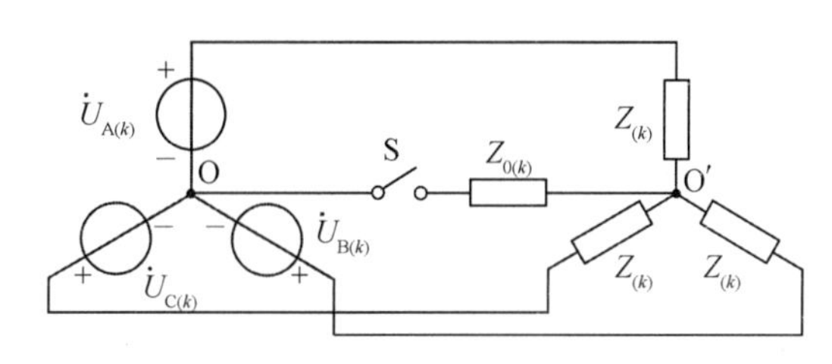

图8-17　周期性非正弦对称三相电路

$$U_{O'O}=\sqrt{U_{P3}^2+U_{P9}^2+\cdots} \tag{8-12}$$

2) 对称Y-Y系统有中性线情况。电路如图8-17中开关接通状态，零序谐波线电流(也是相电流)可通过中性线流通，负载相电压及相电流中都有零序谐波。以三次谐波(零序谐波)为例计算零序谐波电流。三次谐波电源 $\dot{U}_{A(3)}=\dot{U}_{B(3)}=\dot{U}_{C(3)}$，负载三次谐波阻抗 $Z_{(3)}$，中性线三次谐波阻抗 $Z_{0(3)}$，应用正弦稳态电路分析方法，选用节点电压法，可得中点电压为

$$\dot{U}_{O'O(3)}=\frac{\dfrac{\dot{U}_{A(3)}}{Z_{(3)}}+\dfrac{\dot{U}_{B(3)}}{Z_{(3)}}+\dfrac{\dot{U}_{C(3)}}{Z_{(3)}}}{\dfrac{3}{Z_{(3)}}+\dfrac{1}{Z_{0(3)}}}=\frac{3\dfrac{\dot{U}_{A(3)}}{Z_{(3)}}}{\dfrac{3}{Z_{(3)}}+\dfrac{1}{Z_{0(3)}}} \tag{8-13}$$

由式(8-13)可知，中点电压不为零，有零序谐波分量。将 $\dot{U}_{O'O(3)}$ 代入下式，可得三次谐波线电流(相电流)为

$$\dot{I}_{A(3)}=\frac{\dot{U}_{A(3)}-\dot{U}_{O'O(3)}}{Z_{(3)}}=\frac{\dot{U}_{A(3)}}{Z_{(3)}+3Z_{0(3)}}=\dot{I}_{B(3)}=\dot{I}_{C(3)}$$

三次谐波中性线电流为三次谐波线电流有效值的3倍

$$\dot{I}_{O'O(3)}=3\dot{I}_{A(3)}$$

由于正序和负序谐波分量不产生中性线电流，因此中性线电流中只有各零序谐波电流，即

$$I_{O'O} = 3\sqrt{I_{P3}^2 + I_{P9}^2 + \cdots}$$

3）三相对称电源Y联结时线电压和相电压的关系。

对于含有高次谐波的电源相电压，其有效值为

$$U_P = \sqrt{U_{P1}^2 + U_{P3}^2 + U_{P5}^2 + U_{P7}^2 + \cdots}$$

不管是否有中性线，由于线电压等于相应两个相电压之差，对于正序和负序谐波的各相电压，相位仍相差120°，故其各次谐波线电压有效值等于同次谐波相电压有效值的$\sqrt{3}$倍，即

$$U_{l1} = \sqrt{3}U_{P1}, U_{l5} = \sqrt{3}U_{P5}, U_{l7} = \sqrt{3}U_{P7}$$

对于零序谐波(3 次、9 次等)则不同，各相电压的零序谐波同相位且大小相等，相减得零，故电源线电压中不含零序谐波。即

$$U_l = \sqrt{U_{l1}^2 + U_{l5}^2 + U_{l7}^2 + \cdots} = \sqrt{3}\sqrt{U_{P1}^2 + U_{P5}^2 + U_{P7}^2 + \cdots} \tag{8-14}$$

因此，线电压的有效值小于相电压有效值的$\sqrt{3}$倍

$$U_l < \sqrt{3}U_P$$

4）对称电源△联结时的线电压和相电压的关系。

当对称三相电源为三角形联结时，由于电源相电压中存在零序谐波，如三次谐波，则在三角形电源回路中 3 个相电压之和将不等于零，而等于相电压中的三次谐波电压有效值的 3 倍。在这种情况下，不论外电路是否接通，在三角形电源环路内始终存在三次谐波环路电流。设每相电源电压中的三次谐波分量用U_3表示，每相绕组对三次谐波的阻抗为Z_{S3}，则三次谐波环路电流的有效值为

$$I_3 = \frac{3U_3}{3|Z_{S3}|} = \frac{U_3}{|Z_{S3}|}$$

此三次谐波电流在每相阻抗上的电压恰好等于每相电源电压中的三次谐波分量，二者互相抵消，所以电源相(线)电压仍不呈现三次谐波，其他零序谐波的情况也是这样。因此线电压与星形联结情况一样，不含零序谐波分量，即

$$U_l = U_P = \sqrt{U_{P1}^2 + U_{P5}^2 + U_{P7}^2 + \cdots} \tag{8-15}$$

【例 8-6】在图 8-17 所示的电路中，已知对称三相电源(u_A，u_B，u_C)中含有基波及三次谐波，且测得$U_P = 125\text{V}$，$U_l = 208\text{V}$。对于基波而言，负载复阻抗$Z = 4 + \text{j}1\Omega$，中性线复阻抗$Z_0 = \text{j}1\Omega$，求开关 S 断开及闭合时的$U_{O'O}$。

解 因为线电压中不可能含有三次谐波，故

$$U_l = U_{l(1)} = 208\text{V}$$

而基波相电压

$$U_{P(1)} = \frac{U_{l(1)}}{\sqrt{3}} = \frac{208}{\sqrt{3}} = 120.1\text{V}$$

又

$$U_P = \sqrt{U_{P(1)}^2 + U_{P(3)}^2}$$

所以

$$U_{P(3)} = \sqrt{U_P^2 - U_{P(1)}^2} = \sqrt{125^2 - 120.1^2} = 34.66\text{V}$$

故开关断开时，中性线电压的有效值为

$$U_{0'0} = 34.66\text{V}$$

开关 S 闭合时，对任意一相都有

$$\dot{U}_{P(3)} = \dot{I}_{P(3)} Z_3 + \dot{I}_0 Z_{0(3)}$$

其中，Z_3 和 $Z_{0(3)}$ 是对于三次谐波而言的负载复阻抗和中性线复阻抗。

而中性线电流

$$\dot{I}_0 = 3\dot{I}_{P(3)}$$

故

$$\dot{U}_{P(3)} = \dot{I}_{P(3)}(Z_3 + 3Z_{0(3)})$$

即

$$\dot{I}_{P(3)} = \frac{\dot{U}_{P(3)}}{Z_3 + 3Z_{0(3)}} = \frac{34.66}{4 + \text{j}3 + 3 \times \text{j}3}$$

$$= \frac{34.66}{4 + \text{j}12} = \frac{34.66}{12.65\angle 71.57^\circ} = 2.74\angle -71.57^\circ\text{A}$$

于是，可得开关闭合时中性线电流和电压的有效值分别为

$$I_0 = 3I_{P(3)} = 3 \times 2.74 = 8.22\text{A}$$

$$U_{0'0} = Z_{0(3)} I_0 = 3 \times 8.22 = 24.66\text{V}$$

习题八

8-1 求题 8-1 图所示波形的傅里叶级数的系数。

8-2 电路如题 8-2 图所示。电源电压为 $u_S(t) = 50 + 100\sin(400t) + 10\sin(1200t + 20^\circ)$ V，试求电流 $i(t)$，电源发出的功率，电源电压和电流的有效值。

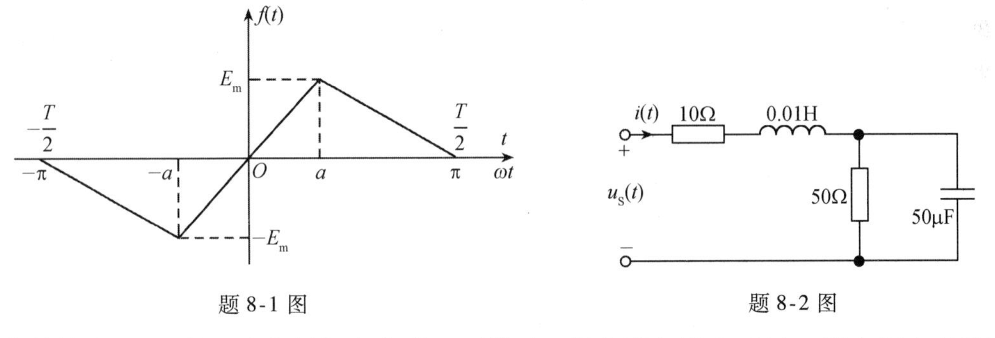

题 8-1 图　　　　题 8-2 图

8-3 有效值为 100V 的正弦电压加在电感 L 两端时，得电感电流 $I = 10\text{A}$。当电压中有基波和三次谐波分量，而有效值仍为 100V 时，电感电流 $I = 8\text{A}$，试求这一电压的基波和三次谐波电压的有效值。

8-4 测量线圈的电阻及电感时，测得电流 $I = 15\text{A}$，电压 $U = 60\text{V}$，功率 $P = 225\text{W}$，并已知 $f = 50\text{Hz}$。从波形分析中知道电源电压除基波外还有三次谐波，其幅值为基波幅值的 40%，试计算线圈的电阻及电感。若假定电源电压是正弦量时，电感值又是多少？

8-5 电路如题 8-5 图所示，已知无源网络 N 的电压和电流为

$$u(t) = 100\sin(314t) + 50\sin(942t - 30^\circ)\ \text{V}$$

$$i(t) = 10\sin(314t) + 1.755\sin(942t + \theta_2)\ \text{A}$$

如果 N 可以看作 RLC 串联电路，试求：

（1）R、L、C 的值；

（2）θ_2 的值；

（3）电路消耗的功率。

8-6 已知题 8-6 图中，$u_S = 4\sin(100t)\,\text{V}$，$i_S = 4\sin(200t)\,\text{A}$，求电流 i 及 u_S 发出的平均功率。

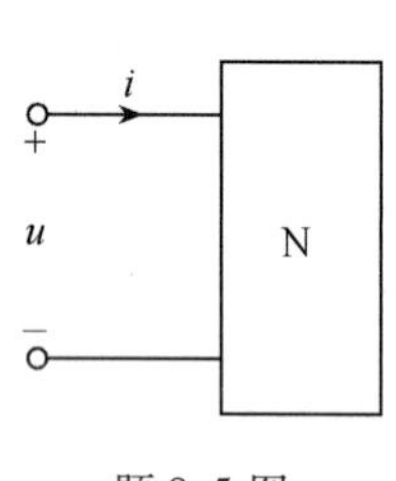

题 8-5 图

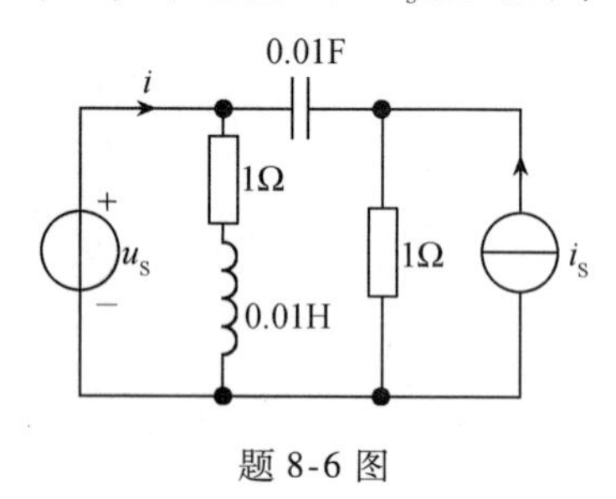

题 8-6 图

8-7 在题 8-7 图 a 所示的电路中，外加电压为含有直流分量和正弦分量的周期性函数，其波形如题 8-7图 b 所示。试写出外加电压 $u(t)$ 的表达式，并求其有效值，当 $R = 10\Omega$，$\omega L = 5\Omega$，$\dfrac{1}{\omega C} = 20\Omega$ 时，求响应 $u_L(t)$ 及 $i_L(t)$。

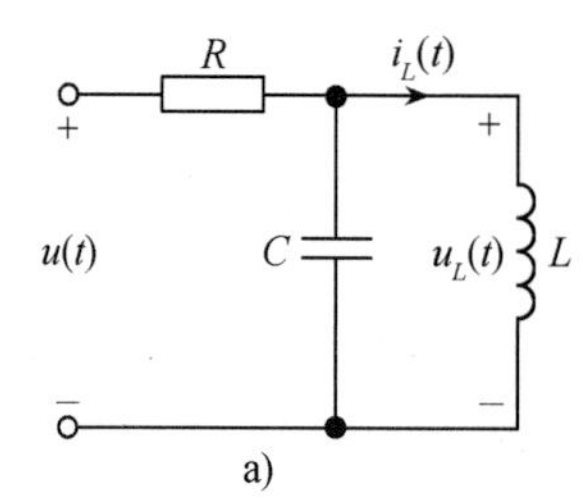

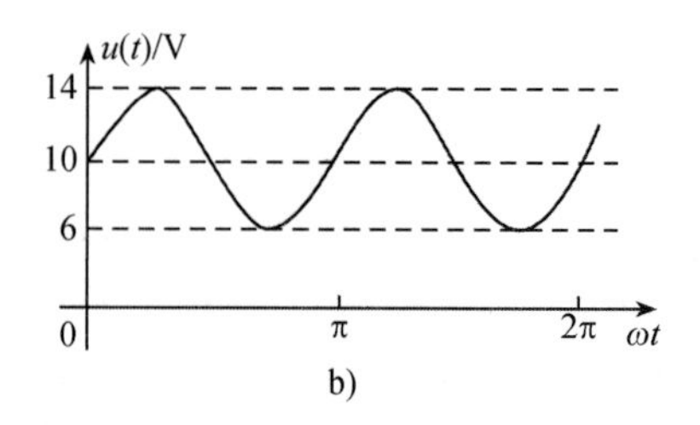

题 8-7 图

8-8 题 8-8 图中，已知 $u_R = 50 + 10\sin(\omega t)\,\text{V}$，$R = 100\Omega$，$L = 2\text{mH}$，$C = 50\mu\text{F}$，$\omega = 10^3\,\text{rad/s}$。试求（1）电源电压 u 的瞬时值表达式及有效值；（2）电源供给的功率。

8-9 题 8-9 图所示变压器耦合谐振放大器中，$e(t) = \sqrt{2}\,20\sin(\omega t)\,\text{mV}$。$E_a = 200\text{V}$，$\omega = 10^3\,\text{rad/s}$，$R_i = 10\text{k}\Omega$。耦合系数 $K = 0.5$，$L_1 = 4\text{mH}$，$L_2 = 9\text{mH}$，欲使次级开路电压 u_{20} 最大，试求 C、i_a、$u_2(t)$ 分别为多少？

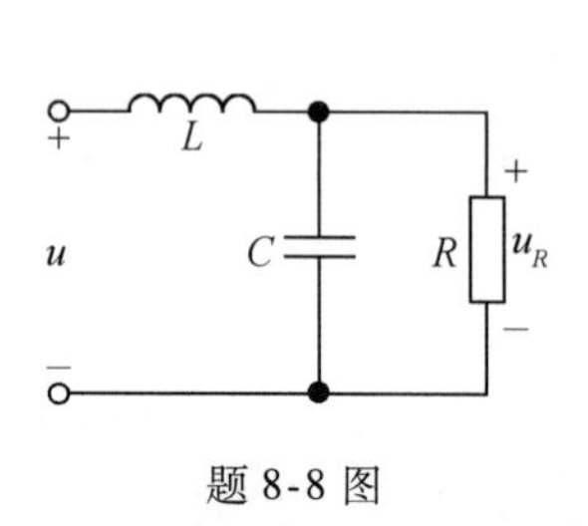

题 8-8 图

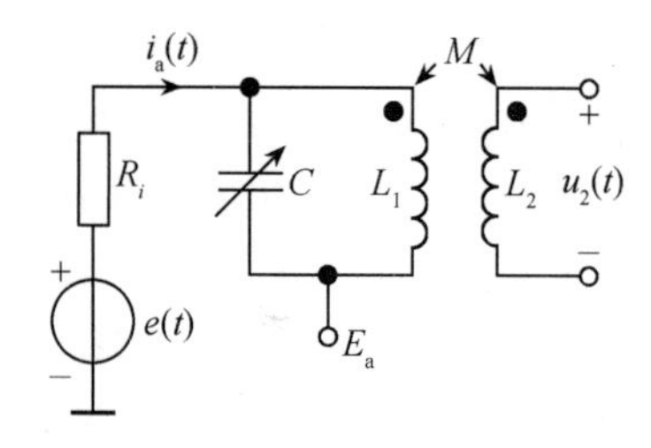

题 8-9 图

8-10 题 8-10 图所示的滤波器电路中，要求 4ω 的谐波电流传送至负载，且阻止基波电流到达负载。如电容 $C = 1\mu\text{F}$，$\omega = 1000\,\text{rad/s}$，试求 L_1 和 L_2。

8-11 题 8-11 图电路中，$u_S(t)$ 是非正弦波，其中含有 $3\omega_1$ 及 $7\omega_1$ 的谐波分量，如果要求在输出电压 $u(t)$ 中不含这两个谐波分量，问 L 和 C 应为多少？

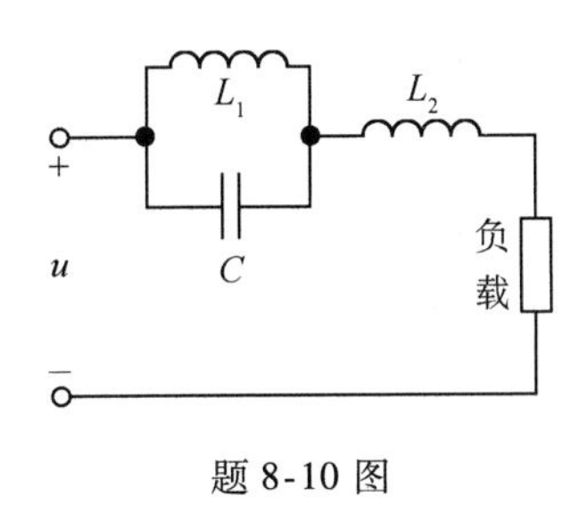

题 8-10 图

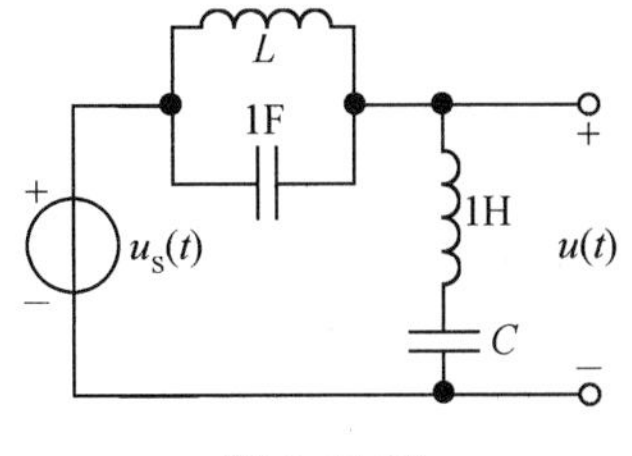

题 8-11 图

8-12 已知题 8-12 图中 $u(t)=10+8\sin(\omega t)$V，$R_1=R_2=50\Omega$，$\omega L_1=\omega L_2=50\Omega$，$\omega M=40\Omega$，求两电阻吸收的平均功率及电源发出的平均功率。

8-13 已知题 8-13 图中 $u_S=20+10\sqrt{2}\sin(\omega t)$V，$\omega=10^4$rad/s，试求电流 i_1 与 i_2 以及它们的有效值。

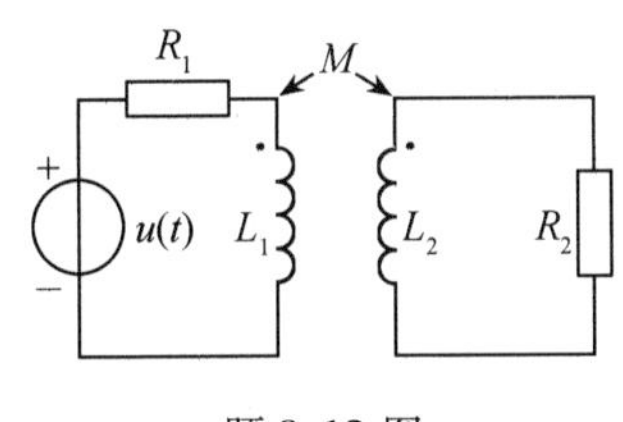

题 8-12 图

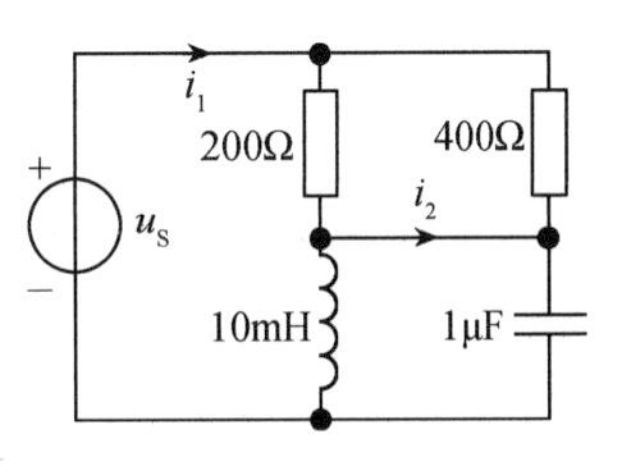

题 8-13 图

8-14 电路如题 8-14 图所示，对称三相星形联结的发电机的 A 相电压为 $u_A=\sqrt{2}\,215\sin(\omega t)-\sqrt{2}\,30\sin(3\omega t)+\sqrt{2}\,10\sin(5\omega t)$V，在基波频率下的负载阻抗为 $Z=6+\mathrm{j}3\Omega$，中性线阻抗 $Z_N=1+\mathrm{j}2\Omega$。试求各相电流、中性线电流及负载消耗的功率。若不接中性线，再求各相电流，负载消耗的功率及此时中点电压 $U_{N'N}$。

8-15 如果将题 8-14 中的三相电源联结成题 8-15 图所示的三角形并考虑每相阻抗。试求每相绕组的电压；如果把伏特表 V_2 插入如图中所示，求 V_2 读数(伏特表为电磁系仪表，用来测量有效值)。

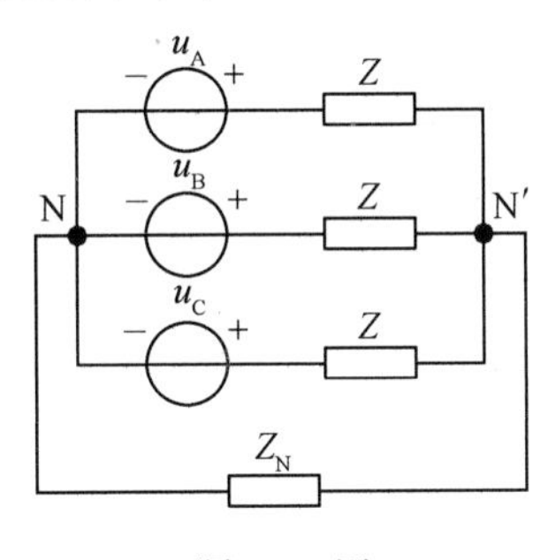

题 8-14 图

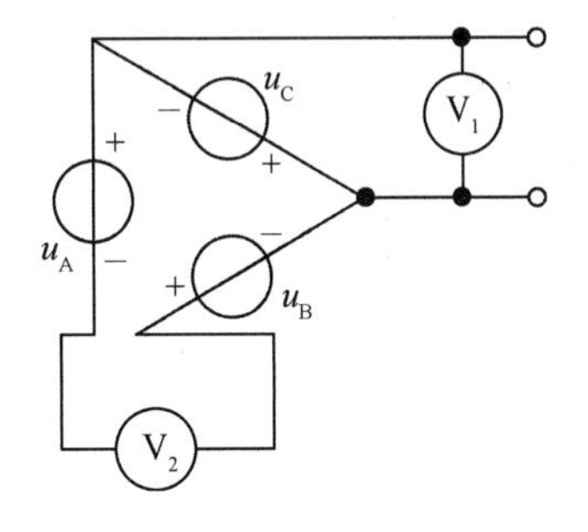

题 8-15 图

第9章 线性动态电路暂态过程的复频域分析

内容提要： 复频域分析法是应用数学中的拉普拉斯变换分析线性动态网络的方法，其思路是：首先把时域形式的两类约束通过拉普拉斯变换转换为复频域形式，并引入复频域阻抗等概念，建立复频域电路模型，然后应用第1～3章介绍的线性网络分析方法求出响应的象函数，最后经过拉普拉斯反变换求出时域响应。本章还介绍了网络函数及其在电路分析中的应用，讨论了网络函数的零、极点对时域响应和频率特性的影响。

本章重点： 时域模型与复频域模型的转换，复频域分析法，网络函数及其应用。

9.1 拉普拉斯变换的定义

傅里叶积分的表达式为

$$F(\omega) = \int_{-\infty}^{\infty} f(t)\mathrm{e}^{-\mathrm{j}\omega t}\mathrm{d}t \tag{9-1}$$

上式称为傅里叶正变换。对 $F(\omega)$ 取相反的变换，即

$$f(t) = \frac{1}{2\pi}\int_{-\infty}^{\infty} F(\omega)\mathrm{e}^{\mathrm{j}\omega t}\mathrm{d}\omega \tag{9-2}$$

式(9-2)称为傅里叶反变换。利用傅里叶变换分析动态电路，要对时间函数取傅里叶变换，这首先要求函数满足狄里赫利条件，而且要求函数绝对可积，即 $\int_{-\infty}^{\infty}|f(\omega)|\mathrm{d}t < \infty$。虽然实际信号一般都满足狄里赫利条件，但是最常用的单位阶跃信号 $1(t)$、正弦信号 $A_{\mathrm{m}}\sin(\omega t)\cdot 1(t)$ 等都不满足绝对可积的条件。这使傅里叶变换的应用受到了限制，因此要对它加以改进。

考虑到当 $t<0$ 时，$f(t)=0$(或用 $f(t)1(t)$ 表示)，将式(9-1)修正为

$$F(\omega) = \int_{0}^{\infty} f(t)\mathrm{e}^{-\mathrm{j}\omega t}\mathrm{d}t \tag{9-3}$$

上式称为单边傅里叶变换。为保证 $f(t)$ 绝对可积，将 $f(t)$ 乘以收敛因子 $\mathrm{e}^{-\sigma t}$，其中 σ 为正实数，即

$$\int_{0}^{\infty} f(t)\mathrm{e}^{-\sigma t}\mathrm{d}t < \infty$$

再将函数 $f(t)\mathrm{e}^{-\sigma t}$ 取单边傅里叶变换，有

$$F(\omega) = \int_{0_-}^{\infty} f(t)\mathrm{e}^{-\sigma t}\mathrm{e}^{-\mathrm{j}\omega t}\mathrm{d}t = \int_{0}^{\infty} f(t)\mathrm{e}^{-(\sigma+\mathrm{j}\omega)t}\mathrm{d}t$$

令 $s=\sigma+\mathrm{j}\omega$，称 s 为复频率，则上式写作

$$F(s) = \int_{0}^{\infty} f(t)\mathrm{e}^{-st}\mathrm{d}t \tag{9-4}$$

式(9-4)将时域函数 $f(t)$ 变换为复频域函数 $F(s)$，称作拉普拉斯正变换，简称为拉氏正变换，简写为

$$F(s) = \mathscr{L}[f(t)]$$

其中，$F(s)$ 称为 $f(t)$ 的象函数。

因为 $f(t)\mathrm{e}^{-\sigma t}$ 的傅里叶变换是 $F(s)$，则

$$f(t)\mathrm{e}^{-\sigma t}=\frac{1}{2\pi}\int_{-\infty}^{\infty}F(\sigma+\mathrm{j}\omega)\mathrm{e}^{\mathrm{j}\omega t}\mathrm{d}\omega$$

等式两边同乘 $\mathrm{e}^{\sigma t}$，得

$$f(t)=\frac{1}{2\pi}\int_{-\infty}^{\infty}F(\sigma+\mathrm{j}\omega)\mathrm{e}^{\sigma t}\mathrm{e}^{\mathrm{j}\omega t}\mathrm{d}\omega \tag{9-5}$$

因 $s=\sigma+\mathrm{j}\omega$，故 $\mathrm{d}\omega=\frac{1}{\mathrm{j}}\mathrm{d}s$，变量为 ω 时积分上下限为 $\pm\infty$，变量为 s 时积分上下限为 $\sigma\pm\mathrm{j}\infty$，将这些关系代入式(9-5)，得

$$f(t)=\frac{1}{2\pi\mathrm{j}}\int_{\sigma-\mathrm{j}\infty}^{\sigma+\mathrm{j}\infty}F(s)\mathrm{e}^{st}\mathrm{d}s \tag{9-6}$$

式(9-6)可将复频域函数 $F(s)$ 变换为时域函数 $f(t)$，称作拉普拉斯反变换，简称拉氏反变换。简写为

$$f(t)=\mathscr{L}^{-1}[F(s)]$$

其中，$f(t)$ 称为 $F(s)$ 的原函数。

【例 9-1】求单位阶跃函数的拉氏变换。

解

$$\mathscr{L}[1(t)]=\int_{0_-}^{\infty}1(t)\mathrm{e}^{-st}\mathrm{d}t=\left.\frac{\mathrm{e}^{-st}}{-s}\right|_{0_-}^{\infty}=\frac{1}{s}$$

【例 9-2】求单位冲激函数的象函数。

解

$$\mathscr{L}[\delta(t)]=\int_{0_-}^{\infty}\delta(t)\mathrm{e}^{-st}\mathrm{d}t=\int_{0_-}^{\infty}\delta(t)\mathrm{d}t=1$$

【例 9-3】求指数函数的象函数。

解

$$f(t)=\mathrm{e}^{\alpha t}1(t)$$

$$F(s)=\int_{0_-}^{\infty}\mathrm{e}^{\alpha t}\mathrm{e}^{-st}\mathrm{d}t=\frac{-1}{s-\alpha}[\mathrm{e}^{-(s-\alpha)t}]_{0}^{\infty}=\frac{1}{s-\alpha}$$

常见函数的象函数见表 9-1。

表 9-1　常见函数的象函数

象函数	原函数	象函数	原函数
$\frac{1}{s}$	$1(t)$	1	$\delta(t)$
$\frac{A}{s}$	$A1(t)$	$\frac{1}{s-\alpha}$	$\mathrm{e}^{\alpha t}1(t)$
s	$\frac{\mathrm{d}\delta(t)}{\mathrm{d}t}$	$\frac{1}{s^2}$	$t1(t)$
$\frac{1}{s^{n+1}}$	$\frac{1}{n!}t^n1(t)$ n 为正整数	$\frac{1}{(s+\alpha)^2}$	$t\mathrm{e}^{-\alpha t}1(t)$
$\frac{1}{(s+\alpha)^{n+1}}$	$\frac{1}{n!}t^n\mathrm{e}^{-\alpha t}1(t)$	$\frac{s}{(s+\alpha)^2}$	$(1-\alpha t)\mathrm{e}^{-\alpha t}1(t)$
$\frac{\omega}{s^2+\omega^2}$	$\sin(\omega t)1(t)$	$\frac{s}{s^2+\omega^2}$	$\cos(\omega t)1(t)$
$\frac{\omega}{(s+\alpha)^2+\omega^2}$	$\mathrm{e}^{-\alpha t}\sin(\omega t)1(t)$	$\frac{(s+\alpha)}{(s+\alpha)^2+\omega^2}$	$\mathrm{e}^{-\alpha t}\cos(\omega t)1(t)$

9.2 拉普拉斯变换的重要性质

拉氏变换有5条重要性质，下面分别予以介绍。

(1) 线性性质

若 $\mathscr{L}[f_1(t)]=F_1(s)$，$\mathscr{L}[f_2(t)]=F_2(s)$，$a$、$b$ 为常数，则

$$\mathscr{L}[af_1(t)\pm bf_2(t)]=aF_1(s)\pm bF_2(s) \tag{9-7}$$

式(9-7)表明，若原函数是某种线性组合，则它们的象函数也是同样的线性组合。线性性质用式(9-4)即可证明。

【例9-4】求正弦函数和余弦函数的象函数。

解 因为

$$\sin(\omega t)=\frac{e^{j\omega t}-e^{-j\omega t}}{2j}$$

$$\cos(\omega t)=\frac{e^{j\omega t}+e^{-j\omega t}}{2}$$

根据例9-3有

$$\mathscr{L}[e^{j\omega t}]=\frac{1}{s-j\omega}$$

$$\mathscr{L}[e^{-j\omega t}]=\frac{1}{s+j\omega}$$

故

$$\mathscr{L}[\sin(\omega t)]=\mathscr{L}\left[\frac{1}{2j}e^{j\omega t}-\frac{1}{2j}e^{-j\omega t}\right]=\frac{1}{2j}\mathscr{L}[e^{j\omega t}]-\frac{1}{2j}\mathscr{L}[e^{-j\omega t}]$$

$$=\frac{1}{2j}\left[\frac{1}{s-j\omega}-\frac{1}{s+j\omega}\right]=\frac{\omega}{s^2+\omega^2}$$

$$\mathscr{L}[\cos(\omega t)]=\mathscr{L}\left[\frac{1}{2}e^{j\omega t}+\frac{1}{2}e^{-j\omega t}\right]=\frac{1}{2}\mathscr{L}[e^{j\omega t}]+\frac{1}{2}\mathscr{L}[e^{-j\omega t}]$$

$$=\frac{1}{2}\left[\frac{1}{s-j\omega}+\frac{1}{s+j\omega}\right]=\frac{s}{s^2+\omega^2}$$

(2) 微分性质

若 $\mathscr{L}[f(t)]=F(s)$，则 $\mathscr{L}\left[\frac{df(t)}{dt}\right]=sF(s)-f(0_-)$。

这说明 $f(t)$ 求导后的拉氏变换等于$f(t)$的象函数 $F(s)$ 乘以 s 再减去初始值 $f(0_-)$。

证明

$$\mathscr{L}\left[\frac{df(t)}{dt}\right]=\int_{0_-}^{\infty}\frac{df(t)}{dt}e^{-st}dt=\int_{0_-}^{\infty}e^{-st}df(t)$$

根据分部积分法，可得

$$\mathscr{L}[f'(t)]=\int_{0_-}^{\infty}e^{-st}df(t)=e^{-st}f(t)\Big|_{0_-}^{\infty}-\int_{0_-}^{\infty}f(t)de^{-st}$$

$$=-f(0_-)+s\int_{0_-}^{\infty}f(t)e^{-st}dt=sF(s)-f(0_-) \tag{9-8}$$

同理

$$\mathscr{L}[f''(t)]=\mathscr{L}\left[\frac{\mathrm{d}f'(t)}{\mathrm{d}t}\right]=s\mathscr{L}[f'(t)]-f'(0_-)$$
$$=s^2F(s)-sf(0_-)-f'(0_-) \tag{9-9}$$

以此类推

$$\mathscr{L}[f^n(t)]=s^nF(s)-s^{n-1}f(0_-)-s^{n-2}f'(0_-)-\cdots-f^{n-1}(0_-) \tag{9-10}$$

【例 9-5】求图 9-1 所示电路中电感电流的冲激响应 $h(t)=?$

解　电路的微分方程为

$$L\frac{\mathrm{d}i_L}{\mathrm{d}t}+Ri_L=\delta(t)$$

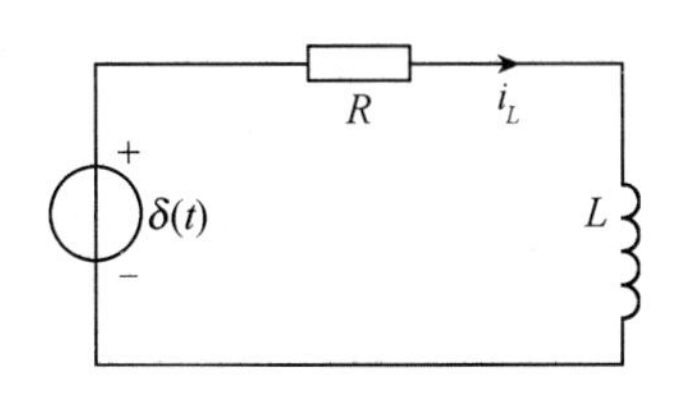

图 9-1　例 9-5 电路图

将微分方程取拉氏变换，有

$$LsI_L(s)-Li_L(0_-)+RI_L(s)=1$$

因 $i_L(0_-)=0$，所以响应的象函数为

$$I_L(s)=\frac{1}{Ls+R}=\frac{1/L}{s+R/L}$$

对 $I_L(s)$ 取拉氏反变换，则冲激响应为

$$h(t)=i_L=\frac{1}{L}\mathrm{e}^{-\frac{R}{L}t}1(t)$$

(3) 积分性质

若 $\mathscr{L}[f(t)]=F(s)$，则 $\mathscr{L}\left[\int_{0_-}^{t}f(\xi)\mathrm{d}\xi\right]=\frac{F(s)}{s}$。

这说明 $f(t)$ 积分的拉氏变换等于 $f(t)$ 的象函数除以 s。

证明　应用微分性质，因为

$$\frac{\mathrm{d}}{\mathrm{d}t}\int_{0_-}^{t}f(\xi)\mathrm{d}\xi=f(t)$$

对上式取拉氏变换

$$\mathscr{L}\left[\frac{\mathrm{d}}{\mathrm{d}t}\int_{0_-}^{t}f(\xi)\mathrm{d}\xi\right]=\mathscr{L}[f(t)]$$

$$s\mathscr{L}\left[\int_{0_-}^{t}f(\xi)\mathrm{d}\xi\right]-\left[\int_{0_-}^{t}f(\xi)\mathrm{d}\xi\right]_{t=0_-}=F(s)$$

因为 $\left[\int_{0_-}^{t}f(\xi)\mathrm{d}\xi\right]_{t=0_-}=0$，所以

$$\mathscr{L}\left[\int_{0_-}^{t}f(\xi)\mathrm{d}\xi\right]=\frac{F(s)}{s} \tag{9-11}$$

【例 9-6】求图 9-2 所示电路中电流 i 的阶跃响应 $s(t)=?$

解　电路微分方程为

$$Ri+\frac{1}{C}\int_{0_-}^{t}i\mathrm{d}\xi=1(t)$$

对上式取拉氏变换，有

$$RI(s)+\frac{1}{C}\cdot\frac{I(s)}{s}=\frac{1}{s}$$

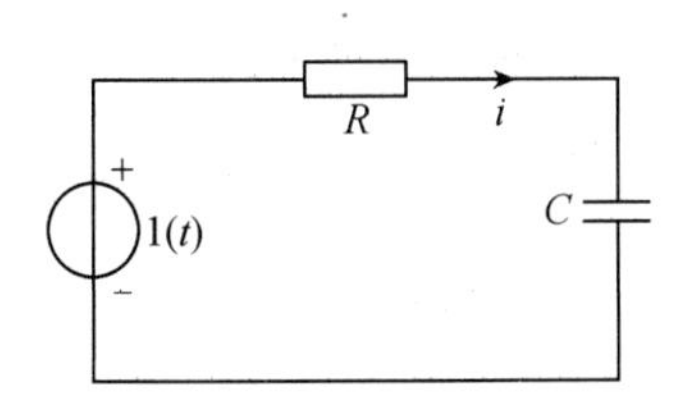

图 9-2　例 9-6 电路图

响应的象函数为

$$I(s)=\frac{C}{RCs+1}=\frac{1/R}{s+1/RC}$$

对 $I(s)$ 取拉氏反变换，则阶跃响应

$$s(t)=i=\frac{1}{R}e^{-\frac{1}{RC}t}1(t)$$

这与时域分析中得到的结果是一样的。

(4) 时域延迟性质

若 $f(t)1(t)$ 的波形如图 9-3a 所示，且 $\mathscr{L}[f(t)1(t)]=F(s)$，此函数延迟 t_0 变成 $f(t-t_0)\cdot 1(t-t_0)$ 的波形如图 9-3b 所示，有

$$\mathscr{L}[f(t-t_0)\cdot 1(t-t_0)]=e^{-st_0}F(s)$$

这说明把 $f(t)$ 延迟 t_0 后，再取拉氏变换的结果就等于 $f(t)$ 的象函数 $F(s)$ 乘以 e^{-st_0}。

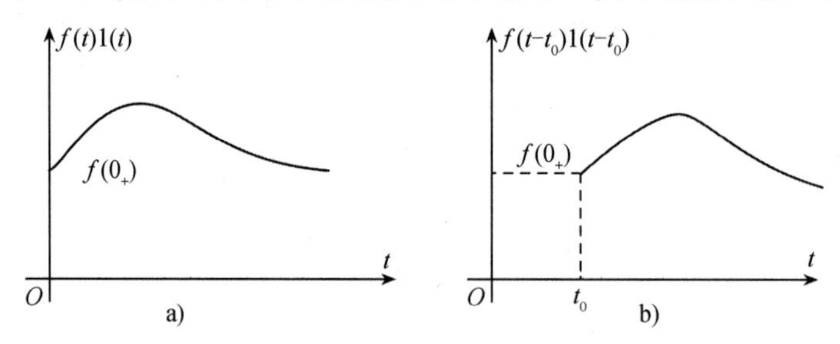

图 9-3 $f(t)$ 及 $f(t)$ 延迟 t_0 的波形

证明

$$\mathscr{L}[f(t-t_0)\cdot 1(t-t_0)]=\int_{0_-}^{\infty}f(t-t_0)\cdot 1(t-t_0)e^{-st}dt=\int_{t_0}^{\infty}f(t-t_0)e^{-st}dt$$

因为 $t<t_0$ 时，$1(t-t_0)=0$，故上式积分下限为 t_{0_-}。设新的自变量 $t'=t-t_0$，则当 $t=\infty$ 时，$t'=\infty$ ；当 $t=t_{0_-}$ 时，$t'=0_-$，则

$$\mathscr{L}[f(t-t_0)\cdot 1(t-t_0)]=\int_{0_-}^{\infty}f(t')e^{-s(t'+t_0)}dt'=e^{-st_0}\int_{0_-}^{\infty}f(t')e^{-st'}dt'=e^{-st_0}F(s)$$

(5) 复频域延迟性质

若 $\mathscr{L}[f(t)]=F(s)$，则 $\mathscr{L}[e^{-at}f(t)]=F(s+a)$。

证明

$$\mathscr{L}[e^{-at}f(t)]=\int_{0_-}^{\infty}e^{-at}f(t)e^{-st}dt=\int_{0_-}^{\infty}f(t)e^{-(s+a)t}dt \tag{9-12}$$

从式(9-12)可以看出，等号右侧只是将拉氏变换定义式(9-4)中的 s 换为 $s+a$，所以

$$\mathscr{L}[e^{-at}f(t)]=F(s+a)$$

【例 9-7】图 9-4a 所示 $f(t)$ 为矩形脉冲，试求其象函数。

解 图 9-4a 所示 $f(t)$ 为矩形脉冲可以分解为如图 9-4b、c 所示的两个阶跃函数的和，即

$$f(t)=f_1(t)+f_2(t)=1(t)-1(t-t_0)$$

将上式取拉氏变换，得

$$F(s)=\frac{1}{s}-\frac{1}{s}e^{-st_0}=\frac{1}{s}(1-e^{-st_0})$$

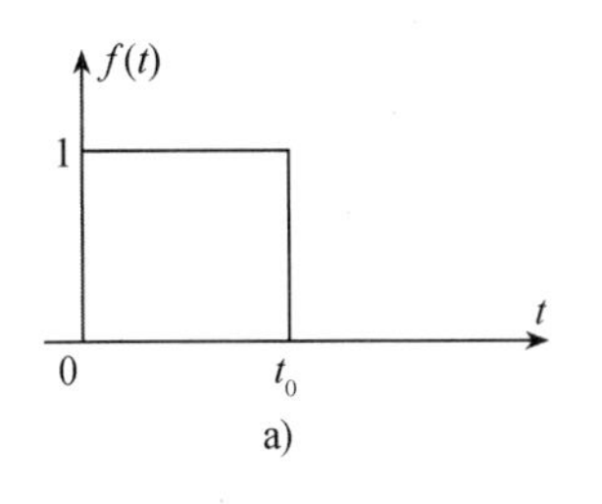

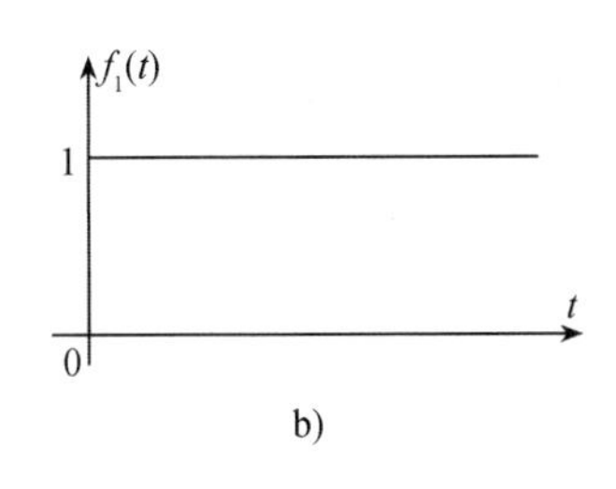

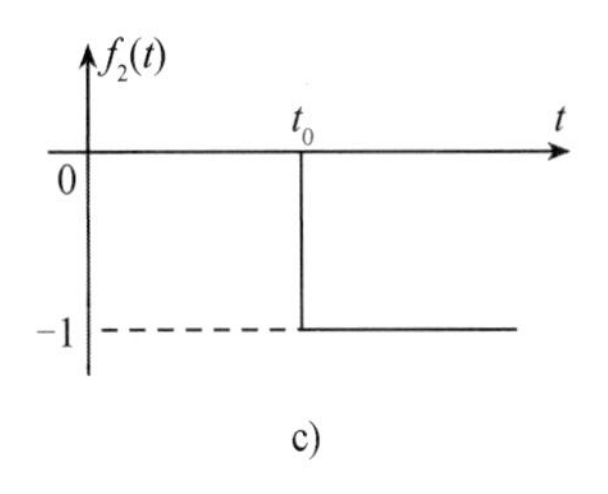

图 9-4　例 9-7 图

9.3　用于求解拉普拉斯反变换的部分分式展开法

从例 9-5、例 9-6 可见，应用拉氏变换分析线性动态网络的暂态过程为：首先对微分方程取拉氏变换，把时域微分方程转换为复频域代数方程，然后求解复频域代数方程，求出响应的象函数，最后经拉氏反变换，求出响应的时域函数。

求拉氏反变换可根据式(9-6)进行，但因该式是复变函数的积分，一般不易直接求解；亦可查表 9-1 求拉氏反变换，但多数象函数不能直接从表上查到。在集总参数电路中，响应的象函数往往是 s 的有理分式，若将其展开成部分分式的形式，就能比较容易地求出其原函数了，这种方法叫作部分分式展开法。

设象函数 $F(s)$ 为

$$F(s)=\frac{F_1(s)}{F_2(s)}=\frac{a_m s^m+a_{m-1}s^{m-1}+\cdots+a_0}{b_n s^n+b_{n-1}s^{n-1}+\cdots+b_0} \tag{9-13}$$

上式中 $F_1(s)$ 、$F_2(s)$都是 s 的实系数多项式，当 $F_2(s)=0$ 的根的性质不同时，$F(s)$的展开式亦不同，下面分别进行讨论。

1. 象函数是真分式($m<n$)

$F_2(s)=0$ 只含单根，$F(s)$ 可展开成简单的部分分式之和

$$F(s)=\frac{K_1}{s-s_1}+\frac{K_2}{s-s_2}+\cdots+\frac{K_n}{s-s_n} \tag{9-14}$$

式中，K_1，K_2，…，K_n 为待定系数，它们可按下述方法确定

$$F(s)(s-s_1)=K_1+\left(\frac{K_2}{s-s_2}+\cdots+\frac{K_n}{s-s_n}\right)(s-s_1)$$

令 $s=s_1$，则

$$K_1=[F(s)(s-s_1)]_{s=s_1}$$

同理

$$K_2=[F(s)(s-s_2)]_{s=s_2}$$

$$\vdots$$

$$K_n=[F(s)(s-s_n)]_{s=s_n}$$

所以

$$K_i=[F(s)(s-s_i)]_{s=s_i}(i=1,\ 2,\ \cdots,\ n) \tag{9-15}$$

则

$$f(t)=\mathscr{L}^{-1}[F(s)]$$
$$=(K_1e^{s_1t}+K_2e^{s_2t}+\cdots+K_ne^{s_nt})1(t)$$
$$=\left(\sum_{i=1}^{n}K_ie^{s_it}\right)1(t)$$

确定待定系数还可用另一公式，因为

$$K_i=[F(s)(s-s_i)]_{s=s_i}=\left[\frac{F_1(s)}{F_2(s)}(s-s_i)\right]_{s=s_i}=\frac{0}{0}$$

为了求出 K_i，需用洛必达法则，即

$$K_i=\lim_{s\to s_i}\left[\frac{F_1(s)}{F_2(s)}(s-s_i)\right]$$
$$=\lim_{s\to s_i}\frac{F_1(s)+F_1'(s)(s-s_i)}{F_2'(s)}=\frac{F_1(s_i)}{F_2'(s_i)} \tag{9-16}$$

则

$$f(t)=\mathscr{L}^{-1}[F(s)]=\left[\sum_{i=1}^{n}\frac{F_1(s_i)}{F_2'(s_i)}e^{s_it}\right]1(t) \tag{9-17}$$

【例 9-8】求 $F(s)=\dfrac{2s+3}{s^2+5s+6}$ 的原函数 $f(t)$。

解 $s^2+5s+6=0$ 的根，$s_1=-2$，$s_2=-3$，故

$$F(s)=\frac{2s+3}{s^2+5s+6}=\frac{K_1}{s+2}+\frac{K_2}{s+3}$$
$$K_1=\left[\frac{2s+3}{(s+2)(s+3)}(s+2)\right]_{s=-2}=-1$$
$$K_2=\left[\frac{2s+3}{(s+2)(s+3)}(s+3)\right]_{s=-3}=3$$
$$F(s)=\frac{-1}{s+2}+\frac{3}{s+3}$$
$$f(t)=\mathscr{L}^{-1}[F(s)]=-e^{-2t}+3e^{-3t}(t\geqslant 0)$$

或用式(9-16)求系数

$$F_2'(s)=2s+5$$
$$K_1=\left.\frac{F_1(s)}{F_2'(s)}\right|_{s=s_1}=\left.\frac{2s+3}{2s+5}\right|_{s=-2}=-1$$
$$K_2=\left.\frac{F_1(s)}{F_2'(s)}\right|_{s=s_2}=\left.\frac{2s+3}{2s+5}\right|_{s=-3}=3$$

【例 9-9】已知 $F(s)=\dfrac{s}{s^2+2s+5}$，求原函数。

解 $s^2+2s+5=0$ 的根 $s_{1,2}=-1\pm j2$。

$$K_1=\left[\frac{s}{s+1+j2}\right]_{s=-1+j2}=\frac{-1+j2}{j4}=\frac{1}{4}(2+j)$$
$$=0.5+j0.25=0.559\angle 26.6°$$

$$K_2 = \left[\frac{s}{s+1-\mathrm{j}2}\right]_{s=-1-\mathrm{j}2} = \frac{-1-\mathrm{j}2}{-\mathrm{j}4} = \frac{1}{4}(2-\mathrm{j})$$
$$= 0.5 - \mathrm{j}0.25 = 0.559\angle -26.6°$$

所以

$$F(s) = \frac{0.559\angle 26.6°}{s+1-\mathrm{j}2} + \frac{0.559\angle 26.6°}{s+1+\mathrm{j}2}$$

反变换后有

$$f(t) = 0.559\angle 26.6°\mathrm{e}^{(-1+\mathrm{j}2)t} + 0.559\angle -26.6°\mathrm{e}^{(-1-\mathrm{j}2)t}$$
$$= 0.559\mathrm{e}^{\mathrm{j}26.6°}\mathrm{e}^{(-1+\mathrm{j}2)t} + 0.559\mathrm{e}^{-\mathrm{j}26.6°}\mathrm{e}^{(-1-\mathrm{j}2)t}$$
$$= 0.559\mathrm{e}^{-t}\mathrm{e}^{\mathrm{j}(2t+26.6°)} + 0.559\mathrm{e}^{-t}\mathrm{e}^{-\mathrm{j}(2t+26.6°)}$$
$$= 0.559\mathrm{e}^{-t}[\cos(2t+26.6°) + \mathrm{j}\sin(2t+26.6°)]$$
$$+ 0.559\mathrm{e}^{-t}[\cos(2t+26.6°) - \mathrm{j}\sin(2t+26.6°)]$$
$$= 2\times 0.559\mathrm{e}^{-t}\cos(2t+26.6°)$$

或者

$$F(s) = \frac{1}{4}\left[\frac{2+\mathrm{j}}{s+1-\mathrm{j}2} + \frac{2-\mathrm{j}}{s+1+\mathrm{j}2}\right]$$
$$f(t) = \frac{1}{4}[(2+\mathrm{j})\mathrm{e}^{(-1+\mathrm{j}2)t} + (2-\mathrm{j})\mathrm{e}^{(-1-\mathrm{j}2)t}]$$
$$= \frac{1}{4}[(2+\mathrm{j})\mathrm{e}^{-t}(\cos(2t) + \mathrm{j}\sin(2t))$$
$$+ (2-\mathrm{j})\mathrm{e}^{-t}(\cos(2t) - \mathrm{j}\sin(2t))]$$
$$= \frac{1}{4}\mathrm{e}^{-t}(4\cos(2t) - 2\sin(2t))$$
$$= \frac{1}{2}\mathrm{e}^{-t}(2\cos(2t) - \sin(2t))$$
$$= \frac{\sqrt{5}}{2}\mathrm{e}^{-t}(\cos(2t)\cos 26.6° - \sin(2t)\sin 26.6°)$$
$$= 2\times 0.559\mathrm{e}^{-t}\cos(2t+26.6°)$$

还可将 $F(s)$ 的分母配成二项式的平方，即

$$F(s) = \frac{s}{s^2+2s+5} = \frac{s}{s^2+2s+1+4} = \frac{s}{(s+1)^2+2^2}$$
$$= \frac{s+1}{(s+1)^2+2^2} - \frac{1}{2}\cdot\frac{2}{(s+1)^2+2^2}$$

查表 9-1 可得

$$f(t) = \mathrm{e}^{-t}\cos(2t) - \frac{1}{2}\mathrm{e}^{-t}\sin(2t)$$
$$= \frac{1}{2}\mathrm{e}^{-t}(2\cos(2t) - \sin(2t))$$
$$= 2\times 0.559\mathrm{e}^{-t}\cos(2t+26.6°)$$

从例 9-9 可以看出：$F_2(s)=0$ 有复根时，必然是成对的共轭复根，这是因为 $F_2(s)$ 的系数都是实数的缘故。共轭复根所对应的待定系数也是共轭复数，因此只计算一个系数就可

以了。若共轭复根之一 $s_1=\alpha+\mathrm{j}\beta$，与其对应的待定系数为 $|K_1|\angle\theta_1$，则与这部分象函数对应的原函数为

$$f(t)=2|K_1|\mathrm{e}^{\alpha t}\cos(\beta t+\theta_1)$$

【例 9-10】已知 $F(s)=\dfrac{s+1}{s^3+2s^2+2s}$，求原函数。

解 已知函数可分解为

$$F(s)=\frac{s+1}{s(s^2+2s+2)}=\frac{s+1}{s(s+1-\mathrm{j})(s+1+\mathrm{j})}$$
$$=\frac{K_0}{s}+\frac{K_1}{s+1-\mathrm{j}}+\frac{K_2}{s+1+\mathrm{j}}$$

$$K_0=\left[\frac{s+1}{s^2+2s+2}\right]_{s=0}=0.5$$

$$K_1=\left[\frac{s+1}{s(s+1+\mathrm{j})}\right]_{s=-1+\mathrm{j}}=\frac{\mathrm{j}}{(-1+\mathrm{j})(2\mathrm{j})}=0.354\angle-135^\circ$$

$$K_2=0.354\angle135^\circ$$

所以

$$f(t)=0.5+2\times0.354\mathrm{e}^{-t}\cos(t-135^\circ)$$
$$=0.5+0.708\mathrm{e}^{-t}\cos(t-135^\circ)$$

如果 $F_2(s)=0$ 的根包含重根，部分分式将有所不同。设象函数

$$F(s)=\frac{F_1(s)}{F_2(s)}=\frac{F_1(s)}{(s-s_1)(s-s_2)^n}$$

则部分分式为

$$F(s)=\frac{K_1}{s-s_1}+\frac{K_{21}}{s-s_2}+\frac{K_{22}}{(s-s_2)^2}+\cdots+\frac{K_{2n}}{(s-s_2)^n}\tag{9-18}$$

K_1 的求法与单根时相同，即

$$K_1=[F(s)(s-s_1)]_{s=s_1}$$

为了求出 K_{2n}，…，K_{21}，可将式(9-18)两边同乘以 $(s-s_2)^n$，有

$$F(s)(s-s_2)^n=\frac{K_1}{s-s_1}(s-s_2)^n+\frac{K_{21}}{s-s_2}(s-s_2)^n+\frac{K_{22}}{(s-s_2)^2}(s-s_2)^n+\cdots+\frac{K_{2n}}{(s-s_2)^n}(s-s_2)^n$$
$$=\frac{K_1}{s-s_1}(s-s_2)^n+K_{21}(s-s_2)^{n-1}+K_{22}(s-s_2)^{n-2}+\cdots+K_{2n}\tag{9-19}$$

令 $s=s_2$，可得

$$K_{2n}=[F(s)(s-s_2)^n]_{s=s_2}$$

如果求 $K_{2(n-1)}$，可将式(9-19)两边对 s 求导，再令 $s=s_2$，得

$$K_{2(n-1)}=\left\{\frac{\mathrm{d}}{\mathrm{d}s}[F(s)(s-s_2)^n]\right\}_{s=s_2}\tag{9-20}$$

同理

$$K_{2(n-2)}=\frac{1}{2!}\left\{\frac{\mathrm{d}^2}{\mathrm{d}s^2}[F(s)(s-s_2)^n]\right\}_{s=s_2}\tag{9-21}$$

…

$$K_{21}=\frac{1}{(n-1)!}\left\{\frac{\mathrm{d}^{n-1}}{\mathrm{d}s^{n-1}}[F(s)(s-s_2)^n]\right\}_{s=s_2} \tag{9-22}$$

则原函数为

$$f(t)=\mathscr{L}^{-1}\left[\frac{K_1}{s-s_1}+\frac{K_{21}}{s-s_2}+\frac{K_{22}}{(s-s_2)^2}+\cdots+\frac{K_{2n}}{(s-s_2)^n}\right]$$
$$=\left\{K_1\mathrm{e}^{s_1t}+\left[K_{21}+K_{22}t+\cdots+\frac{1}{(n-2)!}K_{2(n-1)}t^{n-2}+\frac{1}{(n-1)!}K_{2n}t^{n-1}\right]\mathrm{e}^{s_2t}\right\}1(t) \tag{9-23}$$

【例 9-11】已知 $F(s)=\dfrac{s+8}{s(s+2)^2}$，求原函数。

解　已知函数可分解为

$$F(s)=\frac{K_1}{s}+\frac{K_{21}}{s+2}+\frac{K_{22}}{(s+2)^2}$$

$$K_1=\left[\frac{s+8}{(s+2)^2}\right]_{s=0}=2$$

$$K_{22}=[F(s)(s-s_2)^2]_{s=s_2}=\left.\frac{s+8}{s}\right|_{s=-2}=-3$$

$$K_{21}=\left\{\frac{\mathrm{d}}{\mathrm{d}s}[F(s)(s-s_2)^2]\right\}_{s=s_2}=\frac{\mathrm{d}}{\mathrm{d}s}\left(\frac{s+8}{s}\right)_{s=-2}=\left.\frac{s-(s+8)}{s^2}\right|_{s=-2}=-2$$

所以

$$F(s)=\frac{2}{s}+\frac{-2}{s+2}+\frac{-3}{(s+2)^2}$$

原函数为

$$f(t)=2\cdot1(t)-2\mathrm{e}^{-2t}1(t)-3t\mathrm{e}^{-3t}1(t)$$
$$=[2-(2+3t)\mathrm{e}^{-2t}]1(t)$$

2. 象函数不是真分式（$m\geqslant n$）

这时，需将式(9-13)中的 $F_1(s)$ 除以 $F_2(s)$，把 $F(s)$ 写成一个 s 的多项式与一个余式的和，再将余式展开成部分分式，最后求出原函数。

【例 9-12】$F(s)=\dfrac{s^3+7s^2+18s+15}{s^2+5s+6}$，求其原函数。

解　$F_1(s)$ 除以 $F_2(s)$ 得

$$F(s)=s+2+\frac{2s+3}{s^2+5s+6}$$

查表 9-1，并利用例 9-8 的结果，则

$$f(t)=\delta'(t)+2\delta(t)-\mathrm{e}^{-2t}+3\mathrm{e}^{-3t}\ (t\geqslant0_-)$$

因 $f(t)$ 式中含有 $\delta'(t)$、$\delta(t)$，函数的定义域应为（$t\geqslant0_-$）。

9.4　两类约束的复频域形式

在例 9-5 的求解过程中，首先要列出电路的微分方程，然后用拉氏变换方法得到复频域代数方程进行求解。如果能从电路图直接列出复频域的代数方程，将使计算进一步简化。这就需要从时域形式的两类约束推导出复频域形式的两类约束，并在此基础上建立电路的复频

域模型。

1. 复频域形式的元件特性及电路模型

(1) 电阻元件

电阻元件时域的伏安关系 $u(t)=Ri(t)$，参考方向如图 9-5a 所示。

对时域伏安关系的等式两边取拉氏变换，有

$$\mathscr{L}[u(t)]=\mathscr{L}[Ri(t)]$$

$$U(s)=RI(s) \tag{9-24}$$

式(9-24)是电阻元件伏安关系的复频域形式，相应的复频域电路模型如图 9-5b 所示。

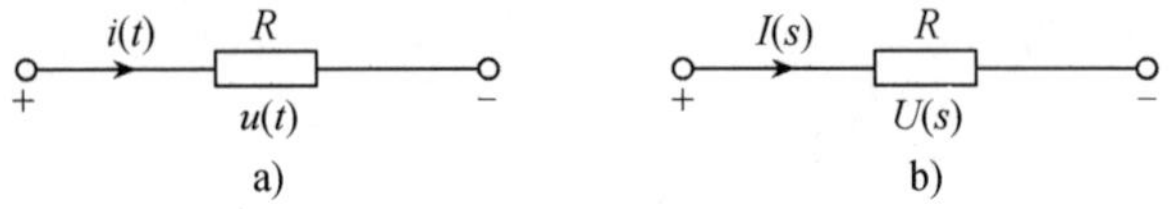

图 9-5 电阻的时域、复频域电路模型

(2) 电感元件

电感元件的时域伏安关系 $u_L(t)=L\dfrac{\mathrm{d}i_L(t)}{\mathrm{d}t}$，参考方向如图 9-6a 所示。

对时域伏安关系等式两边取拉氏变换，得

$$U_L(s)=L[sI_L(s)-i_L(0_-)]=sLI_L(s)-Li_L(0_-) \tag{9-25}$$

或

$$I_L(s)=\frac{1}{sL}U_L(s)+\frac{i_L(0_-)}{s} \tag{9-26}$$

式(9-25)和式(9-26)是电感元件伏安关系的复频域形式，相应的复频域电路模型如图 9-6b、c 所示。

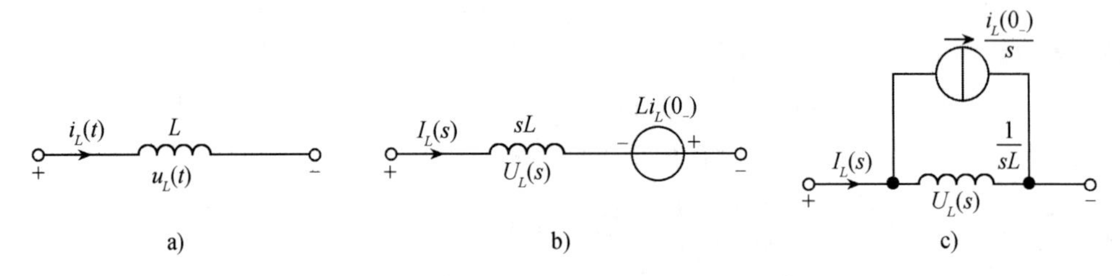

图 9-6 电感的时域、复频域电路模型

sL 称为复频域感抗(也称运算感抗)，$\dfrac{1}{sL}$ 称为复频域感纳(也称运算感纳)。

$Li_L(0_-)$ 是由初始状态确定的附加电压源，应当注意的是它的参考方向与电感中初始电流的参考方向相反，$\dfrac{i_L(0_-)}{s}$ 是由初始状态确定的附加电流源，它的参考方向与电感中初始电流的参考方向相同。

(3) 电容元件

电容元件的时域伏安关系 $i_C(t)=C\dfrac{\mathrm{d}u_C(t)}{\mathrm{d}t}$，参考方向如图 9-7a 所示。

对时域伏安关系等式两边取拉氏变换，得

$$I_C(s) = sCU_C(s) - Cu_C(0_-) \tag{9-27}$$

或

$$U_C(s) = \frac{1}{sC}I_C(s) + \frac{u_C(0_-)}{s} \tag{9-28}$$

式(9-27)和式(9-28)是电容元件伏安关系的复频域形式，相应的复频域电路模型如图9-7b、c所示。

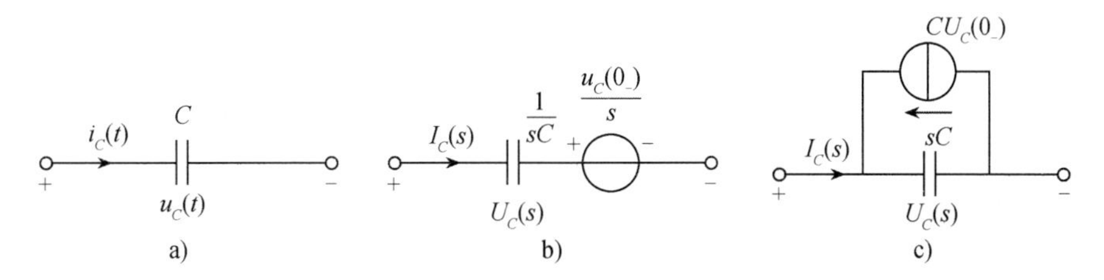

图9-7　电容的时域、复频域电路模型

sC 称为复频域容纳(也称运算容纳)，$\frac{1}{sC}$称为复频域容抗(也称运算容抗)。

$Cu_C(0_-)$ 是由初始状态确定的附加电流源，必须注意的是它的参考方向与电容上初始电压的参考方向相反。$\frac{u_C(0_-)}{s}$ 是由初始状态确定的附加电压源，它的参考方向与电容上初始电压的参考方向相同。

2. 复频域形式的基尔霍夫定律

时域形式的基尔霍夫定律是

$$\sum i(t) = 0$$
$$\sum u(t) = 0 \tag{9-29}$$

根据拉氏变换的线性性质，对上式取拉氏变换，则有

$$\sum I(s) = 0$$
$$\sum U(s) = 0 \tag{9-30}$$

式(9-30)就是基尔霍夫定律的复频域形式。

3. 复频域形式的欧姆定律

图9-8a所示RLC串联电路时域模型，$t=0$ 时电路与电源 $u(t)$ 接通，若电感中的初始电流为 $i_L(0_-)$，电容上的初始电压为 $u_C(0_-)$，我们可以画出如图9-8b所示的复频域电路模型，该电路模型也称运算电路。

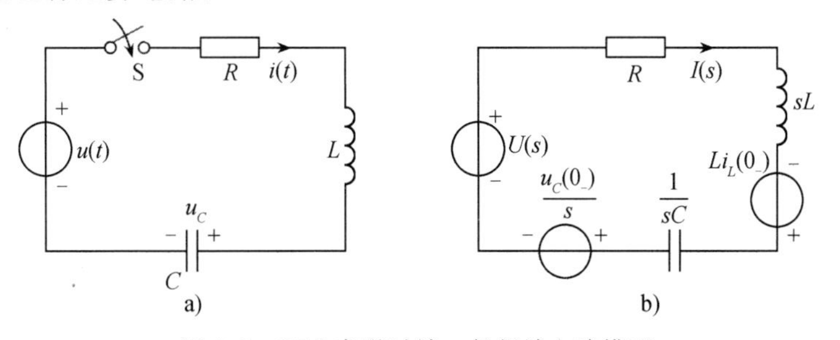

图9-8　RLC串联时域、复频域电路模型

根据 $\sum U(s)=0$

$$RI(s)+sLI(s)-Li_L(0_-)+\frac{1}{sC}I(s)+\frac{u_C(0_-)}{s}-U(s)=0$$

经运算得

$$I(s)=\frac{U(s)+Li_L(0_-)-\dfrac{u_C(0_-)}{s}}{R+sL+\dfrac{1}{sC}}=\frac{U(s)+Li_L(0_-)-\dfrac{u_C(0_-)}{s}}{Z(s)} \tag{9-31}$$

式中，$Z(s)=R+sL+\dfrac{1}{sC}$ 称为 RLC 串联电路的复频域阻抗，也称为运算阻抗，它与正弦稳态电路中复阻抗 $Z(\mathrm{j}\omega)=R+\mathrm{j}\omega L+\dfrac{1}{\mathrm{j}\omega C}$ 相似。

若电路是零状态，则

$$I(s)=\frac{U(s)}{Z(s)}=\frac{1}{Z(s)}U(s)=Y(s)U(s) \tag{9-32}$$

式中，$Y(s)$ 称为复频域导纳，也称为运算导纳。

$U(s)=Z(s)I(s)$ 称为复频域形式的欧姆定律。

9.5 应用复频域分析法求解动态电路

从复频域的电路模型出发，选用分析稳态电路的各种方法，求出动态电路响应的象函数，经拉氏反变换，求出响应的原函数，这就是复频域分析法。其具体步骤是：

1）由换路前的电路计算其初始状态 $u_C(0_-)$、$i_L(0_-)$，确定附加电源，并对激励取拉氏变换，画出换路后的复领域电路模型（运算电路）；

2）运用适当的分析方法求出响应的象函数；

3）对响应的象函数取拉氏反变换求得响应的原函数。

【例 9-13】电路如图 9-9a 所示，已知 $R=1\Omega$，$L=0.2\mathrm{H}$，$C=0.5\mathrm{F}$，$U_\mathrm{S}=10\mathrm{V}$，换路前电路稳态，$t=0$ 时闭合开关，求 $t\geq 0$ 时的 $i_1(t)$。

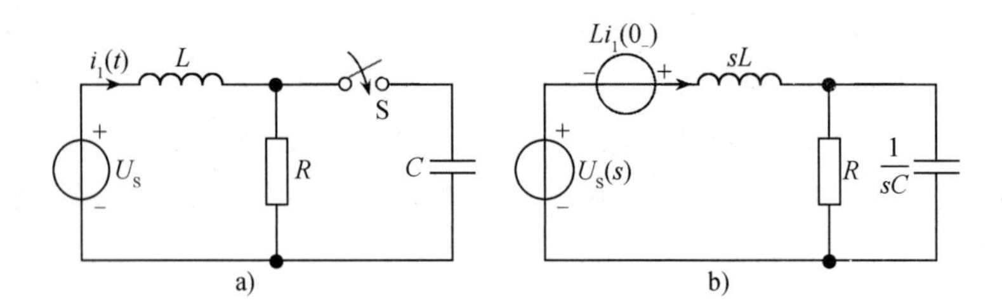

图 9-9 例 9-13 图

解 电感中电流的初始值

$$i_L(0_-)=\frac{U_\mathrm{S}}{R}=10\mathrm{A}$$

电容电压的初始值

$$u_C(0_-)=0\mathrm{V}$$

电源电压 U_s的象函数

$$U_s(s)=\mathscr{L}[10]=\frac{10}{s}$$

复频域电路模型（运算电路）如图 9-9b 所示。

该电路的输入运算阻抗

$$Z(s)=sL+\frac{R\cdot\frac{1}{sC}}{R+\frac{1}{sC}}=\frac{0.1s^2+0.2s+1}{0.5s+1}$$

所以

$$I_1(s)=\frac{U_s(s)+Li_1(0_-)}{Z(s)}=\frac{\frac{10}{s}+0.2\times10}{\frac{0.1s^2+0.2s+1}{0.5s+1}}$$

$$=\frac{10(s^2+7s+10)}{s(s^2+2s+10)}=\frac{F_1(s)}{F_2(s)}$$

令 $F_2(s)=0$，有 $s_1=0$，$s_{2,3}=-1\pm \mathrm{j}3$，因此

$$I_L(s)=\frac{K_1}{s}+\frac{K_2}{s-s_2}+\frac{K_3}{s-s_3}$$

$$K_1=\left.\frac{10(s^2+7s+10)}{s^2+2s+10}\right|_{s=0}=10$$

$$K_2=\left.\frac{10(s^2+7s+10)}{s(s+1+\mathrm{j}3)}\right|_{s=-1+\mathrm{j}3}=\frac{10[(-1+\mathrm{j}3)^2+7(-1+\mathrm{j}3)+10]}{(-1+\mathrm{j}3)\times\mathrm{j}6}$$

$$=\frac{10(-5+\mathrm{j}15)}{-18-\mathrm{j}6}=8.33\angle-90^\circ$$

$$K_3=8.33\angle+90^\circ$$

所以

$$i_1(t)=10+2\times8.33\mathrm{e}^{-t}\cos(3t-90^\circ)=10+16.7\mathrm{e}^{-t}\sin 3t\ \mathrm{A}\qquad(t\geqslant0)$$

【例 9-14】求图 9-10a 所示电路的响应 $u_C(t)$。已知 $R=1\Omega$，$L=1\mathrm{H}$，$C=0.5\mathrm{F}$，$i_s(t)=\delta(t)\mathrm{A}$，初始条件 $u_C(0_-)=2\mathrm{V}$，$i_L(0_-)=1\mathrm{A}$。

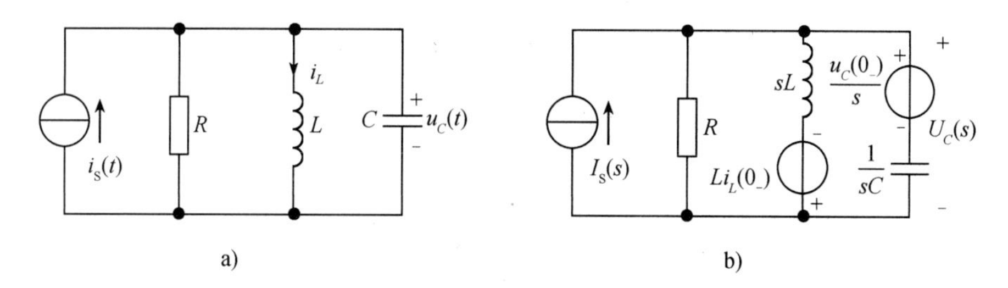

图 9-10　例 9-14 图

解

$$I_s(s)=\mathscr{L}[\delta(t)]=1$$

复频域电路模型如图 9-10b 所示，用节点电压法求响应的象函数

$$U_C(s)=\frac{I_s(s)-\frac{1}{sL}Li_L(0_-)+sC\frac{u_C(0_-)}{s}}{\frac{1}{R}+\frac{1}{sL}+sC}$$

将数值代入并化简，得

$$U_C(s)=\frac{1-\frac{1}{s}+1}{1+\frac{1}{s}+0.5s}=\frac{4s-2}{s^2+2s+2}=\frac{4(s+1)}{(s+1)^2+1}-\frac{6}{(s+1)^2+1}$$

所以

$$\begin{aligned}u_C(t)&=4e^{-t}\cos t-6e^{-t}\sin t\\&=7.21e^{-t}\cos(t+56.3°)\text{V}\qquad(t\geqslant 0)\end{aligned}$$

【例 9-15】电路如图 9-11a 所示，已知 $U=120\text{V}$，$R_1=15\Omega$，$L=1\text{H}$，$R=25\Omega$，$C=1000\mu\text{F}$，换路前电路稳态，$t=0$ 时闭合开关，求 $t\geqslant 0$ 时的 $i_L(t)$。

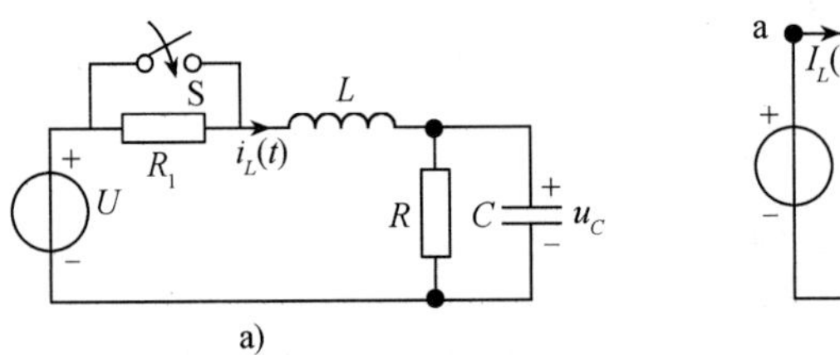

b)

图 9-11 例 9-15 图

解

$$i_L(0_-)=\frac{120}{15+25}=3\text{A}$$

$$u_C(0_-)=120\times\frac{25}{15+25}=75\text{V}$$

$$U(s)=\mathscr{L}[120]=\frac{120}{s}$$

得运算电路如图 9-11b 所示。用回路电流法求解电路。

$$\begin{cases}(R+sL)I_1(s)-RI_2(s)=U(s)+Li_L(0_-)\\-RI_1(s)+\left(R+\frac{1}{sC}\right)I_2(s)=-\frac{u_C(0_-)}{s}\end{cases}$$

代入数值，有

$$\begin{cases}(25+s)I_1(s)-25I_2(s)=\frac{120}{s}+3\\-25I_1(s)+\left(25+\frac{1000}{s}\right)I_2(s)=-\frac{75}{s}\end{cases}$$

解得

$$I_1(s)=I_L(s)=\frac{\begin{vmatrix}\frac{120}{s}+3 & -25\\ \frac{-75}{s} & 25+\frac{1000}{s}\end{vmatrix}}{\begin{vmatrix}25+s & -25\\ -25 & 25+\frac{1000}{s}\end{vmatrix}}=\frac{3s^2+165s+4800}{s^3+40s^2+1000s}$$

$$=\frac{K_1}{s}+\frac{K_2}{s+20-\mathrm{j}24.5}+\frac{K_3}{s+20+\mathrm{j}24.5}$$

$$K_1=\left[\frac{F_1(s)}{F_2'(s)}\right]_{s=0}=4.8$$

$$K_2=\left[\frac{F_1(s)}{F_2'(s)}\right]_{s=-20+\mathrm{j}24.5}=\left[\frac{3s^2+165s+4800}{3s^2+80s+1000}\right]_{s=-20+\mathrm{j}24.5}=0.918\angle-168^\circ$$

$$K_3=0.918\angle168^\circ$$

故

$$i_L(t)=4.8+1.84\mathrm{e}^{-20t}\cos(24.5t-168^\circ)\,\mathrm{A}\qquad(t\geqslant0)$$

本题还可用戴维南定理求解。

如图 9-12a 所示，将电感元件从 a、b 处断开。首先，求开路电压的象函数 $U_{oc}(s)$

$$U_{oc}(s)=U(s)-R\frac{\frac{u_C(0_-)}{s}}{R+\frac{1}{sC}}=\frac{120}{s}-25\times\frac{75}{25s+1000}$$

然后，按图 9-12b 求出复频域的等效内阻抗 $Z_0(s)$

$$Z_0(s)=\frac{\frac{R}{sC}}{R+\frac{1}{sC}}=\frac{\frac{25\times1000}{s}}{25+\frac{1000}{s}}=\frac{1000}{s+40}$$

最后，根据图 9-12c 求响应的象函数

$$I_L(s)=\frac{U_{oc}(s)+Li_1(0_-)}{Z_0(s)+sL}=\frac{\frac{120}{s}-\frac{75}{s+40}+3}{\frac{1000}{s+40}+s}=\frac{3s^2+165s+4800}{s^3+40s^2+1000s}$$

$I_L(s)$取拉氏反变换同前。

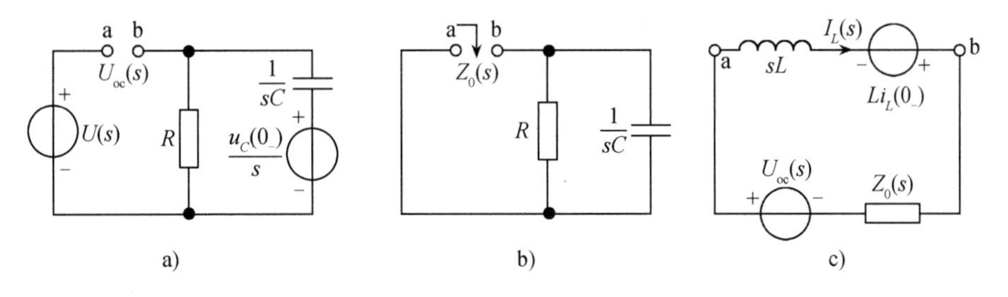

图 9-12　用戴维南定理求解图 9-11b

【例 9-16】图 9-13a 所示电路，激励为斜坡函数 $u_S(t)=at1(t)$，加在控制电机的激磁绕组上，试求激磁电流 $i_L(t)$。

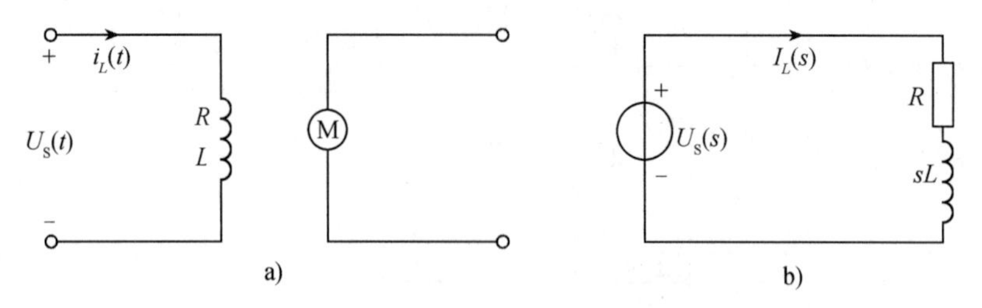

图 9-13 例 9-16 图

解 因 $i_L(0_-)=0$，$U_S(s)=\mathscr{L}[at1(t)]=\dfrac{a}{s^2}$，得到复频域电路模型如图 9-13b 所示，响应的象函数为

$$I_L(s)=\frac{U_S(s)}{R+sL}=\frac{a/s^2}{R+sL}=\frac{a/L}{s^2(s+R/L)}$$

$$=\frac{K_1}{s+R/L}+\frac{K_{21}}{s}+\frac{K_{22}}{s^2}$$

$$K_1=\frac{a/L}{s^2}\bigg|_{s=-R/L}=\frac{a/L}{(R/L)^2}=\frac{aL}{R^2}$$

$$K_{22}=\frac{a/L}{s+R/L}\bigg|_{s=0}=\frac{a}{R}$$

$$K_{21}=\frac{\mathrm{d}}{\mathrm{d}s}\left(\frac{a/L}{s+R/L}\right)_{s=0}=\frac{-a/L}{(s+R/L)^2}\bigg|_{s=0}=\frac{-aL}{R^2}$$

故得响应的原函数为

$$i_L(t)=\left(\frac{aL}{R^2}\mathrm{e}^{-\frac{R}{L}t}-\frac{aL}{R^2}+\frac{a}{R}t\right)1(t)$$

$$=\frac{a}{R}\left(\frac{L}{R}\mathrm{e}^{-\frac{R}{L}t}-\frac{L}{R}+t\right)1(t)$$

【例 9-17】在图 9-14a 电路中，开关 S 原是闭合的，电路已经稳定。$t=0$ 时将开关拉开，求$t\geqslant0$时的 $i_L(t)$，$u_{L1}(t)$，$u_{L2}(t)$。

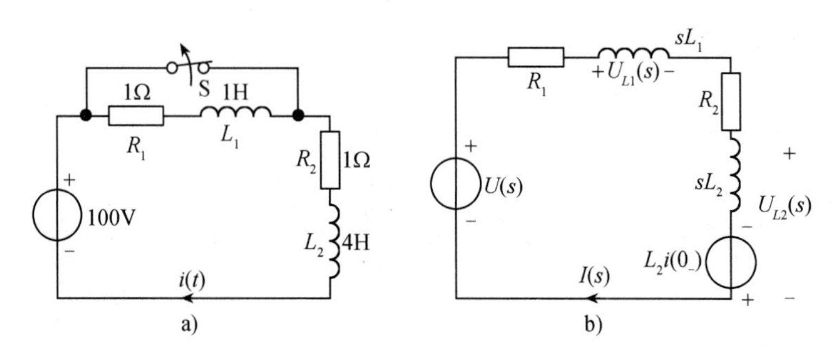

图 9-14 例 9-17 图

解　L_1 中电流初始值为零，L_2 中电流初始值 $i(0_-)=100\text{A}$，$U(s)=\mathscr{L}[100]=\dfrac{100}{s}$，复频域电路模型如图 9-14b 所示。故有

$$I(s)=\frac{U(s)+L_2 i(0_-)}{R_1+R_2+sL_1+sL_2}=\frac{400s+100}{s(5s+2)}=\frac{20\ (4s+1)}{s(s+0.4)}$$

$$=\frac{K_1}{s}+\frac{K_2}{s+0.4}$$

$$K_1=\left.\frac{20(4s+1)}{s+0.4}\right|_{s=0}=50$$

$$K_2=\left.\frac{20(4s+1)}{s}\right|_{s=-0.4}=30$$

故

$$I(s)=\frac{50}{s}+\frac{30}{s+0.4}$$

所以

$$i(t)=(50+30\mathrm{e}^{-0.4t})\text{A}\qquad(t\geqslant 0)$$

$$U_{L1}(s)=sL_1 I(s)=50+\frac{30s}{s+0.4}=80-\frac{12}{s+0.4}$$

$$u_{L1}(t)=[80\delta(t)-12\mathrm{e}^{-0.4t}]\text{V}\quad(t\geqslant 0_-)$$

$$U_{L2}(s)=sL_2 I(s)-L_2 i(0_-)=200+\frac{120s}{s+0.4}-400$$

$$=-200+120-\frac{48}{s+0.4}=-80-\frac{48}{s+0.4}$$

$$u_{L2}(t)=[-80\delta(t)-48\mathrm{e}^{-0.4t}]\text{V}\qquad(t\geqslant 0_-)$$

从对上面例题的分析计算中，可以看到：

1）复频域分析法用附加电源表示初始状态，不必像时域分析法那样由初始条件确定待定常数，避免了复杂运算，特别是分析发生跃变的电路尤为方便；

2）从时域电路图变换为复频域电路模型就是将时域微分方程的关系变成复频域代数方程的关系，因此正确画出运算电路至关重要；

3）在运用稳态电路的各种分析方法求响应的象函数时要注意选择正确的方法，最好是能够直接求出响应的象函数；

4）时域分析法中，若激励是冲激函数、指数函数、斜坡函数，求响应是比较麻烦的，但用复频域分析法，不管激励是周期、非周期、连续或不连续的信号，只要能求得激励的象函数，后面的分析计算就都容易进行。

9.6　网络函数及其应用

9.6.1　网络函数的定义

在单一独立电源激励下，电路零状态响应的象函数 $R(s)$ 与激励象函数 $E(s)$ 之比，称作网络函数，用 $H(s)$ 表示，即

$$H(s)=\frac{R(s)}{E(s)} \tag{9-33}$$

按激励和响应所在端口不同，网络函数有6种不同形式。如果激励和响应是在同一端口，这种网络函数称为策动点函数；若激励和响应是在不同端口，这种网络函数就称为转移函数。图9-15a、b所示为两种策动点函数——输入导纳 $Y_i(s)$ 和输入阻抗 $Z_i(s)$，而图9-15c ~ f 为四种转移函数——电压转移函数 $K_u(s)$ 、电流转移函数 $K_i(s)$ 、转移导纳 $Y_t(s)$ 、转移阻抗 $Z_t(s)$ 。

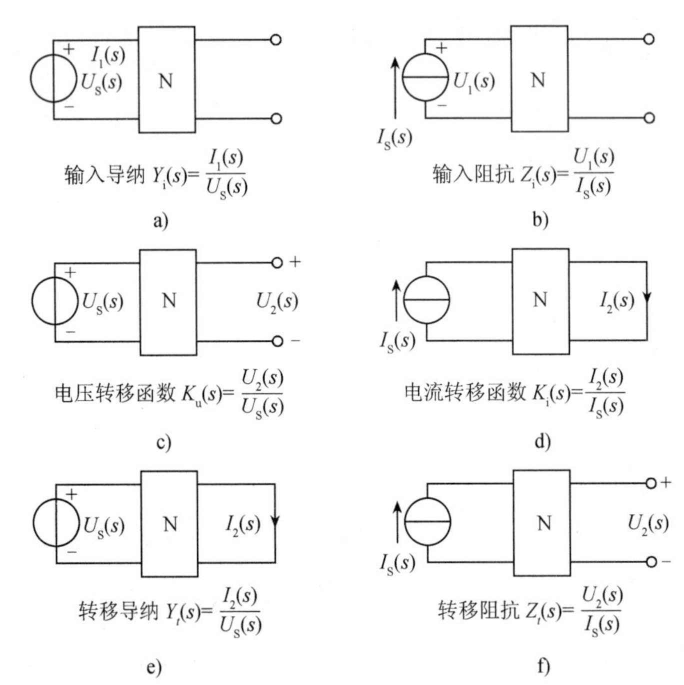

图9-15 网络函数的6种形式

对于正弦稳态网络，把响应和激励之比称为正弦稳态网络的网络函数。它与复频域网络的网络函数类似，分别为策动点函数：输入导纳 $Y_i(j\omega)$ 和输入阻抗 $Z_i(j\omega)$ ；转移函数：电压转移函数$K_u(j\omega)$、电流转移函数 $K_i(j\omega)$、转移导纳 $Y_t(j\omega)$ 和转移阻抗 $Z_t(j\omega)$。

如图9-16所示的 *RLC* 组成的T形网络，当输出端短路时，在复频域中，输入阻抗为

$$Z_i(s)=sL+\frac{R/sC}{R+1/sC}=sL+\frac{R}{sRC+1}$$

而在正弦稳态网络中，输入阻抗为

$$Z_i(j\omega)=j\omega L+\frac{R/j\omega C}{R+1/j\omega C}=j\omega L+\frac{R}{j\omega RC+1}$$

不难看出，将某种复频域网络函数中的 s 用 $j\omega$ 替换就得到了同种正弦稳态网络的网络函数，反之亦然。

求电阻网络的网络特性、正弦稳态网络和复频域网络的网络函数都是运用线性网络的各种分析方法去寻求响应和激励之间的关系。

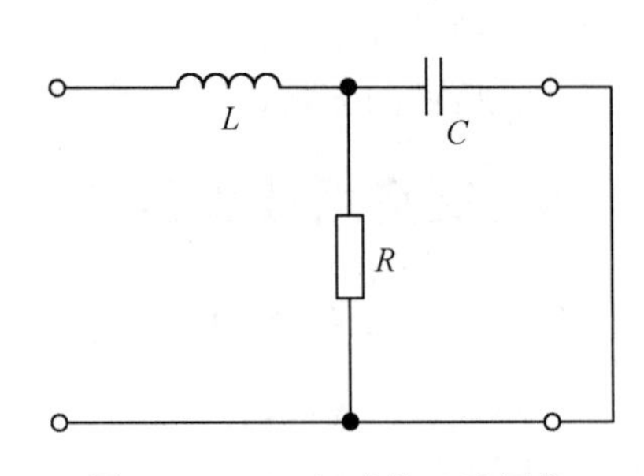

图9-16 *RLC* 组成的T形网络

【例9-18】如图9-17所示的低通滤波器电路，若激励

是 $e(t)$，响应是 $i_1(t)$，$u_2(t)$。试求其网络函数。

解　零状态复频域电路模型如图 9-18 所示。当响应象函数是 $I_1(s)$时，网络函数是策动点函数输入导纳

$$H(s)=Y_i(s)=\frac{1}{Z_i(s)}=\left(R_1+sL+\frac{R_2/sC}{R_2+1/sC}\right)^{-1}$$

$$=\frac{1}{\dfrac{s^2R_2LC+s(R_1R_2C+L)+(R_1+R_2)}{sR_2C+1}}$$

$$=\frac{sR_2C+1}{s^2R_2LC+s(R_1R_2C+L)+(R_1+R_2)}$$

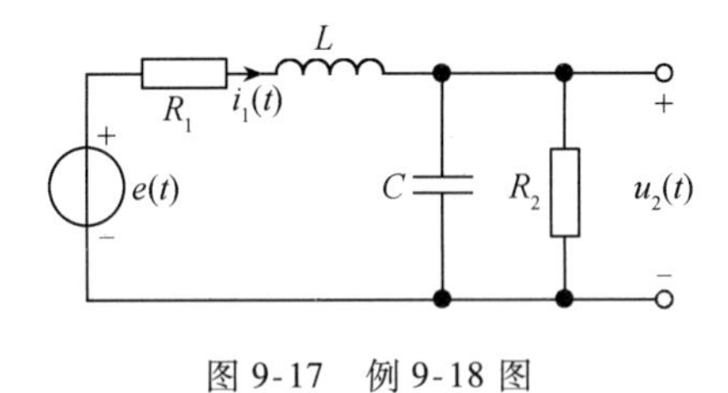

图 9-17　例 9-18 图

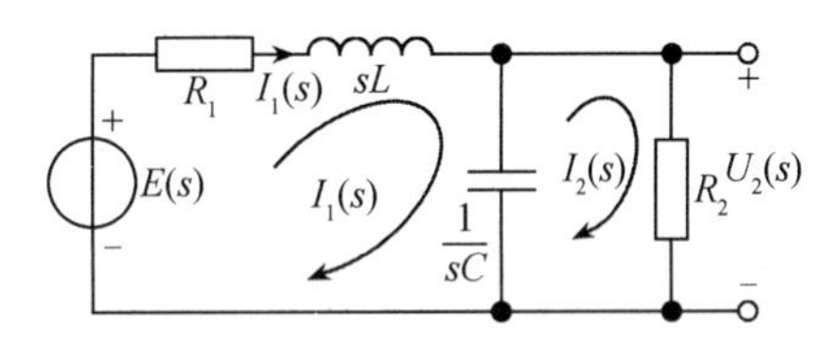

图 9-18　例 9-18 的复频域电路模型

当响应是象函数 $U_2(s)$时，网络函数是转移电压函数，因 $U_2(s)=R_2I_2(s)$，故先用回路法求 $I_2(s)$

$$\begin{cases}(R_1+sL+\dfrac{1}{sC})I_1(s)-\dfrac{1}{sC}I_2(s)=E(s)\\[2mm]-\dfrac{1}{sC}I_1(s)+\left(R_2+\dfrac{1}{sC}\right)I_2(s)=0\end{cases}$$

解得

$$I_2(s)=\frac{E(s)}{s^2LCR_2+s(R_1R_2C+L)+(R_1+R_2)}$$

所以

$$H(s)=K_u(s)=\frac{U_2(s)}{E(s)}=\frac{R_2I_2(s)}{E(s)}$$

$$=\frac{R_2}{s^2LCR_2+s(R_1R_2C+L)+(R_1+R_2)}$$

线性非时变网络的网络函数是 s 的实系数有理分式，它取决于网络的结构和元件参数，而与激励无关，所以，可以用网络函数来说明网络的动态特性。

若网络的激励是 $\delta(t)$，其零状态响应是单位冲激响应，用 $h(t)$表示。网络函数为

$$H(s)=\frac{R(s)}{E(s)}=\frac{\mathscr{L}[h(t)]}{\mathscr{L}[\delta(t)]}=\mathscr{L}[h(t)] \tag{9-34}$$

也就是说，单位冲激响应的象函数等于网络函数，或者

$$h(t)=\mathscr{L}^{-1}[H(s)] \tag{9-35}$$

网络函数的原函数等于冲激响应。总之，单位冲激响应和网络函数构成拉氏变换对。这个重要关系告诉我们，网络函数和单位冲激响应都可以用来说明网络的动态特性。式(9-35)还提供了求冲激响应的另一种方法。

9.6.2 卷积定理

在4.7节中曾证明，线性动态网络对任意激励 $e(t)$ 所产生的零状态响应 $r(t)$ 等于激励 $e(t)$ 与网络冲激响应 $h(t)$ 的卷积，即

$$r(t) = \int_0^t e(\lambda)h(t-\lambda)\mathrm{d}\lambda = e(t) * h(t)$$

若 $\mathscr{L}[r(t)] = R(s)$，$\mathscr{L}[e(t)] = E(s)$，$\mathscr{L}[h(t)] = H(s)$，对上式求拉氏变换，有

$$R(s) = \mathscr{L}[\int_0^t e(\lambda)h(t-\lambda)\mathrm{d}\lambda] = \mathscr{L}[e(t) * h(t)] \tag{9-36}$$

根据式(9-33)有

$$R(s) = E(s)H(s)$$

所以

$$R(s) = \mathscr{L}[\int_0^t e(\lambda)h(t-\lambda)\mathrm{d}\lambda] = E(s)H(s) \tag{9-37}$$

式(9-37)称作卷积定理，它也可以写成下面的形式

$$r(t) = \int_0^t e(\lambda)h(t-\lambda)\mathrm{d}\lambda = \mathscr{L}^{-1}[E(s)H(s)] \tag{9-38}$$

这是拉氏变换又一个重要性质。从数学方面看，它表明两个时域函数卷积的拉氏变换等于这两个函数象函数的乘积。从电路理论上讲，激励 $e(t)$ 与单位冲激响应 $h(t)$ 卷积的象函数等于激励象函数 $E(s)$ 与网络函数 $H(s)$ 的乘积。

卷积定理把时域分析和复频域分析联系起来了，可以用它来计算线性动态网络的零状态响应。显然，就网络动态分析来看，应用卷积定理求任意激励下的零状态响应的分析过程与用网络函数定义，即 $R(s) = E(s)H(s)$ 来计算，是一样的。

【例9-19】图9-17所示的低通滤波器中，已知：$R_1 = 1\Omega$，$R_2 = 2\Omega$，$L = 0.1\mathrm{H}$，$C = 0.5\mathrm{F}$，若激励 $e(t)$ 分别为 $\delta(t)$、$1(t)$、$\mathrm{e}^{-2t}1(t)$，试求零状态响应 $u_2(t)$。

解 根据 $R(s) = H(s)E(s)$，可知

$$r(t) = \mathscr{L}^{-1}[R(s)] = \mathscr{L}^{-1}[H(s)E(s)]$$

上式给出了求任意激励下零状态响应的方法，我们可以从求网络函数入手，然后分别求3种激励对应的零状态响应 $u_2(t)$。由例9-18知

$$H(s) = \frac{R_2}{s^2LCR_2 + s(R_1R_2C + L) + (R_1 + R_2)} = \frac{2}{0.1s^2 + 1.1s + 3}$$

$$= \frac{20}{s^2 + 11s + 30} = \frac{20}{(s+5)(s+6)}$$

1）若激励 $e(t) = \delta(t)$，则

$$u_2(t) = h(t) = \mathscr{L}^{-1}[H(s)]$$

$$H(s) = \frac{20}{(s+5)(s+6)} = \frac{K_1}{s+5} + \frac{K_2}{s+6}$$

$$K_1 = \left[\frac{20}{(s+5)(s+6)}(s+5)\right]_{s=-5} = 20$$

$$K_2 = \left[\frac{20}{(s+5)(s+6)}(s+6)\right]_{s=-6} = -20$$

所以

$$u_2(t)=\mathscr{L}^{-1}[H(s)]=20(e^{-5t}-e^{-6t})1(t)$$

2）若激励 $e(t)=1(t)$，$E(s)=\dfrac{1}{s}$，则

$$u_2(t)=s(t)=\mathscr{L}^{-1}[H(s)E(s)]=\mathscr{L}^{-1}\left[\frac{20}{s(s+5)(s+6)}\right]=\mathscr{L}^{-1}\left[\frac{K_3}{s}+\frac{K_4}{s+5}+\frac{K_5}{s+6}\right]$$

$$K_3=\left(\frac{20}{(s+5)(s+6)}\right)_{s=0}=\frac{2}{3}=0.667$$

$$K_4=\left(\frac{20}{s(s+6)}\right)_{s=-5}=-4$$

$$K_5=\left(\frac{20}{s(s+5)}\right)_{s=-6}=\frac{10}{3}=3.33$$

故

$$u_2(t)=(0.667-4e^{-5t}+3.33e^{-6t})1(t)$$

3）若激励 $e(t)=e^{-2t}1(t)$，$E(s)=\dfrac{1}{s+2}$，则

$$u_2(t)=r(t)=\mathscr{L}^{-1}[H(s)E(s)]=\mathscr{L}^{-1}\left[\frac{20}{(s+2)(s+5)(s+6)}\right]$$

$$=\mathscr{L}^{-1}\left[\frac{K_6}{s+2}+\frac{K_7}{s+5}+\frac{K_8}{s+6}\right]$$

不难求出，$K_6=1.67$，$K_7=-6.67$，$K_8=5$，故

$$u_2(t)=(1.67e^{-2t}-6.67e^{-5t}+5e^{-6t})1(t)$$

可见，已知网络函数就可以求出单位冲激响应，据 $r(t)=\mathscr{L}^{-1}[H(s)E(s)]$ 便可以求出任意激励下的零状态响应，较之于时域分析法，卷积分析法有明显的优点。

9.6.3　网络函数零极点与动态特性关系

基于拉普拉斯变换的复频域分析法，提高了我们分析和计算网络动态过程的能力，为我们提供了认识网络性质和进行网络综合的有效方法。网络分析和研究的重要工具就是网络函数，在自动控制原理中称为传递函数。

网络函数的零极点分布与网络的动态特性关系密切。

在线性非时变网络中，$H(s)$ 是 s 的实系数有理分式，可以写作

$$H(s)=\frac{N(s)}{D(s)}=\frac{a_ms^m+a_{m-1}s^{m-1}+\cdots+a_1s+a_0}{b_ns^n+b_{n-1}s^{n-1}+\cdots+b_1s+b_0}$$
$$=\frac{H_0(s-Z_1)(s-Z_2)\cdots(s-Z_m)}{(s-s_1)(s-s_2)\cdots(s-s_n)} \tag{9-39}$$

式中，$H_0=\dfrac{a_m}{b_n}$ 是一实常数。Z_1，Z_2，…，Z_m是 $N(s)=0$ 的根，当 $s=Z_k(k=1,2,\cdots,m)$ 时，$H(s)=0$，故称 Z_1，Z_2，…，Z_m 为网络函数的零点，在复数平面上用“0”表示，s_1，s_2，…，s_n是 $D(s)=0$ 的根，当 $s=s_i(i=1,2,\cdots,n)$ 时，$H(s)$ 为无穷大，故称 s_1，s_2，…，s_n为网络函数的极点，在复数平面上用“×”表示。零点、极点可能是实数、虚数与

复数。如果网络函数仅有单极点，则

$$H(s) = \frac{K_1}{s - s_1} + \frac{K_2}{s - s_2} + \cdots + \frac{K_n}{s - s_n} = \sum_{i=1}^{n} \frac{K_i}{s - s_i}$$

单位冲激响应为

$$h(t) = K_1 e^{s_1 t} + K_2 e^{s_2 t} + \cdots + K_n e^{s_n t} = \sum_{i=1}^{n} K_i e^{s_i t}$$

可见，网络函数的极点决定了单位冲激响应的形式，而单位冲激响应可以说明网络的动态特性，所以用网络函数极点或用单位冲激响应来说明网络的动态特性所得的结论是相同的。回顾时域分析方法，例如 RLC 串联的零状态电路受直流电压源 U_S 的激励，以 u_C 为变量的微分方程是

$$LC\frac{d^2 u_C}{dt^2} + RC\frac{du_C}{vt} + u_C = U_S$$

微分方程的特征方程是

$$LCp^2 + RCp + 1 = 0 \tag{9-40}$$

对微分方程两边取拉氏变换，有

$$LCs^2 U_C(s) + RCsU_C(s) + U_C(s) = U_S(s)$$

网络函数为

$$H(s) = \frac{U_C(s)}{U_S(s)} = \frac{1}{LCs^2 + RCs + 1} \tag{9-41}$$

比较式(9-40)和式(9-41)，可以看出：网络函数的极点和特征方程的根是一致的。

网络函数的极点在复数平面上的位置不同，则网络的动态特性不同。当极点 $s_1 = 0$，如图 9-19a 所示，单位冲激响应包含常数项；当 $s_2 = \sigma_2 < 0$，如图 9-19b 所示，单位冲激响应为单调衰减函数；当 $s_{3,4} = \sigma_3 \pm j\omega_3(\sigma_3 < 0)$，如图 9-19c 所示，单位冲激响应为衰减振荡形

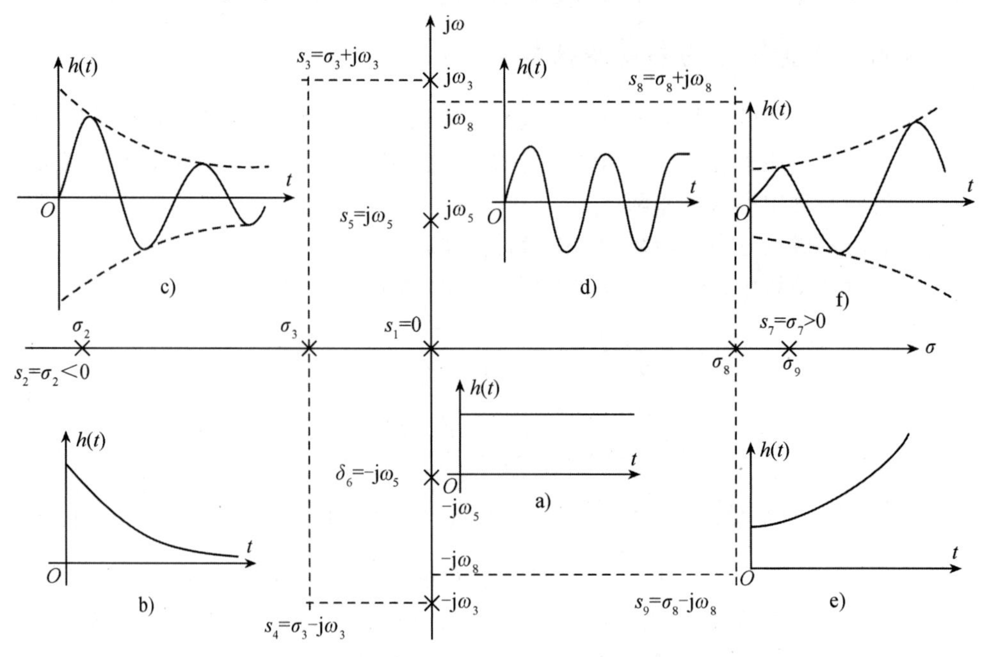

图 9-19 极点分布和单位冲激响应之间的关系

式；若 $s_{5,6}=\pm j\omega_5$，如图9-19d所示，单位冲激响应则是等幅振荡的。网络函数极点分布在复平面左半部或虚轴上，即 $\sigma\leqslant0$，当时间 t 趋于无穷大时，单位冲激响应或是有限值或趋于零，这样的网络是稳定的；若网络函数的极点分布在复平面的右半部，即 $\sigma>0$，单位冲激响应为单调增长或增幅振荡形式，如图9-19e、f所示，当 t 趋于无穷大时，单位冲激响应将是无限值，这种网络是不稳定的。

【例9-20】图9-20所示电路含理想运算放大器，已知 $u_S(t)=2\times1(t)$V，试求电压转移函数 $H(s)=\dfrac{U_2(s)}{U_S(s)}$，并在复平面上绘出其零、极点图。

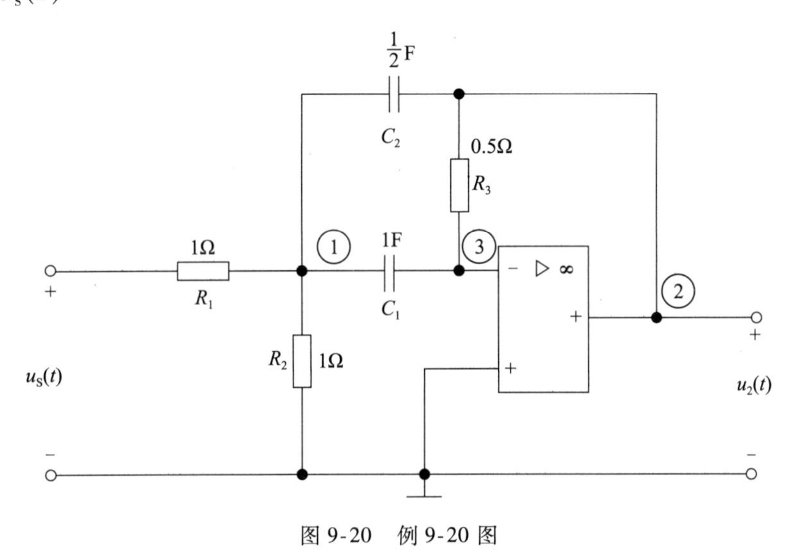

图9-20　例9-20图

解　对节点①、③分别列节点电压方程

$$\left(\frac{1}{R_1}+\frac{1}{R_2}+sC_1+sC_2\right)U_1(s)-sC_1U_3(s)-sC_2U_2(s)=\frac{U_S(s)}{R_1}$$

$$-sC_1U_1(s)+\left(sC_1+\frac{1}{R_3}\right)U_3(s)-\frac{1}{R_3}U_2(s)=0$$

根据理想运算放大器的性质有

$$U_3(s)=0$$

解得

$$U_2(s)=\frac{-\dfrac{C_1}{R_1}sU_S(s)}{s^2C_1C_2+s\dfrac{(C_1+C_2)}{R_3}+\left(\dfrac{1}{R_1}+\dfrac{1}{R_2}\right)\dfrac{1}{R_3}}$$

代入已知参数

$$H(s)=\frac{U_2(s)}{U_S(s)}=\frac{-2s}{s^2+6s+8}$$

该网络函数有1个零点，$z_1=0$；有2个极点，$p_1=-2$，$p_2=-4$，其零、极点图如图9-21所示。

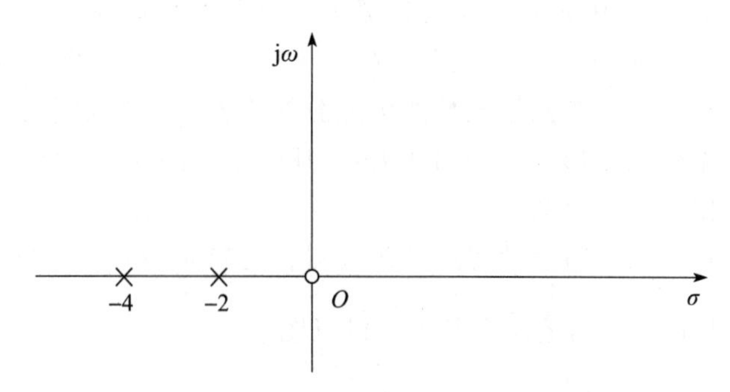

图 9-21　例 9-20 的零、极点图

习题九

9-1 求下列函数的象函数。

(1) $2e^{-3(t-1)}1(t-1)$　　(2) $e^{-3t}\sin(2t)1(t)$　　(3) $\delta(t-5)$

(4) 题 9-1 图 a 中的 $f(t)$　　(5) 题 9-1 图 b 中的 $f(t)$

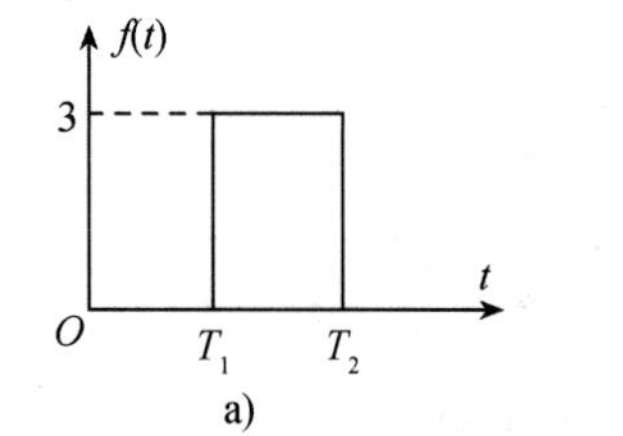

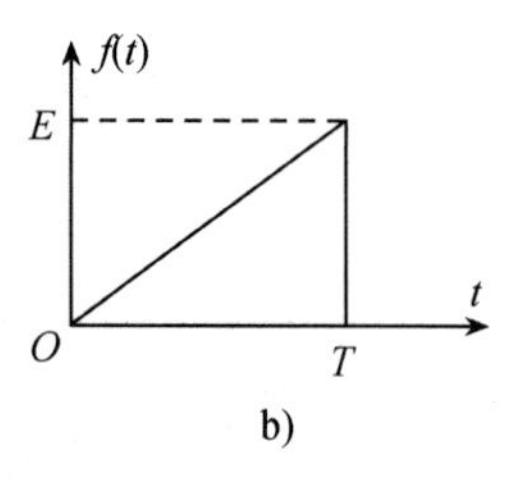

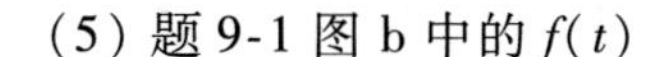

题 9-1 图

9-2 求下列函数的原函数。

(1) $\dfrac{10}{3s^2+15s+18}$　　(2) $\dfrac{2s+1}{s(3s^2+4s+1)}$　　(3) $\dfrac{3s^2+9s+5}{(s+3)(s^2+2s+2)}$

(4) $\dfrac{1}{(s+1)(s+2)^2}$　　(5) $\dfrac{s^2+1}{s(s+1)}$

9-3 题 9-3 图中 $R_1=R_2=10\Omega$，$C_1=C_2=C_3=100\mu F$，$u_{C1}(0_-)=100V$，$u_{C2}(0_-)=30V$，$u_{C3}(0_-)=50V$，在 $t=0$ 时两开关同时合上，求 $i_1(t)$ 和 $i_2(t)$。

9-4 题 9-4 图中的电路在 $t=0$ 时合上开关 S，用节点法求 $i(t)$。

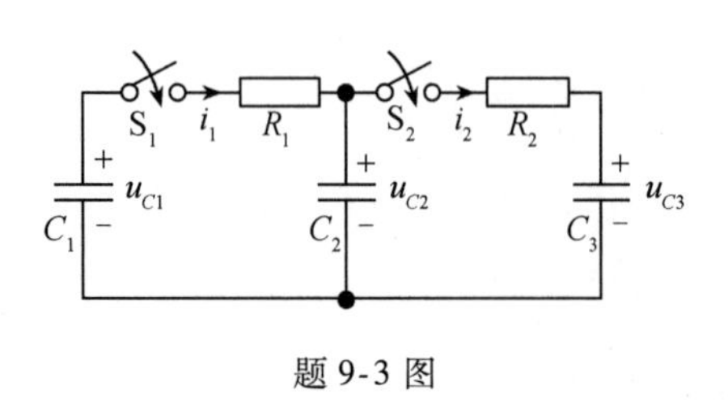

题 9-3 图

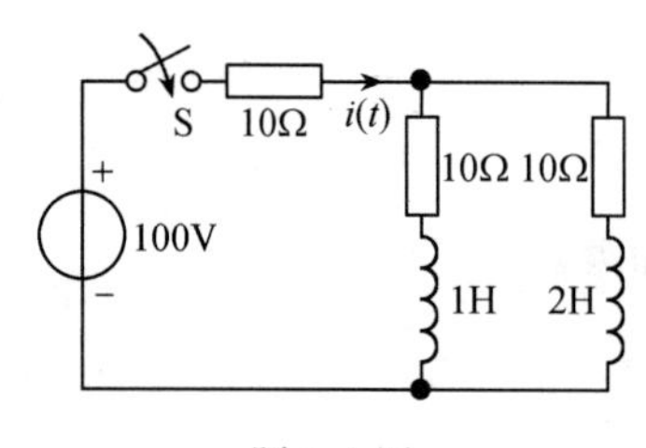

题 9-4 图

9-5 在题 9-5 图所示零状态电路中，已知 $e(t)=0.1e^{-5t}V$，$R_1=1\Omega$，$R_2=2\Omega$，$L=0.1H$，$C=0.5F$，$t=0$时合上开关。求 $t\geqslant0$ 时的 $i_2(t)$。

9-6 在题9-6图所示电路中，当 $R=4\Omega$，$L=0.2\text{H}$ 的电磁铁式继电器线圈中的电流达到 20A 时可将电路断开，若 $R_1=1\Omega$，$R_L=20\Omega$，$U=200\text{V}$，问负载 R_L 短路后，需经多少时间继电器才能动作。

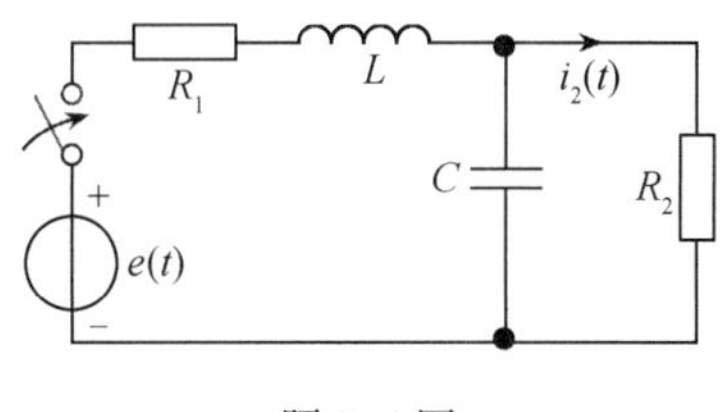

题9-5图

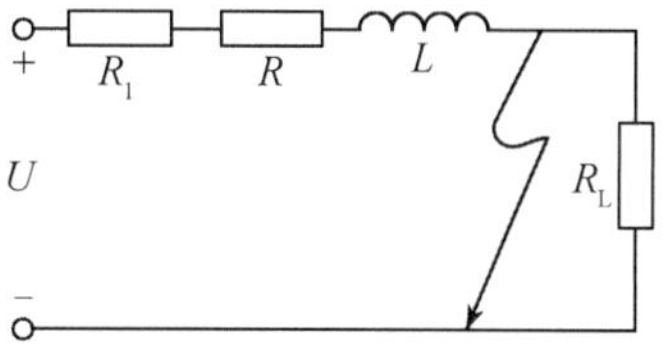

题9-6图

9-7 电路如题9-7图所示，开关S原先是打开的，电路已稳定。已知 $E=200\text{V}$，$L=0.1\text{H}$，$R=20\Omega$，$C=1000\mu\text{F}$，电容器上原已充电100V，极性如图所示。在 $t=0$ 时将开关S闭合，求 $t\geqslant0$ 时的电感电流 i_L。

9-8 求题9-8图电路中的 i_1。

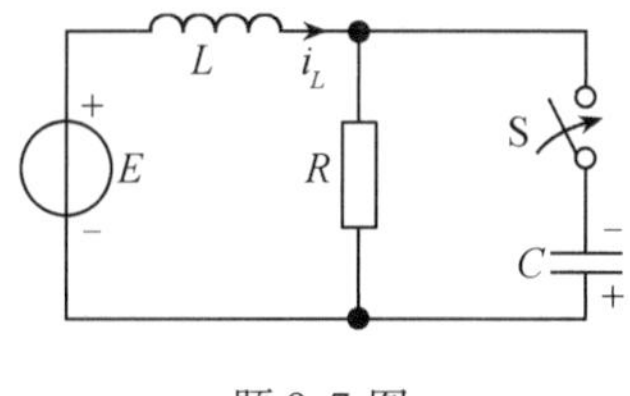

题9-7图

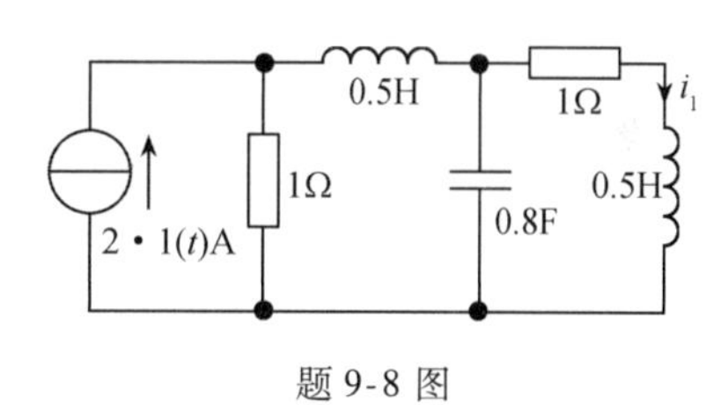

题9-8图

9-9 求题9-9图电路中的 u_C。

9-10 在题9-10图电路中，已知 $i_L(0_-)=2\text{A}$，$u_S(t)=12\text{e}^{-t}1(t)\text{V}$，$R_1=3\Omega$，$R_2=6\Omega$，$L=4\text{H}$，求 i_L。

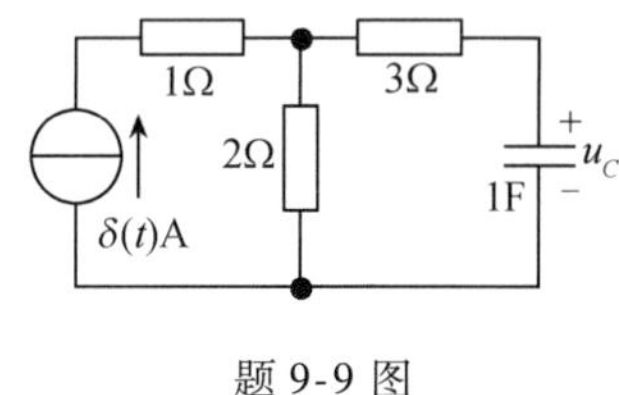

题9-9图

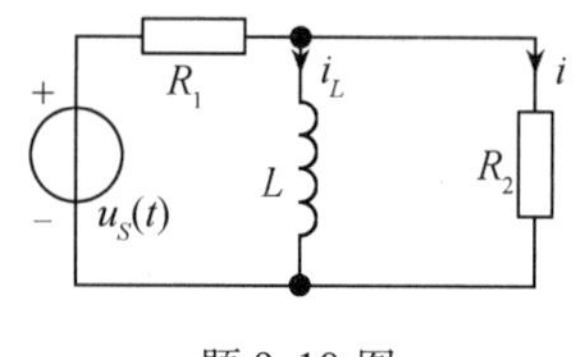

题9-10图

9-11 题9-11图电路原已稳定，$t=0$ 时开关闭合，求开关S闭合后的各支路电流。

9-12 题9-12图电路中，$L_1=1\text{H}$，$L_2=4\text{H}$，$M=2\text{H}$，$R_1=R_2=1\Omega$，$E=1\text{V}$，电感中原无磁场能量，$t=0$ 时合上开关S，用复频域分析法求开关闭合后的 i_1、i_2。

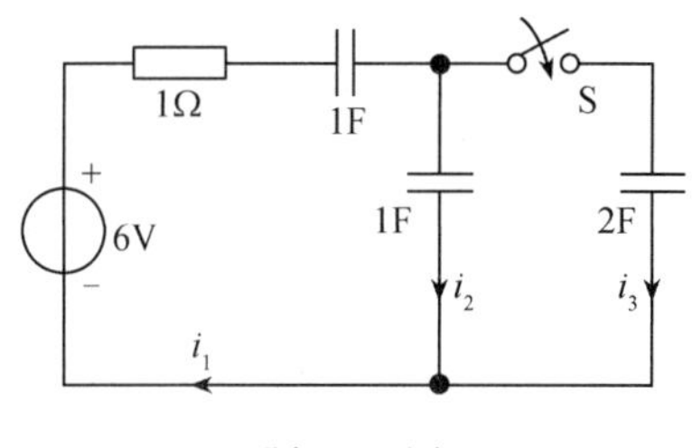

题9-11图

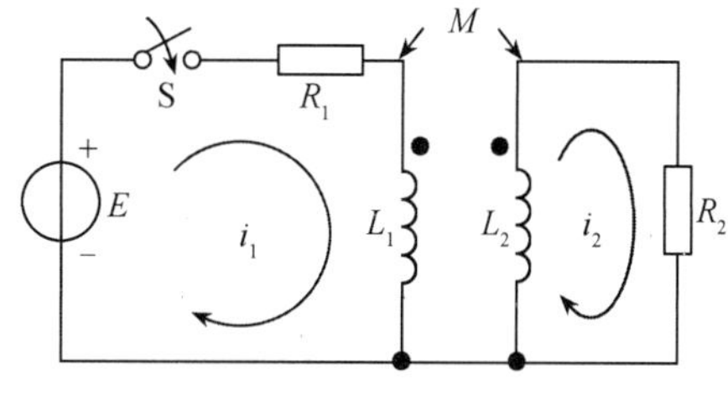

题9-12图

9-13 题9-13图电路中，已知开关S闭合前 $i_L(0_-)=0$，$u_{C1}(0_-)=0\text{V}$，$u_{C2}(0_-)=1\text{V}$，$C_1=C_2=1\text{F}$，$L=1\text{H}$，用复频域分析法求K闭合后的 i_1。

9-14 题9-14图所示电压 $u(t)$ 作用于 RL 串联电路，求电流响应。已知冲激函数的强度为2，$R=1\Omega$，$L=0.5\text{H}$。

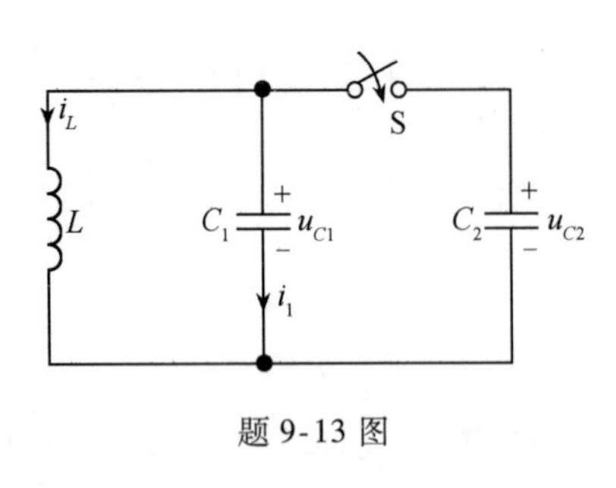

题9-13图

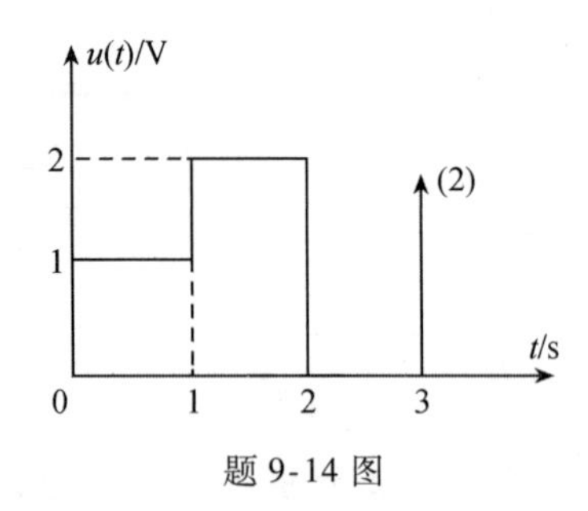

题9-14图

9-15 题9-15图b电路外加激励波形如题9-15图a所示，电路处于零状态，求输出电压 $u(t)$。

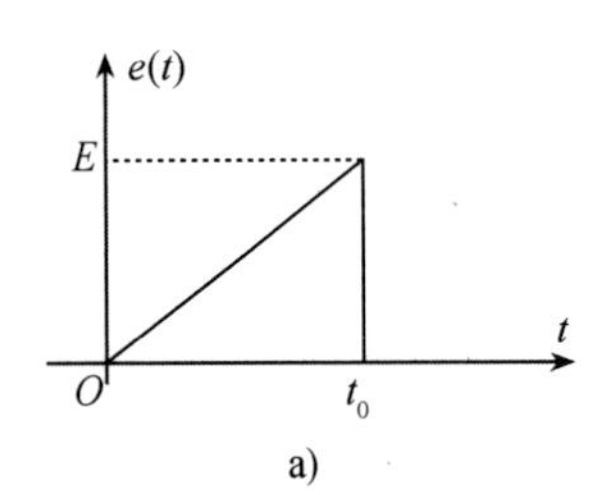

a)

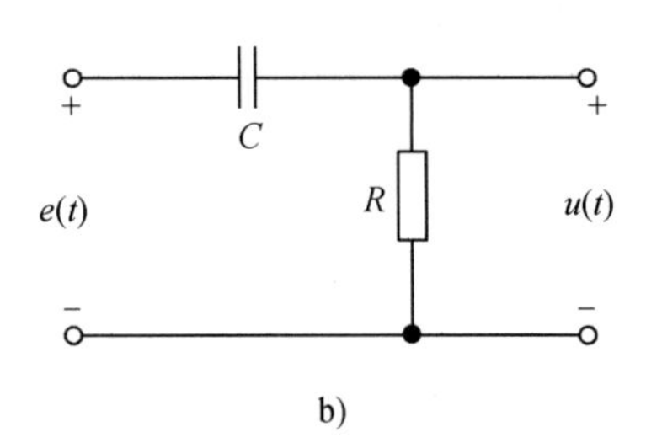

b)

题9-15图

9-16 电路如题9-16图所示。图中 $Ku_2(t)$ 是受控源，$u_3(t)$ 为开路电压，在以下两种情况下，求单位冲激响应。(1) 网络函数 $H(s)=\dfrac{U_3(s)}{U_1(s)}$；(2) $K=2$。

9-17 题9-17图电路为一滤波器，若单位冲激响应为 $h(t)=\left(\sqrt{2}\mathrm{e}^{-\frac{\sqrt{2}}{2}t}\sin\left(\frac{\sqrt{2}}{2}t\right)\right)1(t)$，求 L、C 的值。

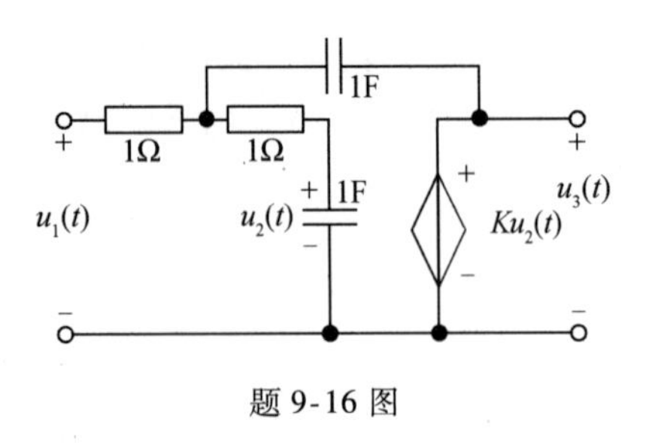

题9-16图

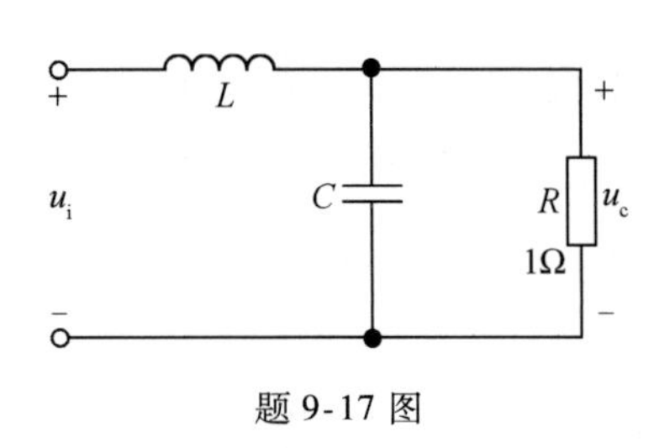

题9-17图

9-18 题9-18图所示为 RC 滤波器电路，求：(1) 网络函数 $H(s)=\dfrac{U_o(s)}{U_i(s)}$；(2) 画出其零、极点分布图；(3) 单位冲激响应。

9-19 题9-19图电路中，当 $i_s(t)$ 为(1) $\mathrm{e}^{-at}1(t)$；(2) $a(1-t)[1(t)-1(t-2)]$时，分别用卷积定理求 $u(t)$。

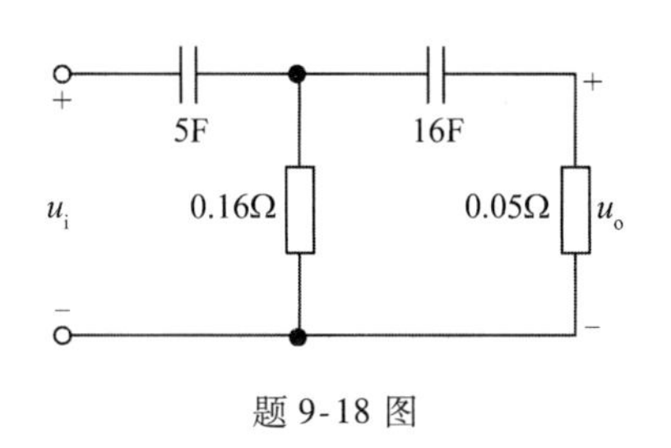

题 9-18 图

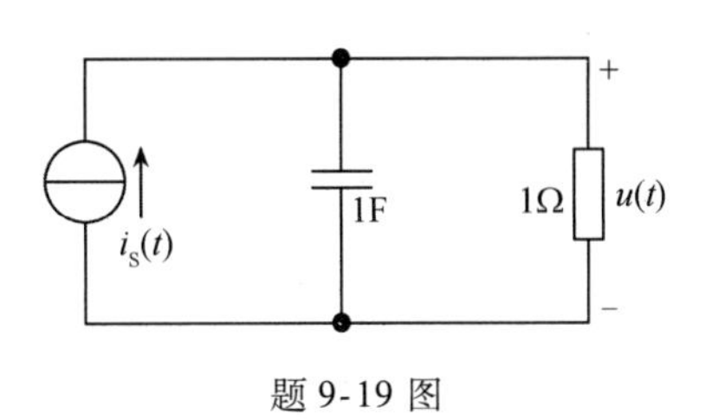

题 9-19 图

9-20 线性时不变系统如题 9-20a 图所示，在以下 3 种激励下，其初始状态均相同，当激励 $f_1(t)=\delta(t)$时，其全响应为 $y_1(t)=\delta(t)+e^{-t}1(t)$；当 $f_2(t)=1(t)$时，其全响应为 $y_2(t)=3e^{-t}1(t)$；当激励为题 9-20b 图所示 $f_3(t)$时，求系统的全响应。

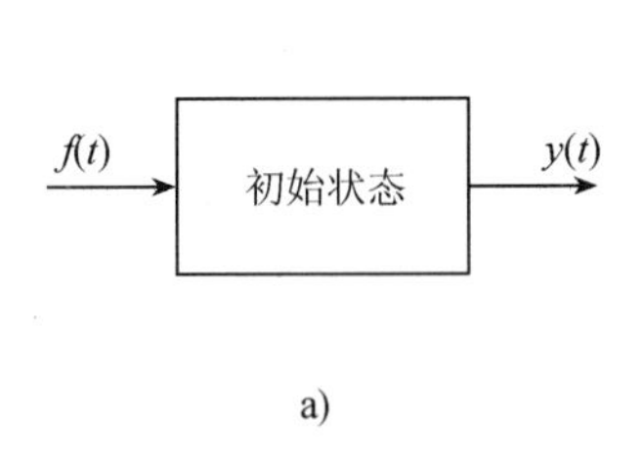

a)

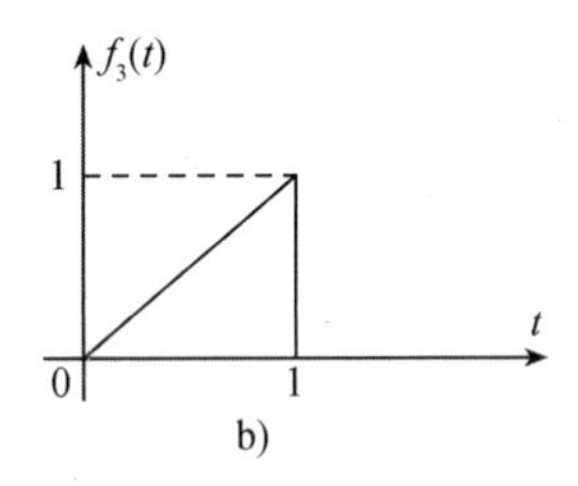

b)

题 9-20 图

9-21 求题 9-21 图所示电路的电压转移函数 $H(s)=U_0(s)/U_1(s)$及其单位冲激响应 $u_0(t)$。

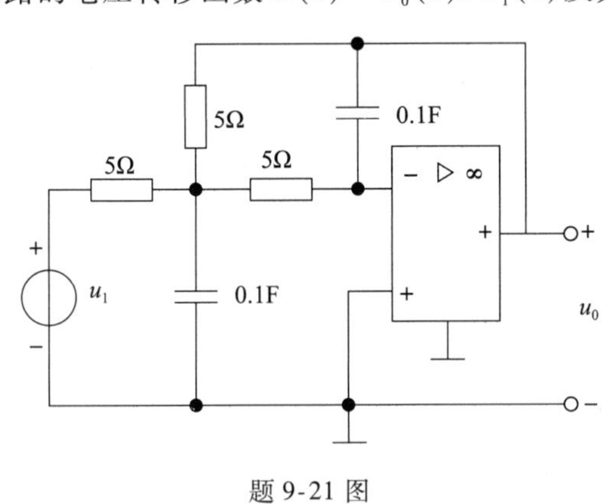

题 9-21 图

第10章 双口网络分析

内容提要：本章学习双口网络常用的各种参数及这些参数的相互转换；双口网络的转移函数，特性阻抗，等效电路；双口网络的联结。

本章重点：双口网络的 Z 参数、Y 参数、A 参数和 H 参数的基本概念、计算方法和应用；双口网络的等效电路，含双口网络电路的计算方法。

10.1 双口网络的方程和参数

10.1.1 端口条件

前几章学习的二端网络有两个端子与外电路连接，如果从网络的一个端子流入的电流等于从另一个端子流出的电流，这样的两个端子称为一个端口，这个条件称为端口条件。因此前几章学习的二端网络也可以称为一端口网络。如果一个网络有两个端口，则称为双口网络。双口网络的电路模型如图 10-1 所示，1 和 1′两个端子构成一个端口，2 和 2′两个端子构成另一个端口。在许多场合，双口网络的一个端口是输入端口，输入电压或电流信号；另一个端口是输出端口，输出电压或电流信号。图 10-2 所示的双口网络是内部结构较简单的双口网络。

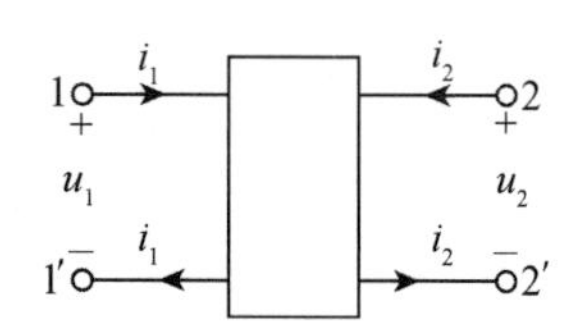

图 10-1 双口网络的电路模型

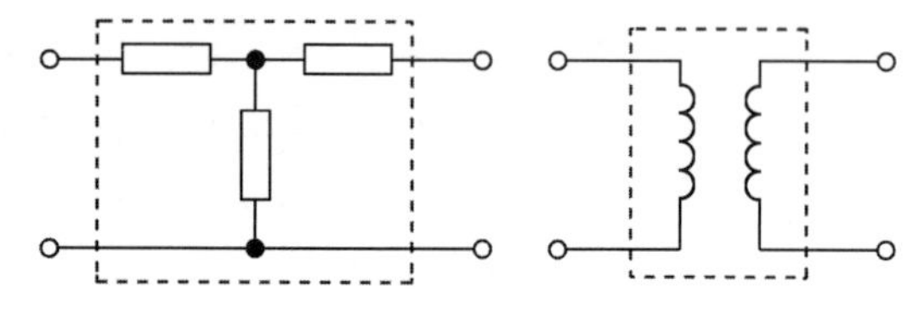

图 10-2 双口网络示例

双口网络对外有 4 个端子，因此又称为四端网络。只有满足端口条件的四端网络才能称为双口网络。如果一个网络对外有 m 个端子，称为 m 端网络；一个网络对外有 n 个端口，称为 n 端口网络。

本章讨论由线性电阻、电容、电感、互感和线性受控电源组成的线性双口网络，其内部不含独立电源。可以用相量法分析双口网络的正弦稳态，也可以用复频域法分析双口网络的动态。在用复频域法进行分析的时候，只讨论双口网络的零状态(即双口网络内部复频域模型中不含有附加电源)情况。

与研究其他元件一样，需先对双口网络的电路模型建立 u-i 关系以及双口网络的参数。对图 10-1 所示的双口网络，在端口电压 u_1、u_2和端口电流 i_1、i_2 这 4 个量中选取两个作为自变量，另外两个作为因变量，共有 6 种选法，所以一个双口网络可以用 6 种不同的双口网络参数表征。而一个单口网络，如一个二端电阻元件，只用 R 和 G 两种参数表征。

10.1.2　Y 参数和 Z 参数

图 10-3a 所示为一个双口网络，在此用相量法分析其正弦稳态情况，建立端口的 u-i 关系，其分析方法和结论也可以应用于复频域网络的分析。首先，假设两个端口上分别施加独立电压源 $\dot{U}_1$和 $\dot{U}_2$，由于网络内不含有独立电源，根据齐性定理和叠加原理，可以把端口电流 $\dot{I}_1$和 $\dot{I}_2$看成 $\dot{U}_1$和 $\dot{U}_2$单独作用时所形成电流的叠加。当 $\dot{U}_1$单独作用时在两个端口上分别形成电流 $Y_{11}\dot{U}_1$和 $Y_{21}\dot{U}_1$，当 $\dot{U}_2$单独作用时在两个端口上分别形成电流 $Y_{12}\dot{U}_2$和 $Y_{22}\dot{U}_2$。$\dot{U}_1$和 $\dot{U}_2$同时作用时，两个端口上的电流可以表示为

$$\begin{cases}\dot{I}_1 = Y_{11}\dot{U}_1 + Y_{12}\dot{U}_2 \\ \dot{I}_2 = Y_{21}\dot{U}_1 + Y_{22}\dot{U}_2\end{cases} \tag{10-1}$$

式中，Y_{11}、Y_{12}、Y_{21}、Y_{22}只与网络内部的结构和元件参数有关。

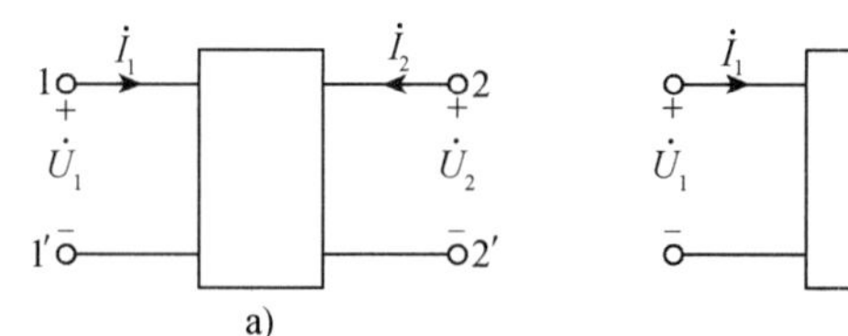

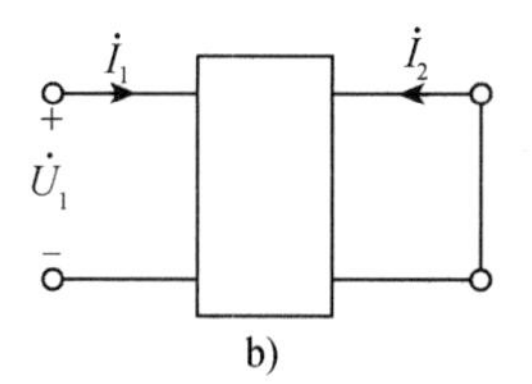

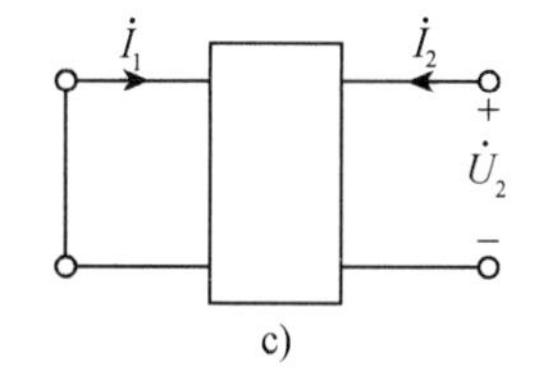

图 10-3　双口网络 Y 参数分析

式(10-1)还可以写成下列矩阵形式

$$\begin{bmatrix}\dot{I}_1 \\ \dot{I}_2\end{bmatrix} = \begin{bmatrix}Y_{11} & Y_{12} \\ Y_{21} & Y_{22}\end{bmatrix}\begin{bmatrix}\dot{U}_1 \\ \dot{U}_2\end{bmatrix} = \boldsymbol{Y}\begin{bmatrix}\dot{U}_1 \\ \dot{U}_2\end{bmatrix}$$

其中

$$\boldsymbol{Y} \triangleq \begin{bmatrix}Y_{11} & Y_{12} \\ Y_{21} & Y_{22}\end{bmatrix}$$

称为双口网络的 Y 参数矩阵；Y_{11}、Y_{12}、Y_{21}、Y_{22}称为双口网络的 Y 参数。Y 参数可以通过计算或测试来确定。如果在端口 11′上外施电压 $\dot{U}_1$，而把端口 22′短路，如图 10-3b 所示，这时 $\dot{U}_2=0$，按式(10-1)有

$$\dot{I}_1 = Y_{11}\dot{U}_1,\ \dot{I}_2 = Y_{21}\dot{U}_1$$

或

$$Y_{11} = \left.\frac{\dot{I}_1}{\dot{U}_1}\right|_{\dot{U}_2=0},\quad Y_{21} = \left.\frac{\dot{I}_2}{\dot{U}_1}\right|_{\dot{U}_2=0}$$

同理，如果把端口 11′短路，即 $\dot{U}_1=0$，在端口 22′上外施电压 $\dot{U}_2$，如图 10-3c 所示可以得到

$$Y_{22} = \left.\frac{\dot{I}_2}{\dot{U}_2}\right|_{\dot{U}_1=0},\quad Y_{12} = \left.\frac{\dot{I}_1}{\dot{U}_2}\right|_{\dot{U}_1=0}$$

由于 Y 参数可以用短路的方法计算或测定出来，且具有导纳的性质，所以又称之为短路导纳参数。

由线性电阻、电感、电容组成的网络满足互易定理，故称为互易网络。如果双口网络为

互易网络，根据互易定理有

$$\left.\frac{\dot{I}_2}{\dot{U}_1}\right|_{\dot{U}_2=0}=\left.\frac{\dot{I}_1}{\dot{U}_2}\right|_{\dot{U}_1=0}$$

可见，对于互易双口网络有

$$Y_{12}=Y_{21}$$

任何一个互易双口网络，只要有 3 个独立的参数就足以表征它的性能了。

如果一个双口网络的 Y 参数除了 $Y_{12}=Y_{21}$ 以外，还有 $Y_{11}=Y_{22}$，则此双口网络的两个端口 11′和 22′互换位置后与外电路联结，其外部特性将不会有任何变化。也就是说，这种双口网络从任何一个端口看进去，它的电气性能是一样的。这种特性称为电气上对称，这种网络称为对称双口网络。显然，对于对称双口网络的 Y 参数，只有两个是独立的。

如果从式(10-1)解得 $\dot{U}_1$ 和 $\dot{U}_2$，将得到

$$\dot{U}_1=\frac{\begin{vmatrix}\dot{I}_1 & Y_{12}\\ \dot{I}_2 & Y_{22}\end{vmatrix}}{\begin{vmatrix}Y_{11} & Y_{12}\\ Y_{21} & Y_{22}\end{vmatrix}}=\frac{Y_{22}}{\Delta}\dot{I}_1-\frac{Y_{12}}{\Delta}\dot{I}_2$$

$$\dot{U}_2=\frac{\begin{vmatrix}Y_{11} & \dot{I}_1\\ Y_{21} & \dot{I}_2\end{vmatrix}}{\begin{vmatrix}Y_{11} & Y_{12}\\ Y_{21} & Y_{22}\end{vmatrix}}=-\frac{Y_{21}}{\Delta}\dot{I}_1+\frac{Y_{11}}{\Delta}\dot{I}_2$$

其中，$\Delta=\begin{vmatrix}Y_{11} & Y_{12}\\ Y_{21} & Y_{22}\end{vmatrix}=Y_{11}Y_{22}-Y_{12}Y_{21}$。以上两式可写为

$$\begin{cases}\dot{U}_1=Z_{11}\dot{I}_1+Z_{12}\dot{I}_2\\ \dot{U}_2=Z_{21}\dot{I}_1+Z_{22}\dot{I}_2\end{cases}\tag{10-2}$$

式中

$$\begin{cases}Z_{11}=\dfrac{Y_{22}}{\Delta},\ Z_{12}=-\dfrac{Y_{12}}{\Delta}\\ Z_{21}=-\dfrac{Y_{21}}{\Delta},\ Z_{22}=\dfrac{Y_{11}}{\Delta}\end{cases}\tag{10-3}$$

Z_{11}、Z_{12}、Z_{21}、Z_{22} 称为双口网络的 Z 参数，不难看出，Z 参数具有复阻抗性质。为了说明它们所表示的具体含义，可以把 22′端口开路，即令 $\dot{I}_2=0$，然后在 11′端口输入电流 $\dot{I}_1$，按式(10-2)将有

$$\dot{U}_1=Z_{11}\dot{I}_1,\ \dot{U}_2=Z_{21}\dot{I}_1$$

或

$$Z_{11}=\left.\frac{\dot{U}_1}{\dot{I}_1}\right|_{\dot{I}_2=0},\ Z_{21}=\left.\frac{\dot{U}_2}{\dot{I}_1}\right|_{\dot{I}_2=0}$$

同样，如果把 11′端口开路，即 $\dot{I}_1=0$，在 22′端口输入电流 $\dot{I}_2$，可以得到

$$Z_{22}=\left.\frac{\dot{U}_2}{\dot{I}_2}\right|_{\dot{I}_1=0},\quad Z_{12}=\left.\frac{\dot{U}_1}{\dot{I}_2}\right|_{\dot{I}_1=0}$$

把式(10-2)改写成矩阵形式

$$\begin{bmatrix}\dot{U}_1\\ \dot{U}_2\end{bmatrix}=\begin{bmatrix}Z_{11} & Z_{12}\\ Z_{21} & Z_{22}\end{bmatrix}\begin{bmatrix}\dot{I}_1\\ \dot{I}_2\end{bmatrix}=\boldsymbol{Z}\begin{bmatrix}\dot{I}_1\\ \dot{I}_2\end{bmatrix}$$

其中

$$\boldsymbol{Z}=\begin{bmatrix}Z_{11} & Z_{12}\\ Z_{21} & Z_{22}\end{bmatrix}$$

称为双口网络的 Z 参数矩阵。Z_{11}、Z_{12}、Z_{21}、Z_{22}称为双口网络的 Z 参数。由于 Z 参数可以用开路的方法计算或测定出来，且具有阻抗的性质，所以又称为开路阻抗参数。

根据互易定理可以证明，对于互易双口网络，$Z_{12}=Z_{21}$总是成立的。在这种情况下，Z 参数只有 3 个是独立的。对于对称的双口网络则还有 $Z_{11}=Z_{22}$的关系，故只有两个参数是独立的。

如果一个双口网络的 Y 参数已知，由式(10-3)可以求出它的 Z 参数。反之，如果一个双口网络的 Z 参数已经确定，也不难求出它的 Y 参数(参阅表 10-1)。有些特殊结构的双口网络并不同时存在阻抗矩阵和导纳矩阵的表达式，也可能既不存在阻抗矩阵也不存在导纳矩阵表达式(例如理想变压器)。

对于含受控源的线性 R、L、C 双口网络，利用特勒根定理可以证明互易定理不再成立，因此 $Y_{12}\neq Y_{21}$，$Z_{12}\neq Z_{21}$。

【例 10-1】求图 10-4a 所示双口网络的 Y 参数。

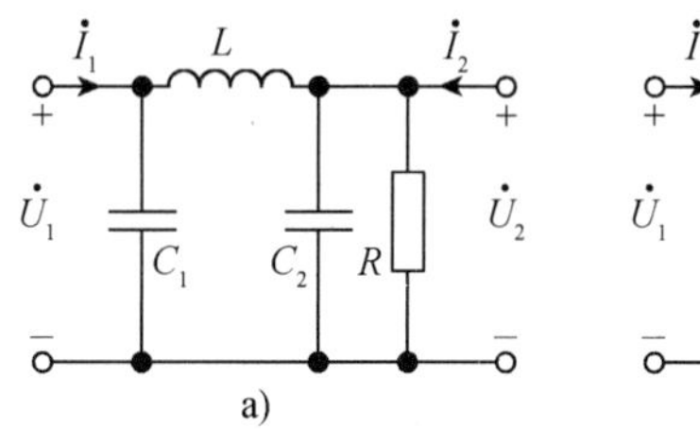

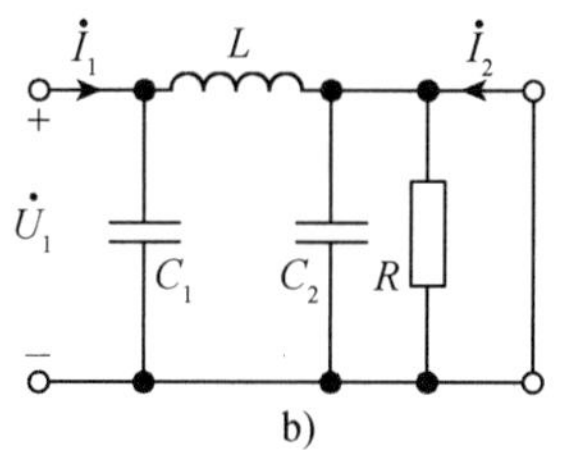

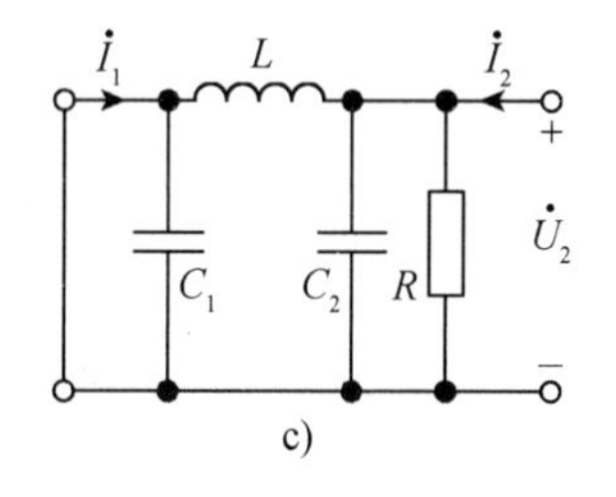

图 10-4　例 10-1 图

解　方法一　将右侧端口短路，在左侧端口施加电压 $\dot{U}_1$，如图 10-4b 所示。左、右侧端口电流分别为

$$\dot{I}_1=\left(\mathrm{j}\omega C_1+\frac{1}{\mathrm{j}\omega L}\right)\dot{U}_1$$

$$\dot{I}_2=-\frac{1}{\mathrm{j}\omega L}\dot{U}_1$$

故

$$Y_{11}=\left.\frac{\dot{I}_1}{\dot{U}_1}\right|_{\dot{U}_2=0}=\mathrm{j}\omega C_1+\frac{1}{\mathrm{j}\omega L}=\mathrm{j}\left(\omega C_1-\frac{1}{\omega L}\right)$$

$$Y_{21}=\left.\frac{\dot{I}_2}{\dot{U}_1}\right|_{\dot{U}_2=0}=-\frac{1}{\mathrm{j}\omega L}=\mathrm{j}\,\frac{1}{\omega L}$$

同样，将左侧端口短路，在右侧端口施加电压 $\dot{U}_2$，如图 10-4c 所示。左、右侧端口电流分别为

$$\dot{I}_1 = -\frac{1}{j\omega L}\dot{U}_2$$

$$\dot{I}_2 = \left(\frac{1}{R} + j\omega C_2 + \frac{1}{j\omega L}\right)\dot{U}_2$$

故

$$Y_{12} = \left.\frac{\dot{I}_1}{\dot{U}_2}\right|_{\dot{U}_1=0} = -\frac{1}{j\omega L} = j\frac{1}{\omega L}$$

$$Y_{22} = \left.\frac{\dot{I}_2}{\dot{U}_2}\right|_{\dot{U}_1=0} = \frac{1}{R} + j\omega C_2 + \frac{1}{j\omega L} = \frac{1}{R} + j\left(\omega C_2 - \frac{1}{\omega L}\right)$$

方法二 根据基尔霍夫电流定律

$$\dot{I}_1 = j\omega C_1\dot{U}_1 + \frac{1}{j\omega L}(\dot{U}_1 - \dot{U}_2)$$

$$\dot{I}_2 = \left(j\omega C_2 + \frac{1}{R}\right)\dot{U}_2 + \frac{1}{j\omega L}(\dot{U}_2 - \dot{U}_1)$$

将以上两式整理为式(10-1)的形式

$$\dot{I}_1 = j\left(\omega C_1 - \frac{1}{\omega L}\right)\dot{U}_1 + j\frac{1}{\omega L}\dot{U}_2$$

$$\dot{I}_2 = j\frac{1}{\omega L}\dot{U}_1 + \left[\frac{1}{R} + j\left(\omega C_2 - \frac{1}{\omega L}\right)\right]\dot{U}_2$$

对照式(10-1)，得到

$$Y_{11} = j\left(\omega C_1 - \frac{1}{\omega L}\right),\quad Y_{12} = j\frac{1}{\omega L}$$

$$Y_{21} = j\frac{1}{\omega L},\quad Y_{22} = \frac{1}{R} + j\left(\omega C_2 - \frac{1}{\omega L}\right)$$

10.1.3 *A* 参数和 *H* 参数

在许多工程问题中，往往希望找到一个端口的电压、电流与另一个端口的电压、电流之间的相互关系。对于双口网络来说，就是将 $\dot{U}_1$ 和 $\dot{I}_1$ 作为因变量，将 $\dot{U}_2$ 和 $\dot{I}_2$ 作为自变量，或者反之。这类问题用 Y 参数和 Z 参数都不够方便，而用 A 参数来处理要容易得多。A 参数方程的形式为

$$\begin{cases}\dot{U}_1 = A_{11}\dot{U}_2 - A_{12}\dot{I}_2 \\ \dot{I}_1 = A_{21}\dot{U}_2 - A_{22}\dot{I}_2\end{cases} \tag{10-4}$$

值得注意的是右边第二项前面是负号。将端口 22′短路或开路，即令 $\dot{U}_2=0$ 或 $\dot{I}_2=0$ 可以得到

$$A_{11} = \left.\frac{\dot{U}_1}{\dot{U}_2}\right|_{\dot{I}_2=0},\quad A_{12} = \left.\frac{\dot{U}_1}{-\dot{I}_2}\right|_{\dot{U}_2=0}$$

$$A_{21} = \left.\frac{\dot{I}_1}{\dot{U}_2}\right|_{\dot{I}_2=0},\quad A_{22} = \left.\frac{\dot{I}_1}{-\dot{I}_2}\right|_{\dot{U}_2=0}$$

可见，A_{11}是两个电压的比值；A_{12}是转移阻抗；A_{21}是转移导纳；A_{22}是两个电流的比值。式(10-4)写成矩阵形式

$$\begin{bmatrix}\dot{U}_1\\ \dot{I}_1\end{bmatrix}=\begin{bmatrix}A_{11} & A_{12}\\ A_{21} & A_{22}\end{bmatrix}\begin{bmatrix}\dot{U}_2\\ -\dot{I}_2\end{bmatrix}=\boldsymbol{A}\begin{bmatrix}\dot{U}_2\\ -\dot{I}_2\end{bmatrix}$$

其中

$$\boldsymbol{A}\triangleq\begin{bmatrix}A_{11} & A_{12}\\ A_{21} & A_{22}\end{bmatrix}$$

A 参数又称为一般参数或传输参数，有的记作 A，B，C，D，还有的记作 T_{11}、T_{12}、T_{21}、T_{22}。

对于互易双口网络来说，A 参数中只有 3 个是独立的。根据表 10-1，并注意到 $Y_{12}=Y_{21}$，得

$$\begin{aligned}A_{11}A_{22}-A_{12}A_{21}&=\frac{Y_{11}Y_{22}}{Y_{21}Y_{21}}+\frac{Y_{12}Y_{21}-Y_{11}Y_{22}}{Y_{21}Y_{21}}\\&=\frac{Y_{12}}{Y_{21}}=1\end{aligned}$$

对于对称双口网络，由于 $Y_{11}=Y_{22}$，可以得到 $A_{11}=A_{22}$。

还有一套常用的参数，称为 H 参数或混合参数，用下面一组方程表示为

$$\begin{cases}\dot{U}_1=H_{11}\dot{I}_1+H_{12}\dot{U}_2\\ \dot{I}_2=H_{21}\dot{I}_1+H_{22}\dot{U}_2\end{cases}\tag{10-5}$$

H 参数的具体意义可以分别用下列式子来说明

$$H_{11}=\left.\frac{\dot{U}_1}{\dot{I}_1}\right|_{\dot{U}_2=0},\quad H_{12}=\left.\frac{\dot{U}_1}{\dot{U}_2}\right|_{\dot{I}_1=0}$$

$$H_{21}=\left.\frac{\dot{I}_2}{\dot{I}_1}\right|_{\dot{U}_2=0},\quad H_{22}=\left.\frac{\dot{I}_2}{\dot{U}_2}\right|_{\dot{I}_1=0}$$

可见，H_{11}和H_{21}具有短路参数的性质，H_{12}和H_{22}具有开路参数的性质，H_{11}和H_{22}具有策动点参数的性质，H_{12}和H_{21}具有转移参数的性质，H_{11}具有阻抗的性质，H_{22}具有导纳的性质，H_{12}是电压比，H_{21}是电流比。

用矩阵形式表示时，有

$$\begin{bmatrix}\dot{U}_1\\ \dot{I}_2\end{bmatrix}=\begin{bmatrix}H_{11} & H_{12}\\ H_{21} & H_{22}\end{bmatrix}\begin{bmatrix}\dot{I}_1\\ \dot{U}_2\end{bmatrix}=\boldsymbol{H}\begin{bmatrix}\dot{I}_1\\ \dot{U}_2\end{bmatrix}$$

式中

$$\boldsymbol{H}\triangleq\begin{bmatrix}H_{11} & H_{12}\\ H_{21} & H_{22}\end{bmatrix}$$

对于互易双口网络，4 个参数中有 3 个是独立，应用表 10-1 并注意 $Y_{21}=Y_{12}$，可以得到

$$H_{12}=-\frac{Y_{12}}{Y_{11}}\quad H_{21}=\frac{Y_{21}}{Y_{11}}$$

可见在互易双口网络中 $H_{12}=-H_{21}$。对于对称互易双口网络，还有 $H_{11}H_{22}-H_{12}H_{21}=1$。$H$ 参数在晶体管电路中获得了广泛应用。

【例 10-2】求图 10-5a 所示双口网络的 A 参数与 H 参数。

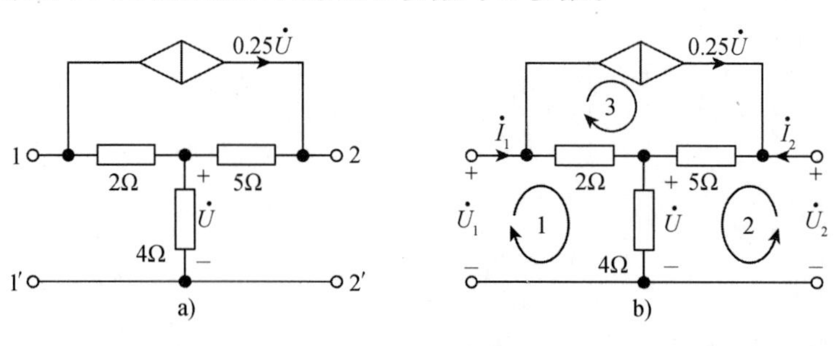

图 10-5　例 10-2 图

解　1）首先计算 A 参数。按图 10-5b 选取 3 个独立回路，3 个回路电流分别等于$\dot{I}_1$、$\dot{I}_2$和 $0.25\dot{U}$。列出回路 1 与回路 2 的回路方程

$$\begin{cases}(2+4)\dot{I}_1+4\dot{I}_2-2\times0.25\dot{U}=\dot{U}_1\\4\dot{I}_1+(5+4)\dot{I}_2+5\times0.25\dot{U}=\dot{U}_2\end{cases}$$

将受控电流源的控制量 $\dot{U}=4(\dot{I}_1+\dot{I}_2)$代入其中，得到

$$\begin{cases}4\dot{I}_1+2\dot{I}_2=\dot{U}_1\\9\dot{I}_1+14\dot{I}_2=\dot{U}_2\end{cases}$$

由第 2 式得到

$$\dot{I}_1=\frac{1}{9}\dot{U}_2-\frac{14}{9}\dot{I}_2$$

将其代入第 1 式中得到

$$\dot{U}_1=\frac{4}{9}\dot{U}_2-\frac{38}{9}\dot{I}_2$$

可见，传输参数方程(A 参数方程)为

$$\begin{cases}\dot{U}_1=\frac{4}{9}\dot{U}_2+\frac{38}{9}(-\dot{I}_2)\\\dot{I}_1=\frac{1}{9}\dot{U}_2+\frac{14}{9}(-\dot{I}_2)\end{cases}$$

即 A 参数为

$$A_{11}=\frac{4}{9},\ A_{12}=\frac{38}{9}$$

$$A_{21}=\frac{1}{9},\ A_{22}=\frac{14}{9}$$

2）由 A 参数计算 H 参数。将 A 参数方程中的第 2 式变为

$$\dot{I}_2=-\frac{9}{14}\dot{I}_1+\frac{1}{14}\dot{U}_2$$

将其代入 A 参数方程的第 1 式中，得到

$$\dot{U}_1=\frac{19}{7}\dot{I}_1+\frac{1}{7}\dot{U}_2$$

此双口网络的 H 参数为

$$H_{11}=\frac{19}{7},\ H_{12}=\frac{1}{7}$$

$$H_{21}=-\frac{9}{14},\ H_{22}=\frac{1}{14}$$

表 10-1　双口网络的参数变换

	用 Z 参数表示	用 Y 参数表示	用 H 参数表示	用 A 参数表示
Z 参数	$\begin{matrix} Z_{11} & Z_{12} \\ Z_{21} & Z_{22} \end{matrix}$	$\begin{matrix} \frac{Y_{22}}{\Delta_Y} & -\frac{Y_{12}}{\Delta_Y} \\ -\frac{Y_{21}}{\Delta_Y} & \frac{Y_{11}}{\Delta_Y} \end{matrix}$	$\begin{matrix} \frac{\Delta_H}{H_{22}} & \frac{H_{12}}{H_{22}} \\ -\frac{H_{21}}{H_{22}} & \frac{1}{H_{22}} \end{matrix}$	$\begin{matrix} \frac{A_{11}}{A_{21}} & \frac{\Delta_A}{A_{21}} \\ \frac{1}{A_{21}} & \frac{A_{22}}{A_{21}} \end{matrix}$
Y 参数	$\begin{matrix} \frac{Z_{22}}{\Delta_Z} & -\frac{Z_{12}}{\Delta_Z} \\ -\frac{Z_{21}}{\Delta_Z} & \frac{Z_{11}}{\Delta_Z} \end{matrix}$	$\begin{matrix} Y_{11} & Y_{12} \\ Y_{21} & Y_{22} \end{matrix}$	$\begin{matrix} \frac{1}{H_{11}} & -\frac{H_{12}}{H_{11}} \\ \frac{H_{21}}{H_{11}} & \frac{\Delta_H}{H_{11}} \end{matrix}$	$\begin{matrix} \frac{A_{22}}{A_{12}} & -\frac{\Delta_A}{A_{12}} \\ -\frac{1}{A_{12}} & \frac{A_{11}}{A_{12}} \end{matrix}$
H 参数	$\begin{matrix} \frac{\Delta_Z}{Z_{22}} & \frac{Z_{12}}{Z_{22}} \\ -\frac{Z_{21}}{Z_{22}} & \frac{1}{Z_{22}} \end{matrix}$	$\begin{matrix} \frac{1}{Y_{11}} & -\frac{Y_{12}}{Y_{11}} \\ \frac{Y_{21}}{Y_{11}} & \frac{\Delta_Y}{Y_{11}} \end{matrix}$	$\begin{matrix} H_{11} & H_{12} \\ H_{21} & H_{22} \end{matrix}$	$\begin{matrix} \frac{A_{12}}{A_{22}} & \frac{\Delta_A}{A_{22}} \\ -\frac{1}{A_{22}} & \frac{A_{21}}{A_{22}} \end{matrix}$
A 参数	$\begin{matrix} \frac{Z_{11}}{Z_{21}} & \frac{\Delta_Z}{Z_{21}} \\ \frac{1}{Z_{21}} & \frac{Z_{22}}{Z_{21}} \end{matrix}$	$\begin{matrix} -\frac{Y_{22}}{Y_{21}} & -\frac{1}{Y_{21}} \\ -\frac{\Delta_Y}{Y_{21}} & -\frac{Y_{11}}{Y_{21}} \end{matrix}$	$\begin{matrix} -\frac{\Delta_H}{H_{21}} & -\frac{H_{11}}{H_{21}} \\ -\frac{H_{22}}{H_{21}} & -\frac{1}{H_{21}} \end{matrix}$	$\begin{matrix} A_{11} & A_{12} \\ A_{21} & A_{22} \end{matrix}$
互易双口网络	$Z_{12}=Z_{21}$	$Y_{12}=Y_{21}$	$H_{12}=-H_{21}$	$\Delta_A=1$
对称双口网络	$Z_{12}=Z_{21}$ $Z_{11}=Z_{22}$	$Y_{12}=Y_{21}$ $Y_{11}=Y_{22}$	$H_{12}=-H_{21}$ $\Delta_H=1$	$\Delta_A=1$ $A_{11}=A_{22}$

表中

$$\Delta_Z=\begin{vmatrix} Z_{11} & Z_{12} \\ Z_{21} & Z_{22} \end{vmatrix},\ \Delta_Y=\begin{vmatrix} Y_{11} & Y_{12} \\ Y_{21} & Y_{22} \end{vmatrix},$$

$$\Delta_H=\begin{vmatrix} H_{11} & H_{12} \\ H_{21} & H_{22} \end{vmatrix},\ \Delta_A=\begin{vmatrix} A_{11} & A_{12} \\ A_{21} & A_{22} \end{vmatrix}$$

10.2 双口网络的转移函数

如果用运算法来分析双口网络，则上述这些参数是复频率 s 的函数。双口网络的转移函数或传递函数是用拉普拉斯变换形式表示的输出电压(或电流)与输入电压或电流之比(注意，双口网络内不包含独立电源和储能元件初始值形成的附加电源)。当双口网络没有外接负载以及外接电源内阻为零时，它的转移函数可以用 Y 参数或 Z 参数来表示。例如，输出端开路时电压比 $U_2(s)/U_1(s)$ 可以由式(10-2)求得

$$U_1(s)=Z_{11}(s)I_1(s)$$

$$U_2(s)=Z_{21}(s)I_1(s)$$

$$\frac{U_2(s)}{U_1(s)}=\frac{Z_{21}(s)}{Z_{11}(s)} \tag{10-6}$$

或者按式(10-1)计算，则有

$$0 = Y_{21}(s)U_1(s) + Y_{22}(s)U_2(s)$$

所以

$$\frac{U_2(s)}{U_1(s)} = -\frac{Y_{21}(s)}{Y_{22}(s)}$$

同理，输出端短路时电流比为

$$\frac{I_2(s)}{I_1(s)} = \frac{Y_{21}(s)}{Y_{11}(s)} = -\frac{Z_{21}(s)}{Z_{22}(s)}$$

一般来说，研究双口网络的转移函数时应考虑外施电源的内阻抗和负载阻抗，这样一来，转移函数不仅与 Y、Z、A、H 参数有关，同时也将与电源和负载的阻抗有关。图 10-6 所示为一个终端具有电阻 R 的双口网络，对于此双口网络有

$$I_2(s) = Y_{21}(s)U_1(s) + Y_{22}(s)U_2(s)$$
$$U_2(s) = -I_2(s)R$$

消去 $U_2(s)$后，得转移函数

$$\frac{I_2(s)}{U_1(s)} = \frac{Y_{21}(s)/R}{Y_{22}(s) + \frac{1}{R}}$$

这个转移函数具有导纳的性质。用类似的方法可以求得其他形式的转移函数，如 $I_2(s)/I_1(s)$或 $U_2(s)/I_1(s)$等。

图 10-7 所示电路为考虑电源内阻和负载时情况，其中 R_1为电源的内阻，R_2 为负载电阻。如果将 $U_S(s)$ 作为输入，计算转移电压比 $U_2(s)/U_S(s)$，有

$$U_1(s) = U_S(s) - I_1(s)R_1$$
$$U_2(s) = -I_2(s)R_2$$

把它们代入(10-2)式，得

$$U_S(s) - I_1(s)R_1 = Z_{11}(s)I_1(s) + Z_{12}(s)I_2(s)$$
$$-I_2(s)R_2 = Z_{21}(s)I_1(s) + Z_{22}(s)I_2(s)$$

解得

$$\frac{U_2(s)}{U_S(s)} = -\frac{Z_{21}(s)R_2}{(R_1 + Z_{11}(s))(R_2 + Z_{22}(s)) - Z_{12}(s)Z_{21}(s)}$$

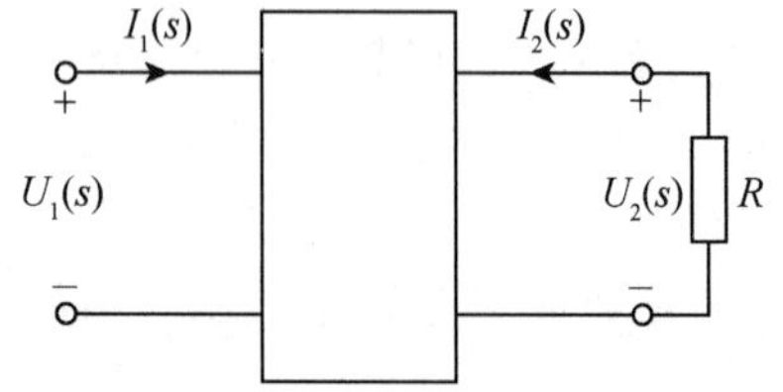

图 10-6　输出端接电阻 R 的双口网络

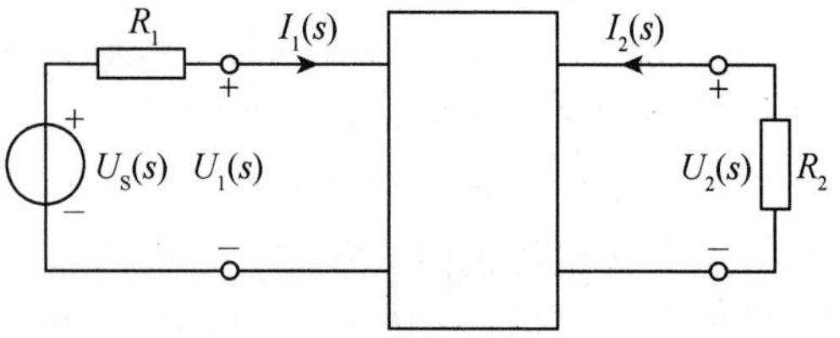

图 10-7　双端接载双口网络

以上介绍了一些转移函数的计算方法。像图 10-6、图 10-7 所示的情况，双口网络接在输入和输出之间，它起了耦合作用，通常为完成某种功能而设置，例如滤波、衰减、阻抗匹配等。

【例 10-3】图 10-8 所示双口网络的开路阻抗参数矩阵为 $Z(s)=\begin{bmatrix} s+6 & s \\ s & s+4 \end{bmatrix}$，11′端口接内阻为 $R_S=1\Omega$ 的电压源，22′端口接负载电阻 $R_L=10\Omega$。

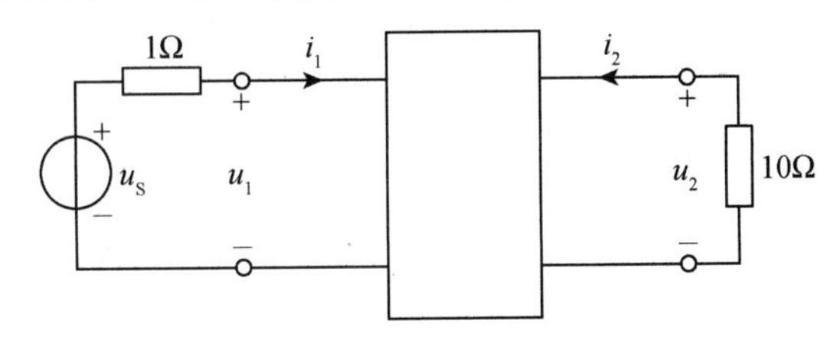

图 10-8 例 10-3 图

1）计算转移电压比 $\dfrac{U_2(s)}{U_S(s)}$；

2）如果电压源的电动势为 $u_S(t)=10e^{-2t}1(t)$V，试计算 $u_2(t)$；

3）如果电压源的电动势为 $u_S(t)=10\sin(2t)$V，试计算正弦稳态响应 $u_2(t)$。

解 1）双口网络的 Z 参数方程为

$$\begin{cases} U_1(s)=(s+6)I_1(s)+sI_2(s) \\ U_2(s)=sI_1(s)+(s+4)I_2(s) \end{cases}$$

将端口电压与电流的约束条件

$$I_1(s)=\frac{U_S(s)-U_1(s)}{R_S}$$

$$I_2(s)=-\frac{U_2(s)}{R_L}$$

代入，可以得到转移电压比为

$$\begin{aligned}\frac{U_2(s)}{U_S(s)}&=\frac{Z_{21}(s)R_L}{[R_S+Z_{11}(s)][R_L+Z_{22}(s)]-Z_{12}(s)Z_{21}(s)}\\&=\frac{10s}{[1+(s+6)][10+(s+4)]-s^2}\\&=\frac{10s}{21s+98}\end{aligned}$$

2）电源电动势为 $u_S(t)=10e^{-2t}1(t)$V 时，其象函数为

$$\begin{aligned}U_S(s)&=\mathscr{L}[10e^{-2t}1(t)]\\&=\frac{10}{s+2}\end{aligned}$$

得到复频域响应为

$$\begin{aligned}U_2(s)&=\frac{U_2(s)}{U_S(s)}U_S(s)\\&=\frac{10s}{21s+98}\times\frac{10}{s+2}=\frac{-\frac{25}{7}}{s+2}+\frac{\frac{25}{3}}{s+\frac{14}{3}}\end{aligned}$$

进行拉普拉斯反变换，得到

$$u_2(t) = \mathscr{L}^{-1}[U_2(s)] = \mathscr{L}^{-1}\left[\frac{-\frac{25}{7}}{s+2} + \frac{\frac{25}{3}}{s+\frac{14}{3}}\right]$$

$$= \left(-\frac{25}{7}\mathrm{e}^{-2t} + \frac{25}{3}\mathrm{e}^{-\frac{14}{3}t}\right)1(t)\,\mathrm{V}$$

3）电源电动势角频率 $\omega=2$，相量形式为 $\dot{U}_S = 5\sqrt{2}\angle 0°\mathrm{V}$。将 **Z** 参数矩阵及转移电压比中的 s 换为 $\mathrm{j}\omega$，得到

$$\boldsymbol{Z} = \begin{bmatrix} 6+\mathrm{j}2 & \mathrm{j}2 \\ \mathrm{j}2 & 4+\mathrm{j}2 \end{bmatrix}$$

$$\frac{\dot{U}_2}{\dot{U}_S} = \frac{10(\mathrm{j}2)}{21(\mathrm{j}2)+98} = \frac{\mathrm{j}10}{49+\mathrm{j}21} = 0.1876\angle 66.80°$$

由此得出

$$\dot{U}_2 = \frac{\dot{U}_2}{\dot{U}_S}\dot{U}_S = 0.1876\angle 66.80° \times 5\sqrt{2}\angle 0° = \frac{1.876}{\sqrt{2}}\angle 66.80°$$

可见正弦稳态响应为

$$u_2(t) = 1.876\sin(2t+66.80°)\,\mathrm{V}$$

10.3 双口网络的特性阻抗

10.3.1 输入阻抗与输出阻抗

如果一个双口网络的端口22′接有负载 Z_L，如图10-9所示，则由11′端口向右看去的等效阻抗称为输入阻抗 Z_i。为了计算 Z_i，可以假设在11′端口接有激励源，这时输入阻抗 Z_i 等于11′端口上的电压与电流的比值，按(10-4)式有

$$Z_i = \frac{\dot{U}_1}{\dot{I}_1} = \frac{A_{11}\dot{U}_2 - A_{12}\dot{I}_2}{A_{21}\dot{U}_2 - A_{22}\dot{I}_2}$$

将 $\dot{U}_2 = -Z_L\dot{I}_2$ 代入上式得

$$Z_i = \frac{A_{11}Z_L + A_{12}}{A_{21}Z_L + A_{22}} \tag{10-7}$$

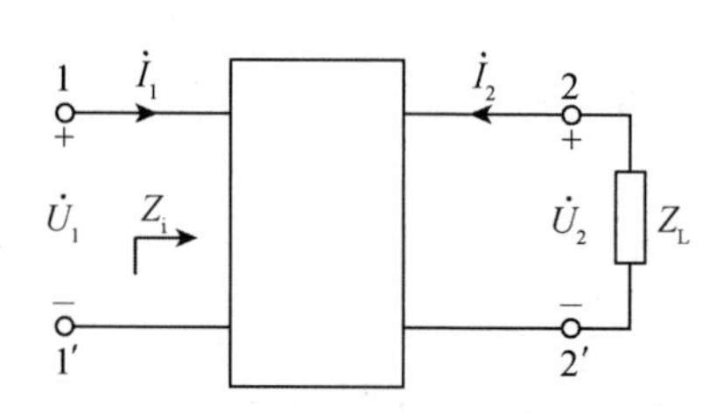

图10-9 双口网络输入阻抗

可见，Z_i 不仅与网络有关，还与所接负载有关。对于同一个负载，经过不同的网络就得到不同的输入阻抗，就是说双口网络有变换阻抗的作用。

如果双口网络的11′端口接有激励源，如图10-10a所示，$\dot{U}_S$ 和 Z_S 分别为激励源的电动势和内阻抗。由端口22′向左看去，它等效于一个电动势 $\dot{E}$ 和一个阻抗 Z_0 的串联。等效阻抗 Z_0 称为输出阻抗。为了计算 Z_0，可以令 $\dot{U}_S$ 为零，在端口22′加电压 $\dot{U}_2$，如图10-10b所示，这时 $\dot{U}_2$ 与 $\dot{I}_2$ 的比值即为 Z_0。考虑 $\dot{U}_1 = -Z_S\dot{I}_1$，将它与式(10-4)联立，可以解得

$$Z_0 = \frac{\dot{U}_2}{\dot{I}_2} = \frac{A_{22}Z_S + A_{12}}{A_{21}Z_S + A_{11}} \tag{10-8}$$

可见，Z_0 与网络有关，也与激励源内阻抗有关。

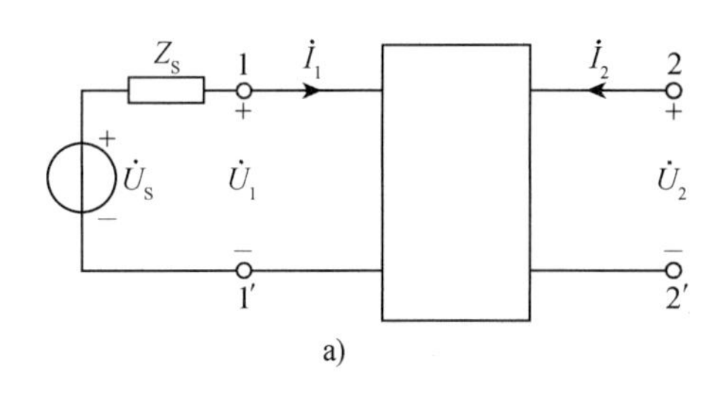

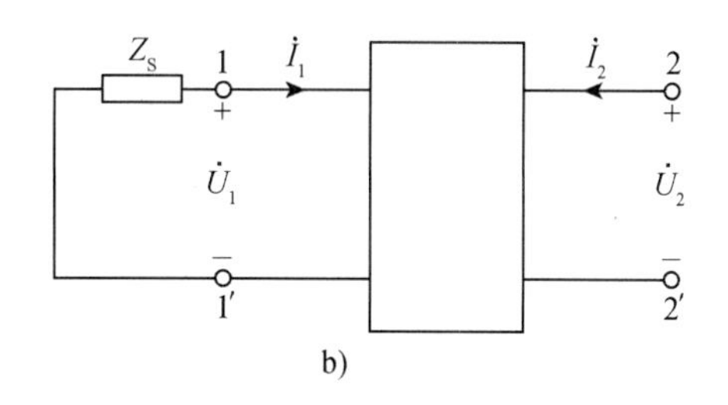

图 10-10　双口网络输出阻抗

对于接有激励源和负载的双口网络，如果 $Z_0=Z_L$，称为输出端匹配；如果 $Z_S=Z_i$，称为输入端匹配；如果同时有 $Z_0=Z_L$，$Z_S=Z_i$，则称为完全匹配。双口网络在使用当中常常力求完全匹配。

10.3.2　特性阻抗

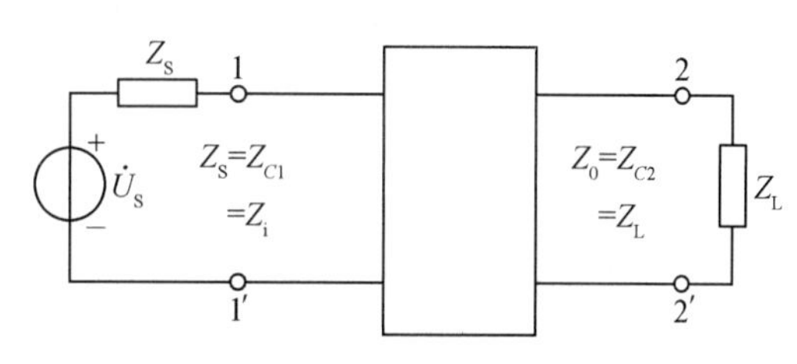

图 10-11　双口网络特性阻抗

对于一个双口网络，可以找到特定的数值 Z_{C1} 和 Z_{C2}，使得在 $Z_S=Z_{C1}$ 且 $Z_L=Z_{C2}$ 的情况下完全匹配。Z_{C1} 和 Z_{C2} 分别称为双口网络输入端口和输出端口的特性阻抗，如图 10-11 所示。利用式(10-7)和式(10-8)得

$$Z_{C1}=\frac{A_{11}Z_{C2}+A_{12}}{A_{21}Z_{C2}+A_{22}} \tag{10-9}$$

$$Z_{C2}=\frac{A_{22}Z_{C1}+A_{12}}{A_{21}Z_{C1}+A_{11}} \tag{10-10}$$

解得

$$Z_{C1}=\sqrt{\frac{A_{11}A_{12}}{A_{21}A_{22}}}\quad Z_{C2}=\sqrt{\frac{A_{22}A_{12}}{A_{21}A_{11}}} \tag{10-11}$$

对于对称双口网络，由于 $A_{11}=A_{22}$，则

$$Z_{C1}=Z_{C2}=Z_C=\sqrt{\frac{A_{12}}{A_{21}}} \tag{10-12}$$

如果终端接负载 $Z_L=Z_C$，则输入阻抗 Z_i 等于 Z_L，所以对称双口网络的特性阻抗又称为重复阻抗。

以上用 A 参数表示了 Z_i、Z_0、Z_{C1}、Z_{C2}、Z_C 等。由于计算或测量一个双口网络的开路阻抗和短路阻抗比较容易，所以常常用开路阻抗和短路阻抗来表示特性阻抗。

终端开路时 $Z_L\to\infty$，由式(10-7)得输入阻抗

$$Z_{io}=\frac{A_{11}}{A_{21}}$$

终端短路时 $Z_L=0$，由式(10-7)得输入阻抗

$$Z_{is}=\frac{A_{12}}{A_{22}}$$

可见

$$Z_{C1} = \sqrt{\frac{A_{11}A_{12}}{A_{21}A_{22}}} = \sqrt{Z_{io}Z_{is}}$$

同样，当 $Z_s \to \infty$ 时，由式(10-8)得输出阻抗

$$Z_{oo} = \frac{A_{22}}{A_{21}}$$

$Z_s = 0$ 时，输出阻抗

$$Z_{os} = \frac{A_{12}}{A_{21}}$$

得

$$Z_{C2} = \sqrt{\frac{A_{22}A_{12}}{A_{21}A_{11}}} = \sqrt{Z_{oo}Z_{os}}$$

此时的匹配称为无反射匹配，能量由一侧传输到另一侧时在联结处不发生反射。

【例 10-4】求图 10-12a 所示双口网络的特性阻抗 Z_{C1} 和 Z_{C2}。

解 分别将 22′端口开路和短路，得到

$$Z_{io} = 10 + 30 = 40\Omega \ ; \ Z_{is} = 10\Omega$$

分别将 11′端口开路和短路，得到

$$Z_{oo} = 30\Omega; \qquad Z_{os} = \frac{10 \times 30}{10 + 30} = 7.5\Omega$$

所以，特性阻抗

$$Z_{C1} = \sqrt{Z_{io}Z_{is}} = \sqrt{40 \times 10} = 20\Omega$$

$$Z_{C2} = \sqrt{Z_{oo}Z_{os}} = \sqrt{30 \times 7.5} = 15\Omega$$

如果将内阻 $Z_S = 20\Omega$ 的激励源接于 11′端口，将 $Z_L = 15\Omega$ 的负载接于 22′端口，则 $Z_i = 20\Omega$，$Z_o = 15\Omega$，即做到了完全匹配，见图 10-12b。

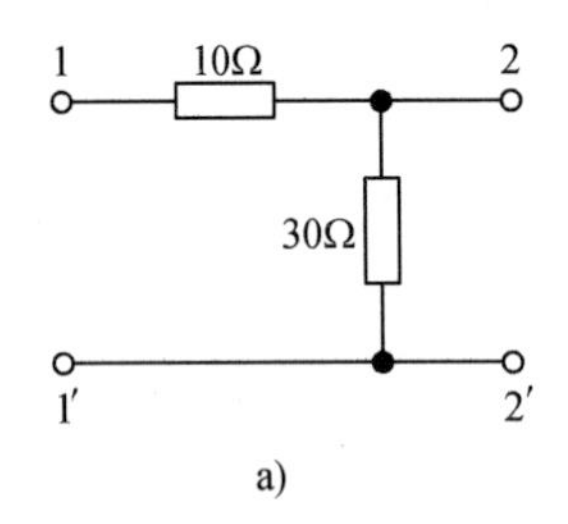

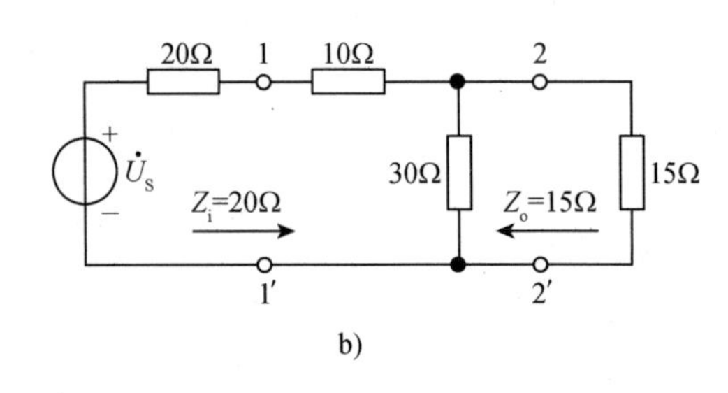

图 10-12 例 10-4 图

10.4 双口网络的等效电路

无源一端口网络可以用一个阻抗(或导纳)来替代，一个无源双口网络也可以用一个最简单的双口网络来等效替代。一个互易双口网络有 3 个参数是独立的，所以有可能找到一个由 3 个无源元件组成的简单双口网络将其等效，由 3 个无源元件组成的简单双口网络可以是 π 形联结，也可以是 T 形联结，见图 10-13。

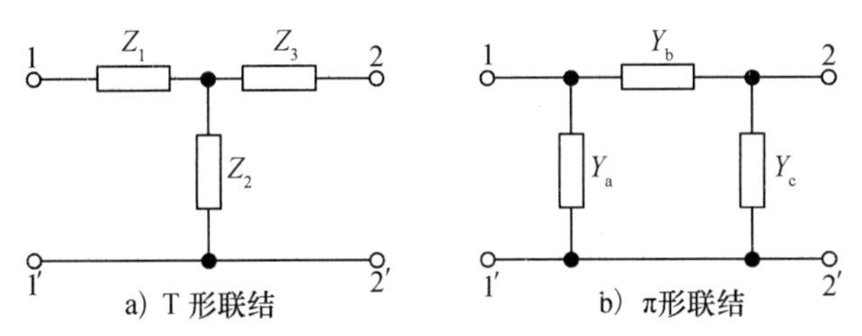

图 10-13　双口网络等效电路

如果已知一个给定双口网络的 Y 参数，现在要找到它的一个等效电路。假定要找的是图 10-13b的 π 形等效电路，按例 10-1 的方法可以求得此电路的 Y 参数分别为

$$Y_{11} = Y_a + Y_b$$

$$Y_{21} = Y_{12} = -Y_b$$

$$Y_{22} = Y_b + Y_c$$

那么，只要从以上各式中解出 Y_a、Y_b、Y_c，就求得了构成此 π 形等效电路 3 个元件的导纳了。不难得出

$$Y_a = Y_{11} + Y_{21}, \quad Y_b = -Y_{21}, \quad Y_c = Y_{22} + Y_{21}$$

如果给定的是双口网络的 A 参数，可以根据 A 参数与 Y 参数的变换关系，求出用 A 参数表示的 Y_a、Y_b 和 Y_c。即

$$Y_a = \frac{A_{22}-1}{A_{12}}, \quad Y_b = \frac{1}{A_{12}}, \quad Y_c = \frac{A_{11}-1}{A_{12}}$$

等效双口网络的参数还可以直接由外部特性方程来确定。对于图 10-13a 所示的 T 形电路，其方程为

$$\begin{cases} \dot{U}_1 = Z_1\dot{I}_1 + Z_2(\dot{I}_1 + \dot{I}_2) = (Z_1 + Z_2)\dot{I}_1 + Z_2\dot{I}_2 \\ \dot{U}_2 = Z_3\dot{I}_2 + Z_2(\dot{I}_1 + \dot{I}_2) = Z_2\dot{I}_1 + (Z_2 + Z_3)\dot{I}_2 \end{cases}$$

对照式(10-2)得

$$Z_{11} = Z_1 + Z_2, \; Z_{22} = Z_2 + Z_3, \; Z_{12} = Z_{21} = Z_2$$

由此解得

$$Z_1 = Z_{11} - Z_{12}, \; Z_3 = Z_{22} - Z_{12}, \; Z_2 = Z_{12} = Z_{21}$$

如果已知双口网络的其他参数，可以根据参数之间的变换关系变成 Z 参数，再按上式求等效电路。对于对称双口网络，必有 $Z_1 = Z_3$，$Y_a = Y_c$。

对于非互易双口网络，可以用含受控源电路来画出它的等效电路。以 H 参数为例，

$$\begin{cases} \dot{U}_1 = H_{11}\dot{I}_1 + H_{12}\dot{U}_2 \\ \dot{I}_2 = H_{21}\dot{I}_1 + H_{22}\dot{U}_2 \end{cases}$$

可以得到如图 10-14 所示的等效电路。这就是最常用的晶体管等效电路。

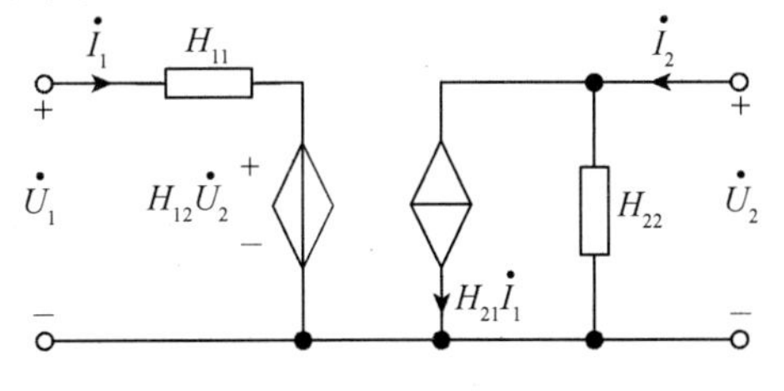

图 10-14　用 H 参数表示的非互易双口网络

【例 10-5】试求图 10-15a 中双口网络的 T 形等效电路和 π 形等效电路。

解 首先计算出图 10-15a 中双口网络的 Y 参数和 Z 参数，再由 Y 参数和 Z 参数求得双口网络的 π 形等效电路和 T 形等效电路。

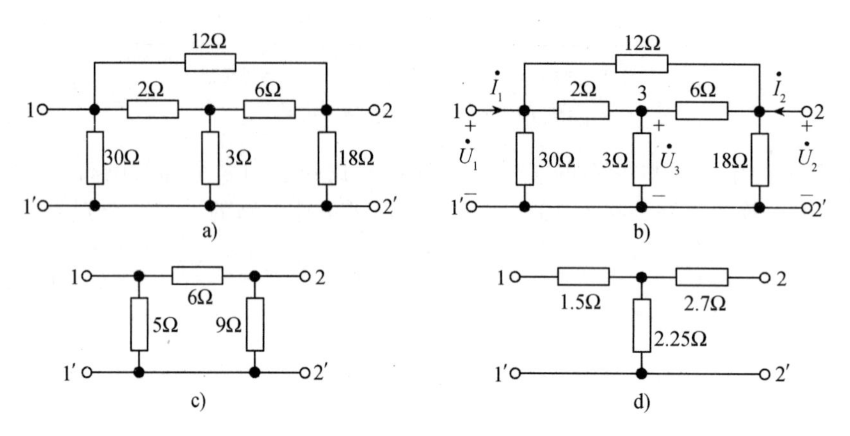

图 10-15　例 10-5 图

1）重画电路于图 10-15b 中，以 1′端子为参考点，3 个独立节点的节点电压分别为 $\dot{U}_1$、$\dot{U}_2$和 $\dot{U}_3$。对 3 个节点列节点电压方程

$$\begin{cases}\left(\dfrac{1}{30}+\dfrac{1}{2}+\dfrac{1}{12}\right)\dot{U}_1-\dfrac{1}{12}\dot{U}_2-\dfrac{1}{2}\dot{U}_3=\dot{I}_1\\ -\dfrac{1}{12}\dot{U}_1+\left(\dfrac{1}{12}+\dfrac{1}{6}+\dfrac{1}{18}\right)\dot{U}_2-\dfrac{1}{6}\dot{U}_3=\dot{I}_2\\ -\dfrac{1}{2}\dot{U}_1-\dfrac{1}{6}\dot{U}_2+\left(\dfrac{1}{2}+\dfrac{1}{3}+\dfrac{1}{6}\right)\dot{U}_3=0\end{cases}$$

由第 3 式得到

$$\dot{U}_3=\frac{1}{2}\dot{U}_1+\frac{1}{6}\dot{U}_2$$

代入第 1 式和第 2 式中，得到

$$\begin{cases}\dot{I}_1=\dfrac{11}{30}\dot{U}_1-\dfrac{1}{6}\dot{U}_2\\ \dot{I}_2=-\dfrac{1}{6}\dot{U}_1+\dfrac{5}{18}\dot{U}_2\end{cases}$$

这是双口网络的 Y 参数方程。对照图 10-13b，π 形等效电路中元件的参数为

$$Y_a=Y_{11}+Y_{12}=\frac{11}{30}-\frac{1}{6}=\frac{1}{5}\text{S}$$

$$Y_b=-Y_{12}=-\left(-\frac{1}{6}\right)=\frac{1}{6}\text{S}$$

$$Y_c=Y_{22}+Y_{21}=\frac{5}{18}-\frac{1}{6}=\frac{1}{9}\text{S}$$

3 个元件分别为 5Ω、6Ω 和 9Ω，π 形等效电路如图 10-15c 所示。

2）由 Y 参数方程求得 Z 参数方程

$$\dot{U}_1=\frac{\begin{vmatrix}\dot{I}_1 & -\frac{1}{6}\\ \dot{I}_2 & \frac{5}{18}\end{vmatrix}}{\begin{vmatrix}\frac{11}{30} & -\frac{1}{6}\\ -\frac{1}{6} & \frac{5}{18}\end{vmatrix}}=3.75\,\dot{I}_1+2.25\,\dot{I}_2$$

$$\dot{U}_2=\frac{\begin{vmatrix}\frac{11}{30} & \dot{I}_1\\ -\frac{1}{6} & \dot{I}_2\end{vmatrix}}{\begin{vmatrix}\frac{11}{30} & -\frac{1}{6}\\ -\frac{1}{6} & \frac{5}{18}\end{vmatrix}}=2.25\,\dot{I}_1+4.95\,\dot{I}_2$$

这是双口网络的 Z 参数方程。对照图 10-13a，T 形等效电路中元件的参数为

$$Z_1=Z_{11}-Z_{12}=3.75-2.25=1.50\Omega$$

$$Z_2=Z_{12}=2.25\Omega$$

$$Z_3=Z_{22}-Z_{21}=4.95-2.25=2.70\Omega$$

T 形等效电路如图 10-15d 所示。

【例 10-6】 图 10-16a 所示电路中，已知双口网络 N 的混合参数 $H=\begin{bmatrix}\frac{16}{5}\Omega & \frac{2}{5}\\ -\frac{2}{5} & \frac{1}{5}\text{S}\end{bmatrix}$，负载 R_L 为何值时，R_L 有最大功率，并求此最大功率。

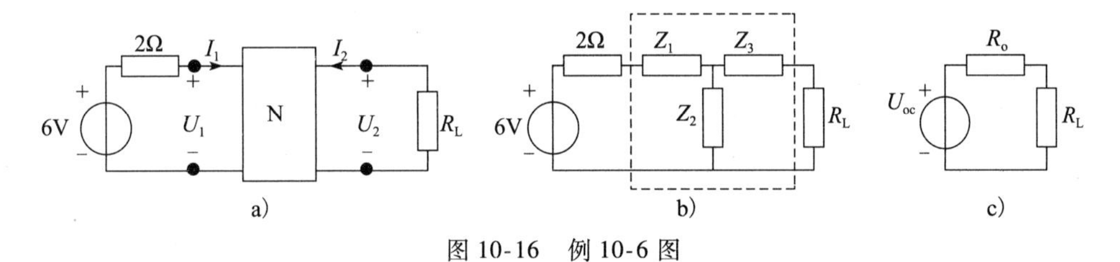

图 10-16　例 10-6 图

解　由已知条件知 $H_{12}=-H_{21}$，则 N 为互易双口网络。由已知的 H 参数可推导出 Z 参数。

$$\begin{cases}U_1=\dfrac{16}{5}I_1+\dfrac{2}{5}U_2\\ I_2=-\dfrac{2}{5}I_1+\dfrac{1}{5}U_2\end{cases}$$

得到

$$\begin{cases}U_1=4I_1+2I_2\\ U_2=2I_1+5I_2\end{cases}$$

即双口网络 N 的 Z 参数为 $\mathbf{Z}=\begin{bmatrix}4 & 2\\2 & 5\end{bmatrix}\Omega$，等效电路如图 10-16b 所示。$Z_1=2\Omega$，$Z_2=2\Omega$，$Z_3=3\Omega$，$R_L$ 左侧为有源二端网络，其戴维南等效电路如图 10-16c 所示。其中

$$U_{oc}=2\text{V},\quad R_o=Z_3+\frac{(2+Z_1)Z_2}{2+Z_1+Z_2}=4.33\Omega$$

所以，当 $R_L=R_o=4.33\Omega$ 时，R_L 可获得 P_{max}，且

$$P_{max}=\frac{U_{oc}^2}{4R_o}=0.231\text{W}$$

10.5 双口网络的连接

双口网络可以按多种不同方式相互连接。图 10-17 分别示出了双口网络的级联、串联和并联。除了这 3 种方式以外，还有串并联、并串联等连接方式。

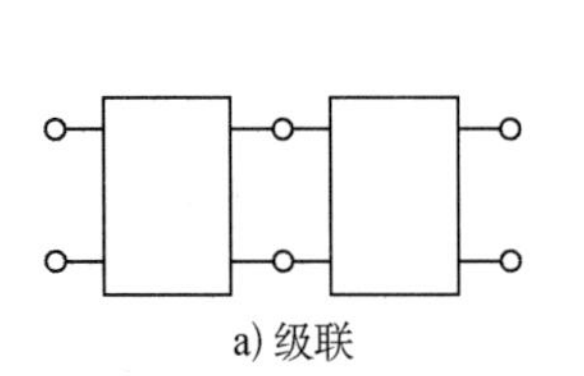
a) 级联

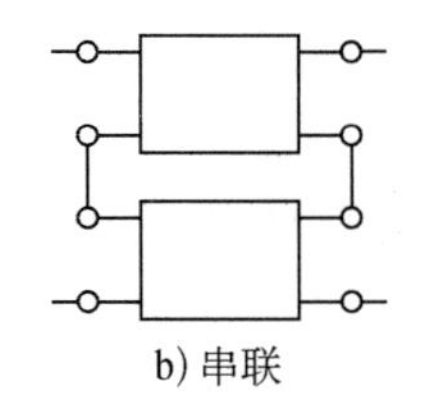
b) 串联

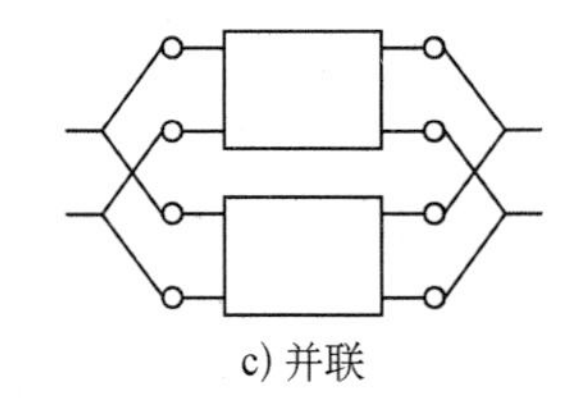
c) 并联

图 10-17 双口网络的连接

两个无源双口网络按图 10-17a 的方式连接，称为链联或级联。在图 10-18 中设无源双口网络 P_1 和 P_2 的 $\boldsymbol{A}$ 参数矩阵分别为

$$\boldsymbol{A}'=\begin{bmatrix}A'_{11} & A'_{12}\\A'_{21} & A'_{22}\end{bmatrix}\qquad \boldsymbol{A}''=\begin{bmatrix}A''_{11} & A''_{12}\\A''_{21} & A''_{22}\end{bmatrix}$$

对应有

$$\begin{bmatrix}\dot{U}'_1\\\dot{I}'_1\end{bmatrix}=\boldsymbol{A}'\begin{bmatrix}\dot{U}'_2\\-\dot{I}'_2\end{bmatrix}\qquad \begin{bmatrix}\dot{U}''_1\\\dot{I}''_1\end{bmatrix}=\boldsymbol{A}''\begin{bmatrix}\dot{U}''_2\\-\dot{I}''_2\end{bmatrix}$$

由于 $\dot{U}_1=\dot{U}'_1$，$\dot{U}'_2=\dot{U}''_1$，$\dot{U}''_2=\dot{U}_2$，$\dot{I}'_1=\dot{I}_1$，$-\dot{I}'_2=\dot{I}''_1$，$\dot{I}''_2=\dot{I}_2$，所以有

$$\begin{bmatrix}\dot{U}_1\\\dot{I}_1\end{bmatrix}=\boldsymbol{A}'\begin{bmatrix}\dot{U}'_2\\-\dot{I}'_2\end{bmatrix}=\boldsymbol{A}'\begin{bmatrix}\dot{U}''_1\\\dot{I}''_1\end{bmatrix}=\boldsymbol{A}'\boldsymbol{A}''\begin{bmatrix}\dot{U}''_2\\-\dot{I}''_2\end{bmatrix}=\boldsymbol{A}'\boldsymbol{A}''\begin{bmatrix}\dot{U}_2\\-\dot{I}_2\end{bmatrix}$$

对照

$$\begin{bmatrix}\dot{U}_1\\\dot{I}_1\end{bmatrix}=\boldsymbol{A}\begin{bmatrix}\dot{U}_2\\-\dot{I}_2\end{bmatrix}$$

得到

$$\boldsymbol{A}=\boldsymbol{A}'\boldsymbol{A}''$$

即

$$\boldsymbol{A}=\begin{bmatrix}A'_{11}A''_{11}+A'_{12}A''_{21} & A'_{11}A''_{12}+A'_{12}A''_{22}\\A'_{21}A''_{11}+A'_{22}A''_{21} & A'_{21}A''_{12}+A'_{22}A''_{22}\end{bmatrix}$$

图 10-17c 中，两个双口网络的输入端口和输出端口分别连在一起，这种连接方式称为

并联。由图 10-19 可见，$\dot{U}_1' = \dot{U}_1'' = \dot{U}_1$，$\dot{U}_2' = \dot{U}_2'' = \dot{U}_2$，其中$\dot{U}_1$和$\dot{U}_2$是复合双口网络的端口电压。

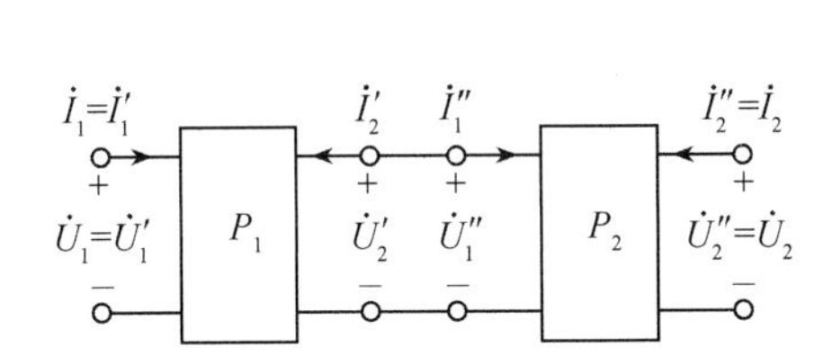

图 10-18　双口网络的级联

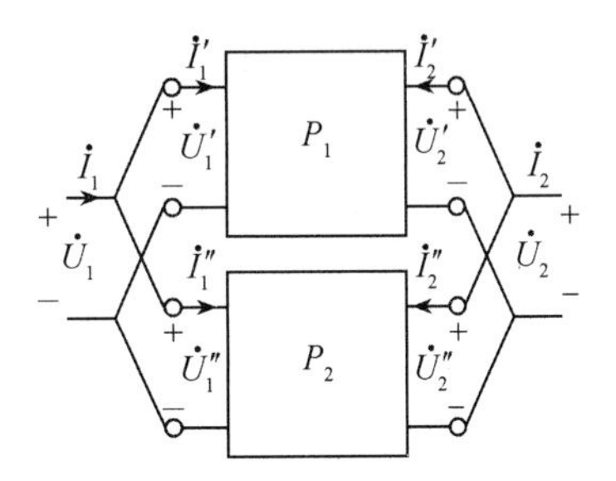

图 10-19　双口网络的并联

两双口网络并联之后，如果端口条件仍然成立，即每一个端口中自一个端子流入的电流等于从另一个端子流出的电流，则有

$$\dot{I}_1 = \dot{I}_1' + \dot{I}_1'' \quad \dot{I}_2 = \dot{I}_2' + \dot{I}_2''$$

所以

$$\begin{bmatrix} \dot{I}_1 \\ \dot{I}_2 \end{bmatrix} = \begin{bmatrix} \dot{I}_1' \\ \dot{I}_2' \end{bmatrix} + \begin{bmatrix} \dot{I}_1'' \\ \dot{I}_2'' \end{bmatrix} = \begin{bmatrix} Y_{11}' & Y_{12}' \\ Y_{21}' & Y_{22}' \end{bmatrix} \begin{bmatrix} \dot{U}_1 \\ \dot{U}_2 \end{bmatrix} + \begin{bmatrix} Y_{11}'' & Y_{12}'' \\ Y_{21}'' & Y_{22}'' \end{bmatrix} \begin{bmatrix} \dot{U}_1 \\ \dot{U}_2 \end{bmatrix} = \begin{bmatrix} Y_{11} & Y_{12} \\ Y_{21} & Y_{22} \end{bmatrix} \begin{bmatrix} \dot{U}_1 \\ \dot{U}_2 \end{bmatrix}$$

于是得

$$\boldsymbol{Y} = \boldsymbol{Y}' + \boldsymbol{Y}''$$

式中，$\boldsymbol{Y}$ 是复合双口网络的短路导纳参数矩阵。

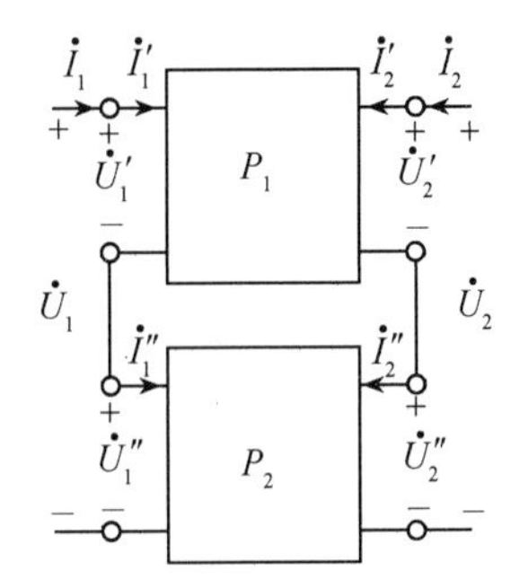

图 10-20　双口网络的串联

图 10-20 中两个双口网络的连接方式称为双口网络的串联，两个双口网络的两个端口流过的分别是同一个电流，即

$$\dot{I}_1 = \dot{I}_1' = \dot{I}_1'' \qquad \dot{I}_2 = \dot{I}_2' = \dot{I}_2''$$

两端口电压则是

$$\dot{U}_1 = \dot{U}_1' + \dot{U}_1'' \qquad \dot{U}_2 = \dot{U}_2' + \dot{U}_2''$$

在端口条件成立的情况下

$$\begin{bmatrix} \dot{U}_1 \\ \dot{U}_2 \end{bmatrix} = \begin{bmatrix} \dot{U}_1' \\ \dot{U}_2' \end{bmatrix} + \begin{bmatrix} \dot{U}_1'' \\ \dot{U}_2'' \end{bmatrix} = \begin{bmatrix} Z_{11}' & Z_{12}' \\ Z_{21}' & Z_{22}' \end{bmatrix} \begin{bmatrix} \dot{I}_1 \\ \dot{I}_2 \end{bmatrix} + \begin{bmatrix} Z_{11}'' & Z_{12}'' \\ Z_{21}'' & Z_{22}'' \end{bmatrix} \begin{bmatrix} \dot{I}_1'' \\ \dot{I}_2'' \end{bmatrix} = \begin{bmatrix} Z_{11} & Z_{12} \\ Z_{21} & Z_{22} \end{bmatrix} \begin{bmatrix} \dot{I}_1 \\ \dot{I}_2 \end{bmatrix}$$

即复合双口网络的 $\boldsymbol{Z}$ 参数矩阵为

$$\boldsymbol{Z} = \boldsymbol{Z}' + \boldsymbol{Z}''$$

式中，$\boldsymbol{Z}'$ 和 $\boldsymbol{Z}''$ 分别为原双口网络 P_1 和 P_2 的开路阻抗参数矩阵。

【例 10-7】求图 10-21 所示双口网络的传输参数。

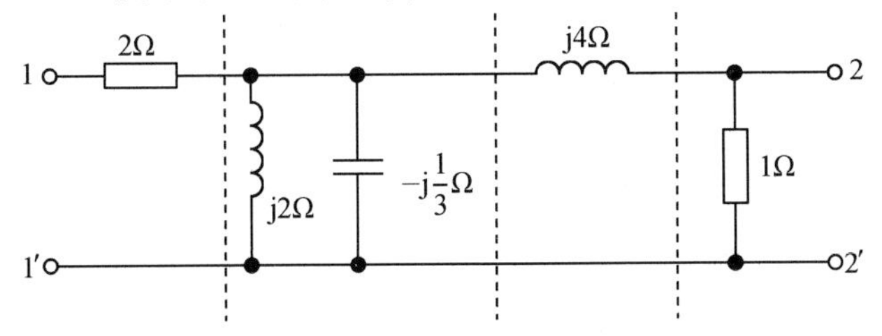

图 10-21　例 10-7 图

解 将图示双口网络看成由四个双口网络级联组成，分别求出每个双口网络的传输参数矩阵，再由矩阵相乘求得整个双口网络的传输参数。

对于第一个双口网络，有

$$\begin{cases}\dot{U}_1 = \dot{U}_2 - 2\dot{I}_2 \\ \dot{I}_1 = -\dot{I}_2\end{cases}$$

其传输参数矩阵为

$$\boldsymbol{A}_{(1)} = \begin{bmatrix} 1 & 2 \\ 0 & 1 \end{bmatrix}$$

对于第二个双口网络，有

$$\dot{U}_1 = \dot{U}_2$$

$$\dot{I}_1 = \left(\frac{1}{\mathrm{j}2} + \frac{1}{-\mathrm{j}\dfrac{1}{3}}\right)\dot{U}_2 - \dot{I}_2 = \mathrm{j}\,\frac{5}{2}\dot{U}_2 - \dot{I}_2$$

其传输参数矩阵为

$$\boldsymbol{A}_{(2)} = \begin{bmatrix} 1 & 0 \\ \mathrm{j}2.5 & 1 \end{bmatrix}$$

同样，第三个双口网络的传输参数矩阵为

$$\boldsymbol{A}_{(3)} = \begin{bmatrix} 1 & \mathrm{j}4 \\ 0 & 1 \end{bmatrix}$$

第四个双口网络的传输参数矩阵为

$$\boldsymbol{A}_{(4)} = \begin{bmatrix} 1 & 0 \\ 1 & 1 \end{bmatrix}$$

整个双口网络的传输参数矩阵为

$$\begin{aligned}\boldsymbol{A} &= \begin{bmatrix} 1 & 2 \\ 0 & 1 \end{bmatrix}\begin{bmatrix} 1 & 0 \\ \mathrm{j}2.5 & 1 \end{bmatrix}\begin{bmatrix} 1 & \mathrm{j}4 \\ 0 & 1 \end{bmatrix}\begin{bmatrix} 1 & 0 \\ 1 & 1 \end{bmatrix} \\ &= \begin{bmatrix} -17 + \mathrm{j}9 & -18 + \mathrm{j}4 \\ -9 + \mathrm{j}2.5 & -9 \end{bmatrix}\end{aligned}$$

习题十

10-1 求题 10-1 图所示双口网络的 $\boldsymbol{Y}$、$\boldsymbol{Z}$ 和 $\boldsymbol{A}$ 参数矩阵。

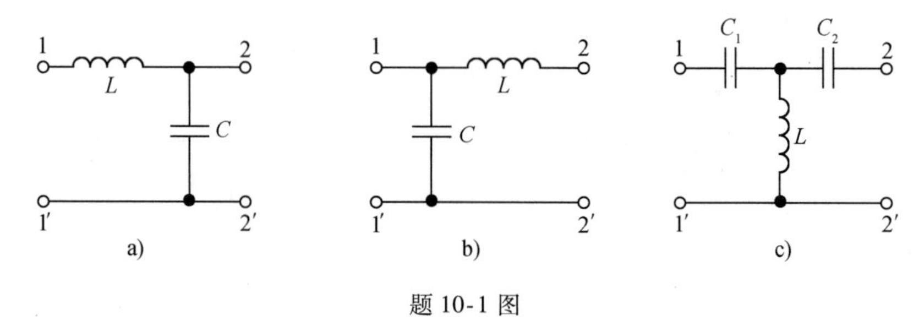

题 10-1 图

10-2 求题 10-2 图所示双口网络的 $\boldsymbol{Y}$、$\boldsymbol{Z}$、$\boldsymbol{A}$ 和 $\boldsymbol{H}$ 参数矩阵。

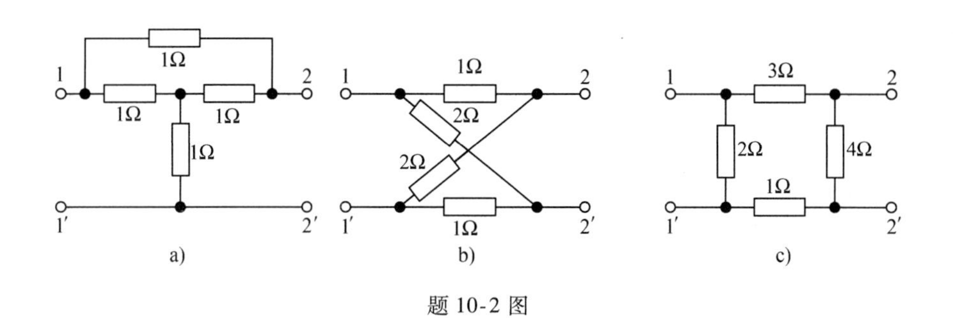

题 10-2 图

10-3 求题 10-3 图所示双口网络的 H 参数和 Y 参数。

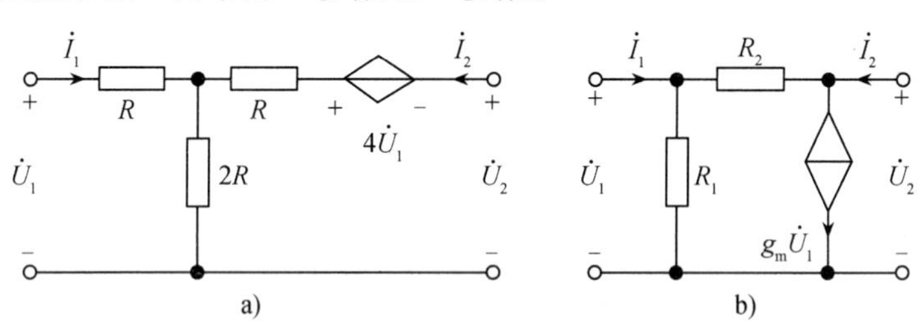

题 10-3 图

10-4 在题 10-4 图所示的互易电阻双口网络中，当 11′端口电压 $U = -25$V 时，测得 22′端的短路电流为 $I_{22'} = 2$A。如果在 22′端口加电压 150V，求 11′端口的短路电流 $I_{11'}$。

10-5 在题 10-5 图所示的电阻互易双口网络中，当 11′端口接理想电流源 $I_S = 1$A 时，测得 22′端口开路电压为 $U_{22'} = 25$V。如果在 22′端口接入 4A 的理想电流源，11′端口的开路电压 $U_{11'}$ 为多少？

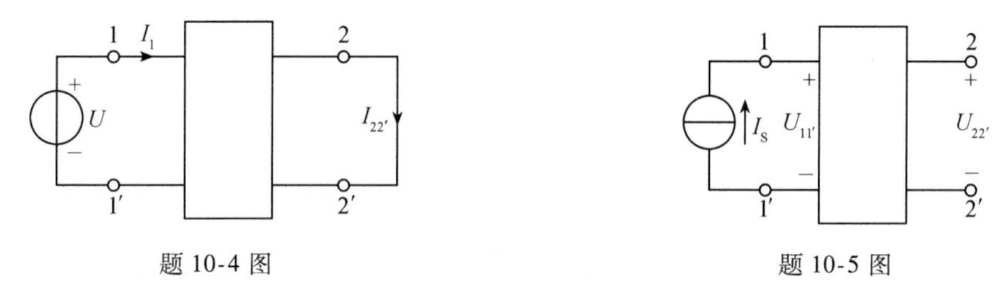

题 10-4 图　　题 10-5 图

10-6 题 10-6 图中标出了互易双口网络 N 上进行的两次测量结果，试根据这些测量结果求出双口网络的 Y 参数。

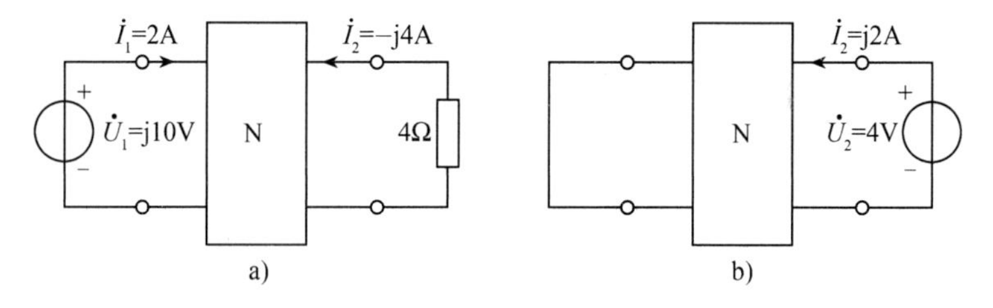

题 10-6 图

10-7 题 10-7 图中双口网络的 $\boldsymbol{H}$ 参数矩阵为

$$\boldsymbol{H}(s)=\begin{bmatrix}40 & 0.4\\ 10 & 0.1\end{bmatrix}$$

（1）求电压转移函数 $U_2(s)/U_S(s)$。

（2）若电压源 $u_S(t)=1(t)$V，求 $u_2(t)$。

10-8 电路如题 10-8 图所示，N 为线性无源双口网络，其 Z 参数矩阵为$\begin{bmatrix}9 & 3\\ 3 & 5\end{bmatrix}\Omega$，试求 $\dot{I}_L$。

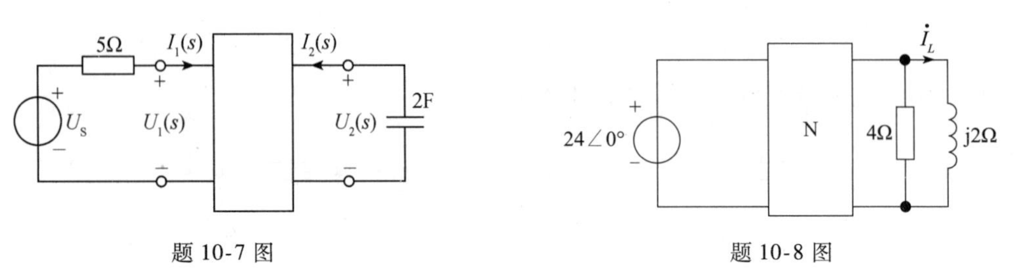

题 10-7 图　　　　题 10-8 图

10-9 如题 10-9 图所示电路含有理想变压器，试求该电路的 H 参数方程。

10-10 求题 10-10 图所示双口网络的特性阻抗。

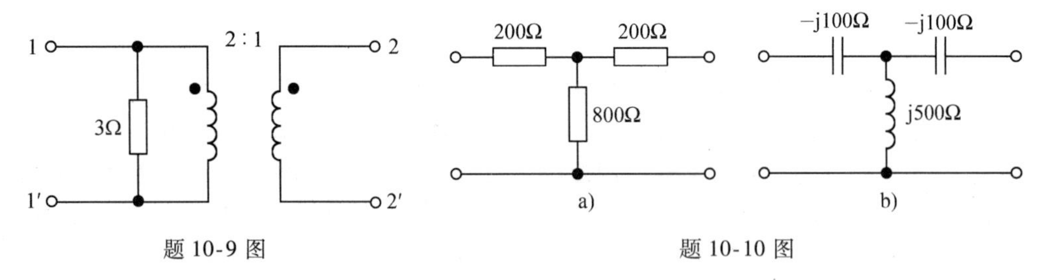

题 10-9 图　　　　题 10-10 图

10-11 已知双口网络的传输参数矩阵为 $\boldsymbol{A}=\begin{bmatrix}\frac{7}{2} & 50\\ \frac{1}{6} & \frac{8}{3}\end{bmatrix}$，试求出该双口网络的 T 形等效电路和 π 形等效电路。

10-12 题 10-12 图中的 N 为线性电阻双口网络，当 $R_L=\infty$ 时，$U_2=7.5$V；当 $R_L=0$ 时，$I_1=3$A，$I_2=-1$A。(1) 求双口网络的 Y 参数；(2) R_L 为何值时，R_L 可获得最大功率，并求此最大功率 P_{max}。

10-13 试求题 10-13 图所示双口网络的 A 参数。

10-14 在题 10-14 图所示电路中，输入端加电压 $U_1=380$V。计算双口网络的 A 参数，再求出输出端的开路电压 U_2。

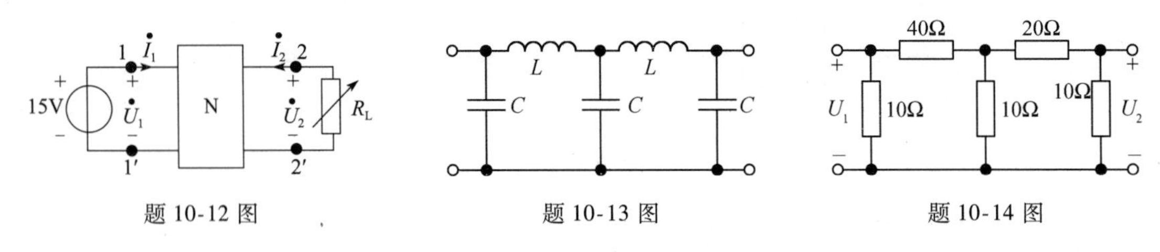

题 10-12 图　　　　题 10-13 图　　　　题 10-14 图

10-15 求题 10-15 图所示双口网络的 A 参数。设内部双口网络 P_1 的 A 参数矩阵为

$$\boldsymbol{A}=\begin{bmatrix}A_{11} & A_{12}\\ A_{21} & A_{22}\end{bmatrix}$$

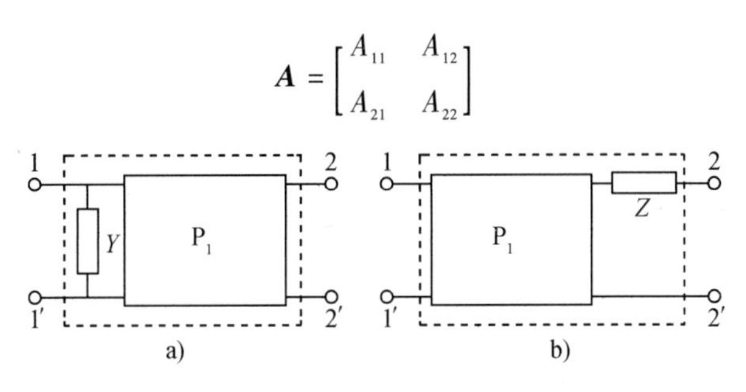

题 10-15 图

10-16 题 10-16 图电路中，已知 N_1、N_2 为纯电阻网络，N_1 的传输参数为 $\begin{bmatrix}\frac{4}{3} & 2\\ \frac{1}{6} & 1\end{bmatrix}$，$N_2$ 是对称网络，当 $I_3=0$ 时，测得 $U_3=3\text{V}$，$I_2=-6\text{A}$。试求：(1) N_2 的传输参数；(2) 若 33′端口接电阻 $R=6\Omega$，求 I_3 为多少？

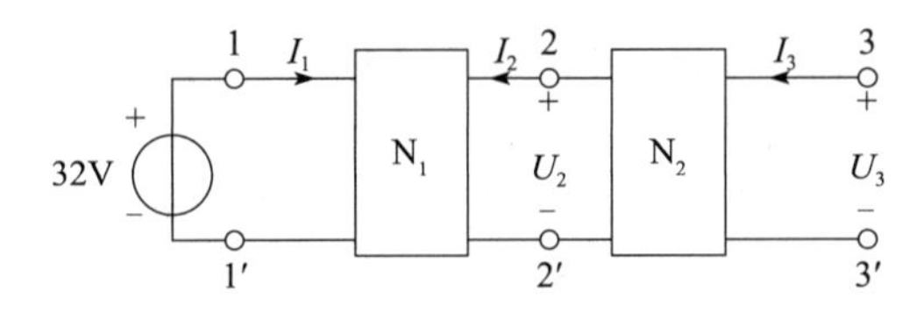

题 10-16 图

第11章 非线性电阻电路的分析

内容提要：本章介绍了非线性元件及其特性、非线性电路的解析分析法、图解分析法和小信号分析法。

本章重点：非线性电阻元件的特性，非线性时不变电阻电路的分析方法。

11.1 非线性电阻特性

二端线性电阻的伏安特性是通过 u-i 平面坐标原点的直线，欧姆定律就表达了线性电阻的这种伏安关系。若电阻器的伏安特性不是通过 u-i 平面坐标原点的直线，或是用曲线来表征时，则这种电阻就称为非线性电阻。可见，非线性电阻的伏安关系是不满足欧姆定律的，而是符合某种特定的非线性的函数关系。因此，非线性电阻的参数不能用一个数值来表示，而是用它在整个工作区域内的伏安曲线或非线性解析式来表征。非线性电阻的电路符号如图 11-1 所示。

若非线性电阻两端的电压是电流的单值函数，就称其为电流控制型非线性电阻，简称流控型非线性电阻，它的特性方程可用 $u=f(i)$ 来表征。如图 11-2a 所示的充气二极管(又称辉光管)就是流控型非线性电阻，其伏安特性曲线如图 11-2b 所示。由图可见，每一个电流 i 只有一个电压 u 与之对应，但对同一个电压值，电流却可能是多值的。

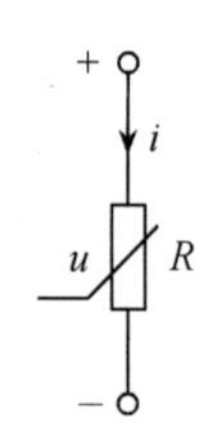

图 11-1 非线性电阻元件

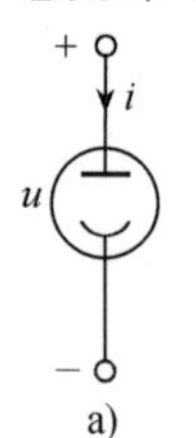

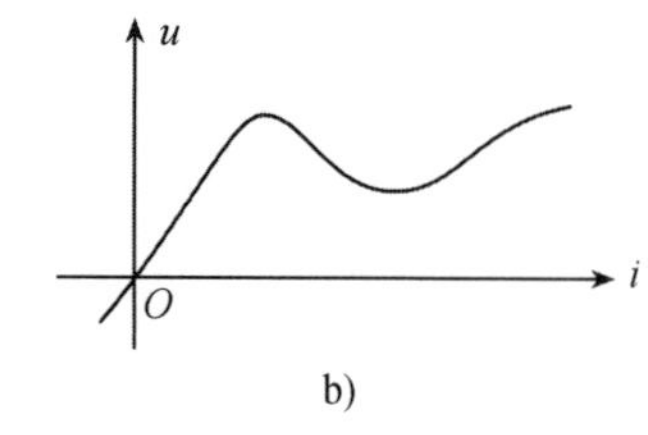

图 11-2 充气二极管及其伏安特性

若非线性电阻中通过的电流是其端电压的单值函数，就称其为电压控制型非线性电阻，简称压控型非线性电阻。它的特性方程为

$$i=g(u)$$

如图 11-3a 所示的隧道二极管就是一个压控型非线性电阻，其伏安特性曲线如图 11-3b 所示。由图可见，每一个电压 u 只有一个电流 i 与之对应，但对同一个电流值，电压却可能是多值的。

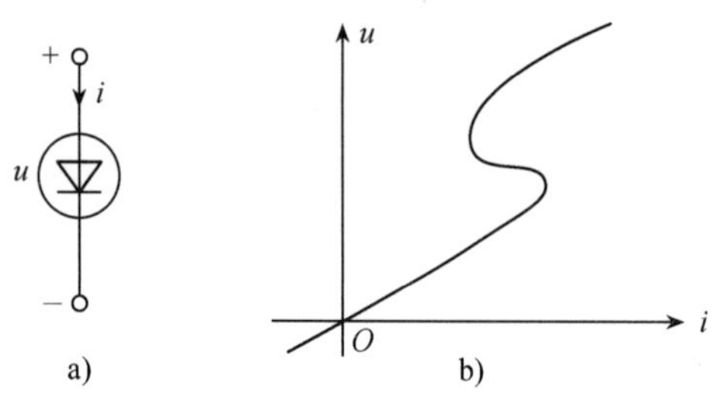

图 11-3 隧道二极管及其伏安特性

如果非线性电阻的伏安特性方程为 $u=2i^2$，则此电阻为流控型非线性电阻；如果非线性电阻的伏安特性方程是 $i=u^3+4u$，则此电阻为压控型非线性电阻。对于这类非线性时不变电阻，它们的特性方程中是不含时间 t 的。

若非线性电阻既是流控型又是压控型的，则该电阻称为单调型非线性电阻。它的伏安特性是单调上升或单调下降的，它的特性方程既可用 $u=f(i)$ 的形式也可用 $i=g(u)$ 的形式来表征。这一类电阻以 P－N 结二极管最为典型。

为了分析和计算非线性电路，下面介绍非线性电阻元件的静态电阻和动态电阻。静态电阻是非线性电阻特性曲线上静态工作点 Q 处的电压与电流的比值，在图 11-4 中，静态电阻为

$$R_{oQ}=\frac{U_Q}{I_Q}$$

它正比于 $\tan\alpha$ 值。动态电阻是指在静态工作点 Q 附近电压对电流的变化率，即

$$R_{dQ}=\left.\frac{du}{di}\right|_{i=I_Q}$$

它正比于 $\tan\beta$ 值。可见，非线性时不变电阻元件的静态电阻和动态电阻都不是常数，而是其电压或电流的函数，且随工作点的不同而不同。

一般情况下，非线性电阻的静态电阻是正值（特殊情况除外），动态电阻可能是正值也可能是负值。一个非线性电阻元件的动态电阻的正负是由其伏安特性及静态工作点的位置决定的。例如在图 11-5 中，工作点 Q 附近（即在上升段上）的动态电阻 $R_{dQ}>0$，而工作点 P 附近（即在下倾段上）的动态电阻 $R_{dP}<0$。

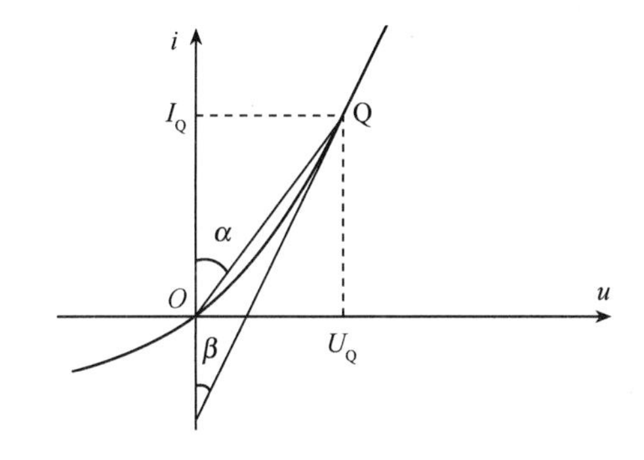

图 11-4　单调型非线性电阻伏安特性

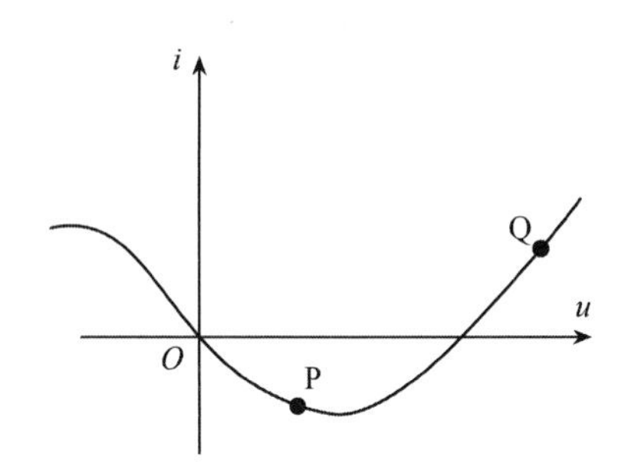

图 11-5　正、负动态电阻

11.2　非线性电阻电路的解析分析法

非线性电阻网络的分析计算比线性电阻网络的分析计算复杂。但是，对于只含有一个非线性电阻元件，并且这个非线性电阻元件的伏安特性可以用数学解析式表达出来时，可以应用第 3 章的戴维南定理将网络的线性部分进行等效后，再求解。

【例 11-1】在图 11-6a 所示的非线性电阻电路中，R 是流控型非线性电阻，其伏安特性表达式为 $u=i^2$（u、i 的单位为 V、A）。试求 R 所消耗的功率及 i_1 的值。

解　在给定电路中，a、b 两点的左侧为一个线性有源的二端网络。根据戴维南定理，我们将其化简成图 11-6b 所示的戴维南等效电路。其中 $U_{oc}=2V$，$R_o=1\Omega$。故有如下联立方程组

$$\begin{cases}u=2-i\\u=i^2\end{cases}$$

解得

$$u=\begin{cases}1\text{V}\\4\text{V}\end{cases},\qquad i=\begin{cases}1\text{A}\\-2\text{A}\end{cases}$$

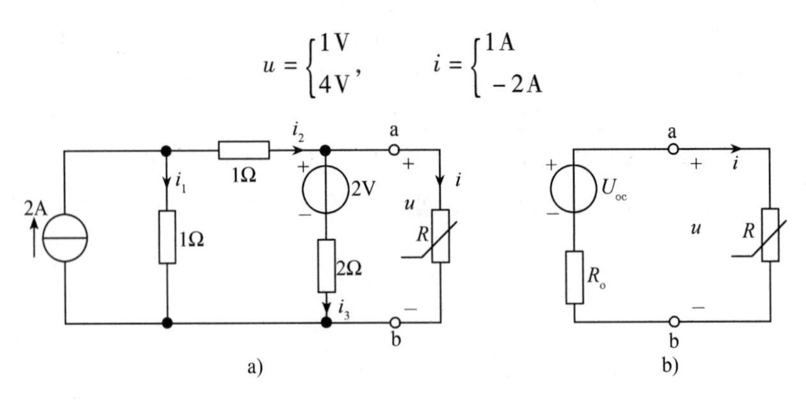

图 11-6 例 11-1 图

当 $i=1\text{A}$，$u=1\text{V}$ 时，$P_R=1\text{W}$，此时 R 消耗功率 1W。

当 $i=-2\text{A}$，$u=4\text{V}$ 时，$P_R=-8\text{W}$，此时 R 发出功率 8W。

对于 i_1 的求解，需返回到给定电路。

当 $i=1\text{A}$，$u=1\text{V}$ 时，由 KVL 和 KCL 得

$$i_3=\frac{u-2}{2}=-0.5\text{A}$$

$$i_2=i+i_3=0.5\text{A}$$

$$i_1=2-i_2=1.5\text{A}$$

当 $i=-2\text{A}$，$u=4\text{V}$ 时，同理得

$$i_3=\frac{u-2}{2}=1\text{A}$$

$$i_2=i+i_3=-1\text{A}$$

$$i_1=2-i_2=3\text{A}$$

由于基尔霍夫定律只与网络的结构有关，而与网络中元件的性质无关，所以基尔霍夫定律仍然是分析非线性网络的依据，而线性电路分析方法对非线性电路是不适用的。

11.3 非线性电阻电路的图解分析法

一般情况下，非线性方程不易求解，而且当非线性电阻元件的伏安特性用曲线表征时，有时不易写出它的数学表达式。因此，对非线性时不变的简单电阻网络可采用图解分析法进行分析，它包括曲线相交法和曲线相加法，下面分别予以介绍。

11.3.1 曲线相交法

曲线相交法是根据解析几何中用曲线相交解联立方程的方法。

在图 11-7a 所示的电路中，非线性电阻 R 的伏安特性曲线如图 11-7b 中的 $i(u)$ 所示。为了求得电路中电压 u 和电流 i，列出电路左部支路的方程为

$$u=E-R_0i$$

这个线性方程的伏安关系如图 11-7b 中的 $i(u)_i$ 所示。这两条曲线的交点 Q(静态工作点，或称为工作点)对应的电压 U 和电流 I 就是要求的解。这种求解非线性电阻电路的方法就称为曲线相交法。

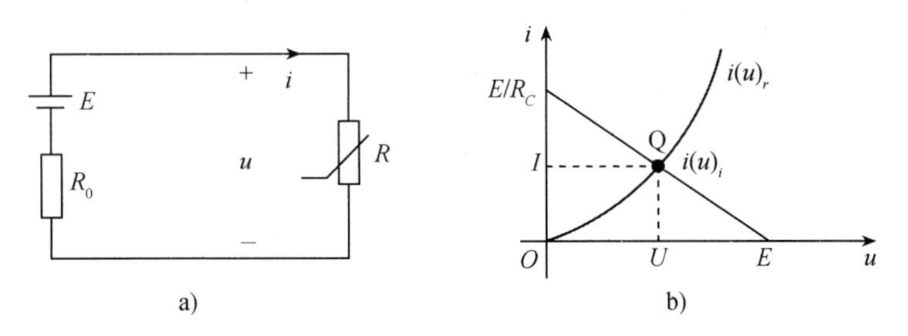

图 11-7　曲线相交法

还应指出，非线性电阻网络在静态情况下，非线性电阻在工作点 Q 处的静态电阻为

$$R_{0Q}=\frac{U}{I}$$

故非线性电阻所消耗的有功功率为

$$P_{RQ}=UI=R_{0Q}I^2=\frac{U^2}{R_{0Q}}$$

如果非线性电阻网络中只含有一个非线性电阻元件，其余部分是线性电路，可以先把线性电路部分化为戴维南等效电路，然后就可以用曲线相交法计算这个非线性电阻网络了。

【例 11-2】在图 11-8a 所示非线性电阻电路中，R 是流控型非线性电阻，其伏安特性曲线见图 11-8c 的 $u(i)_r$。试求 R 所消耗的功率及 i_1 值。

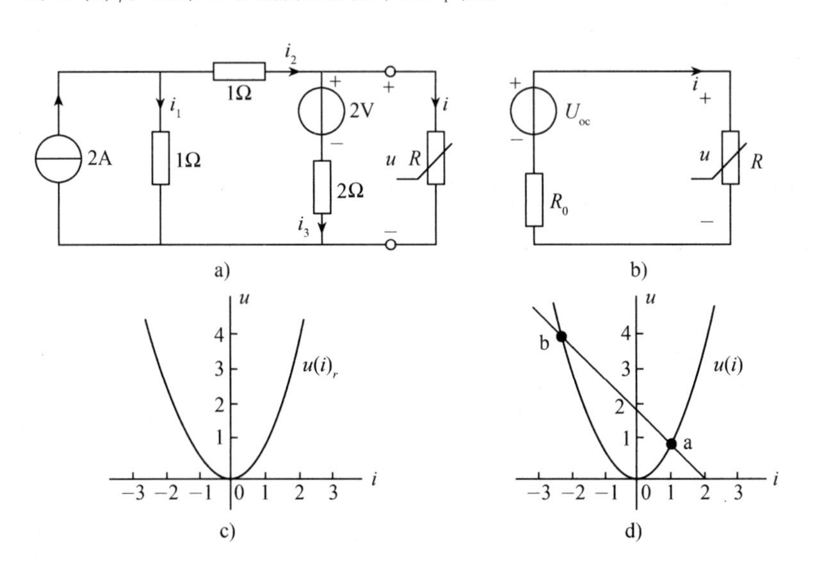

图 11-8　例 11-2 图

解　将图 11-8a 中电路化简成如图 11-8b 所示等效电路，其中 $U_{oc}=2\text{V}$，$R_0=1\Omega$，左部戴维南等效电路的伏安特性是一条直线，见图 11-8d，与非线性电阻伏安特性曲线的交点 a、b 所对应的 u、i 为所求的解，即

$$i=\begin{cases}1\text{A}\\-2\text{A}\end{cases},\qquad u=\begin{cases}1\text{V}\\4\text{V}\end{cases}$$

当 $i=1$A，$u=1$V 时，$P_R=1$W，此时 R 消耗功率 1W。

当 $i=-2$A，$u=4$V 时，$P_R=-8$W，此时 R 发出功率 8W。

求出 u、i 后，返回给定电路就可以求出 i_1。

当 $i=1$A，$u=1$V 时，由 KVL 得

$$i_3=\frac{u-2}{2}=\frac{1-2}{2}=-0.5\text{A}$$

由 KCL 可得

$$i_2=i+i_3=1-0.5=0.5\text{A}$$

所以

$$i_1=I_\text{S}-i_2=2-0.5=1.5\text{A}$$

当 $i=-2$A，$u=4$V 时，同样计算可得

$$i_3=\frac{4-2}{2}=1\text{A}$$

$$i_2=-2+1=-1\text{A}$$

$$i_1=2+1=3\text{A}$$

从例 11-1 和例 11-2 可以看出，当非线性电阻的伏安关系可以用数学表达式比较准确地写出时，可以用求解联立方程组的方法求解电路。而当非线性电阻的伏安关系用曲线形式表达时，可用曲线相交法求解。图解分析法和解联立方程组的所得结果都表明该电路有两个可能的工作点 a、b。对于工作点 a，若 R 支路中电流 i 增长，则其电压 u 增长，而对左部戴维南等效电路，u 增长则使 i 减小，说明电路受到干扰出现偏离工作点的情况时能自动恢复，这样的工作点是稳定的。而对于工作点 b，$i<0$，若 i 的绝对值变大，则 u 增大，对左部的戴维南等效电路，因 $i=\dfrac{U_\text{oc}-u}{R_0}$，式中 $u>U_\text{oc}$，当其差值增大时 i 仍为负值，且绝对值增大，说明电路一旦受到干扰就不能稳定工作，即 b 是不稳定工作点。

11.3.2 曲线相加法

在图 11-9a 所示电路中，非线性电阻 R 的伏安特性曲线如图 11-9b 所示。要求用曲线表示总电压 u 和总电流 i 的约束关系。

首先，求含非线性电阻 R 支路的伏安特性曲线 $i_1(u)$。这条支路中的 R、R_1、E 是串联的，流过的是同一电流 i_1，故有

$$u=u_0+u_1+E$$

因为该支路中有非线性电阻 R、u 与 i_1 不是线性关系，因此必须利用各元件的伏安特性曲线，在同一电流条件下将各电压相加，才能得到该支路的伏安特性曲线。R 的伏安特性曲线 $i_1(u_0)$ 、R_1 的伏安特性曲线 $i_1(u_1)$ 、E 的伏安特性曲线 $i_1(E)$ 分别画在图 11-9b、c 中，当 $i_1=0$ 时，$u_0=0, u_1=0$，此时 $u=u_0+u_1+E$，得到图 11-9c 曲线上 $u=E$ 的一点，当 $i_1=i_1'$ 时，R 上的电压 u_0'，R_1 上的电压 u_1'，即该支路电流为 i_1' 时，其端电压为

$$u'=u_0'+u_1'+E$$

由 i_1' 和 u' 可得支路电压 u、支路电流 i_1 伏安特性曲线 $i_1(u)$ 上面的一点 a，依此作图就可以得支路的伏安特性曲线 $i_1(u)$，见图 11-9c。

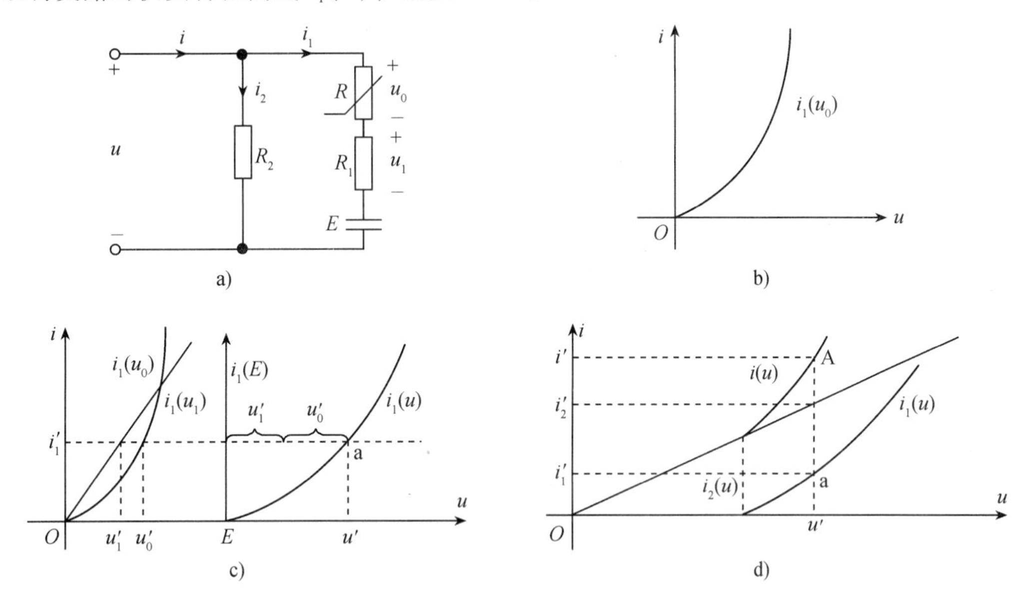

图 11-9　曲线相加法示例

其次，因线性电阻 R_2 与含非线性电阻 R 的支路是并联的，所以在同一电压下两支路中电流相加就是总电流，即

$$i = i_1 + i_2$$

因为 $i_1(u)$的关系是曲线，$i_2(u)$的关系是直线，图 11-9d 分别画出了 $i_1(u)$、$i_2(u)$这两曲线。要找到总电压 u 与总电流 i 的关系，需要对 $i_1(u)$和 $i_2(u)$两曲线在同一电压下进行电流相加。如在同一电压 u'条件下，从两曲线上分别得到 i_1'、i_2'，于是

$$i' = i_1' + i_2'$$

据 u'、i'可得 $i(u)$伏安特性曲线上的一点 A，依次作图就可得出总电压、总电流的伏安特性曲线 $i(u)$。

综上所述，如有若干元件串联，要得到这条支路的伏安特性曲线，应在同一电流条件下将各元件电压相加，便可得到伏安特性曲线上的一点，依次作图可得到伏安特性曲线。若有某些元件(支路)并联，应在同一电压条件下将各支路电流相加，由此得出伏安特性曲线上的一点，依次作图便可得到伏安特性曲线。

从作图所得 $i(u)$曲线可以确定电路中要求的解。比如给定电路总电压 u，从图 11-9d 就可得到 i_1、i_2 和 i，在给定 i_1 的条件下，从图 11-9c 就可求得 u_1、u_0；若给定总电流 i，从图 11-9d 可得电路总电压 u，进而求出支路电流 i_1、i_2 和元件上的电压 u_0、u_1。

【例 11-3】在图 11-10a 电路中，压控型非线性电阻 R_2 的伏安特性如图 11-10b 所示，$R_1 = R_3 = 1\Omega$。

1）若 $u_S = 3V$，$R = 1\Omega$，试定量画出图 11-10a 中 a、b 右部伏安特性曲线 $i(u)_r$，并计算 u、i、i_1、i_2 的值。

2）若 $u_S = 5V$，$R = 0$，试求 i、i_1、i_2 及 u_1、u_3 的值。

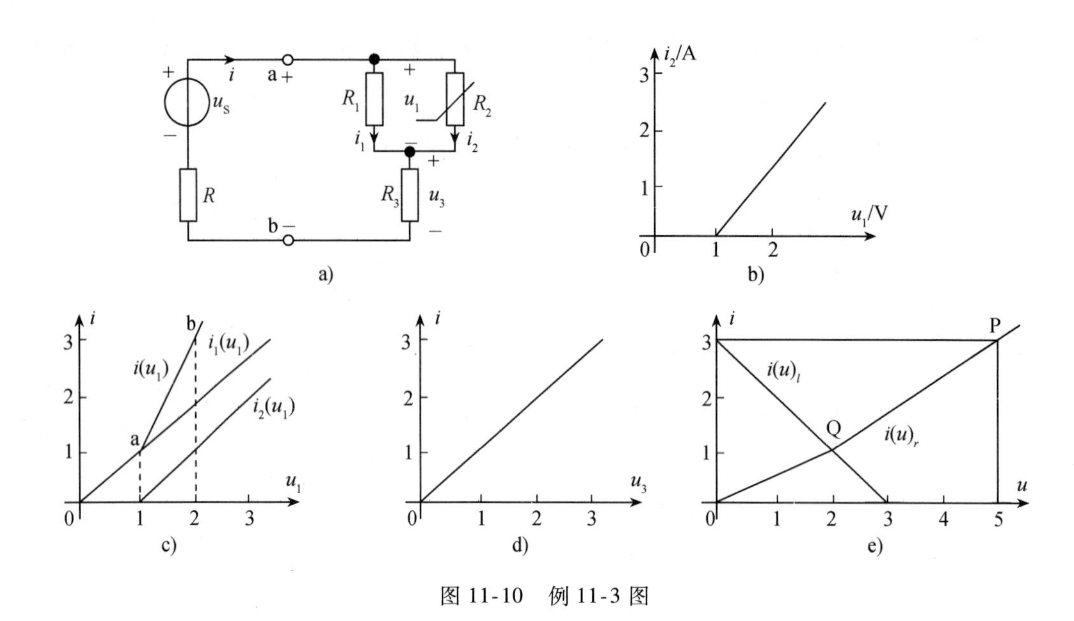

图 11-10 例 11-3 图

解 1）先用曲线相加法求 $i(u)$ 曲线。

将 R_1、R_2 的伏安关系曲线 $i_1(u_1)$ 和 $i_2(u_1)$ 分别绘于图 11-10c，由于并联，在同一电压 u_1 下，根据 KCL 有

$$i = i_1 + i_2$$

因此在同一电压下将电流相加，所得 0ab 曲线反映了总电流 i 和电压 u_1 的伏安关系，即 $i(u_1)$ 关系曲线。

将 R_3 的伏安特性曲线 $i(u_3)$ 画在图 11-10d 中，由于 R_3 与 R_1、R_2 的并联电路相串联，应在同一电流下将电压相加，即

$$u = u_1 + u_3$$

用图 11-10c 中的 $i(u_1)$ 曲线和图 11-10d 中的 $i(u_3)$ 曲线，在同一电流下将电压相加，得到图 11-10e中的 $i(u)_r$，即为所求。

下面用曲线相交法计算待求量。当 $u_S = 3\text{V}$，$R = 1\Omega$ 时，给定电路 a、b 左部电路的方程为

$$u = u_S - Ri = 3 - i$$

据此方程可画出左部电路伏安特性曲线 $i(u)_l$，它与 $i(u)_r$ 的交点 Q 就是给定电路的工作点，由图 11-10e 可得

$$i = 1\text{A},\ u = 2\text{V}$$

再由图 11-10c 的 $i(u_1)$ 曲线上可知，当 $i = 1\text{A}$ 时，$u_1 = 1\text{V}$，在 $u_1 = 1\text{V}$ 的条件下作图得 $i_1 = 1\text{A}$，$i_2 = 0$。

2）若 $u_S = 5\text{V}$，$R = 0$，在图 11-10e 中，按 $u = 5\text{V}$ 作电压坐标轴的垂线与 $i(u)_r$ 交于 P 点，得 $i = 3\text{A}$，再用图 11-10c、d 所示曲线，令 $i = 3\text{A}$，通过作图得 $u_1 = 2\text{V}$，$u_3 = 3\text{V}$。最后，在图 11-10c 上，由 $u_1 = 2\text{V}$ 从 $i_1(u_1)$ 和 $i_2(u_1)$ 曲线上查出 $i_1 = 2\text{A}$，$i_2 = 1\text{A}$。

11.4 非线性电阻电路的小信号分析法

在电子电路中经常遇到这样的情况，在恒定电压源或恒定电流源的作用下，电路中各电

压、电流都达到稳定状态，这样的工作状态常称为静态工作状态，此时恒定电压源或恒定电流源称为偏置源。如果在静态工作状态下的非线性电路中再加入幅值很小的时变小信号(源)，或者是恒定电源的变化量，以及外来干扰小信号(源)，电路工作情况将发生什么样的变化？本节介绍的小信号分析法便是分析这类问题的一种重要方法。

在图11-11所示的电路中，非线性时不变流控型电阻的伏安特性为

$$u(t)=f[i(t)]$$

式中，u 对 i 的导数是连续的，由KCL知

$$i(t)=I+i_\delta(t)$$

式中，I 是偏置电流源(大信号源)，$i_\delta(t)$ 是小信号源。所谓小信号源是指它的幅值远小于偏置电源的幅值，即

$$|i_\delta(t)| \ll |I|$$

对于非线性电阻 R 来说，若 I 产生的电压为 U，$i_\delta(t)$ 在 I 确定的工作点处产生的电压为 $u_\delta(t)$，则非线性电阻的端电压可表示为

$$u(t)=U+u_\delta(t)$$

于是，非线性电阻 R 的伏安特性可表示为

$$U+u_\delta(t)=f[I+i_\delta(t)] \tag{11-1}$$

当小信号未激励电路时，$u_\delta(t)=0$，因此，上式可化为

$$U=f(I) \tag{11-2}$$

现设小信号源在 t 时刻激励电路，把式(11-1)在时变偏置源 I 处展开成泰勒级数

$$U+u_\delta(t)=f(I)+f'(I)i_\delta(t)+\frac{1}{2!}f''(I)i_\delta^2(t)+\cdots$$

由于小信号源的幅值很小，故可忽略上式中 $i_\delta(t)$ 二次方及以后各项，同时考虑式(11-2)，上式便可化简为

$$u_\delta=f'(I)i_\delta(t)=Ri_\delta(t) \tag{11-3}$$

式(11-3)是在小信号激励下的非线性电阻动态方程，式中，$R=f'(I)$，它是与小信号源无关的线性电阻。这个线性电阻是非线性电阻的伏安特性 $f(I)$ 在 I 处的斜率值。这个重要结论告诉我们，非线性时不变电阻在小信号激励下，其特性与电阻函数为 $f'(I)$ 的线性电阻特性相同。这就是非线性电阻元件的小信号特性。非线性电阻在小信号激励下的小信号等效电路如图11-12所示。

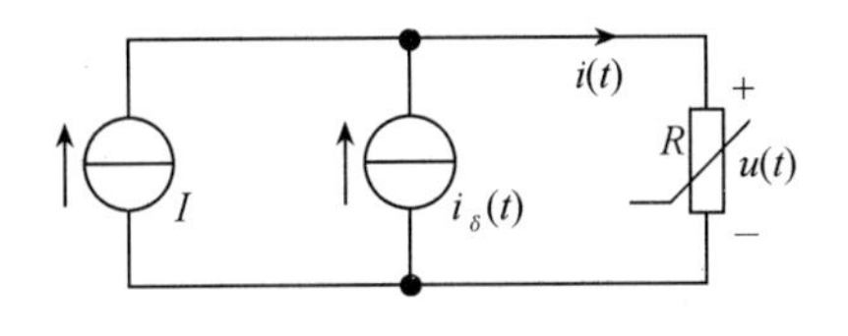

图11-11　小信号电路

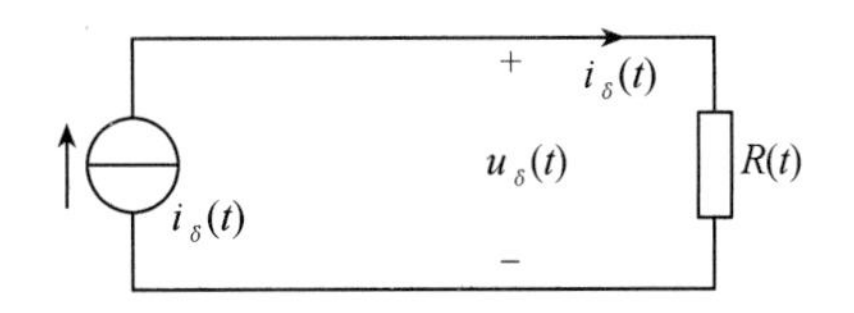

图11-12　小信号分析方法示例

【例11-4】某非线性压控型电阻的特性方程为

$$i=u+\frac{1}{4}u^4$$

求非线性电阻的小信号等效电阻。已知偏置电源 $U=1\text{V}$。

解　先求非线性电阻的小信号等效电导

$$G_{\mathrm{d}}=\left.\frac{\mathrm{d}i}{\mathrm{d}u}\right|_{u=U}=1+u^{3}\big|_{u=1}=2\mathrm{S}$$

故等效电阻

$$R_{\mathrm{d}}=G_{\mathrm{d}}^{-1}=0.5\Omega$$

【例 11-5】图 11-13a 所示电路中，时不变偏置电压源 $E=20\mathrm{V}$，小信号电压源 $e_{\delta}=\sin\omega t\mathrm{V}$，非线性时不变流控型电阻的特性为 $u=i^{2}(i>0)$。当 E 作用于电路达到稳态时，e_{δ} 激励电路，试求电路的完全响应 u 和 i。

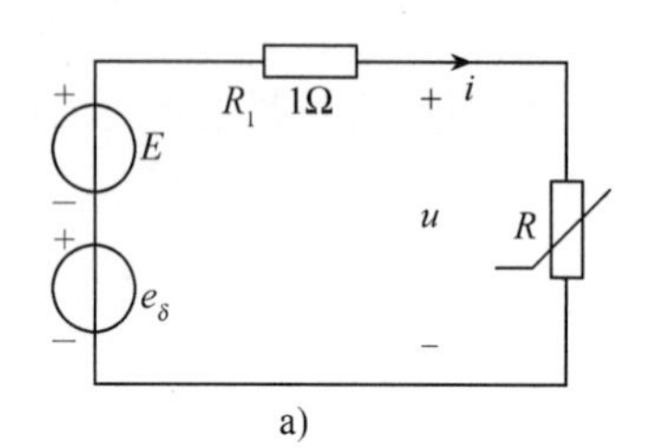

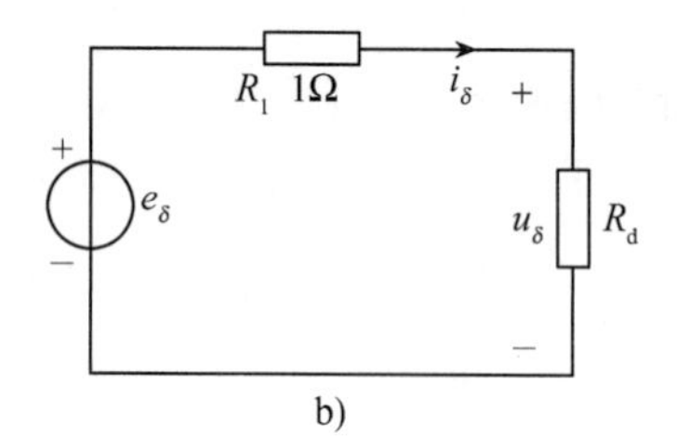

图 11-13　例 11-5 图

解　当只有 E 作用于电路时($e_{\delta}=0$)，静态电压 $u=U_0$，静态电流 $i=I_0$。根据 KVL 有

$$U_0=E-R_1I_0$$

$$U_0=20-I_0$$

代入非线性电阻伏安特性方程，有

$$I_0^2=20-I_0$$

$$I_0^2+I_0-20=0$$

$$I_0=4\mathrm{A},\quad U_0=I_0^2=16\mathrm{V}$$

所以小信号等效电阻(动态电阻)R_{d} 由其定义式可求出，为

$$R_{\mathrm{d}}=\left.\frac{\mathrm{d}u}{\mathrm{d}i}\right|_{i=I_0}=2I_0=8\Omega$$

画出小信号激励时的小信号等效电路，如图 11-13b 所示，则小信号激励产生的电流和电压响应为

$$i_{\delta}=\frac{e_{\delta}}{R_1+R_{\mathrm{d}}}=\frac{1}{9}\sin(\omega t)=0.111\sin(\omega t)\mathrm{A}$$

$$u_{\delta}=R_{\mathrm{d}}i_{\delta}=\frac{8}{9}\sin(\omega t)=0.889\sin(\omega t)\mathrm{V}$$

因此，电路的完全响应为

$$i=I_0+i_{\delta}=4+0.111\sin(\omega t)\mathrm{A}$$

$$u=U_0+u_{\delta}=16+0.889\sin(\omega t)\mathrm{V}$$

【例 11-6】在图 11-14a 所示电路中，$R_1=200\Omega$，压控型非线性电阻 R 的伏安特性为 $i=0.01u^{2}(u>0)$，若直流电压源 u_{S} 在 4V 电压上有 ±30mV 波动，试求完全响应 u 和 i。

解　依照题意 $u_{\mathrm{S}}=u_{\mathrm{S0}}+u_{\mathrm{S}\delta}$，其中 $u_{\mathrm{S0}}=4\mathrm{V}$，$u_{\mathrm{S}\delta}=\pm30\mathrm{mV}$，$u_{\mathrm{S0}}$ 相当于恒定直流偏置电源，$u_{\mathrm{S}\delta}$ 相当于小信号电压源。这属于小信号分析问题，给定电路的等效电路如图 11-14b 所示。

首先，求非线性电阻静态(只有 u_{S0} 起作用，$u_{\mathrm{S}\delta}$ 不起作用)电压 U_0 和静态电流 I_0。

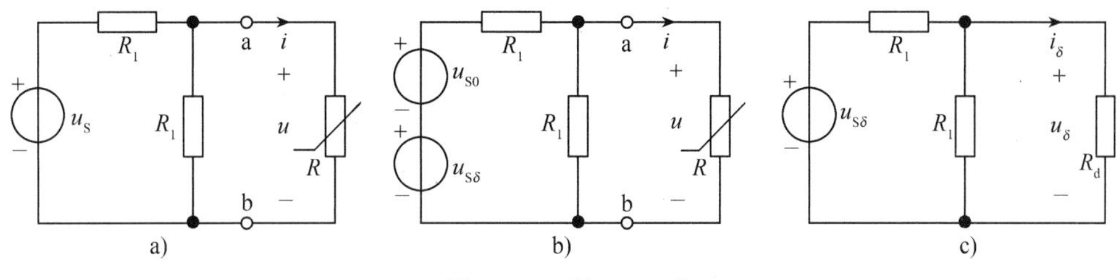

图 11-14　例 11-6 图

对图 11-14b 所示电路的 a、b 左部，其戴维南等效电路开路电压 $U_{OC}=2V$，等效电阻 $R_0=100\Omega$，则有

$$U_0=U_{OC}-R_0I_0=2-100I_0$$

对于 a、b 右部电路，有

$$I_0=0.01U_0^2$$

联立求解得

$$U_0=1V，I_0=10mA$$

其次，求小信号等效电导 G_d 及小信号响应。

非线性电阻的小信号电导（动态电导）为

$$G_d=\left.\frac{di}{du}\right|_{u=U_0}=0.02U_0=0.02S$$

则动态电阻

$$R_d=G_d^{-1}=50\Omega$$

只有小信号电压源 $u_{S\delta}$激励电路时，其小信号等效电路如图 11-14c 所示，故电路的小信号响应为

$$i_\delta=\pm0.1mA,\qquad u_\delta=\pm5mV$$

最后，计算电路的完全响应为

$$u=U_0+u_\delta=(1000\pm5)mV$$

$$i=I_0+i_\delta=(10\pm0.1)mA$$

【例 11-7】在图 11-15a 所示电路中，直流偏置电流源 $I_S=1A$，小信号电流源 $i_\delta=0.1\sin(\omega t)A$，线性电阻 $R_1=1\Omega$，压控型非线性电阻的伏安特性 $i=2u+1$，试求完全响应i 和 u。

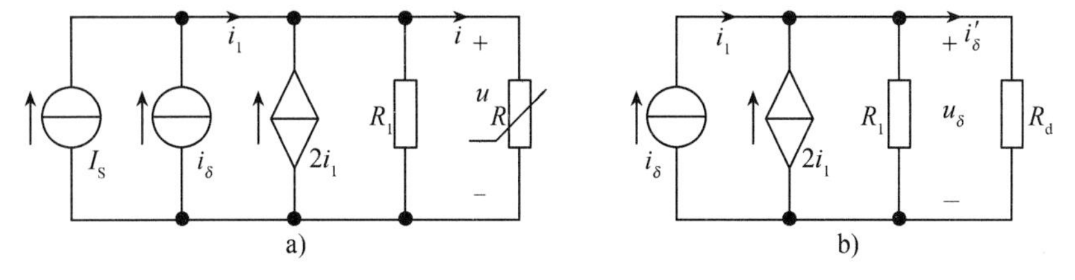

图 11-15　例 11-7 图

解　1）求静态工作点。因 $i_\delta=0$，故控制量 $i_1=I_S=1A$，CCCS 的受控量 $2i_1=2I_S=2A$，根据 KCL，有

$$I_0=I_S+2i_1-\frac{U_0}{R_1}=3-U_0$$

由非线性电阻特性方程得

$$I_0 = 2U_0 + 1$$

故

$$2U_0 + 1 = 3 - U_0$$

所以

$$U_0 = \frac{2}{3}\text{V} = 0.667\text{V}$$

$$I_0 = \frac{7}{3}\text{A} = 2.33\text{A}$$

2）计算 i_δ作用于电路产生的小信号响应。非线性电阻的小信号等效电阻为

$$R_\text{d} = \left.\frac{\text{d}u}{\text{d}i}\right|_{i=I_0} = \frac{1}{2} = 0.5\Omega$$

小信号等效电路如图 11-15b 所示，故小信号响应为

$$i'_\delta = \frac{R_1}{R_1 + R_\text{d}}(3i_\delta) = 0.2\sin(\omega t)\text{A}$$

$$u_\delta = R_\text{d} i'_\delta = 0.1\sin(\omega t)\text{V}$$

3）计算给定电路的完全响应如下：

$$i = I_0 + i'_\delta = 2.33 + 0.2\sin(\omega t)\text{A}$$

$$u = U_0 + u_\delta = 0.667 + 0.1\sin(\omega t)\text{V}$$

习题十一

11-1 在题 11-1 图所示电路中，非线性流控型电阻 R 的特性为 $u = i^2$（$i > 0$），试求 R 的功率。

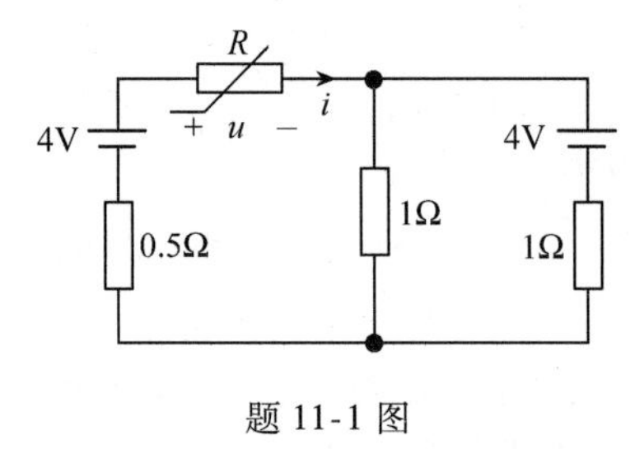

题 11-1 图

11-2 题 11-2 图 a 所示电路中，$E = 12.8\text{V}$，压控型非线性电阻 R 的伏安曲线如题 11-2 图 b 所示，试求 i 和 u。

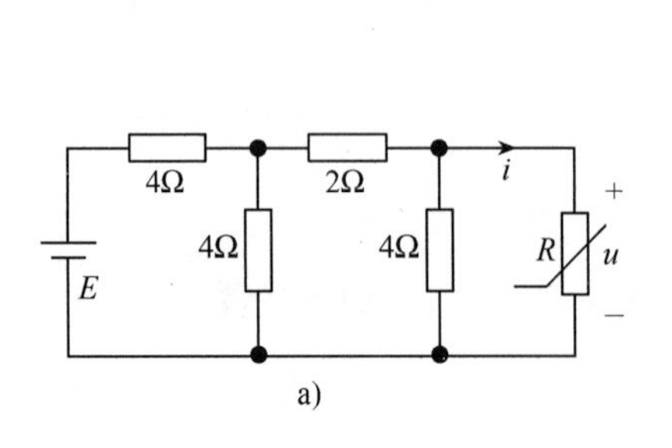

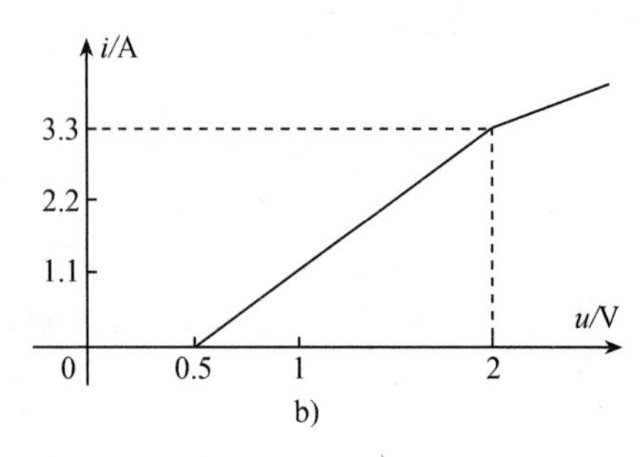

题 11-2 图

11-3 在题11-3图所示电路中，流控型非线性电阻 R 的特性为 $u=0.5i^2+0.50i(i>0)$，试求 u 和 i。

11-4 在题11-4图所示电路中，流控型非线性电阻的特性为 $u=3i^2(i>0)$。求完全响应 u 和 i。

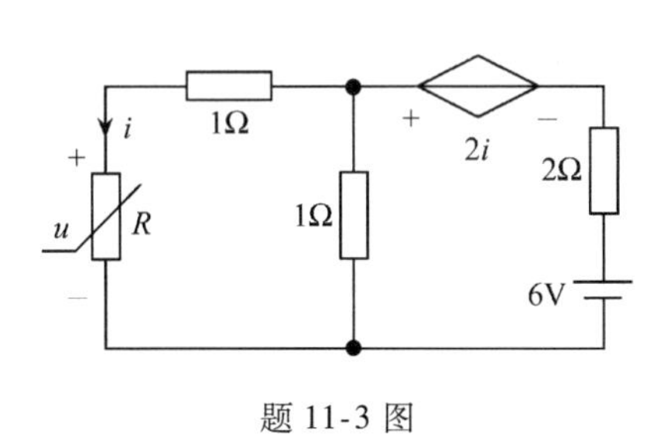

题11-3图

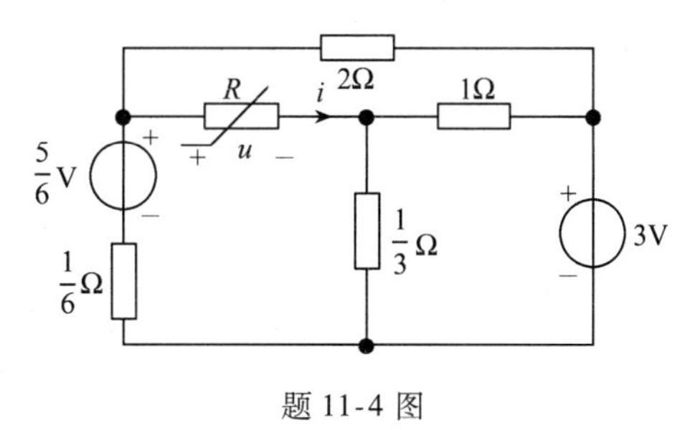

题11-4图

11-5 题11-5图所示电路中，压控型非线性电阻 R 的特性为 $i=2u^2\ (u>0)$，偏置电流源 $I_S=12\text{A}$，小信号电流源 $i_\delta=\sin t\text{A}$，试求完全响应 u 和 i。

11-6 题11-6图电路中，R 的伏安特性为 $u=i^2+2i\ (i>0)$，偏置电压源 $u_S=20\text{V}$，小信号电压源 $u_{S\delta}=2\sin t\ \text{V}$，试求完全响应 u 和 i。

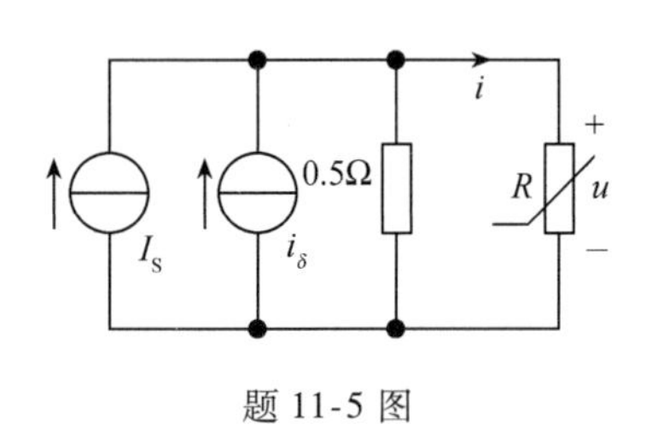

题11-5图

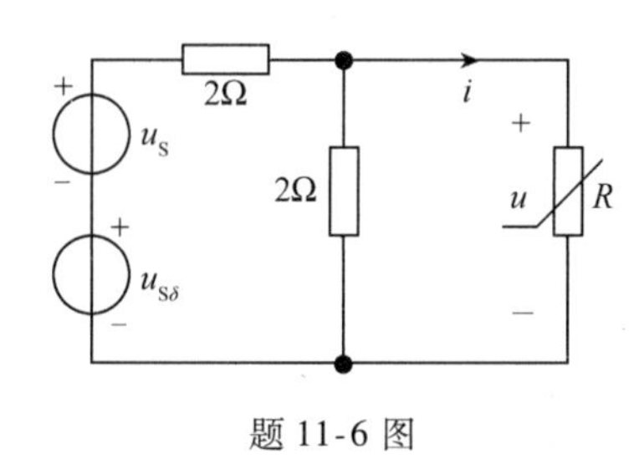

题11-6图

11-7 题11-7图电路中，R 的伏安特性为 $i=0.2u-4$，时不变偏置电流源 $I_S=2\text{A}$，小信号源 $e_\delta=\cos(2t)\text{V}$，试求小信号激励电路时的小信号响应 u_δ 和 i_δ。

11-8 题11-8图电路中，R 的伏安特性为 $u=4i^2(i\geqslant 0)$，电压源 $u_S=36+\sqrt{2}\cos(10t)$，试用小信号分析法求电感电流 i_L。

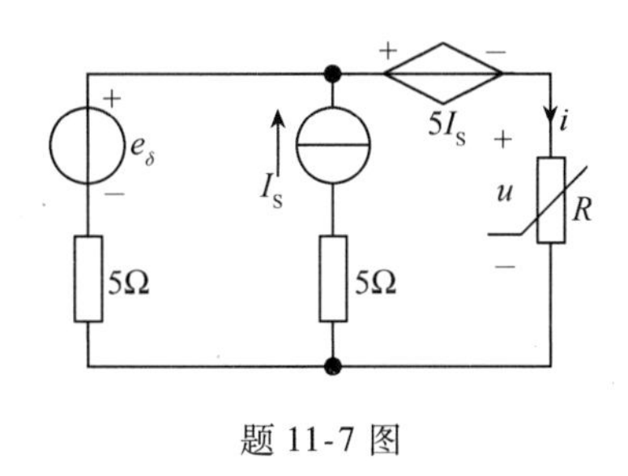

题11-7图

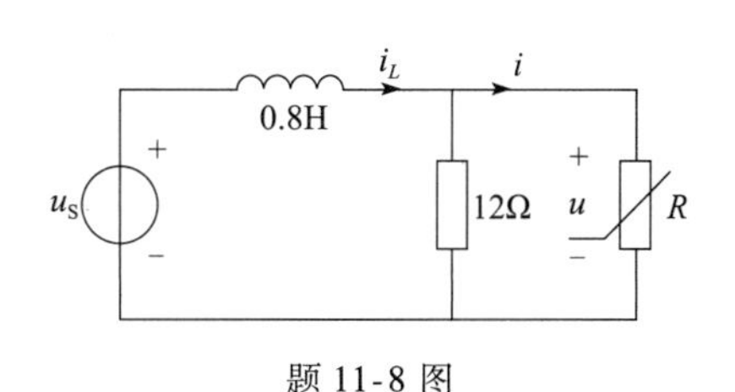

题11-8图

11-9 题11-9图a所示电路中，非线性电阻 R 的伏安特性如题11-9图b所示，试求其电流 I 和电压 U。

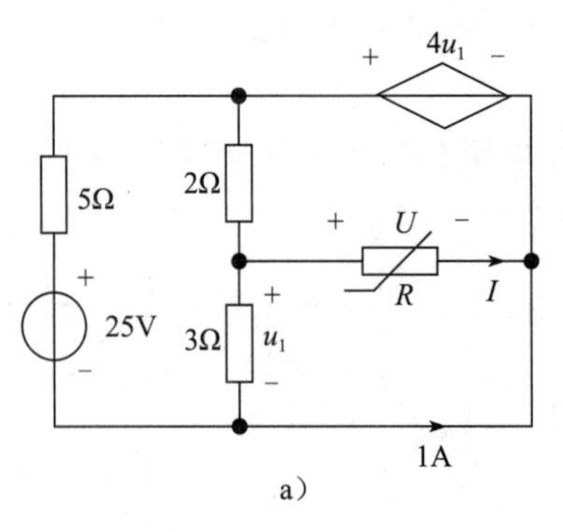

a）

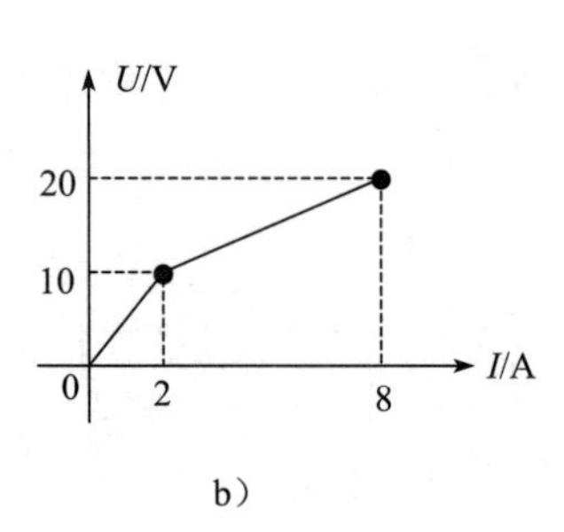

b）

题 11-9 图

第12章 分布参数电路及均匀传输线

内容提要：本章介绍均匀传输线的电路模型及其特性方程，均匀传输线的正弦稳态解，波的传输及反射的特点和分析方法，无损耗传输线的各种工作状态及功用。

本章重点：分布参数电路的概念和分析方法，均匀传输线正弦稳态解的计算方法。

12.1 分布参数电路及均匀传输线的概念

在本章之前，本书研究的电路都属于“集总参数电路”。集总参数电路的显著特点是元件和电路的尺寸相对于工作频率所对应的波长 λ 是“很小”的。根据电磁场理论，电磁波是以有限速度传播的，这个速度是光速，在真空中 $v \approx 3\times10^8$m/s。当电路尺寸不是“很小”的时候，用集总参数电路的分析方法并不能准确地反映实际情况。

用一个简单的例子来说明：一对长 $l=0.75$m 的传输线，电磁波从一端传到另一端需要时间 $t'=l/v=0.75/3\times10^8=2.5\times10^{-9}$s。如果它工作在频率 $f=2\times10^3$Hz 的条件下，对应的波长 $\lambda=3\times10^8/2\times10^3=1.5\times10^5$m，电磁波从一端传播到另一端的时间 t' 相对于电磁波的周期 T 可以忽略不计，线上各点的相位可以看成是相同的，在同一时刻沿线各点的电压电流分布是相同的。如果工作频率 $f=2\times10^8$Hz，其对应波长 $\lambda=3\times10^8/2\times10^8=1.5$m，线的长度等于波长的一半，电磁波从一端传到另一端要用二分之一周期的时间，线的两端相位相差 π。可见线上各点相位不但与时间有关，还与坐标有关，也就是说沿线电压和电流的分布不但是时间的函数也是坐标的函数，为此引入“分布参数电路”的概念。有线通信中的电话线、有线电视信号传输线、无线电技术中的天线和馈电线等，都是分布参数电路的例子。

均匀传输线由均匀媒质中平行放置的两根均匀导体构成，如两线架空线、同轴电缆、二芯电缆等。本章主要分析两线架空线，其他形式均匀传输线的分析方法和结论都与此相似。

在均匀传输线中，电流在导线的电阻中引起了沿线的电压降，在导线周围形成磁场。变动的磁场沿线产生感应电动势。两线之间构成的电容会有位移电流通过，两线间绝缘不够理想时会有漏电流通过。为了计算沿线电压、电流的变化，认为导线的每一长度元都具有电阻、电感、电容和电导。把传输线看成是由无限多个小线元组成的，这就是分布电路模型。电路的参数则认为是沿线分布的，所以这种电路称为具有分布参数的电路。

均匀传输线的参数是以每单位长度的数值来表示的，即来回两条线上单位长度电阻为 R_0；来回两条线上单位长度电感为 L_0；两线之间单位长度的电容为 C_0；两线之间单位长度的电导为 G_0。

12.2 均匀传输线的微分方程

对均匀传输线上各处的电压和电流进行分析时，要比处理集总参数电路复杂一些，因为

电压 u 和电流 i 不仅是时间的函数，而且是空间的函数。如果选择均匀传输线的始端(电源端)作为计算距离的起点，则任意处 A 的电压 u 和 i，如图 12-1a 所示，就都是该处离开传输线始端距离 x 的函数。也就是说，电压 u 和电流 i 既是时间 t 的函数，也是距离 x 的函数。设在传输线上 A 处沿线增加的方向取极短的一段距离 AB，其长度为 $\mathrm{d}x$。由于这一段的长度极其微小，故在这一段电路内可以忽略参数的分布性。于是得到如图 12-1b 所示的集总参数等效电路，而无限多个这种小段的级联就组成整个传输线。

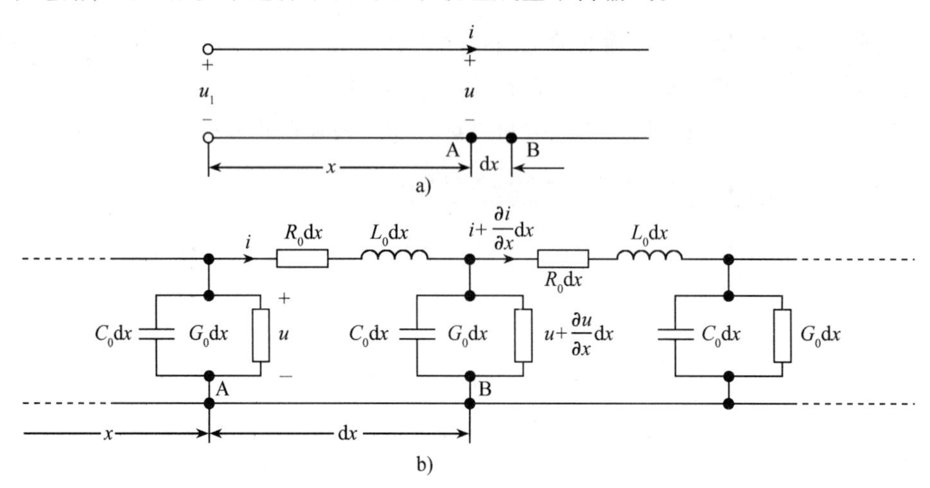

图 12-1 均匀传输线微段等效电路

这样一来，对于分布参数电路，基尔霍夫定律本来是不适用的，但由于在 $\mathrm{d}x$ 微段内已经用集总参数电路来等效代替，就仍然可以根据基尔霍夫定律来列写方程了。

因为电压 u 是时间 t 和距离 x 的函数，所以对于一定的时间 t 来说，电压 u 沿 x 正方向(图中是由左到右)的增加率为$\frac{\partial u}{\partial x}$。如果图中 A 处的线间电压为 u，由于 AB 间的距离为 $\mathrm{d}x$，故 B 处的线间电压应为 $u+\frac{\partial u}{\partial x}\mathrm{d}x$。

由于电流 i 流过 $\mathrm{d}x$ 长度内的电阻 $R_0\mathrm{d}x$ 和电感 $L_0\mathrm{d}x$ 时产生电压降，根据基尔霍夫电压定律有

$$u-\left(u+\frac{\partial u}{\partial x}\mathrm{d}x\right)=(R_0\mathrm{d}x)i+(L_0\mathrm{d}x)\frac{\partial i}{\partial t}$$

即

$$-\frac{\partial u}{\partial x}\mathrm{d}x=(R_0\mathrm{d}x)i+(L_0\mathrm{d}x)\frac{\partial i}{\partial t}$$

消去 $\mathrm{d}x$，得

$$-\frac{\partial u}{\partial x}=R_0 i+L_0\frac{\partial i}{\partial t} \tag{12-1}$$

同样，对于一定时间 t 来说，电流 i 沿 x 正方向增加率为$\frac{\partial i}{\partial x}$，经过 $\mathrm{d}x$ 后，电流就由 i 变为 $i+\frac{\partial i}{\partial x}\mathrm{d}x$。由于 $\mathrm{d}x$ 长度内线间漏电导 $G_0\mathrm{d}x$ 和线间电容 $C_0\mathrm{d}x$ 的存在，根据基尔霍夫电流定律

可得

$$-i+\left(i+\frac{\partial i}{\partial x}\mathrm{d}x\right)+\left(u+\frac{\partial u}{\partial x}\mathrm{d}x\right)G_0\mathrm{d}x+C_0\mathrm{d}x\frac{\partial}{\partial t}\left(u+\frac{\partial u}{\partial x}\mathrm{d}x\right)=0$$

即

$$-\frac{\partial i}{\partial x}\mathrm{d}x=G_0u\mathrm{d}x+G_0\frac{\partial u}{\partial x}(\mathrm{d}x)^2+C_0\mathrm{d}x\frac{\partial u}{\partial t}+C_0\frac{\partial^2 u}{\partial x\partial t}(\mathrm{d}x)^2$$

略去上式中含有二阶无限小 $(\mathrm{d}x)^2$ 的各项，并消去 $\mathrm{d}x$，得

$$-\frac{\partial i}{\partial x}=G_0u+C_0\frac{\partial u}{\partial t} \tag{12-2}$$

式(12-1)和式(12-2)是分析均匀传输线电压和电流的两个基本方程，称为均匀传输线的微分方程，也称为电报方程，因为最早它是为了解决有线电报传输问题而提出的。

12.3　均匀传输线的正弦稳态解

在均匀传输线正弦稳态的情况下，将式(12-1)与式(12-2)写成相量形式

$$-\frac{\mathrm{d}\dot{U}}{\mathrm{d}x}=R_0\dot{I}+\mathrm{j}\omega L_0\dot{I} \tag{12-3}$$

$$-\frac{\mathrm{d}\dot{I}}{\mathrm{d}x}=G_0\dot{U}+\mathrm{j}\omega C_0\dot{U} \tag{12-4}$$

为了联立求解式(12-3)和式(12-4)，把式(12-3)对 x 求导数，并将式(12-4)代入，得

$$\begin{aligned}\frac{\mathrm{d}^2\dot{U}}{\mathrm{d}x^2}&=(R_0+\mathrm{j}\omega L_0)\left(-\frac{\mathrm{d}\dot{I}}{\mathrm{d}x}\right)\\&=(R_0+\mathrm{j}\omega L_0)(G_0+\mathrm{j}\omega C_0)\dot{U}\\&=\gamma^2\dot{U}\end{aligned}$$

这是一个二阶常系数线性微分方程

$$\frac{\mathrm{d}^2\dot{U}}{\mathrm{d}x^2}-\gamma^2\dot{U}=0 \tag{12-5}$$

它的通解是

$$\dot{U}=A_1\mathrm{e}^{-\gamma x}+A_2\mathrm{e}^{\gamma x} \tag{12-6}$$

而

$$\begin{aligned}\dot{I}&=\frac{-1}{R_0+\mathrm{j}\omega L_0}\frac{\mathrm{d}\dot{U}}{\mathrm{d}x}\\&=\frac{\gamma}{R_0+\mathrm{j}\omega L_0}(A_1\mathrm{e}^{-\gamma x}-A_2\mathrm{e}^{\gamma x})\\&=\frac{A_1}{Z_C}\mathrm{e}^{-\gamma x}-\frac{A_2}{Z_C}\mathrm{e}^{\gamma x}\end{aligned} \tag{12-7}$$

式中

$$\gamma=\sqrt{(R_0+\mathrm{j}\omega L_0)(G_0+\mathrm{j}\omega C_0)} \tag{12-8}$$

$$Z_C=\frac{R_0+\mathrm{j}\omega L_0}{\gamma}=\sqrt{\frac{R_0+\mathrm{j}\omega L_0}{G_0+\mathrm{j}\omega C_0}} \tag{12-9}$$

γ 是一个无量纲的复数，称为传输线的传播常数；而 Z_C 具有电阻的量纲，称为传输线

的波阻抗或特性复阻抗。其意义将在后文说明。

式(12-6)和式(12-7)是均匀传输线方程正弦稳态解的一般表示式，式中的复常数 A_1 和 A_2 必须由边界条件(即始端或终端的电压或电流)来确定。

如果始端的电压相量 $\dot{U}_1$ 和电流相量 $\dot{I}_1$ 是已知的，即当 $x=0$ 时，有 $\dot{U}=\dot{U}_1$，$\dot{I}=\dot{I}_1$，代入式(12-6)和式(12-7)，得

$$A_1+A_2=\dot{U}_1$$

$$A_1-A_2=Z_C\dot{I}_1$$

解得

$$A_1=\frac{1}{2}(\dot{U}_1+Z_C\dot{I}_1)$$

$$A_2=\frac{1}{2}(\dot{U}_1-Z_C\dot{I}_1)$$

把 A_1 和 A_2 的值代回式(12-6)和式(12-7)，就得到传输线上任意处的线间电压相量 $\dot{U}$ 及线路电流相量 $\dot{I}$ 为

$$\dot{U}=\frac{1}{2}(\dot{U}_1+Z_C\dot{I}_1)\mathrm{e}^{-\gamma x}+\frac{1}{2}(\dot{U}_1-Z_C\dot{I}_1)\mathrm{e}^{\gamma x} \tag{12-10}$$

$$\dot{I}=\frac{1}{2Z_C}(\dot{U}_1+Z_C\dot{I}_1)\mathrm{e}^{-\gamma x}-\frac{1}{2Z_C}(\dot{U}_1-Z_C\dot{I}_1)\mathrm{e}^{\gamma x} \tag{12-11}$$

由于

$$\mathrm{ch}\gamma x=\frac{1}{2}(\mathrm{e}^{\gamma x}+\mathrm{e}^{-\gamma x})$$

$$\mathrm{sh}\gamma x=\frac{1}{2}(\mathrm{e}^{\gamma x}-\mathrm{e}^{-\gamma x})$$

式(12-10)和式(12-11)可以用双曲线函数的形式表示为

$$\dot{U}=\dot{U}_1\mathrm{ch}\gamma x-\dot{I}_1Z_C\mathrm{sh}\gamma x \tag{12-12}$$

$$\dot{I}=-\frac{\dot{U}_1}{Z_C}\mathrm{sh}\gamma x+\dot{I}_1\mathrm{ch}\gamma x \tag{12-13}$$

如果传输线的长度为 l，则传输线终端的电压相量 $\dot{U}_2$ 和电流相量 $\dot{I}_2$ 为

$$\dot{U}_2=\dot{U}_1\mathrm{ch}\gamma l-\dot{I}_1Z_C\mathrm{sh}\gamma l \tag{12-14}$$

$$\dot{I}_2=-\frac{\dot{U}_1}{Z_C}\mathrm{sh}\gamma l+\dot{I}_1\mathrm{ch}\gamma l \tag{12-15}$$

如果已知的不是传输线始端的电压相量 $\dot{U}_1$ 和电流相量 $\dot{I}_1$，而是终端的电压相量 $\dot{U}_2$ 和电流相量 $\dot{I}_2$，则从传输线的终端起算较为方便。为此，可以令 $x=l-x'$，x' 是从传输线终端到所讨论的那一点处的距离(图 12-2)，由式(12-6)和式(12-7)有

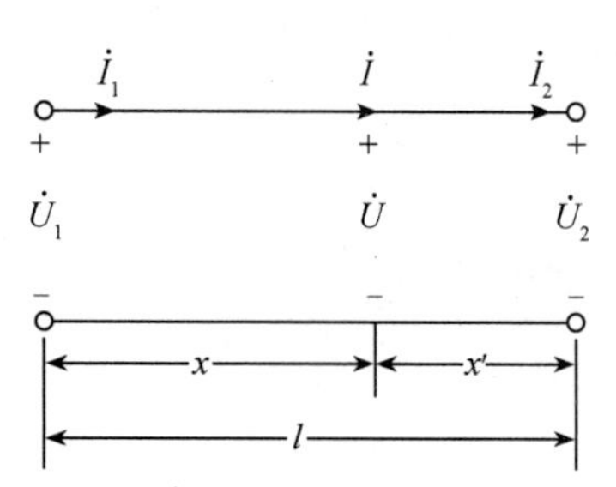

图 12-2 从始端算起与从终端算起之间的关系

$$\begin{aligned}\dot{U}&=A_1\mathrm{e}^{-\gamma(l-x')}+A_2\mathrm{e}^{\gamma(l-x')}\\&=A_1\mathrm{e}^{-\gamma l}\mathrm{e}^{\gamma x'}+A_2\mathrm{e}^{\gamma l}\mathrm{e}^{-\gamma x'}\\&=A_3\mathrm{e}^{\gamma x'}+A_4\mathrm{e}^{-\gamma x'}\end{aligned}$$

式中

$$A_3 = A_1 e^{-\gamma l}$$

$$A_4 = A_2 e^{\gamma l}$$

及

$$\begin{aligned}\dot{I} &= \frac{A_1}{Z_C}e^{-\gamma(l-x')} - \frac{A_2}{Z_C}e^{\gamma(l-x')} \\ &= \frac{A_1}{Z_C}e^{-\gamma l}e^{\gamma x'} - \frac{A_2}{Z_C}e^{\gamma l}e^{-\gamma x'} \\ &= \frac{A_3}{Z_C}e^{\gamma x'} - \frac{A_4}{Z_C}e^{-\gamma x'}\end{aligned}$$

在 $x'=0$ 处，$\dot{U}=\dot{U}_2$，$\dot{I}=\dot{I}_2$，于是有

$$A_3 + A_4 = \dot{U}_2$$

$$A_3 - A_4 = Z_C\dot{I}_2$$

解得

$$A_3 = \frac{1}{2}(\dot{U}_2 + Z_C\dot{I}_2)$$

$$A_4 = \frac{1}{2}(\dot{U}_2 - Z_C\dot{I}_2)$$

因而

$$\begin{cases}\dot{U} = \frac{1}{2}(\dot{U}_2 + Z_C\dot{I}_2)e^{\gamma x'} + \frac{1}{2}(\dot{U}_2 - Z_C\dot{I}_2)e^{-\gamma x'} \\ \dot{I} = \frac{1}{2Z_C}(\dot{U}_2 + Z_C\dot{I}_2)e^{\gamma x'} - \frac{1}{2Z_C}(\dot{U}_2 - Z_C\dot{I}_2)e^{-\gamma x'}\end{cases} \tag{12-16}$$

上式的双曲线函数形式为

$$\begin{cases}\dot{U} = \dot{U}_2\mathrm{ch}\gamma x' + \dot{I}_2 Z_C\mathrm{sh}\gamma x' \\ \dot{I} = \frac{\dot{U}_2}{Z_C}\mathrm{sh}\gamma x' + \dot{I}_2\mathrm{ch}\gamma x'\end{cases} \tag{12-17}$$

【例12-1】某三相超高压传输线的单相等效参数如下：$R_0 = 0.09\ \Omega/\mathrm{km}$，$L_0 = 1.33 \times 10^{-3}\mathrm{H/km}$，$C_0 = 8.48 \times 10^{-9}\mathrm{F/km}$，$G_0 = 0.1 \times 10^{-6}\mathrm{S/km}$。传输线的长度为200km，传输线的终端线电压为220kV，负载功率为160MW，功率因数为0.9(感性)，工作频率为50Hz。求始端电压和电流及传输效率。

解　先计算传输线的传播常数 γ 和波阻抗 Z_C，如下：

$$\begin{aligned}r &= \sqrt{(R_0 + \mathrm{j}\omega L_0)(G_0 + \mathrm{j}\omega C_0)} \\ &= \sqrt{(0.09 + \mathrm{j}0.4178)(0.1 \times 10^{-6} + \mathrm{j}2.684 \times 10^{-6})} \\ &= \sqrt{0.4274\angle 77.84° \times 2.666 \times 10^{-6}\angle 87.85°} \\ &= 1.07 \times 10^{-3}\angle 82.91°/\mathrm{km}\end{aligned}$$

$$Z_C = \sqrt{\frac{R_0 + \mathrm{j}\omega L_0}{G_0 + \mathrm{j}\omega C_0}} = \sqrt{\frac{0.4274\angle 77.84°}{2.666 \times 10^{-6}\angle 87.85°}} = 400\angle -5.01°\Omega$$

还需计算：

$$\gamma l = 200 \times 1.07 \times 10^{-3} \angle 82.9^\circ$$
$$= 0.0266 + j0.2117$$

$$\text{ch}\gamma l = \frac{1}{2}e^{\gamma l} + \frac{1}{2}e^{-\gamma l}$$
$$= \frac{1}{2}e^{(0.0266 + j0.2117)} + \frac{1}{2}e^{-(0.0266 + j0.2117)}$$
$$= 0.502 + j0.1079 + 0.476 - j0.1023$$
$$= 0.978 + j0.0056$$
$$= 0.978 \angle 0.328^\circ$$

$$\text{sh}\gamma l = \frac{1}{2}e^{\gamma l} - \frac{1}{2}e^{-\gamma l}$$
$$= 0.5135e^{j12.13^\circ} - 0.4869e^{-j12.13^\circ}$$
$$= 0.026 + j0.210$$
$$= 0.212 \angle 83.0^\circ$$

以终端相电压为参考相量时，有

$$\dot{U}_2 = U_2 \angle 0^\circ = \frac{U_{l2}}{\sqrt{3}} = \frac{220}{\sqrt{3}} = 127\text{kV}$$

终端电流为

$$I_2 = \frac{P_2}{\sqrt{3}u_{l2}\cos\varphi_2}$$
$$= \frac{160}{\sqrt{3} \times 220 \times 0.9} = 0.467\text{kA}$$

而

$$\varphi_2 = \arccos 0.9 = 25.8^\circ$$

故

$$\dot{I}_2 = \dot{I}_2 \angle -\varphi_2 = 0.4665 \angle -25.84^\circ$$

传输线始端的电压相量和电流相量分别为

$$\dot{U}_1 = \dot{U}_2\text{ch}\gamma l + \dot{I}_2 Z_c \text{sh}\gamma l$$
$$= 124.2 + j0.711 + 24.3 + j31.22$$
$$= 148.5 + j31.93$$
$$= 152 \angle 12.1^\circ\text{kV}$$

$$\dot{I}_1 = \frac{\dot{U}_2}{Z_c}\text{sh}\gamma l + \dot{I}_2\text{ch}\gamma l$$
$$= 0.002391 + j0.06714 + 0.4117 - j0.1965$$
$$= 0.4141 - j0.1294$$
$$= 0.434 \angle -17.4^\circ\text{kA}$$

始端的线电压为

$$U_{l1} = \sqrt{3}U_1 = \sqrt{3} \times 152 = 263\text{kV}$$

始端功率因数角为

$$\varphi_1 = 12.1° + 17.4° = 29.5°$$

输入功率为

$$\begin{aligned} P_1 &= \sqrt{3} U_{l1} I_1 \cos \varphi_1 \\ &= \sqrt{3} \times 263 \times 0.434 \cos 29.5° \\ &= 172\text{MW} \end{aligned}$$

传输效率为

$$\eta = \frac{P_2}{P_1} = \frac{160}{172} = 0.93 = 93\%$$

12.4　行波

均匀传输线方程解的一般式(12-6)和式(12-7)都包含有两项，因此，传输线上任意处的电压相量 $\dot{U}$ 和电流相量 $\dot{I}$ 都可以看成是由两个分量组成的，即

$$\dot{U} = A_1 e^{-\gamma x} + A_2 e^{\gamma x} = \dot{U}_\varphi + \dot{U}_\psi \tag{12-18a}$$

$$\dot{I} = \frac{A_1}{Z_C} e^{-\gamma x} - \frac{A_2}{Z_C} e^{\gamma x} = \dot{I}_\varphi - \dot{I}_\psi \tag{12-18b}$$

先来讨论电压相量的第一个分量 $\dot{U}_\varphi = A_1 e^{-\gamma x}$。因为 A_1 和 γ 都是复数，故令 $A_1 = a_1 e^{j\psi_1}$，$\gamma = \beta + j\alpha$。于是，电压相量 $\dot{U}_\varphi$ 的瞬时值可以写为

$$\begin{aligned} u_\varphi(x, t) &= \text{Im}[\sqrt{2} U_\varphi e^{j\omega t}] \\ &= \text{Im}[\sqrt{2} a_1 e^{j\psi_1} e^{-(\beta + j\alpha)x} e^{j\omega t}] \\ &= \text{Im}[\sqrt{2} a_1 e^{-\beta x} e^{j(\omega t - \alpha x + \psi_1)}] \\ &= \sqrt{2} a_1 e^{-\beta x} \sin(\omega t - \alpha x + \psi_1) \end{aligned} \tag{12-19}$$

当 $\beta = 0$ 时，$e^{-\beta x} = 1$，式(12-19)就变为

$$u_\varphi(x, t) = \sqrt{2} a_1 \sin(\omega t - \alpha x + \psi_1) \tag{12-20}$$

这是一个正弦函数。在传输线上某一固定点 $x = x_1$ 处，电压 u_φ 将随时间 t 作正弦变化，其振幅为 $\sqrt{2} a_1$；而在线上所有各点，电压也都随时间作正弦变化，振幅都是 $\sqrt{2} a_1$，只是它们的初相不同而已。对于某一固定时刻 $t = t_1$，电压 u_φ 将沿线长 x 作正弦分布(即随空间作正弦变化)，其振幅为 $\sqrt{2} a_1$，如图 12-3 中的实线所示。因为

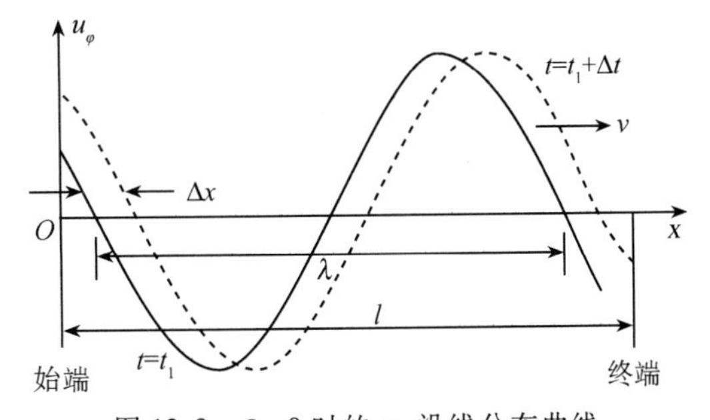

图 12-3　$\beta = 0$ 时的 u_φ 沿线分布曲线

$$\begin{aligned} u_\varphi &= \sqrt{2} a_1 \sin(\omega t_1 - \alpha x + \psi_1) \\ &= \sqrt{2} a_1 \sin[-(\alpha x - \psi_1 - \omega t_1)] \\ &= -\sqrt{2} a_1 \sin(\alpha x - \psi_1 - \omega t_1) \\ &= -\sqrt{2} a_1 \sin[\alpha x - (\psi_1 + \omega t_1)] \end{aligned}$$

$\sqrt{2}a_1\sin(\alpha x-\psi_1-\omega t_1)$ 的曲线如图 12-4 所示。将这个曲线平移半个周期，就得到如图 12-3 所示的曲线。

当时间 t_1 增长了 Δt 之后，电压 u_φ 沿线长 x 的分布曲线将如图 12-3 中的虚线所示。这个分布曲线的振幅仍然是$\sqrt{2}a_1$，只是它的位置向 x 增加的方向移动了 Δx 而已。这样，在不同的时刻，u_φ 就有不同位置的分布曲线，形成一个向 x 增加方向移动的行波。下面求解这个行波移动的速度。

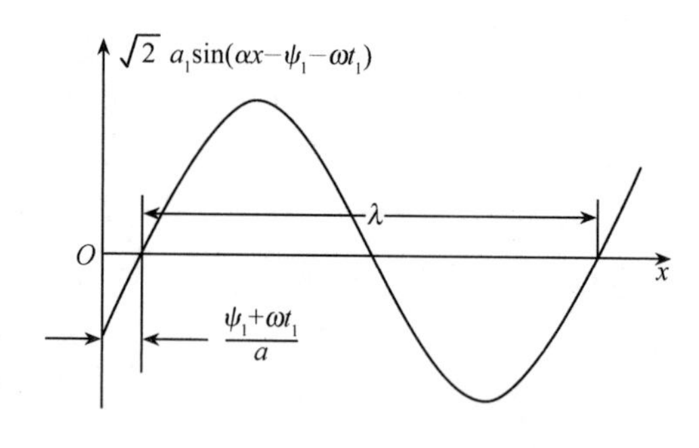

图 12-4 $\sqrt{2}a_1\sin(\alpha x-\psi_1-\omega t_1)$的曲线

设传输线上某一点 $x=x_1$，在 $t=t_1$ 时该点电压的相位角为

$$\theta=\omega t_1-\alpha x_1+\psi_1$$

由于 α 决定着 u_φ 沿传输线相位的变化情况，所以称之为相位常数。经过时间 Δt 后，这一点的相位角已不再是 θ，而相位角仍旧是 θ 的点为 $x_1+\Delta x$，于是有

$$\theta=\omega t_1-\alpha x_1+\psi_1=\omega(t_1+\Delta t)-\alpha(x_1+\Delta x)+\psi_1$$

由此得

$$\omega\Delta t-a\Delta x=0$$

即

$$\Delta x=\frac{\omega}{a}\Delta t$$

也就是说，在时间 Δt 以后，u_φ 的这一相位角 θ 将出现在新位置 $x+\Delta x$ 处。因为在式(12-8)的根号内每个括号中的复数幅角都不能大于90°，故 α 的幅角只能在0°~90°之间，因此，它的实部 β 和虚部 α 都是正值，即 Δx 总是正的。可知传输线上相位角永远保持为 θ 的点的位置(或者说相位角保持为常数的点的位置)随着时间的增长而向 x 增加的方向移动。

这样移动的速度是

$$v=\frac{\omega}{\alpha} \tag{12-21}$$

这个速度称为行波的相位速度，简称相速，因为它是 u_φ 的一定相位点移动的速度。式(12-21)也可如下求出。

因为

$$\omega t-\alpha x+\psi_1=\text{const}$$

故

$$\frac{\mathrm{d}}{\mathrm{d}t}(\omega t-\alpha x+\psi_1)=0$$

因而

$$\omega-\alpha\frac{\mathrm{d}x}{\mathrm{d}t}=0$$

即

$$v=\frac{\mathrm{d}x}{\mathrm{d}t}=\frac{\omega}{a}$$

行波的波长用 λ 表示，它是行波相位相差 2π 的两点间的距离(见图 12-3 及图 12-4)，即

$$\alpha(x+\lambda)-\psi_1-\omega t-(\alpha x-\psi_1-\omega t)=2\pi$$

故

$$\alpha\lambda=2\pi$$

$$\lambda=\frac{2\pi}{\alpha} \tag{12-22}$$

而

$$v=\frac{\omega}{\alpha}=\frac{2\pi f}{\alpha}=\lambda f=\frac{\lambda}{T}$$

即在一个周期的时间内，行波所行进的距离 vT 正好是一个波长。

一般电力架空线的相位速度大致等于光速($c=3\times10^8\text{m/s}$)，故波长 $\lambda=\dfrac{v}{f}\approx\dfrac{3\times10^8}{50}=6000\times10^3\text{m}=6000\text{km}$。一般电力传输线的长度 l 比波长短得多，在 $l>0.01\lambda$ 时习惯上也把它称为长线。应该注意，同样长度的传输线，其工作频率越高，就越应该考虑电路参数的分布性。

现在考虑波的衰减问题，当 $\beta>0$(β 总是正的)时，有

$$u_\varphi(x,\ t)=\sqrt{2}a_1\mathrm{e}^{-\beta x}\sin(\omega t-\alpha x+\psi_1)$$

这是一个向 x 增加方向、以速度 $v=\omega/\alpha$ 行进的正弦波，它的振幅$\sqrt{2}a_1\mathrm{e}^{-\beta x}$随着波的前进而逐渐减小，如图 12-5 所示。上述电压行波 u_φ的行进方向是由传输线的始端指向终端，即由电源指向负载，所以称为正向行波。

同理，电压相量的另一分量 $\dot{U}_\psi=A_2\mathrm{e}^{\gamma x}=a_2\mathrm{e}^{\mathrm{j}\psi_2}\mathrm{e}^{(\beta+\mathrm{j}\alpha)x}$的瞬时值

$$u_\psi(x,\ t)=\mathrm{Im}\left[\sqrt{2}\dot{U}_\psi\mathrm{e}^{\mathrm{j}\omega t}\right]=\sqrt{2}a_2\mathrm{e}^{\beta x}\sin(\omega t+\alpha x+\psi_2) \tag{12-23}$$

也是一个行波(图 12-6)，其相位保持常数(即 $\omega t+\alpha x+\psi_2=\text{const}$)的点随着时间的增长沿 x 减小的方向移动，即其波速 $v=\dfrac{\mathrm{d}x}{\mathrm{d}t}=-\dfrac{\omega}{\alpha}$是一负值，波长则仍为 $2\pi/\alpha$。

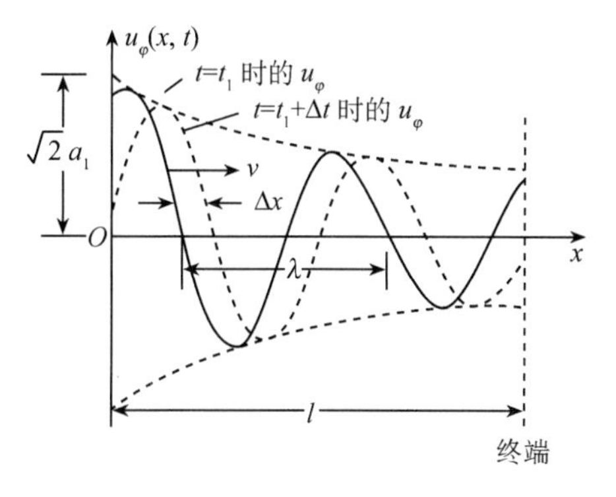

图 12-5　u_φ 沿线分布曲线

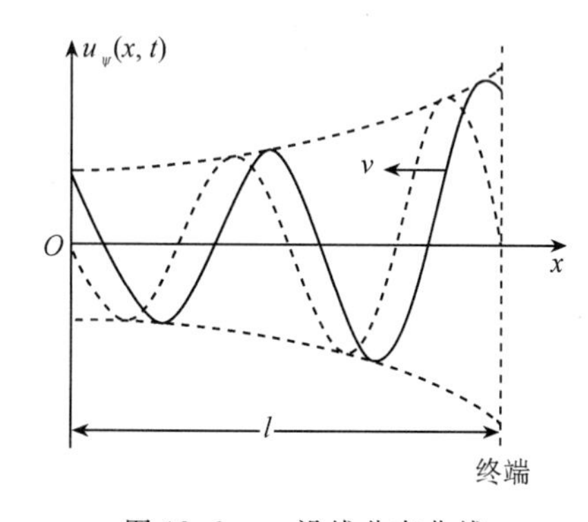

图 12-6　u_ψ 沿线分布曲线

由于这个行波的行进方向与 u_φ 的行进方向相反，是由传输线终端指向始端，即由负载指向电源，所以称为反向行波。它的振幅$\sqrt{2}a_2\mathrm{e}^{\beta x}$也是随着波的前进而逐渐减小(因为 x 在减小)。

这样，传输线上各处的线间电压都可以看成是由两个向相反方向前进的行波(即正向电

压行波与反向电压行波)相叠加而成的。同样，传输线上各处的电流也可以看成是由正向电流行波与反向电流行波相叠加而成的。其中，电流正向行波分量的瞬时值为

$$\begin{aligned} i_\varphi &= \mathrm{Im}\left[\sqrt{2}\dot{I}_\varphi \mathrm{e}^{\mathrm{j}\omega t}\right] \\ &= \frac{1}{z_C}\sqrt{2}a_1 \mathrm{e}^{-\beta x}\sin(\omega t - \alpha x + \psi_1 - \theta) \end{aligned} \tag{12-24}$$

电流反向行波分量的瞬时值为

$$\begin{aligned} i_\psi &= \mathrm{Im}\left[\sqrt{2}\dot{I}_\psi \mathrm{e}^{\mathrm{j}\omega t}\right] \\ &= \frac{1}{z_C}\sqrt{2}a_1 \mathrm{e}^{\beta x}\sin(\omega t - \alpha x + \psi_2 - \theta) \end{aligned} \tag{12-25}$$

式中

$$Z_C = z_C \mathrm{e}^{\mathrm{j}\theta}$$

由式(12-18)看出，电流正向行波分量 $\dot{I}_\varphi = \dfrac{\dot{U}_\varphi}{Z_C}$，电流的反行波分量 $\dot{I}_\psi = \dfrac{\dot{U}_\psi}{Z_C}$，因而有

$$\frac{\dot{U}_\varphi}{\dot{I}_\varphi} = \frac{\dot{U}_\psi}{\dot{I}_\psi} = Z_C = z_C \mathrm{e}^{\mathrm{j}\theta} \tag{12-26}$$

所以 Z_C 称为波阻抗。

可以看出，式(12-18a)中右边两项都是正的，而式(12-18b)中右边第一项是正的，第二项是负的。这说明，电压正向行波 $\dot{U}_\varphi$ 与电压反向行波 $\dot{U}_\psi$ 的参考极性都和传输线上的电压 $\dot{U}$ 的参考极性一致；而电流正向行波 $\dot{I}_\varphi$ 的参考方向和传输线上的电流 $\dot{I}$ 的参考方向一致，电流反向行波 $\dot{I}_\psi$ 的参考方向和传输线上的电流 $\dot{I}$ 的参考方向相反，如图 12-7 所示。

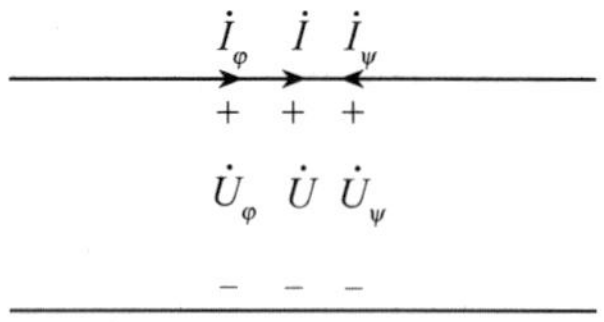

图 12-7 电压行波的参考极性和电流行波的参考方向

12.5 波的反射与终端匹配的传输线

由 12.4 节可知，均匀传输线上任何一点的电压都可以看作向相反方向行进的两个电压行波之和，即

$$\begin{cases} \dot{U} = \dot{U}_\varphi + \dot{U}_\psi \\ \dot{I} = \dot{I}_\varphi - \dot{I}_\psi \end{cases} \tag{12-27}$$

对照式(12-16)可以得到

$$N = \frac{\dot{U}_\psi}{\dot{U}_\varphi} = \frac{\dot{I}_\psi}{\dot{I}_\varphi} = \frac{Z_2 - Z_C}{Z_2 + Z_C}\mathrm{e}^{-2\gamma x'} \tag{12-28}$$

其中，$Z_2 = \dot{U}_2/\dot{I}_2$ 是终端负载。N 称为反射系数，它是反向电压行波向量与正向电压行波向量之比，或者说是反向电流行波与正向电流行波之比。在终端处，将 $x' = 0$ 代入式(12-28)得终端反射系数为

$$N_2 = \frac{Z_2 - Z_C}{Z_2 + Z_C} \tag{12-29}$$

由以上所述看出，反射系数与均匀传输线的波阻抗及终端所接负载复阻抗有关。可以认

为，当传输线终端所接负载复阻抗不等于传输线的波阻抗时，在传输线中就形成反射，因而出现反向行波。所以，反向行波又称为反射波，而正向行波则称为入射波。这样反射系数也就是反射波相量与入射波相量之比。

从式(12-28)可知，当终端短路(即 $Z_2=0$)时，终端反射系数 $N_2=-1$，这时行波发生全反射，且带有符号变化。

当终端开路($Z_2=\infty$)时，终端反射系数

$$N_2=\frac{Z_2-Z_C}{Z_2+Z_C}=\frac{1-\dfrac{Z_C}{Z_2}}{1-\dfrac{Z_C}{Z_2}}=1$$

即行波也会发生全反射且无符号变化。

当传输线终端所接负载复阻抗正好等于传输线的波阻抗(即 $Z_2=Z_C$)时，终端反射系数 $N_2=0$；这时在传输线的终端就没有反射波存在，从而在传输线上任意处也都没有反射波存在。工作在这种情况下的传输线称为无反射线。无反射条件得到满足时，称为负载与传输线匹配，简称匹配。

在这种无反射线上，由于有入射波而没有反射波存在，则根据式(12-16)，线上任意处的电压和电流为

$$\begin{cases}\dot{U}=\dot{U}_2\mathrm{e}^{\gamma x'}=\dot{U}_2\mathrm{e}^{\beta x'}\mathrm{e}^{\mathrm{j}\alpha x'}\\ \dot{I}=\dfrac{\dot{U}_2}{Z_C}\mathrm{e}^{\gamma x'}=\dot{I}_2\mathrm{e}^{\gamma x'}=\dot{I}_2\mathrm{e}^{\beta x'}\mathrm{e}^{\mathrm{j}\alpha x'}\end{cases}$$

而电压和电流的有效值为

$$\begin{cases}U=U_2\mathrm{e}^{\beta x'}\\ I=I_2\mathrm{e}^{\beta x'}\end{cases}\tag{12-30}$$

在上式中，以 $x'=l-x$ 代入，得

$$\begin{cases}U=U_2\mathrm{e}^{\beta(l-x)}=U_2\mathrm{e}^{\beta l}\mathrm{e}^{-\beta x}=U_1\mathrm{e}^{-\beta x}\\ I=I_2\mathrm{e}^{\beta(l-x)}=I_2\mathrm{e}^{Bl}\mathrm{e}^{-\beta x}=I_1\mathrm{e}^{-\beta x}\end{cases}\tag{12-31}$$

也就是说，线上各处电压和电流的有效值都是按照指数规律从始端之值逐渐衰减到终端之值的，如图12-8所示。

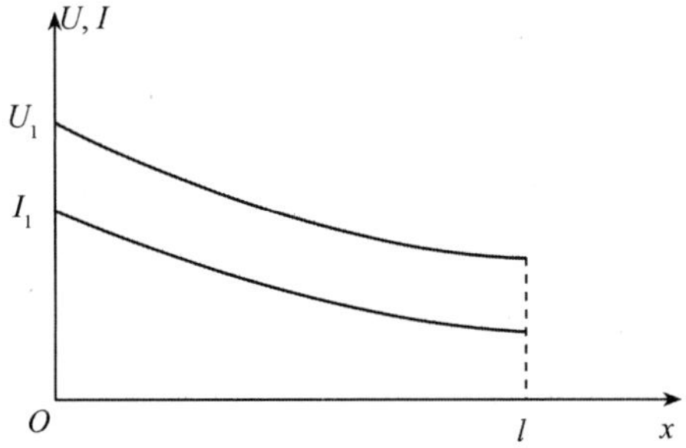

由式(12-29)还可以看出，在这种情况下，传输线上任意处的电压相量和电流相量之比都等于传输线的波阻抗 Z_C。可以假想，如果把传输线在任意处切开，则从切开处向终端看进去，它的输入复阻抗恒等于波阻抗。

图12-8　沿无反射线电压、电流有效值的分布

同时，在无反射线上，当 $x'=l$ 时，根据式(12-30)有

$$\dot{U}_1=\dot{U}_2\mathrm{e}^{\gamma l}$$
$$\dot{I}_1=\dot{I}_2\mathrm{e}^{\gamma l}$$

由此得

$$\gamma l = \ln \frac{\dot{U}_1}{\dot{U}_2} = \ln \frac{\dot{I}_1}{\dot{I}_2}$$

即

$$\gamma = \frac{1}{l}\ln \frac{\dot{U}_1}{\dot{U}_2} = \frac{1}{l}\ln \frac{\dot{I}_1}{\dot{I}_2} \tag{12-32}$$

当反射波不存在时，由入射波传送到终端的功率将全部被负载吸收；当有反射波时，入射波的一部分将被反射波带回到电源，给予负载的功率将较小。

传输线在匹配状态($Z_2 = Z_C$)下工作时，所能够传输到终端的有功功率称为传输线的自然功率。即

$$P_n = P_2 = U_2 I_2 \cos\theta = \frac{U_2^2}{z_C}\cos\theta \tag{12-33}$$

式中，θ 为波阻抗角。

由式(12-31)有

$$U_2 = U_1 e^{-\beta l} \qquad I_2 = I_1 e^{-\beta l}$$

代入式(12-33)，得

$$P_2 = U_2 I_2 \cos\theta = U_1 I_1 e^{-2\beta l}\cos\theta$$

而始端的输入功率为

$$P_1 = U_1 I_1 \cos\theta \tag{12-34}$$

故传输线在匹配状态下工作时，传输效率为

$$\eta = \frac{P_2}{P_1} = e^{-2\beta l} \tag{12-35}$$

【例 12-2】对于例 12-1 的超高压传输线，试计算在给定终端电压值下的自然功率。当这个传输线输送自然功率时，传输线始端的电压和电流应是多少？传输效率又是多少？

解　传输线的自然功率为

$$P_2 = 3U_2 I_2 \cos\theta = 3\frac{U_2^2}{z_C}\cos\theta$$

$$= 3\left(\frac{220}{\sqrt{3}}\right)^2 \frac{\cos(-5.01°)}{400} = 120\text{MW}$$

因为 $\beta l = 0.0266$，故传输自然功率时，传输线始端的线电压和电流分别为

$$U_{l1} = U_{l2} e^{\beta l} = 220 \times e^{0.0266} = 226\text{kV}$$

$$I_1 = \frac{U_1}{z_C} = \frac{226}{\sqrt{3}\times 400} = 0.326\text{kA}$$

传输效率为

$$\eta = e^{-2\beta l} = e^{-2\times 0.0266} = 0.948 = 94.8\%$$

12.6 无损耗线的正弦稳态解

无损耗线就是 $R_0 = 0$ 和 $G_0 = 0$ 的均匀传输线。当工作频率较高时，传输线的 R_0 比 ωL_0 小得多，常常可以忽略，G_0 比 ωG_0 小更多，因而也可以忽略。因此，可以近似地把传输线

看成是无损耗线。

因为无损耗线的 $R_0=0$ 和 $G_0=0$，所以它的传播常数为

$$\gamma=\sqrt{(R_0+\mathrm{j}\omega L_0)(G_0+\mathrm{j}\omega C_0)}=\mathrm{j}\omega\sqrt{L_0C_0} \tag{12-36}$$

即

$$\beta_0=0,\quad \alpha=\omega\sqrt{L_0C_0}$$

即传输线上的行波是不衰减的，其传播速度为

$$v=\frac{\omega}{\alpha}=\frac{1}{\sqrt{L_0C_0}} \tag{12-37}$$

波阻抗为

$$Z_C=\sqrt{\frac{R_0+\mathrm{j}\omega L_0}{G_0+\mathrm{j}\omega C_0}}=\sqrt{\frac{L_0}{C_0}}=z_C \tag{12-38}$$

它是纯电阻性的。

设已知无损耗线终端的电压相量 $\dot{U}_2$ 和电流相量 $\dot{I}_2$，则根据式(12-17)，并注意到

$$\mathrm{chj}\alpha x'=\cos(\alpha x')$$
$$\mathrm{shj}\alpha x'=\mathrm{j}\sin(\alpha x')$$

得无损耗线上任意处的电压和电流为

$$\begin{aligned}\dot{U}&=\dot{U}_2\mathrm{ch}\gamma x'+\dot{I}_2Z_C\mathrm{sh}\gamma x'\\&=\dot{U}_2\mathrm{chj}\alpha x'+\dot{I}_2z_C\mathrm{shj}\alpha x'\\&=\dot{U}_2\cos(\alpha x')+\mathrm{j}\dot{I}_2z_C\sin\alpha x'\end{aligned} \tag{12-39}$$

$$\begin{aligned}\dot{I}&=\dot{I}_2\mathrm{ch}\gamma x'+\frac{\dot{U}_2}{Z_C}\mathrm{sh}\gamma x'\\&=\dot{I}_2\mathrm{chj}\alpha x'+\frac{\dot{U}_2}{z_C}\mathrm{shj}\alpha x'\\&=\dot{I}_2\cos(\alpha x')+\mathrm{j}\frac{\dot{U}_2}{z_C}\sin(\alpha x')\end{aligned} \tag{12-40}$$

式中，x' 是终端到该处的距离。

从传输线上此处向终端看进去的输入复阻抗为

$$\begin{aligned}Z_{\mathrm{in}}=\frac{\dot{U}}{\dot{I}}&=\frac{\dot{U}_2\cos(\alpha x')+\mathrm{j}\dot{I}_2z_C\sin(\alpha x')}{\dot{I}_2\cos(\alpha x')+\mathrm{j}\dfrac{\dot{U}_2}{z_C}\sin(\alpha x')}\\&=\frac{Z_2\cos(\alpha x')+\mathrm{j}z_C\sin(\alpha x')}{\cos(\alpha x')+\mathrm{j}\dfrac{Z_2}{z_C}\sin(\alpha x')}\\&=z_C\frac{Z_2+\mathrm{j}z_C\tan(\alpha x')}{z_C+\mathrm{j}Z_2\tan(\alpha x')}\end{aligned} \tag{12-41}$$

式中，Z_2 是终端负载复阻抗，为

$$Z_2=\frac{\dot{U}_2}{\dot{I}_2}$$

首先研究无损耗线在终端匹配时的工作状态，设终端接有纯电阻负载 R_2，且 $R_2=z_C=\sqrt{\frac{L_0}{C_0}}$，则由式(12-39)和式(12-40)得

$$\begin{aligned}\dot{U}&=\dot{U}_2(\cos(\alpha x')+\mathrm{j}\sin(\alpha x'))\\&=\dot{U}_2\mathrm{e}^{\mathrm{j}\alpha x'}=\dot{U}_2\mathrm{e}^{\mathrm{j}\frac{2\pi}{\lambda}x'}\end{aligned}\tag{12-42}$$

$$\begin{aligned}\dot{I}&=\dot{I}_2(\cos(\alpha x')+\mathrm{j}\sin(\alpha x'))\\&=\dot{I}_2\mathrm{e}^{\mathrm{j}\alpha x'}=\dot{I}_2\mathrm{e}^{\mathrm{j}\frac{2\pi}{\lambda}x'}\end{aligned}\tag{12-43}$$

写成瞬时值形式为

$$u=\mathrm{Im}\left[\sqrt{2}\dot{U}\mathrm{e}^{\mathrm{j}\omega t}\right]=\sqrt{2}U_2\sin\left(\omega t+\frac{2\pi}{\lambda}x'+\psi\right)$$

$$i=\mathrm{Im}\left[\sqrt{2}\dot{I}\mathrm{e}^{\mathrm{j}\omega t}\right]=\sqrt{2}I_2\sin\left(\omega t+\frac{2\pi}{\lambda}x'+\psi\right)$$

式中

$$\dot{U}_2=U_2\mathrm{e}^{\mathrm{j}\psi_u},\qquad \dot{I}_2=I_2\mathrm{e}^{\mathrm{j}\psi_i}$$

由于负载是纯电阻，故

$$\psi_u=\psi_i=\psi$$

由上式看出，传输线上的电压和电流只有一个不衰减的正向行波，即入射波，而无反射波存在，且电压与电流是同相的。传输线上各处电压的有效值相等，各处电流的有效值也相等，这时，传输线上各处的输入复阻抗都等于波阻抗，即

$$Z_{\mathrm{in}}=\frac{\dot{U}}{\dot{I}}=\frac{U}{I}=z_C=\sqrt{\frac{L_0}{C_0}}\tag{12-44}$$

下面分别讨论无损耗线终端开路和终端短路这两种工作状态。

当终端开路，即 $\dot{I}_2=0$，$Z_2=\infty$ 时，式(12-39)和式(12-40)为

$$\dot{U}=\dot{U}_2\cos(\alpha x')=\dot{U}_2\cos\left(\frac{2\pi}{\lambda}x'\right)\tag{12-45}$$

$$\dot{I}=\mathrm{j}\frac{\dot{U}_2}{z_C}\sin(\alpha x')=\mathrm{j}\frac{\dot{U}_2}{Z_C}\sin\left(\frac{2\pi}{\lambda}x'\right)\tag{12-46}$$

写成瞬时值形式为

$$\begin{aligned}u&=\mathrm{Im}\left[\sqrt{2}\dot{U}\mathrm{e}^{\mathrm{j}\omega t}\right]\\&=\sqrt{2}U_2\cos\left(\frac{2\pi}{\lambda}x'\right)\sin(\omega t+\psi_u)\end{aligned}\tag{12-47}$$

$$\begin{aligned}i&=\mathrm{Im}\left[\sqrt{2}\dot{I}\mathrm{e}^{\mathrm{j}\omega t}\right]\\&=\sqrt{2}\frac{U_2}{z_C}\sin\left(\frac{2\pi}{\lambda}x'\right)\sin(\omega t+\psi_i+90°)\end{aligned}\tag{12-48}$$

式(12-47)和式(12-48)表明，电压和电流在时间相位上相差90°，在空间相位上也相差90°。图12-9a画出了几个不同时间电压 u 与电流 i 沿线分布的情况(实线代表电压，虚线代表电流)。由图可以看出，在线的终端($x'=0$)和离开终端的距离为 $x'=k\frac{\lambda}{2}$(k 为整数)的各点处，总是出现电压的极大值和电流的零值。把总出现电压极大值的点称为电压的波腹，而

把总出现电流零值的点称为电流的波节，即在离线终端的距离为 $x'=k\dfrac{\lambda}{2}$（k 为整数）的各点处，总出现电压的波腹和电流的波节。

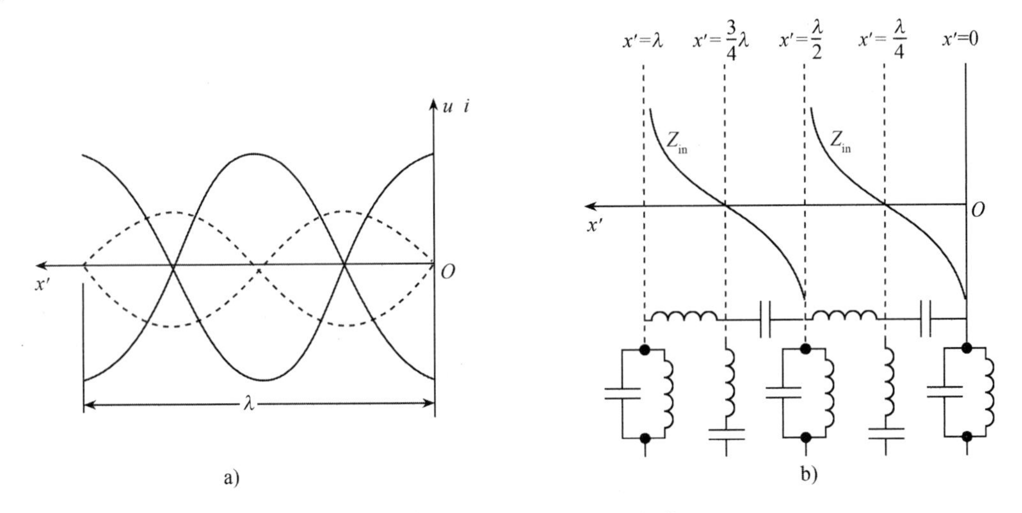

图 12-9　终端开路时的无损耗数

而在离开线终端的距离为 $x'=(2k+1)\dfrac{\lambda}{4}$（$k$ 为整数）的各点处，总出现电压的波节和电流的波腹。电压和电流的波腹和波节的位置是固定的，而且，电压的波腹与电流的波节一致，电压的波节与电流的波腹一致。

电压和电流在空间的这种分布，如同一个振幅随时间做正弦变化伫立不动的波，因此称之为驻波。驻波的形成是由两个向相反方向行进的不衰减行波相叠加的结果。因为终端开路时的终端反射系数 $N_2=1$，即行波发生全反射且无符号变化。而传输线又没有损耗，故行波的振幅不衰减，因而叠加的结果就形成了驻波。

在式(12-41)中，令 $Z_2=\infty$，就得到终端开路的无损耗线的输入复阻抗为

$$Z_{in}=-\mathrm{j}z_C\cot(\alpha x')=-\mathrm{j}z_C\cot\left(\frac{2\pi}{\lambda}x'\right) \tag{12-49}$$

它是一个纯电抗，而且从 $x'=0$ 到 $x'=\dfrac{\lambda}{4}$ 和从 $x'=\dfrac{\lambda}{2}$ 到 $x'=\dfrac{3}{4}\lambda$ 等情况下，输入复阻抗是一容抗；而从 $x'=\dfrac{\lambda}{4}$ 到 $x'=\dfrac{\lambda}{2}$ 和从 $x'=\dfrac{3}{4}\lambda$ 到 $x'=\lambda$ 等情况下，输入复阻抗则是一感抗。即每隔 $\dfrac{\lambda}{4}$，电抗性质就改变一次。当 $x'=0$、$\dfrac{\lambda}{2}$、λ 等时，传输线可以用并联谐振的回路来代表；而当 $x'=\dfrac{\lambda}{4}$、$\dfrac{3}{4}\lambda$、$\dfrac{5}{4}\lambda$ 等时，传输线可用串联谐振的回路来代表，如图 12-9b 所示。

当终端短路，即 $\dot{U}_2=0$，$Z_2=0$ 时，式(12-39)和式(12-40)变为

$$\dot{U}=\mathrm{j}z_C\dot{I}_2\sin(\alpha x')=\mathrm{j}z_C\dot{I}_2\sin\left(\frac{2\pi}{\lambda}x'\right) \tag{12-50}$$

$$\dot{I}=\dot{I}_2\cos(\alpha x')=\dot{I}_2\cos\left(\frac{2\pi}{\lambda}x'\right) \tag{12-51}$$

它们的瞬时值为

$$u=\sqrt{2}z_c I_2 \sin\left(\frac{2\pi}{\lambda}x'\right)\sin(\omega t+\psi_i+90°) \tag{12-52}$$

$$i=\sqrt{2}I_2 \cos\left(\frac{2\pi}{\lambda}x'\right)\sin(\omega t+\psi_i) \tag{12-53}$$

由以上各式看出，这与终端开路的情况相似，也形成了驻波。不过电压的波节在终端和距终端$\frac{\lambda}{2}$、λ …处，电压的波腹在距终端$\frac{\lambda}{4}$、$\frac{3}{4}\lambda$…处；而且，电压的波节处正好是电流的波腹处，电压的波腹处正好是电流的波节处。沿传输线电压(或电流)驻波的分布正好与终端开路时电压(或电流)驻波的分布相差$\lambda/4$，如图 12-10a 所示。图中实线代表电压，虚线代表电流。

在式(12-41)中，令 $Z_2=0$，就得到终端短路的无损耗线的输入复阻抗为

$$Z_{in}=jz_C\tan(\alpha x')=jz_C\tan\left(\frac{2\pi}{\lambda}x'\right) \tag{12-54}$$

它也是一个纯电抗。当 $x'<\frac{\lambda}{4}$时，输入复阻抗是一感抗；当$\frac{\lambda}{4}<x'<\frac{\lambda}{2}$时，输入复阻抗是一容抗。以后每隔$\frac{\lambda}{4}$，电抗性质就改变一次。当 $x'=0$、$\frac{\lambda}{2}$、λ 等时，传输线可以用串联谐振回路代表；而当 $x'=\frac{\lambda}{4}$、$\frac{3}{4}\lambda$、$\frac{5}{4}\lambda$ 等时，传输线可以用并联谐振回路代表，如图 12-10b 所示。

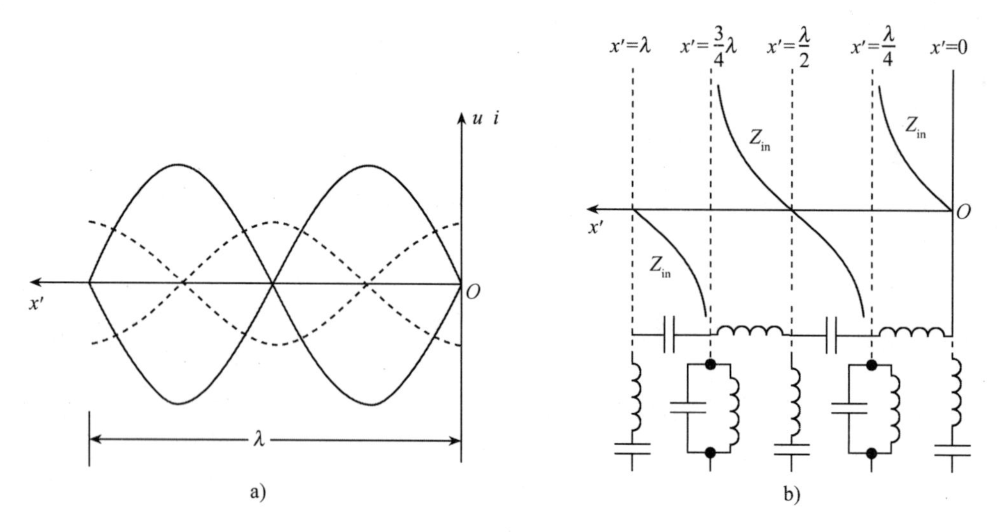

图 12-10 终端短路时的无损耗线

无损耗线在终端开路或短路的工作状态下，它的输入复阻抗是纯电抗，这本是意料之中的事。因为对于无损耗线，$R_0=0$，$G_0=0$，而终端是开路或短路的，所以整个传输线都不消耗功率。

可以证明，当无损耗线终端接以纯电抗负载时，传输线上的电压和电流仍然是驻波，但终端既不是电压的波腹也不是电压的波节，当然也不是电流的波节或波腹。

终端开路和终端短路的无损耗线虽然并不用来传输能量和信息，但它的阻抗特性使得它们在无线电技术中获得了广泛应用。例如，在波长较短的无线电设备中，常用终端开路或短路的无损耗线作为电路元件。

对于终端开路的一段长为 l 的无损耗线，当 $l<\dfrac{\lambda}{4}$ 时，它的输入复阻抗 Z_{in} 为一纯电容，故可作为电容元件；当 $\dfrac{\lambda}{4}<l<\dfrac{\lambda}{2}$ 时，Z_{in} 为纯电感，这时，它又可作为电感元件。当用作电容元件时，如已知所需电容的容抗 X_C，则可求得终端开路的线的长度为

$$l=\frac{\lambda}{2\pi}\operatorname{arccot}\left(\frac{X_C}{z_C}\right) \tag{12-55}$$

注意，式中 $\operatorname{arccot}\left(\dfrac{X_C}{z_C}\right)$ 的单位应该是弧度。

因为当终端开路($Z_2=\infty$)时，根据式(12-41)得

$$\begin{aligned}Z_{in}&=\frac{z_C}{\mathrm{j}\tan(\alpha x')}=-\mathrm{j}z_C\cot(\alpha x')\\&=-\mathrm{j}z_C\cot\left(\frac{2\pi}{\lambda}x'\right)\end{aligned}$$

故

$$-\mathrm{j}X_C=-\mathrm{j}z_C\cot\left(\frac{2\pi}{\lambda}l\right)$$

$$l=\frac{\lambda}{2\pi}\operatorname{arccot}\left(\frac{X_C}{z_C}\right)$$

对于终端短路的一段长为 l 的无损耗线，当 $l<\dfrac{\lambda}{4}$ 时，它的输入复阻抗 Z_{in} 为一纯电感，故可作为电感元件。如已知所需电感的感抗为 X_L，则终端短路的无损耗线的长度为

$$l=\frac{\lambda}{2\pi}\arctan\left(\frac{X_L}{z_C}\right) \tag{12-56}$$

式中，$\arctan\left(\dfrac{X_L}{z_C}\right)$ 值应以弧度为单位。

因为当终端短路($Z_2=0$)时，根据式(12-41)得

$$Z_{in}=\mathrm{j}z\tan(\alpha x')=\mathrm{j}z_C\tan\left(\frac{2\pi}{\lambda}x'\right)$$

故

$$\mathrm{j}X_L=\mathrm{j}z_C\tan\left(\frac{2\pi}{\lambda}l\right)$$

$$l=\frac{\lambda}{2\pi}\arctan\left(\frac{X_L}{z_C}\right)$$

又由于长度为 $\dfrac{\lambda}{4}$、终端短路的无损耗线的输入复阻抗为无限大，故可用它作为支持绝缘子，如图 12-11 所示。又如在 $\dfrac{\lambda}{4}$ 线的末端连接一个热偶式毫安计，就可以用来测定均匀传输

线上的电压分布，如图 12-12 所示。因为毫安计可以看成短路，因而对于这个测量装置来说，根据式(12-50)有

$$\dot{U}_1 = \mathrm{j}z_C\dot{I}_2\sin\left(\frac{\pi}{2}\right) = \mathrm{j}z_C\dot{I}_2$$

现在电流 I_2 可以从热偶式毫安计中读出，于是，由上式就可算得传输线上 AA′处的电压 U_1。

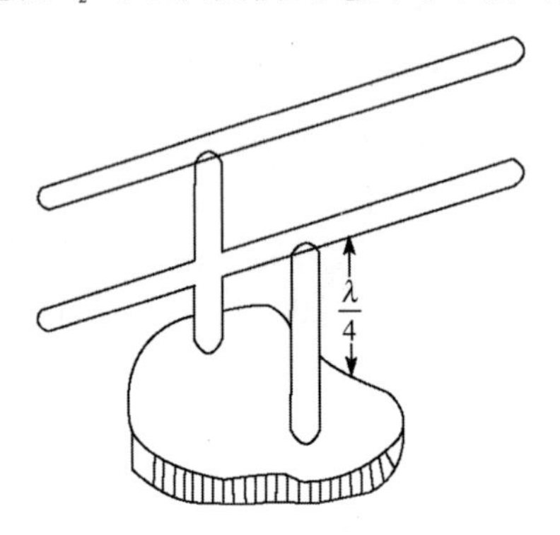

图 12-11 $\frac{\lambda}{4}$线用作支持绝缘子

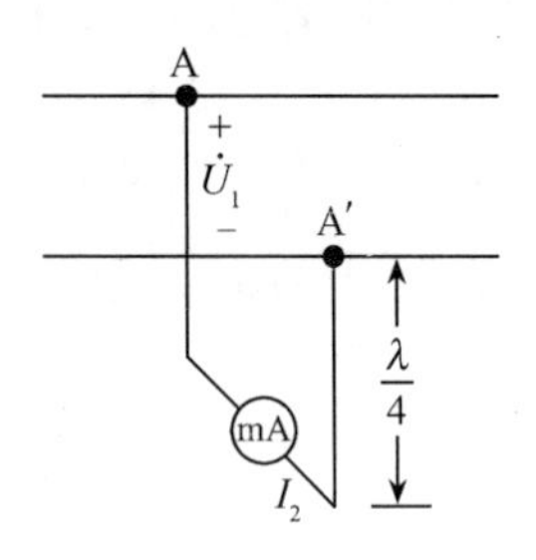

图 12-12 $\frac{\lambda}{4}$线用作引线测量电压分布

此外，$\frac{\lambda}{4}$长的无损耗线还可以作为阻抗变换器来使用。因为根据式(12-41)，终端接有负载复阻抗为 Z_2 且长度为$\frac{\lambda}{4}$的无损耗线的输入复阻抗为

$$Z_{\text{in}} = z_C\frac{Z_2 + \mathrm{j}z_C\tan(\alpha x')}{z_C + \mathrm{j}Z_2\tan(\alpha x')} = z_C\frac{Z_2 + \mathrm{j}z_C\tan\left(\frac{2\pi}{\lambda}\frac{\lambda}{4}\right)}{z_C + \mathrm{j}Z_2\tan\left(\frac{2\pi}{\lambda}\frac{\lambda}{4}\right)}$$

$$= z_C\frac{Z_2 + \mathrm{j}z_C\tan\left(\frac{\pi}{2}\right)}{z_C + \mathrm{j}Z_2\tan\left(\frac{\pi}{2}\right)} = \frac{Z_C^2}{Z_2} \tag{12-57}$$

由上式可见，输入复阻抗与负载复阻抗成反比。因此，长度为$\frac{\lambda}{4}$的无损耗线相当于一个阻抗变换器，它可以将高阻抗变换成低阻抗，也可以将低阻抗变换为高阻抗。注意，阻抗的高低是与损耗线的波阻抗 z_C 相比较而言的。

【例 12-3】某超高频信号发生器的并联谐振电路由电子管的极间电容 C 和一段终端短路的无损耗线(介质为空气)组成，已知电子管的极间电容 $C = 2\text{pF}$，无损耗线的波阻抗 $Z_C = 300\Omega$，信号发生器的工作波长 $\lambda = 3\text{m}$，试求无损耗线的长度 l 应是多少？

解 终端短路的无损耗线相当于一个电感，先来求它的感抗。

因为并联谐振电路的谐振角频率为 $\omega = \frac{1}{\sqrt{LC}}$，而

$$\omega = 2\pi f = 2\pi\frac{v}{\lambda} = 2\pi\times\frac{3\times10^8}{3} = 2\pi\times10^8\,\text{rad/s}$$

故

$$L=\frac{1}{\omega^2 C}=\frac{1}{(2\pi\times 10^8)^2\times 2\times 10^{-12}}$$

感抗

$$X_L=\omega L=2\pi\times 10^8\times\frac{1}{(2\pi\times 10^8)^2\times 2\times 10^{-12}}$$

$$=\frac{1}{2\pi\times 10^8\times 2\times 10^{-12}}=796\Omega$$

由式(12-56)得，终端短路的无损耗线的长度为

$$l=\frac{\lambda}{2\pi}\arctan\left(\frac{X_L}{z_C}\right)$$

而

$$\arctan\left(\frac{X_L}{z_C}\right)=\arctan\left(\frac{795.8}{300}\right)$$

$$=69.34°=69.34\times 0.01745\text{rad}$$

$$=1.21\text{rad}$$

所以

$$l=\frac{3}{2\pi}\times 1.21=0.578\text{m}$$

【例 12-4】电路如图 12-13 所示，为了使 $z_{C1}=550\Omega$ 和 $z_{C2}=250\Omega$ 的两个传输线达到匹配，采用一段长度为 $\frac{\lambda}{4}$ 的无损耗线，求这段线的波阻抗 z_C。

解　因为

$$Z_{AB}=\frac{z_C^2}{Z_{CD}}=\frac{z_C^2}{z_{C2}}$$

为了使 z_{C1} 和 z_{C2} 匹配，必须使

$$z_{C1}=\frac{z_C^2}{z_{C2}}$$

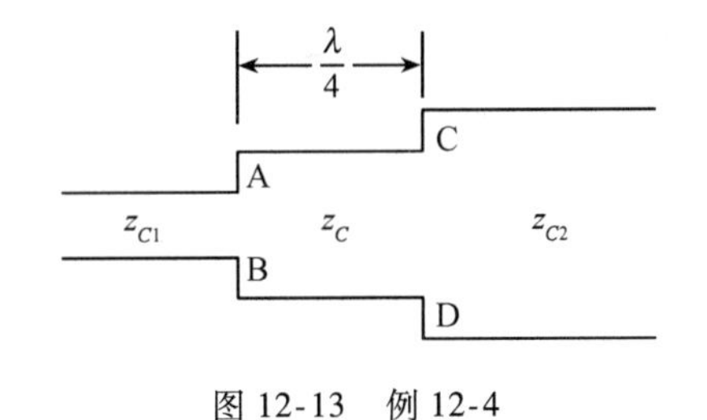

图 12-13　例 12-4

故

$$z_C=\sqrt{z_{C1}z_{C2}}=\sqrt{550\times 250}=317\Omega$$

【例 12-5】一个长度为 100m 的无损耗线，它的参数为 $L_0=2.2\times 10^{-6}$H/m，$C_0=5.05\times 10^{-12}$F/m，波长 $\lambda=20$m，试求：

1）无损耗线的波阻抗 Z_C、相位常数 α 及波速 v。

2）当终端接一个 100pF 的电容时，电压波和电流波最靠近终端的波腹的位置。

解　1）波阻抗

$$Z_C=z_C=\sqrt{\frac{L_0}{C_0}}=\sqrt{\frac{2.2\times 10^{-6}}{5.052\times 10^{-12}}}=659.9\Omega$$

相位常数

$$\alpha=\frac{2\pi}{\lambda}=\frac{2\pi}{20}=0.314\text{rad/m}$$

波速

$$v=\frac{1}{\sqrt{L_0C_0}}=\frac{1}{\sqrt{2.2\times10^{-6}\times5.052\times10^{-12}}}=3\times10^8\text{m/s}$$

2）解法1：负载阻抗为

$$z_2=\frac{1}{\text{j}2\pi fC}=-\text{j}\frac{1}{2\pi\dfrac{v}{\lambda}C}=-\text{j}\frac{1}{2\pi\times\dfrac{3\times10^8}{20}\times100\times10^{-12}}=-\text{j}106.1\Omega$$

从式(12-39)和式(12-40)，得

$$\begin{aligned}\dot{U}&=\dot{U}_2\cos(\alpha x')+\text{j}z_C\dot{I}_2\sin(\alpha x')=\dot{U}_2\left(\cos(\alpha x')+\text{j}\frac{z_C}{z_2}\sin(\alpha x')\right)\\&=\dot{U}_2\left(\cos(\alpha x')-\frac{659.9}{106.1}\sin(\alpha x')\right)=\dot{U}_2(\cos(\alpha x')-6.22\sin(\alpha x'))\\&=6.3\dot{U}_2\sin(\alpha x'+2.982)\end{aligned}$$

$$\begin{aligned}\dot{I}&=\dot{I}\cos(\alpha x')+\text{j}\frac{U_2}{z_C}\sin(\alpha x')=\dot{I}_2\left(\cos(\alpha x')+\text{j}\frac{z_2}{z_C}\sin(\alpha x')\right)\\&=\dot{I}_2\left(\cos(\alpha x')+\frac{106.1}{659.9}\sin(\alpha x')\right)=\dot{I}_2(\cos(\alpha x')+0.1608\sin(\alpha x'))\\&=1.103\dot{I}_2\sin(\alpha x'+1.411)\end{aligned}$$

当 $\alpha x'+2.98=\frac{3\pi}{2}$ 时，出现电压靠近终端的第一个波腹(见图12-14)，得

$$x'=\frac{\dfrac{3\pi}{2}-2.98}{0.3142}=5.51\text{m}$$

解法2：用一段长度为 $l<\frac{\lambda}{4}$ 的终端开路线来代替这个容抗

$$\begin{aligned}l&=\frac{\lambda}{2\pi}\text{arccot}\left(\frac{X_C}{z_C}\right)=\frac{20}{2\pi}\text{arccot}\left(\frac{106.1}{659.9}\right)=3.183\times80.87°\\&=3.183\times80.87\times0.01754=4.49\text{m}\end{aligned}$$

这样，就等于把无损耗线延长4.49m而开路(见图12-15)，于是，在距离延长以后的终端(这里是电流波节、电压波腹)λ/4(即5m)处出现第一个电流波腹，这个点的位置是

$$x'=5-4.492=0.508\text{m}$$

在距离延长以后的终端λ/2(即10m)处出现第一个电压波腹，这个点的位置是

$$x'=10-4.49=5.51\text{m}$$

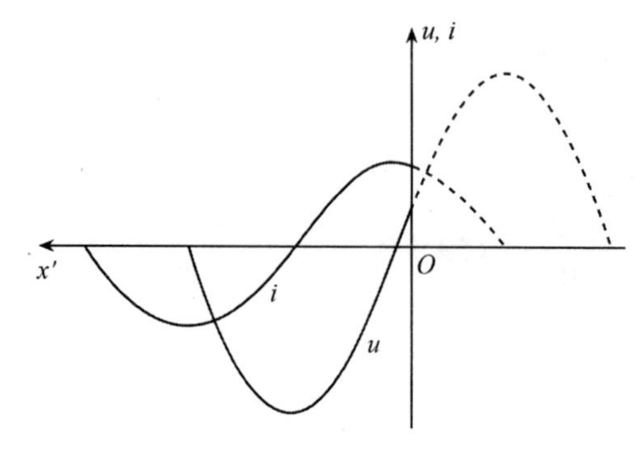

图12-14　例12-5解法1

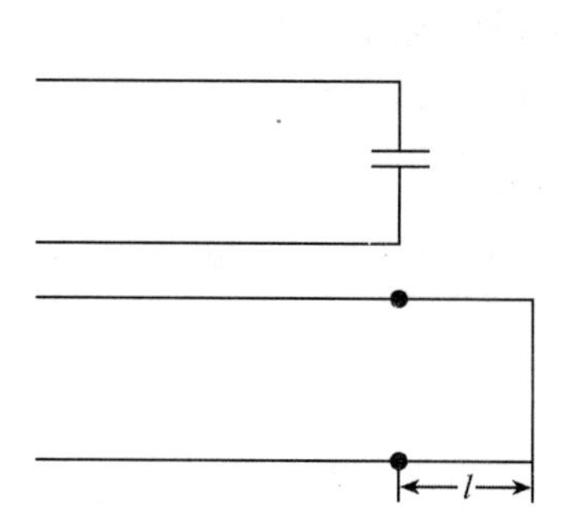

图12-15　例12-5解法2

习题十二

12-1 有一长度为 200km 的三相输电线，其参数为 $R_0=0.3\Omega/\text{km}$，$L_0=2.88\times10^{-3}\text{H/km}$，$C_0=3.85\times10^{-9}\text{F/km}$，$G_0=0$。在输电线的终端接有一功率为 2000kW，$\cos\varphi=0.8$（$\varphi>0$）的负载。如要维持电压 $U_{L2}=33\text{kV}$，求始端电压、电流及传输效率。

12-2 某电信电缆的传播常数 $\gamma=0.0637\text{e}^{\text{j}46.25^\circ}\text{1/km}$，特性复阻抗 $Z_C=35.7\text{e}^{-\text{j}11.8^\circ}\Omega$。电缆始端的信号电压 $u_1=\sin(5000t)\text{V}$，终端的负载复阻抗 $Z_2=Z_C$。求沿线的电压 $u=(x,\ t)$ 和电流 $i=(x,\ t)$。如果电缆长度为 100km，信号由始端传到终端的时间延迟等于多少？

12-3 某三相传输线从发电厂经 240km 送电到一枢纽变电所。传输线的参数为 $R_0=0.08\Omega/\text{km}$，$\omega L_0=0.4\Omega/\text{km}$，$\omega C_0=2.8\mu\text{S/km}$，$G_0$ 可以忽略不计。如果输送到终端的复功率为（100 + j16）MVA，终端线电压为 195kV，求始端的电压、电流、复功率及传输效率。

12-4 试计算上题中传输线的自然功率。若终端电压保持在 220kV，则该传输线在传输自然功率时始端的电压应为多少？传输效率等于多少？

12-5 如果上题中的负载突然被切断，始端电压保持不变，则终端电压将升高至何值？

12-6 一空气绝缘的电缆的特性复阻抗 $Z_C=50\Omega$，终端短路，工作频率为 300MHz。问这个电缆最短的长度应等于多少才能使它相当于（1）一个 $0.025\mu\text{H}$ 的电感？（2）一个 10pF 的电容？

12-7 某无损耗线长 4.5m，波阻抗为 300Ω，介质为空气。在始端接一内阻为 100Ω、电动势为 10V、频率为 100MHz 的正弦激励。以激励电动势相量为参考，试计算在距始端 1 米处的电压相量。设负载复阻抗为：（1）300Ω，（2）500Ω，（3）－j500Ω。

12-8 如题 12-8 图所示的无损耗线，其终端接有负载复阻抗 $Z_2=\dfrac{1}{2}Z_C$。

（1）试证明在离负载端一定存在一个距离为 l_1，在这里（AA′处）向终端看进去的入端复导纳的电导正好等于 $1/Z_C$，并求出此 l_1 值。

（2）证明：如果在 AA′处并联一段具有相同波阻抗 Z_C 的短路线，且调节短路线的长度 l_2，可以使无损耗线在 AA′重新获得匹配，并求出此 l_2 值。

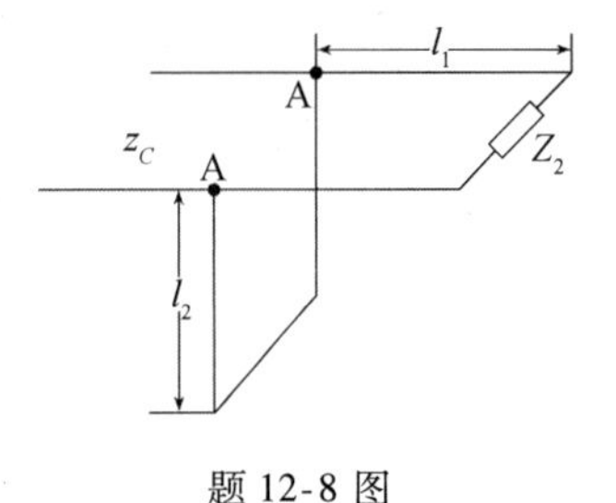

题 12-8 图

部分习题参考答案

习题一

1-1 $U=15V$，$I=4A$

1-2 a）$U=(R_1+R_2)I-R_2I_S$；b）$U=(U_2+I_SR_1)+(R_1+R_2)I$；

c）$U=\left(\frac{1}{R_1}U_S-I_S\right)\frac{R_1R_2}{R_1+R_2}+\frac{R_1R_2}{R_1+R_2}I$

1-3 $U_A=-3V$，$U_F=24-3=21V$，$U_D=1.5\times10+U_F=36V$，$U_C=-12+U_D=24V$，$U_B=1.5\times20+U_C=54V$

1-4 $I=-4A$

1-5 $I_1=-1A$，$I_2=1A$，$I=2A$，$U_{ab}=2V$

1-6 $I_S=-2.5A$

1-7 $U_S=11V$，$R_1=10\Omega$，$R_2=\frac{4}{3}\Omega$

1-8 （1）$U=1.4V$；（2）无影响

1-9 $U_{AB}=-5V$，$U_{BC}=85V$

1-10 $R=0\Omega$

1-11 （1）a）$U_{ab}=-2V$，b）$U_{ab}=0V$；（2）a）$I_{ab}=-0.5mA$，b）$I_{ab}=0A$

1-12 $R=12\Omega$，$I_1=I_2=0.5A$，$I=0A$

1-13 $R_x=81.25\Omega$，各支路电流为 2A，1.5A，0.5A，0.25A，0.25A

1-15 $P=250W$

1-16 $A_1=3.5A$，$A_2=5.5A$

1-17 $U_1=2V$，$U_2=24V$

1-18 $I_E=2mA$，$I_B=0.024mA$，$I_C=1.976mA$，$U_B=2.7V$，$U_C=3.6528V$，$U_{BC}=-0.9328V$，$U_{CE}=1.6528V$

1-19 $U_a=\frac{560}{9}V$

1-20 $R=4\Omega$

1-21 $U=83V$

习题二

2-1 a）$R_5+\frac{R_1R_2R_3}{R_1R_2+R_2R_3+R_1R_3}$；b）$4k\Omega$；c）$3\Omega$；d）$1.5\Omega$

2-2 S 闭合时，9Ω；S 打开时，9Ω

2-3 $U=5V$，$U_{ab}=150V$

2-4 14V，2Ω；1V，$\frac{3}{2}\Omega$

2-5 $U=-20\text{V}$

2-6 （1）$u_2=\frac{R_2R_3}{R_2+R_3}i_S$，$i_2=\frac{R_3}{R_2+R_3}i_S$；（2）无变化

2-7 $I_R=0\text{A}$

2-9 $I=-4\text{A}$

2-10 $U_{ab}=-6\text{V}$

2-11 $U_1=1\text{V}$，$U_2=0\text{V}$，$U_3=\frac{4}{3}\text{V}$

2-12 $I_x=1.36\text{A}$

2-13 $U_{S5}=6\text{V}$

2-14 $i_1=0.24\text{A}$，$i_2=9.39\text{A}$

2-15 $I_1=2.5\text{A}$

2-16 $I_{ab}=5\text{A}$，$I_{bc}=-16\text{A}$，$I_{ac}=-6\text{A}$，$I_{cd}=-22\text{A}$，$I_{ad}=7\text{A}$，$I_{bd}=21\text{A}$

2-17 $I=1.5\text{A}$

2-18 $P_{5\Omega}=20\text{W}$

2-19 $U_1=16\text{V}$

2-21 $A_i=\frac{i_2}{i_1}=\frac{-\beta R_bR_c}{(R_c+R_L)(R_b+r_{be}+R_f+\beta R_f)}$，$A_u=\frac{u_2}{u_S}=-\frac{\beta R_cR_L}{(R_c+R_L)\cdot(r_{be}+R_f+\beta\cdot R_f)}$，

$R_i=\frac{u_S}{i_1}=\frac{R_b(r_{be}+R_f+\beta R_f)}{R_b+r_{be}+R_f+\beta R_f}$

习题三

3-1 $I=-2\text{A}$

3-2 18.69V，0.714A

3-3 500mA

3-4 5V，0.5Ω

3-5 15V，14Ω；1.07A，14Ω

3-6 （1）10Ω，35.2W；（2）并联一有源支路，且其电动势与内阻之比为3.75

3-7 3Ω

3-8 40A

3-9 $U_s=7\text{V}$，$R_s=0.5\Omega$

3-10 $i=\begin{cases}1.35\text{A}\\-1.85\text{A}\end{cases}$

3-11 $i_2=0.2\text{A}$，等效电路中的关键参数值为12V、2Ω

3-13 28.2V，6.47Ω；4.36A，6.47Ω

3-14 $U_{OC}=\frac{K_2R_L}{-R_1+K_1K_2R_L}U_s$，$R_{eq}=\frac{R_1R_L}{R_1-K_1K_2R_L}$

3-15 $R=5.5\Omega$，$P_{max}=10.2\text{W}$

3-16 $U_{S2}=10\text{V}$，$I''_1=-0.5\text{A}$

习题四

4-1　$i(0_+)=1\mathrm{A}$，$u_{L2}(0_+)=-100\mathrm{V}$

4-2　(1) $u_C(0_-)=u_C(0_+)=45\mathrm{V}$，$i_C(0_-)=0$，$i_C(0_+)=-0.45\mathrm{mA}$；
(2) $u_L(0_-)=0$，$u_L(0_+)=-45\mathrm{V}$，$i_L(0_+)=i_L(0_-)=15\mathrm{mA}$；
(3) $u_R(0_-)=45\mathrm{V}$，$i_R(0_-)=15\mathrm{mA}$，$u_R(0_+)=45\mathrm{V}$，$i_R(0_+)=15\mathrm{mA}$

4-3　$u_L=-4\mathrm{e}^{-t}\mathrm{V}(t\geqslant 0)$，$i_L=0.667\mathrm{e}^{-t}\mathrm{A}(t\geqslant 0)$，$u_{\mathrm{ab}}=(12+1.33\mathrm{e}^{-t})\mathrm{V}(t>0)$

4-4　$i_K=(2+\mathrm{e}^{-t}-\mathrm{e}^{-5t})\mathrm{A}(t\geqslant 0)$

4-5　$u_C=3(1-\mathrm{e}^{-0.1t})\mathrm{V}(t\geqslant 0)$，$i_C=0.6\mathrm{e}^{-0.1t}\mathrm{A}(t\geqslant 0)$，$i_1=(1-0.4\mathrm{e}^{-0.1t})\mathrm{A}(t>0)$，$i=(1+0.2\mathrm{e}^{-0.1t})\mathrm{A}(t>0)$，$u_K=(6-0.6\mathrm{e}^{-0.1t})\mathrm{V}(t>0)$

4-6　$i_L=(1-\mathrm{e}^{-10t})\mathrm{A}(t\geqslant 0)$，$u_L=20\mathrm{e}^{-10t}\mathrm{V}(t\geqslant 0)$，$u=(20+10\mathrm{e}^{-10t})\mathrm{V}(t\geqslant 0)$

4-7　$u_C=[100-36.8\mathrm{e}^{-5\times 10^3(t-10^{-4})}]\mathrm{V}(t\geqslant 10^{-4}\mathrm{s})$

4-8　$u_C=(-5+15\mathrm{e}^{-10t})\mathrm{V}(t\geqslant 0)$

4-9　$i_L=(0.2+0.8\mathrm{e}^{-5t})\mathrm{A}(t\geqslant 0)$

4-10　$i=(2.4-1.4\mathrm{e}^{-1.25\times 10^5 t})\mathrm{A}(t\geqslant 0)$

4-11　$u_C=\left[\left(U_2-\beta\dfrac{R_2}{R_1}U_1\right)+\beta\dfrac{R_2}{R_1}U_1\mathrm{e}^{-\frac{t}{\tau}}\right]\mathrm{V}(t\geqslant 0)$，$\tau=(1+\beta)R_2C$

4-12　$u_C=(0.854-0.0204\mathrm{e}^{-1.36\times 10^6 t})\mathrm{V}(t\geqslant 0)$

4-13　$i_L=(1.33+0.667\mathrm{e}^{-6t})\mathrm{A}(t\geqslant 0)$，$u_C=4\mathrm{e}^{-0.25t}\mathrm{V}(t\geqslant 0)$，$u_K=(5.33+2.67\mathrm{e}^{-6t}-4\mathrm{e}^{-0.25t})\mathrm{V}(t\geqslant 0)$

4-14　$i=[-5\mathrm{e}^{-0.5t}1(t)+2.5\mathrm{e}^{-0.5(t-2)}1(t-2)]\mathrm{A}$

4-15　$i_C(t)=0.5\mathrm{e}^{-5t}1(t)\mathrm{A}$，$i_C(t)=[-2.5\mathrm{e}^{-5t}1(t)+0.2\delta(t)]\mathrm{A}$

4-16　$u_{22'}(t)=0.25(1-\mathrm{e}^{-0.5t})\mathrm{V}(t\geqslant 0)$

4-17　$U=3.67\mathrm{V}$

4-18　$u_2(t)=\left(\dfrac{5}{8}-\dfrac{1}{8}\mathrm{e}^{-t}\right)1(t)\mathrm{V}$

4-19　$u_{C1}=u_{C2}=6-4\mathrm{e}^{-0.333t}\mathrm{V}$，$i_{C1}=-4\delta(t)+1.333\mathrm{e}^{-0.333t}\mathrm{A}$，$i_{C2}=4\delta(t)+2.667\mathrm{e}^{-0.333t}\mathrm{A}$，$i=4\mathrm{e}^{-0.333t}\mathrm{A}$

4-20　$u=(1-\mathrm{e}^{-2t})1(t)+[1-\mathrm{e}^{-2(t-1)}]1(t-1)-2[1-\mathrm{e}^{-2(t-2)}]1(t-2)+4\mathrm{e}^{-2(t-3)}1(t-3)\mathrm{V}$

习题五

5-1　元件1为纯电阻，其值为10Ω；元件2为纯电容，其值为0.02F；元件3为纯电感，其值为0.5H

5-2　$\dot{I}=20\angle -42.9°\mathrm{A}$

5-3　$R=161\Omega$，$L=0.889\mathrm{H}$

5-4　$R=17\Omega$，$X_{C2}=7\Omega$，$U_2=91.9\mathrm{V}$

5-5　$R_0=18\Omega$

5-6 $R=5.06\Omega$, $L=0.035\text{H}$

5-7 $U_{C1}=80.4\text{V}$, $U_{C2}=319.6\text{V}$

5-8 $I_C=14\text{A}$, $C=743\mu\text{F}$

5-10 $\dot{I}_1=36.0\angle-16.8°\text{A}$, $\dot{I}_2=22.3\angle-77.1°\text{A}$, $\dot{I}_3=31.6\angle21°\text{A}$

5-11 $Y=0.02\pm \text{j}0.04\text{S}$

5-12 $\dot{I}_1=1\angle-45°\text{A}$, $\dot{I}_2=0.707\angle180°\text{A}$, $\dot{I}_3=1.58\angle-26.6°\text{A}$, $\dot{I}_4=2.12\angle0°\text{A}$

5-13 $I_R=-\text{j}\sqrt{\dfrac{C}{L}}\dot{U}$

5-14 $R=2\text{k}\Omega$

5-15 $L=1.21\text{H}$

5-16 $R=15\Omega$, $L=0.152\text{H}$

5-17 $Z_L=2+\text{j}2\text{k}\Omega$, $P_{\max}=11.2\text{W}$

5-18 $U_\text{S}=520\text{V}$, $P=55.3\text{kW}$

5-19 $R_1=3.5\Omega$, $X_1=6.13\Omega$, $R_2=21\Omega$, $X_2=27\Omega$

5-21 $\dot{I}=1\angle0°\text{A}$

5-22 $Z_1=50\angle60°\Omega$, $Z_2=\text{j}57.74\Omega$

5-23 $R=8.89\Omega$, $L=0.049\text{H}$, $C=206.8\mu\text{F}$, $I_1=7.5\text{A}$

5-24 $R_4=4.16\Omega$, $L_4=0.0407\text{H}$

5-25 $R=50\Omega$, $X_L=100\Omega$, $X_C=20\Omega$

5-26 a) $\omega=\dfrac{1}{\sqrt{3LC}}$; b) $\omega_1=\dfrac{1}{\sqrt{L_2C}}$, $\omega_2=\dfrac{1}{\sqrt{(L_1+L_2)C}}$;

c) $\omega_1=\dfrac{1}{\sqrt{L_1C_1}}$, $\omega_2=\dfrac{1}{\sqrt{L_2C_2}}$, $\omega_3=\dfrac{\sqrt{L_1+L_2}}{\sqrt{L_1L_2(C_1+C_2)}}$

5-27 $L=0.02\text{H}$, $Q=50$

5-28 $\dot{I}_R=10\angle0°\text{A}$, $\dot{I}_L=0.319\angle-90°\text{A}$, $\dot{I}_C=0.319\angle90°\text{A}$

5-29 $C=25\mu\text{F}$, $U=180\text{V}$

5-30 $C_1=0.72\mu\text{F}$, $C_2=5.66\mu\text{F}$, $\dot{I}=0.028\angle4.62°\text{A}$

习题六

6-1 ①与③同名，$u_{M2}=-M\dfrac{\text{d}i_1}{\text{d}t}$

6-2 $u=(L_1+L_2-2M)\dfrac{\text{d}i}{\text{d}t}$

6-3 $M=52.9\text{mH}$

6-4 $M=25\text{H}$

6-5 $\dot{U}_\text{AB}=83.44\angle-6.47°\text{V}$

6-6 $\dot{U}_\text{abk}=50\sqrt{2}\angle45°\text{V}$, $Z_0=500\sqrt{2}\angle45°\Omega$, $I_\text{SC}=0.1\text{A}$

6-7 (1) $\dot{I}_1=5.65\angle-81.9°\text{A}$, $\dot{I}_2=2\angle-36.9°\text{A}$; (2) $\dot{I}_1=5\sqrt{2}\angle-45°\text{A}$, $\dot{I}_2=5\angle0°\text{A}$;

(3) 40W, 250W

6-9 $P_{max}=12.9W$

6-10 $P_R=9W$

6-11 $\dot{U}_2=1V$

6-12 $Z_L=(5.656-j6.222)\Omega$, $P_{max}=2W$

6-13 $R_i=3.6\Omega$

6-14 (1) $f=\dfrac{1}{2\pi\sqrt{MC}}$; (2) $f=\dfrac{1}{2\pi\sqrt{L_2C}}$

6-15 $\omega=10^4 rad/s$, $i_2=12.5\sqrt{2}\sin\left(10^4t+\dfrac{\pi}{2}\right)mA$

习题七

7-1 $I_P=14.1A$

7-2 $I_1=36.8A$, $R=3\Omega$, $X=\pm1.7\Omega$

7-3 $I_1=110A$, $P=36.6kW$

7-4 $I_1=38.1A$, $P_1=174kW$, $P_2=152kW$

7-5 $I=38A$, $P=3.871kW$

7-6 $I_1=17.92A$, $I_2=9.05A$, $I_3=5.23A$

7-7 $U_1=392V$

7-8 191V

7-9 $I_A=23.1A$, $I_B=15.7A$, $I_C=15.7A$, $I_N=7.5A$

7-10 W = 13 462W, V = 627.64V, A = 83.66A

7-11 $W_1=3276W$, $W_2=65W$

7-12 $W_1=4378W$, $W_2=2533W$

7-13 $Q=8660Var$

习题八

8-1 $a_0=0$, $a_K=0$, $b_K=\dfrac{2E_m}{K^2a(\pi-a)}\sin(Ka)$ $(K=1, 2, 3, \cdots)$

8-2 $i(t)=\dfrac{5}{6}+2.45\sin(400t+30.96°)+0.654\sin(1200t+31.3°)A$; $P=149.92W$;

$U_S=86.89V$; $I=1.98A$

8-3 $U_1=77.1V$, $U_3=63.6V$

8-4 $R=1\Omega$, $L=11.5mH$; $L=12.3mH$

8-5 $R=10\Omega$, $L=31.9mH$; $C=318\mu F$; $\theta_2=-99.5°$, $P=515W$

8-6 $i=4\sin(100t)-3.58\sin(200t+26.57°)A$, $P=8W$

8-7 $u_L(t)=4\sin(2\omega t)V$, $i_L(t)=1+0.4\sin(2\omega t-90°)A$

8-8 $u=50+9\sin(\omega t+1.27°)V$, $P=25.35W$

8-9 $C=250\mu F$, $i_a=20mA$, $u_2(t)=15\sqrt{2}\sin(1000t)mV$

8-10 $L_1 = 1\text{H}$, $L_2 = 66.7\text{mH}$

8-11 $C = \frac{1}{9\omega_1^2}$, $L = \frac{1}{49\omega_1^2}$ 或者 $C = \frac{1}{49\omega_1^2}$, $L = \frac{1}{9\omega_1^2}$

8-12 $P_{R1} = 2.29\text{W}$, $P_{R2} = 0.093\text{W}$, $P_S = 2.38\text{W}$

8-13 $i_1 = 0.15\text{A}$, $i_2 = -0.05 + \sqrt{2}\,0.1\sin(\omega t + 90°)\text{A}$, $I_1 = 0.15\text{A}$, $I_2 = 0.112\text{A}$

8-14 $i_1 = \sqrt{2}\,32.1\sin(\omega t - 26.6°) - \sqrt{2}\,1.05\sin(3\omega t - 71.6°) + \sqrt{2}\,0.619\sin(5\omega t - 68.2°)\text{A}$

$i_0 = \sqrt{2}\,3.16\sin(3\omega t - 71.5°)\text{A}$

$P = 18.52\text{kW}$

不接中性线时：$P = 18.50\text{kW}$, $U_{\text{N'N}} = 30\text{V}$

8-15 $V_1 = 215.23\text{V}$, $V_2 = 90\text{V}$

习题九

9-1 $\frac{2}{s+3}\text{e}^{-s}$, $\frac{2}{(s+3)^2+4}$, e^{-5s}, $\frac{3}{s}(\text{e}^{-sT_1} - \text{e}^{-sT_2})$, $\frac{\text{E}}{s^2T}(1-\text{e}^{-sT}) - \frac{\text{E}}{s}\text{e}^{-sT}$

9-2 $3.33(\text{e}^{-2t} - \text{e}^{-3t})$; $1 - 0.5\text{e}^{-0.333t} - 0.5\text{e}^{-t}$; $\text{e}^{-3t} + 2.24\text{e}^{-t}\cos(t + 26.6°)$;

$\text{e}^{-t} - (t+1)\text{e}^{-2t}$; $\delta(t) + 1 - 2\text{e}^{-t}$

9-3 $i_1 = 2.5\text{e}^{-1000t} + 4.5\text{e}^{-3000t}\text{A}(t>0)$, $i_2 = 2.5\text{e}^{-1000t} - 4.5\text{e}^{-3000t}\text{A}(t>0)$

9-4 $i = 6.67 - 0.454\text{e}^{-6.34t} - 6.21\text{e}^{-23.7t}\text{A}(t \geqslant 0)$

9-5 $i_2 = (t\text{e}^{-5t} - \text{e}^{-5t} + \text{e}^{-6t})\text{A}(t \geqslant 0)$

9-6 $t = 0.0188\text{s}$

9-7 $i_L = (10 + 31\text{e}^{-25t}\sin(96.8t))\text{A}(t \geqslant 0)$

9-8 $i_1 = (1 - \text{e}^{-2t} - \text{e}^{-t}\sin(2t))\text{A}(t \geqslant 0)$

9-9 $u_C = 0.4\text{e}^{-0.2t}1(t)\text{V}$

9-10 $i_L = (6\text{e}^{-0.5t} - 4\text{e}^{-t})\text{A}(t \geqslant 0)$

9-11 $i_1 = 2\text{e}^{-1.33t}\text{A}(t \geqslant 0)$, $i_2 = -2\delta(t) + 0.667\text{e}^{-1.33t}\text{A}(t \geqslant 0)$, $i_3 = 2\delta(t) + 1.33\text{e}^{-1.33t}\text{A}(t \geqslant 0)$

9-12 $i_1 = (1 - 0.2\text{e}^{-0.2t})\text{A}(t \geqslant 0)$, $i_2 = 0.4\text{e}^{-0.2t}\text{A}(t \geqslant 0)$

9-13 $i_1 = [0.5\delta(t) - 0.25\sqrt{2}\sin(0.707t)]\text{A}(t \geqslant 0)$

9-14 $i = \{(1-\text{e}^{-2t})1(t) + [1 - \text{e}^{-2(t-1)}]1(t-1) - 2[1 - \text{e}^{-2(t-2)}]1(t-2) + 4\text{e}^{-2(t-3)}1(t-3)\}\text{A}$

9-15 $u = \left\{\frac{\text{E}}{t_0}RC(1 - \text{e}^{-\frac{t}{RC}})1(t) - \left[\frac{\text{E}}{t_0}RC(1 - \text{e}^{-\frac{t-t_0}{RC}}) + \text{E}\text{e}^{-\frac{t-t_0}{RC}}\right]1(t-t_0)\right\}\text{V}$

9-16 $H(S) = \frac{K}{S^2 + S + 1}$, $h(t) = 2.31\text{e}^{-0.5t}\cos(0.866t + 90°)1(t)\text{V}$

9-17 $L = 1.41\text{H}$, $C = 0.707\text{F}$

9-18 $H(s) = \frac{s^2}{s^2 + 6.5s + 1.56}$, $h(t) = \delta(t) + (0.0104\text{e}^{-0.25t} - 6.51\text{e}^{-6.25t})1(t)$

9-19 (1) $u(t) = \frac{1}{1-a}(\text{e}^{-at} - \text{e}^{-t})1(t)\text{V}$;

(2) $u(t) = \left\{a(2-t)[1(t) - 1(t-2)] - 2a\text{e}^{-t}1(t)\right\}\text{V}$

9-20 $y_3(t)=1(t)+e^{-t}1(t)-1(t-1)$

9-21 $H(s)=\dfrac{-4}{s^2+6s+4}$, $h(t)=(0.894e^{-5.236t}-0.894e^{-0.764t})$

习题十

10-1 a) $Y=\begin{bmatrix}-j\dfrac{1}{\omega L} & j\dfrac{1}{\omega L}\\ j\dfrac{1}{\omega L} & j(\omega C-\dfrac{1}{\omega L})\end{bmatrix}$; $Z=\begin{bmatrix}j(\omega L-\dfrac{1}{\omega C}) & -j\dfrac{1}{\omega C}\\ -j\dfrac{1}{\omega C} & -j\dfrac{1}{\omega C}\end{bmatrix}$; $A=\begin{bmatrix}1-\omega^2LC & j\omega L\\ j\omega C & 1\end{bmatrix}$

b) $Y=\begin{bmatrix}j(\omega C-\dfrac{1}{\omega L}) & j\dfrac{1}{\omega L}\\ j\dfrac{1}{\omega L} & -j\dfrac{1}{\omega L}\end{bmatrix}$; $Z=\begin{bmatrix}-j\dfrac{1}{\omega C} & -j\dfrac{1}{\omega C}\\ -j\dfrac{1}{\omega C} & j(\omega L-\dfrac{1}{\omega C})\end{bmatrix}$; $A=\begin{bmatrix}1 & j\omega L\\ j\omega C & 1-\omega^2LC\end{bmatrix}$

c) $Y=\begin{bmatrix}j\dfrac{\omega C_1(\omega^2LC_2-1)}{\omega^2L(C_1+C_2)-1} & -j\dfrac{\omega^3LC_1C_2}{\omega^2L(C_1+C_2)-1}\\ -j\dfrac{\omega^2LC_1C_2}{\omega^2L(C_1+C_2)-1} & \dfrac{\omega^2C_1C_2(1-\omega^2LC_1)}{\omega^2L(C_1+C_2)-1}\end{bmatrix}$; $Z=\begin{bmatrix}j\left(\omega L-\dfrac{1}{\omega C_1}\right) & j\omega L\\ j\omega L & j\left(\omega L-\dfrac{1}{\omega C_2}\right)\end{bmatrix}$;

$A=\begin{bmatrix}1-\dfrac{1}{\omega^2LC_1} & -j\dfrac{\omega^2L(C_1+C_2)-1}{\omega^3LC_1C_2}\\ -j\dfrac{1}{\omega L} & 1-\dfrac{1}{\omega^2LC_2}\end{bmatrix}$

10-2 a) $Y=\begin{bmatrix}\dfrac{5}{3} & -\dfrac{4}{3}\\ -\dfrac{4}{3} & \dfrac{5}{3}\end{bmatrix}$, $Z=\begin{bmatrix}\dfrac{5}{3} & \dfrac{4}{3}\\ \dfrac{4}{3} & \dfrac{5}{3}\end{bmatrix}$, $A=\begin{bmatrix}\dfrac{5}{4} & \dfrac{3}{4}\\ \dfrac{3}{4} & \dfrac{5}{4}\end{bmatrix}$, $H=\begin{bmatrix}\dfrac{3}{5} & \dfrac{4}{5}\\ -\dfrac{4}{5} & \dfrac{3}{5}\end{bmatrix}$;

b) $Y=\begin{bmatrix}\dfrac{3}{4} & -\dfrac{1}{4}\\ -\dfrac{1}{4} & \dfrac{3}{4}\end{bmatrix}$, $Z=\begin{bmatrix}\dfrac{3}{2} & \dfrac{1}{2}\\ \dfrac{1}{2} & \dfrac{3}{2}\end{bmatrix}$, $A=\begin{bmatrix}3 & 4\\ 2 & 3\end{bmatrix}$, $H=\begin{bmatrix}\dfrac{4}{3} & \dfrac{1}{3}\\ -\dfrac{1}{3} & \dfrac{2}{3}\end{bmatrix}$;

c) $Y=\begin{bmatrix}\dfrac{3}{4} & -\dfrac{1}{4}\\ -\dfrac{1}{4} & \dfrac{1}{2}\end{bmatrix}$, $Z=\begin{bmatrix}\dfrac{8}{5} & \dfrac{4}{5}\\ \dfrac{4}{5} & \dfrac{12}{5}\end{bmatrix}$, $A=\begin{bmatrix}2 & 4\\ \dfrac{5}{4} & 3\end{bmatrix}$, $H=\begin{bmatrix}\dfrac{4}{3} & \dfrac{1}{3}\\ -\dfrac{1}{3} & \dfrac{5}{12}\end{bmatrix}$

10-3 a) $H=\begin{bmatrix}-R & -\dfrac{2}{5}\\ -2 & -\dfrac{1}{5R}\end{bmatrix}$, $Y=\begin{bmatrix}-\dfrac{1}{R} & -\dfrac{2}{5R}\\ \dfrac{2}{R} & \dfrac{3}{5R}\end{bmatrix}$;

b) $H=\begin{bmatrix}\dfrac{R_1R_2}{R_1+R_2} & \dfrac{R_1}{R_1+R_2}\\ \left(g_m-\dfrac{1}{R_2}\right)\dfrac{R_1R_2}{R_1+R_2} & (1+g_mR_1)\dfrac{1}{R_1+R_2}\end{bmatrix}$, $Y=\begin{bmatrix}\dfrac{R_1+R_2}{R_1R_2} & -\dfrac{1}{R_1}\\ \left(g_m-\dfrac{1}{R_2}\right) & \dfrac{1}{R_2}\end{bmatrix}$

10-4 $I_{11'} = -12\text{A}$

10-5 $U_{11'} = 100\text{V}$

10-6 $Y_{11} = (0.64 + \text{j}1.08)\text{S}$，$Y_{12} = Y_{21} = (-0.4 - \text{j}0.8)\text{S}$，$Y_{22} = \text{j}0.5\text{S}$

10-7 （1）$\dfrac{U_2(s)}{U_S(s)} = \dfrac{-1}{9s + 0.05}$；（2）$u_2(t) = -20 + 20\text{e}^{-\frac{t}{180}}\text{V}$

10-8 $\dot{I}_L = \sqrt{2}\angle -45°\text{A}$

10-9 $H = \begin{bmatrix} 0 & 2 \\ -2 & \dfrac{4}{3} \end{bmatrix}$

10-10 a）$Z_C = 600\Omega$；b）$Z_C = 300\Omega$

10-11 T 形：$Z_1 = 15\Omega$，$Z_2 = 6\Omega$，$Z_3 = 10\Omega$；

π 形：$Z_a = 30\Omega$，$Z_b = 50\Omega$，$Z_c = 20\Omega$

10-12 （1）$Y = \begin{bmatrix} \dfrac{1}{5} & -\dfrac{1}{15} \\ -\dfrac{1}{15} & \dfrac{2}{15} \end{bmatrix}\text{S}$；（2）$R_L = 7.5\Omega$，$P_{max} = 1.875\text{W}$

10-13 $\begin{bmatrix} 1 - 3\omega^2 LC + \omega^4 L^2 C^2 & \text{j}2\omega L - \text{j}\omega^3 L^2 C \\ \text{j}3\omega C - \text{j}4\omega^3 LC^2 + \text{j}\omega^5 L^2 C^3 & 1 - 3\omega^2 LC + \omega^4 L^2 C^2 \end{bmatrix}$

10-14 $U_2 = 20\text{V}$

10-15 a）$\begin{bmatrix} A_{11} & A_{12} \\ YA_{11} + A_{21} & YA_{12} + A_{22} \end{bmatrix}$；b）$\begin{bmatrix} A_{11} & ZA_{11} + A_{12} \\ A_{21} & ZA_{21} + A_{22} \end{bmatrix}$

10-16 （1）N_2 的传输参数为$\begin{bmatrix} 5 & 12 \\ 2 & 5 \end{bmatrix}$；（2）$I_3 = -0.36\text{A}$

习题十一

11-1 $P_R = 1\text{W}$

11-2 $u = 1\text{V}$，$i = 1.1\text{A}$

11-3 $u = 1\text{V}$，$i = 1\text{A}$

11-4 $u = 0.157\text{V}$，$i = 0.229\text{A}$

11-5 $u = 2 + 0.1\sin t\text{V}$，$i = 8 + 0.8\sin t\text{A}$

11-6 $u = 8 + 0.857\sin t\text{V}$，$i = 2 + 0.143\sin t\text{A}$

11-7 $u_\delta = 0.5\cos(2t)\text{V}$，$i_\delta = 0.1\cos(2t)\text{A}$

11-8 $i_L(t) = 6 + \dfrac{1}{8}\cos(10t - 45°)$

11-9 $I = 4.12\text{A}$，$U = 13.53\text{V}$

习题十二

12-1 44.8kV，40.2A，86.6%

12-2 $u(x, t) = e^{-0.0441x}\sin(5000t - 0.046x)$ V ; $i(x, t) = 28e^{-0.0441x}\sin(5000t - 0.046x + 11.8°)$ A; 0.920ms

12-3 226kV, 460A, (173 + j50) MVA, 92.6%

12-4 126MW, 226kV, 95.1%

12-5 233kV

12-6 (1) 0.120m; (2) 0.37m

12-7 (1) $7.5\angle -120°$V; (2) $6.01\angle 226°$V; (3) $0.1923\angle -11.3°$V

12-8 0.0979λ, 0.348λ

参考文献

[1] 邱关源，罗先觉. 电路[M]. 北京：高等教育出版社，2006.

[2] 范承志，孙盾，童梅. 电路原理[M]. 北京：机械工业出版社，2004.

[3] C A 狄苏尔. 电路基本理论[M]. 葛守仁，林争辉，译. 北京：人民教育出版社，1980.

[4] 吴锡龙. 电路分析[M]. 北京：高等教育出版社，2004.

[5] 周守昌. 电路原理[M]. 5 版. 北京：高等教育出版社，2004.

[6] 李翰逊. 简明电路分析[M]. 北京：高等教育出版社，2002.

[7] 陈希有. 电路理论基础[M]. 北京：高等教育出版社，2004.

[8] 王蔼，苏中义，陈洪亮，李丹. 基本电路理论[M]. 上海：上海科学技术文献出版社，2002.

[9] 于歆杰，朱桂萍，陆文娟. 电路原理[M]. 北京：清华大学出版社，2007.

[10] 陈绍林，吴建华. 电工理论基础[M]. 沈阳：东北大学出版社，2000.

[11] 李华，殷洪义. 电工基础[M]. 沈阳：东北大学出版社，2004.

[12] 孙玉琴，王安娜. 电路理论[M]. 北京：冶金工业出版社，2003.

[13] 郝蕴卿. 电路与磁路[M]. 沈阳：东北大学出版社，1993.

[14] Richard C Dorf, James A Svoboda. Introduction to Electric Circuits[M]. John Wiley & Sons, 2001.